升二技・插大・私醫聯招・學士後中醫

普通化學(下)

方智　編著

全華圖書股份有限公司

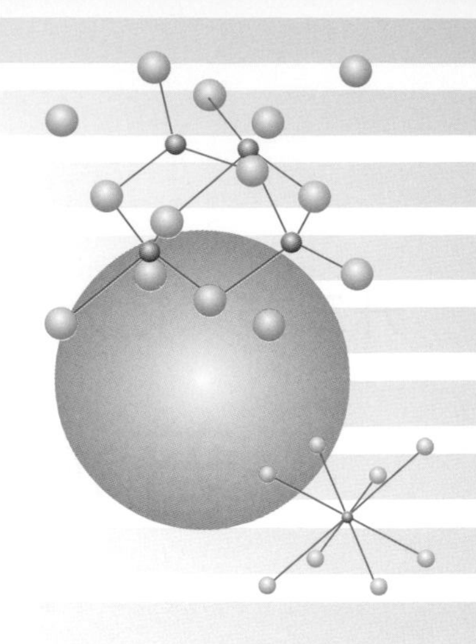

序言

1. 從事教學多年，手邊累積了相當數量的講義及資料，在與同學的學習互動中，也逐漸了解到如何方便地帶領學習者進入主題，於是匯集了「資料」及「教學方法」，並參酌了目前各大學院校比較廣爲採用的教本(諸如：Mahan，Zumdahl，Segal，Mortimer，Moller等所著的普化)便完成了本書。
2. 「化學」一科，給人的刻板印象就是「背方程式」，本書出版的目的在傳播正確的學習方法，在告訴讀者，即使是一個要背的化學方程式，它也有它的反應原理存在。瞭解影響化學性質的變因，進而就可以明白它爲何要表現這樣的性狀。因此綜觀全書，需要背的地方並不多。
3. 本書的課文內容部份，爲了方便讀者自修，儘量詳細且簡單易懂，爲了篇幅大增，只好分成上、下兩冊，而這是坊間參考書籍不及地方，同時，內容以條列方式列出，重點容易掌握，這又可避免一般教科書太過詳細但卻找不出重點缺點。

4. 本書中有許多處理題目的方法與一般教科書不一樣，這只是教學方法的改變，經驗顯示，它會使學習者更易瞭解。但它不是一般坊間補習班所謂的「口訣」或「竅門」，它只是一個化學領悟者的體會。
5. 學習任何一門學科，都需要靠見識題目來驗收學習成果，本書收集了十多年的考古題，比坊間任一本參考書籍還多，想要參加大學轉學考的讀者，更需要見識原文試題，而弄懂原文，並不需要去讀一本原文書，只要見識原文試題，熟悉常用的原文專業術語即可。
6. 本書排版印刷精良，不論字體、圖表、套色、段落等均精心設計過，市面上似乎無一化學參考書籍能比，所耗費人力、物力成本甚高，這都要感謝全華公司的全力支持，爲得就是方便讀者學習。

如何閱讀本書

1. 各章以「單元」分出重點，該章有幾個單元，就表示該章有幾個學習重點。各單元都熟悉了，表示本章已全部掌握。課文內容以條文式列出，儘量簡單明瞭，減少贅文。條文的附屬關係分別是 *1.* ⑴① 的關係。也就是各單元下分爲數個大條目，分別以 *1. 2. 3.* …標示，而每一大條目底下，涵蓋數個細目，分別以⑴⑵⑶…標示，而每個細目之下，再分成數個條文，每個條文以①②③…標示。在範例的解答中，若看到「請參考單元四課文重點 *2.*-⑴-③」意思是指找到第四單元中的第 *2.* 大條目所附屬的第⑴細目中的第③條文。

2. 課文內容的條文若不是完全理解，可以由範例的示範得到驗證，範例的列舉，儘量不重覆，學習時間若充分，可以將範例重覆演練數次。

3. 範例熟悉以後，可以進入自行挑戰的課後練習題部份，由以後的應考需要，自己選擇中文或英文部分練習，題目後附有簡答，對照後，若想知道進一步詳解，可查看書後附錄「較難題詳解」。

4. 以上三個步驟完成以後，將各章首頁中，各單元的名稱「背」下來，以便統合一些觀念。到了考前，再拿一些模擬試題來演練，整個學習活動才算完成。

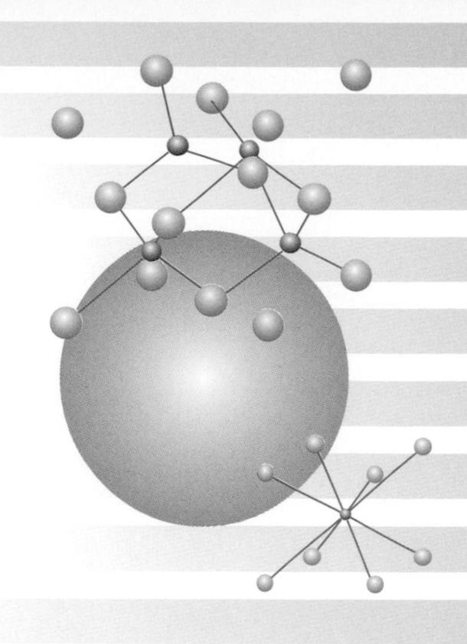

編輯部序

「系統編輯」是我們的編輯方針，我們所提供給您的，絕不只是一本書，而是關於這門學問的所有知識，它們由淺入深，循序漸進。

作者從事教學多年，手邊累積了相當數量的講義及資料，在與同學的學習互動中，逐漸了解到如何方便地帶領學習者進入主題，特將各個章節以”單元”的方式分出重點，使內容有條理而不刻板，而中英例題分開更是方便讀者閱讀。在本書最後提供了針對各章節較難之題目詳細的解答，適合升二技插大、私醫聯招、學士後醫考試用書。

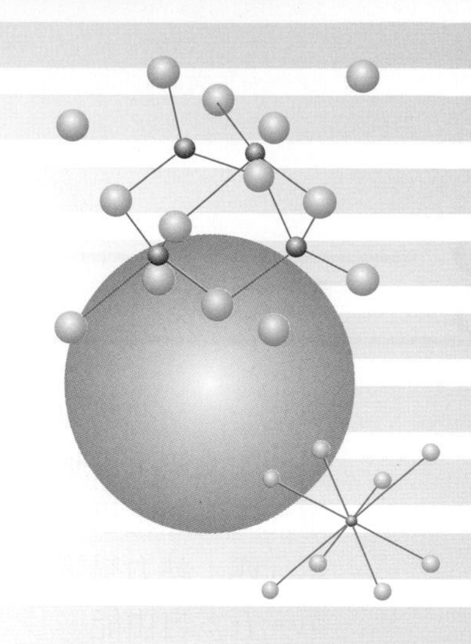

目錄

7 化學動力學 7-1

8 熱力學 8-1

9 化學平衡 9-1

10 水溶液中離子的平衡 10-1

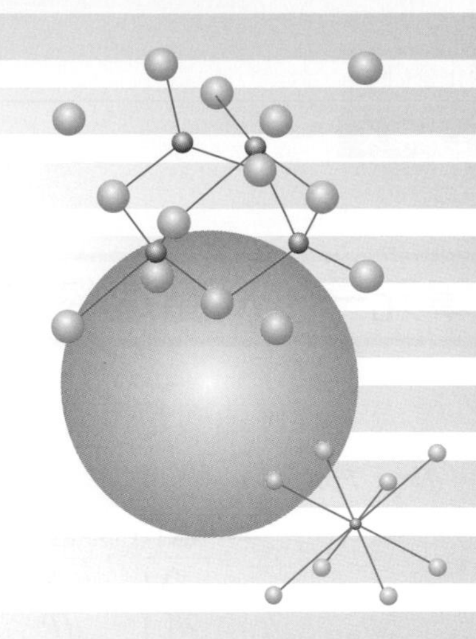

Chapter

7 化學動力學

本章要目

- 單元一　反應速率定義及影響因素
- 單元二　速率方程式
- 單元三　初速率法
- 單元四　反應機構
- 單元五　以作圖法決定級數
- 單元六　過渡狀態學說
- 單元七　溫度效應
- 單元八　催化效應

單元一：反應速率定義及影響因素

1. 定義：反應速率是單位時間內反應物種濃度(或壓力)的變化量。
2. 表示方法：
   (1) 平均速率：$\dfrac{\Delta[\ ]}{\Delta t}$，$\dfrac{\Delta P}{\Delta t}$
   (2) 瞬間速率：$\dfrac{d[\ ]}{dt}$，$\dfrac{dP}{dt}$(本書大都以此表示)

   以反應$a\text{A}+b\text{B} \longrightarrow d\text{D}+e\text{E}$為例，各物種的表示法及其關係表達於下：

$$R=\frac{1}{a}\frac{-d[\text{A}]}{dt}=\frac{1}{b}\frac{-d[\text{B}]}{dt}=\frac{1}{d}\frac{d[\text{D}]}{dt}=\frac{1}{e}\frac{d[\text{E}]}{dt} \qquad (7\text{-}1\text{a})$$

$$\text{或}R=\frac{1}{a}\frac{-dP_A}{dt}=\frac{1}{b}\frac{-dP_B}{dt}=\frac{1}{d}\frac{dP_D}{dt}=\frac{1}{e}\frac{dP_E}{dt} \qquad (7\text{-}1\text{b})$$

   (注意：以反應物 A 或 B 作表達方式時，在前方加一個負號)

3. 單位：由定義知，R的單位是濃度除以時間，濃度常用 M 或 atm，mmHg 作單位，時間則常以 s 作單位。
   ∴R的單位是 $\text{M}\cdot\text{s}^{-1}$(或 $\text{mol}\cdot\text{L}^{-1}\cdot\text{s}^{-1}$)或 $\text{atm}\cdot\text{s}^{-1}$。
4. 以不同物種來表達反應速率時，其間存在一倍數關係，以$a\text{A}+b\text{B} \longrightarrow d\text{D}+e\text{E}$為例。

$$\frac{-d[\text{A}]}{dt}=\frac{a}{b}\times\frac{-d[\text{B}]}{dt} \qquad \frac{-d[\text{B}]}{dt}=\frac{b}{d}\times\frac{d[\text{D}]}{dt} \quad \cdots\cdots$$

5. 影響反應速率的因素：(1)本性，(2)濃度，(3)溫度，(4)催化劑。
   (1) 本性即是指活化能，活化能愈小者，反應愈快(詳見單元六)。它受「反應型態」及「反應發生時的環境」的影響。

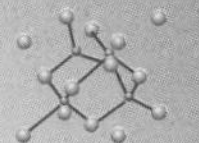

⑵ 不同型態的反應，速率快慢的參考如下：

① 在室溫下，不涉及化學鍵的破壞及形成之反應，其反應速率快。離子間的反應常是如此。

② 在室溫下，涉及化學鍵的重組反應，通常進行比較慢。分子間的反應往往是如此，有機物的反應通常最慢。

③ 較快速的反應中，又可比較爲強酸強鹼中和＞錯離子形成＞鹽沉澱。

④ 自由基參與其中的反應，反應也很快。

範例 1

反應 $2A + 4B \longrightarrow C$，其速率 $R = -k_1 \frac{d[A]}{dt} = -k_2 \frac{d[B]}{dt} = k_3 \frac{d[C]}{dt}$，則 $k_1 : k_2 : k_3$ 爲

(A)2：1：4 (B)2：4：1 (C)1：4：2 (D)1：2：4。

解：(A)

根據(7-1)式

$$R = \frac{-1}{2}\frac{d[A]}{dt} = \frac{-1}{4}\frac{d[B]}{dt} = \frac{1}{1}\frac{d[C]}{dt}$$

與題目對照，$k_1 = \frac{1}{2}$，$k_2 = \frac{1}{4}$，$k_3 = 1$

$$\therefore k_1 : k_2 : k_3 = \frac{1}{2} : \frac{1}{4} : 1 = 2 : 1 : 4$$

範例 2

For a hypothetical reaction $A + 2B \longrightarrow 3C + D$, $d[C]/dt$ is equal to

(A) $-d[A]/dt$ (B) $-d[B]/dt$ (C) $+3d[A]/dt$ (D) $\frac{-3}{2}d[B]/dt$

(E) $+d[A]/dt$. 【85 清大】

解：(D)

C的係數是A的三倍，$\therefore \frac{d[C]}{dt} = -3 \times \frac{d[A]}{dt}$

C的係數是B的$\frac{3}{2}$倍，$\therefore \frac{d[C]}{dt} = \frac{-3}{2} \times \frac{d[B]}{dt}$

類題

In an experiment to study the reaction $A + 2B \rightarrow C + 2D$, the initial rate, $-d[A]/dt$ at $t = 0$, was found to be 2.6×10^{-2} M・s^{-1}. What is the value of $-d[B]/dt$ at $t = 0$ in M・s^{-1}?

(A)2.6×10^{-2} (B)5.2×10^{-2} (C)1.3×10^{-2} (D)1.0×10^{-1} (E)6.5×10^{-3}. 【81清大】

解：(B)

$$\frac{-d[B]}{dt} = 2 \times \frac{-d[A]}{dt} = 2 \times 2.6 \times 10^{-2} = 5.2 \times 10^{-2}$$

範例 3

下列何者與反應速率的快慢無關？

(A)活化能 (B)催化劑 (C)溫度 (D)反應熱。 【85二技衛生】

解：(D)

參考課文重點5.。

類題

下列所述反應速率改變之原因，何者有誤？
(A)溫度升高10℃，反應速率增快約2倍是因超越活化能粒子增多，而且碰撞頻率增加 (B)室溫下，H_2與O_2並不起反應之因與碰撞頻率有關 (C)木屑燃燒較木塊快且容易，此是因前者之總表面積較大之故 (D)有白金存在，常溫下H_2與O_2能進行溫和反應，此是因白金當催化劑，可降低活化能。 【86私醫】

解：(B)

活化能太高之故。

範例 4

下列四種化學反應，在室溫何者最慢？

(A)$NO + O_3 \longrightarrow NO_2 + O_2$

(B)$5Fe^{+2}_{(aq)} + MnO^-_{4\,(aq)} \longrightarrow 5Fe^{3+}_{(aq)} + Mn^{+2}_{(aq)} + 4H_2O_{(l)}$

(C)$5C_2O_4^{2-}{}_{(aq)} + 2MnO^-_{4\,(aq)} + 16H^+_{(aq)} \longrightarrow 10CO_{2(g)} + 2Mn^{2+}_{(aq)} + 8H_2O_{(l)}$

(D)$2CH_3COCOOH + 5O_2 \longrightarrow 6CO_2 + 4H_2O$。 【70私醫】

解：(D)

∵所需斷裂的鍵最多，導致活化能較大。

單元二：速率方程式

1. 對於一化學方程式

$$aA + bB + \cdots\cdots \longrightarrow rR + sS + \cdots\cdots$$

速率方程式(Rate Equation)為：反應速率$= k[A]^m[B]^n\cdots\cdots$　(7-2)

它又稱為速率定律式(Rate Law)或微分式。

(1) k稱為速率常數，受溫度、活化能與催化劑影響，而與濃度無關。

(2) k的單位為$M^{1-n}sec^{-1}$(n是淨反應級數)。

(3) m稱為A的級數，n稱為B的級數(order)，$(m + n)$稱為反應的級數m、n可以是分數或負數。

① $R = \dfrac{k[A]^2[B]}{[C]}$，稱此反應相對於A為2級，相對於B為1級，相對於C為-1級，而此反應為一個2級$(2 + 1 - 1)$反應。

② $R = k[A]^{\frac{1}{2}}[B]$，稱此反應相對於A是$\dfrac{1}{2}$級，相對於B是1級，而此反應為一個$1\dfrac{1}{2}$級的反應。

③ $R = k$，這是一個零級反應。

④ $R = \dfrac{k_1[A][B]}{k_2[A] + k_3}$，速率式的分母若出現若干項相加時，此式稱為一般式(或通式)，它通常出現在某一反應機構中的數個基本程序彼此反應速率較無明顯差異時。

(4) 有時候催化劑、產物的濃度也會出現在速率方程式中。

2. 速率定律式是用來表明反應速率與濃度間的定量關係。

(1) 級數愈大，表示速率隨濃度作比較急劇的變化。

(2) 零級反應則代表等速率，因其速率不隨濃度來改變。

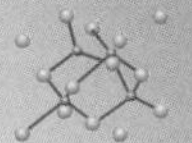

3. 反應速率定律式，反應級數和速率常數，皆須由實驗之結果導出，而不能由原反應方程式來推測。

(1) 以 $2A + 4B \longrightarrow C$ 爲例，此式的平衡常數表示法(詳見第 9 章)就可以由方程式(計量式)讀出。

$$K = \frac{[C]}{[A]^2[B]^4}$$

(2) 但是針對原方程式的速率定律式卻無法讀出(也就是不可寫成 $R = k[A]^2[B]^4$)。

4. 從單元三到單元五，分別要探討如何由實驗結果推導速率式，方法有：

(1) 初速率法。

(2) 利用反應機構推導。

(3) 作圖法。

範例 5

Which of the following statements about the order of a reaction is TRUE?

(A) The order of a reaction must be a positive integer.

(B) A second-order reaction is also bimolecular.

(C) We can determine the order of the reaction from the correctly balanced net ionic equation for the reaction.

(D) The order of a reaction increases with increasing temperature.

(E) The order of a reaction can only be determined by experiment.

【81 成大化工】

解：(E)

類題

反應$2N_2 + 5O_2 \longrightarrow 2N_2O_5$，則下列何者為此反應之速率方程式？
(A)Rate $= k[N_2]^2[O_2]^5$ (B)Rate $= k[N_2][O_2]^{5/2}$ (C)無法決定 (D) Rate $= k[N_2][O_2]$。 【81二技環境】

解：(C)

範例 6

以零級反應而言下列各項敘述何者正確？
(A)活化能很小 (B)反應物的濃度不因時間之進行而改變 (C)速率常數$k = 0$ (D)反應速率與時間無關。 【67私醫】

解：(D)

單元三：初速率法

1. 初速率法的處理程序：
   (1) 先假設速率方程式為$R = k[A]^m[B]^n$，再依次從實驗數據中求得m及n。
   (2) 為了計算方便，在進行決定A的級數m時，應優先觀察B物種濃度不變時的數據；同理，在進行決定B的級數n時，也應優先觀察A物種濃度不變時的數據。

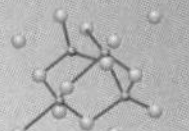

範例 7

在某溫度時，測定$2NO_{(g)}+2H_{2(g)} \longrightarrow N_{2(g)}+2H_2O_{(g)}$的反應物初濃度和反應初速率得下表結果：

實驗	[NO]	[H₂]	初速率(M・s⁻¹)
1	0.1	0.2	0.015
2	0.1	0.3	0.0225
3	0.2	0.2	0.06

試問(A)依上面數據寫出此反應速率定律式。

(B)該溫度下的速率常數為何？　【84私醫】

解：(A)

(1) 數據顯示與[NO]及[H_2]兩者的濃度有關，∴先假設速率方程式為：

$$R=k[NO]^m[H_2]^n\cdots\cdots(a)$$

(2) 在決定[NO]的級數m時，優先觀察另一物種H_2的濃度不變時的數據，那就是實驗 1 及 3 的數據。將實驗 1 與 3 的數據代入(a)式，再相比得

$$\frac{R_3}{R_1}=\frac{0.06}{0.015}=\frac{k}{k}\left(\frac{0.2}{0.1}\right)^m\left(\frac{0.2}{0.2}\right)^n$$

$4=2^m$，∴$m=2$

(3) 最後決定[H_2]的級數n，也是優先觀察另一物種NO的濃度不變時的數據，那就是實驗 1 及 2 的數據，將其代入(a)式，並求得$\frac{R_2}{R_1}$比值

$$\frac{R_2}{R_1}=\frac{0.0225}{0.015}=\frac{k}{k}\left(\frac{0.1}{0.1}\right)^2\left(\frac{0.3}{0.2}\right)^n$$

$\therefore n=1$

(4) 綜合(2)及(3)，$\therefore R=k[NO]^2[H_2]$

(B)將任一實驗數據代入速率式，便可求得k。例如代入實驗 1 的數據

$0.015=k[0.1]^2[0.2]^1$，$\therefore k=7.5M^{-2}\cdot s^{-1}$

範例 8

反應 $2A+B\longrightarrow 2C+4D$ 的實驗數據如下：

實驗	A 初濃度(M)	B 初濃度(M)	$\frac{-\Delta[A]}{\Delta t}$(M／分)
1	0.10	0.20	100
2	0.30	0.40	1200
3	0.30	0.80	4800

(A)速率定律式為？

(B)當[A]＝0.4，[B]＝1.0時，$\frac{\Delta[D]}{\Delta t}=$ ________ M／分。

解：(A)

(1) 假設速率式　$R=k[A]^m[B]^n$

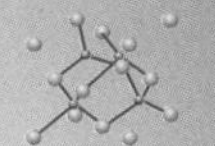

⑵ 將實驗 2、3 數據代入後，求R_3/R_2比值

$$\frac{R_3}{R_2}=\frac{4800}{120}=\frac{k}{k}\left(\frac{0.3}{0.3}\right)^m\left(\frac{0.8}{0.4}\right)^n$$

$\therefore n=2$

⑶ 再將實驗 1、2 數據代入，且求$\frac{R_2}{R_1}$比值

$$\frac{R_2}{R_1}=\frac{1200}{100}=\frac{k}{k}\left(\frac{0.3}{0.1}\right)^m\left(\frac{0.4}{0.2}\right)^2$$

$\therefore m=1$

⑷ $\therefore$速率定律式為：$R=k[A][B]^2$

(B)將$[A]=0.4$，$[B]=0.1$ 看成是實驗 4 的數據，求$\frac{R_4}{R_1}$比值

$$\frac{R_4}{R_1}=\frac{R_4}{100}=\frac{k}{k}\left(\frac{0.4}{0.1}\right)\left(\frac{1.0}{0.2}\right)^2$$

$$\frac{R_4}{100}=4\times5^2，\therefore R_4=10000$$

然而R_4是指$\frac{-\Delta[A]}{\Delta t}$，$\therefore\frac{-\Delta[A]}{\Delta t}=10000$ M／分，而從計量式可看出

$$\frac{\Delta[D]}{\Delta t}=\frac{4}{2}\times\frac{-\Delta[A]}{\Delta t}=2\times10000=20000\text{ M／分}$$

範例 9

某假想反應：P ＋ 3Q ＋ 2R ⟶ 2S ＋ T，在50℃的資料如下：

實驗	[P]	[Q]	[R]	T的初速率(M・min^{-1})
1	0.25	0.30	0.10	1.30
2	0.40	0.30	0.25	8.13
3	0.40	0.50	0.10	2.17
4	0.25	0.40	0.10	1.73
5	0.15	0.20	0.20	3.47

T的形成速率等於：

(A)$k[P][Q]^3[R]$　(B)$k[P][Q][R]$　(C)$k[P][Q]^2$　(D)$k[Q][R]^2$　(E)$k[P]^2[Q]^2[R]$。

解：(D)

⑴ 先假設速率定律式為$\dfrac{d[T]}{dt}=k[P]^m[Q]^n[R]^s$

⑵ 為了計算上的方便，先求n，將實驗 1、4 數據代入速率式，並求$\dfrac{R_4}{R_1}$的比值。

$$\frac{R_4}{R_1}=\frac{1.73}{1.3}=\frac{k}{k}\left(\frac{0.25}{0.25}\right)^m\left(\frac{0.4}{0.3}\right)^n\left(\frac{0.1}{0.1}\right)^s$$

$$1.33=(1)^m(1.33)^n(1)^s，\therefore n=1$$

⑶ 再將實驗 1 及 3 數據代入，求R_3/R_1比值，以便得m值。

$$\frac{R_3}{R_1}=\frac{2.17}{1.3}=\frac{k}{k}\left(\frac{0.4}{0.25}\right)^m\left(\frac{0.5}{0.3}\right)^1\left(\frac{0.1}{0.1}\right)^s$$

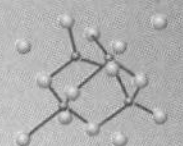

$1.67 = (1.6)^m (1.67)^1$

$1 = (1.6)^m$，$\therefore m = 0$

既然$m = 0$，原速率式可改寫爲$\dfrac{d[\mathrm{T}]}{dt} = k[\mathrm{Q}][\mathrm{R}]^s$

(4) 最後將實驗 1 及 2 數據代入上式，求R_2/R_1比值。

$$\frac{R_2}{R_1} = \frac{8.13}{1.3} = \frac{k}{k}\left(\frac{0.3}{0.3}\right)^1\left(\frac{0.25}{0.1}\right)^s$$

$6.25 = (2.5)^s$，$\therefore s = 2$

(5) ∴速率定律式 $\dfrac{d[\mathrm{T}]}{dt} = k[\mathrm{Q}][\mathrm{R}]^2$，∴選(D)。

範例 10

反應 $2NO + Cl_2 \longrightarrow 2NOCl$ 實驗得知$[NO]$及$[Cl_2]$均加倍時，反應速率變爲原來的 8 倍，若僅$[Cl_2]$加倍，則反應速率變爲原來 2 倍，則此反應級數爲：

(A)零級　(B)一級　(C)二級　(D)三級。【82 私醫】

解：(D)

(1) 假設 Rate Law $= k[NO]^m[Cl_2]^n$

(2) 均加倍時，8 倍＝(2 倍)^m(2 倍)^n……(a)

(3) 僅Cl_2加倍，2 倍＝(2 倍)^n……(b)

(4) 聯解(a)(b)式，得$m = 2$，$n = 1$，因此本反應是 3 級反應。

範例 11

The reaction $A_{(g)} + 2B_{(g)} \longrightarrow C_{(g)} + D_{(g)}$ is an elementary process. In an experiment, the initial partial pressures of A and B are $P_A =$ 0.60atm and $P_B =$ 0.80atm. When $P_C =$ 0.20atm, the rate of the reaction, relative to the initial rate, is

(A)$\frac{1}{48}$ (B)$\frac{1}{24}$ (C)$\frac{9}{16}$ (D)$\frac{3}{4}$ (E)$\frac{1}{6}$. 【85清大】

解：(E)

⑴ 依題意，$R = k[A][B]^2$

⑵ 計量：

	A	+	2B	→	C	+	D
初	0.6		0.8		0		0
末	?		?		0.2		

根據第 0 章，計量出反應末了$P_A = 0.4$，$P_B = 0.4$

⑶ 將初、末速率代入 Rate Law 並求比值

$$\frac{R_{末}}{R_{初}} = \frac{k}{k}\left(\frac{0.4}{0.6}\right)^1\left(\frac{0.4}{0.8}\right)^2 = \frac{2}{3}\left(\frac{1}{2}\right)^2 = \frac{1}{6}$$

範例 12

$2A_{(g)} + B_{(g)} \rightleftharpoons A_2B_{(g)}$之反應機構為⑴ A + B $\rightleftharpoons$ AB(快，平衡)⑵ A + AB $\longrightarrow$ A_2B(慢)；於A、B之莫耳數比為 1：1時，反應初速率為S，請問同溫同壓下A、B之莫耳數比為 2：1時，反應初速率為若干？

(A)$\frac{3}{2}S$ (B)$\frac{2}{3}S$ (C)$\frac{27}{32}S$ (D)$\frac{32}{27}S$。 【86二技動植物】

解：(D)

⑴ 先由單元四的方法推得Rate Law $=k P_A^2 \cdot P_B$

⑵ 設總壓為P，當莫耳數為1：1時，$P_A=\frac{1}{2}P$，$P_B=\frac{1}{2}P$

當莫耳數比為2：1時，$P_A=\frac{2}{3}P$，$P_B=\frac{1}{3}P$

⑶ 將兩組數據代入Rate Law

$$\frac{R_1}{R_2}=\frac{k\left(\frac{1}{2}P\right)^2\left(\frac{1}{2}P\right)^1}{k\left(\frac{2}{3}P\right)^2\left(\frac{1}{3}P\right)^1}$$

$$\frac{S}{R_2}=\frac{\frac{1}{8}P^3}{\frac{4}{27}P^3}，\therefore R_2=\frac{32}{27}S$$

單元四　反應機構

1. 考慮以下反應：$4HBr+O_2 \longrightarrow 2H_2O+2Br_2$ (7-3)

其反應機構(mechanism)經實驗測得是含有以下三個步驟：

⑴ $HBr+O_2 \xrightarrow{k_1} HOOBr$ (slow) (7-3a)

⑵ $HOOBr+HBr \xrightarrow{k_2} 2HOBr$ (7-3b)

⑶ $HOBr+HBr \xrightarrow{k_3} H_2O+Br_2$ (7-3c)

而(7-3)式就稱為是這三步驟的總反應式，或淨反應式。

2. 反應機構中的每一步驟，稱爲基本程序(Elementary Process)。而每一個基本程序皆爲一步完成，∴反應速率直接與反應物濃度相關聯。因此每一基本程序的速率定律式中濃度的次方與該基本程序方程式的係數相同。

   例如 (7-3a)式的 Rate Law $= k_1\,[HBr]\,[O_2]$ (7-4a)

   (7-3b)式的 Rate Law $= k_2\,[HOOBr]\,[HBr]$ (7-4b)

   (7-3c)式的 Rate Law $= k_3\,[HOBr]\,[HBr]$ (7-4c)

   然而從總反應式中，無法看出是何項分子起碰撞而反應的。因此總反應的速率定律式中濃度的次方是無法由其係數看出來，∴單元二重點 3.-(2)已述及 Rate Law 無法由原方程式讀出。

3. 分子度(或分子數，molecularity)：即反應物的係數和。係數 1 稱爲單分子程序(unimolecular)，係數 2 稱爲雙分子程序(bimolecular)，係數 3 稱爲參分子程序(Termolecular)。例如：(7-3)式爲五分子反應式，而(7-3a)、(7-3b)及(7-3c)式則都是雙分子程序。

4. 級數(order)：由(7-4a)、(7-4b)及(7-4c)可看出，皆爲 2 級反應，而(7-3a)、(7-3b)及(7-3c)恰爲雙分子程序。∴在基本程序中，molecularity 就是order，但因(7-3)總反應式的Rate Law未知，∴在總反應式中，molecularity 未必是 order。

5. 反應機構中的任一基本程序常爲單分子，二分子一步完成，三分子較少。多於三分子者其機會實在微乎其微。

6. 在(7-3)式的三個基本程序中，有出現HOOBr及HOBr兩者，它們在總反應式中並未出現，只是在反應中途出現，但隨即又因另一個反應而消失。它們稱爲中間產物(Intermediate)。

7. 反應機構中有一步驟的速率，比所有其他步驟的速率遠爲緩慢時，則全反應的速率受其限制，且等於最慢步驟的速率，∴此最慢步驟叫做速率決定步驟(即瓶頸反應)。(Rate Determining Step，R.D.S.)。

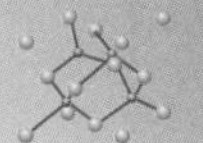

8. 中間產物在反應過程中猶如曇花一現，當它出現在Rate Law中時，我們必須將其轉換成其它可以測量到濃度的物種。而轉換的方法有二：

⑴ 穩定狀態的假說(Steady-State)：我們假設含有數步驟的反應流程是很「流暢」的，則中途「冒出」的中間產物應該會在稍後的反應步驟中「消逝」。因此在任一瞬間，中間產物的濃度應該保持固定，不會增減。若以數學來表示，寫成下式：

$$\frac{d[\mathrm{I}]}{dt}=0 \tag{7-5}$$

參考範例14。

⑵ 以平衡常數(K)表示法來取代，參考範例15。

範例 13

$4HBr + O_2 \longrightarrow 2H_2O + 2Br_2$之機構分成

(A)$HBr + O_2 \longrightarrow HOOBr$　(慢)

(B)$HOOBr + HBr \longrightarrow 2HOBr$　(快)

(C)$HOBr + HBr \longrightarrow H_2O + Br_2$　(快)

試推導出其Rate Law。

解：⑴因為第一步是最慢步驟，∴全程反應的快慢由第一步的反應快慢來控制，即

$$R=R_1 \tag{7-6}$$

⑵∵第一步是基本程序，Rate Law可以表達出來，即(7-4a)式

因$R_1=k_1\,[HBr][O_2]$，代入(7-6)式

得$R = k_1$ [HBr][O_2]

由 Rate Law 可看出，總反應式是個二級反應，而總反應式是個五分子的反應。驗證了「總反應式的 molecularity 未必是 order」這句話。

(3)本題的 R.D.S.出現在第一步，這種情況的導證過程往往是最簡單的，往往是不會出現有中間產物的。

範例 14

反應 A $\longrightarrow$ B + C 反應機構如下

$$A + M \underset{k_{-1}}{\overset{k_1}{\rightleftharpoons}} A^* + M$$

$$A^* \xrightarrow{k_2} B + C \quad \text{(slow)}$$

試導出其反應速率定律式。

解：(1) ∵第二步是 R.D.S.，∴$R = R_2$

(2) ∵第二步是基本程序，∴$R_2 = k_2$ [A*]，代入上式，$R = k_2$ [A*]

(3) ∵A*是中間產物，需轉換成其它可以測量的物種。

假設 A*呈現穩定狀態，即 $\dfrac{d[A^*]}{dt} = 0$

或稱 A*的生成速率＝ A*的消耗速率　　(7-7a)

觀察反應機構，第一步正向反應涉及A*的生成，而第一步逆向及第二步正向則涉及 A*的消耗，將此三步的 Rate Law 代入(7-7a)式，得

$$k_1[A][M] = k_{-1}[A^*][M] + k_2[A^*]$$

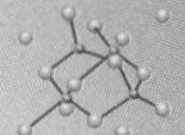

整理 $[A^*]=\dfrac{k_1[A][M]}{k_{-1}[M]+k_2}$，代回原式

得：$R=\dfrac{k_1 k_2[A][M]}{k_{-1}[M]+k_2}$ (7-7b)

(4) ∵第二步是 R.D.S.，∴$k_{-1}[M]\gg k_2$，在(7-7b)式的分母可簡化爲$k_{-1}[M]+k_2\cong k_{-1}[M]$，於是(7-7b)式便簡化成下式

$$R=\frac{k_1 k_2[A][M]}{k_{-1}[M]}=\frac{k_1 k_2}{k_{-1}}[A] \quad (7\text{-}7c)$$

(5) 在(7-7c)式中，不再出現中間產物，該式便是最後的結果。

(6) 由此例學習到，催化劑(M)有時可以出現在Rate Law中，而有時也可以不必出現。

類題 1

Which of the following statements is TRUE?

(A)endothermic reaction have higher activation energies than exothermic reactions.

(B)The rate law for a reaction depends on the concentrations of all reactants that appear in the stoichiometric equation.

(C)The rate of catalyzed reaction is independent of the concentration of the catalyst.

(D)The specific rate constant for a reaction is independent of the concentrations of the reacting species. 【81成大化工】

解：(D)

類題 2

Derive the rate law for the reaction, $2NO_{(g)} + O_{2(g)} \longrightarrow 2NO_{2(g)}$, which has the following reaction mechanism:

$2NO \rightleftharpoons N_2O_2$ (fast)

$N_2O_2 + O_2 \longrightarrow 2NO_2$ (slow)

【81中山化學】

解：因爲第二步是R.D.S. $\therefore R = k_2[N_2O_2][O_2]$

根據steady-state approximation $d[N_2O_2]/dt = 0$

$k_1[NO]^2 = k_{-1}[N_2O_2] + k_2[N_2O_2][O_2]$

$[N_2O_2] = \dfrac{k_1[NO]^2}{k_{-1} + k_2[O_2]}$ 代入R

$$R = \frac{k_1 k_2 [NO]^2[O_2]}{k_{-1} + k_2[O_2]}$$

$\because$第二步是R.D.S. $\therefore k_{-1} \gg k_2[O_2]$

上式化成 $R \cong \dfrac{k_1 k_2 [NO]^2[O_2]}{k_{-1}}$

範例 15

一氧化碳和氯形成光氣(phosgene)的反應爲

$Cl_2 + CO \longrightarrow Cl_2CO$

其速率定律爲

$$\frac{d[Cl_2CO]}{dt} = k[Cl_2]^{\frac{3}{2}}[CO]$$

試證明下列反應機構與此速率定律是一致的：

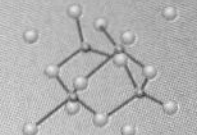

$$Cl_2 + M \underset{k_{-1}}{\overset{k_1}{\rightleftharpoons}} 2Cl + M \quad (\text{快平衡})$$

$$Cl + CO + M \underset{k_{-2}}{\overset{k_2}{\rightleftharpoons}} ClCO + M \quad (\text{快平衡})$$

$$ClCO + Cl_2 \xrightarrow{k_3} Cl_2CO + Cl \quad (\text{慢})$$

【77清大】

解：∵第三步是R.D.S.，∴ $\dfrac{d[Cl_2CO]}{dt} = k_3[ClCO][Cl_2]$ (7-8a)

由於ClCO是中間產物，必須將它轉換成其他可測量的物種，此題，我們示範第二種轉換方式。在反應機構的第二個基本程序中，我們見到了ClCO的存在，於是針對第二式建立它的平衡常數式。

$$K = \frac{k_2}{k_{-2}} = \frac{[ClCO][M]}{[Cl][CO][M]}$$ (此關係式在第9章才會提及)

移項，得$[ClCO] = \dfrac{k_2}{k_{-2}}[Cl][CO]$ 代回(7-8a)

$$\therefore \frac{d[Cl_2CO]}{dt} = \frac{k_2\,k_3}{k_{-2}}[Cl][CO][Cl_2] \quad (7\text{-}8b)$$

此式中，又觸及第二個中間產物 Cl，必須再將其轉換掉，而我們仍繼續用平衡常數表示法來完成這個動作。

$$K = \frac{k_1}{k_{-1}} = \frac{[Cl]^2[M]}{[Cl_2][M]}$$

移項，得$[Cl] = \sqrt{\dfrac{k_1}{k_{-1}}}\,[Cl_2]^{\frac{1}{2}}$ 代回(7-8b式)

$$\therefore \frac{d[Cl_2CO]}{dt} = \frac{k_2\,k_3}{k_{-2}}\sqrt{\frac{k_1}{k_{-1}}}\,[Cl_2]^{\frac{1}{2}}[CO][Cl_2]$$

$$= k'\,[Cl_2]^{\frac{3}{2}}[CO]$$ 得證。

類題

在酸性溶液中，反應式

$NH_4^+ + HNO_2 \longrightarrow N_2 + 2H_2O + H^+$

其反應機構如下列所示：

$HNO_2 + H^+ \underset{k_{-1}}{\overset{k_1}{\rightleftharpoons}} H_2O + NO^+$(快平衡)

$NH_4^+ \underset{k_{-2}}{\overset{k_2}{\rightleftharpoons}} NH_3 + H^+$(快平衡)

$NO^+ + NH_3 \xrightarrow{k_3} NH_3NO^+$(慢)

$NH_3NO^+ \longrightarrow H_2O + H^+ + N_2$　(快)

試寫出與此機構一致之速率定律，並以$-d[NH_4^+]/dt$爲$[NH_4^+]$，$[HNO_2]$，與$[H^+]$的函數表示之。

解：$\dfrac{-d[NH_4^+]}{dt} = k_3[NO^+][NH_3]$

NO^+，NH_3皆爲中間產物，必需轉換掉

$$\left.\begin{array}{ll} \dfrac{k_1}{k_{-1}} = \dfrac{[NO^+]}{[HNO_2][H^+]} & \therefore [NO^+] = \dfrac{k_1}{k_{-1}}[HNO_2][H^+] \\ \dfrac{k_2}{k_{-2}} = \dfrac{[NH_3][H^+]}{[NH_4^+]} & \therefore [NH_3] = \dfrac{k_2}{k_{-2}}\dfrac{[NH_4^+]}{[H^+]} \end{array}\right\}\text{代回原式}$$

$$\therefore \frac{-d[NH_4^+]}{dt} = \frac{k_3\,k_1\,k_2}{k_{-1}\,k_{-2}}[HNO_2][NH_4^+]$$

範例 16

The reaction mechanism of $2N_2O_5 \longrightarrow 4NO_2 + O_2$ is given below

$N_2O_5 \underset{k_{-1}}{\overset{k_1}{\rightleftharpoons}} NO_2 + NO_3$

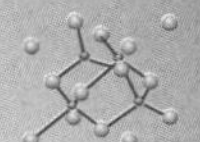

$$NO_3 + NO_2 \underset{}{\overset{k_2}{\rightleftharpoons}} NO + NO_2 + O_2$$

$$NO_3 + NO \underset{}{\overset{k_3}{\rightleftharpoons}} 2NO_2$$

using steady state approximation prove the rate law $\frac{d[O_2]}{dt} = K_{expt}[N_2O_5]^n$, Calculate K_{expt}.(in terms of k_1, k_{-1}, k_2, k_3)and n values.

解：$\frac{d[O_2]}{dt} = k_2[NO_3][NO_2]$

$\because \frac{d[NO_3]}{dt} = 0$，

$\therefore k_1[N_2O_5] = k_{-1}[NO_2][NO_3] + k_2[NO_2][NO_3] + k_3[NO][NO_3]$

$\therefore [NO_3] = \frac{k_1[N_2O_5]}{k_{-1}[NO_2] + k_2[NO_2] + k_3[NO]}$

代入$\frac{d[O_2]}{dt}$式中，

$$\frac{d[O_2]}{dt} = \frac{k_1 k_2[N_2O_5][NO_2]}{k_{-1}[NO_2] + k_2[NO_2] + k_3[NO]}$$

$\because \frac{d[NO]}{dt} = 0$，$\therefore k_2[NO_3][NO_2] = k_3[NO_3][NO]$

$k_2[NO_2] = k_3[NO]$，代入$\frac{d[O_2]}{dt}$式中

$$\frac{d[O_2]}{dt} = \frac{k_1 k_2[N_2O_5][NO_2]}{k_{-1}[NO_2] + k_2[NO_2] + k_2[NO_2]}$$

$$= \frac{k_1 k_2[N_2O_5]}{k_{-1} + k_2 + k_2}$$

$\therefore K_{expt} = \frac{k_1 k_2}{k_{-1} + 2k_2}$，$n = 1$

範例 17

考慮一組反應

$A + B \underset{k_{-1}}{\overset{k_1}{\rightleftharpoons}} C + D$，

$C + E \xrightarrow{k_2} F$

試以k_1、k_{-1}與k_2及各種試劑間之關係，引導出下列的速率定律，如：

(A)$\frac{d[F]}{dt} = k\frac{[A][B][E]}{[D]}$ (B)$\frac{d[F]}{dt} = k'[A][B]$。 【71台大】

解：$\frac{d[F]}{dt} = k_2[C][E]$

假設 C 呈現 steady-state，則$\frac{d[C]}{dt} = 0$

$k_1[A][B] = k_{-1}[C][D] + k_2[C][E]$

$[C] = \frac{k_1[A][B]}{k_{-1}[D] + k_2[E]}$ 代回$\frac{d[F]}{dt}$式

$$\frac{d[F]}{dt} = \frac{k_1 k_2[A][B][E]}{k_{-1}[D] + k_2[E]} \tag{7-9}$$

(A)若$k_{-1}[D] \gg k_2[E]$，則(7-9)式簡化成

$$\frac{d[F]}{dt} \cong \frac{k_1 k_2[A][B][E]}{k_{-1}[D]} = k\frac{[A][B][E]}{[D]}$$

(B)若$k_{-1}[D] \ll k_2[E]$，則(7-9)式簡化成

$$\frac{d[F]}{dt} \cong \frac{k_1 k_2[A][B][E]}{k_2[E]} = k'[A][B]$$

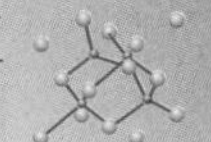

單元五：以作圖法決定級數

1. 積分式導證：

(1) 微分式：速率定律式(如 7-2 式)，又稱爲微分式，探討反應速率隨濃度變動的關係。

(2) 積分式：由微分式積分而得，它探討物種濃度隨時間的變動情形。不同的反應級數，其積分式皆不一樣。

(3) 積分式的導證過程：

① 零級反應(Zero-Order Reaction)

$$\frac{-d[A]}{dt}=k，d[A]=-k\,dt$$

兩邊積分 $\int_{[A]_0}^{[A]} d[A]=-k\int_0^t dt$

得 $[A]-[A]_0=-k(t-0)$

即 $[A]=[A]_0-kt$ (7-10)

② 一級反應(First-Order Reaction)

$$\frac{-d[A]}{dt}=k[A]，\frac{d[A]}{[A]}=-k\,dt$$

兩邊積分 $\int_{[A]_0}^{[A]} \frac{d[A]}{[A]}=-k\int_0^t dt$

得 $\ln[A]-\ln[A]_0=-kt$

$\ln[A]=\ln[A]_0-kt$ (7-11a)

或寫成 $\log[A]-\log[A]_0=-\frac{kt}{2.303}$

$\log[A]=\log[A]_0-\frac{kt}{2.303}$ (7-11b)

③ 二級反應(Second-Order Reaction)

$$\frac{-d[A]}{dt}=k[A]^2，\frac{d[A]}{[A]^2}=-k\,dt$$

兩邊積分 $\int_{[A]_0}^{[A]}\frac{d[A]}{[A]^2}=-k\int_0^t dt$

$$\frac{-1}{[A]}-\frac{-1}{[A]_0}=-k(t-0)$$

即 $$\frac{1}{[A]}=\frac{1}{[A]_0}+kt \quad (7\text{-}12)$$

④ 一級的積分式，經由數學證明，可改成下式的寫法

$$\frac{[A]}{[A]_0}=\left(\frac{1}{2}\right)^{\frac{t}{t_{\frac{1}{2}}}} \quad (7\text{-}11c)$$

所經歷的時間，如果是整數個半衰期($t_{\frac{1}{2}}$)時，優先採用(7-11c)式來作運算。如果不是整數個半衰期時，則改用(7-11a)式作運算。

⑤ 其它級數的積分式，均採用上述示範進行積分即得，遇有此種狀況，請自行導證。在此介紹的三種級數反應，是比較常遇見者。

2. 作圖法：

(1) 作圖法的辨識：看到了反應物濃度隨時間的變動表，就是要以作圖法來決定該反應的級數。但是當遇上氣相的反應，由於無法測量各別氣體的分壓，只能以總壓表現。∴作圖時，一定要先將總壓轉成反應物的分壓才可。

(2) 各積分式與斜截式($y=mx+b$)的關係：

① 零級：$[A] = [A]_0 - k \; t$

⇓ ⇓ ⇓ ⇓，取$y=[A]$，$x=t$，得斜率$(m)=-k$

$y = b + m \; x$

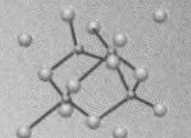

② 一級：同理，取(7-11a)式與$y=mx+b$對照，得$y=\ln[A]$，$x=t$，$m=-k$

③ 二級：取(7-12)式與$y=mx+b$對照，得$y=\frac{1}{[A]}$，$x=t$，$m=+k$

(3) 作圖情形：

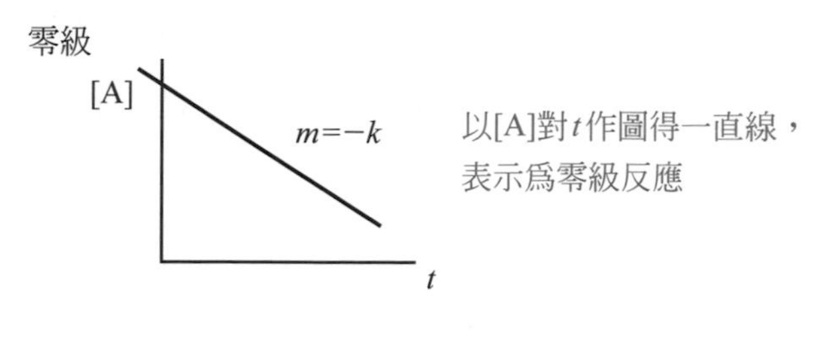

圖 7-1

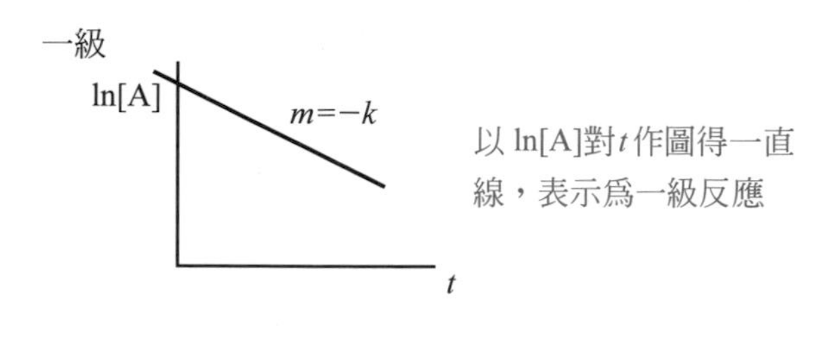

圖 7-2

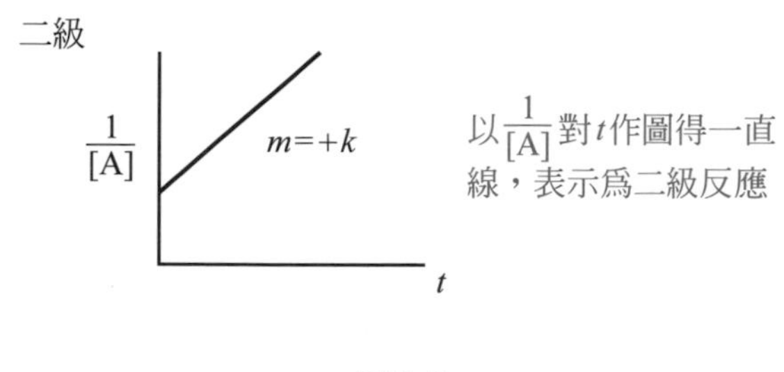

圖 7-3

(4) 簡易判別級數的方法：

① 當時間成等間隔時，濃度若成等差數列⇒零級

② 當時間成等間隔時，濃度若成等比數列⇒一級

③ 當時間成等間隔時，濃度的倒數若成等差數列⇒二級

3. 半衰期(Half−Life，$t_{\frac{1}{2}}$)：反應物減少一半所需耗費的時間。

(1) 零級：當$t=t_{\frac{1}{2}}$時，反應物A因反應掉一半而只剩下原有的一半，$\left(\text{即}[A]=\frac{1}{2}[A]_0\right)$，代入(7-10)式，得$\frac{1}{2}[A]_0=[A]_0-kt_{\frac{1}{2}}$，化簡得

$$t_{\frac{1}{2}}=\frac{[A]_0}{2k} \tag{7-13}$$

(2) 一級：將$t=t_{\frac{1}{2}}$，$[A]=\frac{1}{2}[A]_0$，代入(7-11)式，得$\ln\frac{1}{2}[A]_0=\ln[A]_0-kt_{\frac{1}{2}}$，化簡後

$$t_{\frac{1}{2}}=\frac{\ln 2}{k}=\frac{0.693}{k} \tag{7-14}$$

(3) 二級：將$t=t_{\frac{1}{2}}$，$[A]=\frac{1}{2}[A]_0$，代入(7-12)式，得$\frac{1}{\frac{1}{2}[A]_0}=\frac{1}{[A]_0}+kt_{\frac{1}{2}}$，化簡後

$$t_{\frac{1}{2}}=\frac{1}{k[A]_0} \tag{7-15}$$

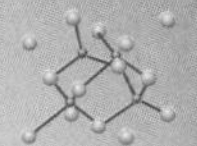

表 7-1 三種級數反應的相關式子比較

	零級反應	一級反應	二級反應
微分速率式	$R=k$	$R=k[A]$	$R=k[A]^2$
積分速率式	$[A]=[A]_0-kt$	$\ln[A]=\ln[A]_0-kt$ 或 $\frac{[A]}{[A]_0}=\left(\frac{1}{2}\right)^{\frac{t}{t_{1/2}}}$	$\frac{1}{[A]}=\frac{1}{[A]_0}+kt$
$t_{1/2}$	$t_{1/2}=\frac{[A]_0}{2k}$	$t_{1/2}=\frac{0.693}{k}$	$t_{1/2}=\frac{1}{k[A]_0}$
k 之單位	$M\cdot s^{-1}$	s^{-1}	$M^{-1}\cdot s^{-1}$
作圖情形	[A] 對 t 作圖，$m=-k$	ln[A] 對 t 作圖，$m=-k$	$\frac{1}{[A]}$ 對 t 作圖，$m=+k$

4. 我們亦可從其它線索判斷 order，以下介紹兩種較常用者：

(1) 由 k 之單位：$M^{1-n}sec^{-1}$

(2) 觀察 (7-13)、(7-14)、(7-15) 式中，半衰期 $t_{1/2}$ 與初濃度間的關係：

① $t_{1/2}$ 與濃度成正比 ⇒ 零級

② $t_{1/2}$與濃度無關 ⇒ 一級

③ $t_{1/2}$與濃度成反比 ⇒ 二級

範例 18

The graph usually associated with second order chemical kinetics is:

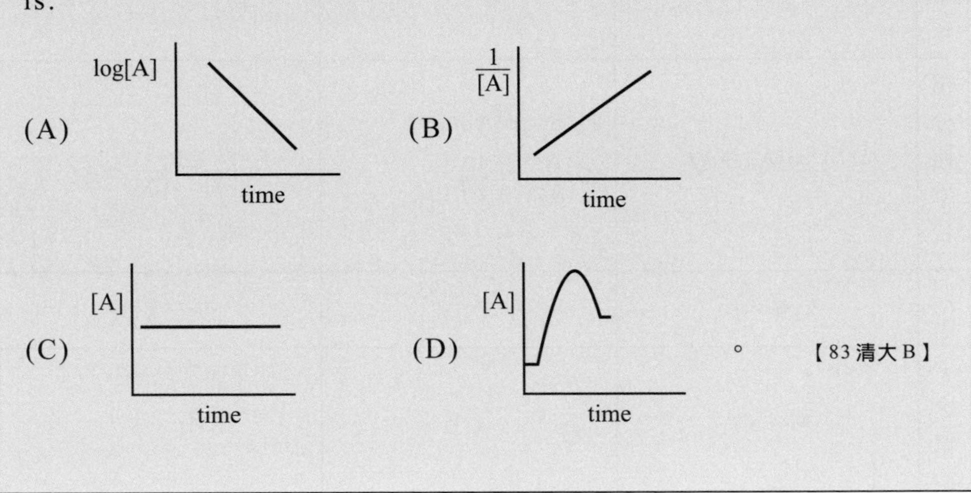

。【83 清大 B】

解：(B)

由表 7-1 知，二級反應的作圖情形爲(B)。

類題

由反應物濃度的函數與時間的作圖情形，可以獲得下列哪一項數據？
(A)反應速率 (B)級數 (C)速率常數 (D)活化能。

解：(B)(C)

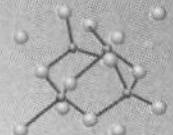

範例 19

在 300℃下，A 氣體化合物分解數據如下：

(A)

時間(分)	0	30	60	90
A 濃度(M)	1.00	0.50	0.33	0.25

請決定 A 氣體化合物的反應級數(reaction order)。

(log0.5 = − 0.30，log0.33 = − 0.48，log0.25 = − 0.60)

(B)若某氣體化合物的反應級數同 A，初濃度爲 0.10M，半衰期 2.0 分，若初濃度爲 0.02M 時，其半衰期多少分？ 【77 後西醫】

解：(A)先將各時刻的濃度數值的倒數列出，

t	0	30	60	90
$\frac{1}{[A]}$	1	2	3	4

以$\frac{1}{[A]}$對t作圖，可得直線關係，∴此反應爲二級反應。

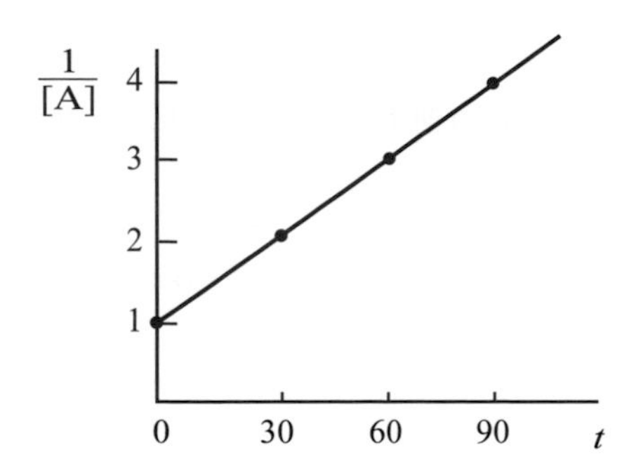

(B)二級的$t_{\frac{1}{2}}=\frac{1}{k[A]_0}$，$t_{\frac{1}{2}}\propto\frac{1}{[A]_0}$

$\therefore\frac{(t_{\frac{1}{2}})_1}{(t_{\frac{1}{2}})_2}=\frac{([A]_0)_2}{([A]_0)_1}$，$\frac{2}{(t_{\frac{1}{2}})_2}=\frac{0.02}{0.1}$

$\therefore(t_{\frac{1}{2}})_2=10\text{min}$

類題

The rate of decomposition of azomethane is studied by monitoring the partial pressure of the reactant as a function of time. $CH_3N=NCH_{3(g)} \longrightarrow N_{2(g)}+C_2H_{6(g)}$. The data obtained at 300℃ are shown below:

Time(s)	Partial pressure of azomethane(mmHg)
0	284
100	220
150	193
200	170
250	150
300	132

Is this reaction first-order? Determine the rate constant.【82中山化學】

解：如果遇上不管計算過程的選擇題型，可以用課文重點2.-(4)的簡易法來判定，本題的時間刻度由100至300之間，恰成等間隔，而分壓呈現等比(= 1.13)數列，∴此反應是一級反應。

範例 20

反應 A ⟶ B 是一級反應，在不同時間的[A]如下表

時間(秒)	0	3	6	9	12	15	18
[A]	1.22	0.86	0.61	0.43	0.31	0.22	0.15

則此反應的半衰期是多少秒？

(A)3　(B)6　(C)0.7　(D)0.1。　【83二技動植物】

解：(B)

半衰期的定義是反應掉一半而剩下一半。初濃度1.22的一半是0.61，由表知，所經由的時間爲6秒。

範例 21

反應$I^- + OCl^- \xrightarrow{OH^-} Cl^- + IO^-$的速率方程式爲$R = k\dfrac{[I^-][ClO^-]}{[OH^-]}$，則$k$之單位爲

(A)M^1s^{-1}　(B)$M^{-1}s^{-1}$　(C)s^{-1}　(D)$M^{-4}s^{-1}$。

解：(C)

此反應爲一級反應，由表7-1知，其單位爲s^{-1}。

類題

For the reaction $I + I \rightarrow I_2$ at 25℃ in CCl_4, $k = 8.2 \times 10^9$ L/(mol · s). This reaction is:

(A)first order (B)second order (C)endothermic (D)one can not tell without knowing the E_{act}. 【81中山生物】

解：(B)

k之單位爲 L ‧mol^{-1}‧s^{-1}，即M^{-1}‧s^{-1}，由表7-1知，這是二級反應，∴選(B)。

範例 22

A first-order chemical reaction is observed to have a rate constant of 25/min. What is the corresponding half-life for the reaction?
(A)0.29s (B)1.66s (C)17.3min (D)0.0277s (E)12.5min.

【84中山】

解：(B)

一級反應，$t_{\frac{1}{2}} = \frac{0.693}{k} = \frac{0.693}{25} = 0.0277\text{min} = 1.66\text{sec}$

類題

化學反應A→C＋D爲二級反應，其速率常數爲2.0L‧mol^{-1}‧s^{-1}。若A之初濃度爲0.0500M，則其$t_{1/2}$爲________秒。 【82私醫】

解：二級反應的 $t_{\frac{1}{2}} = \frac{1}{k[A]_0} = \frac{1}{2 \times 0.05} = 10$

範例 23

氣態碘原子間結合反應 $I_{(g)} + I_{(g)} \longrightarrow I_{2(g)}$ 為一個二級反應，其速率常數 $k = 7.0\times10^{9}\ M^{-1}\cdot s^{-1}$

(A)若初濃度為 $[I]_0 = 0.086M$，試計算 2.0 分鐘後碘原子之濃度 [I]。

(B)若 $[I]_0 = 0.60M$，試計算該反應之 half-life $t_{1/2}$。【80成大】

解：(A)二級反應的積分式為 $\dfrac{1}{[A]} = \dfrac{1}{[A]_0} + kt$

$$\frac{1}{[I]} = \frac{1}{0.086} + 7\times10^{9}\times2\times60$$

$$\therefore [I] = 1.2\times10^{-12}M$$

(B) $t_{1/2} = \dfrac{1}{k[A]_0} = \dfrac{1}{7\times10^{9}\times0.6} = 2.38\times10^{-10}sec$

範例 24

若反應：$NO_{2(g)} \longrightarrow NO_{(g)} + 1/2O_{2(g)}$，為一級反應(1st. Order Reaction)，在400K時，其反應速率常數k為 $3\times10^{-4}sec^{-1}$(參考事項：$\log2 = 0.301$)

(A)求此反應之半生期(half-life)。

(B)90%之NO_2分解，需多少時間？【80成大環工】

解：(A) $t_{1/2} = \dfrac{\ln2}{k} = \dfrac{\ln2}{3\times10^{-4}} = 2310.5sec$

(B)一級反應的積分式為 $\ln[A] = \ln[A]_0 - kt$

$\ln10 = \ln100 - 3\times10^{-4}\times t$，$\therefore t = 7675.3sec$

類題

利用酵素 sucrase，催化蔗糖水解成葡萄糖及果糖為一級反應。在 20℃時，其半衰期為 80min。反應 320min 後，蔗糖之濃度為起始濃度之
(A)1/4　(B)1/8　(C)1/16　(D)1/32。　【78私醫】

解：(C)

反應的時間320min，恰為四個半衰期$\left(\frac{320}{80}=4\right)$，經過整數個半衰期時，用(7-11c)解題較快。$\frac{[A]}{[A]_0}=\left(\frac{1}{2}\right)^4=\frac{1}{16}$

範例 25

反應 A + B→C + D，已知此反應對 B 而言是零級，以下是另一反應物 A 隨t的變化情形。

t	0	1	4	12
[A]	1	0.8	0.5	0.25

則(A)此反應相對於 A 是幾級？
(B)本反應的k=？

解：(A)本題型雖屬作圖法，但因時間沒有構成等間隔，∴無法用簡易法來處理。但是仔細注意[A]的變動情形，由 1 減少至一半的 0.5，耗費 4 秒(即 $t_{\frac{1}{2}}=4$)，再由 0.5 減少至一半的 0.25，費時 8 (12 − 4)秒，即 $t_{\frac{1}{2}}=8$。[A]與$t_{\frac{1}{2}}$的關係列於下表。

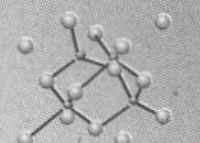

$[A]_0$	1	0.5
$t_{\frac{1}{2}}$	4	8

由表中，可以看出 $t_{\frac{1}{2}} \propto \frac{1}{[A]_0}$。這是二級反應的特徵。

(B)代入二級的半衰期公式即得，$t_{\frac{1}{2}} = \frac{1}{k[A]_0}$，

$4 = \frac{1}{k \times 1}$，$\therefore k = 0.25M^{-1} \cdot s^{-1}$

範例 26

$CH_3CHO \longrightarrow CH_4 + CO$ 於定溫定容下，容器內總壓力與時間之實驗數據於下，判斷此反應的級數。

t	0	10	30	90
總壓	100	150	175	200

解：(1) 在觀察濃度與t的變動關係時，不可以用總壓來觀察，必須要用反應物的分壓來觀察。∴首先要將總壓換算成反應物的分壓，換算過程見以下計量示範：

假設t時刻，反應掉x

	CH_3CHO	→	CH_4	+	CO
始	100		0		0
後	$100-x$		x		x

總壓 $=(100-x)+x+x=100+x$

令 $100+x$ 分別為 150、175 及 200，可得 $x=50$、75 及 100，代回 $100-x$，得 $P_{CH_3CHO}=50$、25 及 0。

⑵ 將以上數據建立成下表。

t	0	10	30	90
P_{CH_3CHO}	100	50	25	0

又因為時間並不成等間隔，∴不用簡易法觀察，改成觀察半衰期的變化情形。

⑶ 列出 $t_{\frac{1}{2}}$ 與 $[A]_0$ 的變動表：由表中看出 $t_{\frac{1}{2}}$ 與 $[A]_0$ 呈反比，∴是二級反應。

$[A]_0$	100	50
$t_{\frac{1}{2}}$	10	20

單元六：過渡狀態學說

1. 一些名詞介紹(參考圖 7-4)：

⑴ 活化複體(Activated Complex)：反應過程中，暫時性的中間高能產物。它的結構介於反應起始物與第一階段反應產物之間，無法用路易士結構式來描繪，又稱為過渡狀態(Transition State)。以符號 ≠ 表之。

⑵ 活化能 E_a(Activated Energy)：使一反應進行時所需要的最小能量，從圖 7-4 可看出來，它也恰是活化複體與反應物的位能差距。

(3) 逆反應的活化能(E_a' or E_r)：活化複體與產物的位能差距。

(4) 反應熱(ΔH)：反應物與產物的位能差距。

① 吸熱的情形，$\Delta H > 0$，產物位能高於反應物(圖 7-4a)。

② 放熱的情形，$\Delta H < 0$，產物位能低於反應物(圖 7-4b)。

③ $\Delta H = E_a - E_a'$

④ ΔH與E_a並無關聯。

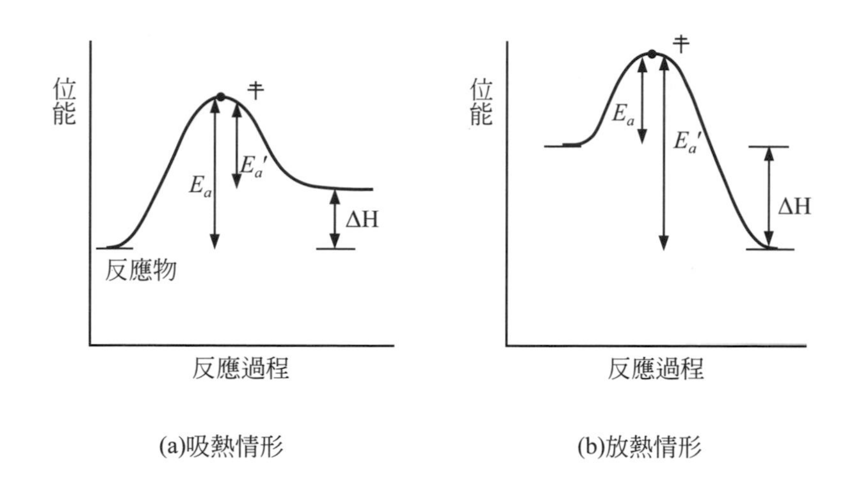

(a)吸熱情形　(b)放熱情形

圖 7-4　活化位能圖

2. 任一反應，E_a都不可能爲負值，至少是零。

3. E_a與E_a'沒有直接關聯，當E_a很大時，E_a'有可能很大，也有可能很小。

4. 意義：

(1) E_a的大小與反應速率有關，E_a愈小，反應愈快。

(2) ΔH的大小與反應趨勢有關(詳見第 8 章)。ΔH值愈負時，反應的趨勢愈強。

(3) 反應速率與反應趨勢無關(即E_a與ΔH無關)。反應趨勢很大並不代表反應會很快。

5. 當一個淨反應又可分爲數個基本程序時，此反應的活化位能圖也跟著具有數個高峰。而其中第n峰若是最高峰，則第n步驟就是R.D.S.。
6. 活化能與分子動能分布的關係：見圖 7-5，分子動能超越過E_a者，才會起反應。會起反應的分子數目是標斜線的部份。

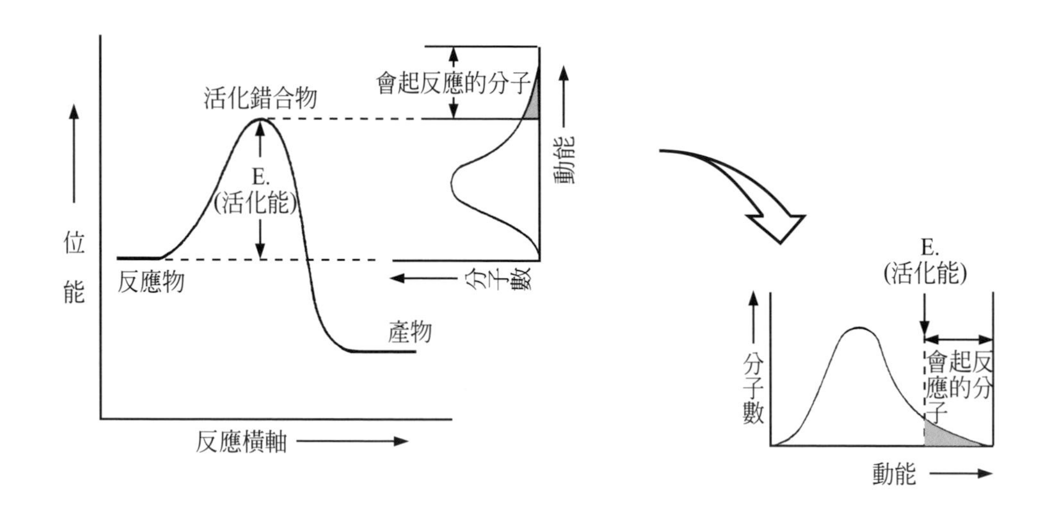

圖 7-5　由活化位能圖與動能分佈圖一起來判定會發生反應的分子數目為標示斜線的部份

範例 27

某反應的活化能爲 15kCal，則其逆反應活化能爲

(A)－15kCal　(B)＞15kCal　(C)＜15kCal　(D)不一定。【69 私醫】

解：(D)

E_a與E_a'無直接關聯。

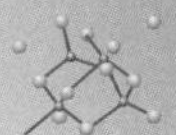

範例 28

The reaction A + B ⟶ C + D has ΔH = + 25kJ, which of the following is true concerning the activation energy of the reaction?
(A) $E_a = -25$kJ (B) $E_a = +25$kJ (C) $E_a \leq -25$kJ (D) $E_a \geq +25$kJ (E) $E_a \leq +25$kJ.
【86 台大 A】

解：(D)

∵ E_a 及 E_a' 不可能是負值，若 $E_a < 25$，將導致 E_a' 是負值。

範例 29

對於某一化學反應，若正逆反應活化能相等時，則
(A) $\Delta H = 0$ (B) $E_a = 0$ (C)爲零級反應 (D)反應速率永遠維持常數 (E)是一種極快速的反應。

解：(A)

當 E_a 與 E_a' 相等，其活化位能圖像下圖，則反應物與產物具有相同位能，∴ $\Delta H = 0$

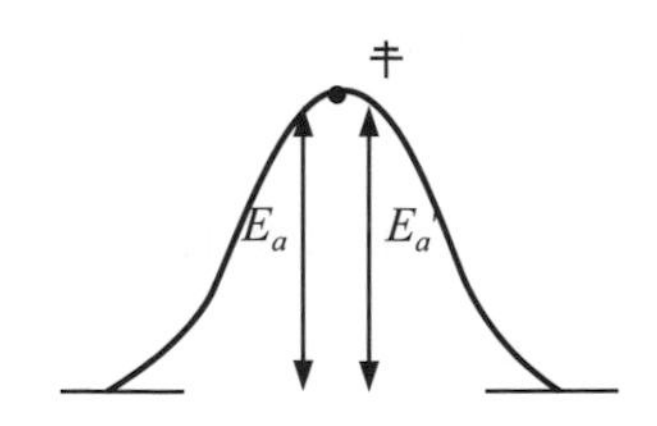

範例 30

下圖為某假想反應之進行過程中，物系所含物質及位能的關係，求下列各項：

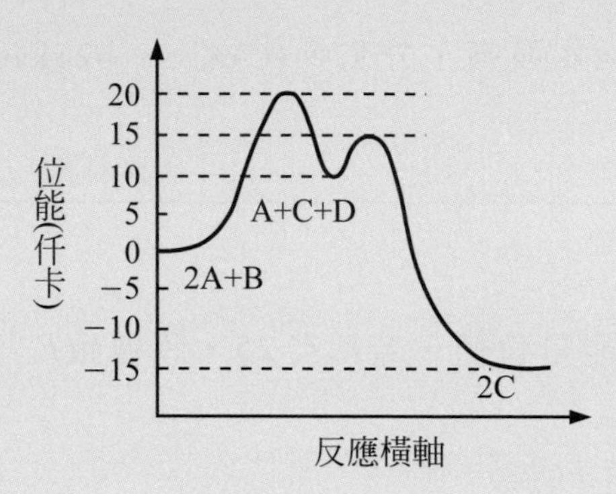

(A)反應機構如何？　(B)中間產物為何？　(C)哪一步是 R.D.S.？
(D)填入下列各空格

$E_{a_1}=$________，$E_{a_1}'=$________，$\Delta H_1=$________

$E_{a_2}=$________，$E_{a_2}'=$________，$\Delta H_2=$________

$E_a=$________，$E_a'=$________，$\Delta H=$________。

解：(A)⑴ $2A + B \rightarrow A + C + D$；⑵ $A + C + D \rightarrow 2C$ 簡化為

⑴ $A + B \rightarrow C + D$；⑵ $A + D \rightarrow C$

總反應則為：$2A + B \rightarrow 2C$

(B)中間產物：D。

(C)第一峰是最高峰，∴第一步是 R.D.S.。

(D)$E_{a_1} = 20$，$E_{a_1}' = 10$，$\Delta H_1 = +10$

$E_{a_2} = 5$，$E_{a_2}' = 30$，$\Delta H_2 = -25$

$E_a = 20$，$E_a' = 35$，$\Delta H = -15$

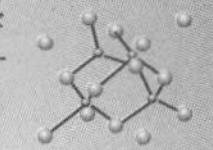

單元七：溫度效應

1. 通常溫度增高，不論放熱或吸熱反應，其反應速率都有顯著的增大。
   (1) 次要原因：溫度增高，分子運動速率變快，碰撞次數增加。
   (2) 主要原因：溫度增高，分子動能變大，超過低限能之分子數增加(見圖7-6)。

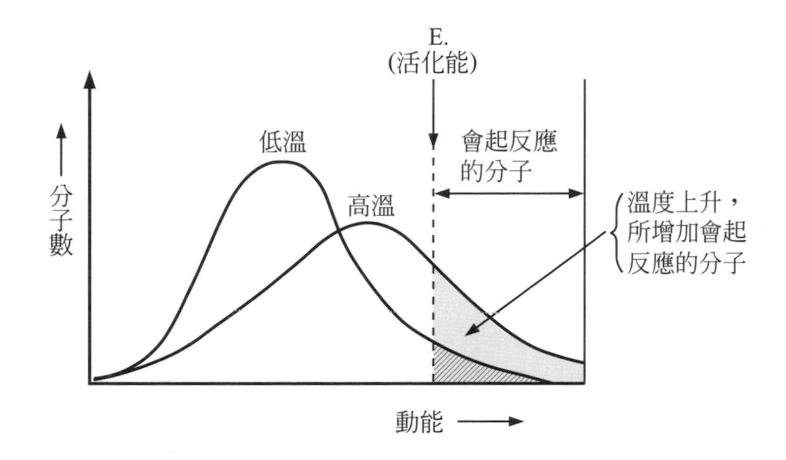

圖7-6　同一氣體在二個不同溫度時，分子動能的分佈

2. 反應速率與溫度的定量關係：
   (1) 溫度每升高10℃，一般反應的反應速率常提高2倍

$$\frac{R_2}{R_1}=2^{\left(\frac{T_2-T_1}{10}\right)} \tag{7-16}$$

① 此式並不能準確預測出定量關係，例如25℃上升至35℃與300℃上升至310℃，雖然都是上升10度，但提高的倍率不應該一樣。

② 由(7-18)式可看出，不同的E_a值的反應(即不同種類的反應)，即使溫度均提高10度，反應速率增加的倍率不一樣。

⑵ 阿侖尼斯(Arrhenius)方程式

① 指數形式：$k = A\,e^{-E_a/RT}$ (7-17a)

A：碰撞因子，R：氣體常數

由此式可看出，k的影響因素爲A、E_a及T，其中A與E_a與反應的種類及反應的環境有關(兩者合稱本性因素)，又下一單元將會學到催化劑可以降低E_a。綜合起來，可得k的影響因素：本性、溫度及催化劑。

② 對數形式：$\ln k = \ln A - \dfrac{E_a}{R}\dfrac{1}{T}$ (7-17b)

若指定某一反應時，上式看成是k爲溫度的函數，以$\ln k$對 $1/T$作用可得線性關係。斜率爲$\dfrac{-E_a}{R}$。

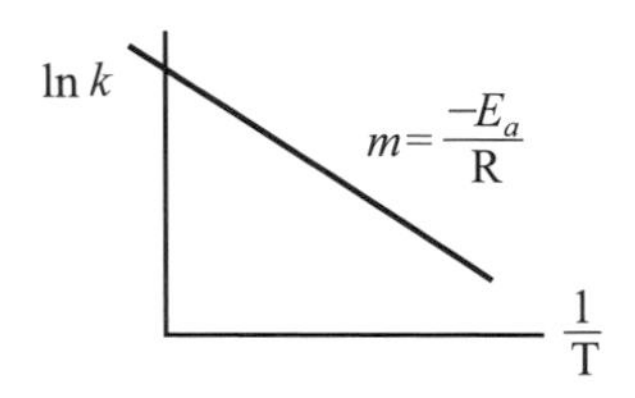

圖 7-7　k與T的作圖關係

③ 定量關係：

T_1時，$\ln k_1 = \ln A - \dfrac{E_a}{R}\dfrac{1}{T_1}$ ⋯⋯(a)

T_2時，$\ln k_2 = \ln A - \dfrac{E_a}{R}\dfrac{1}{T_2}$ ⋯⋯(b)

(a)式－(b)式，得$\ln\dfrac{k_1}{k_2} = \dfrac{-E_a}{R}\left(\dfrac{1}{T_1} - \dfrac{1}{T_2}\right)$ (7-18)

④ 由圖 7-7 中的斜率$\left(m = \dfrac{-E_a}{R}\right)$知，若某一反應的$E_a$很大，斜率的絕對值很大，表示$k$隨溫度作比較大幅度的變化。意即「同樣是升高 10 度，E_a值大者，反應速率提高倍率較大」，見範例 35。

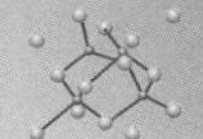

3. 同溫度下，不同反應的反應速率比較：

#1 反應：$\ln k_1 = \ln A_1 - \dfrac{E_{a_1}}{R}\dfrac{1}{T}$……(c)

#2 反應：$\ln k_2 = \ln A_2 - \dfrac{E_{a_2}}{R}\dfrac{1}{T}$……(d)

(c)式－(d)式，$\ln\dfrac{k_1}{k_2} = \ln\dfrac{A_1}{A_2} - \dfrac{(E_{a_1} - E_{a_2})}{RT}$　　(7-19)

範例 31

溫度對反應速率之影響之敘述何者正確？

(A)溫度升高，不論吸熱或放熱反應，速率隨之增大

(B)溫度可改變分子之動能分佈曲線，使具有活化能以上之分子數目增多

(C)溫度可改變反應途徑，而改變速率

(D)溫度升高，分子速率增大，碰撞次數增多為反應增快之主因

(E)溫度可使活化能降低，增快反應。

解：(A)(B)

溫度無法改變反應途徑，也就不會改變活化能。而溫度與動能成正比，∴溫度會改變動能。

範例 32

NO_2之雙聚化反應之速率定律為$-d[NO_2]/dt = k[NO_2]^2$下列何者的變化，將會改變此速率常數，k？

(A)加倍系統的總壓　(B)加倍反應的容器體積　(C)加入更多的NO_2

於反應混合物　(D)在CCl_4溶液，而非氣相內進行反應　(E)以上(A,B,C,D)皆非。【79成大】

解：(D)

在不同反應環境下進行，A值(碰撞因子)將不一樣，進而改變了k值。

範例 33

肉類放置在室溫下(25℃)8 小時即會腐敗，若放置於冷藏室(5℃)內則可保持多久不壞？

(A)8 小時　(B)16 小時　(C)32 小時　(D)64 小時。【86二技衛生】

解：(C)

反應速率與時間成反比，$\frac{t_1}{t_2}=\frac{R_2}{R_1}$，再配合(7-16)式，得

$\frac{t_1}{t_2}=2^{\left(\frac{T_2-T_1}{10}\right)}$，令$t_2=8\text{hr}$，$T_2=25℃$；$T_1=5℃$代入上式

$\frac{t_1}{8}=2^{\left(\frac{25-5}{10}\right)}$，$\therefore t_1=32\text{hr}$

範例 34

蔗糖之水解反應如下：$\underset{(蔗糖)}{C_{12}H_{22}O_{11}}+H_2O \rightleftharpoons \underset{(果糖)}{C_6H_{12}O_6}+\underset{(葡萄糖)}{C_6H_{12}O_6}$

已知於 35℃下，反應速率常數$k=6.2\times10^{-5}s^{-1}$，反應之活化能為108kJ/mol，試問於45℃下，其反應速率常數為若干？

(A)$4.60\times10^{-4}s^{-1}$　(B)$2.39\times10^{-4}s^{-1}$　(C)$2.30\times10^{-4}s^{-1}$　(D)$8.72\times10^{-4}s^{-1}$。【82二技環境】

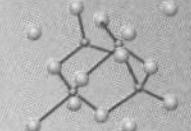

解：(C)

令$T_1 = 35℃$，$T_2 = 45℃$，代入(7-18)式

$$\ln\frac{6.2\times10^{-5}}{k_2} = \frac{-108\times1000}{8.314}\left(\frac{1}{35+273} - \frac{1}{45+273}\right)$$

$\therefore k_2 = 2.3\times10^{-4}$

類題

The rate constant for the formation of HI from the elements:

$H_{2(g)} + I_{2(g)} \longrightarrow 2HI_{(g)}$

is 2.7×10^{-4} L/mol · s at 600K and 3.5×10^{-3} L/mol · s at 650K. Find the activation energy of this reaction. 【82 成大化工】

解：$\ln\frac{2.7\times10^{-4}}{3.5\times10^{-3}} = \frac{-E_a}{8.314\times10^{-3}}\left(\frac{1}{600} - \frac{1}{650}\right)$

$\therefore E_a = 166\text{kJ}$

範例 35

今有 A、B 二個反應，A 反應之活化能爲 60kJ/mol，而 B 反應之活化能爲 250kJ，若使反應溫度由 300K 升至 310K 時，則
(A)A 反應的反應速率加快 2 倍 (B)B 的反應速率加快 2 倍 (C)A 的反應速率加快 25 倍 (D)B 的反應速率加快 25 倍。

解：(A)(D)

(1) 定$T_1 = 310\text{K}$，$T_2 = 300\text{K}$，代入(7-18)式，對 A 反應而言：

$$\ln\frac{k_1}{k_2} = \frac{-60\times1000}{8.314}\left(\frac{1}{310} - \frac{1}{300}\right)$$

$$\frac{k_1}{k_2}=2.17\text{ 倍}$$

⑵ 對B反應而言：

$$\ln\frac{k_1}{k_2}=\frac{-250\times1000}{8.314}\left(\frac{1}{310}-\frac{1}{300}\right)$$

$$\therefore\frac{k_1}{k_2}=25.36\text{ 倍}$$

⑶ B反應的活化能較大。而活化能較大的反應，其反應速率會隨著溫度作比較顯著的變化(見單元七重點2.-⑵-④)。

範例 36

兩二次反應具相同之頻率因子。反應2之活化能比反應1者大20kJ mol^{-1}。計算

(A)27℃時及(B)327℃時速率常數之比。

解：已知$E_{a_2}-E_{a_1}=20\text{kJ}$，而$A_1=A_2$，代入(7-19)式。

(A)在較低溫27℃時，

$$\ln\frac{k_1}{k_2}=\ln\frac{A_1}{A_2}-\frac{-20\times1000}{8.314\times300}=0+\frac{20000}{8.314\times300}$$

$$\therefore\frac{k_1}{k_2}=3037\text{ 倍}$$

(B)在較高溫的327℃時，

$$\ln\frac{k_1}{k_2}=0-\frac{-20000}{8.314\times600}$$

$$\therefore\frac{k_1}{k_2}=55\text{ 倍}$$

由本題學習到一個經驗，「兩個快慢有別的反應，當提高反應溫度時，其反應速率會愈趨於一致」。

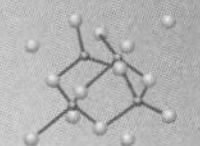

單元八：催化效應

1. 催化劑(catalyst)：一種添加於反應混合物中，會提高反應速率，而本身的量卻不會損耗的物質。又稱爲觸媒。
2. 特性：
   (1) 催化劑無法引發原本就不會進行的反應。
   (2) 具有專一性(尤其是酶)。
   (3) 催化劑加入後正逆雙方活化能降低量相等，即對正逆反應速率常數k等量變化，故催化劑只能加速達到平衡，而不改變平衡狀態。
   (4) 催化劑會參與反應，但淨結果，它的量卻不損耗。
   (5) 催化劑可重複使用，故只需少量即可達到催化目的，但濃度大或接觸面積大，其催化效果更佳。
   (6) 使用不同催化劑有時會得到不同產物。如：
      ① $CO + H_2 \xrightarrow{Ni} CH_4 + H_2O$
      ② $CO + H_2 \xrightarrow{Zn(CrO_4)_2} CH_3OH$
   (7) 催化劑的濃度有可能影響反應速率，也有可能不影響。也就是說，催化劑的濃度項可以出現在rate law式中，也可以不必。
3. 種類：
   (1) 勻相催化反應：催化劑和反應物互溶而成爲一個相，反應在一個相中進行。
      ① $2H_2O_{2(l)} \xrightarrow{Fe^{2+}} 2H_2O_{(l)} + O_{2(g)}$
      ② 二氧化硫的氧化程序(鉛室法)
      $SO_{2(g)} + NO_{2(g)} \rightarrow SO_{3(g)} + NO_{(g)}$
      $NO_{(g)} + \frac{1}{2}O_{2(g)} \rightarrow NO_{2(g)}$

(2) 非勻相催化反應：

① 催化劑和反應物不能互溶，成爲不同的相。催化作用進行於不同的相之間。

② 非勻相催化劑常是粉末狀、網狀或海棉狀。

(i) $C_2H_{4(g)} + H_{2(g)} \xrightarrow{\text{Ni 網}} C_2H_{6(g)}$

(ii) $N_{2(g)} + 3H_{2(g)} \xrightarrow{\text{Fe 粉}} 2NH_{3(g)}$

(iii) 汽車的觸媒轉化器

(iv) 二氧化硫的氧化程序(接觸法)

(3) 酶(Enzyme)

① 酶存在於生物體中爲一種蛋白質，故亦稱爲生物催化劑。

② 酶催化反應和一般催化劑不同，除選擇性甚強外尚須最適當溫度和最適當 pH 值。

4. 常見的催化反應：

(1) $2KClO_3 \xrightarrow{MnO_2} 2KCl + 3O_2$

(2) $3H_2 + N_2 \xrightarrow{Fe} 2NH_3$

(3) $2SO_2 + O_2 \xrightarrow{V_2O_5} 2SO_3$ (接觸法)

(4) C_nH_{2n}(烯) + $H_2 \xrightarrow[\text{pd or pt}]{Ni} C_nH_{2n+2}$(烷)

(5) $2MnO_4^- + 5C_2O_4^{2-} + 16H^+ \xrightarrow{Mn^{2+}} 2Mn^{2+} + 2CO_2 + 8H_2O$ (Mn^{2+}稱爲自催劑)

5. 催化原理：催化劑參與反應會改變反應途徑，且此過程是一條需能較低的途徑(見圖 7-8)，即降低反應的活化能，而使得較多的粒子超過低限能，有效碰撞率因而增加，致使反應速率加快(見圖 7-9)。

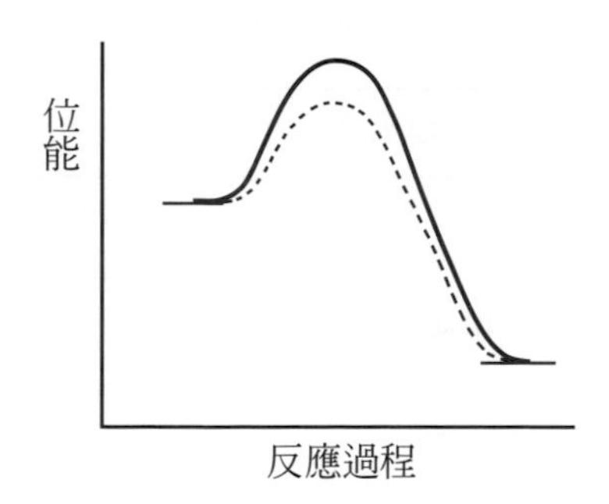

圖 7-8　實線代表未加入催化劑的反應途徑，虛線則代表加入催化劑的反應途徑，顯然地，加入催化劑後E_a值下降了

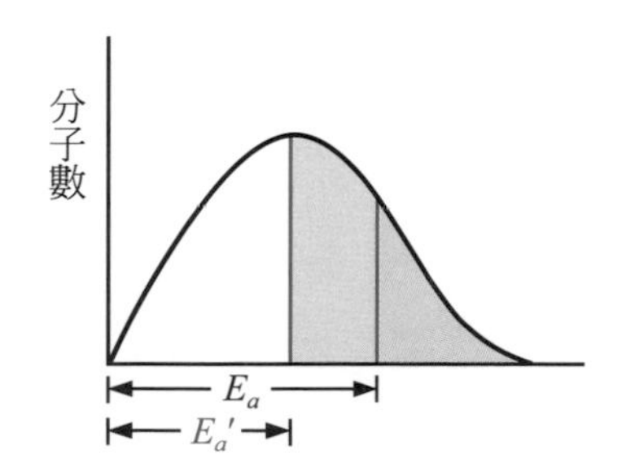

圖 7-9　加入催化劑前，有效碰撞的數量如灰色面積所顯示，加入催化劑後，由於E_a值下降，使得有效碰撞的數量(綠色加上灰色的部份)變大了

6.　溫度效應與催化劑效應的比較：

表 7-2

效應	會變動者	不會變動
催化劑	(1)E_a (2)E_a' (3)反應機構 (4) order (5)活化複體 (6)速率常數 (7)反應速率	(1)反應物位能 (2)產物位能 (3)ΔH (4)K(平衡常數) (5)平衡位置 (6)動能分佈曲線
溫度	(1)動能分佈曲線 (2)速率常數 (3)反應速率 (4)平衡常數，平衡位置	(1)E_a (2)反應途徑

範例 37

某反應加了催化劑後，反應速率增加，則下列敘述，何者正確？(A)表示有一活化能較低的反應途徑出現 (B)反應熱的大小因加入催化劑而改變 (C)該反應必為放熱反應 (D)正反應速率增加，逆反應速率減小。 【80私醫】

解：(A)

催化劑與ΔH無關，且催化劑使正逆兩方的反應速率作相同的改變。

類題

下列何項敘述錯誤？

(A)活化能愈大，反應速率愈小 (B)反應熱與活化能大小無關 (C)

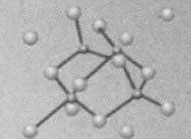

不能自然發生的反應，催化劑加入時，可引發其進行反應 (D)催化劑加入時，反應熱大小不發生變化 (E)溫度升高時，分子動能分佈曲線發生改變。

解：(C)

範例 38

下列敘述何者不當？
(A)吸熱反應，升高溫度時反應速率增加 (B)放熱反應，升高溫度時反應速率亦增加 (C)催化劑可改變反應位能曲線 (D)催化劑不能改變低限能大小。 【77 私醫】

解：(D)

無論吸熱或放熱反應，升高溫度或加入催化劑，都可使反應速率增加。而催化原理就是改變反應途徑(位能曲線)，因而降低了低限能(E_a)。

範例 39

一反應之活化能爲 64kJmol^{-1}。加了催化劑之後，活化能降爲 55kJ mol^{-1}。若其他因素不變，則在 400℃下加了催化劑可使反應速率變快
(A)15 倍 (B)5.0 倍 (C)2.0 倍 (D)1.2 倍。 【84 二技動植物】

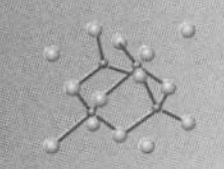

解：(B)

反應 1 代表加入催化劑，$E_{a1} = 55$，反應 2 代表未加入催化劑，$E_{a_2} = 64$，又因是同一反應，$\therefore A_1 = A_2$，代入(7-19)式

$$\ln\frac{k_1}{k_2} = \frac{-(55-64)\times 1000}{8.314\times 673}$$

$$\therefore \frac{k_1}{k_2} = 5$$

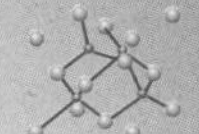

綜合練習及歷屆試題

PART I

1. 在300℃，NO_2的分解反應爲$2NO_{2(g)} \longrightarrow 2NO_{(g)} + O_{2(g)}$，則NO之生成速率(莫耳／公升·秒)爲$O_2$的多少倍？(原子量：N＝14，O＝16)
(A)1/2倍 (B)2倍 (C)16/15倍 (D)15/16倍。【83二技材資】
2. 丁烷與氧反應生成CO_2與H_2O，在1atm，0℃時丁烷以每分鐘2.24升之速率消耗，則在同狀況下CO_2之生成速率若干？
(A)0.1mol／分 (B)0.2mol／分 (C)0.3mol／分 (D)0.4mol／分。
3. 下列何者爲影響reaction-rate之因素
(A)Molecular collision (B)temperature (C)catalysts (D)以上皆是。【69私醫】
4. 在以下反應中：$Zn_{(s)} + H_2SO_{4(aq)} \longrightarrow Zn^{2+}_{(aq)} + SO^{2-}_{4(aq)} + H_{2(g)}$
如欲使反應速率增加，可使
(A)溫度升高 (B)加入$ZnSO_4$以增加Zn^{2+}離子濃度 (C)將鋅磨成更細的粉狀 (D)溫度降低 (E)增加總壓力。
5. 在室溫下，下列四種反應何者進行最快？
(A)$C_2H_5OH + CH_3COOH \longrightarrow CH_3COOC_2H_5 + H_2O$
(B)$2Fe^{+3} + Sn^{+2} \longrightarrow 2Fe^{+2} + Sn^{+4}$
(C)$Ag^+ + Cl^- \longrightarrow AgCl_{(s)}$
(D)$H_3O^+ + OH^- \longrightarrow 2H_2O$。
6. 反應速率＝$k[A]^m[B]^n$，則m、n如何決定？
(A)由反應之平衡式 (B)由實驗所得的反應速率 (C)由方程式的平衡常數 (D)由反應常數。【81二技環境】

7. 在$2NO + Cl_2 \rightarrow 2NOCl$的反應式，反應物的初濃度和反應速率有下列關係：

實驗	[NO]	[Cl_2]	莫耳／升．秒
1	0.380	0.380	5.0×10^{-3}
2	0.760	0.760	4.0×10^{-2}
3	0.380	0.760	1.0×10^{-2}

則反應速率方程式為：

(A)$k[NO][Cl_2]$　(B)$k[NO][Cl_2]^2$　(C)$k[NO]^2[Cl_2]$　(D)$k[NO]^2[Cl_2]^2$。

【71私醫】

8. 在室溫下當某一反應之反應速率減低至其初速率之1/4時，反應物濃度恰等於初濃度之一半，此反應級數為

(A)1　(B)2　(C)3　(D)4。　【79私醫】

9. $R=k[A]^m[B]^n$，已知k之單位為$M^{-3}t^{-1}$，且 A 濃度不變，[B]減為$\frac{1}{2}$時，R變為原來的$\frac{1}{4}$，則m、n依次為？

(A)1，1　(B)1，2　(C)2，1　(D)1，$\frac{1}{2}$　(E)2，2。

10. 已知化學反應 A + B ⟶ C，若[A]不變，[B]加倍，則反應速率加倍，若[A]、[B]同時加倍，則反應速率增加為原來16倍，試求該反應之反應速率？

(A)Rate $=k[A][B]^3$　(B)Rate $=k[A]^3[B]$　(C)Rate $=k[A][B]^2$　(D)以上皆非。　【75私醫】

11. 已知$A_{2(g)} + B_{2(g)} \longrightarrow 2AB_{(g)}$為單步驟反應，設某條件下其反應速率為$R$。今將其體積壓縮為原來之$\frac{1}{5}$，且$B_2$之莫耳數加倍，則反應速率為

(A)$10R$　(B)$25R$　(C)$50R$　(D)$2R$。

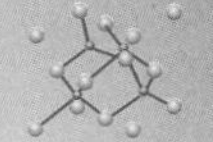

12. 已知反應$A+B \longrightarrow C$之速率定律式$R=k \cdot P_A \cdot P_B$，今用A 3mole，B 1mole 其總壓爲P，溫度爲T，反應速率R_1。再改用 A 1mole，B 1mole，而總壓仍爲P，溫度仍爲T，反應速率爲R_2；則R_1：R_2爲：
(A)3　(B)$\frac{1}{3}$　(C)$\frac{3}{4}$　(D)$\frac{4}{3}$　(E)4。

13. $A_{(g)}+B_{(g)} \longrightarrow C_{(g)}+D_{(g)}$，$R=k[A][B]$，當$P_A=P_B=0.5$atm 時，反應速率爲 S，若反應條件改成$P_A=0.25$atm，$P_B=0.05$atm 時(溫度相同)，$R$值應爲多少？
(A)0.0125S　(B)0.05S　(C)0.25S　(D)0.5S。　【86二技衛生】

14. $3A_{(g)}+B_{(g)} \longrightarrow D_{(g)}+F_{(g)}$之反應機構如下：
$A+B \longrightarrow C$(慢)　$C+2A \longrightarrow D+E$(快)　$E \longrightarrow F$(快)
已知在定溫、定壓下之反應速率爲R，若加 He 使反應系統之體積增爲 3 倍，而溫度、壓力不變，則反應速率爲
(A)$\frac{R}{27}$　(B)$\frac{R}{9}$　(C)R　(D)$3R$。　【84二技環境】

15. 反應$A+B \longrightarrow C$，已知

$[A]\text{mol} \cdot L^{-1}$	$[B]\text{mol} \cdot L^{-1}$	$\frac{\Delta[C]}{\Delta t}\text{mol} \cdot L^{-1} \cdot s^{-1}$
1.00×10^{-6}	3.00×10^{-6}	0.520×10^{-4}
2.00×10^{-6}	3.00×10^{-6}	1.040×10^{-4}
2.00×10^{-6}	6.00×10^{-6}	4.160×10^{-4}

則下列速率方程式何者正確？
(A)Rate$=k[A][B]$　(B)Rate$=k[A]^2$　(C)Rate$=k[A][B]^2$　(D)Rate$=k[A]^2[B]$。　【81二技環境】

16. 由方程式$2NO_{(g)}+Cl_{2(g)} \longrightarrow 2ONCl_{(g)}$，在$NO_{(g)}$反應速率方程式爲二級，在$Cl_{2(g)}$爲一級，在全部爲三級。比較 0.02mol $NO_{(g)}$及 0.02mol $Cl_{2(g)}$混合物，在 1liter 容器中之最初反應速率與：

(A)在已消耗一半$NO_{(g)}$時之反應速率　(B)已消耗一半$Cl_{2(g)}$時之反應速率　(C)已消耗三分之二$NO_{(g)}$時之反應速率　(D)在 1liter 容器中 0.04mol $NO_{(g)}$及 0.02mol $Cl_{2(g)}$之混合物的起始反應速率　(E)在 0.5liter 容器含 0.02mol $NO_{(g)}$及 0.02mol $Cl_{2(g)}$之混合物的反應速率。【78私醫】

17. 已知淨反應：$4AB + C_2 \longrightarrow 2A_2C + 2B_2$的反應機構如下：
$AB + C_2 \longrightarrow ABC_2$(慢)，$ABC_2 + AB \longrightarrow 2ABC$(極快)，$2ABC + 2AB \longrightarrow 2A_2C + 2B_2$(快)，此反應的反應次數是
(A)2　(B)3　(C)4　(D)5。【69私醫】

18. 已知反應：$Cl_{2(g)} + CHCl_{3(g)} \longrightarrow CCl_{4(g)} + HCl_{(g)}$之反應機構爲：
(1)$Cl_2 \rightleftharpoons 2Cl$(快)　(2) $Cl + CHCl_3 \longrightarrow CCl_4 + H$(慢)　(3) $H + Cl \rightleftharpoons HCl$(快)，則該反應之反應速率定律式爲
(A)$R = k[CHCl_3]$　(B)$R = k[Cl_2]^{1/2}[CHCl_3]$　(C)$R = k[Cl_2][CHCl_3]^2$　(D)$R = k[Cl_2][CHCl_3]$　(E)$R = k[Cl_2]^{1/2}[CHCl_3]^2$。【80屏技】

19. 反應方程式$A + 3B \longrightarrow D + F$的反應機制(mechanism)列示如下：
$A + B \longrightarrow C$(快)　$C + B \longrightarrow D + E$(慢)　$E + B \longrightarrow F$(很快)
則下列何者爲其反應速率式(rate law)？
(A)rate$= k[A]^2[B]$　(B)rate$= k[A][B]^2$　(C)rate$= k[C][B]$　(D)rate$= k[A][B]$。【86二技材資】

20. 反應：$A + 2B + C \longrightarrow D$，之反應機構如下：
(1)$A + B \rightleftharpoons X$(非常快即達平衡)　(2)$X + C \longrightarrow Y$(慢)　(3)$Y + B \longrightarrow D$(非常快)，下列何者是該反應的速率定律？
(A)$R = k[C]$　(B)$R = k[A][B]^2[C]$　(C)$R = k[A][B][C]$　(D)$R = k[D]$。

【82二技動植物】

21. 下列敘述，何者錯誤？
(A)在多步驟的反應中，速率決定步驟是當中最慢的哪一個步驟　(B)改變溫度，可改變一個反應的速率常數　(C)即使固定溫度，大部份

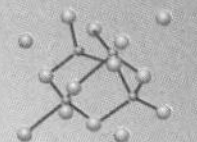

的反應其反應速率會隨反應的進行而改變 (D)改變反應物的濃度，可改變一個反應的速率常數。 【82 二技動植物】

22. 有關全反應爲 $A + B + C + D \longrightarrow ABCD$ 的下列可能反應機構中，何者可能性最小？
(A) $A + B \longrightarrow AB$，$AB + C \longrightarrow ABC$，$ABC + D \longrightarrow ABCD$ (B) $A + B + C + D \longrightarrow ABCD$ (C) $A + B \longrightarrow AB$，$C + D \longrightarrow CD$，$AB + CD \longrightarrow ABCD$ (D) $A + B + C \longrightarrow ABC$，$ABC + D \longrightarrow ABCD$。

23. 考慮化學反應：$A_{(g)} + B_{(g)} \xrightarrow{k} C_{(g)} + D_{(g)}$，實驗結果其反應速率定律爲 $k[A][B]$。其中 k 爲速率常數，下列敘述何者正確？
(A)A 的濃度加倍，其他狀況維持不變，則反應速率加倍 (B)通常 k 隨著溫度而變化，不隨反應物的濃度而變化 (C)上述的反應爲二級反應 (D)上述反應能發生必定爲放熱反應 (E)上述反應的反應機構一定只是 A 碰 B 的一步反應。

24. 亞鐵離子在水溶液中被氯氧化，全反應爲
$2Fe^{2+} + Cl_2 \longrightarrow 2Fe^{3+} + 2Cl^-$
實驗發現鐵離子或氯離子濃度增加時，全反應速率減慢，下列何者是可能之機構。
(A) $Fe^{2+} + Cl_2 \underset{k_{-1}}{\overset{k_1}{\rightleftharpoons}} Fe^{+3} + Cl^- + Cl$(快)
$Fe^{2+} + Cl \xrightarrow{k_2} Fe^{3+} + Cl^-$(慢)
(B) $Fe^{2+} + Cl_2 \underset{k_{-3}}{\overset{k_3}{\rightleftharpoons}} Fe^{+4} + 2Cl^-$(快)
$Fe^{+4} + Fe^{2+} \xrightarrow{k_4} 2Fe^{+3}$(慢)

25. 硝酸胺，O_2NNH_2，在水溶液中緩慢分解
$O_2NNH_2 \longrightarrow N_2O + H_2O$
其測定之速率定律爲：

$$\frac{d[N_2O]}{dt}=k\frac{[O_2NNH_2]}{[H^+]}$$

(A)下列機構中，哪一種最適合？

1. $O_2NNH_2 \xrightarrow{k_1} N_2O + H_2O$(慢)

2. $O_2NNH_2 + H^+ \underset{k_{-2}}{\overset{k_2}{\rightleftharpoons}} O_2NNH_3^+$(快平衡)

   $O_2NNH_3^+ \xrightarrow{k_3} N_2O + H_3O^+$(慢)

3. $O_2NNH_2 \underset{k_{-4}}{\overset{k_4}{\rightleftharpoons}} O_2NNH^- + H^+$(快平衡)

   $O_2NNH^- \xrightarrow{k_5} N_2O + OH^-$(慢)

   $H^+ + OH^- \xrightarrow{k_6} H_2O$(快)

(B)試問，其實驗測定的速率定律之k與你所選擇的機構中所列的速率常數間，有何代數上的關係。【72成大】

26. 有關零次反應的敘述，何者正確？

(A)$R=k$ (B)反應物剩餘濃度隨等時間間隔成等差數列遞減

(C)

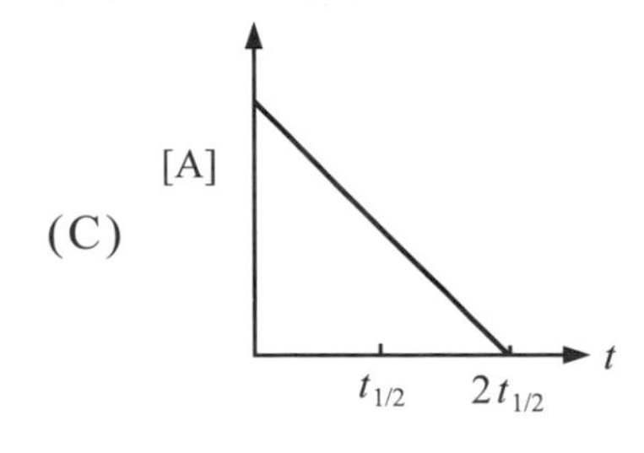

(D)

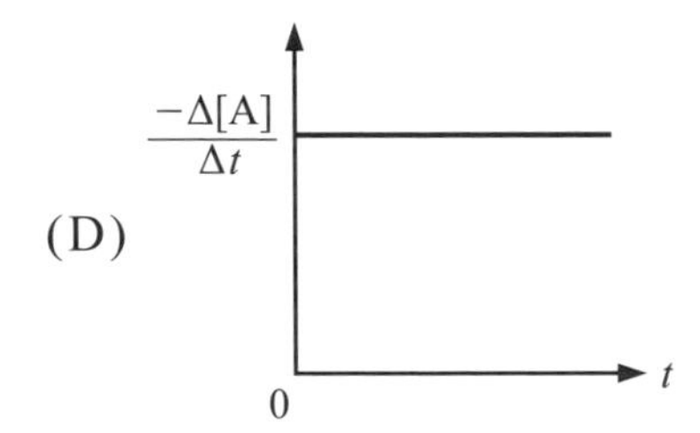

(E)

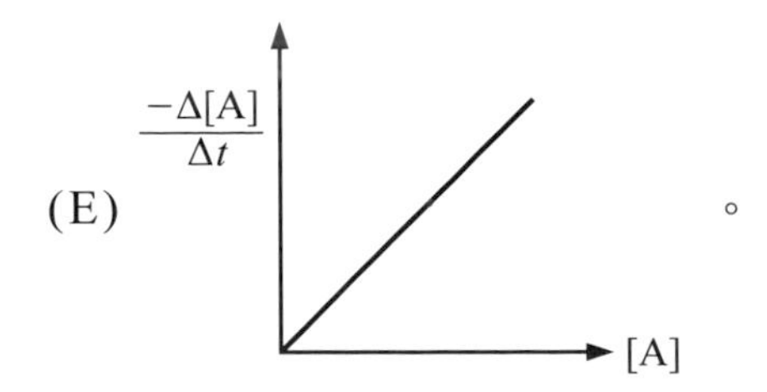

。

27. 下列各圖示何者正確？

(A)速率常數k與絕對溫度關係　(B)反應時間與溫度關係

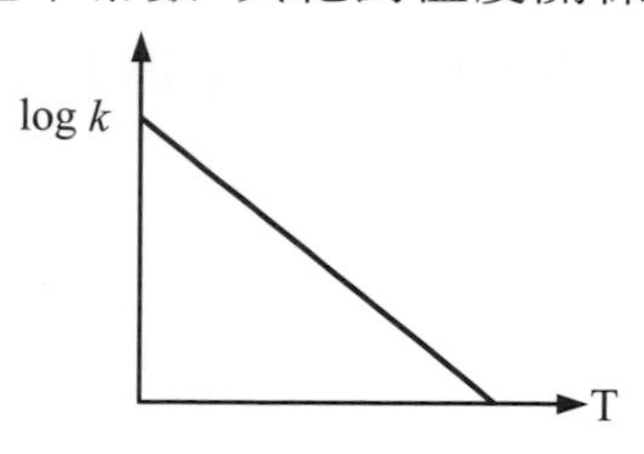

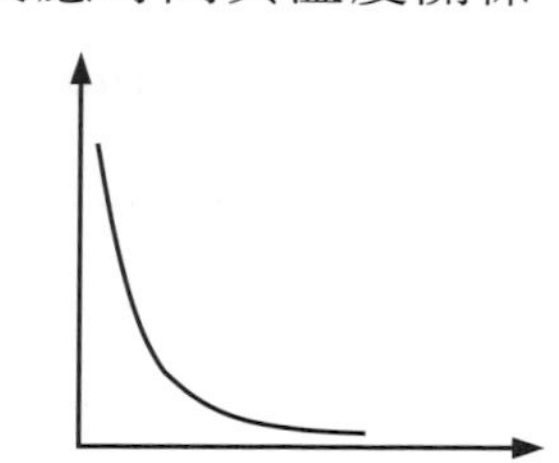

(C)零級反應　(D)一級反應

[A]

時間

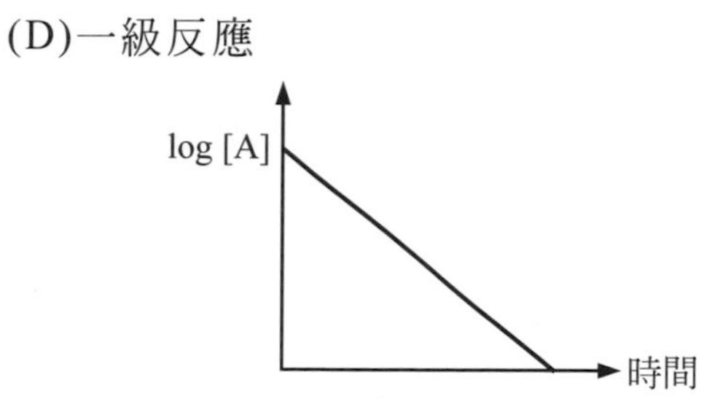

(E)二級反應

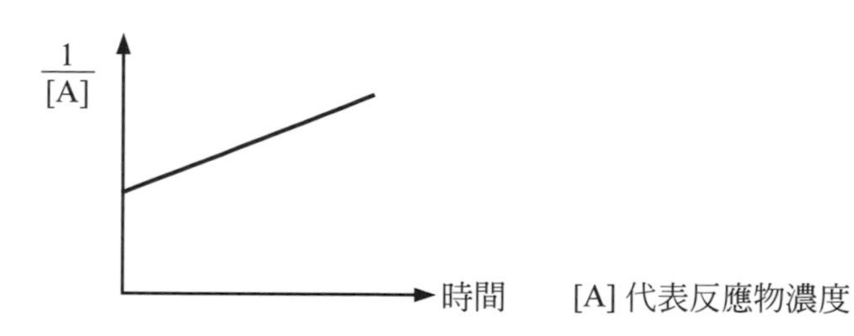

[A] 代表反應物濃度

。【80屏技】

28. 設反應 A ⟶ product 爲二級反應，則

(A)[A]　(B)log[A]　(C)1/[A]　(D)$1/[A]^2$　與時間成直線關係。

【78私醫】

29. 若 A ⟶ 產物爲二級反應(Secondary-Order Reaction)，則以 1/[A] 與t(時間)作圖所繪出斜線，其斜率(Slope)與k(速率常數)二者間之關係爲

(A)$k=-2.303\cdot$ slope (B)$k=$ slope (C)$k=-$ slope (D)$k=$ $2.303\cdot$ slope。 【77私醫】

30. 二氮甲烷(diazomethane)，CH_2N_2，在600℃下分解得下列數據：

t(分)	0	5	10	15	20	25
$[CH_2N_2]$ (莫耳／升)	0.100	0.076	0.058	0.044	0.033	0.025

試決定此分解反應的反應級數。

31. 下列實驗結果提供氣態N_2O_5在45℃時，以時間爲函數的氣壓，決定反應的級數。

t(秒)	p(毫米)	t(秒)	p(毫米)
0	348	3600	58
600	247	4800	33
1200	185	6000	18
2400	105	7200	10

32. 反應$2H_2O_2 \longrightarrow 2H_2O + O_2$的數據如下：

t(分)	0	200	400	600
H_2O_2	2.50	2.22	1.96	1.73

則此反應的級數是

(A)0 (B)1 (C)2 (D)3。

33. 若一反應之反應速率與其反應物之濃度無關，此為零級反應。零級反應其半生期(Half Life)如何表示？(K：速率常數，X_0：反應物起始濃度)

(A)$\frac{0.693}{K}$ (B)K (C)$\frac{1}{KX_0}$ (D)$\frac{X_0}{2K}$。 【82私醫】

34. 二級反應方程式：速率＝$k[A]^2$，則其半衰期等於

(A)$0.693/k$ (B)$1/k \cdot [A_0]$ (C)k (D)$1/k \cdot [A_0]^2$。 【71私醫】

35. 丙酮在600℃的熱分解為一級反應，其半生期為80秒，則其速率常數等於

(A)$87\times10^{-3}sec^{-1}$ (B)$8.7\times10^{-3}sec^{-1}$ (C)$87\times10^{3}sec^{-1}$ (D)$7.8\times10^{-3}sec^{-1}$。 【73後中醫】

36. 試推導二級反應$\frac{-d[X]}{dt}=k[X]^2$之半生期($t=0$時，$[X]=[X]_0$)。

【83私醫】

37. 反應方程式 $2A + B \longrightarrow P$ 的反應速率方程式為：rate $=k[A]$，下列關係式何者為正確？

(A)$[A]=1/kt$ (B)$\ln[A]=k/t$ (C)半衰期$t_{1/2}=0.693/k$ (D)$e^{[A]}=-kt$。 【86二技材資】

38. 二級反應速率常數k之單位為何？(式中之M為濃度)

(A)$M \cdot sec^{-1}$ (B)$M^{-2} \cdot sec^{-1}$ (C)$M^{-1} \cdot sec^{-1}$ (D)$M^2 \cdot sec^{-1}$。

39. 下列反應$CCl_3CHO + NO \longrightarrow CHCl_3 + CO + NO$其反應速率＝$k[NO][CCl_3CHO]$，則$k$的單位是

(A)sec^{-1} (B)sec (C)liter $mole^{-1}$ sec^{-1} (D)mole $liter^{-1}$ sec^{-1}。

【70台大】

40. 下列敘述何者正確？

(A)在一化學反應中，反應物消失的速率總等於產物生成的速率 (B)在一化學反應中，如為二級反應(Second-Order)，則此反應機構必有

兩個步驟　(C)一級反應(First-Oeder)的半生期(Half-Life)必定比二級反應的半生期大　(D)一級反應的半生期和反應物的起始濃度無關。【80私醫】

41. 自H_3O^+轉移質子至OH^-之速率常數為$1.4\times10^{11}M^{-1}s^{-1}$。假設理想混合，若強酸強鹼之初濃度均為$10^{-3}$N，則一半強酸強鹼中和所需時間為何？

42. 丙酮的熱分解，於600℃是為一級反應，其半生期為80秒，　(A)計算速率常數k　(B)25％的樣品分解需多少時間？(log1.33 = 0.124)【76私醫】

43. 410℃，$2HI_{(g)} \longrightarrow H_{2(g)} + I_{2(g)}$為二級反應，速率常數為：$5.1\times10^{-4}$l/mole・s，若HI的初濃度為0.36M，計算：
(A)$t_{\frac{1}{2}}$　(B)12分後，HI的濃度。【77私醫】

44. N_2O_5在CCl_4中之分解反應為一級反應，其速率常數在45℃時為$6.2\times10^{-4}min^{-1}$，在該反應條件下，若N_2O_5之初濃度為0.40M，則在反應18.6小時後其濃度將為若干？【78成大】

45. 某一同位素樣本，其Radio Activity為10000cpm(Counts per Minute)而在三小時半之後，其衰減8335cpm試求其半衰期為何？【77清華】

46. 假設某一有毒化學物質的分解反應為一次反應，將其濃度降為起始濃度一半需時2分鐘，則要使其濃度降到起始濃度的0.1％約需時多久？(ln2 = 0.693，ln10 = 2.303)
(A)20分鐘　(B)200分鐘　(C)1000分鐘　(D)63分鐘。【83二技環境】

47. 一個速率常數為$3.0\times10^{-3}s^{-1}$的一次反應，需多少秒此反應能完成75％的作用？【85私醫】

48. 目前的原子核學說(Nuclear Theory)提出當元素形成時，${}^{235}_{92}U/{}^{238}_{92}U$的比例幾乎等於1。假設現在的比例為$7.25\times10^{-3}$，${}^{235}_{92}U$的$t_{\frac{1}{2}} = 7.1\times10^8$年和${}^{238}_{92}U$的$t_{\frac{1}{2}} = 4.51\times10^9$年，求此元素的年代。

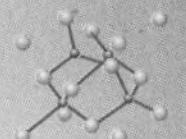

49. 影響反應速率有濃度，碰撞之幾何形狀，和催化劑之存在。關於此因子之敘述，下列何者有錯誤？
(A)增加反應粒子之濃度，則加大碰撞之機會 (B)最佳之碰撞幾何形狀，會降低活化能界限 (C)催化劑降低所需之活化能 (D)發生反應時，反應物之粒子每次均互相碰撞 (E)在反應機構內最慢之反應決定總反應之速率。【76私醫】

50. 參看下圖，選出錯誤之敘述？
(A)活化複體爲B與D (B)反應機構分爲兩步，第二步爲速率決定步驟 (C)反應物爲 A 與 E (D)正反應活化能爲20仟卡，逆反應活化能爲30仟卡 (E)A ⟶ E 反應熱 $\Delta H = +10$ 仟卡。【80屏技】

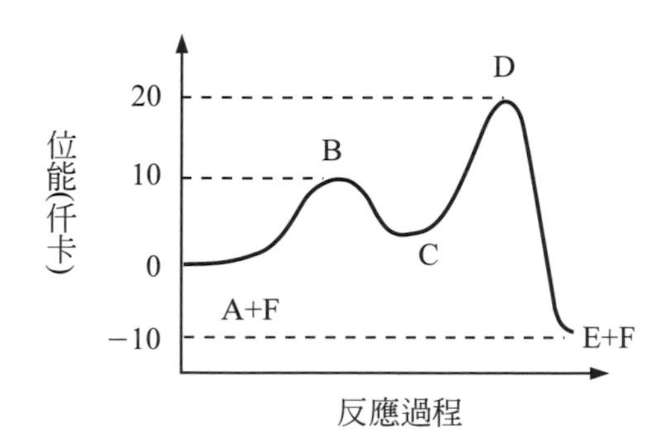

51. 某反應 S ⟶ P 在催化劑 E 存在下的反應過程爲
$E + S \rightleftharpoons ES$
$ES \rightleftharpoons EP$
$EP \rightleftharpoons E + P$
其活化觀念圖如下，試求
(A)$E + S \rightleftharpoons ES$ 之 ΔH (B)$E + P \rightleftharpoons EP$ 之 ΔH (C)$S \longrightarrow P$ 之 ΔH (D)逆反應之活化能。

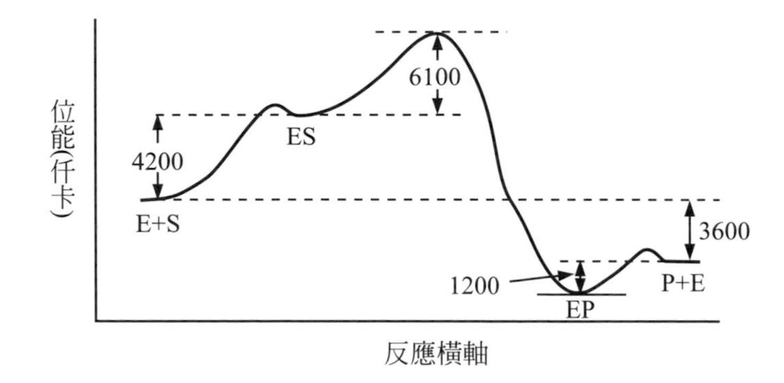

52. 有關反應速率，下列敘述何者正確？
(A)反應所需的最低能量愈小，則反應速率愈小 (B)反應之活化能愈大，反應速率愈大 (C)反應之活化能愈小，反應速率愈大 (D)活化能不因加催化劑而改變。 【84二技環境】

53. 某一反應爲$A_{(aq)} \rightleftharpoons B_{(aq)} + C_{(aq)}$的正反應活化能爲20kJ/mol，逆反應活化能爲65kJ/mol，則此反應的莫耳反應熱爲？(kJ) 【85私醫】

54. 反應過程中將溫度升高，對反應速率之影響爲何？
(A)若爲放熱反應，則正向速率加快，逆向速率減慢 (B)若爲吸熱反應，則正向速率加快，逆向速率減慢 (C)不論放熱或吸熱反應，正、逆向速率均減慢 (D)不論放熱或吸熱反應，正、逆向速率均加快。 【86二技衛生】

55. 反應速率常數k值受下列何因素之改變而影響？
(A)反應物的濃度 (B)反應物本性 (C)溫度 (D)催化劑。

56. 哪一個或哪些不是速率及速率常數的共同變因？
(A)反應物的種類 (B)濃度 (C)溫度 (D)催化劑 (E)溶劑的種類。

57. 某反應在溫度0℃時，須3小時方能完成，若欲使此反應於3分鐘內完成，則溫度至少須增至________℃(已知log2＝0.3010，log3＝0.477)。

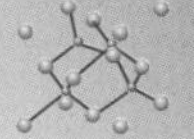

58. 對於反應$2NO_{2(g)} \longrightarrow 2NO_{(g)} + O_{2(g)}$之活化能爲 27200Cal。在 600°K 時，$k = 0.75(mole/liter)^{-1}sec^{-1}$，求在 700°K 時之$k=$________。

【68私醫】

59. 已知 HI 之分解反應爲$2HI \rightarrow H_2 + I_2$，在 400K 與 500K 時，速率常數(Rate Constant)之比爲 1：10^5，求此反應之活化能(kJ/mol)(活化能值在 400K − 500K 不變)。【72私醫】

60. 當溫度由 300K 增至 310K 時，反應速率增大十倍之反應，其活化能等於________kJ/mol。【78私醫】

61. 反應速率常數k和溫度(T)作圖何者可得直線？
(A)k對T　(B)$\log k$對T　(C)$\log k$對$\frac{1}{T}$　(D)k對$\frac{1}{T}$。

62. 某可逆反應之正向爲吸熱，當其達平衡時，正逆反應之速率分別爲R_1及R_2，若溫度驟然下降間，R_1變爲$m R_1$，R_2變爲$n R_2$，則
(A)$m>1$，$n<1$，$m>n$　(B)$m<1$，$n>1$，$m<n$　(C)$m>1$，$n<1$，$m>n$　(D)$m<1$，$n<1$，$m<n$。

63. 下列有關反應：$CO_{(g)} + NO_{2(g)} \longrightarrow CO_{2(g)} + NO_{(g)}$能量曲線圖中之敘述，何者正確？

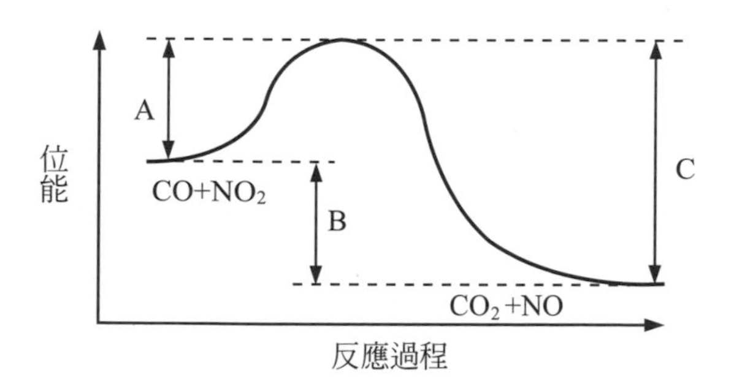

(A)C值爲反應熱　(B)上列反應爲放熱作用　(C)加入適當催化劑，會使B值減小　(D)加入適當催化劑，會使A、C值均增大。

64. 催化劑對下列何項有影響
(A)反應熱 (B)反應物及生成物的位能 (C)活化複體的位能 (D)反應物分子的分子動能。【67私醫】

65. 下列何項敘述是錯誤的？
(A)溫度改變可改變速率常數 (B)速率常數與反應物濃度無關 (C)催化反應的速率與催化劑濃度有關 (D)活化能隨催化劑之量的增多而漸變小。【84私醫】

66. $2H_2O_{2(aq)} \longrightarrow 2H_2O_{(l)} + O_{2(g)}$在25℃時，$H_2O_2$分解，在無催化劑的情況下，活化能爲75.3kJ/mole；在以I^-當催化劑時，其活化能降爲56.5kJ/mole。試計算在此二種情況下，反應速率常數之相對値。【81私醫】

67. 下列有關催化劑的敘述，何者錯誤？
(A)催化劑沒有參與化學反應 (B)催化劑可以改變反應機構 (C)催化劑可以降低反應之活化能，僅促進正反應速率 (D)催化劑影響反應速率，但不影響平衡常數 (E)催化劑不改變低限能之大小。

68. 下列有關催化劑的敘述何者錯誤？
(A)催化劑可改變活化能 (B)催化劑可改變反應速率 (C)催化劑可改變反應平衡狀態 (D)催化劑可改變反應機構。

答案：1.(B) 2.(D) 3.(D) 4.(AC) 5.(D) 6.(B) 7.(C) 8.(B) 9.(E) 10.(B) 11.(C) 12.(C) 13.(B) 14.(B) 15.(C) 16.(A)$\frac{16}{3}$，(B)0，(C)$\frac{27}{2}$，(D)$\frac{1}{4}$，(E)$\frac{1}{8}$ 17.(A) 18.(B) 19.(B) 20.(C) 21.(D) 22.(B) 23.(ABC) 24.(A) 25.(A)第3種，(B)$\frac{k_4 k_5}{k_{-4}}$ 26.(ABCD) 27.(DE) 28.(C) 29.(B) 30.一級 31.一級 32.(B) 33.(D) 34.(B) 35.(B) 36.見詳解 37.(C) 38.(C) 39.(C) 40.(D) 41. 7.1×10^{-9}秒

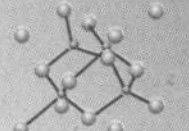

42.(A)8.7×10^{-3}，(B)33秒　43.(A)5447秒，(B)0.318M
44. 0.2　45. 1.35hr　46.(A)　47. 462　48. 6×10^{9}　49.(D)
50.(CE)　51.(A)4200，(B)－1200，(C)－3600，(D)15100
52.(C)　53.－45　54.(D)　55.(BCD)　56.(B)　57. 59.1　58. 19.5
59. 191.4　60. 178　61.(C)　62.(D)　63.(B)　64.(C)　65.(D)
66. 1975　67.(ACE)　68.(C)

PART II

1. Which equation describes the relationship between the rates at which Cl_2 is consumed and ClF_3 is produced in the following reaction $Cl_{2(g)} + 3F_{2(g)} \longrightarrow 2ClF_{3(g)}$
(A)$-d(Cl_2)/dt = d(ClF_3)/dt$　(B)$-d(Cl_2)/dt = 2[-d(ClF_3)/dt]$　(C)$2[-d(Cl_2)/dt] = -d(ClF_3)/dt$　(D)$-d(Cl_2)/dt = 2[d(ClF_3)/dt]$　(E)$2[-d(Cl_2)/dt] = d(ClF_3)/dt$。【81成大化工】

2. List and describe the four factors that influence the rate of reaction.【83淡江】

3. The use of a fire blanket in extinguishing a clothing fire is most closely related to what factor relative to chemical reaction rates? (A)temperature of reaction medium　(B)catalysis　(C)equilibrium ratio of reactants　(D)concentration of chemicals.【84清大B】

4. For the reaction $A + 2B \longrightarrow 2C$, the rate law for formation of C is (A)rate $= k[A][B]^2$　(B)rate $= k[A][B]$　(C)rate $= [C]^2/[A][B]^2$　(D)rate $= k[A]^2[B]$　(E)impossible to state from the data given.【83成大化學】

5. For the reaction $A_{(g)} + 2B_{(g)} \longrightarrow 2C_{(g)}$, which of the following statement are TRUE?
(A)This is a trimolecular reaction. (B)Double the total pressure in the system will not change the reaction rate. (C)The order of the reaction can only be determined by experiment. (D)Running the reaction in a solution system rather than in the gas phase will change the value of the specific rate constant. (E)The reverse reaction is a unimolecular reaction. 【80台大丙】

6. With the reaction $a\text{A} + b\text{B} \longrightarrow$ products, it was found that (a)when the initial concentration of A was doubled and that of B held constant, the initial rate doubled; (b)when the initial concentration of B was doubled and that of A held constant, the initial reaction rate increased 4 times. On the basis of these data only, which one of the following statement is true?
(A)The reaction is third order overall. (B)The reaction is third order in B. (C)The reaction is second order in A. (D)The rate constant could have units of mole liter^{-1} sec^{-1}. (E)The activation energy of the forward reaction is greater than that of the reverse reaction. 【80淡江】

7. The rate of the reaction $2\text{A} + \text{B} \rightleftharpoons \text{C}$ has been observed at 25℃. From the following data, determine the rate law for the reaction and calculate the rate constant. 【80文化】

Experiment No.	Initial[A](M)	Initial[B](M)	Initial rate (M/s)
1	0.100	0.100	5.50×10^{-6}
2	0.200	0.100	2.20×10^{-5}
3	0.400	0.100	8.80×10^{-5}
4	0.100	0.300	1.65×10^{-5}
5	0.100	0.600	3.30×10^{-5}

8. The conversion of ozone to molecular in the upper atmosphere $2O_{3(g)} \rightarrow 3O_{2(g)}$ is thought to occur via the mechanism

   $O_3 \rightleftharpoons O_2 + O$ (Fast equilibrium)

   $O + O_3 \rightleftharpoons 2O_2$ (Slow)

   What rate law is consistent with this mechanism? 【79逢甲】

9. The reaction $A + B \longrightarrow D$ proceeds as follows:

   Step 1. $A + B \longrightarrow C + I$ (slow)

   Step 2. $A + I \longrightarrow D$ (fast)

   What is he rate law for the overall reaction?

   (A)rate $= k[A][B]$ (B)rate $= k[A]^2[B]$ (C)rate $= k[A]^2$ (D)rate $= k[A][B][C]$ (E)None of these. 【83中興A】

10. What is the rate law for the following mechanism?

    $Cr^{2+} + UO_2^{2+} \rightleftharpoons CrUO_2^{4+}$ (fast)

    $CrUO_2^{4+} + Cr^{2+} \rightleftharpoons 2Cr^{3+} + UO_2$ (slow)

    $UO_2 + 4H^+ \longrightarrow U^{4+} + 2H_2O$ (fast) 【86成大環工】

11. Determine the molecularity of the following elementary reaction:

    $O_3 \longrightarrow O_2 + O$.

    (A)unimolcular (B)bimolecular (C)termolecular (D)quadmolecular (E)can't be determined. 【86成大】

12. The decomposition of ozone in the ozone layer of the earth's atmosphere:

$O_3 \longrightarrow O_2 + O$

$O_3 + Cl \longrightarrow O_2 + ClO$

$ClO + O \longrightarrow Cl + O_2$

which of the following statements is wrong?

(A)The overall reaction is $2O_3 \longrightarrow 3O_2$ (B)O_2 is a product (C) ClO is an intermediate (D)Cl is a reactant (E)This is a catalyzed reaction by Cl. 【82成大化學】

13. Give an example to explain the difference between molecularity and order of a reaction. 【82成大化學】

14. For a first order rate expression, which plot of the following will be a straight line? note:[A] is the concentration, t is time.

(A)ln[A] vs. t (B)1/[A] vs. t (C)1/[A] vs. t^2 (D)$[A]^2$ vs. t (E) ln[A] vs. $1/t$. 【84成大化工】

15. For the reaction $A \longrightarrow 2B + C$, the following data are obtained for [A] as a function of time:t= 0 min, [A]= 0.8M; 8min, 0.60M; 24min, 0.35M; 40min, 0.20M.

(A)By suitable means establish the order of the reaction. (B)What is the value of the rate constant, k? (C)Calculate the rate of formation of B at t=30min.(ln0.60 = − 0.5108, ln0.80 = − 0.2231), (ln0.35 = − 1.0498, ln0.28 = − 1.272) 【83中山化學】

16. A bio-degradable detergent undergoes decomposition that has a half-life of 22 days. Determine the value of the rate constant for zero order, first order, and second order kinetics if the initial amount of sample is 10 grams. 【83清大B】

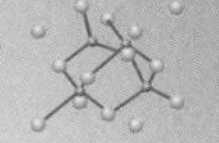

17. Use calculus and the general rate expression of $-d[A]/dt=k[A]^n$ to derive the integrated rate expression for zero, first, and second order kinetics. 【83清大B】

18. A certain first-order reaction has a half-life of 20 min. (A)calculate the rate for this reaction. (B)How much time is required for this reaction to be 75 % complete? 【83逢甲】

19. Sulfury chloride, SO_2Cl_2, is a colorless, corrosive liquid whose vapor decomposes in a first-order reaction to sulfur dioxide and chlorine. $SO_2Cl_{2(g)} \longrightarrow SO_{2(g)} + Cl_{2(g)}$ at 320℃, the rate constant is 2.20×10^{-5}/s. (A)What is the half-life of SO_2Cl_2 vapor at this temperature? (B) How long(in hours) would it take for 50 % of the SO_2Cl_2 to decompose?

【83中山生物】

20. In a second-order rate expression, what units must the specific rate constant possess?

(A)M/t (B)1/t (C)1/M · t (D)t/M (E)t/M^2. 【84成大化學】

21. Which one of the following mathematical expressions enables us to calculate the first-order rate constant? note: k is rate constant, $[A]_0$ initial concentration, $t_{1/2}$ half-life time.

(A)$k=1/t_{1/2}$ (B)$k=t_{1/2}$ (C)$k=[A]_0\,t_{1/2}$ (D)$k=0.693/t_{1/2}$ (E)$k=2.30t_{1/2}$. 【84成大環工】

22. Which of the following statements are(is) true regarding the following first order reaction?

$2A \longrightarrow B + C$

(1) The rate of the reaction decreases as more and more of B and C are formed.

(2) The time required for one-half of substance A to react is directly proportional to the quantity of A.

(3) A plot of [A] vs. time yields a straight line.

(4) The rate of formation of C is one-half the rate of reaction of A.

(A)(2) and (4) (B)(1),(3) and (4) (C)(2) and (3) (D)(1) and (4) (E) (3) only. 【86台大A】

23. The recombination of Br atoms

$2Br_{(g)} \rightarrow Br_{2(g)}$

Is considered to be an elementary bimolecular reaction. In one experiment the concentration of bromine atoms was 1.04×10^{-5}M at 320μsec and the original concentration was 12.26×10^{-5}M. Find the rate constant. 【79台大甲】

24. A certain first-order reaction is 45 % complete in 65sec. What is the rate constant and the half-life of this reaction? 【80中山】

25. A reaction which is second order in one reactant has a rate consatnt of 1.0×10^{-1}Lmol^{-1}s^{-1}. If the initial concentration of the reactant is 0.100M, how long will it take for the concentration to become 0.0500M?

(A)100s (B)500s (C)1000s (D)1500s (E)10000s. 【85中山】

26. Determine the order and k for the reaction A→B + C from the following data

time(min)	0	15.0	30.0	60.0	120.0
[A]	0.8	0.67	0.57	0.4	0.2

27. In three different experiments the following results were obtained for the reaction A→products

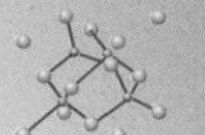

$[A]_0$ / M	$t_{1/2}$ / min
1.00	50
2.00	25
0.5	100

where $[A]_0$ is the initial concentration of the reactant and $t_{1/2}$ is the half-life of the reaction. Write the rate equation for this reaction and indicate the value of k. 【86清大A】

28. For a reaction for which the activation energies of the forward and reverse directions are equal in value.
(A)the stoichiometry is the mechanism (B)$\Delta H = 0$ (C)$\Delta S = 0$
(D)the order is 0 (E)there is no catalyst. 【81清大】

29. For the reaction of nitric oxide with ozone, $\Delta H = -200$kJ. $NO_{(g)} + O_{3(g)} \longrightarrow NO_{2(g)} + O_{2(g)}$. The activation energy for this reaction is 10kJ. The activation energy for the reverse reaction is
(A)10kJ (B)190kJ (C)200kJ (D)210kJ (E)250kJ. 【85中山】

30. (A)What is a transition state(activated complex)?
(B)What is the activation energy, E_a, of a reaction? 【84清大A】

31. The rate for the hydrolysis of thioacetamide.

$$CH_3-\overset{\overset{\large S}{\|}}{C}-NH_2 + H_2O \longrightarrow H_2S + CH_3-\overset{\overset{\large O}{\|}}{C}-NH_2$$

is rate $= k[H^+][CH_3CSNH_2]$. If some solid sodium hydroxide is added to a solution that is 0.10M in both thioacetamide and the hydrogen ion at 25℃, then

(A)the reaction rate increases, but k remains the same (B)the reaction rate decreases, but k remains the same (C)the reaction rate remains the same, but k increases (D)the reaction rate remains the same, but k decreases (E)there is no change in the reaction rate or the rate constant. 【85中山】

32. An Arrhenius plot of $\ln(k)$ versus $1/T$ has a slope of (A)A (B)E_a (C)$-E_a/R$ (D)lnA. 【81中興食品】

33. The rate constant of a certain reaction increases by a factor of 18 when the temperature is increased from 20℃ to 40℃. What is the activation energy for this reaction? 【78文化】

34. The rate constant for a first-order reaction is $3.46\times10^{-2}s^{-1}$ at 298K. What is the rate constant at 350K if the activation energy for the reaction is 50.2kJ mol^{-1}?
(A)$4.96s^{-1}$ (B)$753s^{-1}$ (C)$0.71s^{-1}$ (D)$2.1\times10^{2}s^{-1}$. 【78東海】

35. The activation energy for the reaction $2NO_{2(g)} \longrightarrow 2NO_{(g)} + O_{2(g)}$ is 114 kJ/mol. If rate constant $k = 0.75$/mole sec at 600℃, what is the value of k at 500℃? ($R = 8.314$j/°K mole) 【80中山】

36. The rate constant for the decomposition of N_2O_5 increases from $1.52\times10^{-5}s^{-1}$ at 25℃ to 3.83×10^{-3} at 45℃. Calculate the activation energy for this reaction. 【81中山化學】

37. The activation energy for a certain reaction is 113kJ/mol. By what factor (how many times) will the rate constant increase when the temperature is raised from 310K to 325K? 【85成大環工】

38. The mechanism of a reaction $A + B \longrightarrow P$ has the following two-step mechanism at 300K:

$A \xrightarrow{k_1} 2I \quad (k_1 = 10^{13}e^{-25000/RT}\ s^{-1}) \qquad (a)$

$I + B \xrightarrow{k_2} P \quad (k_2 = 10^{14}e^{-2500/RT}\ M^{-1}s^{-1}) \qquad (b)$

where I is a radical intermediate. On assuming [A]=[B]= 1M at initial stage.

(A)What are the reaction order for steps(a) and (b). (B)What is the initial rate of step(a). (C)What is the half life of A. (D)What is the steady state concentration of I at the initial stage.

(R= 8.3J · $K^{-1}mol^{-1}$, e = 2.7, e^{10}= 2.2×10^4) 【82清大】

39. One pathway for the destruction of ozone in the upper atmosphere is

$O_3 + NO \longrightarrow NO_2 + O_2$ (slow)

$NO_2 + O \longrightarrow NO + O_2$ (fast)

overall reaction $O_3 + O \longrightarrow 2O_2$

Which species is a catalyst?

(A)O_3 (B)NO (C)NO_2 (D)O. 【79淡江】

40. Which of the following will change with a catalyst?

(A)the heat of reaction (B)the potential energy of the reactants (C)the transition state (D)the activated complex (E)the activation energy of the reverse reaction. 【80台大丙】

41. Which of the following is not the property of enzymes?

(A)substrate specificity (B)lower activation energy (C)high reaction temperature (D)reversibility of the reaction. 【84中山生物】

42. A catalyst has what effect at equilibrium?

(A)speeds up the forward reaction (B)speeds up the backward

reaction (C)slows down the forward reaction (D)has no effect (E)slows down the backward reaction. 【84成大化學】

43. Consider the reaction, $2KClO_{3(s)} + MnO_{2(s)} \longrightarrow 2KCl_{(s)} + MnO_{2(s)} + 3O_{2(g)}$. Which of the following is a catalyst for this reaction?
(A)Sn (B)MnO_2 (C)KCl (D)$KClO_3$ (E)none of the above.
【86清大B】

44. Urea (H_2HCONH_3) is used extensively as a nitrogen source in fertilizers. It is produced commercially from the reaction of ammonia and carbon dioxide

$$2NH_3(g) + CO_2(g) \xrightarrow[\text{Pressure}]{\text{Heat}} H_2NCONH_2(s) + H_2O(g)$$

Ammonia gas at 223℃ and 90. atm flows into a reactor at a rate of 500. L/min. Carbon dioxide at 223℃ and 45. atm flows into the reactor at a rate of 600. L/min. What mass of urea is produced per minute by this reaction assuming 100％ yield？ 【88中央】

45. Consider the rate data for the reaction,
$2A + 3B \rightarrow$ products.

Initial[A]	Initial[B]	$-\Delta[A]/\Delta t$
0.025M	0.025M	0.0012 mol min^{-1}
0.050M	0.025M	0.0024 mol min^{-1}
0.050M	0.050M	0.0024 mol min^{-1}

What is the rate equation for this reaction？
(A)k[A] (B)k[A][B] (C)$k[A]^2[B]$ (D)k[B] (E)none of the above.
【89清大B】

46. Initial rate data have been determined at a certain temperature for the gaseous reaction $2NO + 2H_2 \rightarrow N_2 + 2H_2O$

$[NO]_0$	$[H_2]_0$	Initial Rate(M/s)
0.1	0.2	0.0150
0.1	0.3	0.0225
0.2	0.2	0.0600

The numerical value of the rate constant is

(A)7.5 (B)3×10^{-3} (C)380 (D)0.75 (E)3.0×10^{-4}. 【89成大環工】

47. The reaction mechanism for the decomposition of H_2O_2 is

$H_2O_2 + I^- \xrightarrow{k_1} H_2O + IO^-$ slow

$H_2O_2 + IO^- \xrightarrow{k_2} H_2O + O_2 + I^-$ fast

Which of the following statements is true？

(A)the reaction is second order whth respect to $[H_2O_2]$

(B)I^- is a catalyst

(C)the reaction is first order with respect to $[I^-]$

(D)IO^- is a catalyst

(E)IO^- is an intermediate. 【88輔大】

48. The reaction $2NO_{(g)} + O_{2(g)} \rightarrow 2NO_{2(g)}$ exhibits the rate law：Rate $= k[NO]^2[O_2]$. Which of the following mechanism is consistent with this rate law？

(A)$NO + O_2 \rightarrow NO_2 + O$ slow

$O + NO \rightarrow NO_2$ fast

(B)$NO + O_2 \rightleftharpoons NO_3$ fast equilibrium

$NO_3 + NO \rightarrow 2NO_2$ slow

(C) $2NO \rightarrow N_2O_2$ slow

$N_2O_2 + O_2 \rightarrow N_2O_4$ fast

$N_2O_4 \rightarrow 2NO_2$ fast

(D) $2NO \rightleftharpoons N_2O_2$ fast equilibrium

$N_2O_2 \rightarrow NO_2 + O$ slow

$O + NO \rightarrow NO_2$ fast

(E)none of these. 【89中正】

49. For which order reaction is the half-life of the reaction proportional to 1/k (k is the rate constant)?

(A)zeroth order (B)first order (C)second order (D)all of the above (E)none of the above. 【89中正】

50. For what reatcion-order does the half-life get longer as the initial concentration increases?

(A)zero order (B)first order (C)second order (D)third order (E)none of the above. 【89清大B】

51. Consider the reaction, $2A + B \rightarrow$ products. If the reaction is first order in both A and B, what are appropriate units for the rate constant, k?

(A)mol L^{-1} (B)L $mol^{-1}s^{-1}$ (C)mol^2s (D)s mol^{-2} (E)none of the above. 【88清大A】

52. The decomposition of N_2O_5 in the gas phase was studied at constant temperature:

$2N_2O_5(g) \rightarrow 4NO_2(g) + O_2(g)$

The following results were collected:

Time(sec)	0	50	100	200	300	400
N_2O_5(mol/L)	0.100	0.0707	0.0500	0.0250	0.0125	0.00625

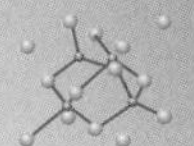

(A)What is the order of rate law in N_2O_5

(B)Calculate the rate constant

(C)Calculate $[N_2O_5]$ 150.0 sec after the start of the reaction.

【87成大材料】

53. A radioisotope decays at such a rate after 72.0 min only 1/16 of the original amount remains. Which of the following statements are TRUE？

(A)The half-life of this nuclide is 9 min

(B)The decay reaction is a first order reaction

(C)After another 108 min, only 1/1022 of the original amount remains

(D)The decay rate will change with the solvents used to dissovlved the salts of radioisotope

(E)The decay constant is 0.0385 min^{-1}. 【87台大B】

54. Consider the reaction, A + B→products, which has the rate equation, rate = k[A]. The value of the rate constant is 0.15 h^{-1}. What will be the concentration of A after 2.0 hours if the initial concentration of A was 0.050 M？

(A)0.045M (B)0.040M (C)0.037M (D)0.032M (E)none of the above. 【88清大A】

55. It takes 42 min for the concentration of a reactant in a first-order reaction to drop from 0.45 M to 0.32 M at 25℃. How long will it take for the reaction to be 90% complete？

(A)13min (B)86min (C)137min (D)222min (E)284min.

【88清大B】

56. At a particular temperature, N_2O_5 decomposes according to a first-order rate law with a hlaf-life 3.0 s. If the initial concentration of N_2O_2 is 1.0×10^{16} molecules/cm^3, what will be the concentration in molecules/cm^3 after 10.0 s？
(A)9.9×10^{14} (B)1.8×10^{12} (C)7.3×10^{9} (D)6.3×10^{3} (E)9.4×10^{2}.
【88成大環工】

57. Which one of the following would alter the value of the rate constant (k) for the reaction 2A + B→products？
(A)increase the concentration of A
(B)increase the concentration of B
(C)increase concentration of both A and B
(D)increase the temperature
(E)all of the above. 【88清大B】

58. The activation energy for the reaction $Sn^{2+}+2Co^{3+}\rightarrow Sn^{4+}+2Co^{2+}$ is 60 kJ/mol. By what factor will the rate constant increase when the temperature is raised from 10℃ to 28℃？
(A)1.002 (B)4.6 (C)5.6 (D)2.8 (E)696. 【88清大A】

59. The isomerization of cyclopropane follows first order kinetics. The rate constan at 700 K is 6.2×10^{-4} min^{-1}, and the half-life at 760 K is 29.0 min. Calculate the activation energy for this reaction.
(A)5.07 kJ/mol (B)27.0kJ/mol (C)50.7kJ/mol (D)160kJ/mol (E)270kJ/mol. 【89清大B】

60. Experimentally,
(A)how to obtain the activation energy of a reaction
(B)how to obtain the rate constant for a first order reaction.
【89台大C】

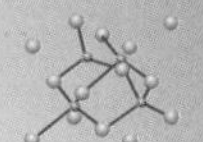

61. The decomposition of NH_3 to N_2 and H_2 was studied on two surfaces：

Surface	E_a(kJ/mol)
W	163
Os	197

Without a catalyst the activation energy is 335 kJ/mol

(A)Which surface is the better heterogeneous catalyst for the decomposition of NH_3？ Why？

(B)How many times faster is the reaction at 298K on the W suface compared with the reaction with no catalyst present？【87成大化工】

62. Which of the following is ture？

(A)A catalyst will improve the yield from a given reaction by shifting equilibrium position.

(B)A heterogeneous catalyst is in the same phase as the reaction medium

(C)A catalytic converter in an automobile is an example of heterogeneous catalysis

(D)An enzyme in solution behaves as a heterogeneous catalyst

(E)none of the above. 【88清大B】

63. Catalysts are characterized by each of the following except that

(A)they are not consumed in the overall reaction

(B)they accelerate a reaction

(C)they are stable and nonreactive

(D)they cause a decrease in the energy of activation. 【89中興食品】

64. Which of the following would represent a termination step in a free radical reaction that had a chain mechanism？

(A)$2Cl\cdot \rightarrow Cl_2$ (B)$CH_3\cdot + Cl_2 \rightarrow CH_4 + Cl\cdot$

(C)$Cl\cdot + CH_4 \rightarrow CH_3\cdot + HCl$ (D)$Cl_2 + H\cdot \rightarrow HCl + Cl\cdot$

(E)none of the above. 【88清大B】

答案：1.(E) 2.見詳解 3.(D) 4.(E) 5.(ACD) 6.(A)
7.$R=k[A]^2[B]$，$k=5.5\times10^{-3}$ 8.$R=k\frac{[O_3]^2}{[O_2]}$ 9.(A)
10.$R=k[Cr^{2+}]^2[UO_2^{2+}]$ 11.(A) 12.(D) 13.見詳解 14.(A)
15.(A)一級，(B)0.034，(C)0.0194 16.(A)$0.227g\cdot day^{-1}$，(B)$0.032day^{-1}$，(C)$4.5\times10^{-3}g^{-1}\cdot day^{-1}$
17.見單元五重點 1.-(3) 18.(A)$0.035min^{-1}$，(B)40min 19.(A)8.75hr，(B)8.75hr 20.(C) 21.(D) 22.(D) 23. 2.75×10^8
24.$k=9.2\times10^{-3}$，75秒 25.(A) 26.一級，$k=0.0115$ 27.(A)$R=k[A]^2$，(B)$k=0.02M^{-1}\cdot min^{-1}$ 28.(B) 29.(D) 30.見詳解 31.(B) 32.(C) 33. 26.3 34.(C) 35. 0.0983 36. 218
37. 7.6倍 38.見詳解 39.(B) 40.(CDE) 41.(C) 42.(D) 43.(B)
44.見詳解 45.(A) 46.(A) 47.(BCE) 48.(B) 49.(D) 50.(A)
51.(B) 52.見詳解 53.(BCE) 54.(C) 55.(E) 56.(A) 57.(D)
58.(B) 59.(E) 60.見詳解 61.見詳解 62.(C) 63.(C) 64.(A)

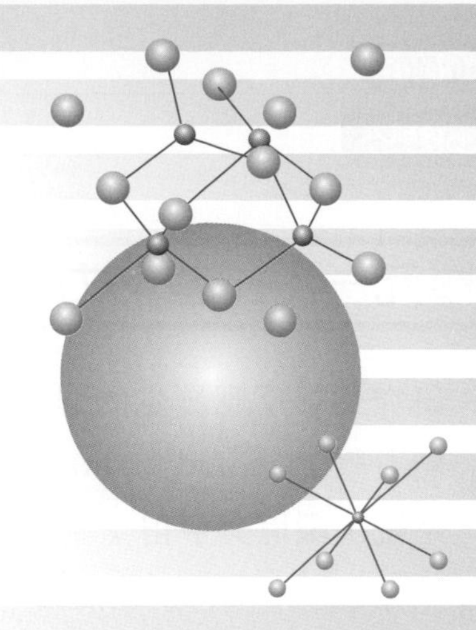

Chapter

8 熱力學

本章要目

- 單元一　一些熱力學名詞介紹
- 單元二　焓，反應熱
- 單元三　熱化學
- 單元四　熱力學第二定律
- 單元五　自由能
- 單元六　平衡常數與熱力學
- 單元七　熱容量與分子結構的關係

單元一：一些熱力學名詞介紹

1. 研究化學反應發生的同時，所伴隨各種能量形式改變的科學，稱為熱力學(thermodynamics)。
2. 系統、環境與宇宙：
   (1) 系統(system)：在熱力學中，正在被測量或研究的某一特定範圍。
   (2) 環境(surrounding)或周遭：指系統以外的區域。
   (3) 宇宙(universe)：系統＋環境。
3. 系統的種類：
   (1) 開放系統(open)：質量可以進出，能量也可以進出者。
   (2) 密閉系統(closed)：質量不可以進出，但能量可以進出者。
   (3) 孤立系統(isolated)：質量及能量均不可以進出此系統者。
   (4) 絕熱系統(adiabatic)：與孤立系統類似，指無熱量進出(但總能量還是可能有進出)。
4. 內能(Internal Energy)：常見的形式有位能(Potential Energy)及動能(Kinetic Energy)兩種。其中位能與吸引力有關聯，動能則與溫度有關聯。
   (1) 相(物理)變化時，氣相位能 ≫ 液相位能＞固相位能。
   (2) 化學變化時，吸熱反應，位能上升，放熱反應，位能下降。
   (3) 若一系統無物理及化學變化，其內能就只由動能變化來表現。溫度愈高，動能愈大，總內能愈大。

$$\Delta E = n\,C_v\,\Delta T \qquad (8\text{-}1)$$

內能增加，ΔE為＋，內能減少ΔE為－。

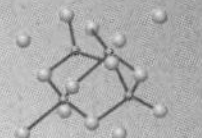

⑷ 在第3章中，我們已學得$KE=\frac{3}{2}nRT$，且理想氣體的分子間引力可以忽略不計，∴理想氣體不存在位能，則總動能就是總內能。$E=\frac{3}{2}nRT$。把此式與(8-1)式作對照，可得

$$C_v=\frac{3}{2}R \quad \text{(理想氣體適用)} \qquad (8\text{-}2)$$

⑸ 由以上討論知，一個系統內能的增加有三種可能的結果：能使溫度增加、能產生物理變化或能發生化學反應。

5. 能量的流動形式：常見的有熱、功、光……等。

⑴ 熱(heat)：Q

① 當一界面的兩邊出現有溫度差時，就有熱的流動。熱由高溫流往低溫，不是由高熱含量處流往低熱含量處。

② 常用單位：焦耳(J)、卡路里(Cal)。1Cal = 4.184J。

③ 熱容量：升高某物質1℃所需要的熱量，稱爲熱容量，當測量該物質1g時稱爲比熱S(Specific Heat)，若是1莫耳的量時，稱爲莫耳熱容量C(Molar Heat Capacity)。

④ 原則上，熱量並無計算公式。若有，請見(8-7)式及(8-14)式。

⑤ 吸熱過程，$Q=+$，放熱過程，$Q=-$。

⑵ 功(work)：W

① 功的原本定義是力與位移的乘積，但是在化學熱力學中，將其視爲壓力與體積的乘積。

$$F\times\Delta l=\frac{F}{A}\times A\times(l_2-l_1)=P\times(Al_2-Al_1)=P(V_2-V_1)$$

Δl：位移　A：面積　V：體積

$$W=-\int P_{外}\,dV \qquad (8\text{-}3)$$

② 計算公式

❶ 定壓下：(8-3)式簡化成$W=-P_{外}(\Delta V)$ (8-4)

❷ 定容下：(8-3)式中$dV=0$，$\therefore W=0$

❸ 定溫下：若系統是理想氣體，則

$$W=-\int_{V_1}^{V_2} P\,dV=-\int_{V_1}^{V_2}\frac{nRT}{V}dV=-nRT\int_{V_1}^{V_2}\frac{1}{V}dV$$
$$=-nRT\ln V\Big|_{V_1}^{V_2}$$
$$=-nRT\ln\frac{V_2}{V_1} \quad (8\text{-}5)$$

❹ 自由膨脹(Free Expansion)，又稱眞空膨脹，由於$P_{外}=0$，膨脹時沒有阻力，$\therefore W=0$。

③ 體積膨脹時，W為－，壓縮時，W為＋，眞空膨脹$W=0$。

6. 容量性質與強度性質：

(1) 容量性質(Extensive Property)：某物質的性質與該物質量的多寡有關者稱之，例如重量、體積、莫耳數、反應熱。本章中要介紹的熱力函數如E、H、S、G皆是。

(2) 強度性質(Intensive Property)：某物質的性質與該物質量的多寡無關者，稱之，例如密度、比熱、溫度。$P°$(飽和蒸氣壓)和ε(電位)也是。

7. 熱力學第零定律：當甲與乙達成熱平衡了，而甲也與丙達成熱平衡了，則乙與丙也一定是處於熱平衡狀態。

8. 熱力學第一定律：

(1) $\Delta E=Q+W=Q-\int P\,dV$ (8-6)

(2) 也可稱為能量守恆定律。

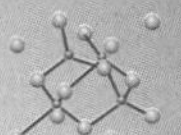

範例 1

Which of the following is an extensive property?

(A)density (B)entropy (C)temperature (D)vapor pressure.

【81淡江】

解：(B)

範例 2

下列為硫酸與氫氧化鈉分別溶解於極多量的水時之熱化學方程式：

$H_2SO_4 + H_2O \longrightarrow H_2SO_{4(aq)} + 17.90kCal$

$NaOH + H_2O \longrightarrow NaOH_{(aq)} + 10.30kCal$

取硫酸(甲)、氫氧化鈉(乙)各10克，分別溶於極多量的水時，哪一種溶液的發熱量較多？多若干仟卡？

(A)甲比乙多約7.60kCal (B)乙比甲多約1.75kCal (C)甲比乙多約0.95kCal (D)乙比甲多約0.75kCal。

解：(D)

∵$H_2SO_4=98$，$NaOH=40$，且熱是容量性質，硫酸10克所放的熱量 $=\frac{10}{98}\times17.9=1.83kCal$，氫氧化鈉10克所放的熱量 $=\frac{10}{40}\times10.3=2.58kCal$，乙比甲多 $2.58-1.83=0.75kCal$。

範例 3

An adiabatic process is one in which there is no transfer of heat across the boundary between system and surroundings, For such a process

(A)$P_{ext}\Delta V=0$　(B)$Q=W$　(C)$\Delta E=W$　(D)$\Delta H=0$　(E)$\Delta E=Q$.

【81 成大化工】

解：(C)

絕熱過程，$Q=0$，則(8-6)式簡化成$\Delta E=W$。

範例 4

A gas absorbs 100J of heat and is simultaneously compressed by a constant external pressure of 1.50atm from 8.00 to 2.00 l in volume. What is ΔE in joules for the gas?

(A)-812　(B)$+812$　(C)-912　(D)$+912$　(E)1012.【85 清大】

解：(E)

題意指在定壓 1.5atm 下作體積改變，功的計算要代入(8-4)式

$W=-P_{外}(\Delta V)=-1.5(2-8)\times 101.3=912\text{J}$　$(1\ \ell\cdot\text{atm}=101.3\text{J})$

$\because Q=+100\text{J}$，$\therefore \Delta E=Q+W=+100+912=1012\text{J}$

範例 5

30℃下，某理想氣體5.00摩爾，具有20.00L 體積，當進行可逆壓縮時，放出熱量爲5.82×10^{11}爾格(erg)，試問其最後體積爲：(A)0.0394L (B)0.0287L (C)0.1970L (D)0.0788L。【82二技環境】

解：(C)

∵在定溫下進行體積改變，依(8-1)式，$\Delta E=0$，而$\Delta E=Q+W$，∴ $Q=-W$，功的計算則代(8-5)式，$Q=-W=-\left(-nRT\ln\frac{V_2}{V_1}\right)=nRT\ln\frac{V_2}{V_1}$

$-5.82\times10^{11}=5\times8.314\times10^{7}\times303\times\ln\frac{V_2}{20}$ $(1J=10^{7}erg)$

$\therefore V_2=0.197L$

範例 6

下列化學或物理變化，哪一項爲system 對surrounding 作功？
(A)$I_{2(g)}\longrightarrow I_{2(s)}$ (B)$CaCO_{3(s)}\longrightarrow CaO_{(s)}+CO_{2(g)}$ (C)$H_{2(g)}+Cl_{2(g)}\longrightarrow 2HCl_{(g)}$ (D)$H_2O_{(l)}\longrightarrow H_2O_{(s)}$。【75私醫】

解：(B)

涉及化學反應時，愈往右列方向s→l→g，表示體積在增大，因此是系統對外界作功。若愈往左，則是系統被外界作功。而如果像(C)，反應前後氣相係數一樣，則表示體積沒發生變化，∴無作功。

單元二：焓，反應熱

1. H(enthalpy)：焓，定義 $H=E+PV$

$$\Delta H=\Delta E+\Delta(PV)=Q+W+P(\Delta V)+V(\Delta P)$$

在定壓下，$\Delta P=0$，且$W=-P(\Delta V)$代入上式，得

$$\Delta H=Q-P(\Delta V)+P(\Delta V)+0=Q$$

ΔH畢竟不是Q，只有在定壓下，ΔH與Q才會相等，因此標註下標以便提醒。

$$\Delta H=Q_p \quad \text{(定壓下，焓變化恰等於與環境所交換的熱)} \qquad (8\text{-}7)$$

2. 由H的定義：$\Delta H=\Delta E+\Delta(PV)$，將(8-1)式及理想氣體方程式代入，

$$\Delta H=nC_v\,\Delta T+\Delta(nRT)=nC_v\,\Delta T+nR(\Delta T)=n(C_v+R)\,\Delta T$$

令$C_p=C_v+R$，上式變成

$$\Delta H=nC_p\,\Delta T \qquad (8\text{-}8)$$

8-8 式適用在只有溫度變化時，而若系統是氣體時，由於 $C_v=\frac{3}{2}R$

$$C_p=C_v+R=\frac{3}{2}R+R=\frac{5}{2}R \qquad (8\text{-}9)$$

3. ΔH與ΔE的互換關係：因$\Delta H=\Delta E+\Delta(PV)=\Delta E+\Delta(nRT)$，依系統的變因而有四種型式

(1) $\Delta H=\Delta E+P(\Delta V)$ (8-10)

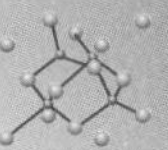

(2) $\Delta H = \Delta E + V(\Delta P)$ (8-11)

(3) $\Delta H = \Delta E + (\Delta n)RT$ (8-12)

(4) $\Delta H = \Delta E + nR(\Delta T)$ (8-13)

(5) 當$\Delta n = 0$時，$\Delta H \cong \Delta E$

4. 一些能量函數的定性討論

(1) 無位能變化時，E、$H \propto T$

(2) W與V有關聯，$\Delta V = +$，W為負值，$\Delta V = -$，W為正值。但眞空膨脹W為零。

(3) Q的判定，留在最後，通常用$\Delta E = Q + W$式判定。

5. 定容下，$W = 0$，則(8-6)式中簡化成$\Delta E = Q$，但畢竟$\Delta E \neq Q$，只有在定容下ΔE與Q才會相等，因此標註下標，以便提醒。

$\Delta E = Q_v$ (定容下，內能變化恰等於與環境所交換的熱)(8-14)

範例 7

若氣體在絕熱的環境下對 2.0atm 的外壓力膨脹，若最初體積爲 1.40L，最終的體積爲5.900L，則下列何者敘述正確？
(A)氣體的內能增加 (B)氣體的內能下降 (C)氣體的溫度下降 (D)氣體的溫度上升。

解：(B)(C)

(1) ∵絕熱，∴$Q = 0$

(2) ∵對外壓膨脹，體積變大，$\Delta V = +$，∴W為負值。

(3) 由 8-6 知，$\Delta E = 0 + (-) < 0$，∴$\Delta H < 0$，溫度下降。

範例 8

某氣體作眞空膨脹，同時也沒對外吸取熱量，則下列各敘述何者正確？
(A)溫度下降　(B)壓力變小　(C)內能變大　(D)沒有作功。

解：(B)(D)

(1) 眞空膨脹，$\Delta V=+$，但$W=0$

(2) 無對外吸取熱量，$Q=0$，代入(8-6)式，$\Delta E=Q+W=0$

(3) $\because \Delta E=0$，$\therefore \Delta H=0$，溫度不變。

(4) 再由$PV=nRT$知，在溫度不變情況下，P與V成反比，$\because$體積變大，$\therefore$壓力減小。

範例 9

A 10.0g sample of gas, with a specific heat of 0.50J/g-K, is heated from 10 to 60℃. During the heating of this sample, the gas expands against a constant pressure equal to 1atm from an initial volume 1.0L to a final volume of 1.18L. Calculate the change in internal energy(E), in J. 【84成大環工】

解：

(1) 依題意，在定壓下，$Q_p=\Delta H=n\,C_p\,\Delta T=10\times0.5\times(60-10)=250\text{J}$

(2) 定壓功$W=-P(\Delta V)=-1\times(1.18-1)\times101.3=-18\text{J}$

(3) $\Delta E=Q+W=250-18=232\text{J}$

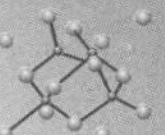

類題

The heat in a constant pressure calorimeter is a direct measure of

(A)ΔS (B)ΔE (C)ΔH (D)ΔG (E)W. 【77輔大】

解：(C)

定壓下，$\Delta H = Q_p$

範例 10

Consider the following reaction at 25℃ and 1atm

$CH_{4(g)} + 2O_{2(g)} \longrightarrow CO_{2(g)} + 2H_2O_{(l)}$ $\Delta H^0_{298} = -890kJ$

Calculate the work done on the system and the change of internal energy. 【82成大環工】

解：(1) $W = -P(\Delta V) = -(\Delta n)RT = -(1-3)\times 8.314\times 298 = 4955J \fallingdotseq 5kJ$

其中，Δn爲產物的氣體係數減去反應物的氣體係數。

(2) 定壓下，$Q_p = \Delta H = -890kJ$

(3) $\Delta E = Q + W = -890 + 5 = -885kJ$

類題

For the reaction $H_2O_{(l)} \longrightarrow H_2O_{(g)}$ at 298K, 1.0atm, ΔH is more positive than ΔE by 2.5kJ/mol. This quantity of energy can be considered to be

(A)the heat flow required to maintain a constant temperature (B) the work done in pushing back the atmosphere (C)the difference in the H-O bond energy in the two states (D)the value of ΔH itself (E)none of these. 【86成大A】

解：(B)

由$\Delta H = \Delta E + \Delta(PV)$式，看出第二項與壓力體積功有關。

範例 11

When 2.00mol of $SO_{2(g)}$ react completely with 1.00mol of $O_{2(g)}$ to form 2.00mol of $SO_{3(g)}$ at 25℃ and a constant pressure of 1.00atm, 198kJ of energy are released as heat. Calculate ΔH and ΔE for this process.($R = 8.314 JK^{-1} mol^{-1}$) 【83成大環工】

解：(1) $2SO_2 + 1O_2 \rightarrow 2SO_3$

(2) 定壓下，$\Delta H = Q_p = -198kJ$

(3) 反應前後，n變化了，代入(8-12)式算ΔE

$-198 = \Delta E + (2-3) \times 8.314 \times 10^{-3} \times 298$

$\therefore \Delta E = -195.5kJ$

類題

下列何者反應中，ΔH會幾乎等於其ΔE？

(A)$2H_{2(g)} + O_{2(g)} \longrightarrow 2H_2O_{(g)}$

(B)$HCl_{(aq)} + NaOH_{(aq)} \longrightarrow NaCl_{(aq)} + H_2O_{(l)}$

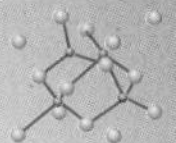

(C)$NaOH_{(s)} + CO_{2(g)} \longrightarrow NaHCO_{3(s)}$

(D)$H_2O_{(l)} \longrightarrow H_2O_{(g)}$。　【82私醫】

解：(B)

當$\Delta n = 0$時，(8-12)式變成$\Delta H \cong \Delta E$，各小題的Δn為(A)2 − 3 = −1，(B)0 − 0 = 0，(C)0 − 1 = − 1，(D)1 − 0 = 1。

單元三：熱化學

1. 狀態函數(State Function)：系統的性質只與此系統所處的狀態有關，而與如何到達此狀態的途徑無關者，如P、V、T、E、H、S、G、Q_v、Q_p及$Q + W$。
2. 途徑函數(Pathway Function)：系統的性質與到達某一狀態的途徑有關者，如Q及W。

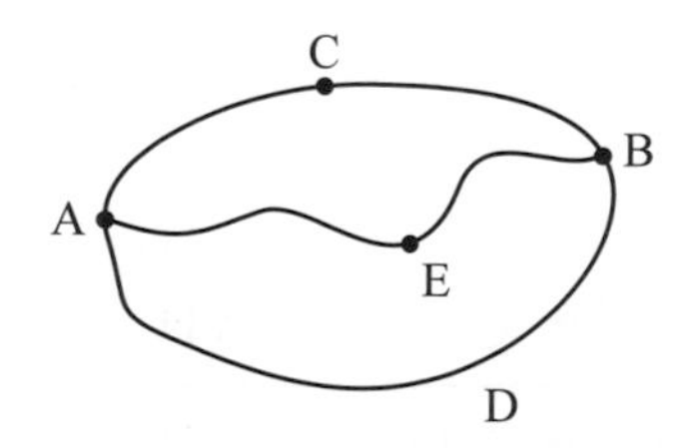

圖 8-1　由起點A經C點至終點B，再由B繞經D回到A點，稱為循環過程

在圖 8-1 中，由 A 點到 B 點有三個途徑，分別是 $A \rightarrow C \rightarrow B$，$A \rightarrow D \rightarrow B$及 $A \rightarrow E \rightarrow B$，則因$E$是狀態函數，而有以下結果：$\Delta E_{ACB} = \Delta E_{ADB} = \Delta E_{AEB}$，但因$Q$不是狀態函數，$\therefore Q_{ACB} \neq Q_{AEB} \neq Q_{ADB}$。

3. 循環過程(cyclic process)：進行了某些熱力過程後，恰又回到原來的起始狀態者稱之。以符號$\oint$表之。$\oint$(狀態函數)＝0，$\oint$(途徑函數)≠0
證明：在圖 8-1 中可看出，$\Delta E_{ADB}=\Delta E_{ACB}$，而$\Delta E_{ADB}=-\Delta E_{BDA}$
$$\oint E=\Delta E_{ACB}+\Delta E_{BDA}=\Delta E_{ACB}-\Delta E_{ADB}=\Delta E_{ACB}-\Delta E_{ACB}=0$$
4. 狀態函數的應用：

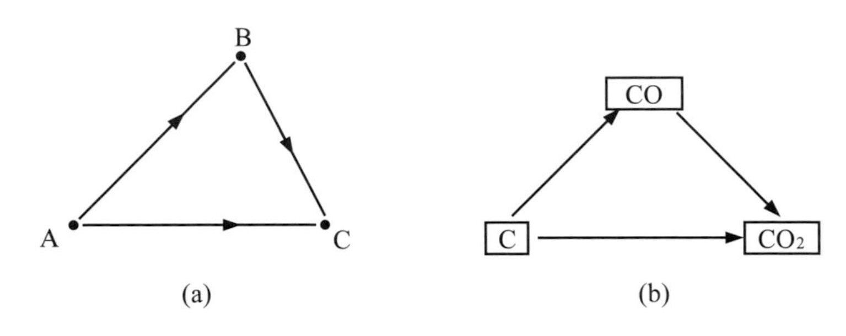

圖 8-2

圖 8-2(a)中，$\Delta E_{AB}+\Delta E_{BC}=\Delta E_{AC}$，假如$\Delta E_{BC}$不易獲得，則依狀態函數的特性。$\Delta E_{BC}=\Delta E_{AC}-\Delta E_{AB}$，因此$\Delta E_{BC}$可以不必經由實際測量，只需由理論預測即得。黑斯定律就是這種觀念的應用。

5. 黑斯定律(Hess's Law)：一化學反應的ΔH，不受到反應中間步驟的多寡以及本性所影響，亦即與達成反應的路徑無關。

例：
$$C+\frac{1}{2}O_2\rightarrow CO \qquad \Delta H_1$$
$$+)\ CO+\frac{1}{2}O_2\rightarrow CO_2 \qquad \Delta H_2$$
$$\overline{C+O_2\rightarrow CO_2 \qquad \Delta H_3}$$

則$\Delta H_3=\Delta H_1+\Delta H_2$，將以上三個反應式劃成了圖 8-2(b)的關係，比較(a)及(b)圖，第一式相當於是ΔH_{AB}，第二式是ΔH_{BC}，第三式則是ΔH_{AC}。由此可知黑斯定律正是狀態函數的應用。

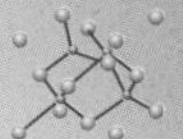

推廣：只要是狀態函數，就滿足上述關係，∴黑斯定律不限用在ΔH，即$\Delta G_1+\Delta G_2=\Delta G_3$，$\Delta S_1+\Delta S_2=\Delta S_3$，……但$Q_1+Q_2\neq Q_3$，因$Q$不是狀態函數。

6. 常見的化學反應熱名稱：

(1) 生成焓：$C_{(s)}+2H_{2(g)}\longrightarrow CH_{4(g)}$

(2) 燃燒熱：$C_2H_{2(g)}+5/2O_{2(g)}\longrightarrow 2CO_{2(g)}+H_2O_{(g)}$ $\Delta H=-$

(3) 鍵解離能：$NaCl_{(g)}\longrightarrow Na_{(g)}+Cl_{(g)}$ $\Delta H=+$

(4) 原子化能：$P_2H_{4(g)}\longrightarrow 2P_{(g)}+4H_{(g)}$ $\Delta H=+$

(5) 昇華能：$Na_{(s)}\longrightarrow Na_{(g)}$ $\Delta H=+$

(6) 游離能：$Na_{(g)}\longrightarrow Na^+_{(g)}+e^-$ $\Delta H=+$

(7) 水合能：$Na^+_{(g)}\longrightarrow Na^+_{(aq)}$ $\Delta H=-$

(8) 電子親和力：$Cl_{(g)}+e^-\longrightarrow Cl^-_{(g)}$

(9) 格子能：$Na^+_{(g)}+Cl^-_{(g)}\longrightarrow NaCl_{(s)}$ $\Delta H=-$

(10) 溶解熱：$NaCl_{(s)}\longrightarrow Na^+_{(aq)}+Cl^-_{(aq)}$

(11) 以上10個反應示範中，第(1)、(8)、(10)的ΔH可能出現正值或負值，其餘各個反應式的ΔH值，如句末所標示的。

(12) 相變化符合右列方向者：$s\rightarrow l\rightarrow g$，$\Delta H$爲正值，反向則是負值。

7. 黑斯定律的應用：

(1) 查生成焓($\Delta H_f°$)表，得$\Delta_r H°$＝(生成物的$\Delta H_f°$總和)－(反應物的$\Delta H_f°$總和) (8-15)

一些化合物的$\Delta H_f°$值，見表8-1。

(2) 查燃燒熱($\Delta H_c°$)表，得$\Delta_r H°$＝(反應物的$\Delta H_c°$總和)－(生成物的$\Delta H_c°$總和) (8-16)

(3) 查鍵能表，得$\Delta_r H°$＝反應物中的鍵能總和－產物中的鍵能總和(8-17)

一些化學鍵的鍵能值，請見表8-2。

(4) Born-Harber Cycle(見範例23)：應用來求格子能的一種推算過程。

(5) 氧化電位(詳見第 11 章)是關於右列反應式的測量：$Na_{(s)} \longrightarrow Na^{+}_{(aq)} + e^{-}$，我們可依狀態函數的概念，將其拆成重點 *6.* 中，某些反應式的組合(見圖 8-3)。由此可知，影響氧化電位的因素有：昇華能、游離能以及水合能的大小。

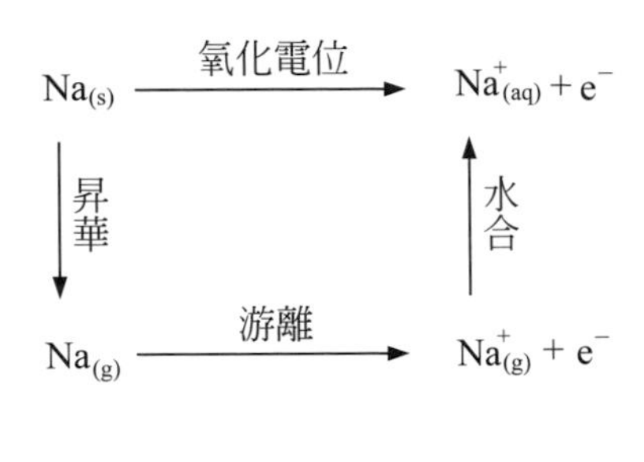

圖 8-3

表 8-1　一些化合物的熱力學數據

	$\Delta H_f°$(kJ/mol)	$\Delta G_f°$(kJ/mol)	$S°$(J/mol・K)
$Br_{2(l)}$	0	0	152
$Br_{2(g)}$	31	3	245
$Br_{2(aq)}$	− 3	4	130
$Br^{-}_{(aq)}$	− 121	− 104	82
$HBr_{(g)}$	− 36	− 53	199
$CaCO_{3(s)}$	− 1207	− 1129	93
$CaO_{(s)}$	− 635	− 604	40
$Ca(OH)_{2(s)}$	− 987	− 899	83
$C_{(gr)}$	0	0	6
$C_{(dia)}$	2	3	2
$CO_{(g)}$	− 110.5	− 137	198
$CO_{2(g)}$	− 393.5	− 394	214
$CH_{4(g)}$	− 75	− 51	186
$C_2H_{2(g)}$	227	209	201
$C_2H_{4(g)}$	52	68	219
$C_2H_{6(g)}$	− 84.7	− 32.9	229.5

表 8-1　(續)

	$\Delta H_f°$(kJ/mol)	$\Delta G_f°$(kJ/mol)	$S°$(J/mol・K)
$CH_3COOH_{(l)}$	− 484	− 389	160
$C_6H_{12}O_{6(s)}$	− 1275	− 911	212
$CCl_{4(l)}$	− 135	− 65	216
$Cl_{2(g)}$	0	0	223
$Cl^-_{(aq)}$	− 167	− 131	57
$HCl_{(g)}$	− 92	− 95	187
$HF_{(g)}$	− 271	− 273	174
$H_{2(g)}$	0	0	131
$H_{(g)}$	217	203	115
$H^+_{(aq)}$	0	0	0
$OH^-_{(aq)}$	− 230	− 157	− 11
$H_2O_{(l)}$	− 286	− 237	70
$H_2O_{(g)}$	− 242	− 229	189
$I_{2(s)}$	0	0	116
$I^-_{(aq)}$	− 55	− 52	106
$N_{2(g)}$	0	0	192
$NH_{3(g)}$	− 46	− 17	193
$NH_{3(aq)}$	− 80	− 27	111
$NH^+_{4(aq)}$	− 132	− 79	113
$NO_{(g)}$	90	87	211
$NO_{2(g)}$	34	52	240
$HNO_{3(aq)}$	− 207	− 111	146
$O_{2(g)}$	0	0	205
$O_{3(g)}$	143	163	239
$O_{(g)}$	249	232	161
$H_3PO_{4(aq)}$	− 1288	− 1143	158
P_4O_{10}	− 2984	− 2698	229
$SiO_{2(s)}$(quartz)	− 911	− 856	42
$Ag_{(s)}$	0	0	43
$Ag^+_{(aq)}$	105	77	73
$AgCl_{(s)}$	− 127	− 110	96
$AgBr_{(s)}$	− 100	− 97	107

表 8-1 (續)

	$\Delta H_f°$(kJ/mol)	$\Delta G_f°$(kJ/mol)	$S°$(J/mol · K)
$Na_{(s)}$	0	0	51
$Na^+_{(aq)}$	− 240	− 262	59
$Na_2CO_{3(s)}$	− 1131	− 1048	136
$NaCl_{(s)}$	− 411	− 384	72
$NaOH_{(s)}$	− 427	− 381	64
$SO_{2(g)}$	− 297	− 300	248
$SO_{3(g)}$	− 396	− 371	257
$H_2SO_{4(aq)}$	− 909	− 745	20

表 8-2 平均鍵能(kJ/mol)

H—H	432	F—F	154	S—H	347
H—F	565	Cl—Cl	239	S—S	266
H—Cl	427	Br—Br	193	Si—Si	340
H—Br	363	I—I	149	Si—H	393
H—I	295	C—C	347	Si—C	360
C—H	413	C═C	614	Si—O	452
C—F	485	C≡C	839	C═O	799
C—Cl	339	O—O	146	N═O	607
C—Br	276	O═O	495	C—N	305
C—I	240	N—N	160	C═N	615
N—H	391	N═N	418	C≡N	891
O—H	467	N≡N	941		

8. 卡計(calorimeter)：測量熱(heat)的一種裝置。

(1) 定壓卡計：相當於測量ΔH，$\because \Delta H = Q_p$。

(2) 定容卡計：又稱為彈卡計(Bomb Calorimeter)，相當於是測量ΔE，$\because \Delta E = Q_v$。

① 裝置見圖 8-4。

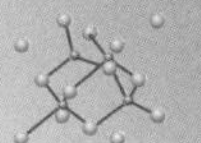

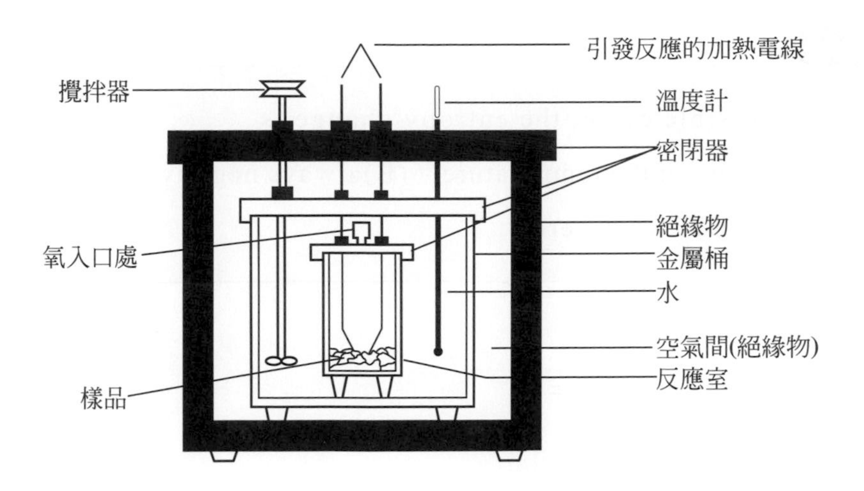

圖 8-4　彈卡計的裝置圖

② 測量原理：$Q_v = n\,C_v\,\Delta T = m\,S\,\Delta T$。反應釋出的熱＝卡計所吸收的熱。而卡計所吸的熱藉由溫度的上升測量即可算出。

9. 標準狀態(standard state)：$\Delta H°$及$\Delta G°$兩函數的右上標「°」，稱之。

(1) 待測物要滿足下列狀況，才可稱爲標準狀態。

① 氣相：1atm。

② 溶液相：1M。

③ 固相、液相：很純。

④ 元素：25℃時呈現的狀態。

(2) 元素狀態時的$\Delta H_f°$及$\Delta G_f°$定義爲零。

(3) 氣體的STP(標準狀況，1atm，0℃)與此不同。

範例 12

下列何者不是狀態函數(State function)？

(A)熱量　(B)溫度　(C)壓力　(D)內能。　【82二技動植物】

解：(A)

範例 13

For a reversible cycle, the entropy change is

(A)dependent on the temperature　(B)always negative　(C)always positive　(D)always zero.　【81 淡江】

解：(D)

S是狀態函數，$\therefore \oint S = 0$

範例 14

使用下面熱化學方程式

$Ca_{(s)} + 2C_{(石墨)} \longrightarrow CaC_{2(s)}$　　$\Delta H° = -62.8kJ$

$Ca_{(s)} + \frac{1}{2}O_{2(g)} \longrightarrow CaO_{(s)}$　　$\Delta H° = -635.5kJ$

$CaO_{(s)} + H_2O_{(l)} \longrightarrow Ca(OH)_{2(aq)}$　　$\Delta H° = -653.1kJ$

$C_2H_{2(g)} + \frac{5}{2}O_{2(g)} \longrightarrow 2CO_{2(g)} + H_2O_{(l)}$　　$\Delta H° = -1300kJ$

$C_{(石墨)} + O_{2(g)} \longrightarrow CO_{2(g)}$　　$\Delta H° = -393.51kJ$

求出下列反應的ΔH

$CaC_{2(s)} + 2H_2O_{(l)} \longrightarrow Ca(OH)_{2(aq)} + C_2H_{2(g)}$

解：黑斯定律，相當於是在玩「拼湊」的遊戲，我們必須將已知的五個反應式加以變形，使得變形後的反應式加起來，恰是題目要求的反應式。所以先將五個式子改寫於下：

$CaC_2 \longrightarrow Ca_{(s)} + 2C_{(石墨)}$ $\Delta H_1° = +62.8$

$Ca_{(s)} + \frac{1}{2}O_{2(g)} \longrightarrow CaO_{(s)}$ $\Delta H_2° = -635.5$

$CaO_{(s)} + H_2O_{(\ell)} \longrightarrow Ca(OH)_{2(aq)}$ $\Delta H_3° = -653.1$

$2CO_{2(g)} + H_2O_{(l)} \longrightarrow C_2H_{2(g)} + \frac{5}{2}O_{2(g)}$ $\Delta H_4° = +1300$

$2C_{(石墨)} + 2O_{2(g)} \longrightarrow 2CO_{2(g)}$ $\Delta H_5° = -393.51 \times 2$

最後將這五個式子加起來，恰得$CaC_{2(s)} + 2H_2O_{(l)} \rightarrow Ca(OH)_{2(aq)} + C_2H_{2(g)}$

$\therefore$其$\Delta H° = \Delta H_1° + \Delta H_2° + \Delta H_3° + \Delta H_4° + \Delta H_5° = -713kJ$

類題

$C_{(石墨)} + O_{2(g)} \longrightarrow CO_2$ $\Delta H = -94.05kCal$

$C_{(金剛石)} + O_{2(g)} \longrightarrow CO_2$ $\Delta H = -94.50kCal$

$CO_{(g)} + Cl_{2(g)} \longrightarrow COCl_{2(g)}$ $\Delta H = -26.88kCal$

$CO_{(g)}$之燃燒熱為$-67.63kCal$，試求$COCl_{2(g)}$之莫耳生成熱為多少仟卡？ 【84私醫】

解：CO的燃燒方程式：$CO_{(g)} + \frac{1}{2}O_2 \longrightarrow CO_{2(g)}$，$\Delta H° = -67.63kCal$；

$COCl_2$的生成方程式：$C_{(石墨)} + \frac{1}{2}O_2 + Cl_2 \longrightarrow COCl_2$；注意：碳的元素狀態是石墨，不是鑽石。將已知式變形於下：

$$
\begin{array}{llr}
 & C_{(石墨)} + O_2 \longrightarrow CO_2 & \Delta H = -94.05 \\
 & CO + Cl_2 \longrightarrow COCl_2 & \Delta H = -26.88 \\
+) & CO_2 \longrightarrow CO + \frac{1}{2}O_2 & \Delta H = 67.63 \\
\hline
 & C_{(石墨)} + \frac{1}{2}O_2 + Cl_2 \longrightarrow COCl_2 &
\end{array}
$$

此式恰好是$COCl_2$的生成反應方程式

$\therefore \Delta H = -94.05 - 26.88 + 67.63 = -53.3kCal$

範例 15

Which one has nothing to do with Hess's law?

(A)state function (B)enthalpy (C)standard states (D)entropy

(E)none of the above. 【83 中興 C】

解：(C)

只要是狀態函數，就與黑斯定律有關。

類題

Calculate $\Delta G°$ of formation for $H_3PO_{4(l)}$, if

$4P_{(s)} + 5O_{2(g)} \longrightarrow P_4O_{10(s)}$ $\Delta G° = -269.8\text{kJ/mol}$

$H_2O_{(l)} \longrightarrow H_{2(g)} + 1/2O_{2(g)}$ $\Delta G° = 273.2\text{kJ/mol}$

$P_4O_{10(s)} + 6H_2O_{(l)} \longrightarrow 4H_3PO_{4(l)}$ $\Delta G° = 630.2\text{kJ/mol}$

$3/2H_{2(g)} + P_{(s)} + 2O_{2(g)} \longrightarrow H_3PO_{4(l)}$ $\Delta G° = ?$

(A) − 1063 (B) − 265.7 (C)1063 (D)265.7 (E) − 123.0.

【84 成大環工】

解：(O)

(1) $\Delta G°$也是狀態函數，因此類似$\Delta H°$，也可應用黑斯定律。

(2) 依據黑斯定律，由於總反應式＝第一式$\times\frac{1}{4}$－第二式$\times\frac{3}{2}$＋第三式$\times\frac{1}{4}$

$\therefore \Delta G° = \Delta G_1° \times \frac{1}{4} - \Delta G_2° \times \frac{3}{2} + \Delta G_3° \times \frac{1}{4}$

$= -319.7$

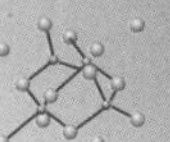

範例 16

下列何種方程式，其焓的變化($\Delta H°$ reaction)等於 25℃及一大氣壓之$\Delta H_f(CH_3OH_{(l)})$？

(A)$CO_{(g)} + 2H_{2(g)} \longrightarrow CH_3OH_{(l)}$

(B)$C_{(g)} + 4H_{(g)} + O_{(g)} \longrightarrow CH_3OH_{(l)}$

(C)$C_{(gr)} + H_2O_{(g)} + H_{2(g)} \longrightarrow CH_3OH_{(l)}$

(D)$C_{(gr)} + 2H_{2(g)} + \frac{1}{2}O_{2(g)} \longrightarrow CH_3OH_{(l)}$

(E)$C_{(gr)} + 2H_{2(g)} + O_{(g)} \longrightarrow CH_3OH_{(l)}$。

解：(D)

範例 17

下列哪一個反應的$\Delta H°$是負值？

(A)$CO_{2(s)} \longrightarrow CO_{2(g)}$　(B)$C_{(s)} + O_{2(g)} \longrightarrow CO_{2(g)}$　(C)$2H_2O_{(l)} \longrightarrow 2H_{2(g)} + O_{2(g)}$　(D)$2NH_{3(l)} \longrightarrow 3H_{2(g)} + N_{2(g)}$。　【83 二技動植物】

解：(B)

⑴ 循s→l→g方向，ΔH＝正值，反方向，ΔH＝負值。∴(A)項是正值。

⑵ 燃燒(即氧化)的ΔH是負值。(B)項即是。(C)項則是燃燒的反方向，∴ΔH是正值。

⑶ 分解反應，一定是吸熱。(D)項便是。

範例 18

For which of the following substances is $\Delta H_f°$ equal to zero?

(A)$P_{4(s)}$　(B)$H_2O_{(l)}$　(C)$O_{3(g)}$　(D)$Cl_{(g)}$　(E)$F_{2(g)}$　(F)$C_{60(s)}$.　【85成大A】

解：(A)(E)

只要是元素狀態者，$\Delta H_f° = 0$。(C)應更正爲$O_{2(g)}$，(D)項應更正爲$Cl_{2(g)}$，(F)項應更正爲$C_{(gr)}$。

範例 19

已知$Fe_2O_{3(s)}$之生成焓爲－800kJ/mol，$CO_{(g)}$之生成焓爲－100kJ/mol，$CO_{2(g)}$之生成焓爲－400kJ/mol，則$Fe_2O_{3(s)} + 3CO_{(g)} \longrightarrow 2Fe_{(s)} + 3CO_{2(g)}$之$\Delta H°$爲

(A)500kJ　(B)－500kJ　(C)100kJ　(D)－100kJ。　【82二技環境】

解：(D)

當已知數據爲$\Delta H_f°$時，用(8-15)式來計算$\Delta r H°$

$\Delta r H° = 3(-400) - (-800 - 100 \times 3) = -100$

範例 20

已知$C_2H_{2(g)}$，$H_{2(g)}$，$C_2H_{6(g)}$莫耳燃燒分別爲－311，－68，－373(仟卡)，則$C_2H_{2(g)} + 2H_{2(g)} \longrightarrow C_2H_{6(g)}$反應熱($\Delta H$)爲：

(A)－74仟卡　(B)－6仟卡　(C)＋74仟卡　(D)－820仟卡　(E)＋6仟卡。　【80屏技】

解：(A)

當已知數據爲燃燒熱時，用(8-16)式來計算$\Delta r H°$

$\Delta r H° = (-311 - 68 \times 2) - (-373) = -74$

範例 21

Given the following average bond energies

Bond	Bond energy，kJ ・mol^{-1}
C—H	415
Cl—Cl	243
C—Cl	330
H—Cl	432

estimate the ΔH for the reaction

$CH_{4(g)} + Cl_{2(g)} \longrightarrow CH_3Cl_{(g)} + HCl_{(g)}$

(A)＋104kJ (B)＋658kJ (C)－104kJ (D)－658kJ (E)－762kJ.

【83 中興 B】

解：(C)

當已知數據為鍵能值時，用(8-17)式來計算$\Delta r H°$。觀察反應物與產物的路易士結構式，反應前後的鍵結差異為：C—H ＋ Cl—Cl ⟶ C—Cl＋H—Cl

$\therefore \Delta r H° = (415 + 243) - (330 + 432) = -104$

類題

H—H 與 H—F 的鍵解離能分別為 104kCal/mol 與 135kCal/mol，而 HF 的生成熱(ΔH_f)為－65kCal/mol，由以上資料推斷 F—F 的鍵解離能為

(A)44kCal/mol (B)36kCal/mol (C)24kCal/mol (D)60kCal/mol。

【81 二技動植物】

解：(B)

H—H ＋ F—F ⟶ 2H—F，假設 F—F 的鍵能爲x

$\Delta r H^\circ$＝(H—H 鍵能＋x)－(2 個 H—F 鍵能)

$-65\times 2=(104+x)-(2\times 135)\quad \therefore x=36$

範例 22

三氫化磷(phosphine，PH_3)之原子化熱爲＋228kCal/mole，又四氫化二磷(diphosphine，P_2H_4)之原子化熱爲＋355kCal/mole。求 P—P 鍵之鍵能爲多少？

解：PH_3的原子化反應式如下所示：

$PH_{3(g)} \longrightarrow P_{(g)}+3H_{(g)}\quad \Delta H=+228$

觀察PH_3的路易士結構式，內含 3 個 P—H 鍵，亦即破壞 3 個 P—H 鍵的代價是 228。∴一個 P—H 鍵能＝228/3＝76。

另觀察P_2H_4的結構式，內含 1 個P—P鍵及 4 個P—H鍵，∴P—P鍵能＋4 個P—H鍵能＝355。P—P鍵能＋4×76＝355，得P—P鍵能＝51。

範例 23

Calculate the lattice energy of NaCl from following data:

Vaporization energy of $Na_{(s)}$ is 107.3kJ.

Ionization energy of Na is 495.8kJ.

Bonding energy of Cl_2 is 121.7kJ.

Electron affinity of Cl is －348.8kJ.

Electron affinity of Na is 200kJ.

Formation energy of NaCl is －411.3kJ. 【81 中山化學】

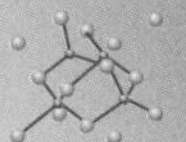

解：下圖 8-5 為 NaCl 的 Born-Harber cycle 圖。

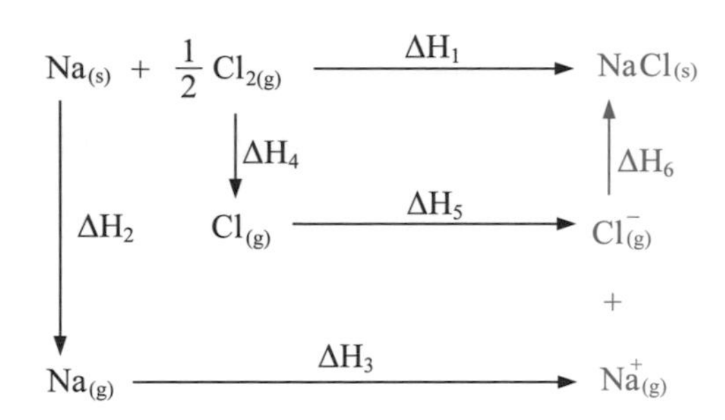

圖 8-5

其中，ΔH_1為生成熱，ΔH_2：昇華熱，ΔH_3：游離能，ΔH_4：鍵解離能，ΔH_5：電子親和力，ΔH_6：格子能。

依據狀態函數的概念，$\Delta H_1 = \Delta H_2 + \Delta H_3 + \Delta H_4 + \Delta H_5 + \Delta H_6$，而此 cycle 的最主要目的是求$\Delta H_6$(格子能)。

將上式移項後得$\Delta H_6 = \Delta H_1 - (\Delta H_2 + \Delta H_3 + \Delta H_4 + \Delta H_5) = -411.3 - \left(107.3 + 495.8 + \frac{121.7}{2} - 348.8\right) = -726.45\text{kJ}$

類題

What energy in the following is not involved in Born-Harber cycle process calculation?

(A)Electron Affinity (B)Lattice energy (C)Heat of sublimation (D)Heat of mixing. 【78 台大】

解：(D)

參考圖 8-5，可知無(D)項。

範例 24

已知$HCl_{(g)}$在 25℃時的生成熱為－22.062kCal/mol，求HCl在 500K 時的ΔH_f^0。需要用到的數據：Cl_2、HCl 和H_2的熱容量(C_p)分別是 8.104、6.96 及 6.889Cal/mol・K。

解：(1) 我們先劃出以下的循環圖。

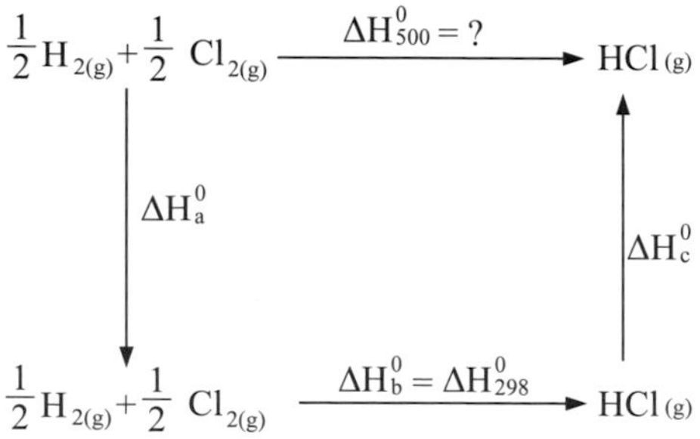

$$
\begin{array}{ccc}
\frac{1}{2}H_{2(g)}+\frac{1}{2}Cl_{2(g)} & \xrightarrow{\Delta H^0_{500}=?} & HCl_{(g)} \\
\downarrow \Delta H^0_a & & \uparrow \Delta H^0_c \\
\frac{1}{2}H_{2(g)}+\frac{1}{2}Cl_{2(g)} & \xrightarrow{\Delta H^0_b=\Delta H^0_{298}} & HCl_{(g)}
\end{array}
$$

(2) 依狀態函數的概念，$\Delta H_{500}°=\Delta H_a°+\Delta H_{298}°+\Delta H_c°$

(3) a與c過程只是溫度變化的過程，$\Delta H=n\,C_p\,\Delta T$

$\Delta H_a°=n\,C_p\,\Delta T$

$=\frac{1}{2}\times 6.889\times(298-500)+\frac{1}{2}\times 8.104\times(298-500)$

$=-1514\text{Cal}=-1.514\text{kCal}$

$\Delta H_c°=n\,C_p\,\Delta T=1\times 6.96\times(500-298)=1406\text{Cal}=1.406\text{kCal}$

(4) $\therefore \Delta H_{500}°=-1.514-22.062+1.406=-22.17\text{kCal}$

範例 25

A quantity of 1.435g of $C_{10}H_8$ was burned in a constant-volume bomb calorimeter. Consequently, the temperature of the water rose from 20.17℃ to 25.84℃. If the quantity of water surrounding the calorimeter was exactly 2000g and the heat capacity of the bomb calorimeter was 1.80kJ/℃, calculate the heat of combustion of $C_{10}H_8$ on a molar basis. 【80文化】

解：(1) 1.435g$C_{10}H_8$燃燒所放的能

$=$卡計所吸的能$+$水所吸的能　(水的比熱$=4.184J/g℃$)

$= 1.8\times(25.84-20.17)+2000\times4.184\times(25.84-20.17)$

$= 10.206kJ + 47446.56J = 57.65kJ$

(2) 再換算成每mole爲單位。$C_{10}H_8 = 128$

$$\frac{57.65}{\frac{1.435}{128}} = 5142.5kJ/mol$$

∵卡計所測得的能即ΔE，∴$\Delta E° = -5142.2kJ/mol$

(3) $C_{10}H_{8(s)} + 12O_{2(g)} \rightarrow 10CO_{2(g)} + 4H_2O_{(l)}$

再依(8-12)式，將$\Delta E°$轉換成$\Delta H°$

$\Delta H° = -5142.5 + (10-12)\times8.314\times10^{-3}\times298 = -5147.5kJ/mol$

單元四：熱力學第二定律

1. 自發過程與可逆過程：

(1) 自發過程(Spontaneous Process)：不藉外力，一過程可自行發生者，如蘋果自然往下掉，卻不會自行往上升，則稱往下掉是自發過程，往上升是不可能發生的。

(2) 可逆過程(Reversible Process)：一系統在其改變過程中，其狀態函數在每一時刻都只作極其微量變化的過程。

(3) 自發過程又稱爲不可逆過程(irreversible process)。

(4) 可逆過程所作的功比不可逆過程作的功還要大。可逆過程所吸的熱比不可逆過程吸的熱還要大。

2. 熵(S，entropy)：

(1) 定義：$\Delta S = \int \frac{dQ_{可逆}}{T}$ (8-18)

(此定義是由研究熱機卡諾循環而得，在此不加以證明)

(2) 熵值其實就是量度「亂度」(Random, Chaos)的指標。S值較大，表示愈呈現混亂。ΔS＝正值則表示此過程的亂度變大了。

3. 熱力學第二定律：

(1) 第二定律意指每一自發的化學與物理變化皆使整個宇宙的熵增加。

$$\Delta S_{宇宙} = \Delta S_{系統} + \Delta S_{周遭} > 0$$

(2) 自發性的判斷與ΔH值是吸熱、放熱，沒有直接關係，但與分子的亂度變化，則很有關連，即亂度變大是自發過程，亂度值不變是可逆反應，亂度變小是不會反應。而這裡所謂的亂度值的變化情形，是指整個宇宙的變化情形，不是系統內部的變化情形。是$\Delta S_{宇}$，不是$\Delta S_{系}$(或ΔS)。

(3) 其實宇宙的熵會增加，完全是因數學上或然率(可能性)的上升。

(4) 判斷自發的方法，整理在下表(表 8-3)，其中有幾項要在後面的章節才會提及。

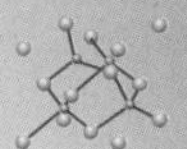

表 8-3　一些判斷自發的方法

判斷函數	自發(不可逆)	平衡(可逆)	不會進行
① $\Delta S_{宇}$	$\Delta S_{宇} > 0$	$\Delta S_{宇} = 0$	$\Delta S_{宇} < 0$
② ΔG	$\Delta G < 0$	$\Delta G = 0$	$\Delta G > 0$
③ Q/K	$Q < K$	$Q = K$	$Q > K$
④ $\Delta\varepsilon$	$\Delta\varepsilon > 0$	$\Delta\varepsilon = 0$	$\Delta\varepsilon < 0$

4. ΔS的定性判斷：以下五種情況將會導致S值上升，反之則下降。
   (1) 溫度增加。
   (2) 體積增加。
   (3) 物理或化學變化中，朝著右列方向：s → l(aq) → g。
   (4) 混合相同相的兩物質。
   (5) 在化學反應中，原子、離子、或分子的總莫耳數增加。
5. $\Delta S_{環}$的定性判斷：
   (1) 若系統爲吸熱過程，則環境爲放熱過程($Q_{環}$＝負值)，代入 8-18 式，得$\Delta S_{環} < 0$。
   (2) 若系統爲放熱過程，則環境爲吸熱過程($Q_{環}$＝正值)，代入 8-18 式，得$\Delta S_{環} > 0$。
6. $\Delta S_{宇}$的定性判斷：
   (1) 由$\Delta S_{宇} = \Delta S + \Delta S_{環}$來判斷。
   (2) 由該過程的經驗來判斷，若該過程是會進行，$\Delta S_{宇} > 0$。
7. ΔS的計算：
   (1) 相變化：$\Delta S = \dfrac{\Delta H}{T}$　　(8-19)

① $l \rightarrow g$：$\Delta S = \dfrac{\Delta H_v}{T_b}$　(ΔH_v：莫耳氣化熱，T_b：沸點)　(8-19a)

此公式其實就是第4章所提的 Trouton's Rule。$\therefore \Delta S_{l\rightarrow g} \fallingdotseq 88$ J/mol・K

② $s \rightarrow l$：$\Delta S = \dfrac{\Delta H_m}{T_m}$　(ΔH_m：莫耳熔化熱，T_m：熔點)　(8-19b)

③ 只有在相轉移點(即T_b或T_m)的溫度時，才可以代入本公式。

(2) 溫度發生變化時：

① $\Delta S = \int \dfrac{dQ}{T} = \int \dfrac{n C_p\, dT}{T}$(定壓時)

$$= n C_p \int \frac{dT}{T} = n C_p \ln T \Big|_{T_1}^{T_2} = n C_p \ln \frac{T_2}{T_1} \quad (8\text{-}20a)$$

② 同理，在定容下，$\Delta S = n C_v \ln \dfrac{T_2}{T_1}$　(8-20b)

③ 此公式只有在同相時，才可以使用。

(3) 體積變化：

① 定溫時，$\Delta E = 0 = Q + W$，$\therefore Q = -W$，而定溫時的$W = -nRT \ln \dfrac{V_2}{V_1}$

$\therefore Q = +nRT \ln \dfrac{V_2}{V_1}$，代入8-18式，得

$$\Delta S = nR \ln \frac{V_2}{V_1} = nR \ln \frac{P_1}{P_2} \quad (8\text{-}21)$$

② 若系統之溫度和壓力同時變化時，可先求定壓下溫度變化時之熵變化，再求定溫下壓力變化時之熵變化，最後求二種變化的總和。公式如下：

$$\Delta S = n C_p \ln \frac{T_2}{T_1} + nR \ln \frac{V_2}{V_1} \quad (8\text{-}22)$$

③ 若系統之溫度及相均發生變化時，處理方式同②(見範例31)。

(4) 化學反應的熵變化可用以下兩種方法之一求得。

① $\Delta r S^\circ = [總S^\circ(產物)] - [總S^\circ(反應物)]$　(8-23)

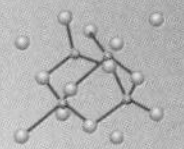

一些化合物$S°$值，見表8-1。

② 既然S也是狀態函數，因而可以根據黑斯定律，以其它反應式拼湊而得。

8. $\Delta S_{環}$的計算：$\Delta S_{環}=\frac{Q_{環}}{T}$ (8-24)

9. $\Delta S_{宇}$的計算：$\Delta S_{宇}=\Delta S+\Delta S_{環}$ (8-25)

10. 熱力學第三定律：所有純元素及純化合物的完美晶體，在溫度為絕對零度下，其熵為零。

(1) 此定律是強調，S值是絕對值，有一個眞的「零」存在。而與能量有關的函數(如H、G)等，則必須任意地定義「元素狀態」為零。∴ H與G是相對函數。

(2) 因H、G是相對函數，在記錄符號時，前面加上Δ符號，例：$\Delta H_f°$，$\Delta G_f°$。這Δ符號意指相對於元素狀態下測得的。而S既然是絕對函數，因此前面不必冠上Δ符號(見表8-1)。

範例 26

在下列各對的物質中選出具有較高的熵值(Entropy/mol)，並簡單說明

(A)在 1.0 大氣壓的氮氣或 0.1 大氣壓的氮氣(同溫) (B)同溫時的$Br_{2(l)}$或$Br_{2(g)}$ (C)同溫時的$O_{(g)}$或$O_{2(g)}$ (D)同溫時的$NH_4Cl_{(s)}$或$NH_4Cl_{(aq)}$。

【82台大甲】

解：(A)同溫時，0.1atm的體積較大，∴S值較大。

(B)$Br_{2(g)}$是氣相，S值較大。

(C)兩者雖都是氣相，O_2內含原子數較多顆，∴S值較大。

(D)(aq)相的S值較大。

範例 27

下列三種反應之$\Delta S°$(熵值，Entropy change)請依序由大到小寫出。

(A)$CH_{4(g)} + H_2O_{(g)} \longrightarrow CO_{(g)} + 3H_{2(g)}$

(B)$C_{(s)} + O_{2(g)} \longrightarrow CO_{2(g)}$

(C)$H_2O_{2(l)} \longrightarrow H_2O_{(l)} + 1/2O_{2(g)}$。 【82 私醫】

解：(A)＞(C)＞(B)

(1) 氣相的亂度較大，反應式中出現氣相的一方，亂度值較大，∴對(C)而言$\Delta S > 0$。

(2) 但對(A)(B)而言，反應式兩側都有氣相時，引用課文4.-(5)點，氣相莫耳數愈多者，亂度愈大。對(A)而言，Δn(氣相)＝2，對(B)而言，Δn(氣相)＝0，對(C)而言，Δn(氣相)＝$\frac{1}{2}$。∴(A)＞(C)＞(B)。

類題

下列何者導致熵(entropy)的減少？

(A)水燒開變成蒸氣 (B)溶固體KCl於水中 (C)把N_2與O_2兩氣體混合起來 (D)水凝結成冰。 【83 二技動植物】

解：(D)

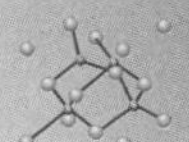

範例 28

水在不同溫度下氣化成水蒸氣時，預測下列各項函數的變化。

$H_2O_{(l)} \longrightarrow H_2O_{(g)}$			
	ΔS	$\Delta S_{環}$	$\Delta S_{宇}$
120℃時	①	④	⑦
100℃時	②	⑤	⑧
25℃時	③	⑥	⑨

解：(1) $l \rightarrow$ g，亂度變大，∴①②③格的ΔS都是正值。

(2) $l \rightarrow$ g是吸熱過程，$\Delta S_{環}$為負值，∴④⑤⑥是負值。

(3) 由於ΔS為正值，$\Delta S_{環}$為負值，∴其和($\Delta S_{宇}$)便不易判斷，但由經驗得知，氣化過程至少需在100℃以上才可進行。∴120℃時$\Delta S_{宇} > 0$，25℃時$\Delta S_{宇} < 0$，而在100℃時，$\Delta S_{宇} = 0$。

範例 29

比較在0.00℃熔化1莫耳的冰(熔化之$\Delta H° = 1436.3$卡／莫耳)和在100.00℃汽化1莫耳的水(汽化之$\Delta H° = 9717.1$卡／莫耳)的熵變化。

解：本題屬相變化，代入8-19式。

(1) $\Delta S = \dfrac{\Delta H_m}{T_m} = \dfrac{1436.3}{273} = 5.26$Cal/mol．K(此單位又稱為Entropy Unit，eu)。

(2) $\Delta S = \dfrac{\Delta H_v}{T_b} = \dfrac{9717.1}{373} = 26.04$eu

範例 30

加熱 0℃，18 克的水至 100℃，其熵變化爲何？假定在此溫度範圍內C_p＝18 卡／莫耳 K。

解：代入 8-20a 式，水 18 克爲 1mole。

$$\Delta S = 1\times 18\times \ln\frac{373}{273} = 5.64\text{eu}$$

範例 31

將 18 克的冰從 0℃變化成 100℃的水蒸氣，其熵變化爲若干？

解：起點到終點，不同相，而溫度也不同，必須將它拆成以下三個過程才能代入公式計算，$H_2O_{(S, 0°)} \xrightarrow{①} H_2O_{(l, 0°)} \xrightarrow{②} H_2O_{(l, 100°)} \xrightarrow{③} H_2O_{(g, 100°)}$，其中第①、③過程就是範例 29，而第②過程就是範例 30。∴本過程的$\Delta S = 5.26 + 5.64 + 26.04 = 36.94\text{eu}$

範例 32

在 300°K 下，等溫壓縮 1 莫耳(1 mole)的理想氣體從 1atm 至 2atm，試計算其ΔS值，以 J/mol°K 表之。(R＝8.314J/molK，log2＝0.3010)

【79 成大】

解：體積(或壓力)發生變化，代入 8-21 式。

$$\Delta S = nR\ln\frac{P_1}{P_2} = 1\times 8.314\times \ln\frac{1}{2} = -5.8\text{J/mol}\cdot\text{K}$$

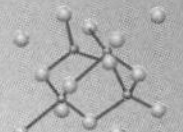

範例 33

試由以下數據估計乙醇的正常沸點。

	$\Delta H_f°$(kJ/mol)	$S°$(J/mol · K)
$C_2H_5OH_{(l)}$	− 277.7	160.7
$C_2H_5OH_{(g)}$	− 235.1	282.7

解：(1) $\Delta H_{l\to g}=(-235.1)-(-277.7)=42.6\text{kJ}$

(2) $\Delta S_{l\to g}=282.7-160.7=122\text{J/mol}\cdot\text{K}$

(3) 代入 8-19a 式，$\dfrac{42.6\times1000}{T_b}=122$，$\therefore T_b=349\text{K}=76℃$

範例 34

(A)一莫耳的理想氣體，其體積從 2 升可逆地等溫膨脹到 20 升。試計算此系統及環境的熵變化。 (B)上述過程改成等溫膨脹不可逆地發生，且沒有作功。試求系統與環境之熵變化。

解：(A) $\Delta S=nR\ln\dfrac{V_2}{V_1}=1\times1.987\times\ln\dfrac{20}{2}=4.57\text{eu}$

等溫時，$\Delta E=0$，$Q=-W=nRT\ln\dfrac{V_2}{V_1}$

$Q_{環}=-Q=-nRT\ln\dfrac{V_2}{V_1}$，代入 8-24 式

$\Delta S_{環}=-nR\ln\dfrac{V_2}{V_1}=-1\times1.987\times\ln\dfrac{20}{2}=-4.57\text{eu}$

$\Delta S_{宇}=\Delta S+\Delta S_{環}=4.57-4.57=0$

(B) $\Delta S=nR\ln\dfrac{V_2}{V_1}=1\times1.987\times\ln\dfrac{20}{2}=4.57\text{eu}$

等溫時，$\Delta E = 0 = Q + W$，又因沒有作功，$W = 0$，$\therefore Q = 0$

$Q_{環} = -Q = 0$，代入 8-24 式，得

$\Delta S_{環} = 0$

$\Delta S_{宇} = \Delta S + \Delta S_{環} = 4.57 + 0 = 4.57\text{eu}$

範例 35

當一莫耳過冷到－10℃的水，等溫地凝固，其熵變化爲多少？環境的熵變化及總熵變化又是多少？依熱力學第二定律，此過程是否不可逆進行？已知在 0℃時冰的莫耳熔解熱含量 1440 卡，冰在－10℃時的熔解熱含量爲 1350 卡／莫耳，冰的莫耳熱容量是 9.0 卡／莫耳·度，而水的莫耳熱容量是 18.0 卡／莫耳·度。

解：零下 10 度並非水的正常凝固點，亦即此題雖爲相變化，但不適用 8-19 式，必須由以下的設計途徑來求得。

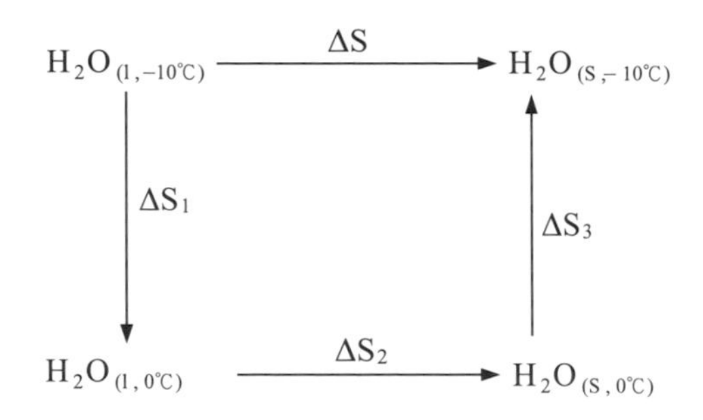

其中 ΔS_1 及 ΔS_3 適用 8-20 式，而 ΔS_2 適用 8-19 式。

(1) $\Delta S_1 = n\,C_p \ln\dfrac{T_2}{T_1} = 1 \times 18 \times \ln\dfrac{273}{263} = 0.672\text{eu}$

(2) $\Delta S_3 = n\,C_p \ln\dfrac{T_2}{T_1} = 1 \times 9 \times \ln\dfrac{263}{273} = -0.34\text{eu}$

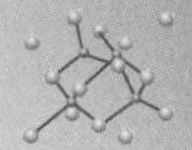

(3) $\Delta S_2 = \frac{\Delta H}{T} = \frac{-1440}{273} = -5.28\text{eu}$

(熔化熱是吸熱，但此題是結冰過程，是熔化的反向，$\therefore \Delta H$要代負值)

(4) $\because S$是狀態函數，$\therefore \Delta S = \Delta S_1 + \Delta S_2 + \Delta S_3 = 0.672 - 5.28 - 0.34$

$= -4.94\text{eu}$

(5) $\Delta S_{環} = \frac{Q_{環}}{T} = \frac{-Q}{T} = \frac{-(-1350)}{263} = 5.13\text{eu}$

(6) $\Delta S_{宇} = \Delta S + \Delta S_{環} = -4.94 + 5.13 = +0.19\text{eu} > 0$，$\therefore$此過程是不可逆過程。

單元五：自由能

1. 定義：$G = H - TS$。G：吉布斯自由能(Gibbs Free Energy)。
2. 由來：今若有一自發程序，則

$$\Delta S_{宇} = \Delta S + \Delta S_{環} > 0$$

$$\Delta S + \frac{Q_{環}}{T} > 0$$

$$\Delta S - \frac{Q}{T} > 0 \quad (\because Q = -Q_{環})$$

若限制在定壓條件下，則$Q_p = \Delta H$，上式變成

$$\Delta S - \frac{\Delta H}{T} > 0，T\Delta S - \Delta H > 0$$

$$\Delta H - T\Delta S < 0 \qquad (8\text{-}26)$$

今定義$G=H-TS$

$$\Delta G=\Delta(H-TS)=\Delta H-\Delta(TS)$$
$$=\Delta H-T\Delta S-S\Delta T=\Delta H-T\Delta S\text{(若限制在定溫下)}$$

在定溫定壓時，$\Delta G=\Delta H-T\Delta S$恰與(8-26)式相同，顯然自發過程的判斷可改用$\Delta G$，來取代$\Delta S_{宇}$。

3. ΔG函數的用途：

(1) 用途：由以上證明可知ΔG也可以用來判斷一個程序的自發性。判別的方式整理在表 8-3 的第二項。要提醒讀者的是，用ΔG與$\Delta S_{宇}$來判斷自發性的符號是相反的。

(2) 限制：在上述證明過程中，可以看出只有註明「定壓，定溫」兩項限制下，ΔG才可替代$\Delta S_{宇}$。

(3) 優越性：利用熵來判斷系統是否自發的過程中，需要同時計算系統熵變化及環境熵變化的總和，(亦即要計算整個宇宙的熵變化)，後者在測量上稍嫌不易，改用ΔG，我們只需要檢具系統的資料，而不必環境方面的數據。

4. G的意義：

(1) G其實就是化學物質的位能，若某一反應，反應物→產物，反應物與產物的化學位能相當於是圖 8-6(a)的情形時，如同水的流向，這時反應必然會進行，以熱力學的語言來敘述：$\Delta G=G_{產物}-G_{反應物}$ $=$小$-$大<0，因此$\Delta G<0$稱爲自發程序。反之，位能相對位置如同圖 8-6(b)者，往右將不會反應。

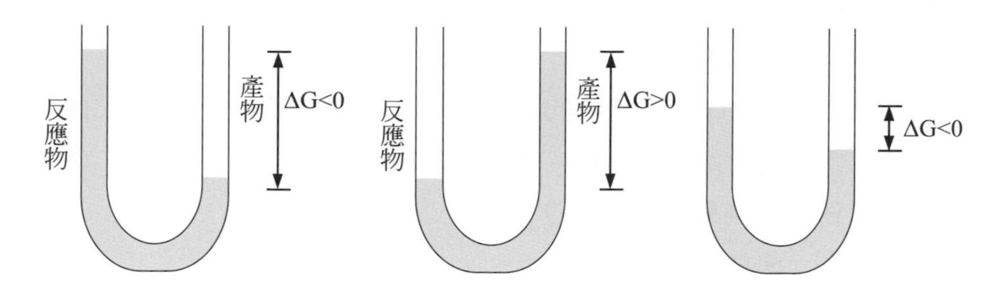

(a) 左管水位高於右管水位時，水流向右方　(b) 左管水位低於右管水位時，水將不往右流　(c) 水流雖向右，但流勢沒有(a)圖強

圖 8-6　以相對水位來聯想「化學位」

(2) 在圖 8-6(c)中，水流向雖然如同(a)，但ΔG差距不大，水的流勢較緩，這表示ΔG值愈負，反應的趨勢愈強。

(3) 圖 8-6 中的三張圖，在水流動之後，最後必然回復兩管等高。這表示化學平衡是任一化學反應的最後結果。

(4) ΔG值雖可預測一反應的自發性以及其反應趨勢，但卻無法交待一反應的快慢，也就是說，某一反應的趨勢也許很強，但其反應速率卻可能很慢。(有關反應快慢的探討，則要參考第 7 章中的E_a或k)。

5. Δ$G°$是溫度的函數，而隨溫度的變化情形，要依以下四種型態而定(見表 8-4)。

表 8-4

	Δ$H°$	Δ$S°$	Δ$G°$
case1	－	＋	在所有溫度皆爲－
case2	＋	－	在所有溫度皆爲＋
case3	－	－	＋或－，決定於T，在低溫時爲－
case4	＋	＋	＋或－，決定於T，在高溫時爲－

[註]高溫時，ΔS因素較重要，低溫時，ΔH因素較重要。

6. 有關ΔG的計算

(1) $\Delta G = \Delta H - T(\Delta S)$

(2) 查表法：$\Delta r\, G^\circ = \Sigma$產物的$\Delta G_f^\circ - \Sigma$反應物的$\Delta G_f^\circ$ (8-27)

(3) ΔG與濃度的關係：$\Delta G = \Delta G^\circ + RT\ln Q$ (8-28)

Q稱為反應商數，詳見第9章單元三。

導證：(選擇講授)

$$G = H - TS = E + PV - TS$$

$$dG = dE + PdV + VdP - TdS - SdT$$

$\because dE = dq - PdV$，而$dq = TdS$

$\therefore$上式$dG = VdP - SdT$

定溫下，$dG = VdP = \dfrac{RT}{P}dP$

兩邊積分，$\int dG = \int \dfrac{RT}{P}dP$

$$G \Big|_{G^\circ}^{G} = RT\ln P \Big|_{1}^{P} = RT\ln P$$

$G - G^\circ = RT\ln P$，$nG = nG^\circ + nRT\ln P$

$$aA + bB \rightleftharpoons cC + dD$$

$$\begin{aligned}\Delta G &= cG(C) + dG(D) - aG(A) - bG(B)\\ &= cG^\circ(C) + cRT\ln P_C + dG^\circ(D) + dRT\ln P_D\\ &\quad - (aG^\circ(A) + aRT\ln P_A) - (bG^\circ(B) + bRT\ln P_B)\\ &= \Delta G^\circ + RT\ln\frac{P_C{}^c \cdot P_D{}^d}{P_A{}^a \cdot P_B{}^b} = \Delta G^\circ + RT\ln Q\end{aligned}$$

(4) 在8-28式中，若達平衡時，$\Delta G = 0$，$Q = K$，則上式改寫成$0 = \Delta G^\circ + RT\ln K$

$\therefore \Delta G^\circ = -RT\ln K$ (8-29)

K稱為平衡常數(equilibrium constant)，詳見第9章單元二。

(5) ΔG°是溫度的函數，它與溫度的定量關係是

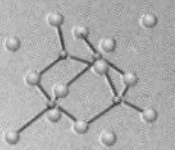

$$\frac{\Delta G_1^\circ}{T_1}-\frac{\Delta G_2^\circ}{T_2}=\Delta H^\circ\left(\frac{1}{T_1}-\frac{1}{T_2}\right) \tag{8-30}$$

但解題時，也可用以下關係聯立解得

$$\begin{cases}\Delta G_1^\circ=\Delta H^\circ-T_1\,\Delta S^\circ\\ \Delta G_2^\circ=\Delta H^\circ-T_2\,\Delta S^\circ\end{cases}$$

範例 36

Using the second law of thermodynamics and the following relationships

$\Delta S_{univ}=\Delta S_{sys}+\Delta S_{surr}$

$\Delta S_{surr}=-\Delta H/T$

$\Delta G=\Delta H-T\Delta S$

show that $\Delta G<0$ for a spontaneous process at constant temperature and pressure.(The unlabeled quantities refer to the system)【83交大】

解：如果是一個自發程序，會導致以下的結果：$\Delta S_{univ}=\Delta S+\Delta S_{surr}>0$

$\because \Delta S_{surr}=\frac{-\Delta H}{T}$ $\quad\therefore \Delta S-\frac{\Delta H}{T}>0$ $\quad T\Delta S-\Delta H>0$

$\therefore \Delta H-T\Delta S<0$，即$\Delta G<0$

類題

下列何種條件下$\Delta G<0$表示反應爲自發性

(A)定T，定V (B)定P，定V (C)定P，定T (D)定P，V，定T。

【68私醫】

解：(C)

範例 37

For a reaction system which is at equilibrium, which of the following must always be true?

(A)$\Delta H=0$ (B)$\Delta S=0$ (C)$q=0$ (D)$\Delta G=0$ (E)$\Delta U=0$.

【84 中山】

解：(D)

由表 8-3 中的第二欄知，平衡的表示法有四種，其中$\Delta G=0$，符合所求，而(B)項的$\Delta S=0$要更正成$\Delta S_{宇}=0$才可以。

範例 38

For the reaction：$H_{2(g)}+1/2O_{2(g)} \longrightarrow H_2O_{(l)}$, $\Delta H°=-206$kJ/mol, $\Delta G°=-237$kJ/mol. Which of the following is correct?

(A)From the value of $\Delta G°$, we can predict the rate of the reaction is fast. (B)The rate law of the reaction：rate $=k[H_2][O_2]^{1/2}$. (C) The entropy of the system decreases. (D)Increasing the temperature increases the rate of the reaction.

【81 台大丙】

解：(C)(D)

(A)$\Delta G°$只能預測反應的自發性，無法預知反應快慢。

(B)rate law 只能由實驗得知。

(C)$\Delta G°=\Delta H°-T\Delta S°$

$-237=-286-298\Delta S°$

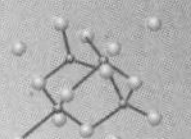

$\therefore \Delta S° = -0.164\text{kJ/mol} \cdot \text{K} < 0$

∴熵值下降。

範例 39

A chemical reaction will always be spontaneous when
(A)ΔH is negative and ΔS is negative (B)ΔH is positive and ΔS is positive (C)ΔG is positive (D)ΔH is negative and ΔS is positive (E)none of the above. 【86清大B】

解：(D)

見表8-4 case1。

範例 40

水氣化過程中，請預測在不同溫度下的一些熱力學函數變化情形。

	$H_2O_{(l)} \longrightarrow H_2O_{(g)}$		
	ΔH	ΔS	ΔG
120℃時	①	④	⑦
100℃時	②	⑤	⑧
25℃時	③	⑥	⑨

(其實本題是範例28的另一種出題型式)

解：(1) $l \rightarrow$ g，是吸熱過程，$\Delta H > 0$，∴①②③格是正值。

(2) $l \rightarrow$ g，亂度變大，∴④⑤⑥格是正值。

(3)由表 8-4 的case4 知，當 ΔH及ΔS均爲正值時，ΔG由溫度來控制。高溫的 120℃，ΔG是負值(第⑦格)，低溫的 25℃時(第⑨格)，ΔG爲正值，而在沸點時，是可逆過程，∴第⑧格的$\Delta G = 0$

類題

1. 以熱力學觀點來說明蒸發作用(vaporization)，下列敘述何項正確？
(A)任何溫度下ΔH、ΔS及ΔG皆爲正值　(B)其ΔH與ΔS皆爲正值　(C)低溫下ΔG負值，高溫下正值　(D)其ΔH值依壓力而定。

【69 私醫】

2. 在 100℃及一大氣壓時，有關$H_2O_{(l)} \rightleftharpoons H_2O_{(g)}$之反應，下列敘述何者正確？
(A)$\Delta H = T\Delta S$　(B)$\Delta S = 0$　(C)$\Delta H = \Delta E$　(D)$\Delta H = 0$　(E)$\Delta H = \Delta G$。
【79 成大】

3. 25℃，1 大氣壓下，$H_2O_{(l)} \rightarrow H_2O_{(s)}$之反應，下列何者正確？($S$表示熵，$G$爲自由能)
(A)$\Delta S > 0$　(B)$\Delta S = 0$　(C)$\Delta G > 0$　(D)$\Delta G = 0$。　【85 私醫】

解：*1.* (B)，*2.* (A)，*3.* (C)

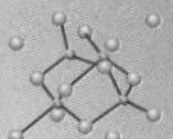

範例 41

1. 反應$CaSO_{4(s)} \longrightarrow Ca^{2+}_{(aq)} + SO^{2-}_{4(aq)}$在25℃時

	$\Delta H°$(kJ/mol) (25℃，1atm)	$S°$(J/K) (25℃，1M)	$S°$(J/K) (25℃，1atm)
$CaSO_{4(s)}$	− 1432.7	−	106.7
$Ca^{2+}_{(aq)}$	− 543.0	− 55.2	−
$SO^{2-}_{4(aq)}$	− 907.5	17.2	−

試問此反應的$\Delta H°$爲

(A) − 18.5kJ (B) − 20.8kJ (C) − 17.8kJ (D) − 15.8kJ。

2. 續前題，求此反應的$\Delta G°$爲

(A)25.3kJ (B) − 20.6kJ (C)21.5kJ (D) − 30.3kJ。

【81二技環境】

解：1. (C)，2. (A)

1. $\Delta H° = (-543 - 907.5) - (-1432.7) = -17.8\text{kJ}$

2. $\Delta S° = (-55.2 + 17.2) - (106.7) = -144.7\text{J/K}$

$\Delta G° = \Delta H° - T\Delta S°$

$= -17.8 - 298(-144.7) \times 10^{-3} = 25.32\text{kJ}$

範例 42

Determine whether the reaction

$CCl_{4(l)} + H_{2(g)} \longrightarrow HCl_{(g)} + CHCl_{3(l)}$

is spontaneous at 25℃ under standard state conditions. At 25℃, $\Delta H° = -91.34\text{kJ}$ and $\Delta S° = 41.51\text{J/°K}$ for this reaction. 【76台大】

解：$\Delta G° = \Delta H° - T\Delta S° = -91.34 - 298(41.51) \times 10^{-3} = -103.7\text{kJ}$

∵$\Delta G° < 0$，∴是自發反應。

範例 43

25℃時，$HCl_{(g)}$生成的$\Delta G° = -95.3\text{kJ/mol}$：

$$\frac{1}{2}H_{2(g)} + \frac{1}{2}Cl_{2(g)} \longrightarrow HCl_{(g)}$$

若H_2的分壓是3.5atm，Cl_2是1.5atm，HCl是0.31atm，則這過程的ΔG值爲多少？在這狀況下這過程較標準狀態下是較易或較不易自然發生？

解：(1) 當物種濃度不是標準狀態的1atm時，要代入8-28式。

(2) $\Delta G = -95.3 + 8.314 \times 10^{-3} \times 298 \times \ln \dfrac{0.31}{(3.5)^{\frac{1}{2}}(1.5)^{\frac{1}{2}}} = -100.3\text{kJ}$

(3) ΔG比$\Delta G°$呈現愈負，表示反應趨勢愈大。

範例 44

Calculate $\Delta G°$ and K_p at 298K for the reaction:

$$N_{2(g)} + 3F_{2(g)} \longrightarrow 2NF_{3(g)}$$

($\Delta H° = -249\text{kJ}$，$\Delta S° = -278\text{J/K}$，$R = 8.314\text{J/K} \cdot \text{mol}$)

【80中興植物】

解：(1) $\Delta G° = \Delta H° - T\Delta S°$

$= -249 - 298 \times (-278) \times 10^{-3} = -166.16\text{kJ}$

(2) $\Delta G° = -RT\ln K_p$

$-166.16 = -8.314\times10^{-3}\times298\ln K_p$

$\therefore K_p = 1.34\times10^{29}$

範例 45

CO之生成自由能於800K爲-182.3kJmol^{-1}於1000K爲-200.5kJ mol^{-1}。假設於此溫度範圍生成熵及焓爲常數，試求其值。

解：代入$\Delta G° = \Delta H° - T\Delta S°$

$-182.3 = \Delta H° - 800 \cdot \Delta S°$

$-200.5 = \Delta H° - 1000 \cdot \Delta S°$

聯立解，得$\Delta H° = -109.5\text{kJ}$，$\Delta S° = 0.091\text{kJ/K} = 91\text{J/K}$

範例 46

在25℃，1大氣壓時，$CaO_{(s)}$，$SO_{3(g)}$，及$CaSO_{4(s)}$之生成熱($\Delta H_f°$)，及生成自由能($\Delta G_f°$)分別如下，

	$CaO_{(s)}$	$SO_{3(g)}$	$CaSO_{4(s)}$
$\Delta H_f°$(kJ/mole)	− 635.5	− 395.2	− 1432.7
$\Delta G_f°$(kJ/mole)	− 604.2	− 370.4	− 1320.3

求反應，$CaO_{(s)} + SO_{3(g)} \rightarrow CaSO_{4(s)}$，在一大氣壓下，達到平衡時的溫度。 【74台大】

解：(1) 先求$\Delta r H°$及$\Delta r G°$值

$\Delta r H° = (-1432.7) - (-635.5 - 395.2) = -402\text{kJ}$

$\Delta r G° = (-1320.3) - (-604.2 - 370.4) = -345.7\text{kJ}$

(2) 代入$\Delta r G° = \Delta r H° - T\Delta r S°$，求$\Delta r S°$

$-345.7 = -402 - 298 \cdot \Delta r S°$，$\therefore \Delta r S° = -0.189\text{kJ/K}$

(3) 1atm下，平衡的條件是$\Delta r G° = 0$，∴將$\Delta r H°$，$\Delta r S°$再代入$\Delta G° = \Delta H° - T\Delta S°$，便可求得當時溫度。

$0 = -402 - T(-0.189)$，$\therefore T = 2028\text{K}$

單元六：平衡常數與熱力學

1. 綜合(8-26)式與(8-29)式，得

$$\Delta G° = \Delta H° - T\Delta S° = -RT\ln K$$

$$\ln K = \frac{-\Delta H°}{R}\frac{1}{T} + \frac{\Delta S°}{R} \tag{8-31}$$

通常$\Delta H°$及$\Delta S°$隨溫度的變化幅度不大。若將其視爲常數，則8-31式可視爲是$K = f(T)$。

2. 以$\ln K$ vs.T作圖情形請見圖 8-7

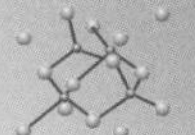

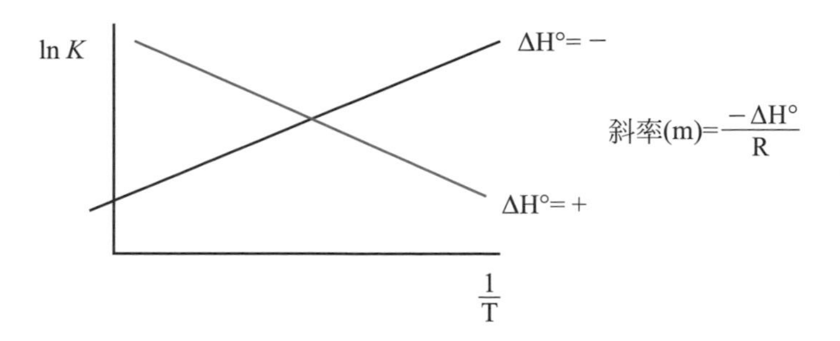

圖 8-7　平衡常數隨溫度的變化情形，吸熱反應斜率是負值，放熱反應斜率是正值

(1)　由圖 8-7 顯示，當 $\Delta H=$ 正值(吸熱反應)，溫度愈高，K值愈大，這表示吸熱的反應，溫度愈高時，反應趨勢愈強。

(2)　當 $\Delta H=$ 負值(放熱反應)，溫度愈低，K值愈大，這表示放熱的反應，溫度愈低時，反應的趨勢愈強。

3.　將不同溫度時的K值代入 8-31 式，得

$$\ln K_1=\frac{-\Delta H^\circ}{R}\frac{1}{T_1}+\frac{\Delta S^\circ}{R}\cdots\cdots(1)$$

$$\ln K_2=\frac{-\Delta H^\circ}{R}\frac{1}{T_2}+\frac{\Delta S^\circ}{R}\cdots\cdots(2)$$

(1)式－(2)式，得 $\ln\frac{K_1}{K_2}=\frac{-\Delta H^\circ}{R}\left(\frac{1}{T_1}-\frac{1}{T_2}\right)$　(8-32)

此式描述K值隨溫度變化的定量情形。

範例 47

From a plot of ln$K$ versus $1/T$, you can determine (A)the rate constant (B)the order of the reaction (C)the change in enthalpy of the reaction (D)the activation energy (E)the equilibrium constant. 【83 中興 C】

解：(C)

見圖 8-7 知，作圖可得斜率$\left(=\dfrac{-\Delta H^\circ}{R}\right)$，進而可知$\Delta H^\circ$。

範例 48

At 25℃ the value of the equilibrium constant for a reaction is 20.5 and ΔH° is -5.29kJ/mole. What is the value of K at 100℃?(note: $R = 8.314$J/K · mole) 【80 中興土壤】

解：依題意在探討K隨T的變化關係，∴代(8-32)式

$$\ln\frac{20.5}{K_2} = \frac{-(-5.29)\times10^3}{8.314}\left(\frac{1}{298}-\frac{1}{373}\right)$$

$$K_2 = 13.34$$

類題

Consider the following reaction:

$N_2O_{4(g)} \longrightarrow 2NO_{2(g)}$

Will the equilibrium constant for this reaction at 300K be greater than, less than, or equal to the equilibrium constant at 400K? Explain your answer. 【83 成大環工】

解：這是吸熱反應，∴溫度上升，平衡常數變大，∴300K的平衡常數較小。

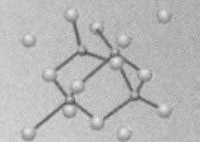

單元七：熱容量與分子結構的關係(選擇講授)

1. 對於單原子理想氣體分子，由於沒有振動能及轉動能，只有移動能，而第 3 章曾提及，其移動能 $=\frac{3}{2}RT$，又 $C_v=\frac{dE}{dT}=\frac{3}{2}R$，$C_p=C_v+R=\frac{3}{2}R+R=\frac{5}{2}R$。
2. 依據「能量等分原理」(equipartition of energy)，在空間中的移動有三個方向分量，因此每個方向的移動運動模式，貢獻了 $\frac{1}{2}R$ 的 C_v 值，∴總 C_v 值才會是 $\frac{1}{2}R\times3$(代表三個方向分量)。基於此項原則，推廣之，任一運動模式均會貢獻 $\frac{1}{2}R$ 的 C_v 值。
3. 多原子分子除了質心位置的移動能外，尚有分子內的轉動能及振動能，∴總內能較高。
   (1) 自由度 $=3\times n$ (n 代表原子數)，它代表運動模式的總數。
   (2) 轉動運動的模式，在線形分子為兩種運動模式，若是非線形分子則為三種模式。
   (3) 振動運動的運動模式不易推得，通常是用總運動模式扣去移動模式及轉動模式而得，例如：三原子線形的振動模式 $=9-3-2=4$。各種情況的運動模式見表 8-5。

表 8-5

	總自由度	移動模式	轉動模式	振動模式
(A)單原子(He，Ar…)	$3\times1=3$	3	0	0
(B)雙原子(O_2，H_2…)	$3\times2=6$	3	2	$6-3-2=1$
(C)參原子線形(CO_2，HCN)	$3\times3=9$	3	2	$9-3-2=4$
(D)參原子非線形(O_3，H_2O)	$3\times3=9$	3	3	$9-3-3=3$

(4) 振動能的貢獻，在溫度不高時，並不大。但在高溫時，每一振動模式不是貢獻$\frac{1}{2}RT$，而是$1RT$，這是因振動過程，可視為分子內部同時含有動能變化及彈簧位能變化兩種運動模式，因此是$\frac{1}{2}RT+\frac{1}{2}RT=1RT$。

(5) 一些化合物的總內能及C_v、C_p值計算示範於表 8-6。

表 8-6

	移動能	轉動能	振動能 (高溫時才考慮)	總動能	C_v (dE/dT)	C_p ($C_p=C_v+R$)
(A) He	$\frac{1}{2}RT\times3$	0	0	$\frac{3}{2}RT$	$\frac{3}{2}R$	$\frac{5}{2}R$
(B) O_2	$\frac{1}{2}RT\times3$	$\frac{1}{2}RT\times2$	0	$\frac{5}{2}RT$	$\frac{5}{2}R$	$\frac{7}{2}R$
(C) CO_2(室溫)	$\frac{1}{2}RT\times3$	$\frac{1}{2}RT\times2$	0	$\frac{5}{2}RT$	$\frac{5}{2}R$	$\frac{7}{2}R$
(D) CO_2(高溫)	$\frac{1}{2}RT\times3$	$\frac{1}{2}RT\times2$	$1RT\times4$	$6.5RT$	$6.5R$	$7.5R$
(E) O_3	$\frac{1}{2}RT\times3$	$\frac{1}{2}RT\times3$	0	$3RT$	$3R$	$4R$

4. 杜龍－柏蒂定律(Law of Dulong and Petit)

(1) 固體元素(或化合物)適用。

(2) $C_v=3R=6.4\text{Cal/mol}\cdot\text{K}$

(3) $C_p\cong C_v$

範例 49

The average kinetic energy of a N_2 molecule predicted by the principle of equipartition of energy is

(A)$1.5RT$ (B)$2.5RT$ (C)$3.5RT$ (D)$4RT$. 【81 淡江】

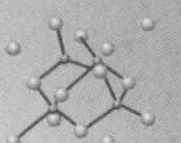

解：(B)

(1) N_2總自由度＝2×3＝6，移動模式＝3，它是線形分子，轉動模式＝2，振動能忽略不計。

(2) $\overline{KE}=\frac{1}{2}RT\times3+\frac{1}{2}RT\times2=2.5RT$

範例 50

若分子之振動能可忽略不計，對於非線形三原子分子，其C_p/C_v之比值爲

(A)1.4　(B)1.33　(C)1.67　(D)1.50。【77清華】

解：(B)

由表 8-6 知，非線形三原子分子(像O_3)，$C_v=3R$，$C_p=4R$，$\therefore\frac{C_p}{C_v}=\frac{4}{3}=1.33$

綜合練習及歷屆試題

PART I

1. 反應式$2Al_{(s)}+Fe_2O_{3(s)} \rightleftharpoons 2Fe_{(s)}+Al_2O_{3(s)}$，$\Delta H=-848kJ$以13.5克的Al與過量的$Fe_2O_3$反應，則應能放出熱量________kJ。(Al = 27)

【76私醫】

2. 在25℃，$Ca_{(s)}+\frac{1}{2}O_{2(g)} \rightleftharpoons CaO_{(s)}$的$\Delta H°$爲$-635.54kJ/mol$，欲放出1000kJ的能量則需Ca多少克與足量的氧反應？(Ca = 40)
(A)65.55　(B)63.07　(C)40.08　(D)25.47　(E)24.51。

3. 一系統的內能會因下列何者而增加？
(A)加熱到此系統　(B)此系統對環境作功　(C)由此系統抽取熱量　(D)加熱到此系統並由此系統對環境作等量功。　【83二技動植物】

4. 定溫下，一氣體對外壓0.5atm下，從體積1.0L膨脹到10.1L。如果氣體從外界吸收250J的熱，請選擇正確的Q，W和ΔE？
(A)$Q=250J$，$W=-460J$，$\Delta E=-210J$　(B)$Q=-250J$，$W=-460J$，$\Delta E=-710J$　(C)$Q=250J$，$W=460J$，$\Delta E=710J$　(D)$Q=-250J$，$W=460J$，$\Delta E=210J$。　【86私醫】

5. 在5大氣壓下某氣體吸收500Cal之熱量，而其體積由10L膨脹至20L則其ΔE値爲
(A)-711Cal　(B)500Cal　(C)1211Cal　(D)-1211Cal。

6. 在30℃及定壓下，加熱量100.0J於1.00mol的$Ne_{(g)}$時，其溫度上升多少度？
(A)3.3°　(B)4.8°　(C)8.0°　(D)30.0°　(E)34.8°。

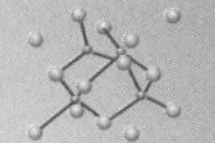

7. 熱力學上的isothermal process是指下列何者？
(A)$P\Delta V=0$ (B)$Q=W$ (C)$\Delta E=W$ (D)$\Delta H=0$ (E)$\Delta E=Q$。

8. 100ml苯自20℃加熱至50℃需要熱量若干？
(A)於定壓時 (B)於定容時？
($C_p=133\text{Jmol}^{-1}\text{K}^{-1}$，$C_v=92\text{Jmol}^{-1}\text{K}^{-1}$，$MW=78$，密度$=0.88\text{gml}^{-1}$)

9. $C_{(s)}+O_{2(g)} \longrightarrow CO_{2(g)}$，$\Delta H=-94.1\text{kCal}$
$H_{2(g)}+1/2O_{2(g)} \longrightarrow H_2O_{(l)}$，$\Delta H=-68.3\text{kCal}$
$C_2H_{2(g)}+5/2O_{2(g)} \longrightarrow 2CO_2+H_2O_{(l)}$，$\Delta H=-310.7\text{kCal}$，則$2C_{(s)}+H_{2(g)} \longrightarrow C_2H_{2(g)}$之$\Delta H$等於
(A)-34.5kCal (B)-42.5kCal (C)$+45.2$kCal (D)$+54.2$kCal。
【68私醫】

10. 根據 Hess 定律，一化學反應之總熱含量(enthalpy)變化與下列何種因素無關：
(A)溫度之改變 (B)反應物之莫耳數 (C)反應進行之實際過程 (D)反應時之壓力及體積。 【72私醫】

11. 關於水煤氣的下列敘述中，何者正確？
(A)是水蒸氣和煤氣的混合氣體 (B)可以於燒紅的鐵上噴上水蒸氣製備 (C)是一氧化碳和氫1：1莫耳比混合物 (D)完全燃燒後生成二氧化碳和水 (E)是國內常見鋼瓶裝家庭燃料。

12. 已知下列三方程式：
$Ca_{(s)}+2H_2O_{(l)} \rightleftharpoons Ca^{2+}_{(aq)}+2OH^-_{(aq)}+H_{2(g)}+103\text{kCal}$
$CaO_{(s)}+H_2O_{(l)} \rightleftharpoons Ca^{2+}_{(aq)}+2OH^-_{(aq)}+19.5\text{kCal}$
$2H_{2(g)}+O_{2(g)} \rightleftharpoons 2H_2O_{(l)}+136.6\text{kCal}$
試計算下列方程式之ΔH：$Ca_{(s)}+\frac{1}{2}O_{2(g)} \longrightarrow CaO_{(s)}$

13. 對下列方程式而言：$H_{2(g)} \rightleftharpoons H_{(g)} + H_{(g)}$，$\Delta H = 103.4$ 仟卡，下列的敘述，何者爲錯誤？
(A)正的ΔH值，表示此反應爲吸熱的　(B)二克之$H_{(g)}$，比二克之$H_{2(g)}$所含之能量爲多　(C)以同重量比較：$H_{(g)}$將較$H_{2(g)}$爲更佳之燃料　(D)$H_{2(g)}$之光譜與$H_{(g)}$者一樣。【71私醫】

14. $CaCl_2$之溶解熱爲82.8kJmol^{-1}，而一莫耳Ca^{2+}氣體離子與兩莫耳Cl^-氣體離子之水合熱爲－2327kJ，則$CaCl_2$晶格能爲：
(A)－2410kJ　(B)2240kJ　(C)2410kJ　(D)－2240kJ。【84二技動植物】

15. 下列反應皆爲吸熱，何者之ΔH值最大？
(A)$F_{2(g)} \longrightarrow 2F_{(g)}$　(B)$Cl_{2(g)} \longrightarrow 2Cl_{(g)}$　(C)$O_{2(g)} \longrightarrow 2O_{(g)}$　(D)$N_{2(g)} \longrightarrow 2N_{(g)}$。【83私醫】

16. 乙炔之生成熱爲＋54.3kCal，且已知$C_{(s)} + O_{2(g)} \longrightarrow CO_{2(g)}$，$\Delta H = -94$kCal，$H_{2(g)} + \frac{1}{2}O_{2(g)} \longrightarrow H_2O_{(l)}$，$\Delta H = -68.3$kCal，試求乙炔的莫耳燃燒熱爲
(A)301.6kCal　(B)306.1kCal　(C)310.6kCal　(D)311.6kCal。
【70私醫】

17. 已知CO_2，H_2O及C_nH_{2n}之莫耳生成熱分別爲Q_1，Q_2及Q_3，則C_nH_{2n}之莫耳燃燒熱爲？
(A)$Q_1 + Q_2 - Q_3$　(B)$Q_3 - Q_2 - Q_1$　(C)$nQ_1 + nQ_2 - Q_3$　(D)$Q_3 - nQ_1 - 2nQ_2$。【81二技動植物】

18. 用平均鍵能求計如下反應之ΔH值：
$2NH_{3(g)} + 3Cl_{2(g)} \longrightarrow N_{2(g)} + 6HCl_{(g)}$
平均鍵能(kJ/mol)：
N—H＝389，Cl—Cl＝243，N≡N＝941，H—Cl＝431。【78私醫】

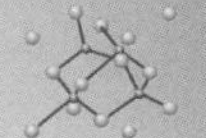

19. NH_3之莫耳生成熱為 − 11.0kCal，H_2之鍵能為 103.4kCal/mole，N_2之鍵能為 226kCal/mole，則 N—H 之鍵能為：
(A)85.7 (B)3.7 (C)65.2 (D)93 kCal/mole。 【84私醫】

20. 由 Born-Haber cycle 計算$KCl_{(s)}$之晶格能(Lattice energy)，已知
$\Delta H_{(sub)}K = 90.0kJ$
BE(Dissociation energy)$Cl_2 = 242.7kJ$
IE(Ionization energy)$K = 419kJ$
EA(Electron affinity)$Cl = -348kJ$
$\Delta H_f°[KCl_{(s)}] = -435.9kJ$。 【82私醫】

21. 求計如下反應之$\Delta H°$及$\Delta E°$
$NH_4NO_{3(s)} \longrightarrow N_2O_{(g)} + 2H_2O_{(l)}$
各生成焓為：$NH_4NO_{3(s)}$，− 87.27kCal/mole；
$N_2O_{(g)}$，+ 19.49kCal/mole
$H_2O_{(l)}$，− 68.32kCal/mole。

22. 用表 8-2 之平均鍵能求計如下反應之ΔH值。

$$\begin{array}{c}\mathrm{H}\quad\mathrm{H}\\ |\quad\;\; |\\ \mathrm{C}=\mathrm{C}_{(g)}\\ |\quad\;\; |\\ \mathrm{H}\quad\mathrm{H}\end{array} + \mathrm{H}_{2(g)} \rightarrow \mathrm{H}-\begin{array}{c}\mathrm{H}\quad\mathrm{H}\\ |\quad\;\; |\\ \mathrm{C}-\mathrm{C}\\ |\quad\;\; |\\ \mathrm{H}\quad\mathrm{H}\end{array}-\mathrm{H}_{(g)}$$

23. 已知氣態氯化氫通入水中溶解成酸性溶液時，放出熱量。有關下列五個反應：(1)$HCl_{(g)} \longrightarrow H_{(g)} + Cl_{(g)}$，(2)$H_{(g)} \longrightarrow H_{(g)}^+ + e^-$，(3)$Cl_{(g)} + e^- \longrightarrow Cl_{(g)}^-$，(4)$H_{(g)}^+ \longrightarrow H_{(aq)}^+$，(5)$Cl_{(g)}^- \longrightarrow Cl_{(aq)}^-$之反應熱，$\Delta H_1$、$\Delta H_2$、$\Delta H_3$、$\Delta H_4$、$\Delta H_5$之間，下列諸關係中，何者為正確？

(A)$\Delta H_1+\Delta H_2+\Delta H_3+\Delta H_4+\Delta H_5<0$　(B)$\Delta H_3+\Delta H_4+\Delta H_5>0$
(C)$\Delta H_2+\Delta H_3+\Delta H_4+\Delta H_5<0$　(D)$\Delta H_2+\Delta H_3+\Delta H_4+\Delta H_5>0$
(E)$\Delta H_1+\Delta H_2>0$。

24. 將50克0℃的冰加熱形成100℃之水蒸氣，試問過程中共需吸收多少仟卡的熱量？(水的氣化熱540Cal/g，水的熔解熱80Cal/g，水的比熱1Cal/g℃)
(A)4　(B)9　(C)27　(D)36。　【86二技衛生】

25. 以重爲125.0g之玻璃瓶盛水200ml加入2.00g之$NaOH_{(s)}$時，水溫升高24℃，則$NaOH_{(s)} \longrightarrow Na^+_{(aq)}+OH^-_{(aq)}$之$\Delta H=$________。(玻璃比熱0.2Cal/℃．g)　【68私醫】

26. 已知$MgO_{(s)}+H_2O_{(l)} \rightleftharpoons Mg(OH)_{2(s)}$之$\Delta H=-8.8$仟卡。今以80克之氧化鎂加入25℃，1公升之水中。若盛水之容器不傳熱，並且$Mg(OH)_{2(s)}$之溶解度甚小，可忽略不計。並設爲一莫耳$Mg(OH)_{2(s)}$升高1℃所需之熱量恰與升高18克水溫度1℃所需之熱量相同。相反應後之水溫約爲(原子量：Mg＝24，O＝16，H＝1.0)
(A)7℃　(B)18℃　(C)43℃　(D)80℃。

27. 1.00g的已烷(C_6H_{14})在炸彈卡計(bomb calorimeter)中完全燃燒，因此導致卡計外圍1500g的水由22.64℃上升到29.30℃，卡計本身所吸收的熱量相當於967g的水所吸收的熱量。則C_6H_{14}的ΔU是多少？水的比熱(specific heat)是4.18J/(g℃)，C_6H_{14}的分子量是86.1 g/mol
(A)-7.40×10^4kJ/mol　(B)-1.15×10^4kJ/mol　(C)-9.96×10^3kJ/mol　(D)-5.91×10^3kJ/mol。　【82二技動植物】

28. 已知$CH_3COOH_{(aq)}+NaOH_{(aq)} \longrightarrow CH_3COONa_{(aq)}+H_2O+13.3kCal$，今以0.5N NaOH滴定0.2N $CH_3COOH_{(aq)}$50毫升，達當量點時，溫度上升若干℃？(假設溶液之比重及比熱皆爲1)
(A)0.5　(B)1.2　(C)1.6　(D)1.9　℃。　【84私醫】

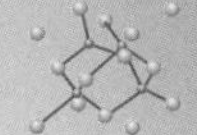

29. 下列反應中何者熵值(ΔS_{sys})為零？
(A)$Ca(OH)_{2(s)} + CO_{2(g)} \longrightarrow CaCO_{3(s)} + H_2O_{(g)}$
(B)$CuSO_{4(s)} \longrightarrow Cu^{2+}_{(aq)} + SO^{2-}_{4(aq)}$
(C)$2HCl_{(g)} + Br_{2(l)} \longrightarrow 2HBr_{(g)} + Cl_{2(g)}$
(D)$SO_{2(g)} + \frac{1}{2}O_{2(g)} \longrightarrow SO_{3(g)}$。 【86私醫】

30. 固體NH_4Cl溶於水會降低水溫，則此一過程
(A)ΔH是負的，ΔS是負的 (B)ΔH是正的，ΔS是正的 (C)ΔH是負的，ΔS是正的 (D)ΔH是正的，ΔS是負的。 【83二技動植物】

31. 根據熱力學第三定律，一完美的晶體，在絕對零度時其________值為零。 【72私醫】

32. 在一大氣壓下，$NH_{3(l)} \rightleftharpoons NH_{3(g)}$的$\Delta H = 23.3kJ/mol$，$\Delta S = +97.2J/K \cdot mol$，則$NH_{3(l)}$在一大氣壓之沸點為________℃。 【77私醫】

33. 90克0℃之冰變成100℃之水蒸氣，其熵變化如何？已知冰的熔解熱80Cal/g，水的蒸發熱540Cal/g。

34. 利用25℃時，下列反應的$\Delta S°$

$C_{(石墨)} + 2Cl_{2(g)} \longrightarrow CCl_{4(l)}$ $\Delta S° = -235.07J/K$

$C_{(石墨)} + \frac{3}{2}Cl_{2(g)} + \frac{1}{2}H_{2(g)} \longrightarrow CHCl_{3(l)}$ $\Delta S° = -203.80J/K$

$\frac{1}{2}H_{2(g)} + \frac{1}{2}Cl_{2(g)} \longrightarrow HCl_{(g)}$ $\Delta S° = 10.04J/K$

求下反應的$\Delta S°$：$CCl_{4(l)} + H_{2(g)} \longrightarrow HCl_{(g)} + CHCl_{3(l)}$。

35. 若反應：$A_{(g)} + B_{(g)} \longrightarrow 2C_{(g)}$ 為吸熱(endothermic)且自發(spontaneous)，則下列的敘述，何者為正確？
(A)$\Delta H < 0$；$\Delta S > 0$ (B)$\Delta H < 0$；$\Delta S < 0$ (C)$\Delta H > 0$；$\Delta S < 0$
(D)$\Delta H > 0$；$\Delta S > 0$ (E)$\Delta H = \Delta E + 2RT$。 【77成大】

36. 考慮某理想氣體，於有關之溫度範圍內，C_p爲常數 29.3$Jmol^{-1}K^{-1}$。1.00mol 該氣體，裝於一圓柱內上有一壓力爲 1atm 之活塞，溫度自 250°K逐漸可逆加熱至 500°K。計算Q、ΔV、W、ΔE、ΔH及ΔS。

37. 在 0℃時，1.0mol 的冰熔解成 1.0mol 的水，此時 6.0kJ 的熱由周圍被「移走」，則周圍的ΔS爲？
(A)－1.0J/K (B)－6.0J/K (C)－12.0J/K (D)－22J/K。【77後中醫】

38. 無論在任何狀況下，化學反應均屬非自然反應(nonspontaneous)之條件爲：
(A)$\Delta H>0$，$\Delta S>0$ (B)$\Delta H<0$，$\Delta S<0$ (C)$\Delta H<0$，$\Delta S>0$
(D)$\Delta H>0$，$\Delta S<0$。【76私醫】

39. $3O_{2(g)} \rightarrow 2O_{3(g)}$爲一非自然反應(Nonspontaneous Reaction)，試問下列熱力學函數何者所示爲正確？
(A)$\Delta H(+)$，$\Delta S(+)$，$\Delta G(+)$ (B)$\Delta H(-)$，$\Delta S(-)$，$\Delta G(-)$
(C)$\Delta H(+)$，$\Delta S(-)$，$\Delta G(+)$ (D)$\Delta H(-)$，$\Delta S(-)$，$\Delta G(+)$。

【82二技環境】

40. 下列何種敘述永遠是正確？
(A)凡放熱反應爲自發性 (B)凡$\Delta S>0$爲自發性反應 (C)凡ΔS値爲正的反應後生成物的莫耳數必大於反應物之莫耳數 (D)ΔH及ΔS皆爲正時ΔG値隨溫度的上昇而下降。【68私醫】

41. 若反應熱ΔH與亂度ΔS對立，則於低溫時________因素較重要，而於高溫時________因素較重要。【75私醫】

42. $NaNO_3$溶於水中，且溶液的溫度下降，有關上述溶解過程，下列何種敘述是正確？
(A)$\Delta G<0$，$\Delta H>0$，$\Delta S>0$ (B)$\Delta G<0$，$\Delta H<0$，$\Delta S>0$ (C)$\Delta G>0$，$\Delta H>0$，$\Delta S<0$ (D)$\Delta G>0$，$\Delta H<0$，$\Delta S>0$。【68私醫】

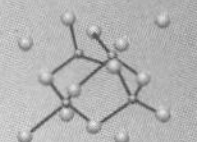

43. 在熱力學的應用中，一反應若知其$\Delta H < 0$及$\Delta S < 0$，則該反應會在________的狀況下，產生自發性的反應(Spontaneous Reaction)。

【83私醫】

44. 已知$O_{2(g)} \rightleftharpoons O_{2(aq)}$，$\Delta H = -3.0$kCal

$N_2O_{(g)} \rightleftharpoons N_2O_{(aq)}$，$\Delta H = -4.8$kCal

$Cl_{2(g)} \rightleftharpoons Cl_{2(aq)}$，$\Delta H = -6.0$kCal

在常溫下，以上三者在水中之溶解度是：

(A)三者大小相等　(B)O_2之溶解度最大　(C)N_2O之溶解度最大　(D)Cl_2之溶解度最大。　【85私醫】

45. 下列有關化學熱力學的敘述，何者為正確？

(A)$\Delta G = -RT\log K$　(B)$\Delta G = RT\ln(Q/K)$　(C)$\Delta G° = RT\ln K$　(D)假設$Q = K$，則$\Delta G° = 0$　(E)$\Delta G = \Delta H + T\Delta S$。　【77成大】

46. 下列化學反應，何者在低溫不利於反應進行，但在高溫卻利於反應之進行？

(A)$2CO_{(g)} + O_{2(g)} \longrightarrow 2CO_{2(g)}$，$\Delta H° = -566$kJ，$\Delta S° = -173$J/K

(B)$2H_2O_{(g)} \longrightarrow 2H_{2(g)} + O_{2(g)}$，$\Delta H° = 484$kJ，$\Delta S° = 90.0$J/K

(C)$2N_2O_{(g)} \longrightarrow 2N_{2(g)} + O_{2(g)}$，$\Delta H° = -164$kJ，$\Delta S° = 149$J/K

(D)$PbCl_{2(s)} \longrightarrow Pb^{2+}_{(aq)} + 2Cl^-_{(aq)}$，$\Delta H° = 23.4$kJ，$\Delta S° = -12.5$J/K。

【85私醫】

47. 查表得知下列數據，在298K時

	$\Delta H_f°$(kJ · mol^{-1})	$S°$(J · mol^{-1}K^{-1})
$NH_{3(g)}$	−46.11	192.5
$H_{2(g)}$	0	130.7
$N_{2(g)}$	0	191.6

(A)計算哈柏法製氨，$3H_{2(g)}+N_{2(g)} \longrightarrow 2NH_{3(g)}$在298K時之$\Delta G°$及平衡常數$K_p$。

(B)假設$\Delta H°$，$\Delta S°$不隨溫度改變，試問500K時之$\Delta G°$及平衡常數K_p。 【82台大甲】

48. 由下列資料中求$NH_{3(g)}$之$\Delta G_f°$值：

	$N_{2(g)}$ +	$3H_{2(g)}$ $\longrightarrow$	$2NH_{3(g)}$
$\Delta H_f°$(kJ/mole)	0	0	− 46.1
$\Delta S°$(kJ/mole°K)	0.19	0.13	0.19

【77私醫】

49. 試計算下列反應之$\Delta G°$：$H_{2(g)}+1/2O_{2(g)} \longrightarrow H_2O_{(g)}$ at 25℃，若已知

	$\Delta H_f°$/kJmole^{-1}	$S°$/Jmole^{-1}K^{-1}
H_2	0	131
O_2	0	205
H_2O	− 242	189

【75私醫】

50. $CaCO_{3(s)} \longrightarrow CaO_{(s)}+CO_{2(g)}$

上述反應在25℃時$\Delta H°=+178$kJ且$\Delta S°=+160$J/°K則

(A)請計算25℃時$\Delta G°$值？ (B)上述反應在25℃時是否爲自發性？

(C)若ΔH及ΔS不隨溫度而改變，則在1000℃時上述反應是否爲自發性？

51.

	$C_6H_{6(l)}$ $\rightleftharpoons$	$C_6H_{6(g)}$	
$\Delta H_f°$：	49.0	82.9	kJ · mol^{-1}
$\Delta G_f°$：	124.5	129.7	kJ · mol^{-1}

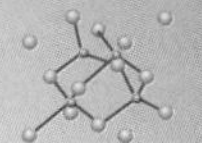

(A)自表中的數據求 25℃時苯(C_6H_6)之蒸發焓及自由能。 (B)苯於 25℃時之蒸氣壓爲何？ (C)假設蒸發焓及熵爲常數，估計苯之正常沸點。

52. 0℃，醋酸之離子化反應如下：$CH_3COOH_{(aq)} + H_2O \longrightarrow CH_3COO^-_{(aq)} + H_3O^+_{(aq)}$；已知其$K = 1.657\times10^{-5}$，試計算於標準狀態下，自由能變化值($\Delta G°$)爲若干？

    (A)12.50kJ (B)25.00kJ (C)50.00kJ (D)76.80kJ。【82二技環境】

53. 在 25℃時$H_2O_{(l)}$生成之$\Delta G°$是－237.178kJ/mol，$H^+_{(aq, 1M)}$是 0，及$OH^-_{(aq, 1M)}$是－157.293kJ/mol。在$[H^+]=[OH^-]=1.0\times10^{-7}$M 條件下$H_2O_{(l)} \longrightarrow H^+_{(aq)} + OH^-_{(aq)}$此反應的$\Delta G$爲多少？

54. 乙醇於其沸點 78℃之蒸發熱爲 $38.7kJmol^{-1}$。計算 1mol 乙醇自 78℃，1atm 可逆蒸發之Q、W、ΔE、ΔS及ΔG。

55. $CO_{(g)} + Cl_{2(g)} \longrightarrow COCl_{(g)} + Cl_{(g)}$

    $\Delta H° = 40.339$kCal 及在 25℃時的$K_p = 9.12\times10^{-30}$，在 500K 時K_p值爲多少？增加溫度，平衡移向反應物或是生成物呢？

56. 在 298K 時$O_{3(g)}$之標準生成熱是 142.7kJ/mol，隨溫度昇至 6000K，其改變可忽略。計算在 1000K 臭氧生成之$\Delta G°$值，298K時其生成之$\Delta G°$是 163.1kJ/mol。

57. $\frac{1}{2}N_{2(g)} + \frac{1}{2}O_{2(g)} \rightleftharpoons NO_{(g)}$

    其平衡常數在 1800°K時爲 1.11×10^{-2}，而在 2000°K時爲 2.02×10^{-2}。計算在 2000°K時的標準自由能變化$\Delta G°_{2000}$。從這兩個平衡常數，試計算此反應的ΔH。

58. $BaSO_{4(s)} = Ba^{++}_{(aq)} + SO^{2-}_{4(aq)}$

    $\Delta H = 5800$卡。當溫度增加的時候，$BaSO_4$變得更可溶或不可溶？在 25℃時，硫酸鋇的溶解度積爲 1.1×10^{-10}，試求 90℃時的溶解度積爲多少？假設此反應的ΔH爲定值。

59. 多數固態元素物質在標準狀態之下之熱容量約為
(A)R　(B)$\frac{2}{3}R$　(C)$\frac{5}{2}R$　(D)$3R$。　【77私醫】

答案： 1. 212　2.(B)　3.(A)　4.(A)　5.(A)　6.(B)　7.(D)　8.(A)4501，(B)3114　9.(D)　10.(C)　11.(CD)　12. -151.8　13.(D)　14.(A)　15.(D)　16.(C)　17.(C)　18. -464　19.(D)　20. -718　21. $\Delta H°=-29.88$，$\Delta E°=-30.47$　22. -127kJ　23.(ACE)　24.(D)　25. -108kCal　26.(C)　27.(D)　28.(D)　29.(A)　30.(B)　31.熵　32. -33.3　33. 184.8Cal/K　34. 41.51　35.(D)　36. $Q=7325$J $=\Delta H$，$\Delta V=20.5$L，$W=-2078$J，$\Delta E=5246.5$J，$\Delta S=20.3$J/mol・K　37.(D)　38.(D)　39.(C)　40.(D)　41. ΔH，ΔS　42.(A)　43.低溫下　44.(D)　45.(B)　46.(B)　47.見詳解　48. -16.3kJ/mol　49. -229kJ　50.(A) 130，(B)否，(C)是　51.(A)33.9kJ，5.2kJ，(B)0.122atm，(C)352K　52.(B)　53. 0.0175kJ　54. $Q=\Delta H=38.7$kJ，$W=-2.92$kJ，$\Delta E=35.8$kJ，$\Delta S=110$J/K，$\Delta G=0$　55. 8.2×10^{-18}，生成物　56. 211kJ　57. 15.51kCal，$\Delta H=21.4$kCal　58. 6.4×10^{-10}，更易溶解　59.(D)

PART II

1. Which of the following is an intensive property:
(A)entropy　(B)enthalpy　(C)electromotive force　(D)free energy.　【82中興】

2. A process carried out such that heat is not transferred between system and surroundings is called ________ process.

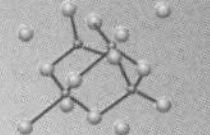

(A)a reversible (B)an adiabatic (C)an isothermal
(D)a thermodynamic. 【81中興食品】

3. The first law of thermodynamics can be expressed mathematically as follow:
(A)$E=Q-W$ (B)$E=Q+W$ (C)$E=Q\cdot W$ (D)$E=Q/W$ (E)$\Delta E=Q+W$. 【84成大化學】

4. A sample of an ideal gas is allowed to escape irreversibly and isothermally into a vacuum. Which statement is correct?
(A)$Q=0$，$W=0$，$\Delta E=0$ (B)$W=0$，$\Delta E=Q=$ a positive number
(C)$W=P\Delta V+V\Delta P$ (D)$\Delta E=0$，$Q=-W=$ a positive number
(E)$W=P\Delta V$，$\Delta E=0$，$Q=-P\Delta V=$ a negative number. 【80淡江】

5. At constant pressure, in which of the following changes is work done by the system on the surroundings?
(A)$2H_{2(g)}+O_{2(g)}\longrightarrow 2H_2O_{(g)}$ (B)$H_2O_{(g)}\longrightarrow H_2O_{(l)}$ (C)$H_{2(g)}+Cl_{2(g)}\longrightarrow 2HCl_{(g)}$ (D)$CO_{2(s)}\longrightarrow CO_{2(g)}$. 【79淡江】

6. A gas is compressed from 39.92L to 12.97L at a constant pressure of 5.00atm and 9.82kJ of energy are released. Calculate W for this process. 【81中興食品】

7. A gas expands against a constant external pressure of 2.00atm, increasing its volume by 3.40L. Simultaneously, the system absorbs 400J of heat from its surroundings. What is ΔE, in joules, for this gas?
(A)-689 (B)-289 (C)$+400$ (D)$+289$ (E)$+689$. 【81清大】

8. If 155J of heat is given off by a system and the system does 775J of work on the surroundings, what is the initial energy change for the surroundings?

(A) − 930J (B) − 620J (C) + 620J (D) + 930J (E)none of the above. 【83 中興 A】

9. A real gas usually cools slightly if it is allowed to expand adiabatically into an evacuated container. Which of the following statements is TRUE, if it is an ideal gas?
(A)The temperature will cool slightly, too. (B)This is an isothermal process. (C)$\Delta E = Q + W$ (D)$\Delta E = 0$ (E)$\Delta H = 0$. 【80 台大丙】

10. Calculate the change of ΔH, ΔS, ΔE, and ΔW of the following reversible expansion process against a constant $P_{ext} = 1.0$atm.

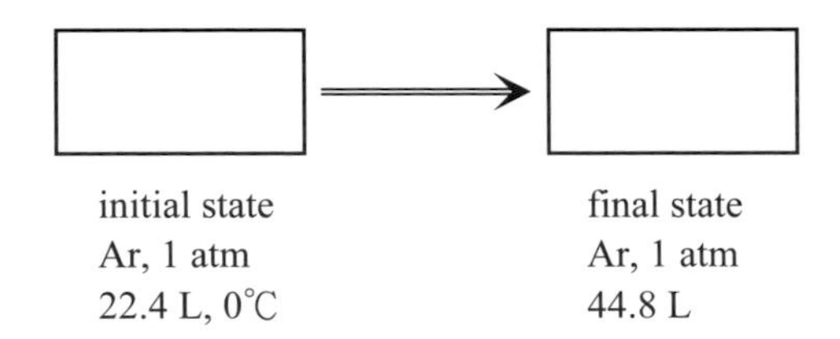

【80 清大】

11. One mole of ideal gas is slowly heated at a constant pressure of 2.0atm from 200 to 300K. Calculate Q, W, ΔE and ΔH, all in joules. Assume that $C_p = \frac{5}{2}R$. 【84 清大 B】

12. Which of the following is not correct?
(A)The potential energy of a substance is a state function. (B)The internal energy change for the process $H_2O_{(g)} \longrightarrow H_2O_{(s)}$ is not a state function. (C)The work associated with the process $H_2O_{(g)} \longrightarrow H_2O_{(s)}$ is not a state function. (D)The heat change associated with the process $H_2O_{(g)} \longrightarrow H_2O_{(s)}$ is not a state function. (E)All of the above are correct. 【83 中興 B】

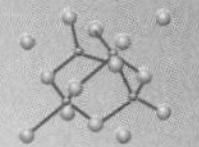

13. All of the following are state functions EXCEPT
(A)enthalpy (B)heat (C)temperature (D)pressure (E)internal energy.
【84中山】

14. Determine ΔH for the reaction
$N_2H_{4(l)} + 2H_2O_{2(l)} \longrightarrow N_{2(g)} + 4H_2O_{(l)}$
from the following data
$N_2H_{4(l)} + O_{2(g)} \longrightarrow N_{2(g)} + 2H_2O_{(g)}$ $\Delta H = -622.2\text{kJ/mol}$
$H_{2(g)} + \frac{1}{2}O_{2(g)} \longrightarrow H_2O_{(l)}$ $\Delta H = -285.8\text{kJ/mol}$
$H_{2(g)} + O_{2(g)} \longrightarrow H_2O_{2(l)}$ $\Delta H = -187.8\text{kJ/mol}$
【86清大A】

15. Given the standard enthalpies at 25℃, in kilojoules per mole, for the following two reactions
$Fe_2O_{3(s)} + 3/2C_{(s)} \rightleftharpoons 3/2CO_{2(g)} + 2Fe_{(s)}$ $\Delta H = +234.1$
$C_{(s)} + O_{2(g)} \rightleftharpoons CO_{2(g)}$ $\Delta H^\circ = -393.5$
the ΔH° value for $4Fe_{(s)} + 3O_{2(g)} \rightleftharpoons 2Fe_2O_{3(s)}$ is calculated as
(A)3/2(− 393.5) − 234.1 (B)3/2(− 393.5) + 234.1 (C) − 393.5 − 234.1 (D)3(− 393.5) − 2(234.1) (E)3(− 393.5) + 2(234.1).
【81清大】

16. The standard heat of combustion of ethylene is − 1411kJ/mol. The standard heat of vaporization of liquid water is 44.0kJ/mol. What is ΔH°, in kilojoules per mole, for the reaction.
$C_2H_{4(g)} + 3O_{2(g)} \longrightarrow 2CO_{2(g)} + 2H_2O_{(g)}$
(A) − 1323 (B) − 1367 (C) − 1411 (D) − 1455 (E) − 1499.
【85清大B】

17. A compound has the molecular formula $C_2H_2O_4$, and one molecule of the compound has one C—C bond, and two O—H bonds, and two C—O bonds. If 76.43kJ are required to dissociate 9.0036g of it into carbon, hydrogen, and oxygen atoms, how many carbon-oxygen double bonds does the compound have?

Bond	Bond Energy(kJ/mole)
C—C	83.1
O—H	110.6
C—O	85.0
C═O	145.0

【81中興食品】

18. Which of the following reactions would be endothermic?
(A)$H_{2(g)} \longrightarrow 2H_{(g)}$ (B)$2H_{2(g)} + O_{2(g)} \longrightarrow 2H_2O_{(g)}$ (C)$H_2O_{(g)} \longrightarrow H_2O_{(l)}$ (D)$HCl_{(aq)} + NaOH_{(aq)} \longrightarrow NaCl_{(aq)} + H_2O_{(l)}$ (E)none of the above.

【84成大A】

19. Which of the following process is exothermic?
(A)fusion (B)vaporization (C)melting (D)sublimation (E) condensation. 【86台大C】

20. For which of the following substances is $\Delta H_f°$ equal to 0?
(A)$Br_{2(g)}$ (B)$N_{(g)}$ (C)$C_{(g)}$ (D)$CO_{(g)}$ (E)$Ne_{(g)}$. 【81清大】

21. Select the true statement.
(A)The amount of heat produced in a chemical reaction depends on the rate at which the reaction occurs. (B)The heat involved in a chemical reaction is as quantitative as are the amount of chemiacls involved. (C)If heat is produced in a forward reaction, an equal

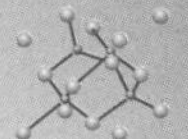

amount of heat will be produced in the reverse reaction. (D)So far, it has been possible for the chemist to reverse all chemical reactions that produce heat by forcing heat back into the system.

【84清大B】

22. The amount of heat absorbed when CO_2 gas reacts with solid $CaCO_3$ is measured in a bomb calorimeter(i.e., at constant volume). The data obtained give a direct measure of
(A)ΔH (B)ΔE (C)$V\Delta P$ (D)ΔG (E)work. 【80淡江】

23. Find the melting and boiling points of benzene from the data below: Heat of fusion:10.9kJ/mol; Heat of vaporization:31.0kJ/mol; $\Delta S_{fus} = 39.1$J/K · mol; $\Delta S_{vap} = 87.8$J/K · mol. 【82中山化學】

24. For which of the following reaction is $\Delta S° < 0$?
(A)$MgCO_{3(s)} \rightarrow MgO_{(s)} + CO_{2(g)}$ (B)$NH_4Br_{(s)} \rightarrow NH_{3(g)} + HBr_{(g)}$ (C)$CH_3OH_{(l)} \rightarrow CH_3OH_{(g)}$ (D)$2NO_{2(g)} \rightarrow 2NO_{(g)} + O_{2(g)}$ (E)$2BrCl_{(g)} \rightarrow Cl_{2(g)} + Br_{2(l)}$. 【85中山】

25. Which one of the following is true for a spontaneous reaction?
(A)$\Delta S_{sys} = \Delta S_{surr}$ (B)$\Delta S_{univ} = 0$ (C)$\Delta S_{univ} > 0$ (D)$\Delta S_{univ} < 0$.

【81中興食品】

26. When a rubber band is heated, it contracts. Explain if the ΔS is positive or negative? 【84成大化工】

27. Describe the four laws of thermodynamics as simple as possible.

【83清大B】

28. If an ideal gas is expanded at constant pressure
(A)$\Delta E > 0$ and $\Delta S > 0$ (B)$\Delta E = 0$ and $\Delta S = 0$ (C)$\Delta E = 0$ and $\Delta S < 0$ (D)$\Delta E < 0$ and $\Delta S > 0$ (E)$\Delta E = 0$ and $\Delta S > 0$. 【83成大化學】

29. For the gas-phase decomposition $PCl_{5(g)} \rightleftharpoons PCl_{3(g)} + Cl_{2(g)}$
(A)$\Delta H < 0$ and $\Delta S < 0$ (B)$\Delta H > 0$ and $\Delta S > 0$ (C)$\Delta H > 0$ and $\Delta S < 0$ (D)$\Delta H < 0$ and $\Delta S > 0$ (E)$\Delta H = 0$ and $\Delta S > 0$.【85清大】

30. What is a spontaneous process? What factors must we take into account to predict the spontaneity of a process?【84成大化學】

31. One of the following processes results in an increase in entropy. Which process is it?
(A)condensation (B)cooling of a gas (C)freezing (D)cooling of a liquid (E)expansion of a gas.【84成大化學】

32. Select a molecule from the following, S_2, SO, SO_3, S_2Cl_2, SCl_2, that has the highest entropy value at room temperature.
(A)SO (B)SO_3 (C)S_2Cl_2 (D)SCl_2 (E)S_2.【84成大環工】

33. Which of the following substances has the highest entropy at 298°K?
(A)$He_{(g)}$ (B)$C_2H_{6(g)}$ (C)$H_2O_{(l)}$ (D)$C_{(s)}$ (E)$C_2H_5OH_{(l)}$.【83中興A】

34. The entropy of a pure perfect crystalline substance at 0°K is
(A)positive (B)negative (C)1.0 (D)-1.0 (E)0.【83中興B】

35. When one mole of ice melts to liquid at 0℃
(A)the entropy decreases (B)the entropy increases (C)the order increases (D)the entropy remains the same.【83中山生物】

36. Which of the following processes are spontaneous
(A)spreading of the fragrance of perfume through a room. (B)seperation of N_2 and O_2 molecules in air from each other. (C)the reaction of sodium metal with chlorine gas to form sodium chloride. (D)the dissolution of $HCl_{(g)}$ in water to form concentrated hydrochloric acid.【81台大甲】

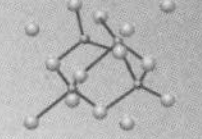

37. One mole of ideal gas is slowly heated at a constant volume of 5.0L from 200 to 300K. Calculate Q, W, ΔE, ΔH and ΔS all in MKS units. Assume $C_v = 3/2R$. 【79 清大】

38. Explain the process that heat flow from a hot block to a cold block is spontaneous by entropy. 【78 清大】

39. An ideal gas undergoes a reversible isothermal expansion from an initial volume of V_1 to a final volume $10V_1$ and thereby does 10.0kJ of work. The initial pressure was 100atm. Calculate the initial volume, V_1.(1 l-atm = 101.3J) 【81 成大化學】

40. All of the followings have free energy of formation values of zero except:
(A)$Br_{2(l)}$ (B)$Fe_{(s)}$ (C)$N_{(g)}$ (D)$Na_{(s)}$. 【81 中山生物】

41. What is Gibb's free energy? How does it relate to the spontaneity of a reaction? What is the Gibb's free energy of a system when the system is at the state of equilibrium? 【82 中山物理】

42. For an isothermal process that a system undergoes, we have
(A)$\Delta S_{sys} \geqq Q_{sys}/T$ (B)$\Delta S_{sys} \leqq Q_{sys}/T$ (C)$\Delta S_{sys} = 0$ (D)None. 【78 東海】

43. What is the necessary condition for the spontaneous reaction at constant temperature and pressure? 【80 中興土壤】

44. In which case must a reaction be spontaneous at all temperatures?
(A)ΔH is positive, ΔS is positive. (B)$\Delta H = 0$, ΔS is negative.
(C)$\Delta S = 0$, ΔH is positive. (D)ΔH is negative, ΔS is positive.
(E)none of these. 【86 成大 A】

45. A process will be spontaneous only at high temperature when
(A)both ΔH and ΔS are positive. (B)both ΔH and ΔS are negative.

(C)ΔH is positive and ΔS is negative. (D)ΔH is negative and ΔS is positive. 【81中興食品】

46. If a process is both endothermic and spontaneous then
(A)$\Delta S > 0$ (B)$\Delta S < 0$ (C)$\Delta H < 0$ (D)$\Delta G > 0$ (E)$\Delta E = 0$.
【85清大】

47. ΔG is the free energy change of the reaction of $2O_{3(g)} \longrightarrow 3O_{2(g)}$ which of the following is correct?
(A)$\Delta S < 0$ (B)if $\Delta H < 0$, then $\Delta G > 0$ (C)$\Delta S > 0$ (D)if $\Delta G > 0$, the reaction is spontaneous (E)none of the above. 【79台大乙】

48. The normal freezing point of benzene is 5℃. For the melting of benzene at 1atm, what is the sign(+, −, or 0) of
(A)ΔG (B)ΔH (C)ΔS at 5℃ (D)ΔG at 0℃ (E)ΔG at 10℃.
【86台大C】

49. Which of the following changes in thermodynamic property would you expect to find for the following reaction at all temperatures
$Br_{2(g)} \longrightarrow 2Br_{(g)}$
(i)$\Delta H < 0$ (ii)$\Delta H > 0$ (iii)$\Delta S < 0$ (iv)$\Delta S > 0$ (v)$\Delta G < 0$
(A)i and v (B)ii and iii (C)i, iv, and v (D)ii, iv (E)i and iv.
【86台大A】

50. Sodium bicarbonate decomposes according to the reaction
$2NaHCO_{3(s)} \longrightarrow Na_2CO_{3(s)} + H_2O_{(g)} + CO_{2(g)}$
For the decomposition reaction, $\Delta H = 64.5$kJ/mol and $\Delta S = 167$J/mol · K. Is the reaction spontaneous at 355K? 【86成大化工】

51. At constant pressure, the following reaction $2NO_{2(g)} \longrightarrow N_2O_{4(g)}$ is exothermic. The reaction is

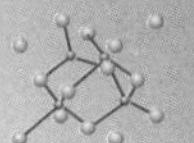

(A)always spontaneous (B)spontaneous at low temperature, but not high temperature (C)spontaneous at high temperature, but not low temperature (D)never spontaneous. 【86成大A】

52. Calculate the $\Delta G°$ for the reaction at 25℃

C(diamond) ⟶ C(graphite)

given that $\Delta H° = 1.895$kJ/mol(diamond), $S° = 2.377$J/mol-K(diamond), $S° = 5.740$J/mol-K(graphite)

(A)2.90 (B)− 1.90 (C)− 2.90 (D)1.90 (E)0.89. 【84成大環工】

53. For a reaction:$CaCO_{3(s)} \longrightarrow CaO_{(s)} + CO_{2(g)}$

When 1.00 mol of $CaCO_3$(volume = 34.2ml) decomposes at 25℃ and 1 atm to give solid CaO(volume = 16.9ml) and $CO_{2(g)}$. What are W for this reaction? 【82成大化工】

54. $\Delta G_f°$ of NO molecule is 25kJ · mol^{-1}

(A)Write down the equilibrium chemical equation of NO with air.

(B)Calculate the equilibrium constant of this equilibrium at 300K.

(C)Estimate the equilibrium concentration of NO in air at 300K.

【82清大】

55. Give the following enthalpy and entropy data, calculate $\Delta G_f°$ of CH_4, at 25℃

	$\Delta H_f°$(25℃, kJoules/mole)	$S°$(25℃, Joules/°K · mole)
C(graphite)	0	5.69
$H_{2(g)}$	0	130.59
$CH_{4(g)}$	− 74.85	186.20

【80中興土壤】

56. Calculate the gibbs free energy for the following reaction at the temperature of boiling water(100℃), ice(0℃), a dry-ice/acetone bath(－78℃) and liquid nitrogen(－196℃).

$2NO_{2(g)} \rightleftharpoons N_2O_{4(g)}$

compound	$\Delta H_f°$(kJ/mol)	$S°$(J/°K-mol)
$NO_{2(g)}$	33.2	240.0
$N_2O_{4(g)}$	9.17	304.2

【79台大甲】

57. At what temperature is the following process spontaneous at 1atm?

$X_{2(l)} \longrightarrow X_{2(g)}$

where $\Delta H° = 31.0\text{kJmol}^{-1}$ and $\Delta S° = 93.0\text{JK}^{-1}\text{mol}^{-1}$. What is the normal boiling point of liquid X_2? 【83交大】

58. For the process A→B, the value ΔG is 30kJ at 25℃ and 30.02kJ at 26℃. Estimate ΔS for the process.

59. Q for a gas phase reaction is 8.2, and K_p is 3.5×10^{-3}. What is the ΔG at 25℃ as the reaction proceeds to equilibrium?

(A)8.7kJ (B)10kJ (C)19kJ (D)22kJ (E)none of the above.

【86清大B】

60. For the following reacton, $K = 3.87\times10^{-16}$ at 400°K

$BaSO_{4(s)} \longrightarrow BaO_{(s)} + SO_{3(g)}$

Calculate K at 600°K assuming that the value of $\Delta H° = 41.9$kCal for the reaction is constant over this temperature range. 【79台大甲】

61. Estimate the heat capacity, C_v of one mole of H_2O gas at 1000°K

(A)3R (B)4R (C)5R (D)6R. 【78東海】

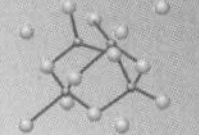

62. Which molecule in each of the following pairs would you expect to have larger heat capacity at 25℃?
(A)He or H_2 (B)CO_2 or OF_2. 【79中興森林】

63. The First Law of Thermodynamics is the law of
(A)conservation of energy
(B)conservation of matter
(C)conservation of enthalpy
(D)All of these are involved
(E)none of these. 【88中山】

64. Calculate the work done in joules when 2.5 mole of H_2O vaporizes at 1.0 atm and 25℃. Assume the volume of liquid H_2O is negligible compared to that of vapor.
(A)6190kJ (B)6.19kJ (C)61.1kJ (D)5.66kJ (E)518J.
【88清大B】

65. Calculate the work done against an atmospheric pressure of 1.0 atm when 7.65 mole of zinc dissolves in excess acid at 30.0℃
(A)22.4kJ (B)24.9kJ (C)0 (D)−2.52kJ (E)−19.3kJ.
【89清大A】

66. For a particular process q(heat) = −17 kJ and w(work) = 21kJ Which of the following statements is false?
(A)Heat flows from the system to the surroundings
(B)The system does work on the surroundings
(C)E(internal energy) = + 4kJ
(D)The process is exothermic
(E)None of the above is false. 【89成大環工】

67. In a bomb calorimeter, reactions are carried out
(A)at fixed pressure (B)at fixed volume (C)at fixed temperature
(D)in the liquid and solid states only (E)All of these are true.
【88中山】

68. In which process does enthalpy (H) not equal or approximately equal the internal energy (E)
(A)$\Delta V = 0$ for gases (B)$\Delta n = 0$ for gases (C)melting of a solid
(D)freezing of a liquid (E)vaporization of a liquid. 【88成大材料】

69. The enthalpy of combustion of acetic acid is $\Delta H° = -795.0\text{kJ mol}^{-1}$.
The reaction is：
$CH_3COOH(l) + 2O_2(g) \rightarrow 2CO_2(g) + 2H_2O(l)$
Find the internal change $\Delta E°$ for this reaction
(A)−785.4kJ (B)−792.6kJ (C)−795.0kJ. 【88大葉】

70. Which statement is FALSE？
(A)The change in internal energy ΔE for a process is equal to the amount of heat q_v absorbed at constant volume.
(B)The change in enthalpy ΔH for a process is equal to the amount of heat q_p absorbed at constant pressure.
(C)A bomb calorimeter measures ΔH directly.
(D)If q_p for a process is negative, the process is exothermic.
(E)The freezing of water is an example of an exothermic reaction.
【89中正】

71. $C_2H_5OH_{(l)} + 3O_{2(g)} \rightarrow 2CO_{2(g)} + 3H_2O_{(l)}$ $\Delta H = -1.37 \times 10^3\text{kJ}$
For the combustion of ethyl alcohol as described above, which of the following are true？

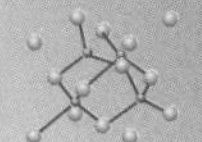

Ⅰ The reaction is exothermic.

Ⅱ The enthalpy change would be different if gaseous water were produced.

Ⅲ The reaction is not an oxidation-reduction.

Ⅳ The products of the reaction occupy a larger volume than the reactants.

(A)Ⅰ、Ⅱ (B)Ⅰ、Ⅱ、Ⅲ (C)Ⅰ、Ⅲ、Ⅳ (D)Ⅲ、Ⅳ (E)only Ⅰ.

【89中正】

72.

Bond	Bond Energy (kJ/mol)
C≡C	839
C−H	413
O=O	495
C=O	799
O−H	467

Estimate the heat of combustion of one mole of acetylene :

$C_2H_{2(g)} + 5/2\ O_{2(g)} \longrightarrow 2CO_{2(g)} + H_2O_{(g)}$

(A)1228kJ (B)−1228kJ (C)−447kJ (D)+447kJ (E)+365kJ.

【89中正】

73. Consider the following processes :

$2A \rightarrow 1/2\ B + C$ $\Delta H_1 = 5\text{kJ/mol}$

$3/2\ B + 4\ C \rightarrow 2A + C + 3D$ $\Delta H_2 = -15\text{kJ/mol}$

$E + 4A \rightarrow C$ $\Delta H_3 = 10\text{kJ/mol}$

Calculate ΔH for $C \rightarrow E + 3D$. 【89成大環工】

74. Calculate the lattice energy for $LiF_{(s)}$.

sublimation energy for $Li_{(s)}$	+ 166 kJ/mol
ΔH_f for $F_{(g)}$	+ 154 kJ/mol
First ionization energy of $Li_{(g)}$	+ 520 kJ/mol
electron affinity of $F_{(g)}$	− 328 kJ/mol
enthalpy of formation of $LiF_{(s)}$	− 617 kJ/mol

(A)285kJ/mol (B)−650kJ/mol (C)800kJ/mol (D)−1052kJ/mol (E)none of these. 【89中正】

75. ΔS_{surr} is ______ for exothermic reactions and ______ for endothermic reactions.
(A)favorable, unfavorable (B)unfavorable, favorable (C)favorable, favorable (D)unfavorable, unfavorable (E)cannot tell. 【89中正】

76. If ΔS_{univ} is positive for a process, the process is ______ , if ΔS_{univ} for a process is negative, the process is ______ , and if the ΔS_{univ} accompanying a process is zero, the process is ______ .
(A)at equilibrium, spontaneous, impossible
(B)impossible, spontaneous, at equilibrium
(C)spontaneous, at equilibrium, impossible
(D)spontaneous, impossible, at equilibrium
(E)none of these. 【88中山】

77. Which of the following is an example of a process which cannot occur spontaneously？
(A)Gaseous hydrogen and oxygen react to form water when ignited with a spark.
(B)NaCl(s) crystallizes out of a supersaturated NaCl(aq) solution.
(C)Heat flows from a cold object to a hot object when the two are placed in contact.
(D)All of these processes can occur spontaneously under suitable conditions.
(E)None of these can occur spontaneously. 【88中山】

78. Which of the following reactions has a negative change in entropy？
(A)$CaCO_3(s) \rightarrow CaO(s) + CO_2(g)$ (B)$2HgO(s) \rightarrow 2Hg(l) + O_2(g)$
(C)$5H_2(g) + 4C(s) \rightarrow C_4H_{10}(g)$ (D)$2NH_3(g) \rightarrow N_2(g) + 3H_2(g)$
(E)none of the above. 【88清大A】

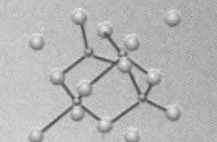

79. Arrange the following three reactions according to their $\Delta S°$
(1)$H_2O(g) \rightarrow H_2O(l)$ (2)$2NO(g) \rightarrow N_2(g) + O_2(g)$
(3)$MgCO_3(s) \rightarrow MgO(s) + CO_2(g)$
(A)1 < 2 < 3 (B)2 < 3 < 1 (C)3 < 2 < 1 (D)2 < 1 < 3 (E) 1 < 3 < 2. 【89清大A】

80. A pond of water cools to −10℃ on a still, cold night without freezing. The surroundings are also at −10℃. Then, spontaneously, the water freezes to ice at −10℃. Consider the water to be the system. Which of the following is not true for this spontaneous freezing.
(A)$\Delta S_{universe} > 0$ (B)$\Delta S_{system} > 0$ (C)$\Delta S_{surroundings} > 0$ (D)$\Delta H_{system} < 0$ (E)$\Delta E_{universe} = 0$. 【88大葉】

81. Which of the following processes increases the entropy of the system？
Ⅰ mixing 5mL cthanol with 25 mL water.
Ⅱ $Br_{2(g)} \rightarrow Br_{2(l)}$.
Ⅲ $NaBr_{(s)} \rightarrow Na^+_{(aq)} + Cl^-_{(aq)}$.
Ⅳ O_2 (298K) → O_2 (373K).
Ⅴ Ne (1atm, 298K) → Ne (2atm, 298K).
(A) Ⅰ (B)Ⅱ、Ⅴ (C) Ⅰ、Ⅲ、Ⅳ (D) Ⅰ、Ⅱ、Ⅲ、Ⅳ (E) Ⅰ、Ⅱ、Ⅲ、Ⅴ. 【89中正】

82. For mercury the enthalpy of vaporization is 58.51 kJ/mol and the entropy of vaporization is 92.92 $JK^{-1}\ mol^{-1}$. What is the normal boiling point of mercury？ 【88台大A】

83. The normal boiling point of ethanol is 78℃. If it is considered a typical liquid, approximately what is its enthalpy of vaporization？ (Trouton's rule predicts $\Delta S_{vap} = 88\ JK^{-1}\ mol^{-1}$)
(A)1.1kJ/mol (B)4.2kJ/mol (C)6.8kJ/mol (D)31kJ/mol (E)78kJ/mol. 【88大葉】

84. Calculate the entropy change when 5.00 moles of a monoatomic ideal gas is cooled from 135℃ to 85℃ at 1 atm.
(A)−250 J/K (B)−9.62 J/K (C)−48.9 J/K (D)−13.6 J/K
(E)−2.74 J/K. 【89中正】

85. If the change in entropy of the surroundings for a process at 451K and constant pressure is −326 J/K, what is the heat flow absorbed by for the system？
(A)326kJ (B)24.2kJ (C)−147kJ (D)12.1kJ (E)147kJ.
【88成大環工】

86. For the gaseous reaction：$Xe_{(g)} + 3F_{2(g)} \rightarrow XeF_{6(g)}$.
(A)Calculate ΔS^0 ($\Delta H^0 = -402$kJ/mol,and $\Delta G^0 = -280$kJ/mol.)
(B)Assuming ΔS^0 and ΔH^0 are constant with temperature, Calculate ΔG at 450^0K. 【88逢甲】

87. Under which condition is a reaction always in equilibrium？
(A)$\Delta H = 0$ (B)$\Delta S = 0$ (C)$\Delta H = -$ (D)$\Delta H = +$
(E)none of the above. 【89清大B】

88. Consider a reaction where the ΔS is negative and the ΔH is positive. Under which set of conditions will the reaction be spontaneous？
(A)The temperature is low and the ΔH is large.
(B)The temperature is high and the ΔH is small.
(C)The temperature is low and the ΔH is small.
(D)The temperature is high and the ΔH is large.
(E)none of the above. 【88清大B】

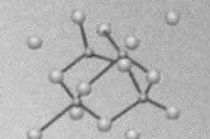

89. Which one of the following statements is incorrect?

(A)A reaction that has a negative ΔG proceeds spontaneously and rapidly.

(B)Values for ΔH^0 and ΔS^0 are relatively dependent of temperature.

(C)An equilibrium constant at a temperature T_2 can be calculated knowing only the values for ΔH^0, R, and K at another given temperature T_1.

(D)For an endothermic reaction, K increases as T increases.

【89中興食品】

90. A negative sign for ΔG indicates that at constant T and P

(A)the reaction is exothermic (B)the reaction is endothermic

(C)the reaction is fast (D)the reaction is spontaneous

(E)ΔS must be positive. 【89清大A】

91. From the values given for ΔH^0 and ΔS^0 at 298 K, which of the following reaction are SPONTANEOUS under standard conditions at 298 K?

(A)$2PbS_{(s)} + 3O_{2(g)} \rightarrow 2PbO_{(s)} + 3SO_{2(g)}$

$\Delta H^0 = -844kJ$; $\Delta S^0 = -165\ J/K$

(B)$2POCl_{3(g)} \rightarrow 2PCl_{3(g)} + O_{2(g)}$

$\Delta H^0 = 572kJ$; $\Delta S^0 = 179\ J/K$

(C)$N_{2(g)} + 3F_{2(g)} \rightarrow 2NF_{3(g)}$

$\Delta H^0 = -249kJ$; $\Delta S^0 = -278\ J/K$

(D)$N_{2(g)} + 3Cl_{2(g)} \rightarrow 2NCl_{3(g)}$

$\Delta H^0 = 460kJ$; $\Delta S^0 = -275\ J/K$

(E)$N_2F_{4(g)} \rightarrow 2NF_{2(g)}$

$\Delta H^0 = 85kJ$; $\Delta S^0 = 198\ J/K$. 【87台大B】

92. Consider the decomposition of $CaCO_3(s)$ into $CaO(s)$ and $CO_2(g)$ at 1 atm.

	$\Delta H_f°$(kJ/mol)	$S_{298}°$ (J/mol · K)
$CaCO_3(s)$	−1206.9	92.9
$CaO(s)$	−635.5	40.0
$CO_2(g)$	−393.51	213.6

(A)What's the minimum temperature at which you would conduct the reaction？

(B)What's the equilibrium vapor pressure of $CO_2(g)$ at 298 K？

【88成大化工】

93.

	$\Delta G_f°$
$C_2H_{2(g)}$	209.2 kJ/mol
$C_2H_{6(g)}$	−32.9 kJ/mol

Calculate K_p at 298 K for $C_2H_{2(g)} + 2H_{2(g)} \rightarrow C_2H_{6(g)}$

(A)9.07×10^{-1} (B)97.2 (C)1.24×10^{31} (D)2.72×10^{42}

(E)None of these is within a factor of 10 of the correct answer.

【89中正】

94. Hydrogen peroxide (H_2O_2) decomposes according to the equation：$H_2O_2(l) \rightarrow H_2O(l) + 1/2\ O_2(g)$, $\Delta H^0 = -98.2$kJ/mol, $\Delta S^0 = 70.1$J/mol. What is the value of K_p for this reaction at 25C？

(A)1.3×10^{-21} (B)20.9 (C)3.46×10^{17} (D)7.7×10^{20} (E)8.6×10^{4}.

【89清大B】

95. Sodium carbonate can be made by heating sodium bicarbonate：$2NaHCO_3(s) \rightarrow Na_2CO_3(s) + CO_2(g) + H_2O(g)$.

Given that $\Delta H^0 = 128.9$kJ and $\Delta G^0 = 33.1$kJ at 25℃, above what minimum temperature will the reaction become spontaneous under standard conditions？

(A)0.4K (B)3.9K (C)321K (D)401K (E)525K. 【88淡江】

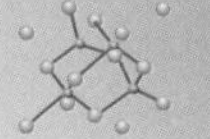

96. For the reaction A + B → C + D, $\Delta H^0 = +40$kJ and $\Delta S^0 = +50$J/K. Therefore, the reaction under standard conditions is
(A)spontaneous at temperatures less than 10K.
(B)spontaneous at temperatures greater than 800K.
(C)spontaneous only at temperatures between 10K and 800K.
(D)spontaneous at all temperatures.
(E)nonspontaneous at all temperatures. 【88成大環工】

答案：1.(C) 2.(B) 3.(E) 4.(A) 5.(D) 6. 13.65kJ 7.(B) 8.(A) 9.(BCDE) 10.、11.見詳解 12.(B) 13.(B) 14. − 818.2 15.(D) 16.(A) 17. 2個 18.(A) 19.(E) 20.(E) 21.(B) 22.(B) 23. 5.8℃，80℃ 24.(E) 25.(C) 26.、27.見詳解 28.(A) 29.(B) 30.見詳解 31.(E) 32.(C) 33.(B) 34.(E) 35.(B) 36.(ACD) 37.、38.見詳解 39. 0.43L 40.(C) 41.見詳解 42.(A) 43. $\Delta G < 0$ 44.(D) 45.(A) 46.(A) 47.(C) 48.(A)0，(B)+，(C)+，(D)−，(E)+ 49.(D) 50.不會自發 51.(B) 52.(C) 53. − 2472J 54.見詳解 55. − 50.8kJ 56.、57.見詳解 58. − 0.02kJ/K 59.(C) 60. 1.66×10^{-8} 61.(D) 62.(A)H_2，(B)OF_2 63.(A) 64.(B) 65.(E) 66.(B) 67.(B) 68.(E) 69.(C) 70.(C) 71.(A) 72.(B) 73. −10kJ 74.(D) 75.(A) 76.(D) 77.(C) 78.(C) 79.(A) 80.(B) 81.(C) 82. 357℃ 83.(D) 84.(D) 85.(E) 86.見詳解 87.(E) 88.(E) 89.(AB) 90.(D) 91.(AC) 92.見詳解 93.(D) 94.(D) 95.(D) 96.(B)

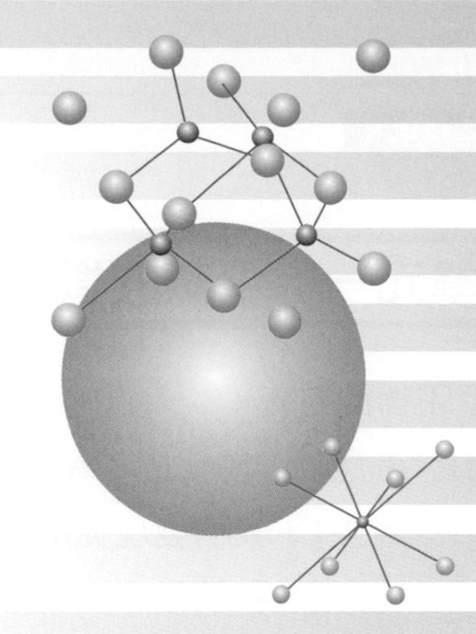

Chapter

9 化學平衡

本章要目

- 單元一　平衡的概念
- 單元二　平衡常數
- 單元三　反應商數
- 單元四　平衡的定性討論：勒沙特列原理
- 單元五　平衡的定量討論

單元一：平衡的概念

1. 平衡的定義：

 (1) 考慮以下的反應：A + B→C，各物種濃度隨時間的變化情形列在表 9-1，我們發現從t_4時刻開始，各物種濃度不再起任何改變(其中t_i時刻的數值是不可能發生的)。於是我們將「系統的各項性質不再發生變化」的現象稱為已達平衡。各物種濃度隨時間的作圖見圖 9-1(a)。

表 9-1 某一反應 A + B→C，各物種濃度的變化情形

時刻	A	B	→	C
0	1	1		0
t_1	0.92	0.92		0.08
t_2	0.85	0.85		0.15
t_3	0.77	0.77		0.23
t_4	0.71	0.71		0.29
t_5	0.71	0.71		0.29
t_6	0.71	0.71		0.29
⋮	⋮	⋮		⋮
t_i	0.6	0.6		0.4

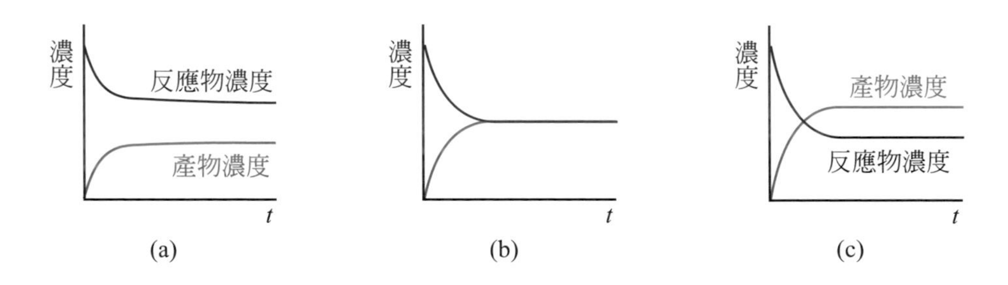

圖 9-1 平衡時各物種濃度不再變化，形成水平線。但平衡時反應物的濃度不一定比產物濃度大，在(b)圖中二者恰相等，而在(c)圖中產物濃度比反應物大

⑵　平衡是指，正反應速率與逆反應速率相等的情況。唯有如此才會使各物種濃度不再繼續變化，見圖 9-2。

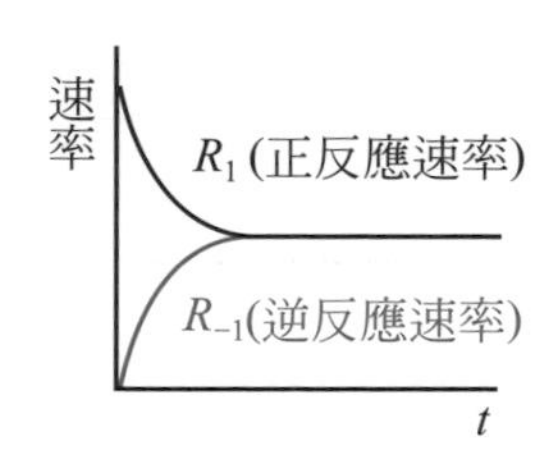

圖 9-2　正逆反應速率隨時間的變化情形，在平衡時，R_1與R_{-1}是重疊的

⑶　根據上一章的觀念，平衡是指反應物與產物的自由能(G值)總和相等，或謂$\Delta G = 0$。

2.　平衡的特性：

⑴　平衡狀態就巨觀而言，系統不再發生變化，而就微觀而言，反應仍持續在進行，只不過正逆反應速率相等，是爲動態的(dynamic)平衡。

⑵　平衡狀態必發生於密閉系且系中溫度一定。

⑶　平衡狀態時反應不完全，平衡系中含有反應物與產物。

⑷　平衡狀態可由正逆反應中任何一方開始而達成。

⑸　平衡狀態是最安定的狀態，系統趨向平衡是自發的(spontaneous)。

⑹　平衡狀態是由物系趨向最低能量和最大亂度二因素彼此協調達成的。

範例 1

在下列各項中，哪項是一種化學反應達成平衡時，所必需的條件？
(A)反應物失去它們的活性　(B)正逆兩方向的反應具有相等的速率

(C)正逆兩方向的反應完全停止　(D)反應物和產物的濃度相等。

【85私醫】

解：(B)

單元二：平衡常數(K，Equilibrium Constant)

1. 平衡常數與動力學的關係：$K=\dfrac{k_1}{k_{-1}}$　(9-1)

   證明：假設右列反應是一基本程序，$A+B \underset{k_{-1}}{\overset{k_1}{\rightleftharpoons}} C$，則$R_1=k_1[A][B]$，$R_{-1}=k_{-1}[C]$，當反應未達到平衡時，$R_1 \neq R_{-1}$。但當反應達到平衡時，$R_1=R_{-1}$，即$k_1[A]_{eq}[B]_{eq}=k_{-1}[C]_{eq}$。移項後得$\dfrac{k_1}{k_{-1}}=\dfrac{[C]_{eq}}{[A]_{eq}[B]_{eq}}=K$，我們將此組合稱爲$K$，則第一項關係便是(9-1)式，第二項關係式則是(9-2)式。

2. 平衡常數與物種濃度的關係

   (1) $K=\dfrac{[產物平衡濃度]}{[反應物平衡濃度]}$，以前述反應式爲例，$K=\dfrac{[C]_{eq}}{[A]_{eq}[B]_{eq}}$　(9-2)

   (2) 出現在K值中的濃度，必須是平衡時的濃度，若非平衡時的濃度，則這些濃度的組合只能稱爲Q(見單元三)。∴(9-2)式中，各濃度的下標皆註明eq，表示是平衡時的濃度(但本章中常將此標註省略)。

   (3) 反應物種涉及非均勻相的固相、液相物質，其量的多寡與其濃度並無關聯(例如，一小塊方糖與一大塊方糖嚐起來的甜度感覺應是一樣的)，∴固、液相濃度項不必表達在K值中。例如：$C_{(s)}+O_{2(g)}$

$\longrightarrow CO_{2(g)}$，$K=\dfrac{[CO_2]_{eq}}{[O_2]_{eq}}$，其中$C_{(s)}$是固相，並沒有表達出來。

(4) H_2O在反應式中，若作爲溶劑，則不必表達出，但若不是作爲溶劑，則應寫出來。例如：

① $SO_{2(g)}+H_2O_{(l)}\longrightarrow H_2SO_{3(aq)}$，此式中$H_2O$順便作爲溶劑，$[H_2O]$不會出現在$K$值中。

$$K=\frac{[H_2SO_3]_{eq}}{[SO_2]_{eq}}$$

② $CH_3COOH+CH_3CH_2OH\longrightarrow CH_3COOCH_2CH_3+H_2O$，此式不在水中進行，∴水不是溶劑，$[H_2O]$會出現在$K$值中。

$$K=\frac{[CH_3COOCH_2CH_3][H_2O]}{[CH_3COOH][CH_3CH_2OH]}$$

3. K_p與K_c

(1) 當物種爲氣相時，可以有K_p與K_c兩種表達法。如$C_{(s)}+O_{2(g)}\longrightarrow CO_{2(g)}$

$$K_c=\frac{[CO_2]}{[O_2]},\quad K_p=\frac{P_{CO_2}}{P_{O_2}}$$

(2) 若物種濃度同時含有氣相及非氣相時，只有氣相物質才可表達成分壓。例如：$SO_{2(g)}+H_2O_{(l)}\longrightarrow H_2SO_{3(aq)}$

$$K_c=\frac{[H_2SO_3]}{[SO_2]},\quad K_p=\frac{[H_2SO_3]}{P_{SO_2}}$$

千萬不可將K_p寫成$=\dfrac{P_{H_2SO_3}}{P_{SO_2}}$

(3) 若物種濃度沒有氣相時，只需表達出K_c。例如：$AgCl_{(s)}\rightleftharpoons Ag^+_{(aq)}+Cl^-_{(aq)}$

$K_c=[Ag^+][Cl^-]$ (若硬要寫K_p，$K_p=[Ag^+][Cl^-]$，會發現這是沒意義的)。

(4) K_p與K_c之關係：

$$P_A V_A = n_A RT，P_A = \frac{n_A}{V_A}RT = [A]RT$$

$$K_p = \frac{P_R{}^r \cdot P_S{}^s \cdots\cdots}{P_A{}^a \cdot P_B{}^b \cdots\cdots}$$

$$K_p = \frac{([R]RT)^r([S]RT)^s\cdots}{([A]RT)^a([B]RT)^b\cdots}$$

$$= \frac{[R]^r[S]^s\cdots}{[A]^a[B]^b} \times (RT)^{(r+s\cdots)-(a+b\cdots)}$$

$$K_p = K_c(RT)^{\Delta n} \qquad (9\text{-}3)$$

Δn =(氣態產物莫耳數)－(氣態反應物莫耳數)

$=(r+s+\cdots)-(a+b+\cdots)$

(5) 當$\Delta n=0$時，$K_p=K_c$。意謂K值與所使用的單位無關。

4. K的意義(類似$\Delta G°$)：

(1) K愈大，表示達到平衡時，反應物大部份轉變爲生成物，亦即反應愈完全。

(2) K值的大小，可預言反應的程度和進行的方向，但無法預測反應速率的大小。

5. 平衡常數與熱力學的關係：$\Delta G° = -RT\ln K$ (詳見第8章單元五)。

6. 平衡常數與溫度的關係：$\ln\frac{K_1}{K_2} = \frac{-\Delta H°}{R}\left(\frac{1}{T_1}-\frac{1}{T_2}\right)$ (詳見第8章單元六)。

(1) $\Delta H>0$，吸熱反應，T愈大，K值愈大。

(2) $\Delta H<0$，放熱反應，T愈大，K值愈小。

7. 平衡常數與反應方程式係數的關係(見表9-2第二欄)。

表9-2 K值，熱力學函數及ε值隨方程式係數的變化情形

當方程式	K	熱力學函數ΔH，ΔG，ΔS，ΔE	ε
逆向	K_0^{-1}	$-\Delta H_0$	$-\varepsilon_0$
乘以n倍	$K_0{}^n$	$n\cdot\Delta H_0$	ε_0
除以n倍	$K_0{}^{\frac{1}{n}}$	$\frac{1}{n}\Delta H_0$	ε_0
分成二步驟(1及2)	$K=K_1\cdot K_2$	$\Delta H=\Delta H_1+\Delta H_2$	$n_3\varepsilon_3=n_1\varepsilon_1+n_2\varepsilon_2$

[註]：K_0，ΔH_0，ε_0代表係數未變動前的數值。

【證明】 $N_2+3H_2 \rightleftharpoons 2NH_3$，$K_0=\dfrac{[NH_3]^2}{[N_2][H_2]^3}$

(1) 逆向

$2NH_3 \rightleftharpoons N_2+3H_2$

$$K=\frac{[N_2][H_2]^3}{[NH_3]^2}=\frac{1}{K_0}$$

(2) 乘以n(以乘以3為例)

$3N_2+9H_2 \rightleftharpoons 6NH_3$

$$K=\frac{[NH_3]^6}{[N_2]^3[H_2]^9}=\left(\frac{[NH_3]^2}{[N_2][H_2]^3}\right)^3=K_0{}^3$$

(3) 除以n(即乘$1/n$)

$\frac{1}{3}N_2+H_2 \rightleftharpoons \frac{2}{3}NH_3$

$$K=\frac{[NH_3]^{2/3}}{[N_2]^{1/3}[H_2]}=\left(\frac{[NH_3]^2}{[N_2][H_2]^3}\right)^{1/3}=K_0{}^{1/3}$$

(4)

$$A + B \rightarrow C \qquad K_1 = \frac{[C]}{[A][B]}$$

$$+)\ C \rightarrow D + E \qquad K_2 = \frac{[D][E]}{[C]}$$

總反應：$A + B \rightarrow D + E$

$$K_3 = \frac{[D][E]}{[A][B]} = \frac{[C]}{[A][B]} \times \frac{[D][E]}{[C]} = K_1 K_2$$

範例 2

The equilibrium constant for the vapor phase reaction, $PCl_3 + Cl_2 \rightleftharpoons PCl_5$, is 49. If the value for the rate constant for the forward reaction is $0.015 Lmol^{-1}s^{-1}$, what is the rate constant for the reverse reaction?

(A)$33 molL^{-1}$ (B)$3300 s^{-1}$ (C)$3.1\times10^{-4} s^{-1}$ (D)$320 s^{-1}$ (E)none of the above.

【86清大B】

解：(C)

$$K = \frac{k_1}{k_{-1}}，49 = \frac{0.015}{k_{-1}}，\therefore k_{-1} = 3.1\times10^{-4}$$

範例 3

25℃下，$H_2O_{(l)} \rightleftharpoons H_2O_{(g)}$式中$K_p$和$K_c$各爲多少？(水在25℃下的蒸氣壓爲23.8torr)

(A)2.38×10^{-2}atm，1.22×10^{-3}mol/L

(B)$3.13\times10^{-2}atm^{-1}$，$1.28\times10^{-3}$mol/L

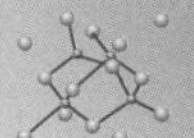

(C)2.38×10^{-2}atm^{-1}，1.22×10^{-3}mol/L

(D)3.13×10^{-2}atm，1.28×10^{-3}mol/L。 【86私醫】

解：(D)

(1) $K_p = P_{H_2O} = 23.8\text{torr} = \dfrac{23.8}{760}\text{atm} = 3.13\times10^{-2}\text{atm}$

(2) $K_p = K_c\,(R\,T)^{\Delta n}$，$\Delta n = 1 - 0 = 1$

$3.13\times10^{-2} = K_c\,(0.082\times298)^1$，$\therefore K_c = 1.28\times10^{-3}\text{M}$

類題

下列反應式何者$K_p = K_c$？

(A)$PCl_{5(g)} \rightleftharpoons PCl_{3(g)} + Cl_{2(g)}$ (B)$N_{2(g)} + 3H_{2(g)} \rightleftharpoons 2NH_{3(g)}$ (C)$H_{2(g)} + I_{2(g)} \rightleftharpoons 2HI_{(g)}$ (D)$2H_2O_{(g)} \rightleftharpoons 2H_{2(g)} + O_{2(g)}$。 【82二技動植物】

解：(C)

在(9-3)式中，若$\Delta n = 0$，則$K_p = K_c$。四個選項的Δn分別是：(A)$\Delta n = 2 - 1$，(B)$\Delta n = 2 - 4$，(C)$\Delta n = 2 - 2$，(D)$\Delta n = 3 - 2$

[注意]：在第8章曾提及，$\Delta n = 0$時，$\Delta H = \Delta E$。

範例 4

已知下列四個酸的K_a值分別是：(甲)HOAc：1.8×10^{-5}，(乙)HCN：6×10^{-10}，(丙)H_2S：1.1×10^{-7}，(丁)HSO_4^-：1.2×10^{-2}，則此四個酸的相對強度是

(A)甲＞乙＞丙＞丁　(B)丁＞乙＞甲＞丙　(C)丁＞甲＞丙＞乙　(D)乙＞甲＞丁＞丙。

解：(C)

K值愈大，表示反應趨勢愈強。∴K_a值愈大，酸的強度愈大。

範例 5

The following reaction has a standard free-energy change of 78.7kJ at 25℃

$2CH_{4(g)} \longrightarrow C_2H_{6(g)} + H_{2(g)}$

Calculate the equilibrium constant for this reaction, and decide whether the position of equilibrium will be closer to reactants or products. 【86成大化工】

解：⑴ $\Delta G° = -RT\ln K$，$78.7\times1000 = -8.314\times298\ln K$

$K = 1.6\times10^{-14}$

⑵ ∵$K \ll 1$，表示反應的趨勢很弱，∴平衡位置靠近反應物這一端。

範例 6

在定溫下，關於$NH_4Cl_{(s)} \rightleftharpoons NH_{3(g)} + HCl_{(g)}$系統，若$NH_3$的濃度加倍，則下列有關平衡常數的敘述，何者正確？

(A)加倍　(B)增加，但小於二倍　(C)減半　(D)不變　(E)減少，但小於二分之一。 【79成大】

解：(D)

K值只會隨溫度而異。

類題

在 25℃，$I_{2(g)} + Cl_{2(g)} \rightleftharpoons 2ICl_{(g)}$，$\Delta H = -27$kJ 的平衡常數$K$是 1.6×10^5。如果溫度上升到 100℃，則下列何者正確？

(A)產物及反應物濃度不變　(B)K會增大　(C)$ICl_{(g)}$的濃度會增大　(D)$I_{2(g)}$的分壓會增大。

解：(D)

$\Delta H < 0$，溫度愈高，K值愈小，表示反應趨勢下降，反應物 I_2 及 Cl_2 會增多，產物 ICl 則會減少。

範例 7

設$A_2B_{4(g)} \rightleftharpoons 2AB_{2(g)}$的反應熱為$\Delta H$，平衡常數為$K$時，在同溫時，反應$AB_{2(g)} \rightleftharpoons 1/2A_2B_{4(g)}$的反應熱($\Delta H'$)及平衡常數($K'$)應各為

(A)$K' = 1/2K$　(B)$\Delta H' = 1/2\Delta H$　(C)$\Delta H' = -1/2\Delta H$　(D)$K' = 1/K$　(E)$(K')^2 = 1/K$。

解：(C)(E)

參考表 9-2。由第一式($A_2B_4 \longrightarrow 2AB_2$)乘以$\frac{-1}{2}$後，將得第二式$\left(AB_2 \longrightarrow \frac{1}{2}A_2B_4\right)$。

$\therefore$(1) $\Delta H' = \frac{-1}{2}\Delta H$，(2) $K' = K^{\frac{-1}{2}}$，$(K')^2 = K^{-1} = \frac{1}{K}$。

範例 8

若反應：A + B ⇌ C 之K_c值爲4.0，反應：2A + D ⇌ C 之K_c值爲6.0，則反應：C + D ⇌ 2B 之K_c值爲

(A)0.67　(B)0.38　(C)1.5　(D)2.7　(E)90。【77成大】

解：(B)

將第一式乘以－2，　A + B→C ⇒　　2C → 2A + 2B

而第二式維持不變，2A + D→C ⇒ +) 2A + D → C

　　　　　　　　　　　　　　　　　D + C → 2B

$\therefore K_3 = K_1^{-2} \times K_2 = 4^{-2} \times 6 = \frac{6}{4^2} = 0.375$

範例 9

25℃時，H_2O的$K_w = 1 \times 10^{-14}$，預測下列各項數據的變動情形，當水溫上升之後。

(A)K_w值　(B)$[H^+]$　(C)$[OH^-]$　(D)pH值　(E)α　(F)酸鹼性。

解：∵H_2O解離是吸熱反應($\Delta H > 0$)，∴T上升後，K_w增大，而K_w增大代表α變大，∴$[H^+]$增加(但$[OH^-]$也同等地增加)，pH因而下降(注意：POH也同時下降，此時pH + POH < 14)。但此時仍爲純水，是中性的。

單元三：反應商數(Q)

1. 在9-2式中，如果各項濃度均不標註eq下標，則右列組合$\frac{[C]}{[A][B]}$稱之為反應商數Q(Quotient)，也就是在表9-1中，代入t_4～t_6(即eq位置)的數據，稱之為K，而代入其它時刻的數據，則稱之為Q。
2. Q的用途：可用來判斷反應方向(或自發與否)，見表8-3。
   (1) $Q<K$，自發反應，反應會朝正反應方向進行。
   (2) $Q>K$，不會進行，反應會朝逆反應方向進行。
   (3) $Q=K$，恰處於平衡(可逆)狀態。

範例 10

At 122℃, the equilibrium constant for the reaction,

$2NO_2Cl_{(g)} \rightleftharpoons 2NO_{2(g)} + Cl_{2(g)}$

has the value $K_c = 0.558$. Indicate the direction of the reaction must proceed to reach equilibrium if a mixture of 0.012M $[NO_2Cl]$ 0.084M $[NO_2]$, and 0.026M $[Cl_2]$ is reached during the reaction.

【80中興植物】

解：(1) $Q = \frac{[NO_2]^2[Cl_2]}{[NO_2Cl]^2} = \frac{(0.084)^2(0.026)}{(0.012)^2} = 1.274$

(2) $1.274\,(Q) > 0.558\,(K)$，∴反應往逆方向進行。

範例 11

For the reaction $A_{(g)} \rightleftharpoons B_{(g)} + C_{(g)}$, the equilibrium constant at a certain temperature is 2.0×10^{-4} atm. A mixture of the three gases is placed in a flask and the initial partial pressure are $P_A = 2.0$atm, $P_B = 0.50$atm, and $P_C = 1.0$atm. Which of the following is true at the instant of mixing?

(A)$\Delta G° = 0$ (B)$\Delta G° < 0$ (C)$\Delta G = 0$ (D)$\Delta G < 0$ (E)$\Delta G > 0$.

【85 清大】

解：(E)

(1) $Q = \dfrac{P_B \cdot P_C}{P_A} = \dfrac{0.5\times1}{2} = 0.25 > 2\times10^{-4}(K_p)$

(2) 由表 8-3 知，若$Q > K$，則$\Delta G > 0$。

單元四：平衡的定性討論：勒沙特列原理

1. 改變平衡狀態之因素：濃度、壓力和溫度。
2. 催化劑雖可加速平衡狀態早日達成，卻不會影響平衡狀態。
3. 平衡移動的判別方法：勒沙特列原理(Le Chatelier's Principle)。
   (1) 如果一平衡系統受到外來因素壓迫，則此系統將產生一個改變(即平衡移動)來局部抵消此壓迫。
   (2) 利用此原理，可以預測平衡移動的方向，直到新平衡達成爲止。而新平衡狀態與舊平衡狀態不一樣。

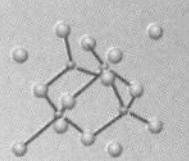

(3) 若改變平衡的因素不是溫度時，則在平衡移動後，雖然新平衡狀態與舊平衡狀態是不一樣的，但是平衡常數(K)是固定不變的，因爲K只受溫度影響。

4. 各種變化效應的比較：

表 9-3 各種變化所導致的效應比較

	變化	效應
濃度	增加反應物或減少生成物濃度 減少反應物或增加生成物濃度	移向生成物的形成，但K不變 移向反應物的形成，但K不變
溫度	增加	放熱反應，移向反應物的形成。K減小 吸熱反應，移向生成物的形成。K增加
	降低	放熱反應，移向生成物的形成。K增加 吸熱反應，移向反應物的形成。K減小
壓力 (體積)	(對反應物與生成物分子數不等的氣相反應) 增加 降低	 移向氣相分子數減小的方向，但K不變 移向氣相分子數增加的方向，但K不變

[註]：⑴在定壓下加入鈍氣，視爲是降低壓力，∴平衡往氣相分子數增加的方向移動。
⑵在定容下加入鈍氣，則壓力不會變動，∴平衡不會移動。

5. K、k及R的效應比較(見下表 9-4)。

表 9-4

當	平衡常數(K)	速率常數(k)	反應速率(Rate)
溫度的改變			
增高	改變	增加	增加
降低	改變	減少	減少
加催化劑	不變	增加	增加
濃度的改變			
增加	不變	不變	增加
減少	不變	不變	減少

6. 以下示範三種不同題型，探討各種外來因素出現時(A)平衡的移動方向，(B)各物種濃度(或壓力)的變動情形，(C)各物種質量的變動情形。

(1) 氣相物質：

		N_2	+	$3H_2$	$\rightleftharpoons$	$2NH_3$	$\Delta H < 0$
$[N_2]$增加	(A)：				→		
	(B)：	↑		↓		↑	
	(C)：	↑		↓		↑	
加入 HCl	(A)：				→		
	(B)：	↓		↓		↓	
	(C)：	↓		↓		↓	
T增加	(A)：				←		
	(B)：	↑		↑		↓	
	(C)：	↑		↑		↓	
加壓	(A)：				→		
	(B)：	↑		↑		↑	
	(C)：	↓		↓		↑	
體積增加	(A)：				←		
	(B)：	↓		↓		↓	
	(C)：	↑		↑		↓	

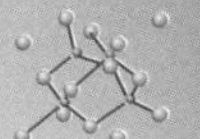

⑵ 水溶液物質：

		$Fe^{3+}_{(aq)}$	+	$SCN^{-}_{(aq)}$	⇌	$FeSCN^{2+}_{(aq)}$
加入$FeCl_3$	(A)				→	
	(B)	↑		↓		↑
	(C)	↑		↓		↑
加入 NaOH	(A)				←	
	(B)	↓		↑		↓
	(C)	↓		↑		↓
加水	(A)				←	
	(B)	↓		↓		↓
	(C)	↑		↑		↓
加壓	(A)				×	
	(B)	×		×		×
	(C)	×		×		×

⑶ 非均態(Heterogeneous)平衡系統：

		$CaCO_{3(s)}$	$\xrightarrow{\triangle}$	$CaO_{(s)}$	+	$CO_{2(g)}$
加入$CaCO_3$	(A)：		×			
	(B)：	×		×		×
	(C)：	↑		×		×
加入CO_2	(A)：		←			
	(B)：	×		×		×
	(C)：	↑		↓		×
*T*增加	(A)：		→			
	(B)：	×		×		↑
	(C)：	↓		↑		↑
加壓	(A)：		←			
	(B)：	×		×		×
	(C)：	↑		↓		↓

範例 12

化學反應：$NiO_{(s)} + CO_{(g)} \rightleftharpoons Ni_{(s)} + CO_{2(g)}$中，由左向右反應爲放熱反應，當反應達平衡時，發生下列何種變化會使反應向右移動達成新的平衡？

(A)移去$CO_{(g)}$　(B)增加$CO_{2(g)}$　(C)降低溫度　(D)降低壓力。

【85二技材資】

解：(C)

(A)移去CO，則平衡左移以補充暫短缺的CO。

(B)增加CO_2，則平衡左移以消除過多的CO_2。

(C)此題$\Delta H < 0$，則T上升，K值下降，反之T下降、K值上升，而K變大，代表反應趨勢變強，∴平衡右移。

(D)反應方程式的兩方氣相莫耳數一樣(皆是1)，∴不會隨壓力影響。

範例 13

下列系統於100℃和1大氣壓下平衡：

$NH_4NO_{2(s)} + O_{2(g)} \rightleftharpoons 2NO_{(g)} + 2H_2O_{(g)}$

保持定溫而提升壓力，則

(A)K_c值降低　(B)NO量減少　(C)H_2O量增加　(D)O_2量減少。

【81二技環境】

解：(B)

(1)　K值只會隨溫度改變。

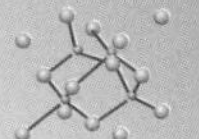

⑵ 提升壓力，平衡將由氣相係數＝4的右方移往氣相係數＝1的左方，於是NH_4NO_2及O_2將會增加，而NO及H_2O會減少。

範例 14

在平衡系中：$N_{2(g)}+3H_{2(g)} \rightleftharpoons 2NH_{3(g)}$，$\Delta H=-22$kCal，改變下列何種條件，可使反應向右進行？

(A)加熱　(B)加入He，但壓力不變　(C)加大壓力　(D)加入He，但體積不變。

【85二技衛生】

解：(C)

(A)∵$\Delta H<0$，∴T上升，K值下降，∴反應向左。

(B)加入He，壓力不變。視爲原有的反應物質壓力下降，平衡由氣相係數較少的右方左移至氣相係數較多的左方。

(C)壓力上升，效應是(B)項的相反效應。

(D)體積不變的前提下，表示原有反應物質的總壓力不變，∴不會有任何效應。

範例 15

在已達平衡狀態的系統$3C_{(s)}+3H_{2(g)} \rightleftharpoons CH_{4(g)}+C_2H_{2(g)}$，定溫下把固體碳($C_{(s)}$)移除部份後，有關此平衡系變化的各項敘述，何者爲正確？

(A)平衡系的淨反應方向仍沒有任何改變　(B)平衡常數(K_c)的數值將增加　(C)將再生成一些CH_4以恢復平衡狀態　(D)更多的固體碳($C_{(s)}$)將被生成。

【86二技材資】

解：(A)

固體物質不會因量的多少，而會改變其濃度數值，既然濃度不改變，平衡不會移動。

範例 16

在 $A + B \rightleftharpoons D$ 之反應中，加入催化劑C，可使正向反應加速。催化劑C對該化學的影響，何者為正確？
(A)使平衡向右移　(B)不影響平衡的位置　(C)使反應熱 ΔH 增大　(D)使反應熱 ΔH 減小　(E)使活化能降低。

解：(B)(E)

催化劑只會加速反應，使早一點到達平衡位置，但不會改變平衡位置。

範例 17

設有反應 $aP_{(g)} + bQ_{(g)} \rightleftharpoons cR_{(g)} + dS_{(g)}$ 在定容下反應物P之分壓在200℃時比300℃時為大，且使反應容積縮小時P之莫耳數減少，則
(A) $a + b > c + d$，$\Delta H > 0$　(B) $a + b > c + d$，$\Delta H < 0$　(C) $a + b < c + d$，$\Delta H < 0$　(D) $a + b < c + d$，$\Delta H > 0$。

解：(A)

(1) 依題意，高溫時 P 的分壓較小，表示因加溫而使平衡右移。而只有吸熱反應($\Delta H > 0$)，才會因溫度上升，K值上升。

(2) 體積減小壓力上升，而 P 卻因而減少，表示平衡右移，當壓力上升，平衡會右移，意指左方氣相係數較多。$\therefore a + b > c + d$。

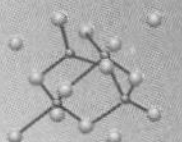

單元五：平衡的定量討論

範例 18

反應式$CO_{(g)} + H_2O_{(g)} \rightleftharpoons CO_{2(g)} + H_{2(g)}$，最初濃度$[CO] = 0.50M$，$[H_2O] = 1.00M$，在 50℃時達平衡，50℃之平衡常數$= 1.0\times10^{-7}$，則$CO_2$的平衡濃度為何？

(A)5.0×10^{-1}M (B)2.5×10^{-4}M (C)2.2×10^{-4} (D)3.0×10^{-3}。

【81 二技環境】

解：(C)

(1) 作平衡的計算時，按本題的示範以三行格式列出

	$CO_{(g)}$	+	$H_2O_{(g)}$	$\rightleftharpoons$ $CO_{2(g)}$	+	$H_{2(g)}$	←第一行
反應初	0.5		1	0		0	←第二行
平衡時	$0.5 - x$		$1 - x$	x		x	←第三行

(2) 將第三行數據代入K值，$K = \dfrac{[CO_2][H_2]}{[CO][H_2O]}$

$1\times10^{-7} = \dfrac{(x)(x)}{(0.5 - x)(1 - x)}$，解得$x = 2.24\times10^{-4}$

類題

溫度T℃時反應：$H_{2(g)} + I_{2(g)} \rightleftharpoons 2HI_{(g)}$之平衡常數為 64，HI 之平衡濃度為$4\times10^{-3}$M，反應開始時$H_2$和$I_2$濃度相等，則下列何者為其初濃度？

(A)1.25×10^{-3}M (B)2.25×10^{-3}M (C)2.5×10^{-3}M (D)4.5×10^{-3}M。

解：(C)

(1) 假設H_2，I_2的初濃度為x，列三行格式

	H_2	+	I_2	$\rightleftharpoons$	2HI
反應初	x		x		0
平衡時	$x-2\times10^{-3}$		$x-2\times10^{-3}$		4×10^{-3}

(2) 代入K值，$K=\dfrac{[HI]^2}{[H_2][I_2]}$

$$64=\frac{(4\times10^{-3})^2}{(x-2\times10^{-3})^2}，8=\frac{4\times10^{-3}}{x-2\times10^{-3}}$$

$$x-2\times10^{-3}=\frac{4\times10^{-3}}{8}=0.5\times10^{-3},\therefore x=2.5\times10^{-3}$$

範例 19

$N_2O_{4(g)} \rightleftharpoons 2NO_{2(g)}$，在25℃的$K_p$等於0.114大氣壓，在總壓為一大氣壓下，$N_2O_4$的分壓是
(A)0.714大氣壓　(B)0.833大氣壓　(C)0.886大氣壓　(D)0.625大氣壓。

解：(A)

(1) 假設平衡時，$P_{N_2O_4}=x$，則$P_{NO_2}=1-x$。(注意：本題不必列出三行格式)

(2) 代入K值，$K_p=\dfrac{P_{NO_2}^2}{P_{N_2O_4}}$，$0.114=\dfrac{(1-x)^2}{x}$，得$x=0.714$

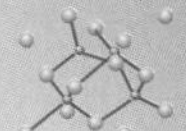

範例 20

在一5.0升容器中放有35.7g的PCl_5，加熱至250℃，然後保持溫度達到平衡$PCl_{5(g)} \longrightarrow PCl_{3(g)} + Cl_{2(g)}$分析平衡混合物時得7.87g的$Cl_2$，求出其$K_c$值？(Cl＝35.5，P＝31)　【73後中醫】

解：本題強調的是單位使用的問題。必須先將「克」轉換成「濃度」

$$n_{PCl_5} = \frac{35.7}{208.5} = 0.171\text{mole}，n_{Cl_2} = \frac{7.81}{71} = 0.11\text{mole}$$

列三行格式

	PCl_5	$\rightleftharpoons$	PCl_3	+	Cl_2
反應始	0.171		0		0
平衡時	0.171 − 0.11 = 0.061		0.11		0.11

$$K = \frac{[PCl_3][Cl_2]}{[PCl_5]} = \frac{\left(\frac{0.11}{5}\right)\left(\frac{0.11}{5}\right)}{\left(\frac{0.061}{5}\right)} = 0.04$$

範例 21

A 5g $NH_4Cl_{(s)}$ is heated (according to the reaction:$NH_4Cl_{(s)} \longrightarrow NH_{3(g)} + HCl_{(g)}$) in a 1.0L container to 800℃. At equilibrium, the total pressure is 1.6atm. What is the K_p of the reaction?

(A)0.32　(B)0.64　(C)0.80　(D)1.60　(E)2.56.　【86台大C】

解：(B)

這是非均態平衡的示範，其中(s)，(l)態不必參與計算過程中。

(1)　列三行格式：假設平衡時，$P_{NH_3} = x$

$$NH_4Cl_{(s)} \rightarrow NH_{3(g)} + HCl_{(g)}$$

	$NH_{3(g)}$	$HCl_{(g)}$
反應前	0	0
平衡時	x	x

(2) 依題意，已知總壓 $= 1.6 = x + x$，$\therefore x = 0.8$atm

$K = P_{NH_3} \cdot P_{HCl} = 0.8 \times 0.8 = 0.64$

範例 22

$N_2O_4 \rightleftharpoons 2NO_2$之平衡系統中總壓力爲 1atm，若平衡常數爲 K_p，則 N_2O_4之解離度α和K_p的關係是，$K_p =$

(A)$\dfrac{\alpha^2}{1-\alpha}$　(B)$\dfrac{4\alpha^2}{1-\alpha^2}$　(C)$\dfrac{2\alpha}{1+\alpha}$　(D)$\dfrac{4\alpha^2}{1-\alpha}$。

解：(B)

	N_2O_4	$\rightleftharpoons$	$2NO_2$	
反應前	1mole		0	
平衡時	$1-\alpha$		2α	(總 mole 數 $= 1+\alpha$)
分　壓	$\dfrac{1-\alpha}{1+\alpha} \cdot P_t$		$\dfrac{2\alpha}{1+\alpha} \cdot P_t$	(P_t爲總壓)

$$K_p = \frac{{P_{NO_2}}^2}{P_{N_2O_4}} = \frac{\left(\dfrac{2\alpha}{1+\alpha} \cdot P_t\right)^2}{\left(\dfrac{1-\alpha}{1+\alpha} \cdot P_t\right)} = \frac{4\alpha^2}{1-\alpha^2} \cdot P_t$$

將$P_t = 1$ 代入，得$K_p = \dfrac{4\alpha^2}{1-\alpha^2}$

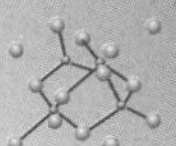

類題

在 35℃及總壓為 1.00atm 下，$N_2O_{4(g)}$有 27.2 %解離為$NO_{2(g)}$，試求$N_2O_{4(g)} \rightleftharpoons 2NO_{2(g)}$反應在35℃時之平衡常數$K_p$及$\Delta G°$。 【80成大】

解：(1) 代入範例22的關係式：$K_p = \dfrac{4\alpha^2}{1-\alpha^2} \cdot P_t = \dfrac{4\times(0.272)^2}{1-(0.272)^2}\times 1 = 0.32$

(2) $\Delta G° = -RT\ln K_p = -8.314\times 308\times \ln 0.32 = 2916\text{J}$

範例 23

I_2在水中溶解度是在CCl_4中之$\dfrac{1}{85}$(單位M)，100毫升之I_2水溶液，經10毫升之CCl_4兩次萃取，在水中留下之I_2之濃度為多少？(I_2在水中最初濃度是0.03M) 【83私醫】

解：假設$[I_2]_{H_2O}$起始濃度x_0，第一次萃取後$[I_2]_{H_2O} = x_1$，則萃取至CCl_4的碘莫耳數為$(x_0 - x_1)\times 100$，$[I_2]_{CCl_4} = \dfrac{n}{V} = \dfrac{(x_0 - x_1)\times 100}{10} = 10(x_0 - x_1)$

$85 = \dfrac{[I_2]_{CCl_4}}{[I_2]_{H_2O}} = \dfrac{10(x_0 - x_1)}{x_1}$，$\therefore x_1 = \dfrac{10}{95}x_0$

經第二次萃取後，算法類似，得$x_2 = \left(\dfrac{10}{95}\right)x_1 = \left(\dfrac{10}{95}\right)^2 x_0$

依此類推，經n次萃取後，$[I_2]_{H_2O}$的剩餘濃度$x_n = \left(\dfrac{10}{95}\right)^n x_0$

[註]：$\dfrac{[I_2]_{CCl_4}}{[I_2]_{H_2O}} = 85 = K$，萃取平衡的$K$，往往稱為分配係數。

綜合練習及歷屆試題

PART I

1. $A \underset{k_{-1}}{\overset{k_1}{\rightleftharpoons}} B \underset{k_{-2}}{\overset{k_2}{\rightleftharpoons}} C$，則 $A \rightleftharpoons C$ 的平衡常數應為下列何者？

   (A)$\dfrac{k_1\ k_2}{k_{-1}\ k_{-2}}$　(B)$\dfrac{k_1\ k_{-1}}{k_2\ k_{-2}}$　(C)$\dfrac{k_1\ k_{-2}}{k_{-1}\ k_2}$　(D)$\dfrac{k_{-1}\ k_{-2}}{k_1\ k_2}$。

2. 反應式：$COCl_{2(g)} \longrightarrow CO_{(g)} + Cl_{2(g)}$於395℃時，其$K_p = 4.6\times10^{-1}$，試問其$K_c$值為：

   (A)8.2×10^{-2}　(B)7.5×10^{-2}　(C)8.4×10^{-4}　(D)9.3×10^{-4}。【82二技環境】

3. T°K時氨之合成反應：$N_{2(g)} + 3H_{2(g)} \rightleftharpoons 2NH_{3(g)}$，下列各項$K_c$與$K_p$關係式中，何者正確？

   (A)$K_c = 1/2K_p$　(B)$K_c = K_p\times(RT)^2$　(C)$K_c = K_p\times(RT)^{-2}$　(D)$K_c = K_p\times(RT)^{1/2}$。

4. 平衡常數K值，只在何種情況下有效？

   (A)25℃，1atm時　(B)任何溫度時　(C)0℃時　(D)只在其狀態溫度時。【81二技環境】

5. 在425℃時，$H_{2(g)} + I_{2(g)} \rightleftharpoons 2HI_{(g)}$的$K_c = 55$，$K_c$將會改變如果

   (A)溫度降到400℃　(B)濃度單位由大氣壓改為M　(C)更多HI加入系統中　(D)加入催化劑。【82二技動植物】

6. 反應$aA_{(g)} + bB_{(g)} \longrightarrow dD_{(g)} + eE_{(g)} + Q$kCal，下圖表示產物D的濃度隨時間變化的關係圖，甲、乙、丙、丁表示反應物由同一反應量，經四種不同狀況的反應曲線，下列敘述何者不正確？

   (A)$Q < 0$　(B)乙、丙溫度相同　(C)甲溫度大於乙溫度，且平衡常數$K_甲 > K_乙$　(D)丁溫度最高。【84二技動植物】

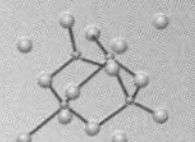

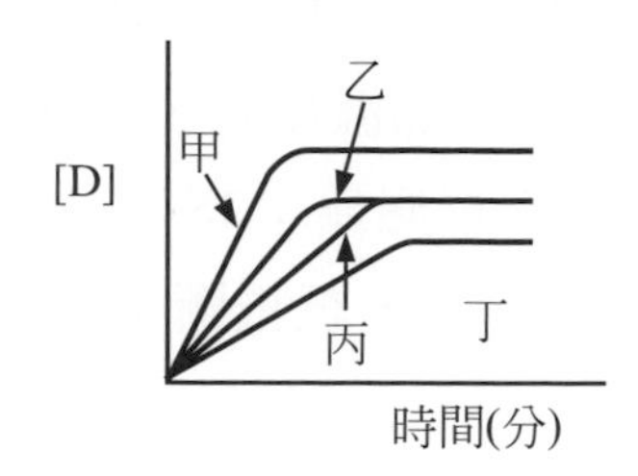

7. 在25℃，$BaCO_3$之$K_{sp}=1\times10^{-9}$，H_2CO_3之$K_a=4.2\times10^{-7}$，HCO_3^-之$K_a=4.8\times10^{-11}$；試求$BaCO_{3(s)}+2H^+_{(aq)}\rightleftharpoons Ba^{2+}_{(aq)}+H_2CO_{3(aq)}$在25℃之平衡常數
(A)5×10^{-7} (B)5×10^4 (C)5×10^7。【66私醫】

8. 已知CH_3COOH之$K_a=1.8\times10^{-5}$，NH_3之$K_b=1.8\times10^{-5}$，H_2O之$K_w=1.0\times10^{-14}$，則$CH_3COOH+NH_3\rightleftharpoons CH_3COO^-+NH_4^+$之$K_c$爲
(A)1.0×10^{-14} (B)3.24×10^{-10} (C)3.24×10^{-24} (D)3.24×10^4。
【67私醫】

9. 反應$H_{2(g)}+Br_{2(g)}\rightleftharpoons 2HBr_{(g)}$之$K_c=4.0\times10^{-2}$則反應$HBr_{(g)}\rightleftharpoons 1/2H_{2(g)}+1/2Br_{2(g)}$之$K_c$爲
(A)4.0×10^{-2} (B)2.0×10^{-1} (C)5.0 (D)25。【67私醫】

10. $AgCl_2^-$之生成常數K_f爲5×10^{12}，而AgCl的溶解度積常數K_{sp}爲1.0×10^{-10}，請計算$AgCl_{(s)}+Cl^-_{(aq)}\rightleftharpoons AgCl^-_{2(aq)}$的平衡常數是多少？【85私醫】

11. 在室溫下，反應$A_{(g)}+B_{(g)}\rightleftharpoons 2C_{(g)}$之$K_p$値爲0.5。若三種氣體的混合物，置於一容器內，且最初分壓是$P_A=1atm$，$P_B=10atm$及$P_C=5atm$，當混合瞬間，下列敘述何者正確？
(A)$\Delta G=0$ (B)$\Delta G°=0$ (C)$\Delta H=T\Delta S$ (D)$\Delta G>0$。【79成大】

12. 依據反應式：熱$+CH_{4(g)}+2H_2S_{(g)}\rightleftharpoons CS_{2(g)}+4H_{2(g)}$所示，請問以下各項事實，何者對影響平衡狀態所述較爲正確？

(A)增加$CH_{4(g)}$時，反應向左 (B)增加$H_{2(g)}$時，反應向右 (C)移去$CS_{2(g)}$時，反應向左 (D)增加溫度時，反應向右。 【82二技環境】

13. 茲考慮分析一氧化物之淨反應為：$2SO_{2(g)} + O_{2(g)} \rightleftharpoons 2SO_{3(g)}$：$\Delta H = -45$kCal，基於此所添加資料，試推斷下列中何者將能確實降低氧氣在平衡中之莫耳數？
(A)增高溫度 (B)增加催化劑 (C)壓力增加，使之體積減少 (D)增加氧氣 (E)上述四者均無變化。 【76私醫】

14. 於下列何種條件下，可促進下列反應之進行？
$NO_{(g)} + CO_{(g)} \longrightarrow 1/2N_{2(g)} + CO_{2(g)}$，$\Delta Hr = -89.3$仟卡
(A)低溫高壓 (B)高溫高壓 (C)低溫低壓 (D)高溫低壓。【77私醫】

15. 下列兩個化學反應⑴及⑵中，ΔH_1及ΔH_2為反應的反應熱：
⑴$A_2B_{2(g)} + B_{2(g)} \rightleftharpoons A_2B_{4(g)}$，$\Delta H_1$
⑵$AB_{4(g)} \rightleftharpoons B_{2(g)} + 1/2A_2B_{4(g)}$，$\Delta H_2$
當溫度下降時，反應⑴的平衡向右移動，反應⑵的平衡向左移動，則下列各項敘述中，何者為正確？
(A)$\Delta H_1 > 0$ (B)$\Delta H_1 < 0$ (C)$\Delta H_2 < 0$ (D)$\Delta H_2 > 0$ (E)$\Delta H_2 = 0$。 【80屏技】

16. 已知A、B、C皆為氣體，且在一定條件下，$xA \rightleftharpoons yB + zC$的可逆反應達到平衡：現若再加壓時，平衡往正方向移動，試問x、y、z三者之大小關係為何？
(A)$x > y + z$ (B)$x + y > z$ (C)$x < y + z$ (D)$x = y + z$。【86二技動植物】

17. 關於鉻酸根變成重鉻酸根之反應為：$2H^+_{(aq)} + 2CrO^{2-}_{4(aq)} \rightleftharpoons Cr_2O^{2-}_{7(aq)} + H_2O$
(黃色) (橙色)
下列何者有錯誤？
(A)在溶液中加一強酸，溶液顏色由黃變為橙色 (B)加 1M 碳酸鈉(Na_2CO_3)，溶液之顏色變黃 (C)平衡時，重鉻酸根離子之濃度為一

定 (D)當加Ba^{2+}生成沉澱，CrO_4^{2-}離子被除去，於是$Cr_2O_7^{2-}$離子濃度則增加。 【71私醫】

18. 熱化學方程式：$aA + bB \rightleftharpoons cC + Q$，($a$、$b$、$c$為莫耳係數，A、B、C為氣體，$Q$為反應熱量)當溫度上升或壓縮容積時，平衡重新達成，結果氣體C增加，則下列何者正確？

(A)$a + b < c$，$Q > 0$ (B)$a + b < c$，$Q < 0$ (C)$a + b > c$，$Q > 0$
(D)$a + b > c$，$Q < 0$。 【84二技環境】

19. 下列何反應於昇高溫度時，平衡移向正反應方向？

(A)$Br_{(g)} + e^- \rightleftharpoons Br^-_{(g)}$

(B)$Na_{(g)} + Cl_{(g)} \rightleftharpoons NaCl_{(s)}$

(C)$CaCO_{3(s)} \rightleftharpoons CaO_{(s)} + CO_{2(g)}$

(D)$Cl_{2(g)} \rightleftharpoons 2Cl_{(g)}$

(E)$NH_{3(g)} \rightleftharpoons NH_{3(aq)}$。

20. 下列五種氣體反應中哪一個反應之平衡於加壓或加熱均向右移動？

(A)$2H_3 + O_2 \rightleftharpoons 2H_2O + 116kCal$

(B)$H_2 + Cl_2 \rightleftharpoons 2HCl + 44kCal$

(C)$H_2 + I_2 \rightleftharpoons 2HI - 12kCal$

(D)$N_2 + 2O_2 \rightleftharpoons 2NO_2 - 16kCal$

(E)$N_3 + 3H_2 \rightleftharpoons 2NH_3 + 22kCal$。

21. 某反應$2A_{(s)} + 3B^{2+}_{(aq)} \rightleftharpoons 2A^{3+}_{(aq)} + 3B_{(s)}$之平衡常數為$10.0M^{-1}$。將A之固體加入只含$B^{2+}_{(aq)}$之溶液中，攪拌使達平衡，此時$A^{3+}_{(aq)}$之濃度為0.100M。則最初溶液$B^{2+}_{(aq)}$之濃度是多少？

(A)0.150M (B)0.167M (C)0.200M (D)0.250M。

22. 一莫耳NOCl氣體在一升容器中加熱至500K時有9.0％分解成NO及Cl_2，求此反應在500K時的平衡常數(K_c)，反應方程式為$2NOCl \rightleftharpoons 2NO + Cl_2$。

(A)4.4×10^{-4}　(B)4.4×10^{-3}　(C)2.2×10^{-3}　(D)8.9×10^{-3}。

23. 定容下，取1.00莫耳乙酸與2.05莫耳乙醇相混合而反應，當達成平衡時乙酸的量減至0.09莫耳，則此時$CH_3COOH + C_2H_5OH \rightleftharpoons CH_3COOC_2H_5 + H_2O$之平衡常數爲下列何者？
(A)2　(B)4　(C)8　(D)16。　【86二技衛生】

24. 反應$N_{2(g)} + 3H_{2(g)} \rightleftharpoons 2NH_{3(g)}$在某溫度之平衡常數($K_p$)爲$4.00\times10^{-6}$，於同溫度，定體積容器內，剛開始時$N_2$之分壓爲一大氣壓，$H_2$亦爲一大氣壓，試問反應達平衡時$NH_3$之分壓爲若干大氣壓？
(A)2.0×10^{-3}　(B)3.5×10^{-3}　(C)5.2×10^{-3}　(D)6.9×10^{-3}。【81二技環境】

25. $2A_{(g)} + B_{(g)} \longrightarrow C_{(g)}$，若取相等莫耳數的B及C置於容器中，開始反應而達平衡狀態。則在平衡時，下列各濃度的描述何者正確？
(A)[A]＝[B]　(B)[B]＝[C]　(C)[B]＞[C]　(D)[A]＞[B]。
【84二技環境】

26. 若$P_{4(g)} + 6Cl_{2(g)} \rightleftharpoons 4PCl_{3(g)}$的平衡是由等莫耳$P_4$，$Cl_2$加到眞空容器得到的，則在平衡時，何者正確？
(A)$[Cl_2]>[PCl_3]$　(B)$[Cl_2]>[P_4]$　(C)$[PCl_3]>[P_4]$　(D)$[P_4]>[Cl_2]$。
【84二技動植物】

27. AO_2在某溫度的解離度爲10％，則$4AO_2 \rightleftharpoons 2A_2O_3 + O_2$系中，若最初$A_2O_3$、$O_2$各2mole、1mole，求平衡後各成份的莫耳數。

28. 將純氨(NH_3)置於密閉容器中，使其起反應：
$2NH_{3(g)} \longrightarrow N_{2(g)} + 3H_{2(g)}$在200℃反應到達平衡時，容器內總壓力爲300atm，其中氨之壓力爲總壓之60％，求上述反應之平衡常數K_p。
【80成大環工】

29. 將$COCl_2$氣體置於一2升容器中，加熱使之分解爲CO及Cl_2，達平衡時，$COCl_2$之濃度爲4莫耳／升。若再添加$COCl_2$氣體於容器中並使再度達到平衡時，測得$COCl_2$之濃度爲16莫耳／升。問再度達到平

衡時之CO濃度與首次平衡時之CO濃度比較有何變化？
(A)減為三分之一 (B)不變 (C)增為二倍 (D)增為四倍。

30. 將足量之固體氯化銨置入一容積為123公升之真空容器中，加熱至500K而達到下列平衡：$NH_4Cl_{(s)} \rightleftharpoons NH_{3(g)} + HCl_{(g)}$，此時容器內之壓力為0.050大氣壓。若溫度維持不變，加入固體氯化銨及氨各0.10莫耳後再度到達平衡時，總壓力為
(A)0.150大氣壓 (B)0.140大氣壓 (C)0.090大氣壓 (D)0.060大氣壓。

31. 反應$CaCO_{3(s)} \rightleftharpoons CaO_{(s)} + CO_{2(g)}$的平衡常數$K_p = 1.16$大氣壓(800℃)。試計算將20.0克碳酸鈣置於10.0升的真空容器中，加熱至800℃，而達到平衡時，未變化碳酸鈣的百分率。

32. 使用同體積的溶劑萃取水溶液中的某一溶質，假設其分佈係數$K=9$，則在第一次萃取後，可以移除多少百分比的溶質？(重量百分比)
(A)90％ (B)99％ (C)70％ (D)30％。【83二技環境】

33. 在25℃時，N_2O_4與NO_2混合氣體總壓為1.5atm，$N_2O_4 \rightleftharpoons 2NO_2$之$K_p = 0.14$，求25℃ N_2O_4之分解百分率？
(A)7％ (B)15％ (C)30％ (D)50％。

34. 一平衡存在於NO_2與N_2O_4之間，$2NO_{2(g)} \longrightarrow N_2O_{4(g)}$，$N_2O_4$於60℃下解離50％，總壓為1atm，其$K_p =$ ________ 。【83私醫】

35. 定溫下在V升密閉容器中有1mole PCl_5依$PCl_5 \rightleftharpoons PCl_3 + Cl_2$分解，若其分解率為$\alpha$，則其平衡常數為
(A)$\dfrac{\alpha}{(1-\alpha)V}$ (B)$\dfrac{\alpha}{(1+\alpha)V}$ (C)$\dfrac{\alpha^2}{(1-\alpha)V}$ (D)$\dfrac{V\alpha^2}{(1-\alpha)V}$。

36. 若已知$2HI_{(g)} \rightleftharpoons H_{2(g)} + I_{2(g)}$之平衡常數為$K$，則HI的解離度$\alpha$應為
(A)$\dfrac{\sqrt{K}}{\sqrt{K}+1}$ (B)$\dfrac{\sqrt{K}}{1+2\sqrt{K}}$ (C)$\dfrac{1+2\sqrt{K}}{\sqrt{K}}$ (D)$\dfrac{2\sqrt{K}}{1+2\sqrt{K}}$。

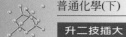

答案：1.(A) 2.(C) 3.(B) 4.(D) 5.(A) 6.(D) 7.(C) 8.(D) 9.(C) 10. 500 11.(D) 12.(D) 13.(C) 14.(A) 15.(BD) 16.(A) 17.(D) 18.(D) 19.(CD) 20.(D) 21.(D) 22.(A) 23.(C) 24.(A) 25.(C) 26.(D) 27. $AO_2 = 3.6$，$A_2O_3 = 0.2$，$O_2 = 0.1$莫耳 28. 675 29.(C) 30.(D) 31. 34% 32.(A) 33.(B) 34. 3/4 35.(C) 36.(D)

PART II

1. $NO_{(g)} + O_{3(g)} \underset{k_r}{\overset{k_f}{\rightleftharpoons}} NO_{2(g)} + O_{2(g)}$

   Calculate the rate constant of reverse reaction. At 1000K the K_p and k_f are 1.32×10^{10} and 6.26×10^{8} respectively.

2. For the equilibrium system $N_2O_{4(g)} \rightleftharpoons 2NO_{2(g)}$ at 25℃ and at a total pressure of 0.2118atm, the partial pressure of NO_2 is 0.1168atm. Calculate $\Delta G°$ for the conversion of $N_2O_{4(g)}$ to $NO_{2(g)}$.

3. Equilibrium constant calculations often have as much as 5% error in them because

   (A)molar concentration and pressures are often used. (B)there is experimental error involved in measure K. (C)the chemical activity should be used. (D)approximation are often used to solve very difficult calculations. (E)all of the above. 【83中興B】

4. For the gas-phase reaction $2NO \rightleftharpoons N_2 + O_2$, $\Delta H = -43.5kCalmol^{-1}$. Then, for the reaction $N_{2(g)} + O_{2(g)} \rightleftharpoons 2NO_{(g)}$. which one of the statements below is true?

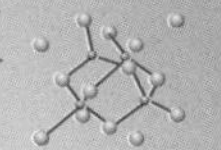

(A)$K_p°$ is independent of T. (B)Variation in $K_p°$ cannot be predicted. (C)$K_p°$ decrease as T increases. (D)$K_p°$ varies with addition of NO. (E)$K_p°$ increases as T increases. 【80淡江】

5. For a specific reaction, which of the following statements can be made about the equilibrium constant?
(A)It increases when the concentration of one of the reactions is increased. (B)It can be changed by the addition of a catalyst. (C)It increases when the concentration of one of the products is increased. (D)It always remains the same. (E)It changes with changes in the temperature. 【84中山】

6. For the reaction system $2NH_{3(g)} \rightleftharpoons N_{2(g)} + 3H_{2(g)}$ at equilibrium, ΔH is 92kJ. In order to increase the value of K for this reaction, we could
1. increase the temperature *2.* decrease the temperature *3.* increase the pressure *4.* decrease the pressure
(A) *2.* and *3.* only (B) *1.* only (C) *1.* and *3.* only (D) *2.* and *4.* only (E) *2.* only. 【84中山】

7. If $Zn(CN)_2 \rightarrow Zn^{2+} + 2CN^-$ $K_{sp} = 8\times10^{-12}$
$AgI \rightarrow Ag^+ + I^-$ $K_{sp} = 1.5\times10^{-16}$
$Ag^+ + 2CN^- \rightarrow [Ag(CN)_2]^-$ $K_f = 5.6\times10^{18}$
Calculate K_{eq} for the reaction
$AgI + [Zn(CN)_2] \rightarrow [Ag(CN)_2]^- + Zn^{2+} + I^-$
Will AgI dissolve in a solution containing $[Zn(CN)_2]$?
(A)1.2×10^{-28} insoluble (B)4.5×10^{6} soluble (C)9.0×10^{2} soluble (D)6.7×10^{-9} insoluble (E)2.0×10^{-44} insoluble. 【84成大環工】

8. Which of the following statements correctly describes a system for which Q_c is larger than K_c?

(A)The reaction is at equilibrium. (B)The reaction must shift to the right to reach equilibrium. (C)The reaction must shift to the left to reach equilibrium. (D)The reaction can never reach equilibrium. (E)none of the above. 【85成大A】

9. The value of ΔG for a gas phase reaction is 22kJ. Which of the following is true?

(A)Q is smaller than the K_p (B)The reaction is spontaneous (C)Q is equal to K_p (D)Q is larger than K_p (E)none of the above.

【86清大A】

10. Consider the reaction, $2A \longrightarrow B + C$, where the reactants and products are in aqueous solution. Assume the concentrations to be [A]= 1.5M, [B]= 2.0M and [C]= 1.3M. If K_{eq} for the reaction is 10, which of the following is true?

(A)The reaction is at equilibrium (B)The reaction will proceed to the right (C)The reaction will proceed to the left (D)The concentration of A will increase (E)none of the above. 【86清大B】

11. What will happen to the number of moles of SO_3 in equilibrium with SO_2 and O_2 in the reaction,

$2SO_3 \rightleftharpoons 2SO_2 + O_2$ $\Delta H° = 197kJ$

if oxygen gas is added?

(A)increase (B)decrease (C)no change (D)disappear. 【79淡江】

12. Consider the reaction, $CO_{(g)} + 2H_{2(g)} \longrightarrow CH_3OH_{(g)} + 91kJ$. This reaction is usually carried out at a reasonably high temperature, 250℃, in order to

(A)shift the position of the equilibrium to the right. (B)shift the position of the equilibrium to the left. (C)make the reaction proceed at a reasonable rate. (D)keep the carbon monoxide in the vapor phase. (E)none of the above. 【86清大A】

13. A flask was filled with 2.0mol of gaseous SO_2 and 2.0mol of NO_2 and heated, After equilibrium was reached, it was found that 1.3mol of gaseous NO was present. Assume that the reaction

$SO_{2(g)} + NO_{2(g)} \rightleftharpoons SO_{3(g)} + NO_{(g)}$

occurs under these conditions. Calculate the value of the equilibrium constant of the reaction.

(A)2.56 (B)1.00 (C)0.29 (D)3.45. 【78台大】

14. Calculate the equilibrium concentrations of PCl_5, PCl_3 and Cl_2 if he initial concentration of PCl_5 is 0.100M, the initial concentration of Cl_2 is 0.02M and no PCl_3 is present initially. Assume that the equilibrium constant for the decompostion of PCl_5 is 0.030.

【79台大甲】

15. A mixture of 1.00mol of N_2 and 3.00mol of H_2 is placed in a 1.00L vessel at 600℃. At equilibrium it is found that the mixture contains 0.371mol of NH_3. Calculate the equilibrium constants K_c and K_p.

【80中興植物】

16. A mixture of 0.500mol H_2 and 0.500mol I_2 was placed in a 1.00L stainless-steel flask at 430℃. Calculate the concentrations of H_2, I_2, and HI at equilibrium. The equilibrium constant (K_c) for the reaction $H_{2(g)} + I_{2(g)} \rightleftharpoons 2HI_{(g)}$ is 54.3 at this temperature. 【80文化】

17. Consider the following reaction at 500K and 100bar

$CO + 2H_2 \rightleftharpoons CH_3OH$ $\qquad K_{eq} = 6.23\times10^{-3}bar^{-2}$

(A)If the reactant gases contain a mole of nitrogen in addition to 1mole of CO and 2mole of hydrogen, what is the equilibrium extent of reaction?

(B)Would the equilibrium extent of reaction be larger or smaller if nitrogen is absent, but others remain the same as that in (A)? Why?

【82成大環工】

18. Calculate the concentration of the chloride ion in 1.00M$[HgCl_4]^{2-}$ solution.

$[HgCl_4]^{2-} \longrightarrow Hg^{2+} + 4Cl^-$ $K_{diss} = 8.3\times10^{-16}$

(A)1.3×10^{-6} (B)3.2×10^{-4} (C)1.3×10^{-3} (D)2.9×10^{-8} (E)1.7×10^{-6}.

【84成大化工】

19. The equilibrium constant for the formation of hydrazine is $K_c = 5.00\times10^{-3}$.

$N_{2(g)} + 2H_{2(g)} \rightleftharpoons N_2H_{4(g)}$

Suppose 2.00mol H_2 and 1.00mol N_2 are placed in a 1.00L container. Calculate (A)the equilibrium concentration of each substance and (B)the equilibrium constant for the reverse reaction. 【86成大環工】

20. The K_p value is 0.785 for the reaction $N_2O_4 \rightleftharpoons 2NO_2$; What total pressure of this system will be, with N_2O_4 be 50 % conversed.

(A)0.423 (B)0.589 (C)0.614 (D)0.725.

21. At a particular temperature, $K_p = 2.5$ for the reaction

$SO_2(g) + NO_2(g) \rightleftharpoons SO_3(g) + NO(g)$

A container initially contains 2.00 atm of SO_2, 125 atm of NO_2, 1.25 atm of ^{15}NO, and 2.00 atm SO_3. will ^{15}N be found only in NO molecules for an indefinite period of time ? Explain your answer. 【88中原】

22. Consider the following reaction :

$IO_4^-(aq) + 2I^-(aq) + H_2O \rightarrow I_2(s) + IO_3^-(aq) + 2OH^-(aq)$

When KIO_4 is added to a solution containing I^- labeled with radioactive I-128, all the radioactivity appears in I_2 and none in IO_3^-, How can you deduce the IO_3^- come from, I^-, IO_4^- or both ? 【88成大化學】

23. As the equilibrium state of a chemical reaction is approached,
(A)the rate of the forward reaction approaches zero.
(B)the rate of the backward reaction approaches zero.
(C)the rates of the forward and backward reactions approach the same value.
(D)Both a and b are correct
(E)none of these. 【88中山】

24. Which one of the following statement is false?
(A)For a reaction with a single elementary steps, we can readily derive an equilibrium constant from the rates of its forward and reverse reactions at equilibrium.
(B)For the reversible reaction $A + B \rightleftharpoons C + D$, the rates of the opposing reactions are equal, and therefore, the rate constants are equal.
(C)For a reaction mechanism,
$A + B \rightleftharpoons C + D$ (fast equilibrium)
$C + E \rightarrow F + G$ (slow)
the rate law is rate $= k[E][A][B]$
(D)For a reversible reaction, the value for K can be determined if you know only initial concentrations of all substances and the equilibrium concentration of any one substance. 【89中興食品】

25. Each of the following is omitted from reaction quotients and equilibrium calculation except
(A)pure liquids (B)gases (C)solids (D)solvent. 【89中興食品】

26. If the equilibrium constant for A + B ⇌ C is 0.123, then the equilibrium constant for 2C ⇌ 2A + 2B is
(A)0.015 (B)8.13 (C)0.123 (D)66.1 (E)16.3. 【89成大環工】

27. Given reactions (1) and (2) with their equilibrium constants below, calculate the equilibrium constant for reaction (3).
(1) $C(s) + CO_2(g) \rightleftharpoons 2CO(g)$ $K_1 = 1.3\times10^{14}$
(2) $CO(g) + Cl_2(g) \rightleftharpoons COCl_2(g)$ $K_2 = 6.0\times10^{-3}$
(3) $C(s) + CO_2(g) + 2Cl_2 \rightleftharpoons 2COCl_2(g)$ $K_3 = ?$
(A)4.68×10^{9} (B)7.8×10^{11} (C)2.17×10^{16} (B)3.61×10^{18}
(E)1.01×10^{26}. 【88大葉】

28. If, at a given temperature, the equilibrium constant for the reaction $H_{2(g)} + Cl_{2(g)} \rightleftharpoons 2HCl_{(g)}$ is Kp, then the equilibrium constant for the reaction $HCl_{(g)} \rightleftharpoons (1/2)\ H_{2(g)} + (1/2)\ Cl_{2(g)}$ can be represented as :
(A)Kp^{-2} (B)Kp^{2} (C)$Kp^{-1/2}$ (D)$Kp^{1/2}$ (E)Kp. 【88成大環工】

29. Consider the equilibruium, A(g) + B(g) ⇌ C(l). What will be the effect on the equilibrium position of adding more "C" to the reaction mixture ?
(A)There will be a shift in the position of equilibrium to the left.
(B)There will be a shift in the position of equilibrium to the right.
(C)The concentration of "C" will increase.
(D)There will be no effect on the equilibrium position.
(E)none of the above. 【88清大B】

30. Consider a gaseous mixture of H_2,I_2 and HI at equilibrium. $H_2 + I_2 \rightleftharpoons 2HI$. Increasing the volume while maintaining the temperature constant will :

(A)decrease the amount of HI present.

(B)decrease the amount of H_2 and I_2 present.

(C)increase the total number of moles present.

(D)cause solid I_2 to form .

(E)not change the amount of H_2,I_2 or HI present. 【88大葉】

31. Consider the equilibrium

$PCl_{3(g)}$ + $Cl_{2(g)}$ ⇌ $PCl_{5(g)}$ $\Delta H=-92KJ$

The concentration of $PCl_{5(g)}$ at equilibrium will be increases by

(A)increasing the pressure (B)the addition of neon

(C)adding $Cl_{2(g)}$ to the system (D)decreasing the temperature

(E)the addition of $PCl_{5(g)}$. 【88輔大】

32. Which of the following would increase the Ka for CH_3COOH?

(A)decrease the pH of the solutin. (B)add some CH_3COONa.

(C)add some NaOH. (D)add some H_2O. (E) None of the above.

【88輔大】

33. Which of the following would cause the percent ionization of a weak acid to increase?

(A)addition of a strong acid

(B)addition of a salt containing its conjugate base

(C)diluting with more water

(D)the percent ionization of a weak acid is a constant and connot be increased. 【89清大B】

34. The solubility of $Al(OH)_{3(s)}$ at pH 12.0 is 31.2 g/L. Write the balanced chemical equation for the dissolution of $Al(OH)_{3(g)}$ in a basic solution and calculate its equilibrium constant.(Al = 27.0) 【89台大B】

35. Initially 2.0 moles of $N_2(g)$ and 4.0 moles of $H_2(g)$ were added to a 1.0-liter container and the following reaction then occurred :

$3H_2(g) + N_2(g) \rightleftharpoons 2NH_3(g)$

The equilibrium concentration of $NH_3(g) = 0.68$ moles/liter at 700℃

K (moles^{-2} liter^2) at 700℃ for the formation of ammonia is

(A)3.6×10^{-3} (B)1.4×10^{-1} (C)1.1×10^{-2} (D)5.0×10^{-2} (E)none of these.

【89成大環工】

答案：1. 4.74×10^{-2} 2. 4.8kJ 3.(C) 4.(E) 5.(E) 6.(B) 7.(D) 8.(C) 9.(D) 10.(B) 11.(A) 12.(C) 13.(D) 14. $[PCl_5] = 0.0648M$，$[PCl_3] = 0.0352M$，$[Cl_2] = 0.0552M$ 15. $K_p = 2.26\times10^{-5}$，$K_c = 0.0116$ 16. $[HI] = 0.0786$，$[I_2] = [H_2] = 0.0107$ 17.見詳解 18.(C) 19.見詳解 20.(B) 21.見詳解 22. IO_4^- 23.(C) 24.(BC) 25.(B) 26.(D) 27.(A) 28.(C) 29.(D) 30.(E) 31.(ACDE) 32.(E) 33.(C) 34.見詳解 35.(C)

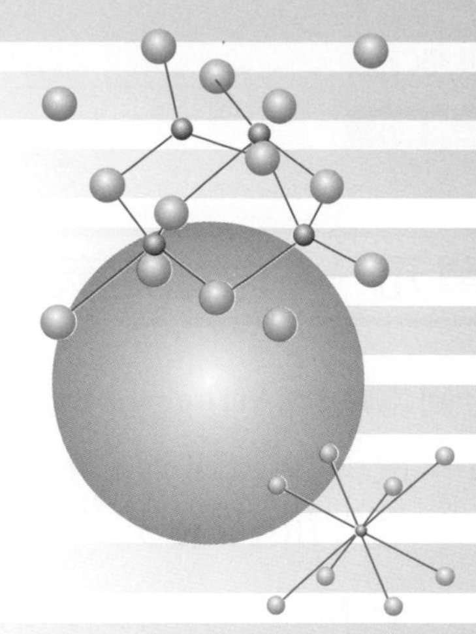

Chapter

10 水溶液中離子的平衡

本章要目

- 單元一　酸鹼定義
- 單元二　酸(鹼)的強度
- 單元三　水的自身解離
- 單元四　水溶液中酸鹼角色的判定
- 單元五　酸鹼水溶液中$[H^+]$的計算
- 單元六　鹽類的水解
- 單元七　緩衝溶液
- 單元八　酸鹼滴定
- 單元九　難溶鹽的溶解度平衡
- 單元十　錯離子平衡

單元一：酸鹼定義

1. 阿雷尼斯(Arrhenius)定義：

 (1) 酸(Acid)：凡溶於水中能產生H_3O^+(或H^+)者。

  例：$HCl + H_2O \longrightarrow H_3O^+ + Cl^-$

 (2) 鹼(Base)：凡溶於水中能產生OH^-者。

  例：$NH_3 + H_2O \rightleftharpoons NH_4^+ + OH^-$

 (3) 本定義必須局限於水中，例如稱$HCl_{(aq)}$為酸，$NH_{3(aq)}$為鹼。但$HCl_{(l)}$不被視為酸，$NH_{3(g)}$不被視為鹼。

2. 溶劑系統定義(Solvent System)：

 (1) 阿雷尼斯定義必須局限於水中。本定義則可推廣至任何溶媒環境中。

 (2) 溶劑系統酸：提供溶劑自身解離陽離子部份的物質。

 (3) 溶劑系統鹼：提供溶劑自身解離陰離子部份的物質。

  例：某一溶劑氨的自身解離方程式為：

  $$2NH_3 \rightleftharpoons \underset{\text{(陽離子部份)}}{NH_4^+} + \underset{\text{(陰離子部份)}}{NH_2^-}$$

  則NH_4NO_3與KNH_2放在液態氨中反應時，NH_4NO_3會有與溶劑陽離子相同的部份(NH_4^+)，∴它稱為溶劑系統酸；而KNH_2含有與溶劑陰離子相同的部份(NH_2^-)，∴它稱為溶劑系統鹼。

3. 布忍斯特－羅雷(Brϕnsted-Lowry)定義：

 (1) 布忍斯特－羅雷酸：當兩物質互相反應時，提供質子(H^+)者。

 (2) 布忍斯特－羅雷鹼：當兩物質互相反應時，接受質子(H^+)者。

 (3) 共軛關係(conjugated)：酸鹼反應式中，化學式只差一個H^+者，見下式。

共軛關係（NH_3 與 NH_4^+）

$$NH_3 + H_2O \rightleftharpoons NH_4^+ + OH^- \qquad (10\text{-}1)$$

共軛關係（H_2O 與 OH^-）

① 共軛關係中，H 較多者稱之為共軛酸(Conjugated Acid)，H 較少者稱之為共軛鹼(Conjugated Base)。

② 當酸越強時，其共軛鹼越弱；當鹼越強時，則其共軛酸也越弱；相反的，當酸越弱時，其共軛鹼越強，且當鹼越弱時，其共軛酸也越強。以數學式表示，酸和其共軛鹼之解離常數(各以K_a，K_b表示)有下列關係：$K_a \cdot K_b = K_w$。

③ 共軛酸與其共軛鹼不會發生酸鹼反應的，如：$HOAc + OAc^- \rightleftharpoons OAc^- + HOAc$。淨效應是沒有變化。

(4) 反應式如右列：強 A ＋強 B $\rightleftharpoons$ 弱 A ＋弱 B　　$K > 1$

反之，　　　　弱 A ＋弱 B $\rightleftharpoons$ 強 A ＋強 B　　$K < 1$

因此，由平衡的趨向(或K的大小)可判知酸鹼的相對強弱。

(5) 結構與酸的關係：

① 路易士結構式中，接在氧原子上的氫才是會扮演酸性的氫。在圖 10-1(a)中，H_2SO_4及H_2SO_3有二個H原子接在氧原子上，因此導致它們都是二質子酸。有二段解離過程。

$$H_2SO_4 \rightarrow HSO_4^- \rightarrow SO_4^{2-}\ ;\ H_2SO_3 \rightarrow HSO_3^- \rightarrow SO_3^{2-}$$

```
        O
        ‖
H—O—S—O—H
        ‖
        O
```

```
          O
          ‖
H—O—S—O—H
         ∶
```

圖 10-1(a)

② 含有磷元素的H_3PO_4、H_3PO_3及H_3PO_2是一組特例，在圖 10-1(b)中，H_3PO_4具有三個酸性 H，而H_3PO_3及H_3PO_2分別具有 2 個、1 個酸性氫，導致其解離模式分別是：

H_3PO_4：三質子酸。$H_3PO_4 \rightarrow H_2PO_4^- \rightarrow HPO_4^{2-} \rightarrow PO_4^{3-}$

H_3PO_3：二質子酸。$H_3PO_3 \rightarrow H_2PO_3^- \rightarrow HPO_3^{2-}$

H_3PO_2：單質子酸。$H_3PO_2 \rightarrow H_2PO_2^-$

```
        O
        ‖
H—O—P—O—H
        |
        O
        |
        H
```

```
        O
        ‖
H—O—P—O—H
        |
        H
```

```
        O
        ‖
H—O—P—H
        |
        H
```

圖 10-1(b)

(6) 酸的分類：

① 單質子酸：只能解離出一個質子的酸。如：HCl、HOAc、H_3PO_2等。

② 雙質子酸：能解離出兩個質子的酸。如：H_2SO_4、H_2CO_3、H_3PO_3等。

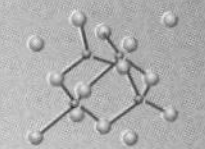

③ 多質子酸：可解離出 3 個以上質子者。如：H_3PO_4(3H)、$H_4P_2O_7$(4H)。

(7) 在多段解離過程中，排在系列中間者，可以同時扮演共軛酸及共軛鹼兩種角色，見圖 10-2。

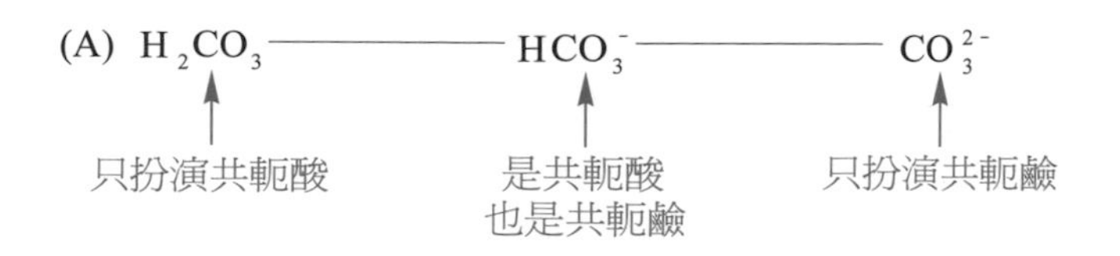

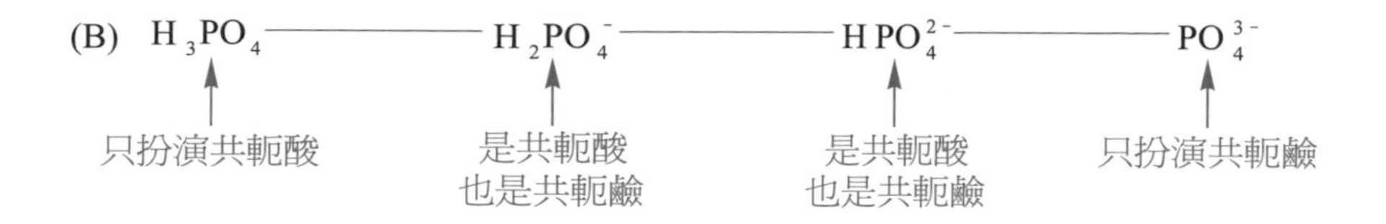

(C) H_3PO_2 —— $H_2PO_4^-$

只扮演共軛酸　　只扮演共軛鹼

圖 10-2　在一多段解離系列的第一個只扮演共軛酸；最後一個則只扮演共軛鹼，但處在中間位置者，具有兩種角色。

4. 路易士(Lewis)定義：

(1) 路易士酸：當兩物質互相反應時，接受電子對者。

(2) 路易士鹼：當兩物質互相反應時，提供電子對者。

(3) 與結構的關係：(表 10-1 中列有一些路易士酸鹼反應實例)。

① 結構式中含正電荷，或者具有空軌域者，是路易士酸。如Fe^{3+}，BF_3。

② 結構式中含負電荷，或者具有lone pair者，是路易士鹼。如F^-，H_2O。

③ CO_2視為 Lewis 酸，而 CO 則是 Lewis 鹼。

表 10-1　一些路易士酸鹼反應實例

	酸		鹼		
(A)	$AlCl_3$	+	Cl^-	→	$AlCl_4^-$
(B)	Fe^{3+}	+	$2H_2O$	→	$Fe(OH)^{+2} + H_3O^+$
(C)	Cu^{2+}	+	$4NH_3$	→	$Cu(NH_3)_4^{2+}$
(D)	CO_2	+	OH^-	→	HCO_3^-
(E)	Ag^+	+	Cl^-	→	$AgCl$
(F)	BF_3	+	NH_3	→	$F_3\overset{\ominus}{B} - \overset{\oplus}{N}H_3$

(4) 此定義的領域極廣，已經不再與H^+牽扯在一起了。在表 10-1 中已經可以看出，有好幾個反應，不必與H^+(or OH^-)有關，但仍被視爲是一種酸鹼反應。甚至連編號(E)，本來是屬沉澱類型者，也都被視爲是一種酸鹼反應。

範例 1

Which substance is consistent with the Arrhenius definition of a base?
(A)KBr　(B)O_2　(C)H_2　(D)NH_3　(E)CaO.　【84 成大化工】

解：(D)(E)

$CaO + H_2O \longrightarrow Ca(OH)_2$，因CaO溶於水後生出了$OH^-$，∴它是阿雷尼斯鹼。

類題

Calcium oxide from oyster shells is used to precipitate magnesium from sea water. The oxide reacts with water to form

(A)hydrogen (B)a sulfate (C)a hydroxide (D)oxide ions which precipitate magnesium in the aqueous medium. 【84清大B】

解：(C)

範例 2

碳酸氫根HCO_3^-於水溶液中，可作爲酸亦可作爲鹼，下列中之反應方程式，何者表示其爲酸

(A)$HCO_{3(aq)}^- + H_2O \rightleftharpoons H_2CO_{3(aq)} + OH_{(aq)}^-$

(B)$HCO_{3(aq)}^- + H_2O \rightleftharpoons CO_{3(aq)}^{2-} + H_3O_{(aq)}^+$

(C)$HCO_{3(aq)}^- + H_3O_{(aq)}^+ \rightleftharpoons CO_{2(g)} + 2H_2O$

(D)$HCO_{3(aq)}^- + CH_3COOH_{(aq)} \rightleftharpoons CO_{2(g)} + H_2O + CH_3COO_{(aq)}^-$。

【75私醫】

解：(B)

(B)項中，HCO_3^-與其共軛夥伴CO_3^{2-}作比較，多了一個H^+，∴是酸，其它三項中，HCO_3^-的共軛夥伴是H_2CO_3(或寫成CO_2+H_2O)，HCO_3^-的H較少，是爲鹼。

範例 3

根據布忍司特羅利(Brϕnsted-Lowry)學說，下列何者可以是酸也可以是鹼？

(A)HSO_4^- (B)PO_4^{3-} (C)NH_4^+ (D)$H_2PO_2^-$。 【82二技動植物】

解：(A)

H_2SO_4的多段解離式：H_2SO_4—HSO_4^-—SO_4^{2-}，其中HSO_4^-介於其中，可扮演兩種角色。

範例 4

Which of the following compounds cannot be Brϕnsted bases? O_2^{2-}, CH_4, PH_3, SF_4, CH_3^+.

【81中山化學】

解：⑴ 將各物的共軛酸劃出，分別是OH^-，CH_5^+，PH_4^+，HSF_4^+，CH_4^{2+}。

⑵ 其中CH_5^+及CH_4^{2+}是不符合路易士結構理論者，它們並不存在，也就是說CH_4及CH_3^+不能成爲鹼的角色。

範例 5

若反應：$HZ_{(aq)} + Q^-_{(aq)} \rightleftharpoons HQ_{(aq)} + Z^-_{(aq)}$之$K_c$值爲$10^{-2}$，則下列之敘述，何者爲正確？

(A)HQ比HZ爲較強的酸　(B)HZ比HQ爲較強的酸　(C)HZ比H_3O^+爲較強的酸　(D)Q^-比Z^-爲較強的鹼　(E)逆反應之K_c值爲0.01。

【77成大】

解：(A)

∵$K < 1$，表示平衡偏向左方，HQ酸性強於HZ，而Z^-的鹼性也強於Q^-(見課文3.-⑷)。

類題

已知以下五個物質的酸性次序爲$H_3O^+ > H_3PO_4 > HCN > H_2O > NH_3$，則判斷下列反應，何者的$K > 1$

(A)$H_3O^+ + CN^- \rightleftharpoons HCN + H_2O$　(B)$NH_3 + CN^- \rightleftharpoons NH_2^- + HCN$

(C)$CN^- + H_3PO_4 \rightleftharpoons HCN + H_2PO_4^-$　(D)$H_3PO_4 + OH^- \rightleftharpoons H_2PO_4^- + H_2O$。

解：(A)(C)(D)

範例 6

下列各物中，何者不當 Lewis base

(A)NH_3　(B)H_2O　(C)F^-　(D)BF_3。【67 私醫】

解：(D)

BF_3的 B 原子具有空軌域，當作 Lewis Acid。

範例 7

下列何者不是路易士酸(Lewis acid)？

(A)AlH_3　(B)BF_3　(C)H^+　(D)NH_4^+。【82 二技動植物】

解：(D)

NH_4^+的路易士結構上，不含有空軌域，因此，雖然它具有正電荷，但不視爲 Lewis Acid。

範例 8

Define the acids and bases according to (A)the Arrhenius theory; (B)the Lowry-Brϕnsted theory; and (C)the Lewis theory. What is the advancement in terms of conceptual understanding of acids and bases in going from (A) to (C)? 【80台大甲】

解：

定義	酸	鹼
(A)Arrhenius (B)Brϕnsted-Lowry (C)Lewis	在水中會釋出H^+者 彼此反應中，提供H^+者 彼此反應中，接受電子對	在水中會釋出OH^-者 彼此反應中，接受H^+者 彼此反應中，提供電子對者

由(A)至(C)，定義的領域擴大，反應的環境由在水中，變成不限制任何溶劑；由限制在與H^+，OH^-有關，變成不必要與H^+，OH^-有關，此時，連熟悉的沉澱反應：

$Ag^+ + Cl^- \longrightarrow AgCl\downarrow$，都可以將其視為酸鹼反應。

範例 9

(A)$NH_3 + BF_3 \longrightarrow H_3NBF_3$

(B)$NH_3 + HCl \longrightarrow NH_4Cl$

(C)$Ag^+ + 2S_2O_3^{2-} \longrightarrow Ag(S_2O_3)_2^{3-}$

(D)$I_2 + I^- \longrightarrow I_3^-$

(E)$HCl + NaOH \longrightarrow NaCl + H_2O$

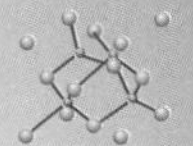

以上五個反應式，(1)何者屬於Arrhenius酸鹼反應，(2)何者屬於Brϕnsted-Lowry酸鹼理論？(3)何者屬於Lewis酸鹼理論？

解：(1) Arrhenius的定義需涉及H^+及OH^-，只有(E)項符合。

(2) Brϕnsted-Lowry的定義涉及一個質子(H^+)在轉移，(B)(E)滿足所求。

(3) 幾乎任何反應都可視爲是Lewis酸鹼反應。因此(A)～(E)全都是。

單元二：酸(鹼)的強度

1. 判斷原則：當結構中接有高陰電性的基團(也就是愈會拉電子者)，酸性愈強，而鹼性愈弱。反之，當接有推電子基時，酸性愈弱，鹼性愈強。
2. 無機酸的強度比較：
   (1) 氧化數愈大，酸性愈強。這是因氧化數愈大者的陰電性較大。
   如：$HClO_4 > HClO_3 > HClO_2 > HClO$
   例外：$H_3PO_3 > H_3PO_2 > H_3PO_4$
   (2) 多段酸：$H_3PO_4 > H_2PO_4^- > HPO_4^{2-}$
   多質子酸之K_{A1}：K_{A2}：$K_{A3} \fallingdotseq 1 : 10^{-5} : 10^{-10}$
   (3) 同週期者，酸性沿原子序增大(往週期表右側)而增強。例：
   ① $LiH < BeH_2 < BH_3 < CH_4 < NH_3 < H_2O < HF$
   ② $NaOH < Mg(OH)_2 < Al(OH)_3 < Si(OH)_4 < H_3PO_4 < H_2SO_4 < HClO_4$

(4) 同一族元素的含氧酸，沿原子序增大(往週期表下端)，其酸性減弱。例：

① 酸性：$HNO_3 > H_3PO_4 > H_3AsO_4 > HBiO_3$

② 鹼性：$Mg(OH)_2 < Ca(OH)_2 < Sr(OH)_2 < Ba(OH)_2$

(5) 同一族元素的非含氧酸，當該元素是靠週期表左側的金屬元素時，其酸性變化趨勢同第(4)點。

例：鹼性：$LiH < NaH < KH < RbH < CsH$

(6) 同一族元素的非含氧酸，當該元素是靠週期表右側的非金屬元素時，其酸性變化趨勢一反往例，是沿原子序變大而增大。例：

① 酸性：$HF < HCl < HBr < HI$

② 酸性：$H_2O < H_2S < H_2Se < H_2Te$

③ 酸性：$NH_3 < PH_3 < AsH_3 < SbH_3$

這種不同往例的變化趨勢，不再用陰電性來解釋，改成用鍵能來解釋。由於鍵的極性次序是 H—F > H—Cl > H—Br > H—I。偏偏極性愈強的鍵，其鍵能愈大，∴H—F 最不易斷裂，釋出的H^+最少。

3. 有機羧酸：以下各例都符合「愈會拉電子，酸性愈強」的大原則。

(1) 同碳數之有機羧酸，羧基數目越多，酸性越強：

酸性：$(COOH)_2 > CH_3COOH$
乙二酸(草酸)　乙酸(醋酸)

(2) 碳原子數越多，酸性越弱：

酸性：$HCOOH > (C_6H_5COOH) > CH_3COOH > C_2H_5COOH > C_3H_7COOH > \cdots\cdots$

(3) 羧酸被氯取代之氯原子越多，酸性越強：

酸性：$CCl_3COOH > CHCl_2COOH > CH_2ClCOOH > CH_3COOH$

(4) 羧酸被氯取代之氫原子越接近羧基，酸性越強：

酸性：$CH_3CH_2CH_2CHClCOOH > CH_3CH_2CHClCH_2COOH >$
$CH_3CHClCH_2CH_2COOH > CH_2ClCH_2CH_2CH_2COOH$

(5) $FCH_2CH_2COOH > ClCH_2CH_2COOH > BrCH_2CH_2COOH$

4. 路易士酸(一樣的大原則)：

(1) 酸性：$BCl_3 > AlCl_3 > GaCl_3 > InCl_3$

(2) 酸性：$Fe^{3+} > Fe^{2+}$(電荷愈大，易拉電子，愈易把水極化了)

$$Fe^{3+} + H - OH \longrightarrow Fe(OH)^{+2} + H^+ \qquad (10\text{-}2)$$

5. 鹼的強度比較原則：

(1) 先以酸的原則比較出酸性次序，其反過來的順序就是鹼的強度次序。

(2) 愈強的共軛酸，其共軛鹼愈弱。

(3) 一些路易士鹼的強度比較：

① $(CH_3)_2NH > CH_3NH_2 > (CH_3)_3N > NH_3$

② $R-NH_2 > NH_3 > NH_2-NH_2\ (NH_2OH, Ph-NH_2) > R-\overset{\overset{\large O}{\|}}{C}-NH_2$

$> R-\underset{\underset{\large O}{\|}}{\overset{\overset{\large O}{\|}}{S}}-NH_2$

6.

(1) 用來描述酸相對強度的工具是k_A，其定義格式請見(10-5)式，本書題目中所提及的k_A值，都是指在水中所測得的。

(2) 強酸彼此間的強度次序為：$HClO_4 > HI > HBr > HCl > H_2SO_4 > HNO_3$。

(3) 平準效應(Leveling effect)：在(2)中，我們雖列出了一些強酸的相對強度次序，但是當這些酸置入水中時，它們表現釋出質子的能力均遠大於溶劑(即水)。以致於要在水這種溶劑中看出上述強酸的相對強度是不可能的；這種現象稱為平準效應。

範例 10

下列酸度強弱順序何者為誤？
(A)$H_2Te > H_2Se > H_2S$　(B)$HI > HBr > HCl > HF$　(C)$HOCl > HOBr > HOI$　(D)$HOIO_2 > HOBrO_2 > HOClO_2$。【67私醫】

解：(D)

(A)及(B)項中各物不含氧，酸性沿著原子序的增大而變強。(C)及(D)項中各物質為含氧酸，酸性沿著原子序的增大而減弱。

範例 11

下列化合物之酸性強度(acidity)排列順序何者為正確？
(A)$NaH < AsH_3 < H_2O < HI$　(B)$AsH_3 < NaH < H_2O < HI$　(C)$HI < H_2O < AsH_3 < NaH$　(D)$H_2O < HI < NaH < AsH_3$。【82二技環境】

解：(A)

陰電性愈大，酸性愈強，∴$NaH < AsH_3 < H_2O < HF$，而根據課文2.-⑹，HF的酸性又小於HI。得(A)的次序。

範例 12

下列酸性之比較，何者有誤？
(A)$Be^{2+} > Ba^{2+}$　(B)$Fe^{3+} > Fe^{2+}$　(C)$HCl > HF$　(D)$CH_3COOH > HCOOH$。【86二技動植物】

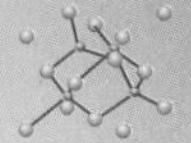

解：(D)

(A)(B)項比較極化能力，極化能力愈強的，愈容易發生(10-2)式的反應，至於極化能力的好壞，則要參考上冊第五章。

(C)項見範例 11，(D)項見課文 3.-⑵點，碳數愈少者，酸性愈強。

範例 13

Identify the strongest base.

(A)CN^-　(B)NO_3^-　(C)H_2O　(D)CH_3O^-　(E)CH_3OH.　【86台大C】

解：(D)

⑴　帶負電荷者，鹼性往往較強。因此先選出(A)(B)(D)。

⑵　再比較 ABD 三者的共軛酸強度，HCN、HNO_3、CH_3OH，以 CH_3OH的酸性最弱，∴其共軛鹼的鹼性最強。

類題

最易與H^+作用之離子爲

(A)$CN^-_{(aq)}$　(B)$HSO^-_{4(aq)}$　(C)$Cl^-_{(aq)}$　(D)$CH_3COO^-_{(aq)}$。　【79私醫】

解：(A)

題意其實是選出最強鹼的意思，先排列出其共軛酸次序：$H_2SO_4 \cong HCl > HOAc > HCN$，最弱的 HCN，其共軛鹼最強。

單元三：水的自身解離

1.　水的K_w(離子積)：

⑴　水的自身解離：$2H_2O \rightleftharpoons H_3O^+ + OH^-$

或寫成$H_2O \rightleftharpoons H^+ + OH^-$

(2) $K_w = [H^+][OH^-]$　　(不論是純水或水溶液)　　(10-3)

(3) 在25℃時，$K_w = 1\times10^{-14}$。結合(10-3)式，得

$$[H^+][OH^-] = 10^{-14} \quad (10\text{-}4)$$

(4) 水的解離是一吸熱反應，$\Delta H > 0$，∴溫度比25℃高時，K_w將比10^{-14}大，比25℃低時，$K_w < 10^{-14}$，亦即當溫度不是25℃時，(10-4)式不再成立，見表10-2。

表10-2　不同溫度下，純水一些測量值

溫度	$[H^+][OH^-]$	pH + pOH	$[H^+]=[OH^-]$	pH = pOH
25℃	$[H^+][OH^-]=10^{-14}$	pH + pOH = 14	$[H^+]=[OH^-]=10^{-7}$	pH = pOH = 7
高於25℃	$[H^+][OH^-]>10^{-14}$	pH + pOH < 14	$[H^+]=[OH^-]>10^{-7}$	pH = pOH < 7
低於25℃	$[H^+][OH^-]<10^{-14}$	pH + pOH > 14	$[H^+]=[OH^-]<10^{-7}$	pH = pOH > 7

(5) 純水的$[H^+]=[OH^-]=\sqrt{K_w}$，若是25℃時，$[H^+]=[OH^-]=10^{-7}$，若不是25℃，則$[H^+]=[OH^-]\neq10^{-7}$，見表10-2。

(6) 由於高(或低)於25℃時，純水的pH <(或>)7，因此判斷水中酸鹼性質的指標不可執著地用pH = 7，應改用下式

$[H^+]>[OH^-]$水溶液呈酸性
$[H^+]=[OH^-]$水溶液呈中性
$[H^+]<[OH^-]$水溶液呈鹼性
} 和$[H^+]$，$[OH^-]$的數值大小無關

2. pH，pK_w，pK_a之定義：

(1) $pH = -\log[H^+]$

(2) $pOH = -\log[OH^-]$

(3) $pK_w = -\log K_w = 14$(25℃時)

(4) $pK_a = -\log K_a$

(5) 純水或水溶液 $pH + pOH = pK_w$

(6) 25℃時，純水或水溶液 $pH + pOH = 14$

範例 14

5℃純水中：

(A)pH ＞ 7　(B)溶液呈鹼性　(C)pOH ＜ 7　(D)K_w小於10^{-14}　(E) pH + pOH ＜ 14。

解：(A)(D)

5℃低於 25℃，∴K_w將小於10^{-14}，$[H^+][OH^-]<10^{-14}$，$pH + pOH > 14$，$pH = pOH > 7$

∵是純水，$[H^+]$永遠等於$[OH^-]$，∴它仍是中性的。

類題

Pure water at 100℃, its pH value is 6.12, it is

(A)Acidic　(B)Alkaline　(C)Neutral　(D)Hard.　【78台大甲】

解：(C)

單元四：水溶液中酸鹼角色的判定

1. 角色的判定：(見圖 10-3 示範)

(1) 在一(多段)解離系列中，會解離出H^+者是為酸(亦即往右進行者)。

(2) 反之，會結合H^+者是為鹼(亦即往左進行者)。

(3) 同時可進行以上兩者的爲兩性鹽。

(4) 無法進行解離H^+，也無法結合H^+者爲中性鹽。

(5) 同時含有弱電解質的共軛酸鹼對者爲緩衝溶液(詳見單元七)。

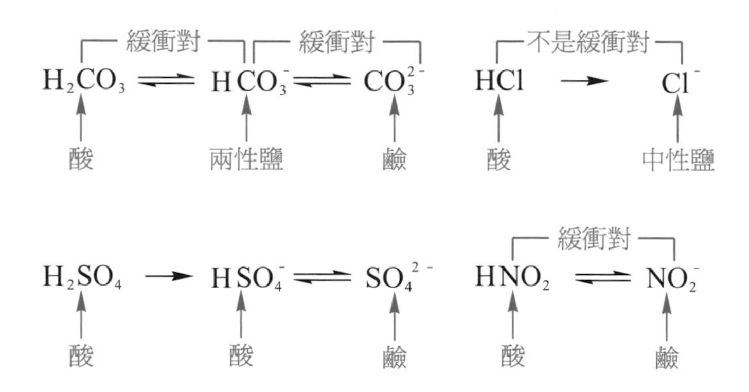

圖 10-3　水溶液中，酸鹼角色判斷的示範

2. K_A、K_B式的寫法格式：

(1) K_A式：$HA + H_2O \rightleftharpoons H_3O^+ + A^-$　　$K_A = \dfrac{[H_3O^+][A^-]}{[HA]}$　　(10-5)

例：$HOAc + H_2O \rightleftharpoons H_3O^+ + OAc^-$　　$K_A = \dfrac{[H_3O^+][OAc^-]}{[HOAc]}$

$NH_4^+ + H_2O \rightleftharpoons H_3O^+ + NH_3$　　$K_A = \dfrac{[H_3O^+][NH_3]}{[NH_4^+]}$

$Fe^{3+} + 2H_2O \rightleftharpoons H_3O^+ + Fe(OH)^{2+}$　　$K_A = \dfrac{[H_3O^+][Fe(OH)^{2+}]}{[Fe^{3+}]}$

(2) K_B式：$B + H_2O \rightleftharpoons OH^- + BH^+$　　$K_B = \dfrac{[OH^-][BH^+]}{[B]}$　　(10-6)

例：$OAc^- + H_2O \rightleftharpoons OH^- + HOAc$　　$K_B = \dfrac{[OH^-][HOAc]}{[OAc^-]}$

$NH_3 + H_2O \rightleftharpoons OH^- + NH_4^+$　　$K_B = \dfrac{[OH^-][NH_4^+]}{[NH_3]}$

(3) 同一組共軛酸鹼對關係的K_A與K_B相乘，會等於K_w

$$K_A \cdot K_B = K_w \qquad (10\text{-}7)$$

注意：在多段解離過程當中，K_{A1}與K_{B1}不是同一組共軛酸鹼對。見下例：

$$H_2A \underset{K_{B2}}{\overset{K_{A1}}{\rightleftharpoons}} HA^- \underset{K_{B1}}{\overset{K_{A2}}{\rightleftharpoons}} A^{2-}$$

$$\therefore K_{A1} \times K_{B2} = K_w，K_{A2} \times K_{B1} = K_w \qquad (10\text{-}8)$$

範例 15

下列所述何者有錯誤？
(A)S^{2-}之水解產物爲HS^-和OH^-　(B)$N_2H_5^+$之水解產物爲N_2H_4與H_3O^+
(C)HPO_4^{2-}之水解產物爲PO_4^{3-}與H_3O^+　(D)$H_2N(CH_3)_2^+$之水解產物爲$HN(CH_3)_2$與H_3O^+。

【86私醫】

解：(C)

$H_3PO_4 \rightleftharpoons H_2PO_4^- \rightleftharpoons HPO_4^{2-} \rightleftharpoons PO_4^{3-}$，磷酸具有3段解離過程，從系列中可看出$HPO_4^{2-}$是一個兩性鹽，但它是一個鹼式的兩性鹽，表現$K_B$比表現$K_A$來得強勢。∴反應式如10-6式的寫法格式。

$HPO_4^{2-} + H_2O \rightleftharpoons OH^- + H_2PO_4^-$

類題

Write chemical equations to represent the following process
(A)Write two equations to show that Al_2O_3 is amphoteric.(behaving

as both an acid as well as a base)

(B)Fe^{3+} is a stronger Lewis acid than Fe^{2+} in the aqueous solution.

【83交大】

解：(A)$Al_2O_3 + 6H^+ \longrightarrow 2Al^{3+} + 3H_2O$

$3H_2O + Al_2O_3 + 2OH^- \longrightarrow 2Al(OH)_4^-$

(B)Fe^{3+}電荷較大，∴與水靠近時，容易對水分子發生極化現象：

$Fe^{3+} + H_2O \longrightarrow Fe(OH)^{2+} + H^+$

單元五：酸鹼水溶液中[H$^+$]的計算

1. 強酸(或強鹼)題型：

⑴ 因強電解質會完全解離，∴不必計算。

$$[H^+]=[HA]，[OH^-]=[BOH] \qquad (10\text{-}9)$$

⑵ 但是當強鹼(或強酸)的濃度接近10^{-7}時，必須考慮水的貢獻。

⑶ 強酸只有下列幾種：HXO_4，HXO_3，H_2SO_4，HNO_3，HCl，HBr，HI。

2. 弱酸(或弱鹼)題型：

⑴ 當解離度＞5％時，用K_A(或K_B)式計算。假設原來酸(或鹼)的濃度爲c，

$$[H^+]=x，格式爲K_A=\frac{x^2}{c-x} \qquad (10\text{-}10)$$

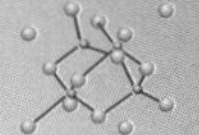

⑵ 當解離度＜5％時，(10-10)式簡化成：

$$[H^+]=x=\sqrt{c\,K_A} \qquad (10\text{-}11a)$$

$$[OH^-]=x=\sqrt{c\,K_b} \qquad (10\text{-}11b)$$

⑶ 求出來的$[H^+]$(或$[OH^-]$)若很接近10^{-7}，必須考慮H_2O的貢獻(見第5題型)。

3. 多段解離題型：

⑴ 由於第二段以後的解離趨勢都遠小於第一段，∴水中的$[H^+]$視爲幾乎是第一段解離的貢獻，∴仍適用10-10式或10-11式。

$$[H^+]=\sqrt{c\,K_{a1}}\cong[HA^-] \qquad (10\text{-}12)$$

⑵ 多段解離的第二個特色是，解離二段後的產物濃度會恰等於K_2(見範例22)。

4. 共同離子效應(Common Ion Effect)題型：

⑴ 共同離子的出現，會抑制原電解質的解離效果。

⑵ 強電解質一定是完全解離的，因此不會發生被抑制的現象。

⑶ 被抑制的結果是導致α值下降，K值仍保持不變。

5. 混合多種酸(或鹼)存在時。

⑴ 多種強酸存在時，

$$[H^+]=[HA]+[HB] \qquad (10\text{-}13)$$

⑵ 多種弱酸存在時，

$$[H^+]=\sqrt{c_1\,K_{a1}+c_2\,K_{a2}+\cdots\cdots}\text{(公式導證，見範例29)} \qquad (10\text{-}14a)$$

多種弱鹼存在時，

$$[OH^-] = \sqrt{c_1 K_{b1} + c_2 K_{b2} + \cdots\cdots} \qquad (10\text{-}14b)$$

⑶ 較強與較弱者存在時，看成強者對弱者構成共同離子效應，因此，只計算較強者即可(見範例27)。

⑷ 有時水的貢獻也不容忽視(見範例18、29)。

範例 16

0.0001F HCl溶液，其 pH = ________。 【74後中醫】

解：4

屬於強電解質題型。$[H^+] = [HCl] = 0.0001M = 10^{-4}M$，$pH = 4$

類題

5M KOH溶液中，$[H^+]$濃度爲多少M？

(A)1×10^{-14} (B)5 (C)2×10^{-15} (D)1×10^{-7}。 【85二技衛生】

解：(C)

$$[OH^-] = [KOH] = 5M，[H^+] = \frac{10^{-14}}{[OH^-]} = \frac{10^{-14}}{5} = 2\times10^{-15}M$$

範例 17

What is the pH of 1×10^{-9}M HCl? 【85成大環工】

解：⑴ 屬於強酸題型，$[H^+]_{HCl} = [HCl] = 10^{-9}M$

⑵ 但此值小於H_2O的自身解離貢獻(10^{-7}M)。

	H_2O	$\rightleftharpoons$	H^+	+	OH^-
反應前			10^{-9}		0
平衡時			$10^{-9}+x$		x

$10^{-14}=[H^+][OH^-]=(10^{-9}+x)(x)$，解得$x\cong 10^{-7}$

$\therefore [H^+]_{總}=[H^+]_{HCl}+[H^+]_{H_2O}=10^{-9}+10^{-7}\cong 10^{-7}M$，$\therefore pH=7$

(3)你會發現$[H^+]$的主要來源是H_2O，而不是HCl。

範例 18

0.1M HCl水溶液1升，加入純水至體積變為10^6升，此時$[H^+]=$？

解：(1) 先求出稀釋後的[HCl]，$0.1\times 1=M_{HCl}\times 10^6$，$\therefore [HCl]=10^{-7}M$

(2) $[H^+]_{HCl}=[HCl]=10^{-7}M$(強酸題型)，但因此數值與$10^{-7}$接近，$\therefore$要考慮$H_2O$的貢獻。

(3)

	H_2O	$\rightleftharpoons$	H^+	+	OH^-	
反應前			10^{-7}		0	
平衡時			$10^{-7}+x$		x	代入K_w式

$10^{-14}=(10^{-7}+x)(x)$，解得$x=6.2\times 10^{-8}M$

$\therefore [H^+]=[H^+]_{HCl}+[H^+]_{H_2O}=10^{-7}+6.2\times 10^{-8}=1.62\times 10^{-7}M$

範例 19

Compare the percent ionization of HF ($K_a=7.1\times 10^{-4}$) at 0.60M and at 0.00060M. 【82中山物理】

解：(1)

	HF	$\rightleftharpoons$	H^+	+	F^-
平	$0.6-x$		x		x

$\frac{x^2}{0.6-x}=7.1\times 10^{-4}$，左式可簡化成$x=\sqrt{c\,K_a}$

$\therefore x = 0.021$

α(解離度)$= \dfrac{0.021}{0.6} \times 100\ \% = 3.4\ \%$

(2) $\dfrac{x^2}{0.0006 - x} = 7.1 \times 10^{-4}$

$\because$ 0.0006 相當小，x不可省略，以致於不可用$x = \sqrt{cK_a}$計算

$x^2 = 7.1 \times 10^{-4}(0.0006 - x)$

$x^2 + 7.1 \times 10^{-4}x - 7.1 \times 10^{-4} \times 0.0006 = 0$

$$x = \frac{-b \pm \sqrt{b^2 - 4ac}}{2a}$$

$$= \frac{-7.1 \times 10^{-4} + \sqrt{(7.1 \times 10^{-4})^2 + 4 \times 7.1 \times 10^{-4} \times 0.0006}}{2}$$

$$= 3.88 \times 10^{-4}$$

$\alpha = \dfrac{3.88 \times 10^{-4}}{0.0006} \times 100\ \% = 64.7\ \%$

比較了(1)及(2)，顯示了一點意義：「愈稀釋，解離度愈高」。

類題

0.5M的CH_3COOH 100ml加水稀釋變成500ml後，下列何者不正確？
(A)酸度變小 (B)導電度變小 (C)pH值增大 (D)游離百分率減小。

解：(D)

範例 20

(A)0.2M的$HOAc_{(aq)}$，$[H^+]=$________，($K_a = 2 \times 10^{-5}$)

(B)The pH of a 0.05N $HA_{(aq)}$ is 5.35, what is K_A for HA?【81台大乙】

(C)取某一元酸________莫耳溶於 0.5 升水中，得pH = 3，($K_A = 1 \times 10^{-5}$)。

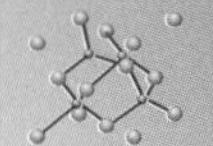

解：(1) 三題都是弱酸題型，且都是使用(10-11a)式。

(2) (A)$[H^+]=\sqrt{c\,K_a}=\sqrt{0.2\times2\times10^{-5}}=2\times10^{-3}$M

(B) pH = 5.35 ⇒ $[H^+]=4.5\times10^{-6}$，代入 10-11a 式

$4.5\times10^{-6}=\sqrt{0.05\times K_A}$，$K_A=4.1\times10^{-10}$

(C)$[HA]=\dfrac{x}{0.5}$，代入 10-10a 式，$10^{-3}=\sqrt{\dfrac{x}{0.5}\times1\times10^{-5}}$，$x=$ 0.05mole

(3) 本範例在說明，同一題型，可以有不同方式的出題型式，不可因出題方式不同，就以爲解題方式不同。其實只要根據本節課文的分類，判斷出是同一題型後，解題方法一定一樣，就像本例，都是代入 10-11a 式。

範例 21

計算 0.2M，NH_3溶液的 pH 值(K_b爲 1.8×10^{-5})：

(A)3.0 (B)7.0 (C)11.3 (D)12。 【81 二技環境】

解：(C)

(1) 弱鹼題型，代 10-11b 式。

(2) $[OH^-]=\sqrt{c\,K_b}=\sqrt{0.2\times1.8\times10^{-5}}=1.9\times10^{-3}$M，pOH = 2.7，pH = 14 − pOH = 11.3

範例 22

(A)Thioacetamide，CH_3CSNH_2，在酸性溶液中水解生成H_2S，試以平衡之化學方程式表示之。

(B)計算 0.1M H_2S溶液中HS^-及S^{2-}離子之濃度(M)。(H_2S的解離常數：$K_{a1}=1.0\times10^{-7}$，$K_{a2}=1.5\times10^{-13}$) 【77 成大】

解：(A)

$$CH_3\overset{\overset{\displaystyle S}{\|}}{C}-NH_2+H_2O \rightleftharpoons CH_3\overset{\overset{\displaystyle O}{\|}}{C}-NH_2+H_2S$$

Thioacetamide簡寫爲TAA(or TA)，在均勻沉澱法中，用來在水中源源不斷提供H_2S的來源。而提供的H_2S會飽和地溶於H_2O中。H_2S的飽和濃度是 0.1M，此數値視爲是一常識，請記住它。進一步的應用，繼續參考範例24。

(B)利用本範例，示範多段解離模式的一些計算情形。

	H_2S	$\rightleftharpoons$	H^+	+	HS^-
反應前	0.1		0		0
平衡時	0.1		x		x

代入K_{a1}，$10^{-7}=\dfrac{x^2}{0.1}$，$x=10^{-4}=[H^+]=[HS^-]$

(或代入10-12式，$[H^+]=\sqrt{c\,K_{a1}}=\sqrt{0.1\times10^{-7}}=10^{-4}$)

	HS^-	$\rightleftharpoons$	H^+	+	S^{2-}	
反應前	10^{-4}		10^{-4}		0	
平衡時	$10^{-4}-y$		$10^{-4}+y$		y	代入K_{a2}

$$1.5\times10^{-13}=\frac{(10^{-4}+y)y}{10^{-4}-y}\cong\frac{10^{-4}\cdot y}{10^{-4}}=y=[S^{2-}]$$

驗證了課文3.-(2)，第二段解離後的產物$[S^{2-}]$恰爲K_{a2}。

類題 1

某二質子酸H_2A，其解離常數分別爲：$K_{a1}=2.1\times10^{-7}$及$K_{a2}=4.3\times10^{-13}$，若此酸溶解在水中，其H_3O^+離子濃度：

(A)約和H_2A濃度相等　(B)比H_2A濃度高　(C)遠高於HA^-濃度　(D)約和HA^-濃度相等。

【85私醫】

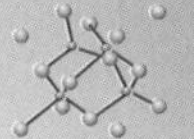

解：(D)

見10-12式。

類題 2

已知25℃時，$H_2S \rightleftharpoons H^+ + HS^-$，$K_1 = 1.0\times10^{-7}$，$HS^- \rightleftharpoons H^+ + S^{2-}$，$K_2 = 1.0\times10^{-14}$，則0.10M之$H_2S$水溶液中$[S^{2-}]$之濃度爲

(A)1.0×10^{-5}M　(B)1.0×10^{-14}M　(C)1.0×10^{-8}M　(D)1.0×10^{-7}M。

【68私醫】

解：(B)

範例 23

Calculate the concentration of all species present in a 0.100M H_3PO_4 solution.(for H_3PO_4, $K_{a1} = 7.5\times10^{-3}$, $K_{a2} = 6.2\times10^{-8}$, $K_{a3} = 4.8\times10^{-12}$)

【80文化】

解：

	H_3PO_4	$\rightleftharpoons$	H^+	+	$H_2PO_4^-$
平衡時	$0.1-x$		x		x

$$\frac{x^2}{0.1-x} = 7.5\times10^{-3}$$

$$x = 0.0239$$

	$H_2PO_4^-$	$\rightleftharpoons$	H^+	+	HPO_4^{-2}
反應前	0.0239		0.0239		0
平衡時	$0.0239-y$		$0.0239+y$		y

$$\frac{(0.0239+y)y}{(0.0239-y)} = 6.2\times10^{-8} \qquad \therefore y = 6.2\times10^{-8}$$

	HPO_4^{2-}	$\rightleftharpoons$	H^+	+	PO_4^{2-}	
反應前	6.2×10^{-8}		0.0239		0	$\dfrac{(0.0239+z)z}{(6.2\times10^{-8}-z)}=4.8\times10^{-12}$
平衡時	$6.2\times10^{-8}-z$		$0.0239+z$		z	$\therefore z=1.25\times10^{-17}$

$\therefore [H_3PO_4]=0.1-0.0239=0.0761M$

$[H^+]=0.0239M$

$[H_2PO_4^-]=0.0239M$

$[HPO_4^{2-}]=6.2\times10^{-8}M$

$[PO_4^{3-}]=1.25\times10^{-17}M$

$[OH^-]=10^{-14}/[H^+]=4.18\times10^{-13}M$

範例 24

What is the sulfide-ion concentration, $[S^{2-}]$, in a saturated solution of H_2S at pH = 4?(giving $[H_2S]=0.10M$; for H_2S, $K_{a1}\times K_{a2}=1.1\times10^{-20}$)
(A)$3.3\times10^{-7}M$ (B)0.10M (C)$1.0\times10^{-4}M$ (D)$1.1\times10^{-17}M$ (E) $1.1\times10^{-13}M$.

【85中山】

解：(E)

(1) $K_{a,全}=\dfrac{[H^+]^2[S^{2-}]}{[H_2S]}=\dfrac{[H^+][HS^-]}{[H_2S]}\times\dfrac{[H^+][S^{2-}]}{[HS^-]}=K_{a1}\times K_{a2}$

$\because [H_2S]$爲飽和的0.1M水溶液，上式可改寫成

$[H^+]^2[S^{2-}]=0.1\times K_{a1}\times K_{a2}$ (10-15)

(2) 此式的用意是：我們可以藉著調整$[H^+]$來控制H_2S水溶液中，$[S^{2-}]$的大小。

pH = 4 ⇒ $[H^+]=10^{-4}$代入10-15式

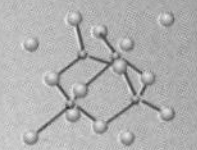

$(10^{-4})^2[S^{2-}] = 0.1\times1.1\times10^{-20}$，$\therefore [S^{2-}] = 1.1\times10^{-13}M$

(3) 請比較此題與範例 22 之類題 2 的不同點。

範例 25

由弱酸HX 0.060mole配製的溶液，稀釋為250ml，其pH為2.89，則0.030mole之固體NaX溶入其中後的溶液，其pH是多少？假定NaX溶入此溶液中容積未變。

解：(1) 第一段數據是讓我們先求得HX的K_A值。

$$[HX] = \frac{0.06}{0.25} = 0.24M，pH = 2.89 \Rightarrow [H^+] = 1.29\times10^{-3}M$$

代入(10-10a)式，$1.29\times10^{-3} = \sqrt{0.24\times K_A}$，$\therefore K_A = 7\times10^{-6}$

(2) 此題是共同離子效應的題型。

$$[X^-] = [NaX] = \frac{0.03}{0.25} = 0.12M$$

	HX	$\rightleftharpoons$	H^+	+	X^-	
反應前	0.24		0		0.12	
平衡時	$0.24-x$		x		$0.12+x$	代入K_A式

$$7\times10^{-6} = \frac{x(0.12+x)}{0.24-x} \cong \frac{x\cdot0.12}{0.24}$$

解得$x = 1.4\times10^{-5}M = [H^+]$，$pH = 4.85$

(3) 比較了加入NaX前後的$[H^+]$，體會到由於X^-是共同離子，會展現共同離子效應，也就是X^-會抑制了HX的解離。

範例 26

1升水溶液中，含0.2莫耳 HCl 及0.3莫耳HNO_3，則$[H^+]$=________M。

解：(1) 這是多種酸混合在一起的題型，且各成份皆是強電解質，適用(10-13)式。

(2) $[H^+]=[H^+]_{HCl}+[H^+]_{HNO_3}=\frac{0.2}{1}+\frac{0.3}{1}=0.5$

範例 27

加0.015mol HCl於0.0010M HA ($K_a=9.0\times10^{-6}$)之1.0升溶液中，其$[H^+]=$________M。 【83私醫】

解：(1) 混合酸的題型，但其中之一(HCl)較強，由HCl而來的H^+會抑制了HA的解離，∴水溶液中的$[H^+]$可看成幾乎是HCl的貢獻。

$$[H^+]\cong[HCl]=\frac{0.015}{1}=0.015M$$

(2) 這裡所提及的「一較強一較弱」並非指其中之一必定是強酸，若有二個弱酸，其強度有相當的差異時，也同樣適用此道理，見以下類題。

類題

Calculate the pH of a solution contains 1.00M HCN ($K_a=6.2\times10^{-10}$) and 5.00M HNO_2 ($K_a=4.0\times10^{-4}$). Also calculate the $[CN^-]$ in this solution at equilibrium.(log4 = 0.6, log5 = 0.7, log6 = 0.8)

【83成大環工】

解：(1) 觀察兩者K_A，相差極大，因此只計算HNO_2的貢獻即可。代入10-11a式

$$[H^+]=\sqrt{c\,K_a}=\sqrt{5\times4\times10^{-4}}=0.0447M，pH=1.35$$

(2)　求$[CN^-]$時，將(1)的數據代入 HCN 的K_A式即可

$$K_A=\frac{[H^+][CN^-]}{[HCN]}，6.2\times10^{-10}=\frac{0.0447\times[CN^-]}{1}$$

$\therefore [CN^-]=1.4\times10^{-8}$

範例 28

有三種單質子酸 HA、HB 及 HC，它們在水中的解離常數K_a分別爲3.20×10^{-7}，7.5×10^{-8}及5.0×10^{-9}。現各取 0.100 莫耳之量，混合後溶成 1 升之水溶液，問此溶液中之$[H^+]$及$[A^-]$爲何？

解：(1)　屬於混合酸的題型，代入(10-14a)式。

(2)　$[H^+]=\sqrt{0.1\times3.2\times10^{-7}+0.1\times7.5\times10^{-8}+0.1\times5\times10^{-9}}=2\times10^{-4}$

(3)　代入 HA 的K_A式，可求$[A^-]$

$$K_{A,HA}=\frac{[H^+][A^-]}{[HA]}，3.2\times10^{-7}=\frac{2\times10^{-4}\times[A^-]}{0.1}$$

$\therefore [A^-]=1.6\times10^{-4}M$

範例 29

(A)證明一非常弱之單質子酸(HA)，其水溶液之氫離子濃度爲$[H_3O^+]=\sqrt{K_a[HA]_0+K_w}$

(K_a爲HA之酸常數，$[HA]_0$爲HA之初濃度，水之解離不可忽略)

(B)利用(A)計算 0.00010M HCN ($K_a=6.0\times10^{-10}$)水溶液之 pH 值。

【80成大】

解：(1) 在處理(B)小題時，若直接代入10-11a式，得$[H^+] = 2.45\times10^{-7}$，與水自身解離的$10^{-7}$很接近，∴要考慮水的貢獻。

(2) 因此，本題可視爲是混合酸的題型，改代入 10-14 式，而利用此題，順便證明 10-14 式的來源。

(A)假設 HA 解離的$[H^+]$爲x，H_2O解離的$[H^+]$爲y，則$[H^+] = x + y$

$$HA \rightleftharpoons H^+ + A^-$$

平衡時 $[HA]_0 - x$ 　 $x + y$ 　 x

$$K_A = \frac{(x+y)x}{[HA]_0 - x} \cong \frac{(x+y)x}{[HA]_0} \cdots\cdots(1)$$

$$H_2O \rightleftharpoons H^+ + OH^-$$

平衡時 　 $x + y$ 　 y 　 $K_w = (x+y)y \cdots\cdots(2)$

將(1)、(2)式改寫：

$$\Rightarrow x = \frac{K_A[HA]_0}{x+y} \cdots\cdots(3)，y = \frac{K_w}{x+y} \cdots\cdots(4)$$

令$w = x + y$，將(3)、(4)式代入w

得$w = \dfrac{K_A[HA]_0}{w} + \dfrac{K_w}{w}$

$$w^2 = K_A[HA]_0 + K_w$$

$$\therefore w = \sqrt{K_A[HA]_0 + K_w} = [H^+]$$

(B)$[H^+] = \sqrt{6\times10^{-10}\times10^{-4} + 10^{-14}} = 2.645\times10^{-7}M$

$\therefore pH = 6.58$

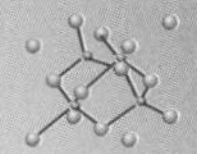

單元六：鹽類的水解

1. 酸的共軛鹼，或鹼的共軛酸，即俗稱鹽類。
2. 鹽類是否水解的判斷：
   (1) 來自強酸的共軛鹼不會水解，而弱酸的共軛鹼會水解，且呈現鹼性，稱爲鹼式鹽。
   例：$Cl^- + H_2O \rightarrow \times$
   $OAc^- + H_2O \rightleftharpoons HOAc + OH^-$
   (2) 金屬離子中，ⅠA族及ⅡA族(除了Be^{2+}以外)金屬離子不會水解，其餘則會。
   例：$Na^+ + H_2O \rightarrow \times$
   $Fe^{3+} + H_2O \rightleftharpoons Fe(OH)^{2+} + H^+$
   (3) 銨鹽都是酸式鹽。以上各情形整理在表10-3。
   (4) 計算模式仍通用10-11式。

表10-3 各種型式的鹽

	只是水合的陽離子 Li^+，Na^+，Mg^{2+}，Ca^{2+}…	會水解的陽離子(酸式鹽) NH_4^+，Be^{2+}，Al^{3+}，Fe^{3+}，Zn^{2+}…
只是水合的陰離子 ClO_4^-，ClO_3^-，NO_3^-，Cl^-，Br^-，I^-…	中性鹽 NaCl，$CaCl_2$ KNO_3	酸性鹽 NH_4NO_3，$AlBr_3$ $FeCl_3$
會水解的陰離子(鹼式鹽) NO_2^-，OAc^-，F^-，HCO_3^-，CO_3^{2-}，S^{2-}…	鹼性鹽 $Ba(OAc)_2$ K_2CO_3 KCN	接近中性，但不能直接判斷出pH值 NH_4CN $Zn(OAc)_2$

3. 當水溶液中同時含酸式鹽及鹼式鹽時：

(1) 若要定性預估其pH值，方法是：若$K_A > K_B$，水溶液淨效應pH < 7，若$K_A < K_B$，水溶液淨效應pH > 7，而當$K_A \cong K_B$時，pH～7(見範例31)。

(2) 計算模式，請參考範例35。

4. 若出現了單元四中提及的兩性鹽(如$NaHCO_3$，NaHS，Na_2HPO_4……)，其計算的處理於下：HA^-是一個兩性鹽，

$$H_2A \underset{}{\overset{K_{A1}}{\rightleftharpoons}} HA^- \underset{}{\overset{K_{A2}}{\rightleftharpoons}} A^{2-}$$

扮演酸時：$HA^- \rightleftharpoons H^+ + A^{2-}$

扮演鹼時：$HA^- + H_2O \rightleftharpoons H_2A + OH^-$

假設它所生出的H^+多過所生出的OH^-，則生出的H^+及OH^-經過中和後，淨結果剩下H^+，$[H^+] = [H^+]_{酸} - [OH^-]_{鹼} = [A^{2-}] - [H_2A]$ (10-16)

又 $K_{A1} = \dfrac{[H^+][HA^-]}{[H_2A]}$，移項$[H_2A] = \dfrac{[H^+][HA^-]}{K_{A1}}$

$K_{A2} = \dfrac{[H^+][A^{2-}]}{[HA^-]}$，移項$[A^{2-}] = \dfrac{K_{A2}[HA^-]}{[H^+]}$

，一起代入(10-16)

$$[H^+] = \frac{K_{A2}[HA^-]}{[H^+]} - \frac{[H^+][HA^-]}{K_{A1}}$$

簡化之，得$[H^+]^2 K_{A1} = K_{A1} K_{A2} [HA^-] - [H^+]^2 [HA^-]$

整理後得 $[H^+]^2 K_{A1} + [H^+]^2 [HA^-] = K_{A1} K_{A2} [HA^-]$

$$[H^+]^2 (K_{A1} + [HA^-]) = K_{A1} K_{A2} [HA^-]$$

$$[H^+] = \sqrt{\frac{K_{A1} \cdot K_{A2} [HA^-]}{K_{A1} + [HA^-]}} \qquad (10\text{-}17a)$$

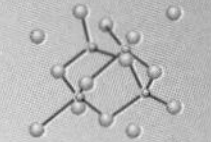

大部份的情況，$K_{A1} \ll [HA^-]$，上式的分母$K_{A1}+[HA^-] \cong [HA^-]$，可再簡化成

$$[H^+]=\sqrt{K_{A1}K_{A2}} \qquad (10\text{-}17b)$$

範例 30

In aqueous solution, which of the following salts would be acidic?
(A)$Fe(NO_3)_3$ (B)K_2SO_4 (C)Na(HCOO) (D)$TiCl_4$ (E)NH_4Cl.

【81 台大乙】

解：(A)(D)(E)

由表 10-3 判斷各陰陽離子水解與否，若會水解，陽離子貢獻酸性，陰離子貢獻鹼性。

(A)Fe^{3+}會水解，NO_3^-不會水解，因此貢獻酸性。

(B)K^+不會水解，SO_4^{2-}不會水解，是中性鹽。

(C)Na^+不會水解，$HCOO^-$會水解，因此呈現鹼性。

(D)Ti^{4+}會水解，Cl^-不會水解，因此呈現酸性。

(E)NH_4^+會水解，Cl^-不會水解，因此呈現酸性。

範例 31

HCN之K_a為5.8×10^{-10}，NH_3之K_b為1.8×10^{-5}，則NH_4CN溶於水中呈：
(A)酸性 (B)中性 (C)鹼性 (D)兩性。 【85 私醫】

解：(C)

NH_4^+及CN^-都會水解，因$K_b > K_a$，∴淨效應呈現鹼性。而計算的探討繼續參考範例35。

範例 32

若 HA 表單質子弱酸，今25℃時0.10M $NaA_{(aq)}$之 pH = 11，則 HA 之酸性常數(K_a)值為
(A)1.0×10^{-5} (B)1.0×10^{-7} (C)1.0×10^{-9} (D)1.0×10^{-11}。

【83二技動植物】

解：(C)

(1) 先由NaA判斷出A^-會水解，呈現鹼性，∴應代入(10-11b)式。

(2) $pH = 11 \Rightarrow [OH^-] = 10^{-3}M$

$$10^{-3} = \sqrt{0.1\times K_B} = \sqrt{0.1\times\frac{10^{-14}}{K_A}}$$，得$K_A = 1\times10^{-9}$

範例 33

What are the concentration of H^+ ion and percentage hydrolysis of a 0.10M NH_4Cl solution?(K_a of $NH_4^+ = 5.6\times10^{-10}$) 【83成大化學】

解：先判斷NH_4^+會水解，貢獻酸性，代入(10-11a)式

(1) $[H^+] = \sqrt{c\,K_a} = \sqrt{0.1\times5.6\times10^{-10}} = 7.48\times10^{-6}M$

(2) $\alpha = \frac{7.48\times10^{-6}}{0.1}\times100\% = 7.48\times10^{-3}\%$

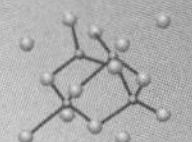

範例 34

決定(A)Na_3PO_4，(B)Na_2HPO_4，(C)NaH_2PO_4各0.10M溶液的$[H^+]$濃度。(已知$K_{A1}=7.5\times10^{-3}$，$K_{A2}=6.6\times10^{-8}$，$K_{A3}=1\times10^{-12}$)

解：$H_3PO_4 \underset{K_{B3}}{\overset{7.5\times10^{-3}}{\rightleftharpoons}} H_2PO_4^- \underset{K_{B2}}{\overset{6.6\times10^{-8}}{\rightleftharpoons}} HPO_4^{2-} \underset{K_{B1}}{\overset{1\times10^{-12}}{\rightleftharpoons}} PO_4^{3-}$

(A)Na_3PO_4，根據單元四判斷出其為「鹼」的角色，適用10-10或10-11b式，然因其$K_{B1}=\dfrac{10^{-14}}{K_{A3}}=\dfrac{10^{-14}}{10^{-12}}=10^{-2}$，此值不小，表示解離度很大，∴代10-10式

$$K_{B1}=\frac{x^2}{0.1-x}=10^{-2}\text{，得}x=[OH^-]=0.027M$$

$$[H^+]=\frac{10^{-14}}{[OH^-]}=\frac{10^{-14}}{0.027}=3.7\times10^{-13}M$$

(B)Na_2HPO_4處在多段解離的中間，是兩性鹽，適用(10-17b)式

$$[H^+]=\sqrt{K_{A2}\,K_{A3}}=\sqrt{6.6\times10^{-8}\times1\times10^{-12}}=2.6\times10^{-10}M$$

(C)NaH_2PO_4處在多段解離的中間，也是兩性鹽，代入(10-17b)式

$$[H^+]=\sqrt{K_{A1}\,K_{A2}}=\sqrt{7.5\times10^{-3}\times6.6\times10^{-8}}=2.2\times10^{-5}M$$

範例 35

0.01M 之NH_4CN溶於水中時溶液之 pH 為多少？(NH_3之$K_b=1.6\times10^{-5}$，HCN 之$K_a=6.2\times10^{-10}$)

解：(1) 先列出以下三個平衡式，並求其總和式及K值

$$NH_4^+ \rightleftharpoons NH_3 + H^+ \qquad K_A=\frac{10^{-14}}{1.6\times10^{-5}}$$

$$CN^- + H_2O \rightleftharpoons HCN + OH^- \qquad K_B=\frac{10^{-14}}{6.2\times10^{-10}}$$

$$+)\ H^+ + OH^- \rightleftharpoons H_2O \qquad \frac{1}{K_W}=10^{14}$$

$$NH_4^+ + CN^- \rightleftharpoons NH_3 + HCN \qquad K=K_A\times K_B\times\frac{1}{K_W}=1$$

	NH_4^+	CN^-	NH_3	HCN	
反應前	0.01	0.01	0	0	
反應後	$0.01-x$	$0.01-x$	x	x	代入K

$1=\dfrac{x^2}{(0.01-x)^2}$，解得$x=0.005$

(2) 任意代入K_A或K_B，可求得$[H^+]$

$K_{A,HCN}=\dfrac{[H^+][CN^-]}{[HCN]}$，$6.2\times10^{-10}=\dfrac{[H^+]\times0.005}{0.005}$

$\therefore [H^+]=6.2\times10^{-10}M$

單元七：緩衝溶液

1. 定義：緩衝液(Buffer Solution)的定義爲在溶液中加入少量的酸或鹼或水時，其pH僅作很小範圍的變化的一種溶液。
2. 原理：在一共軛系統中，如$HA \rightleftharpoons H^+ + A^-$，若HA與$A^-$同時存在時，會因外界加入的$H^+$(或$OH^-$)，而能互相互補地將介入的$H^+$(或

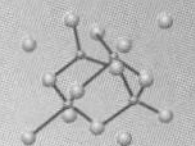

OH^-)消去，以便維持恆定的$[H^+]$數值。

3. 構成條件：由以上原理知，其構成條件爲⑴弱電解質(才能可逆地反應互補)，⑵共軛酸鹼對共存。

4. 計算：

⑴ 利用$K_A = \frac{[H^+][A^-]}{[HA]}$式，或用$K_B = \frac{[BH^+][OH^-]}{[B]}$式皆可。

⑵ 利用Henderson-Hasselbach方程式，見(10-18)式，它的由來是先將K_A式的兩側同時取對數。

$$\log K_A = \log \frac{[H^+][A^-]}{[HA]}$$

$$\log K_A = \log[H^+] + \log \frac{[A^-]}{[HA]}$$

$$-\log[H^+] = -\log K_A + \log \frac{[A^-]}{[HA]}$$

$$pH = pK_A + \log \frac{[A^-]}{[HA]} \tag{10-18}$$

5. 緩衝效益：

⑴ 當共軛酸鹼對彼此的量相差很多時，互補效果不見得很好。根據經驗，緩衝效果發生在$\frac{1}{10} \leq \frac{[A^-]}{[HA]} \leq 10$

⑵ 將以上前提代入(10-18)式，得到緩衝溶液的適用範圍爲

$$pH = pK_A \pm 1 \tag{10-19}$$

爲了滿足緩衝效果的效益，材料的選擇必須考慮(10-19)式，見範例41。

⑶ 當共軛酸的量與共軛鹼的量一樣多時$\left(\text{即}\frac{[A^-]}{[HA]} = 1\text{時}\right)$，可得到$pH = pK_A$的關係式，此時的緩衝效果最好。

6. 製備緩衝溶液的方法：

(1) 同時準備弱共軛酸鹼對(HA + NaA)

(2) 強酸和過量的弱共軛鹼混合

如：$HCl + NH_3$(過量) $\longrightarrow$

$HCl + NaOAc$(過量) $\longrightarrow$

(3) 強鹼和過量的弱共軛酸混合

如：$NaOH + HOAc$(過量) $\longrightarrow$

$NaOH + NH_4Cl$(過量) $\longrightarrow$

範例 36

Which of the following mixtures will be a buffer solution when dissolved in 500ml of water?

(A)0.20mol of HCl and 0.20mol of NH_4Cl (B)0.20mol of NH_3 and 0.20mol of NH_4Cl (C)0.20mol of NaH_2PO_4 and 0.10mol of Na_2HPO_4 (D)0.20mol of NaH_2PO_4 and 0.10mol of NaOH. 【81台大丙】

解：(B)(C)(D)

(B)項出現有NH_4^+/NH_3共軛酸鹼對。(C)項則出現$H_2PO_4^-/HPO_4^{2-}$共軛酸鹼對。(D)項則是課文中6.-(3)的方法，其原理是，若強酸(或強鹼)加得較少，也可構成共軛緩衝對，如下例：

	NaH_2PO_4	+	NaOH	$\longrightarrow$	Na_2HPO_4	+	H_2O
前	0.2mole		0.1mole		0		0
後	0.1mole		0		0.1mole		0.1mole

可看出反應後，可得$H_2PO_4^-/HPO_4^{2-}$緩衝對。

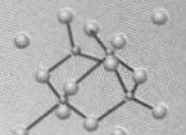

類題

下列混合液中，加入少量強酸或強鹼時，其pH值沒有大幅變化者為：(A)0.01M HCl 50ml + 0.02M NaOH 50ml (B)0.01M HCl 50ml + 0.02M NH_3 50ml (C)0.01M CH_3COOH 50ml + 0.01M NaOH 50ml (D)0.50N CH_3COOH 20ml + 0.50N NaOH 10ml (E)0.1N $NaHCO_3$ 20ml + 0.10N K_2CO_3 20ml.

【80屏技】

解：(B)(D)(E)

本題的敘述其實就是在判斷何者是緩衝。

範例 37

某一緩衝溶液係由0.20M HPO_4^{2-}及0.1M $H_2PO_4^-$組成。此溶液之H_3O^+濃度為？H_3PO_4的解離常數為$K_{a1} = 7.5\times10^{-3}$，$K_{a2} = 6.2\times10^{-8}$，$K_{a3} = 1\times10^{-12}$

(A)5×10^{-13}M (B)3.1×10^{-8}M (C)3.1×10^{-9}M (D)3.7×10^{-4}M。

【82二技動植物】

解：(B)

(1) 先由單元四判斷出此題為緩衝題型，而$H_2PO_4^-$與HPO_4^{2-}是在磷酸的多段解離系列中的第二段共軛系統，∴要選用K_{A2}。

(2) $K_{A2} = \dfrac{[H^+][HPO_4^{2-}]}{[H_2PO_4^-]}$，$6.2\times10^{-8} = \dfrac{[H^+]\times0.2}{0.1}$

$\therefore [H^+] = 3.1\times10^{-8}M$

範例 38

若要配pH＝8.96之NH_4^+/NH_3緩衝溶液，則在250ml 0.200M NH_3溶液中應加入若干克之NH_4Cl？(假設體積之變化可忽略)(NH_4Cl式量，53.5；$pK_b(NH_3)=4.74$)　【78成大】

解：(1)　當題目所給的數據含有p函數時（pH，pK_b），建議優先代入(10-18)式。

(2)　假設需NH_4Cl wg，$[NH_4^+]=\dfrac{n}{V}=\dfrac{\frac{w}{53.5}}{0.25}$

$$pH=pK_A+\log\frac{[NH_3]}{[NH_4^+]}$$

$$8.96=(14-4.74)+\log\frac{0.2}{[NH_4^+]}，[NH_4^+]=0.4$$

$$0.4=\frac{\frac{w}{53.5}}{0.25}，w=5.35g$$

範例 39

What is the pH of a solution which is 0.10M in NH_3 and 0.10M in NH_4NO_3?($K_b=1.6\times10^{-5}$ for NH_3)　【79台大甲】

解：(1)　此題的共軛酸鹼的量恰好一樣，計算上可以省下許多動作。一定可導致以下四結果。$[H^+]=K_A$，$[OH^-]=K_B$，$pH=pK_A$，$pOH=pK_B$

(2)　本題$[OH^-]=K_B=1.6\times10^{-5}$，$pOH=4.8$，$pH=14-4.8=9.2$

範例 40

How many milliliters of 0.1M NaOH should be added to 50.0ml of 0.1M formic acid, HCOOH ($K_a = 1.8\times10^{-4}$), to obtain a buffer with a pH of 4.0? 【84 清大 B】

解：假設需要加入NaOH Vml，而NaOH的加入將使部份HCOOH轉變成 $HCOO^-$，

$$\therefore [HCOO^-]=\frac{0.1V}{50+V}，[HCOOH]=\frac{0.1\times50-0.1V}{50+V}$$

代入HCOOH的K_a式，$K_a=\dfrac{[H^+][HCOO^-]}{[HCOOH]}$

$$1.8\times10^{-4}=\frac{10^{-4}\times\dfrac{0.1V}{50+V}}{\dfrac{0.1\times50-0.1V}{50+V}}，\therefore V=32\text{ml}$$

範例 41

To prepare a buffer with pH close to 3.4, you could use a mixture of

(A)NH_4NO_3 and NH_3 (B)HOCl and NaOCl (C)HOAc and NaOAc (D)HNO_2 and KNO_2 (E)$NaHCO_3$ and Na_2CO_3. 【82 成大化學】

Acidity:	pK_a	Acidity:	pK_a
HNO_2	3.34	HOCl	7.46
HOAc	4.74	NH_4^+	9.24
H_2CO_3	6.36	HCO_3^-	10.33

解：(D)

緩衝系統	pK_a	適用範圍($pH = pK_a \pm 1$)
HNO_2/NO_2^-	3.34	2.34～4.34
$HOAc/OAc^-$	4.74	3.74～5.74
H_2CO_3/HCO_3^-	6.36	5.36～7.36
$HOCl/OCl^-$	7.46	6.46～8.46
NH_4^+/NH_3	9.24	8.24～10.24
HCO_3^-/CO_3^{2-}	10.33	9.33～11.33

既然 pH 要接近 3.4，∴要選HNO_2/NO_2^-系統。

範例 42

A buffer solution is made by adding equal volumes of 0.040M HCOOH and 0.200M HCOONa solutions together. Answer the following questions.(K_a of formic acid is 1.8×10^{-4} at 25℃)
(A)What is the H_3O^+ concentration of this solution? (B)What is the H_3O^+ concentration of the resulting solution when 2.00ml of 2.00M HCl is added to 1.00liter of the buffer solution? (C)What is the H_3O^+ concentration of the resulting solution when 10.0ml of 1.0M NaOH is added to 100ml of the buffer solution? 【79清大】

解：(A)$K_a = \dfrac{[H^+][HCOO^-]}{[HCOOH]}$

$$1.8\times10^{-4} = \frac{[H^+]\left(\frac{0.2}{2}\right)}{\left(\frac{0.04}{2}\right)}$$

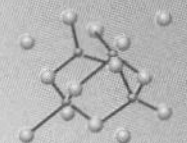

$\therefore [H^+] = 3.6\times10^{-5}M$

(B) $HCOO^- \quad + \quad H^+ \longrightarrow HCOOH$

$0.1\times1 \qquad 2\times0.002 \qquad 0.02\times1$

後 $\quad 0.096 \qquad 0 \qquad 0.024$

代入K_a

$$1.8\times10^{-4} = \frac{[H^+]\dfrac{0.096}{1}}{\dfrac{0.024}{1}}$$

$\therefore [H^+] = 4.5\times10^{-5}M$

由(B)的例子，說明了加入的H^+(或OH^-)少量時，對於共軛系統的pH值不會作很大的改變，然而在(C)的例子中，由於加入NaOH的量超過了共軛系統的量，當然pH值就變動很多了。

(C) $HCOOH \quad + \quad NaOII \longrightarrow H_2O \quad + \quad HCOONa$

$0.02\times0.1 \qquad 1\times0.01 \qquad\qquad 0.1\times0.1$

後 $\quad 0 \qquad 0.008 \qquad\qquad 0.012$

$$[OH^-] = [NaOH] = \frac{0.008}{110\times10^{-2}} = 0.073M$$

$$\therefore [H^+] = \frac{10^{-14}}{0.073} = 1.375\times10^{-13}M$$

單元八：酸鹼滴定(titration)

1. 用途：由一已知濃度的酸(或鹼)來推知一未知濃度的鹼(或酸)。

2. 計算原理：

(1) 酸的當量數＝鹼的當量數

① 計算當量數時需要用到的n，其定義為「可釋出H^+(或OH^-)的數

量」，例如：HCl ($n=1$)，H_2CO_3 ($n=2$)，NaOH ($n=1$)，NH_3 ($n=1$)，CO_3^{2-} ($n=2$)。

② 當量數常用的求法。

❶ 當量數 $= N$(當量濃度)$\times V$ (10-20)

❷ 當量數 $= \dfrac{W}{E} = \dfrac{W}{\dfrac{MW}{n}}$ (10-21)

❸ 當量數 $=$ mole 數 $\times n$ (10-22)

⑵ 注意：酸的莫耳數未必等於鹼的莫耳數。這是因爲碰上某些酸(或鹼)它們所提供的H^+(或OH^-)沒有一樣多時。計量上就不會相等，例如 1 莫耳H_2SO_4足以中和掉 2 莫耳的 NaOH。

⑶ 上述第⑵點可改成另一種敘述。H^+的莫耳數 $=$ OH^-的莫耳數。

3. 滴定曲線：

⑴ 以鹼滴定酸，會得到 S 形曲線(見圖 10-4a)，而以酸滴定鹼，則得到反 S 形曲線(見圖 10-4b)。

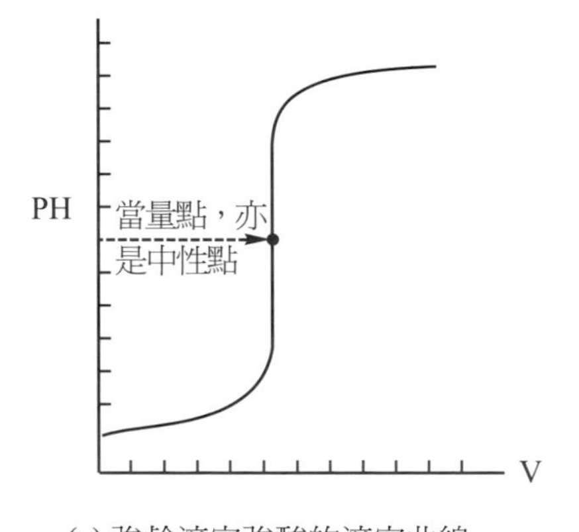

(a) 強鹼滴定強酸的滴定曲線

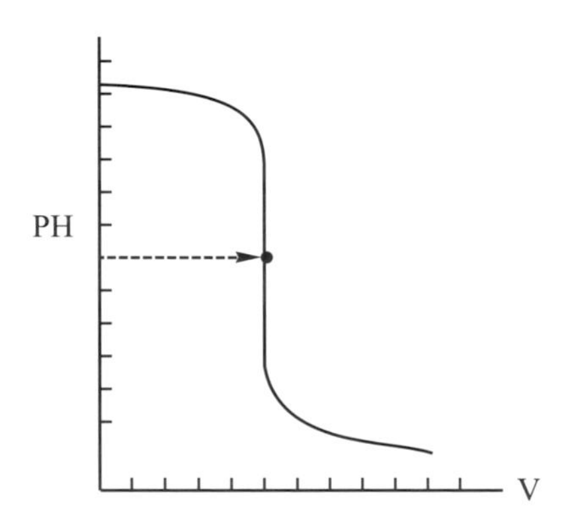

(b) 強酸滴定強鹼的滴定曲線

圖 10-4

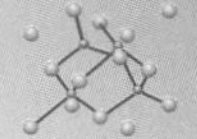

(2) 滴定終點是指「指示劑」顏色變化時的點，與當量點有別，但因在滴定進行中無法預判當量點的到來，只好以終點視爲是當量點。

(3) 強酸強鹼滴定時，當量點恰是中性點，如圖 10-5 中的A'點，但若碰上一強與一弱滴定，當量點未必處在pH＝7處。在圖 10-5 中，以 NaOH 滴定 HB 弱酸，當量點在B'點，以 NaOH 滴定 HC 弱酸，當量點在C'點，它們均不是 pH ＝ 7。而酸的強度愈弱，滴定曲線有往中性區靠近的趨勢。

(4) 滴定曲線內含有若干訊息，請參考範例 47 的示範。

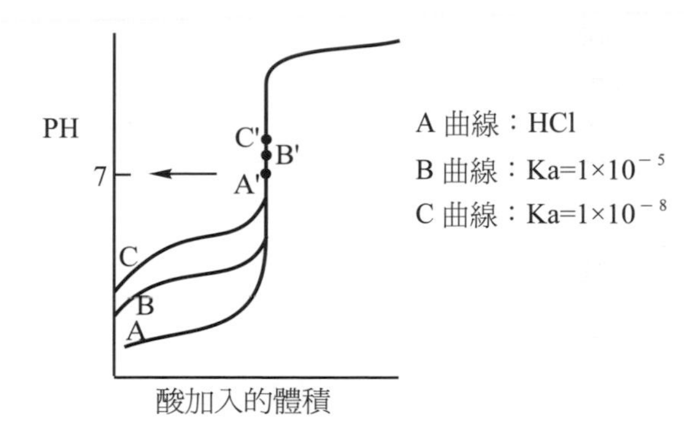

圖 10-5　NaOH 滴定不同的酸的滴定曲線比較

4. 指示劑(indicator)：

(1) 指示劑必須是個弱電解質

$$\underset{(\text{共軛酸})}{HIn} \longrightarrow H^+ + \underset{(\text{共軛鹼})}{In^-}$$

(2) 其酸式顏色與鹼式顏色必須不一樣。

(3) 變色範圍：爲了看見酸的顏色，$\frac{[In^-]}{[HIn]} \leq \frac{1}{10}$，爲了看見鹼的顏色 $\frac{[In^-]}{[HIn]} \geq 10$，∴代入(10-18)式，得 pH ＝ $pK_{In} \pm 1$，這是指示劑的

理論變色範圍。一些指示劑的實際變色範圍請見表 10-4。

表 10-4　一些 pH 指示劑及其顏色變化

指示劑	英文名	在更低 pH 的顏色	pH 範圍	在更高 pH 的顏色
甲基紫	Methyl violet	黃	0-2	紫
甲基橙	Methyl orange	紅	3.1-4.4	黃橘
甲基紅	Methyl red	紅	4.4-6.2	黃
石蕊	Litmus	紅	4.5-8.3	藍
溴瑞香草酚藍	Bromthymol blue	黃	6.0-7.6	藍
酚紅	Phenol red	黃	6.4-8.2	紅
酚酞	Phenolphthalein	無色	8.3-10.0	紅
茜素黃	Alizarin yellow	黃	10.1-11.1	淡紫
三硝基苯	Trinitrobenzene	無色	12.0-14.0	橘

(4) 變色範圍在 $pH < 7$ 的稱之爲酸性指示劑，變色範圍在 $pH > 7$ 的稱爲鹼性指示劑。

5. 滴定過程時，$[H^+]$的計算(參考範例 48～50)。

範例 43

一燒瓶內裝有 0.5M 硫酸溶液 40ml，不小心打破在地上，試問需多少克的碳酸氫鈉($NaHCO_3$)才能將硫酸完全中和掉？(分子量：$H_2SO_4 = 98$，$NaHCO_3 = 84$)

(A)0.04　(B)1.08　(C)3.36　(D)6.72。　【86 二技衛生】

解：(C)

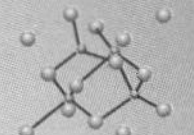

H_2SO_4的當量數$(n=2)$＝$NaHCO_3$的當量數$(n=1)$

H_2SO_4的莫耳數$=0.5\times40\times10^{-3}=0.02$，代入(10-22)式，得$H_2SO_4$的當量數$=0.02\times2=0.04$。

$NaHCO_3$的莫耳數$=\frac{x}{84}$，$NaHCO_3$的當量數$=\frac{x}{84}\times1=\frac{x}{84}$，而兩者當量數要相等，$\frac{x}{84}=0.04$，$\therefore x=3.36$克

範例 44

The percentage acetic acid in a vinegar sample was determined by titration with 0.103N NaOH of a 10.13g sample of vinegar required 67.43ml of NaOH to reach the end point.

解：假設醋中，含醋酸$P\%$，$n=1$。NaOH 的$n=1$

醋酸的當量數$=\frac{10.13\times P\%}{60}\times1$

NaOH 的當量數$=N\times V=0.103\times67.43\times10^{-3}$

二者應相等，$\frac{10.13\times P\%}{60}\times1=0.103\times67.43\times10^{-3}$

得$P\%=4.1\%$

範例 45

某二質子酸 1.8g 溶於水中(水溶液體積爲 40ml)，取其 10ml 用 0.2N 之 NaOH 作滴定，但滴入 55ml 時發現已過量，又用 0.1N 之 HCl 作反滴定，共滴入 10ml 時達當量點，則此酸之分子量(g/mol)爲下列

何者？

(A)62　(B)90　(C)180　(D)360。【86二技衛生】

解：(B)

某酸的當量數($n=2$)＋HCl的當量數($n=1$)＝NaOH的當量數($n=1$)

$$\frac{1.8}{MW}\times 2\times\frac{10}{40}+0.1\times 10\times 10^{-3}=0.2\times 55\times 10^{-3}$$

$\therefore MW=90$

範例 46

某硬水含Ca^{2+}，今取100毫升該硬水，使用H^+型陽離子交換樹脂交換硬水中之Ca^{2+}，其流出液以0.1N NaOH溶液滴定需12.5毫升可達滴定終點，求原溶液中[Ca^{2+}]若干ppm？(Ca原子量為40)【83私醫】

解：$2(\sim SO_3^-H^+)+Ca^{2+}\longrightarrow(\sim SO_3^-)_2Ca^{2+}+2H^+$(陽離子交換樹脂)

Ca^{2+}相當於可放出2個H^+，$\therefore n=2$

Ca^{2+}的當量數＝NaOH的當量數

假設Ca含量xg，$\frac{x}{40}\times 2=0.1\times 12.5\times 10^{-3}$

$x=0.025$g

$$ppm=\frac{0.025}{100}\times 10^6=250$$

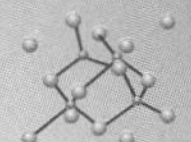

範例 47

某一元弱酸($K_A=10^{-3}\sim10^{-7}$)之溶液100毫升，以0.50N氫氧化鈉溶液滴定後得滴定曲線如圖示：

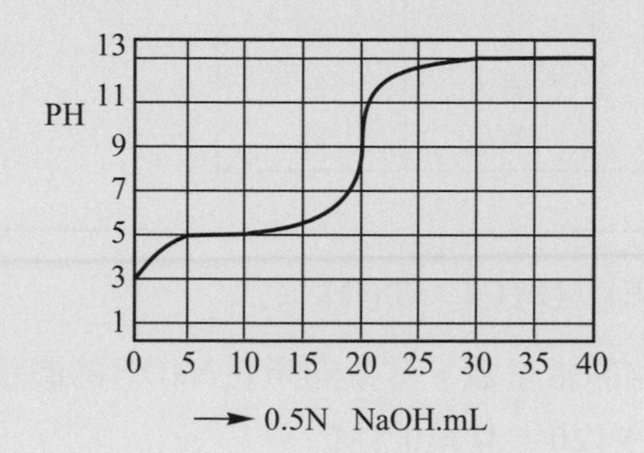

⑴ 該弱酸在滴定前的濃度是 (A)0.05M (B)0.10M (C)0.15M (D)0.20M (E)0.50M。

⑵ 該弱酸的電離常數(或解離常數)是 (A)10^{-3} (B)10^{-4} (C)10^{-5} (D)10^{-6} (E)10^{-7}。

⑶ 滴定前該弱酸溶液中$[OH^-]$離子濃度應為 (A)10^{-3}M (B)10^{-5}M(C)10^{-7}M (D)10^{-9}M (E)10^{-11}M。

⑷ 當量點的pH值約為 (A)5 (B)7 (C)9 (D)11 (E)13。

⑸ 在上列滴定中，為求滴定終點，下列各項指示劑中，何者最適合？

指示劑	pK_{In}	顏色	
		酸性	鹼性
(A)	3.5	紅	黃
(B)	3.8	紅	黃
(C)	5.3	紅	黃
(D)	8.8	無色	紅
(E)	11.1	無色	藍

解：(1)(B)　(2)(C)　(3)(E)　(4)(C)　(5)(D)

(1) 酸的當量數＝鹼的當量數，當量點所耗NaOH的體積為20毫升，$M\times100\times1=0.5\times20$，$M=0.1$M

(2) 取當量點(20毫升)的一半處，當時 $pH=pK_a$，10毫升處的 pH $=5=pK_A$，$\therefore K_A=10^{-5}$。

(3) 滴定前，圖上顯示 $pH=3$，$\therefore pOH=11$。

(4) 當量點在滴定曲線的正中央，因此是 $PH=9$ 處。

(5) (D)項指示劑，$PK_{IN}=8.8$ 理論的變色區在 7.8～9.8，恰好涵蓋了當量點的 $pH=9$，$\therefore$選用 D。

範例 48

20ml之0.50N $CH_3COOH_{(aq)}$，$K_a=2\times10^{-5}$，以水稀釋至100ml再以0.50N NaOH滴定之，當加入10.0ml之$NaOH_{(aq)}$後pH值最接近
(A)3　(B)5　(C)7　(D)9。　【71私醫】

解：(B)

從範例48到50，我們將示範滴定的過程中，$[H^+]$的計算。

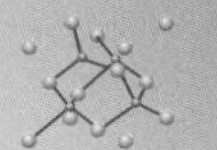

⑴ 先作中和計量。中和後，HOAc及NaOAc同時存在，因此是緩衝題型。

	HOAc	+	NaOH	⟶	NaOAc	+	H_2O
反應前	0.5×20		0.5×10		0		0
反應後	5		0		5		5

⑵ 代入K_A式，$K_A=\dfrac{[H^+][OAc^-]}{[HOAc]}$，$2\times10^{-5}=\dfrac{[H^+]\times5}{5}$

$\therefore [H^+]=2\times10^{-5}$，pH ＝ 4.7

⑶ 由本題還學習到一個經驗，「當強鹼是弱酸的一半量時，中和後恰會造成共軛酸鹼對的量一樣」，而這時的pH ＝ pK_A。

範例 49

Calculate the pH of a mixture of 50.0ml of 0.100M CH_3COOH and 50.0ml of 0.100M NaOH. The K_a of CH_3COOH is 1.75×10^{-5}.

【84成大化學】

解：HOAc與NaOH經中和後，產生OAc^-及H_2O

$$[OAc^-]=\frac{0.1\times50}{100}=0.05M$$

$$[HOAc]=[NaOH]=\frac{0.1\times50-0.1\times50}{100}=0$$

∴水溶液中只剩OAc^-的存在，而它是鹼性的

$$\therefore [OH^-]=\sqrt{c\,K_b}=\sqrt{0.05\times\frac{10^{-14}}{1.75\times10^{-5}}}=5.35\times10^{-6}M$$

pH ＝ 8.73

範例 50

以 0.100N NaOH 滴定 50.0ml 之 0.100N $HC_2H_3O_2$，當滴入 50.1ml 之 NaOH 時，pH = ________。 【69 私醫】

解：所加入 NaOH 的莫耳數 $= 0.1 \times 50.1 \times 10^{-3}$

滴定前 HOAc 的莫耳數 $= 0.1 \times 50 \times 10^{-3}$

滴定後 NaOH 的莫耳數 $= 0.1 \times 50.1 \times 10^{-3} - 0.1 \times 50 \times 10^{-3} = 1 \times 10^{-5}$

$$[OH^-] = [NaOH] = \frac{10^{-5}}{(50 + 50.1) \times 10^{-3}} \sim 10^{-4}M$$

$\therefore pOH = 4$，$pH = 10$

範例 51

What is the pH of 1.0L of a solution of 100.0g of glutamic acid ($C_5H_9NO_4$, a diprotic acid; $K_1 = 8.5 \times 10^{-5}$, $K_2 = 3.39 \times 10^{-10}$) to which has been added 27.2g of NaOH ($MW = 40$) during the preparation of monosodium glutamate? 【82 成大環工】

解：(1) $C_5H_9NO_4$ ($MW = 147$)

glutamic acid 的莫耳數 $= \frac{100}{147} = 0.68$

NaOH 的莫耳數 $= \frac{27.2}{40} = 0.68$

∴兩者相混合後，產生 $C_5H_8NO_4^- Na^+$ (NaHA)，以多段解離系列來對照，它會表現兩性鹽的角色。

$H_2A \rightleftharpoons HA^- \rightleftharpoons A^{2-}$

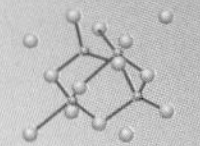

(2)　$[H^+]=\sqrt{K_1 \times K_2}=\sqrt{8.5\times10^{-5}\times3.39\times10^{-10}}=1.7\times10^{-7}$

$pH=-\log[H^+]=-\log(1.7\times10^{-7})=6.77$

單元九：難溶鹽的溶解度平衡

1.　K_{sp}：溶解度積常數(Solubility Product)，K_{sp}往往是很小的數值。

　(1)　表示法：其實就是上一章的平衡常數表示法。如：$CaF_{2(s)} \rightleftharpoons Ca^{2+}_{(aq)} + 2F^-_{(aq)}$，$K_{sp}=[Ca^{2+}][F^-]^2$

　(2)　K_{sp}和溶解度s的關係：若CaF_2的飽和溶解度是s(以 M 作單位)，依計量，$[Ca^{2+}]=s$，$[F^-]=2s$，代入K_{sp}式。$K_{sp}=s(2s)^2=4s^3$

表 10-5　不同類型難溶鹽，K_{sp}與s的關係

類型	實例	K_{sp}	K_{sp}和s的關係
AB	AgCl，$BaSO_4$	$K_{sp}=[A^+][B^-]$	$K_{sp}=s^2$
AB_2(或A_2B)	CaF_2，Ag_2CrO_4，Hg_2Cl_2	$K_{sp}=[A^{2+}][B^-]^2$	$K_{sp}=4s^3$
AB_3(或A_3B)	$Fe(OH)_3$，Ag_3PO_4	$K_{sp}=[A^{3+}][B^-]^3$	$K_{sp}=27s^4$
A_3B_2(或A_2B_3)	$Ca_3(PO_4)_2$	$K_{sp}=[A^{2+}]^3[B^{3-}]^2$	$K_{sp}=108s^5$

2.　溶解度計算的題型：

　(1)　基本型態。

　(2)　共同離子效應。

　(3)　沉澱後，離子濃度的計算。

3.　判斷沉澱：Q(離子積)

　(1)　$Q>K_{sp}$：過飽和，將有沉澱發生。

(2) $Q = K_{sp}$：溶液處於飽和狀態，恰要沉澱。

(3) $Q < K_{sp}$：溶液處於未飽和狀態，不會發生沉澱。

4. 選擇性沉澱：利用離子積的調整，我們可選擇適當的沉澱劑濃度，使達成一個離子將被沉澱下來，而另一個則否，如此可達到分離的效果。

範例 52

The molar solubility, s, of $Mn(OH)_2$ in water in terms of K_{sp} is
(A)$s=(K_{sp})^{1/2}$ (B)$s=(K_{sp})^{1/3}$ (C)$s=(K_{sp}/4)^{1/3}$ (D)$s=(K_{sp}/6)^{1/3}$ (E) $s=(K_{sp}/27)^{1/4}$. 【80台大丙】

解：(C)

$Mn(OH)_2$在表 10-5 中，屬AB_2型，$K_{sp}=4s^3$。

範例 53

已知Ag_3PO_4之$K_{sp}=A$，則在Ag_3PO_4之飽和溶液中$[Ag^+]$為：
(A)$(A/27)^{1/4}$ (B)$(27A)^{1/4}$ (C)$(A/3)^{1/4}$ (D)$(3A)^{1/4}$。 【71私醫】

解：(D)

假設平衡時，$[Ag^+]=x$，則依計量$[PO_4^{3-}]=\frac{1}{3}x$，代入K_{sp}式，$K_{sp}=[Ag^+]^3[PO_4^{3-}]$

$A=(x)^3\left(\frac{1}{3}x\right)^1$，$A=\frac{1}{3}x^4$，$\therefore [Ag^+]=x=(3A)^{\frac{1}{4}}$

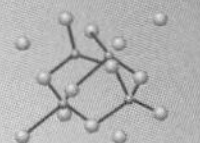

範例 54

計算100毫升$CaSO_4$飽和水溶液中Ca^{2+}溶解若干克？$CaSO_4$之溶解度積(K_{sp} ($CaSO_4$))爲2.6×10^{-5}，原子量Ca＝40

(A)2.0×10^{-2}　(B)4.2×10^{-3}　(C)8.3×10^{-4}　(D)9.6×10^{-4}。

【81二技環境】

解：(A)

$CaSO_4$屬AB型，$K_{sp}=s^2$，$2.6\times10^{-5}=s^2$，$\therefore s=5.1\times10^{-3}\text{M}=[Ca^{2+}]$

$$s=2.1\times10^{-5}\frac{\text{mol}}{\text{L}}\times40\frac{\text{g}}{\text{mol}}\times\frac{1\text{L}}{10\times100\text{mL}}=0.02\text{g}/100\text{ml}$$

範例 55

What is the pH of a saturated solution of $Fe(OH)_2$? K_{sp} for $Fe(OH)_2$ is 7.9×10^{-15}.

(A)9.4　(B)4.6　(C)2.5×10^{-5}　(D)1.3×10^{-5}　(E)9.1.　【83中興B】

解：(A)

$Fe(OH)_2$屬AB_2型，$K_{sp}=4s^3$，$7.9\times10^{-15}=4s^3$，$\therefore s=1.25\times10^{-5}\text{M}$

$[OH^-]=2s=2.5\times10^{-5}$，$\therefore \text{pH}=9.4$

範例 56

飽和的$Fe(OH)_3$水溶液，pH爲若干？($K_{sp}=2.7\times10^{-35}$)，溶解度＝________M。

解：(1) $Fe(OH)_3$屬AB_3型，$K_{sp}=27s^4$，$2.7\times10^{-35}=27s^4$，$\therefore s=10^{-9}M$

$[OH^-]=3s=3\times10^{-9}$，但此數值甚至比水解離而來的OH^-都要來得少。 於是由水來的OH^-就對$Fe(OH)_3$構成共同離子效應。因此上述解法過 程是不對的。而水中OH^-的主要來源仍然是水。$\therefore$ $pH=7$

(2)

	$Fe(OH)_3$	$\rightleftharpoons$	Fe^{3+}	+	$3OH^-$	
反應前			0		10^{-7}	
平衡時			s		$10^{-7}+3s$	代入K_{sp}式

$2.7\times10^{-35}=s(10^{-7}+3s)^3\cong s(10^{-7})^3$，$\therefore s=2.7\times10^{-14}$

(3) 將範例55、56比較一下。

範例 57

The solubility product of $PbSO_4$ is 1.8×10^{-8}. Calculate the solubility of lead sulfate in (A)pure water (B)0.10M $Pb(NO_3)_2$ solution (C)1.0×10^{-3}M Na_2SO_4 solution.

解：(A)純水中，$K_{sp}=s_1^2$，$1.8\times10^{-8}=s_1^2$，$\therefore s_1=1.34\times10^{-4}M$。

(B)$Pb(NO_3)_2$完全解離後，生成0.1M Pb^{2+}，它對$PbSO_4$構成共同離子效應

	$PbSO_4$	$\rightleftharpoons$	Pb^{2+}	+	SO_4^{2-}	
反應前			0.1		0	
平衡時			$0.1+s_2$		s_2	代入K_{sp}式

$1.8\times10^{-8}=(0.1+s_2)(s_2)\cong0.1\cdot s_2$，$\therefore s_2=1.8\times10^{-7}M$

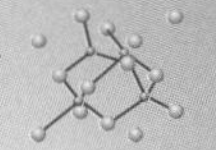

$s_2 < s_1$，就是共同離子效應的表現。

(C)0.001M Na_2SO_4完全解離後，釋出了0.001M SO_4^{2-}，它對$PbSO_4$構成共同離子效應。

	$PbSO_4$	$\rightleftharpoons$	Pb^{2+}	+	SO_4^{2-}	
反應前			0		0.001	
平衡時			s_3		$0.001+s_3$	代入K_{sp}式

$1.8\times10^{-8} = s_3(0.001+s_3) \cong s_3(0.001)$，$\therefore s_3 = 1.8\times10^{-5}$M

$s_3 < s_1$，是共同離子效應的表現，而$s_3 < s_2$，表示共同離子的濃度愈大，所表現此效應較大。

類題

$BaSO_4$在下列何液體中之溶解度最低？

(A)H_2O (B)0.01M Na_2SO_4 (C)1.0M H_2SO_4 (D)0.5M $Ba(NO_3)_2$。

【84二技動植物】

解：(D)

(B)(C)(D)均出現了共同離子效應，但(D)項可以釋出濃度最大的共同離子(0.5M Ba^{2+})，展現此效應的程度較大，∴其溶解度最低。

範例 58

已知CaF_2在0.10M之$NaF_{(aq)}$中溶解度為4.2×10^{-9}M，求CaF_2之K_{sp}。(Ca = 40，F = 19)

【68私醫】

解：$K_{sp} = [Ca^{2+}][F^-]^2 = (4.2\times10^{-9})(0.1+2\times4.2\times10^{-9})^2 \cong (4.2\times10^{-9})\times(0.1)^2$
$= 4.2\times10^{-11}$

範例 59

100 毫升含$[Cl^-]= 2\times10^{-8}M$ 的溶液中，加入 50 毫升含$[Ag^+]= 3\times10^{-4}M$的溶液，問是否有AgCl沉澱產生？(AgCl：$K_{sp}= 1.6\times10^{-11}$)

【84私醫】

解：當兩杯液體混合後，體積已經變成150毫升，$[Ag^+]$與$[Cl^-]$因而要隨著改變。

$$Q=[Ag^+][Cl^-]=\left(3\times10^{-4}\times\frac{50}{100+50}\right)\left(2\times10^{-8}\times\frac{100}{100+50}\right)$$

$= 1.33\times10^{-12} < K_{sp}$，∴不沉澱。

範例 60

Will any CdS precipitate from a solution that is 0.10M in Cd^{2+} if it is acidified with HCl so that the $[H_3O^+]= 1.0M$, and saturated with H_2S so that $[H_2S]= 0.10M$, $K_{sp}(CdS)= 4\times10^{-29}$, $K_{a1}(H_2S)= 1.0\times10^{-7}$, $K_{a2}(H_2S)= 1.3\times10^{-13}$.

【83成大化工】

解：(1) 首先代入(10-15)式，先求溶液中的沉澱劑$[S^{2-}]$的量。

$[H^+]^2[S^{2-}]= 0.1\times1\times10^{-7}\times1.3\times10^{-13}= 1.3\times10^{-21}$

$(1)^2[S^{2-}]= 1.3\times10^{-21}$，∴ $[S^{2-}]= 1.3\times10^{-21}$

(2) 代入Q，$Q=[Cd^{2+}][S^{2-}]= 0.1\times1.3\times10^{-21}= 1.3\times10^{-22} > 4\times10^{-29}$ (K_{sp})

∴CdS 會沉澱。

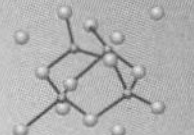

範例 61

Given that K_{sp} for $Zn(OH)_2 = 1.8\times10^{-14}$, and Kb for $NH_4OH = 1.8\times10^{-5}$. Find the concentration of aqueous ammonia necessary to just initiate the precipitation for zinc hydroxide from a 0.0030M of $ZnCl_2$.
(A)2.4×10^{-6}M (B)7.6×10^{-5}M (C)2.7×10^{-6}M (D)4.25M.【78東海】

解：(C)

剛要沉澱時$Q=K_{sp}$，$1.8\times10^{-14}=(0.003)[OH^-]^2$，$[OH^-]=2.45\times10^{-6}$

	NH_3	+	H_2O	⟶	NH_4^+	+	OH^-
始	x				0		0
平	$x-2.45\times10^{-6}$				2.45×10^{-6}		2.45×10^{-6}

代入K_b，$1.8\times10^{-5}=\dfrac{(2.45\times10^{-6})^2}{x-2.45\times10^{-6}}$

$\therefore x=2.78\times10^{-6}$

範例 62

A solution is prepared by mixing 150.0ml of 0.4M $Mg(NO_3)_2$ and 50.0ml of 0.2M NaF. Calculate the concentrations of Mg^{2+} and F^- at equilibrium with solid MgF_2 ($K_{sp}=6.4\times10^{-9}$). (fw: Mg = 24, Na = 23, N = 14, O = 16, F = 19)

解：(1) 混合剎那，各離子濃度為：

$$[Mg^{2+}]=0.4\times\frac{150}{150+50}=0.3M$$

$$[F^-]=0.2\times\frac{50}{150+50}=0.05M$$

(2) $MgF_2 \rightleftharpoons Mg^{2+} + 2F^-$

反應前　　0.3　　0.05

沉澱後　　$0.2+\frac{1}{2}s$　　s　　代入K_{sp}式

$6.4\times10^{-9}=\left(0.2+\frac{1}{2}s\right)s^2\cong0.2\cdot s^2$，$\therefore s=1.8\times10^{-4}M$

$\therefore [Mg^{2+}]\cong0.2M$，$[F^-]\cong1.8\times10^{-4}M$

範例 63

A solution is made up to contain $[Cd^{2+}]=0.40M$ and $[H_3O^+]=0.10M$. Then the solution was treated with H_2S until it was saturated ($[H_2S]=0.1M$). If $K_{sp}=3.6\times10^{-29}$ for CdS, what concentration of Cd^{2+} remains at equilibrium?(H_2S : $K_{A1}=1.1\times10^{-7}$，$K_{A2}=1\times10^{-14}$)

【83 成大環工】

解：(1) $Cd^{2+}+H_2S \longrightarrow CdS\downarrow+2H^+$

初　0.4　　0.1

後　～0　　0.9

由上式計量知沉澱後，$[H^+]=0.9M$(不再是 0.1M)。

(2) 代入$[H^+]^2[S^{2-}]=1.1\times10^{-22}$

得$[S^{2-}]=1.36\times10^{-22}$，代入 CdS 的$K_{sp}$

$3.6\times10^{-29}=[Cd^{2+}](1.36\times10^{-22})$

$\therefore [Cd^{2+}]=2.65\times10^{-7}M$

範例 64

(A)一溶液中有 0.10M 之CrO_4^{2-}及 0.15M 之SO_4^{2-}，緩加固體$Ba(NO_3)_2$

在此溶液中體積變化可不計，求計開始沉澱$BaCrO_4$及$BaSO_4$時所需之Ba^{2+}濃度。第一種沉澱化合物是什麼？　(B)當$BaSO_4$開始沉澱時，CrO_4^{2-}濃度是多少？　(C)當一半SO_4^{2-}已沉澱爲$BaSO_4$時，CrO_4^{2-}濃度有多少？

$BaCrO_4$，$K_{sp}=8.5\times10^{-11}$；$BaSO_4$，$K_{sp}=1.5\times10^{-9}$

解：(A)

⑴　$BaCrO_4$開始沉澱時，$Q>K_{sp}$，$[Ba^{2+}]\times0.1>8.5\times10^{-11}$，

$\therefore[Ba^{2+}]>8.5\times10^{-10}M$

⑵　$BaSO_4$開始沉澱時，$Q>K_{sp}$，$[Ba^{2+}]\times0.15>1.5\times10^{-9}$，

$\therefore[Ba^{2+}]>1\times10^{-8}M$

⑶　$[Ba^{2+}]$由小至大，會先到達8.5×10^{-10}，因此$BaCrO_4$會先沉澱。

(B)

⑴　當$BaSO_4$開始沉澱時，當時$[Ba^{2+}]=1\times10^{-8}$，將此值代入$BaCrO_4$的K_{sp}式，

$8.5\times10^{-11}=(1\times10^{-8})[CrO_4^{2-}]$，$[CrO_4^{2-}]=8.5\times10^{-3}M$

⑵　當SO_4^{2-}沉澱一半時，$[SO_4^{2-}]=\frac{0.15}{2}=0.075$，代入$BaSO_4$的$K_{sp}$式，

$1.5\times10^{-9}=[Ba^{2+}]\times(0.075)$，$\therefore[Ba^{2+}]=2\times10^{-8}$，再將此值代入$BaCrO_4$的$K_{sp}$式，$8.5\times10^{-11}=2\times10^{-8}\times[CrO_4^{2-}]$，$\therefore$ $[CrO_4^{2-}]=4.25\times10^{-3}M$。

範例 65

A solution containing 0.1M $Co(NO_3)_2$ and 0.1M $AgNO_3$ is saturated with $H_2S([H_2S]=0.10M)$. What is the minimum $[H^+]$ at which Ag_2S precipitates but CoS doesn't.

(K_{sp}, $Ag_2S=8\times10^{-58}$, $CoS=4.5\times10^{-27}$, H_2S: $K_{A1}=10^{-7}$, $K_{A2}=10^{-19}$)

【82成大】

解：當CoS恰要沉澱前剎那，溶液中須維持$Q<K_{sp}$的關係。

也就是$[Co^{2+}][S^{2-}]<4.5\times10^{-27}$

$0.1\times[S^{2-}]<4.5\times10^{-27}$

$\therefore [S^{2-}]<4.5\times10^{-26}\cdots\cdots(1)$

將(1)代入(10-14)式，$[H^+]^2[S^{2-}]=0.1\times10^{-7}\times10^{-19}$，得$[H^+]>0.15M$。

單元十：錯離子平衡

1. 錯離子的構成(詳見第12章)：含有金屬及配位子兩大部份。

   例：$Ag^+ + 2NH_3 \longrightarrow Ag(NH_3)_2^+$

2. 平衡常數：

   (1) 形成錯離子：$Ag^+ + 2NH_3 \rightleftharpoons Ag(NH_3)_2^+$

   $$K_f=\frac{[Ag(NH_3)_2^+]}{[Ag^+][NH_3]^2}$$，K_f(formation constant)往往很大

   (2) 錯離子的分解：$Ag(NH_3)_2^+ \rightleftharpoons Ag^+ + 2NH_3$

   $$K_d(\text{or } K_{inst})=\frac{[Ag^+][NH_3]^2}{[Ag(NH_3)_2^+]}$$ (instability constant)

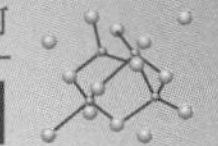

(3)　$K_d = \frac{1}{K_f}$

(4)　既然形成錯離子的趨勢很強($\because K_f$往往很大)，任何金屬離子，在可與之形成錯離子的配位子存在時，能夠自由存在的金屬離子會變得非常少。

3.　兩性氫氧化物(Amphoteric hydroxide)：

(1)　實例：$Al(OH)_3$，$Zn(OH)_2$，$Sn(OH)_2$，$Cr(OH)_3$，$Be(OH)_2$，$Sb(OH)_3$(或Sb_2O_3)，$As(OH)_3$(或As_2O_3)及$Pb(OH)_2$。

(2)　兩性行爲：

①　$Zn(OH)_2 + 2H^+ \rightleftharpoons Zn^{2+} + 2H_2O$

②　$Zn(OH)_2 + 2OH^- \rightleftharpoons Zn(OH)_4^{2-}$(形成錯離子)

(3)　應用：上述兩性行爲，可改成另一種敘述法。

$$Zn^{2+} \underset{2H^+}{\overset{2OH^-}{\rightleftharpoons}} Zn(OH)_2 \xrightarrow{2OH^-} Zn(OH)_4^{2-}$$

「構成兩性氫氧化物的金屬離子，在加入少許鹼時，會產生沉澱，但加入過量鹼後，原來沉澱會再度溶解」。於是我們可應用來分離某些金屬離子，假如其中之一是兩性，而另一則否，就可以利用以下流程來分離。

例：分離Al^{3+}及Fe^{3+}(Al^{3+}可構成兩性氫氧化物，Fe^{3+}則否)

Al^{3+}　　過量 NaOH →　$Al(OH)_4^-$澄清溶液　　利用過濾分離 →

Fe^{3+}　　　　　　　　　$Fe(OH)_3$沉澱

範例 66

計算 AgBr 在5.0M NH_3溶液中之莫耳溶解度？已知 AgBr 之$K_{sp}=7.7\times10^{-13}$，$Ag(NH_3)_2^+$之$K_f=1.5\times10^7$。

(A)1.2×10^{-5}mol/l (B)3.5×10^{-3}mol/l (C)1.7×10^{-2}mol/l (D) 2.5mol/l。 【85二技動植物】

解：(C)

⑴ 先將以下二反應式，合併成一式

$$AgBr \rightleftharpoons Ag^+ + Br^- \qquad K_{sp}$$
$$Ag^+ + 2NH_3 \rightleftharpoons Ag(NH_3)_2^+ \qquad K_f$$

$$AgBr + 2NH_3 \rightleftharpoons Ag(NH_3)_2^+ + Br^- \qquad K=K_{sp}\times K_f=1.2\times10^{-5}$$

⑵ 進入平衡的三行規格計算

	AgBr +	$2NH_3$ ⇌	$Ag(NH_3)_2^+$ +	Br^-
反應前		5	0	0
平衡時		$5-2s$	s	s

$$\frac{s^2}{(5-2s)^2}=1.2\times10^{-5}，s=0.017$$

範例 67

0.010M $AgNO_3$溶液乃由0.50M NH_3製成，故形成$Ag(NH_3)_2^+$錯離子。如加入充份的NaCl使Cl^-濃度為0.010M，將有AgCl沉澱否？(AgCl

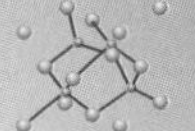

之$K_{sp} = 1.7\times10^{-10}$，$Ag(NH_3)_2^+$ ion之instability constant $= 6.0\times10^{-8}$)

【78私醫】

解：

$$Ag(NH_3)_2^+ \longrightarrow Ag^+ + 2NH_3 \qquad K_d = 6\times10^{-8}$$

始　0　　　0.01　　　0.5

平　$0.01 - x$　　　x　　　$0.48 + 2x$

$$6\times10^{-8} = \frac{x(0.48+2x)^2}{0.01-x} \cong \frac{x(0.48)^2}{0.01} \qquad (x\text{可省略})$$

$\therefore x = 2.6\times10^{-9}$

$Q = [Ag^+][Cl^-] = 2.6\times10^{-9}\times0.01 = 2.6\times10^{-11} < 1.7\times10^{-10}\,(K_{sp})$

∴不會沉澱。

綜合練習及歷屆試題

PART I

1. 下列化合物中，何者易溶於水，且溶液呈鹼性？
(A)Na_2O　(B)NO_2　(C)Cl_2O_7　(D)CaO　(E)Al_2O_3。

2. 關於醋酸下列何者是錯誤的？
(A)冰醋酸(glacial acetic acid)就是純醋酸　(B)醋酸可由乙醇氧化製得　(C)純醋酸可導電　(D)醋酸是弱酸。　【82二技動植物】

3. 下列化合物何者最不容易溶解於稀鹽酸水溶液？
(A)$C_6H_5NH_2$　(B)NH_3　(C)$CH_3CH_2NH_2$　(D)$C_6H_5NO_2$。　【82二技環境】

4. 尿素 $O{=}C(NH_2)_2$ 在液態氨$NH_{3(l)}$中當作酸。下列關於尿素在液態氨溶液之敘述何者有錯誤？
(A)氨當作鹼　(B)溶液中之另一種酸爲NH_4^+　(C)尿素供給第二個質子比第一個質子爲容易　(D)由尿素所形成之鹼爲 $O{=}C(NH^-)(NH_2)$。
【75私醫】

5. $H_2O + NH_3 \rightleftharpoons NH_4^+ + OH^-$之反應中何者爲酸？又$2NH_4Cl + Ca(OH)_2 \longrightarrow H_2O + 2NH_3 + CaCl_2$之反應中，何者爲酸？　【76私醫】

6. $HF_{(aq)} + CH_3COO^-_{(aq)} \rightleftharpoons F^-_{(aq)} + CH_3COOH_{(aq)}$，$K_{(eq)} = 40$，在此平衡物質中最強的鹼爲
(A)HF　(B)CH_3COO^-　(C)F^-　(D)CH_3COOH。　【77後中醫】

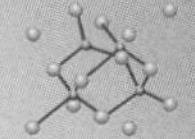

7. 根據布忍司特－羅利(Brønsted-Lowry)定義，在反應$NH_3+H_2O \longrightarrow NH_4^++OH^-$中，哪兩個物種可視為酸？
(A)NH_3，NH_4^+ (B)NH_3，H_2O (C)H_2O，NH_4^+ (D)NH_4^+，OH^-。

【83二技動植物】

8. 對下列方程式所描述的反應，指出酸：
(A)$NH_4I + KNH_2 \rightleftharpoons KI + 2NH_3$
(B)$OCN^-_{(aq)} + H_2O \rightleftharpoons HOCN_{(aq)} + OH^-_{(aq)}$
(C)$Zn(H_2O)^{2+}_{4(aq)} + H_2O_{(l)} \rightleftharpoons Zn(H_2O)_3(OH)^+_{(aq)} + H_3O^+_{(aq)}$
(D)$K_2O_{(s)} + CO_{2(g)} \rightleftharpoons K_2CO_{3(s)}$
(E)$Al^{3+}_{(aq)} + 6F^-_{(aq)} \rightleftharpoons AlF^{3-}_{6(aq)}$。

9. 下列何項為路易士鹼
(A)H_2O (B)$AlCl_3$ (C)H^+ (D)BH_3。 【86私醫】

10. $Fe^{3+} + SCN^- \rightleftharpoons FeSCN^{+2}$，此反應中$SCN^-$視為
(A)布忍斯特－羅雷鹼 (B)路易士酸 (C)阿雷尼斯酸 (D)路易士鹼 (E)不是酸也不是鹼。

11. 下列化合物之鹼性大小順序，何者為正確？
(A)$(CH_3)NH_2>(CH_3)_2NH>(CH_3)_3N>NH_3$ (B)$(CH_3)_2NH>(CH_3)NH_2>(CH_3)_3N>NH_3$ (C)$NH_3>(CH_3)_3N>(CH_3)NH_2>(CH_3)_2NH$ (D)$NH_3>(CH_3)_2NH>(CH_3)NH_2>(CH_3)_3N$。 【82二技環境】

12. 依鹼度大小排列，下列何組為對的？
(A)$RNH_2>RCONH_2>RSO_2NH_2$ (B)$RCONH_2>RNH_2>RSO_2NH_2$ (C)$RSO_2NH_2>RCONH_2>RNH_2$ (D)$RCONH_2>RSO_2NH_2>RNH_2$。

【77私醫】

13. 下列各對化合物中，何者為較強的酸？其理由何在？

(A) $H-\underset{Cl}{\overset{H}{C}}-\overset{O}{\overset{\|}{C}}-OH$ 或 $H-\underset{H}{\overset{H}{C}}-\overset{O}{\overset{\|}{C}}-OH$ (B)BCl_3或$AlCl_3$ (C)$Fe^{2+}_{(aq)}$或$Fe^{3+}_{(aq)}$。【77成大】

14. 已知$K_a(HCN) = 2.1\times10^{-9}$，$K_a(HCOOH) = 1.77\times10^{-4}$，$K_a(ClCH_2COOH) = 1.36\times10^{-3}$，$K_a$ $(C_6H_5COOH) = 6.14\times10^{-5}$，同等濃度之稀薄水溶液，以下列何者鹼性最強？

(A)$NaCN$ (B)$HCOONa$ (C)$ClCH_2COONa$ (D)C_6H_5COONa。

【81二技環境】

15. 有關含氧酸之強度，下列各項關係中，何者正確？

(A)$H_4SiO_4 > HClO_4 > HClO_3 > HNO_2$ (B)$HClO_4 > HNO_3 > H_2SO_3 > H_3BO_3$ (C)$H_2SO_4 > H_4SiO_4 > H_3PO_4 >$ $HClO$ (D)$H_2CO_3 > HClO_2 > H_3PO_3 > H_2C_2O_4$ (E)$HNO_3 > HClO_4 > H_2SO_3 > H_3BO_3$。【80屏技】

16. 下列離子，何者鹼性較強？

(A)PO_4^{3-} (B)Cl^- (C)NH_2^- (D)ClO_4^-。【78私醫】

17. 下列各化合物等莫耳濃度水溶液酸度大小比較，何者錯誤？

(A)$NH_3 < NH_4Cl$ (B)$H_2SO_4 > NaHSO_4$ (C)$CH_3CH_2OH < CH_3COOH$ (D)$CF_3COOH < CH_3COOH$。【83二技環境】

18. 當酸加入純水中，則

(A)$[H_3O^+]$增加且$[OH^-]$減少 (B)$[H_3O^+]$增加且pH增加 (C)$[H_3O^+]$增加且$[OH^-]$趨近於零 (D)$[H_3O^+]$減少且$[OH^-]$減少。【81二技環境】

19. 在60℃時水的解離常數是1.0×10^{-13}。此時純水的pH值為

(A)13.0 (B)7.0 (C)7.5 (D)6.5。【82二技動植物】

20. 一0.05N的NaOH溶液，其pH為________($\log2 = 0.3$)。【67私醫】

21. 25℃時，0.100M的某一單質子酸溶液的游離百分率爲1.34％，在相同的溫度下0.02M的該酸溶液的游離百分率爲多少？
(A)0.27％ (B)1.34％ (C)3.0％ (D)6.7％。

22. 弱酸HA的0.2M溶液在平衡狀況時下列何者的濃度最大？HA的解離常數爲1.0×10^{-6}。
(A)H_3O^+ (B)OH^- (C)A^- (D)HA。

23. 1.0M之弱酸溶液其解離度10％，則此弱酸在0.1M溶液中其解離百分比必定是
(A)大於10 (B)等於10 (C)小於10 (D)等於100。【69私醫】

24. 0.10M之氨水溶液，平衡時有1.34％解離，則其K_b＝？(需寫出反應式才予以計分)【86私醫】

25. 一個0.10M的弱單質子酸有5％解離，則此酸之平衡常數K_a爲
(A)2.5×10^{-6} (B)5.0×10^{-3} (C)2.5×10^{-5} (D)2.5×10^{-4}。

【82二技動植物】

26. 已知H_3PO_4之$K_1 = 7.5\times10^{-3}$，$K_2 = 6.2\times10^{-8}$，在0.10M之磷酸溶液中$[HPO_4^{2-}]$＝________M。【84私醫】

27. 草酸，$H_2C_2O_4$是弱雙質子酸。在0.1M的草酸溶液中何者濃度最小？
(A)$C_2O_4^{2-}$ (B)H_3O^+ (C)$HC_2O_4^-$ (D)$H_2C_2O_4$。【82二技動植物】

28. 在0.250M $H_2C_2O_4$溶液中其pH爲多少？$H_2C_2O_4$之$K_{a1} = 5.60\times10^{-2}$，與$K_{a2} = 6.2\times10^{-5}$。

29. 考慮水中CO_2—HCO_3^-—CO_3^{2-}系統CO_2，HCO_3^-，CO_3^{2-}等三物種分佈百分率與pH之關係，其中CO_2包括溶解CO_2和未解離H_2CO_3，有關化學平衡如下：

$CO_2 + H_2O \longrightarrow HCO_3^- + H^+$ $K_{a1} = 4.45\times10^{-7}$

$HCO_3^- \longrightarrow CO_3^{2-} + H^+$ $K_{a2} = 4.69\times10^{-11}$

試問下列何者不正確？

(A)在 pH1，CO_2莫耳數百分率最大 (B)在 pH9，HCO_3^-莫耳數百分率最大 (C)在pH14，CO_3^{2-}莫耳數百分率最大 (D)當pH等於pK_{a1}，HCO_3^-莫耳數百分率等於CO_3^{2-}莫耳數百分率。 【83二技環境】

30. 在0.01M的醋酸溶液中，加入固體醋酸鈉，則將發生何種變化？
(A)醋酸在水中之游離常數變大 (B)醋酸在水中之游離常數變小 (C)溶液之pH值較原來爲高 (D)溶液之pH值較原來爲低。

【81二技動植物】

31. 下列四種酸溶液的濃度同爲1克當量／升。有關各酸溶液的氫離子濃度，下列四種大小順序何者正確？
(A)HCl $>H_2SO_4>H_3PO_4>CH_3COOH$ (B)HCl $<H_2SO_4<H_3PO_4<CH_3COOH$ (C)$HCl=H_2SO_4=H_3PO_4=CH_3COOH$ (D)$HCl=H_2SO_4>H_3PO_4=CH_3COOH$。

32. 碳酸(H_2CO_3)的第一解離常數$K_1 = 4.3\times10^{-7}$，當碳酸氫根離子濃度$[HCO_3^-] = 4.3\times10^{-3}$M，pH = 7時，假設碳酸濃度完全由自由二氧化碳濃度來表示，即$[H_2CO_3]=[CO_{2(aq)}]$，計算水樣中二氧化碳的濃度
(A)62毫克／升 (B)44毫克／升 (C)43毫克／升 (D)100毫克／升。 【83二技環境】

33. 將0.02M 氫氯酸溶液100毫升與0.20M 醋酸溶液($K_A = 1.8\times10^{-5}$)，100毫升混合而得溶液200毫升。下列各項敘述何者正確？
(A)$[H^+]$約等於 0.11 莫耳／升 (B)$[H^+]$約等於 0.01 莫耳／升 (C)$[CH_3COO^-]$約等於 1.34×10^{-3}莫耳／升 (D)$[CH_3COOH]$約等於 0.1 莫耳／升 (E)$[Cl^-]$約等於0.02莫耳／升。

34. 把0.10莫耳HA($K_a = 1\times10^{-5}$)和0.20莫耳HB($K_a = 1.5\times10^{-5}$)溶於水成1000ml溶液，此時溶液中之$[H^+]$爲若干？
(A)2.0×10^{-3}M (B)1.0×10^{-3}M (C)4.0×10^{-3}M (D)0.5×10^{-3}M。

【81二技動植物】

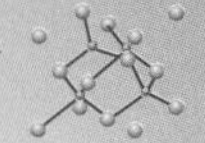

35. 承上題，HA的解離度爲若干？
(A)0.2％ (B)0.3％ (C)0.4％ (D)0.5％。 【81二技動植物】

36. 下列物質均爲0.1M水溶液時，其pH值大小順序，何者正確？
(a)HCl (b)KOH (c)$NaNO_3$ (d)CH_3COONa (e)NH_4Cl
(A)a＞e＞c＞d＞b (B)a＞d＞e＞c＞b (C)b＞d＞c＞e＞a
(D)b＞c＞e＞d＞a。 【79私醫】

37. $NH_4C_2H_3O_2$(醋酸銨)水溶液，呈現中性，此顯示出下列何者正確？
(A)$K_a(NH_4^+)>K_b(C_2H_3O_2^-)$ (B)$K_a<K_b$ (C)$K_a=K_b$ (D)無法比較。

38. 下列各化合物加入純水中，何者會形成酸性溶液？
(A)CaO (B)NH_4ClO_4 (C)N_2H_4 (D)$Ba(C_2H_3O_2)_2$。 【86私醫】

39. 當下列何種物質加入時，0.10F CH_3COOH溶液之pH會增加？
(A)$NaHSO_4$ (B)$HClO_4$ (C)NH_4NO_3 (D)K_2CO_3 (E)$H_2C_2O_4$。

【79成大】

40. 下列鹽類之水溶液，何者是酸性？
(A)KCl (B)$KClO_3$ (C)NaCl (D)$AlCl_3$。 【84二技動植物】

41. 在1.0M $Ca(NO_2)_2$的溶液中，下列何者的濃度最高？(HNO_2之$K_a=4.5\times10^{-4}$)
(A)Ca^{2+} (B)NO_2^- (C)OH^- (D)HNO_2。 【85二技動植物】

42. 一0.10M之聯胺N_2H_4溶液中含未知濃度的聯胺鹽酸鹽，$N_2H_5^+Cl^-$，其pH爲7.15，求在此溶液中聯胺鹽酸鹽的濃度。($K_b=9.8\times10^{-7}$ for N_2H_4)

43. 具有pH5.92之1.0升溶液將含$ZnCl_2$多少莫耳？僅考慮水解第一步驟。
$Zn(OH)^+ \rightleftharpoons Zn^{+2}+OH^-$ $K_d=4.1\times10^{-5}$

44. 於25℃，1.0M CH_3COONa水溶液中，OH^-濃度爲若干M？$K_a(CH_3COOH)=1.75\times10^{-5}$
(A)3.8×10^{-3} (B)4.3×10^{-4} (C)5.7×10^{-5} (D)2.4×10^{-5}。 【81二技環境】

45. 0.010M 之C_5H_5NHCl水溶液中H^+濃度約若干？已知$C_5H_5NH^+$的酸解離常數(K_a)爲 5.0×10^{-6}

(A)2.24×10^{-4} (B)3.82×10^{-3} (C)5.2×10^{-5} (D)6.2×10^{-6}。

【83 二技環境】

46. α－酒石酸爲雙質子酸其25℃下之$K_{a1}=1.04\times10^{-3}$與$K_{a2}=4.55\times10^{-5}$。求0.10M α－酒石酸水溶液以0.10M NaOH滴定，達第一當量點時，pH 值爲多少？

47. 將0.2M，0.1ml 的鹽酸溶液分別加入4.0ml 的下列各溶液中，則何者之 pH 值改變最小？

(A)純水 (B)醋酸(0.1M)和醋酸鈉(0.1M)的緩衝液(醋酸之K_a值爲1.8×10^{-5}) (C)0.1M的氫氧化鈉溶液 (D)0.1M的硫酸溶液。

【86 二技動植物】

48. 下列何組混合物溶解在一升的水中可以做爲緩衝溶液？

(A)0.2mol HBr and 0.1mol NaOH (B)0.3mol NaCl and 0.3mol HCl (C)0.1mol $Ca(OH)_2$ and 0.3mol HI (D)0.2mol H_3PO_4 and 0.1mol NaOH。

【82 二技動植物】

49. 下列各組等量混合時，何者是緩衝液？

(A)0.1M HCl和0.1M NH_4Cl (B)0.1M HCl和0.1M NH_3 (C)0.1M HCl和0.2M NH_3 (D)0.2M HCl和0.1M NH_3。

【82 二技環境】

50. 某水溶液含 0.040M 甲酸和 0.100M 甲酸鈉，其$[H^+]=$________M (HCOOH 之$K_a=1.74\times10^{-4}$)

【82 私醫】

51. cyanic acid(HCNO)之酸解離常數$K_a=2.0\times10^{-4}$，以 0.20 莫耳的HCNO 和其鈉鹽(NaCNO)0.80莫耳配成一升之緩衝溶液，其 pH 值爲何？

(A)0.97 (B)3.10 (C)3.70 (D)4.30。

【84 二技動植物】

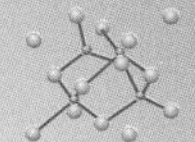

52. 已知25℃時，在0.10M 的醋酸溶液1公升中，加入醋酸鈉14.76公克，則溶液的pH為多少？(25℃時醋酸的$K_a = 1.8\times10^{-5}$，原子量：C = 12，H = 1，O = 16，Na = 23)
(A)3　(B)4　(C)5　(D)6。 【83二技材料】

53. HCN之解離常數為K_a，則濃度A莫耳／升之KCN溶液中之pH為：
(A)$pH = pK_w + pK_a + \log A$　(B)$pH = \frac{1}{2}[pK_w + pK_a + \log A]$　(C)$pH = \frac{1}{2}\left[pK_w + \frac{1}{2}pK_a - \frac{1}{2}\log A\right]$　(D)$pH = 2pK_w + pK_a - \frac{1}{2}\log A$。
【82私醫】

54. 一弱鹼，B，其鹼性常數$K_b = 2\times10^{-5}$。若$[B] = [BH^+]$時，則此溶液之pH值為：(log2 = 0.30)
(A)4.7　(B)7.0　(C)9.3　(D)9.7　(E)10.3。 【79成大】

55. 某溶液中含有10^{-2}M醋酸和10^{-1}M醋酸鈉，已知醋酸之pK_a為4.7，則此溶液之pH值為：
(A)2.0　(B)4.7　(C)5.7　(D)7.0。 【80私醫】

56. 0.30M醋酸溶液($K_a = 2.0\times10^{-3}$) 1升中，需加入幾莫耳的NaOH可得到pH = 5的緩衝溶液？(log2.0 = 0.301)
(A)0.40　(B)0.30　(C)0.20　(D)0.15。 【80私醫】

57. 0.01M 一元強酸50毫升加0.02M 某一弱鹼50毫升所得混合溶液之$[H^+]$為2.0×10^{-8}M。下列五項敘述中，何者正確？
(A)再加入少許任何強酸於此混合溶液時，其$[H^+]$將大幅增加　(B)再加入少許任何強鹼於此混合溶液時，其$[H^+]$將大幅減少　(C)再加入少許任何強酸或強鹼於此溶液時，其$[H^+]$變化幅度不大　(D)該一元弱鹼的解離常數(K_B)約為2.0×10^{-8}　(E)該一元弱鹼的解離常數(K_B)約為2.0×10^{-7}。

58. 弱酸 HB 和鈉鹽 NaB 各 1.0M 於同一水溶液中，體積 100 毫升，若於此溶液中加入 1.0 毫升 10M 之 HCl，則 pH 降低約若干？已知 HB 的酸解離常數爲 1.0×10^{-5}

(A)0.09　(B)3.0　(C)0.40　(D)1.0。【83二技環境】

59. 以氫氧離子型陰離子交換樹脂交換含氯離子之溶液 10ml，所得溶液及洗液需用 0.2M HCl水溶液 5ml中和，則原先氯離子之濃度爲若干 M？

(A)0.1M　(B)0.2M　(C)0.05M　(D)0.5M。【86二技動植物】

60. 分子式$(CH_2)_n(COOH)_2$之二元酸 3.3 克溶於足量水後，以 1.0M 之 $NaOH_{(aq)}$滴定，需加入鹼液 50ml 而達終點，則n值應爲

(A)0　(B)1　(C)2　(D)3　(E)4。【80屏技】

61. 濃硫酸密度爲 1.84g/ml；內含 95％的純硫酸。今以此濃硫酸 10ml注入水中配製成稀硫酸溶液 500ml，取此稀硫酸 100ml，以 0.50M NaOH 中和之，達中性當量點時，需 NaOH 溶液若干 ml？

62. HSO_3NH_2爲一單質子的強酸，可用來滴定強鹼

$$HSO_3NH_{2(aq)} + KOH_{(aq)} \rightleftharpoons KSO_3NH_{2(aq)} + H_2O_{(l)}$$

19.35ml 之 KOH 需 0.179g 之HSO_3NH_2來中和，則 KOH 的莫耳濃度爲多少？

63. 某水溶液含有 0.10M $CaCl_2$ 100ml，通過陽離子交換劑($RSO_3^-H^+$)，溶離的水溶液需加入若干 ml 的 0.10M NaOH 溶液始能中和？

(A)300　(B)200　(C)500　(D)400。【85二技動植物】

64. 一未知濃度之氫氧化鈉溶液 50ml，以 0.3M 之硫酸滴定，需 20ml 始達反應終點，此氫氧化鈉之濃度爲

(A)0.12N　(B)0.48N　(C)0.24N　(D)0.36N。【86二技環境】

65. 29ml 的 0.850N $Ba(OH)_2$正好可中和 1.50 克的某種酸，請問該酸之當量爲多少克？
(A)122　(B)30　(C)61　(D)213。【84 二技環境】

66. 一個 100 毫升含氫氧化鈣($Ca(OH)_2$，式量 74)的樣品，以 10 毫升 0.04N 的硫酸(H_2SO_4)做酸－鹼滴定，可達當量點，則此樣品氫氧化鈣的濃度爲
(A)37 毫克／升　(B)148 毫克／升　(C)370 毫克／升　(D)74 毫克／升。【83 二技環境】

67. 17.5 公克的 NaOH 配成 350ml 的溶液需要多少公升的 0.250M HNO_3 才能完全中和？(原子量：Na ＝ 22.99)
(A)50.0　(B)0.44　(C)1.75　(D)0.070。【83 二技動植物】

68. 等體積莫耳濃度之硫酸、鹽酸及醋酸各 200ml，若使用氫氧化鈉溶液去滴定，使其達到中和時所須之氫氧化鈉體積分別爲a、b及c，試問a、b、c之大小關係爲何？
(A)$b>a>c$　(B)$c>a>b$　(C)$a>b>c$　(D)$b>c>a$。【86 二技動植物】

69. 酚酞(phenolphthalein)指示劑約於何 pH 值時變色？
(A)4.5　(B)7.0　(C)8.3　(D)10.4。【83 二技環境】

70. 今有一 pH ＝ 11 之溶液，若加入酚酞指示劑，則溶液呈
(A)黃色　(B)藍色　(C)紅色　(D)無色。【73 後中】

71. 由加 300ml 之 0.500M H_3PO_4入(A)250ml 0.300M NaOH；(B)500ml 之 0.500M NaOH，求$[H^+]$＝？($K_{A1}=7.5\times10^{-3}$，$K_{A2}=6.6\times10^{-8}$，$K_{A3}=1\times10^{-12}$)

72. pH ＝ 3 與 pH ＝ 9 之兩強電解質溶液相混合爲 pH ＝ 7 之溶液時，其體積比(pH ＝ 3 與 pH ＝ 9)爲
(A)$10^4:1$　(B)$10^2:1$　(C)$1:1$　(D)$1:10^2$。【69 私醫】

73. 甲、乙、丙三種一元酸，K_a依次為$10^{-3.0}$，$10^{-4.0}$，$10^{-5.0}$。若濃度同為0.1M，體積同為100ml的三種酸液，各加入0.2M NaOH 25ml時，三種酸液的pH間的關係是：
(A)甲＞乙＞丙 (B)甲＜乙＜丙 (C)甲＝乙＝丙 (D)1/2(甲＋丙)＝乙 (E)1/2(甲＋乙＋丙)＝4。 【80屏技】

74. 求下列溶液之$[H^+]$濃度為若干M($K(H_2CO_3) = 4.0\times10^{-7}$，$K(HCO_3^-) = 5.0\times10^{-11}$，$K(CH_3COOH) = 1.8\times10^{-5}$)
(A)0.01M Na_2CO_3 (B)0.01M $NaHCO_3$ (C)於10ml 1M CH_3COOH溶液中需加入若干 ml 1M KOH 溶液，始能使混合溶液之 pH 成為6.0。 【80成大環工】

75. STP下，將448ml $HCl_{(g)}$通入一含0.14莫耳弱酸鈉鹽(NaA)1公升溶液中，則此時溶液之氫離子濃度為下列何者？(弱酸：HA之$K_a = 4\times10^{-6}$)
(A)6.4×10^{-7}M (B)1.0×10^{-5}M (C)1.4×10^{-2}M (D)2.0×10^{-2}M。
【86二技衛生】

76. 某一弱酸HA水溶液20.0毫升，以0.125N之NaOH水溶液滴定達當量點時，恰用去標準鹼40.0毫升，溶液之pH值為9，則HA之解離平衡常數K_a值為
(A)2.5×10^{-5} (B)8.3×10^{-6} (C)2.5×10^{-7} (D)1.2×10^{-8}。 【68私醫】

77. 40毫升0.10M的NaOH水溶液加入10毫升0.45M的HCl水溶液中，所成的之pH值為________。 【72私醫】

78. 假設硫酸銀(Ag_2SO_4)和硫酸鈣($CaSO_4$)的溶解度積(K_{sp})相等，則下列敘述何者正確：
(A)硫酸鈣比硫酸銀易溶 (B)硫酸銀比硫酸鈣易溶 (C)硫酸鈣與硫酸銀溶解度相等 (D)上述皆非。 【80私醫】

79. 一飽和Ag_2SO_4溶液爲2.5×10^{-2}M，其溶解度積之值是
(A)6.25×10^{-7}　(B)1.56×10^{-5}　(C)6.25×10^{-5}　(D)1.25×10^{-4}。

【67私醫】

80. 在室溫下AgCl之K_{sp}爲K_1；AgBr之K_{sp}爲K_2，若將AgCl、AgBr同時溶於水中成飽和溶液時，則溶液中$[Ag^+]$爲
(A)$\sqrt{K_1\times K_2}$　(B)$\sqrt{K_1}+\sqrt{K_2}$　(C)$\sqrt{K_1+K_2}$　(D)$1/\sqrt{K_1\times K_2}$。【77私醫】

81. 25℃設$Mg(OH)_{2(s)}$之K_{sp}值爲K_1，$Ca(OH)_{2(s)}$之K_{sp}值爲K_2。今同時將上述兩種氫氧化物溶解在純水，而達成飽和時，在溶液中$[OH^-]$爲：
(A)$\left(\dfrac{K_1+K_2}{2}\right)^{1/2}$　(B)$\left(\dfrac{K_1+K_2}{4}\right)^{1/2}$　(C)$[2(K_1+K_2)]^{1/2}$
(D)$1/2\,[\sqrt[3]{K_1}+\sqrt[3]{K_2}]$。【81二技動植物】

82. CaF_2在25℃時K_{sp}爲3.9×10^{-11}，求在25℃時100ml H_2O中可溶解若干克之CaF_2
(A)3.2×10^{-3}g　(B)1.6×10^{-3}g　(C)2.4×10^{-3}g　(D)4.8×10^{-3}g。

【68私醫】

83. 把NaOH加入一杯含0.05M Mg^{2+}離子之海水中直到pH值爲12.0。此時海水中之Mg^{2+}濃度爲何？($Mg(OH)_2$之$K_{sp}=1.2\times10^{-11}$)
(A)1.0×10^{-12}M　(B)1.0×10^{-2}M　(C)12M　(D)1.2×10^{-7}M。

【85二技動植物】

84. 氫氧化鎂爲微溶性鹽
(A)若$Mg(OH)_2$的飽和液之pH爲10.38，求其K_{sp}　(B)計算$Mg(OH)_2$的溶解度，以g/100g H_2O爲單位。

85. 150ml的1.00×10^{-2}M的KIO_3溶液中，可溶解$Ba(IO_3)_2$若干克？($K_{sp}=1.57\times10^{-9}$，$Ba(IO_3)_2=487$)

86. 在25℃時硫酸鉛($PbSO_4$)之K_{sp}值爲1.7×10^{-8}，則$PbSO_4$在0.10M硫酸鉀(K_2SO_4)中之溶解度(solubility)爲

(A)1.7×10^{-7}M (B)1.7×10^{-9}M (C)1.3×10^{-4}M (D)1.3×10^{-8}M。

【83二技動植物】

87. 碳酸鋅($ZnCO_3$)在水中爲微溶性物質，在下列何種溶液中溶解量爲最多？

(A)0.1M $ZnCl_2$ (B)0.1M HCl (C)0.1M NaOH (D)0.2M Na_2CO_3。

【86二技材資】

88. 25℃，CaF_2在水中的溶解度爲2.1×10^{-4}M，則CaF_2在0.1M NaF溶液中的溶解度爲

(A)2.0×10^{-4} (B)4.1×10^{-11} (C)3.7×10^{-9} (D)8.8×10^{-7}。【67私醫】

89. $Mg(OH)_{2(s)}$在0.5M $Mg(NO_3)_2$中溶解度爲1.0M $Mg(NO_3)_2$中之a倍，而其在0.5M之NaOH中之溶解度爲在1.0M NaOH中之b倍，則a、b值爲:

(A)$a=2$，$b=\sqrt{2}$ (B)$a=\sqrt{2}$，$b=4$ (C)$a=\sqrt{2}$，$b=\sqrt{2}$ (D)$a=4$，$b=\sqrt{2}$。

【84二技動植物】

90. 由下列各項之濃度，何者之化合物將沉澱析出？

(A)CuCl：$[Cu^+]=7.8\times10^{-4}$M，$K_{sp}=1.85\times10^{-7}$，$[Cl^-]=4.2\times10^{-5}$M (B)FeS：$[Fe^{2+}]=7.0\times10^{-23}$M，$K_{sp}=6.7\times10^{-42}$，$[S^{2-}]=8.4\times10^{-25}$M (C)$CaCO_3$：$[Ca^{2+}]=3.2\times10^{-5}$M，$K_{sp}=4.8\times10^{-9}$，$[CO_3^{2-}]=4.6\times10^{-5}$M (D)$CdCO_3$：$[Cd^{2+}]=6.8\times10^{-7}$M，$K_{sp}=2.5\times10^{-14}$，$[CO_3^{2-}]=5.4\times10^{-7}$M。

【81二技環境】

91. $H_2S \rightleftharpoons H^+ + HS^-$ $K_{a1}=1\times10^{-7}$，$HS^- \rightleftharpoons H^+ + S^{2-}$ $K_{a2}=1\times10^{-14}$，NiS 之$K_{sp}=1\times10^{-22}$，若飽和之H_2S溶液$[H_2S]=0.1$M，$[Ni^{+2}]=0.01$M，爲防止生成$NiS_{(s)}$則H_3O^+需至少爲：

(A)4×10^{-2}M (B)3×10^{-1}M (C)5×10^{-2}M (D)1×10^{-1}M。【69私醫】

92. 在100ml的0.10M之KCl溶液中滴入0.10M之$Pb(NO_3)_2$，則在第幾滴時，開始有永久性的沉澱？($PbCl_2$之$K_{sp}=1.0\times10^{-6}$，1ml＝20滴)
(A)第二滴 (B)第三滴 (C)第四滴 (D)第五滴 (E)第六滴。

【80屏技】

93. 考慮下列陽離子在0.1M水溶液中：Fe^{+2}，Zn^{+2}，Mn^{+2}，Pb^{+2}，若溶液中含有飽和H_2S(0.1M)，且pH值保持在(A)0，(B)2，(C)5時，哪一種離子有沉澱呢？溶解度積 PbS ＝1×10^{-29}；ZnS ＝4.5×10^{-24}；FeS＝1×10^{-19}；MnS＝7×10^{-16}。【75台大】

94. 一溶液中含0.10M H^+及0.10M Cu^{2+}，以H_2S飽和之。在CuS沉澱後Cu^{2+}濃度是多少？($K_{sp}=8\times10^{-37}$，$K_{A1}=1.1\times10^{-7}$，$K_{A2}=1\times10^{-14}$)

95. 20℃時$CaSO_4$溶度積(K_{sp})爲2.0×10^{-4}，今取0.10M $CaCl_2$，溶液20ml與0.05M Na_2SO_4溶液30ml混合，該混合液中SO_4^{2-}濃度爲
(A)3.0×10^{-2}M (B)2.0×10^{-2}M (C)1.0×10^{-2}M (D)5.0×10^{-2}M。

【70私醫】

96. 在室溫下，含0.1M H^+，0.3M Cu^{++}，0.3M Fe^{++}之溶液，通H_2S氣體飽和，沉澱後，計算Cu^{2+}，Fe^{2+}之濃度。($[H^+]^2[S^{-2}]=1.1\times10^{-22}$，CuS：$K_{sp}=8.0\times10^{-39}$，FeS：$K_{sp}=4.0\times10^{-19}$)【77後西醫】

97. 在1升H_2S飽和液中，藉著選擇沉澱，我們想分離0.010M的Zn^{2+}及0.010M的Mn^{2+}，則溶液之$[H^+]$要爲多少？MnS之$K_{sp}=2.3\times10^{-13}$，ZnS之$K_{sp}=2\times10^{-24}$，飽和H_2S水溶液之$[H]^2[S^{2-}]=3\times10^{-21}$。

98. 一溶液中含有0.10M之Cl^-及0.10M之CrO_4^{2-}，若將固體$AgNO_3$漸漸加入此溶液中則首先沉澱者是AgCl或Ag_2CrO_4？(K_{sp}，AgCl＝1.7×10^{-10}；K_{sp}，$Ag_2CrO_4=1.9\times10^{-12}$)當$Ag_2CrO_4$開始產生沉澱時，$[Cl^-]$爲多少M？且殘留百分率爲多少？

99. AgCl，Ag_2CrO_4之K_{sp}各爲1.2×10^{-10}及1.6×10^{-12}，則於含0.1M Cl^-及0.1M CrO_4^{2-}之水溶液中滴入$AgNO_3$溶液，若僅生成AgCl沉澱而

不起Ag_2CrO_4沉澱時，則Ag^+之濃度範圍爲：

(A)0～1.2×10^{-9}M (B)1.6×10^{-11}～1.2×10^{-9}M (C)1.2×10^{-9}～2×10^{-6}M (D)1.2×10^{-9}～4×10^{-6}M。【84二技環境】

100.有關$Al(OH)_3$化學性質的敘述，下列何者不正確？

(A)$Al(OH)_3$是兩性化合物 (B)$Al(OH)_3$固體在強鹼性水溶液中溶解 (C)$Al(OH)_3$固體在強酸水溶液中溶解 (D)硫酸鋁在水中水解產生懸浮膠體不帶電荷。【83二技環境】

答案：*1.*(AD) *2.*(C) *3.*(D) *4.*(C) *5.*H_2O，NH_4Cl *6.*(B) *7.*(C) *8.*(A)NH_4I，(B)H_2O，(C)$Zn(H_2O)_4^{2+}$，(D)CO_2，(E)Al^{3+} *9.*(A) *10.*(D) *11.*(B) *12.*(A) *13.*(A)$CH_2ClCOOH$，(B)BCl_3，(C)Fe^{3+} *14.*(A) *15.*(B) *16.*(C) *17.*(D) *18.*(A) *19.*(D) *20.* 12.7 *21.*(C) *22.*(D) *23.*(A) *24.* 1.8×10^{-5} *25.*(D) *26.* 6.2×10^{-8} *27.*(A) *28.* 1.03 *29.*(D) *30.*(C) *31.*(A) *32.*(B) *33.*(BD) *34.*(A) *35.*(D) *36.*(C) *37.*(C) *38.*(B) *39.*(D) *40.*(D) *41.*(B) *42.* 0.69M *43.* 6×10^{-3} *44.*(D) *45.*(A) *46.* 3.67 *47.*(B) *48.*(D) *49.*(C) *50.* 7×10^{-5} *51.*(D) *52.*(C) *53.*(B) *54.*(C) *55.*(C) *56.*(C) *57.*(CE) *58.*(A) *59.*(A) *60.*(D) *61.* 143 *62.* 0.0953 *63.*(B) *64.*(C) *65.*(C) *66.*(B) *67.*(C) *68.*(C) *69.*(C) *70.*(C) *71.*(A)7.5×10^{-3}，(B)3.3×10^{-8} *72.*(D) *73.*(BD) *74.*見詳解 *75.*(A) *76.*(B) *77.* 2 *78.*(B) *79.*(C) *80.*(C) *81.*(C) *82.*(B) *83.*(D) *84.*(A)6.9×10^{-12}，(B)7×10^{-4} *85.* 1.15×10^{-3} *86.*(A) *87.*(B) *88.*(C) *89.*(B) *90.*(D) *91.*(D) *92.*(B) *93.*(A)PbS，ZnS，(B)PbS，ZnS，FeS，(C)四者都沉澱 *94.* 6.5×10^{-16} *95.*(C) *96.*$[Fe^{2+}]=0.3$，

$[Cu^{2+}] = 3.6\times10^{-17}$ 97. 1.14×10^{-5} 98. ① AgCl，② 3.9×10^{-5}，③ 0.039 % 99.(D) 100.(D)

PART II

1. Acetic acid (CH_3COOH) is known to react with many compounds. Which one of the following compounds will not react with acetic acid?
   (A) CH_3OH (B) NH_3 (C) CH_4 (D) CH_3NH_2 (E) NaOH. 【84成大化學】
2. Which substances is inconsistent with the Arrhenius definition of an acid?
   (A) SO_2 (B) HNO_3 (C) CaO (D) NO_2 (E) HI. 【84成大環境】
3. About acidity and basicity, which of the following statements is true?
   (A) An acid and its conjugatc base react to form a salt and water.
   (B) The acid H_2O is its own conjugate base. (C) The conjugate base of a strong acid is a strong base. (D) A base and its conjugate acid react to form a neutral solution. (E) The conjugate base of a weak acid is a strong base. 【80淡江化學】
4. All of the following are acid-base conjugate pairs EXCEPT
   (A) HONO, NO_2^- (B) H_3O^+, OH^- (C) $CH_3NH_3^+$, CH_3NH_2 (D) HS^-. S^{2-} (E) C_6H_5COOH, $C_6H_5COO^-$. 【85清大】
5. Give the conjugate base to HSO_4^-
   (A) SO_4^{2-} (B) H_2S (C) H_2PO_4 (D) SO_3^-. 【83中山生物】
6. Which of the following would act as a Lewis acid?
   (A) NH_3 (C) PCl_3 (C) BF_3 (D) Cl (E) CH_4. 【83中興B】

7. Which order of acidity is correct?
(A)$H_2CO_3 > H_2SeO_3 > H_2SO_3$ (B)HOCl > HOBr > HOI (C)$SO_3 <$ $B_2O_3 <$ CaO $< CO_2$ (D)HOCl $> HClO_2 > HClO_3 > HClO_4$ (E)0.1M $Sr(NO_3)_2 >$ 0.1M RbCN > 0.1M KOH. 【79台大乙】

8. Which of the following acids reacts with glass?
(A)HF (B)HNO_3 (C)H_2SO_4 (D)$HClO_4$ (E)HCl. 【76台大】

9. Which of the following is the strongest base?
(A)ClO_3^- (B)ClO^- (C)HF (D)ClO_2^- (E)ClO_4^-. 【83中興A】

10. Which of the following ions is the conjugate base of a strong acid?
(A)OH^- (B)HSO_4^- (C)NH_2^- (D)S^{2-} (E)H_3O^+. 【85成大A】

11. Which of the following acids produces a strong conjugate base?
(A)HI (B)HF (C)HBr (D)HNO_3 (E)HCl. 【84成大化學】

12. Compare the acidity strength of H_2SO_4, $HClO_4$, HNO_3, H_2CO_3 from high to low, explain the reason. 【84成大環境】

13. Which of the following has the strongest conjugate base?
H_2O, H_2S, NH_3, PH_3, CH_4. 【81中山化學】

14. Which of the following expression is true for an acid-base pair?
(A)$pK_a - pK_b = 14$ (B)$pK_a = - pK_b$ (C)$pK_a = -\log K_a$ (D)$pH = \log[H^+]$. 【79淡江化學】

15. Carbon dioxide when dissolved in water undergoes a chemical reaction. Which of the following is false?
(A)The product of the reaction is a weak diprotic acid. (B)Some hydrogen carbonate ions are formed (C)Some carbonate ions are formed. (D)The production of hydroxide ions is important (E) none of the above. 【86清大A】

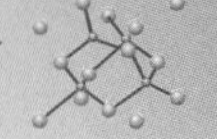

16. A 0.040M solution of a monoprotic acid in water is 14percent ionized. Calculate the ionization constant of the acid. 【80文化】

17. A 0.500M solution of pyridine contains 2.6×10^{-5}M OH^-. What is the base-ionization constant of pyridine? 【86成大環工】

18. The pH of an aqueous solution of an ammonia is 11.50. Calculate the molarity of the ammonia solution ($\log 3.2 = 0.5$; $K_b = 1.8\times10^{-5}$)
(A)0.25 (B)0.37 (C)0.45 (D)0.57 M.

19. Which of the following expressions is correct concerning an aqueous solution of 0.10M CH_3NH_2?
(A)$[H_3O^+] = 0.10$M (B)$[OH^-] = 0.10$M (C)$pH < 7$ (D)$pH < 13$
(E)none. 【86台大A】

20. Ascorbic acid(vitamin C) is a diprotic acid, $H_2C_2H_6O_6$.
(A)What is the pH of a 0.1M solution? (B)What is the concentration of ascorbate ion, $C_6H_6O_6^{2-}$? The acid ionization constants are $K_{a1} = 7.9\times10^{-5}$ and $K_{a2} = 1.6\times10^{-12}$. 【85清大A】

21. What is the concentration of S^{-2} ion in a 0.2M HCl solution saturated by H_2S gas, (B)and what is the concentration of HS^- ion?($K_{A1} = 1.1\times10^{-7}$, $K_{A2} = 1\times10^{-14}$)

22. Which of the following solutions has the highest hydroxide-ion concentration?
(A)0.1M HCl (B)0.1M H_2SO_4 (C)a buffer solution with pH = 5
(D)a buffer solution with pOH = 12 (E)pure water. 【85中山】

23. Which of the following aqueous solutions has the strongest acidity?
(A)1M HI (B)1MHNO_3 (C)1M $HClO_4$ (D)1M HCl (E)all of the above solutions have the same acidity. 【79台大乙】

24. Cocaine is a weak base. The osmotic pressure of a 0.01M solution of cocaine is 0.26atm at 25℃. What is the value of K_b for cocaine at 25℃? 【86台大C】

25. Calculate the pH of a solution prepared by mixing 20.0ml of 0.01M HCl with 100.0ml of 0.10M HCN solution. $K_a = 1.0\times10^{-10}$. Assume volume to be additive.
(A)2.0 (B)2.8 (C)10 (D)1.0 (E)5.5. 【84成大環境】

26. Which one of the following has a metal ion that is likely to undergo the most extensive hydrolysis?
(A)$CaBr_2$ (B)$AlCl_3$ (C)KF (D)RaS (E)MgO. 【84成大環境】

27. Which one of the following when dissolved in water gives the most basic solution?
(A)KI (B)RaI_2 (C)K_2S (D)$RbHSO_4$ (E)LiI. 【84成大化工】

28. Which of the following compounds are acids when dissolve in water?
(A)SO_2 (B)HNO_3 (C)SrO (D)HI (E)K_2S (F)$Al(OH)_3$. 【85成大A】

29. Which of the following salts when added to pure water will not change the pH of the solution?
(A)KI (B)$NaCH_3COO$ (C)BaS (D)$LiHSO_4$ (E)Na_2O.

30. Which of the following will dissolve in water to produce a buffer?
(A)Carbonic acid, H_2CO_3. (B)Sodium carbonate, Na_2CO_3 plus sodium hydroxide. (C)Sodium bicarbonate, $NaHCO_3$. (D)Carbonic acid plus hydrochloric acid. (E)Carbonic acid plus sodium bicarbonate.
【83中興A】

31. Chemical buffering systems
(A)maintain constant pH (B)consist of a conjugate acid-base pair (C)absorb added H^+ or OH^- ion (D)do all of the above. 【84清大B】

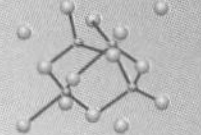

32. Which of the following act as a buffer?
(A)KH_2PO_4 (B)HCl and NaCl (C)HNO_2 and HNO_3 (D)KF and HF (E)KI and HI. 【84成大環境】

33. Given that K_a for $CH_3COOH = 1.8\times10^{-5}$. Calculate the pH for a buffer system containing 1.0M CH_3COOH and 1.0M CH_3COONa
(A)4.65 (B)4.89 (C)2.49 (D)4.74. 【78東海】

34. You have prepared a buffer solution by adding 0.50mole of CH_3COOH ($pK_a = 4.74$) and 2.5mole of CH_3COONa to enough pure water make 1.0 liter of solution. What is the pH?
(A)0.40 (B)4.0 (C)5.4 (D)7.0 (E)8.5. 【80淡江】

35. Describe how would you prepare a "phosphate buffer" at pH of about 7.40.(For H_3PO_4, $pK_1 = 2.12$, $pK_2 = 7.21$, $pK_3 = 12.32$)
【82中山化學】

36. A flask contains 100ml of 0.10F HOAc. To prepare a buffer with pH = 4.75, which of the following samples of barium acetate solution should be added to the flask?(K_a of HOAc $= 1.8\times10^{-5}$)
(A)50ml of 0.40F $Ba(OAc)_2$ (B)25ml of 0.20F $Ba(OAc)_2$ (C)50ml of 0.20F $Ba(OAc)_2$ (D)100ml of 0.10F $Ba(OAc)_2$ (E)200ml of 0.10F $Ba(OAc)_2$. 【81成大化工】

37. A buffered solution contains 0.15M NH_3 ($K_b = 1.8\times10^{-5}$) and 0.40M NH_4Cl
(A)Calculate the pH of this solution. (B)Calculate the pH of the solution that results when 0.10mole of $HCl_{(g)}$ is added to 1.0L of the buffered solution from part (A).(fw:N = 14) 【83逢甲】

38. What volume of 0.125M HNO_3 is required to completely neutralize 25.00ml of 0.108M $Ba(OH)_2$?

(A)14.47ml (B)21.60ml (C)28.94ml (D)43.20ml (E)64.80ml.

【81成大化工】

39. Describe in detail the experiment you would use to measure the value of K_a for formic acid, HCOOH. 【81成大】

40. (A)Calculate the pH in the titration of ammonia by hydrochloric acid after 15.0ml of 0.100M HCl has been added to 25.0ml of 0.100M $NH_{3(aq)}$ solution

(B)What is the pH at the equivalence point in this titration?(K_b for NH_3 is 1.8×10^{-5})

(C)The pK_a value of the indicator is as followed, which one is likely to be the better choice for this titration? 【81台大丙】

Indicator		pK_a
thymol	blue	1.65
methyl	red	5.00
phenol	red	7.01

41. Bromothymol blue is a common acid-base indicator. It has a K_a equal to 1.6×10^{-7}. Its undissociated form is yellow and its conjugate base is blue. What color would a solution have at pH = 5.8?

【85成大環工】

42. An indicator, HIn, has a pK_a value of 6. At pH = 8, the ratio of [HIn]/[In^-] is

(A)100/1 (B)10/1 (C)1/1 (D)1/10 (E)1/100. 【86台大C】

43. What would be the pH at the equivalence point for titrating 0.1N NaOH with
(A)0.1N HNO_3 (B)0.1N HNO_2, $K_a = 7.2\times10^{-4}$ (C)0.1N HIO, $K_a = 2.3\times10^{-11}$.

44. If the molar solubility of a slight solube hypothetical salt MX_2 is given by x, the K_{sp} is equal to
(A)$4x^3$ (B)$x^3/4$ (C)$2x^3$ (D)$x^3/2$ (E)$x^3/8$. 【83成大化工】

45. The relationship between the K_{sp} of AgBr and the molar solubility, z, of AgBr in 0.20F KBr is that K_{sp} equals
(A)z^2 (B)$z/0.20$ (C)$z^{1/2}$ (D)$-4z^3$ (E)$0.20z$. 【85清大】

46. The concentration of Mg^{2+} in seawater is 5.0×10^{-2}M. What is the $[OH^-]$ necessary to remove 90% of the Mg^{2+}?
(K_{sp} for $Mg(OH)_2 = 1.2\times10^{-11}$) 【85成大環工】

47. The solubility of silver acetate [$Ag(CH_3CO_2)$; mol. mass = 167] is 0.73g per 100ml of water. What is the solubility product of silver acetate?
(A)5.3×10^{-1} (B)1.9×10^{-3} (C)4.4×10^{-3} (D)2×10^{-5} (E)1.8×10^{-5}.
【83中興B】

48. Which of the following compounds has the lowest solubility in water?
(A)$Al(OH)_3$, $K_{sp} = 2\times10^{-32}$ (B)CdS, $K_{sp} = 1\times10^{-28}$ (C)$PbSO_4$, $K_{sp} = 1.3\times10^{-8}$ (D)$Sn(OH)_2$, $K_{sp} = 3\times10^{-27}$ (E)MgC_2O_4, $K_{sp} = 8.6\times10^{-5}$.
【86成大A】

49. To dissolve equal moles of the following salts, which one needs least amount of water?
(A)$NiCO_3$ ($K_{sp} = 1\times10^{-7}$) (B)MgF_2 ($K_{sp} = 7\times10^{-9}$) (C)Ag_3AsO_4 ($K_{sp} = 1\times10^{-22}$) (D)$Pb_3(PO_4)_2$ ($K_{sp} = 8\times10^{-43}$). 【81中山生物】

50. Calculate the solubility(in M) for the following:
(A)$BaSO_4$, $K_{sp} = 1.7\times10^{-10}$ (B)Hg_2Cl_2, $K_{sp} = 3.2\times10^{-17}$.

51. The molar solubility of $Mg(OH)_2$ in pure water is $1.4\times10^{-4}M$ at 25℃. Calculate its molar solubility in a buffer medium whose pH is (A)12.00 and (B)9.00. 【83 成大化學】

52. How many moles of SrF_2 will dissolve in 1L of 0.10M NaF if K_{sp} $(SrF_2) = 7.9\times10^{-10}$?
(A)2.8×10^{-5} (B)7.9×10^{-8} (C)7.9×10^{-9} (D)2.0×10^{-8} (E)4.0×10^{-9}. 【81 台大乙】

53. The solublity of $Mg(OH)_2$ in 100ml of solution was calculated to be 9.9×10^{-4}g. What is its solubility in grams per 100ml of solution that is 0.05M in NaOH?

54. Calculate the $[Zn^{2+}]$ and $[C_2O_4^{2-}]$ remaining in solution after 15.00ml of 0.120M $Zn(NO_3)_2$ are mixed with 10.00ml of 0.100M $Na_2C_2O_4$.(K_{sp} of $ZnC_2O_4 = 2.5\times10^{-9}$) 【81 成大】

55. 1ml of 0.1M NaCl solution is added to 10ml of 0.05M $[Ag(NH_3)_2]^+$ solution. Is it feasible to precipitate AgCl? The instability constant of $[Ag(NH_3)_2]^+$ is 6.0×10^{-8} $K_{sp}(AgCl) = 1.2\times10^{-10}$. 【80 台大乙】

56. Calculate the solubility of AgI in 2.00M aqueous NH_3. The value of K_{sp} for AgI is 8.5×10^{-17}, and the value of K_f for $Ag(NH_3)_2^+$ is 1.7×10^7. 【86 成大環工】

57. Which of the following is not a nucleophile？
(A)Na^+ (B)Cl^- (C)OH^- (D)NH_3 (E)none of the above.
【88 清大 A】

58. The pH of solution is raised from 3 to 5. Which of the following statements is FALSE？
(A)The pOH decreases from 11 to 9.
(B)The $[H^+]$ decreases by a factor of 20.

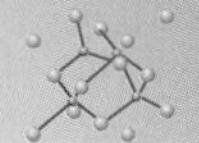

(C)The final $[OH^-]$ (at pH = 5) is 10^{-9} M.

(D)The initial $[H^+]$ (at pH = 3) is 10^{-3} M.

(E)The initial solution could be 0.001 M HNO_3. 【89中正】

59. What is the equilibrium constant for the following reaction？

$N_3^- + H_3O^+ \leftrightarrow HN_3 + H_2O$

The Ka value for $HN_3 = 1.9\times10^{-5}$

(A)5.3×10^{-10} (B)1.9×10^{-9} (C)1.9×10^{-5} (D)5.3×10^{4}

(E)1.9×10^{9}. 【89成大環工】

60. Glven the following acids and (Ka) values：

$HClO_4(1\times10^7)$；$HOAc(1.76\times10^{-5})$；$HCN(4.93\times10^{-10})$；$HF(3.53\times10^{-4})$

which shows the conjugate bases listed by increasing strength？

(A)CN^-；F^-；OAc^-；ClO_4^- (B)CN^-；OAc^-；F^-；ClO_4^-

(C)CN^-；ClO_4^-；F^-；OAc^- (D)ClO_4^-；OAc^-；CN^-；F^-

(E)ClO_4^-；F^-；OAc^-；CN^-. 【88成大環工】

61. At 50℃ the value of K_w, the dissociation constant for water, is 5.47×10^{-14}.

(A)Using Le Chatelier's principle, predict whether the autoionization of water is exothermic or endothermic？

(B)Calculate the pH of pure water at 50℃. 【88淡江】

62. Calculate the pH of a 1.0 M H_2SO_4 soltuion.

(K_a (HSO_4^-) $= 1.2\times10^{-2}$) 【87成大材料】

63. Calculate the pH of an 0.023 M solution of saccharin (HSc), if K_a is 2.1×10^{-12} for this artificial sweetener. 【88成大化工】

64. Calculate the pH of a 2M nitric acid (HNO_3) solution.

(A)−0.70 (B)−0.3 (C)0.3 (D)1.0 (E)2.0. 【88成大環工】

65. A certain weak acid (HA) is 1.5% ionized in a 0.25M solution of the acid What is the value of K_a for this acid？

(A)7.1×10^{-4} (B)1.4×10^{-5} (C)1.8×10^{-5} (D)5.6×10^{-5} (E)1.5×10^{-2}.

【88 清大 A】

66. A solution is prepared by dissolving 0.005 mole each of ammonia and pyridine (C_5H_5N) together in enough water to make 200.0 cm^3 of solution.

What is the value of $[OH^-]$？($K_b(NH_3) = 1.8\times10^{-5}$，$K_b(C_5H_5N) = 1.7\times10^{-9}$)

(A)1.34×10^{-3}M (B)6.7×10^{-4}M (C)2.01×10^{-3}M (D)1.8×10^{-5}M (E)1.7×10^{-9}M.

【89 清大 B】

67. A 0.35 M solution of the acid HA has a pH of 4.7, What is the Ka of HA？

(A)2.4×10^{-6} (B)4.6×10^{-6} (C)1.1×10^{-8} (D)5.3×10^{-9}

(E)none of the above.

【89 清大 B】

68. Which species listed below is present in greatest concentration in a 1.0 M solution of NH_4NO_3？

(A)NH_4^+ (B)NO_3^- (C)HNO_3 (D)NH_3.

【87 台大 B】

69. Which of the following salt produces an acidic solution when dissolved in water？

(A)LiH (B)Na_2CO_3 (C)$NaHSO_4$ (D)Li_3N.

【87 台大 C】

70. An example of hydrolysis is which of these？

(A)$NaCl_{(s)} \rightarrow Na^+_{(aq)} + Cl^-_{(aq)}$

(B)$CO_{2(aq)} + 2H_2O_{(l)} \rightarrow H_3O^+_{(l)} + HCO^-_{3(aq)}$

(C)$H_3O^+_{(aq)} + OH^-_{(aq)} \rightarrow 2H_2O_{(l)}$

(D)$H_2O_{(l)} \rightarrow H_2O_{(g)}$

(E)all of the above.

【88 大葉】

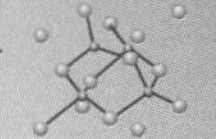

71. The sodium salt NaA of a weak acid is dissolved in water ; no other substance is added. Which of these statements (to a close approximation) is true？

(A)$[H^+]=[A^-]$ (B)$[H^+]=[OH^-]$ (C)$[A^-]=[OH^-]$

(D)$[HA]=[OH^-]$ (E)none of these. 【89中正】

72. Which species listed below is present in the greatest concentration in a 0.1 M solution of CH_3COONa？

(A)CH_3COONa (B)CH_3COO^- (C)Na^+ (D)CH_3COOH (E)OH^-.

【89清大A】

73. The K_b of aniline, $C_6H_5NH_2$, is 4.3×10^{-10}, What is the pH of a 0.15 M solution of $C_6H_5NH_3Cl$ in water？

(A)11.3 (B)8.6 (C)5.2 (C)2.7 (D)none of the above.【89清大B】

74. Predict whether a solution containing the salt K_2HPO_4 will be acidic neutral or basic. For H_3PO_4 $K_1=7.5\times10^{-3}$ $K_2=6.2\times10^{-8}$ $K_3=4.8\times10^{-13}$.

【88成大化學】

75. Which of the following will not produce a buffered solution？

(A)100mL of 0.1M Na_2CO_3 and 50mL of 0.1M HCl

(B)100mL of 0.1M $NaHCO_3$ and 25mL of 0.2M HCl

(C)100mL of 0.1M Na_2CO_3 and 75mL of 0.2M HCl

(D)50mL of 0.2M Na_2CO_3 and 5mL of 1M HCl

(E)100mL of 0.1M Na_2CO_3 and 50mL of 0.1M NaOH. 【88中原】

76. Which of the following mixtures will be a buffer when dissolved in a liter of water？

(A)0.1mol $Ca(OH)_2$ and 0.3mol HI (B)0.3mol NaCl and 0.3mol HCl

(C)0.2mol H_3PO_4 and 0.1mol NaOH (D)0.2mol HBr and 0.1mol NaOH

(E)0.4mol NH_3 and 0.4mol HCl. 【88輔仁】

77. A student is asked to prepare a buffer solution at pH = 8.6, which one of the following weak acid should he/she choose?
(A)$K_a = 2.7\times10^{-3}$ (B)$K_a = 4.4\times10^{-6}$ (C)$K_a = 2.6\times10^{-9}$
(D)$K_a = 3.0\times10^{-11}$. 【89清大A】

78. The pH at the equivalence point of the titration of a strong acid with a strong base is :
(A)3.9 (B)4.5 (C)7.0 (D)8.2 (E)none of these. 【88中原】

79. Methyl red is a common acid-base indicator. It has a Ka equal to 6.3×10^{-6}, Its undissociated form is red and its anionic form is yellow. What color will methyl red solution have at PH = 7.8?
(A)yellow (B)red (C)violet (D)colorless. 【89中興食品】

80. For which type of titration will the pH be basic at the equivalence point?
(A)strong acid vs. strong base (B)strong acid vs. weak base
(C)weak acid vs. strong base (D)none of the above. 【89清大A】

81. A 100mL sample of 0.10M HCl is mixed with 50mL of 0.10M NH_3, what is the resulting pH? (K_b for $NH_3 = 1.8\times10^{-3}$)
(A)12.52 (B)7.85 (C)3.87 (D)1.48 (E)1.30. 【88成大環工】

82. Consider the titration of equal volumes of 0.1M HCl and 0.1M CH_3COOH with 0.1M NaOH. Which of the following would be the same for both titrations?
(A)the pH at the equivalence point
(B)the pH at the halfway point
(C)the initial pH
(D)the volume of NaOH added to reach the equivalence point
(E)none of these. 【88成大環工】

83. A 0.307g sample of an unknown triprotic acid is titrated to the third equivalence point using 35.2mL of 0.106M NaOH. Calculate the molar mass of the acid.
(A)247g/mol (B)171g/mol (C)165g/mol (D)151g/mol
(E)82.7g/mol. 【88成大環工】

84. What volume of 0.25M HCl will react with 39g of aluminum hydroxied, $Al(OH)_3$？(Assume product is $AlCl_3$)
(A)8.0L (B)6.0L (C)4.0L (D)2.0L (E)none of the above.
【89清大B】

85. Which one of the following statement is true？
(A)K_{sp} is called the solubility of a substance.
(B)K_{sp} is strictly valid only for saturated solutions in which the total concentration of ions is small.
(C)The K_{sp} is unaffected by temperature change.
(D)The units for K_{sp} are moles per liter. 【89中興食品】

86. For $CaF_{2(s)}$, $K_{sp}=3.9\times10^{-11}$, As the pH is lowered, K_{sp} for CaF_2 in water should
(A)increase (B)decrease (C)remain constant
(D)This cannot be predicted (E)none of these. 【88中山】

87. K_{sp} can be calculated for which the following types of compounds？
(A)Moderately soluble electrolytes (B)Highly soluble electrolytes
(C)Slightly soluble electrolytes (D)Highly acidic compounds.
【89中興食品】

88. Addition of which of the following will increase the solubility of ZnS in water？
(A)$ZnCl_2$ (B)Na_2S (C)NaOH (D)HCl. 【89台大B】

89. Calculate the molar solubility of $Ca_3(PO_4)_2$ in water. $K_{sp} = 1.0\times10^{-25}$ for $Ca_3(PO_4)_2$
(A)7.8×10^{-6} (B)1.2×10^{-5} (C)3.2×10^{-13} (D)3.9×10^{-6} (E)2.0×10^{-6}.
【87成大A】

90. Calculate the solubility of AgBr in
(A)H_2O and (B)1.0M aqueous solution of $Na_2S_2O_3$ through formation of $[Ag(S_2O_3)_2]^{-3}$. (K_f of $[Ag(S_2O_3)_2]^{-3} = 4.7\times10^{13}$ and K_{sp} of AgBr $= 5.0\times10^{-13}$). 【88逢甲】

91. Which of the following is most soluble?
(A)HgS (B)CuS (C)$(NH_4)_2S$ (D)Ag_2S. 【89中興食品】

92. When $NH_{3(aq)}$ is added to $Cu^{+2}_{(aq)}$, a precipitate initially forms. Its formula is :
(A)$Cu(NH_3)_4{}^{2+}$ (B)$Cu(NO_3)_2$ (C)$Cu(OH)_2$ (D)$Cu(NH_3)_2{}^{2+}$ (E)CuO.
【88中原】

93. Which of the following is least soluble in water?
(A)$Cu(NO_3)_2$ (B)$Cu(CH_3CO_2)_2$ (C)$CuSO_4$ (D)CuS. 【89中興食品】

答案： 1.(C) 2.(C) 3.(E) 4.(B) 5.(A) 6.(C) 7.(BE) 8.(A) 9.(B) 10.(B) 11.(B) 12.$HClO_3 > H_2SO_4 > HNO_3 > H_2CO_3$ 13.CH_4 14.(C) 15.(D) 16. 9.12×10^{-4} 17. 1.35×10^{-9} 18.(D) 19.(D) 20.(A)2.55，(B)1.6×10^{-12} 21.(A)2.75×10^{-21}，(B)5.5×10^{-8} 22.(E) 23.(E) 24. 4.4×10^{-5} 25.(B) 26.(B) 27.(C) 28.(ABD) 29.(A) 30.(E) 31.(D) 32.(D) 33.(D) 34.(C) 35.見詳解 36.(B) 37.(A)8.83，(B)8.26 38.(D) 39.見詳解 40.(A)9.08，(B)5.28，(C)甲基紅 41.黃色

42.(E) *43.*(A)7，(B)7.92，(C)11.67 *44.*(A) *45.*(E)
46. 4.9×10^{-5} *47.*(B) *48.*(B) *49.*(B) *50.*(A)1.3×10^{-5}，(B)2×10^{-6} *51.*(A)1.1×10^{-7}，(B)1.4×10^{-4} *52.*(B) *53.* 4.6×10^{-8}
54.$[Zn^{2+}]=0.032$，$[C_2O_4^{2-}]=7.8\times10^{-8}$ *55.*會沉澱 *56.* 7.6×10^{-5}
57.(A) *58.*(B) *59.*(D) *60.*(E) *61.*(A)吸熱，(B)6.63
*62.*見詳解 *63.* 6.66 *64.*(B) *65.*(D) *66.*(B) *67.*(E) *68.*(B)
69.(C) *70.*(B) *71.*(D) *72.*(C) *73.*(D) *74.*鹼性 *75.*(E)
76.(C) *77.*(C) *78.*(C) *79.*(A) *80.*(C) *81.*(D) *82.*(D) *83.*(A)
84.(B) *85.*(B) *86.*(C) *87.*(C) *88.*(D) *89.*(D) *90.*見詳解
91.(C) *92.*(C) *93.*(D)

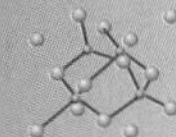

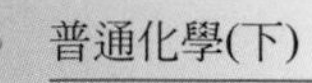

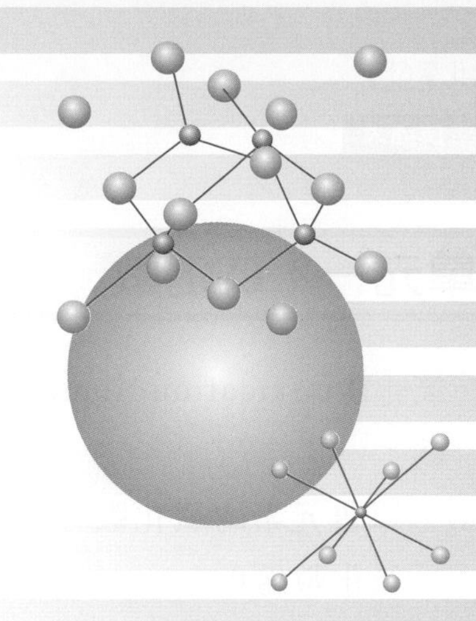

Chapter

11 氧化還原反應

本章要目

- 單元一　氧化數
- 單元二　氧化還原反應
- 單元三　氧化還原方程式的平衡
- 單元四　氧化還原滴定
- 單元五　標準電位
- 單元六　電化電池
- 單元七　能斯特方程式
- 單元八　鐵的腐蝕與防鏽
- 單元九　電解
- 單元十　一些市售的電池

單元一：氧化數

1. 氧化數(Oxidation Number)或稱氧化態(Oxidation State)，決定通則為：
   (1) 單質元素的氧化數等於零，例：He、H_2、O_2、N_2、Cl_2、P_4、S_8等氧化數為0。
   (2) 單原子離子的氧化數等於其所帶電荷數，例：H^+、Na^+、K^+氧化數為＋1，Ca^{2+}、Cu^{2+}、Fe^{2+}氧化數為＋2，F^-、Cl^-、Br^-、I^-氧化數為－1，O^{2-}、S^{2-}、Se^{2-}氧化數為－2。
   (3) 多原子離子中各原子氧化數和等於其電荷數。例：SO_4^{2-}各原子氧化數總和為－2，PO_4^{3-}各原子氧化數和為－3。
   (4) 化合物中各原子氧化數和等於 0，例：H_2SO_4、H_3PO_4、$K_2Cr_2O_7$等在化合物中各原子氧化數和為0。
2. 判讀氧化數的簡易程序(請按編號次序判讀)：
   (1) F必為－1，ⅠA族必為＋1，ⅡA族必為＋2。
   (2) H與非金屬鍵結時為＋1，而與金屬鍵結時為－1。
   (3) 依此程序，輪到氧時，其氧化數為－2。
   (4) 依此程序，輪到鹵素時，其氧化數為－1。
   (5) 其它元素。
3. 氧在化合物中的氧化數：
   (1) 一般為－2：如H_2O、MgO。
   (2) 過氧化物中為－1：如H_2O_2、Na_2O_2、BaO_2等。
   (3) 超氧化物中為$-\frac{1}{2}$：如KO_2、NaO_2、RbO_2。
   (4) 臭氧化物中為$-\frac{1}{3}$：如KO_3、NaO_3、RbO_3。
   (5) 氟氧化物中為＋2或＋1：如OF_2、O_2F_2。

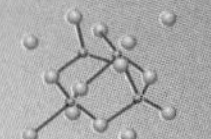

4. 錯化合物的氧化數推算：將配位子視爲一整體，例如：$Fe(CN)_6^{4-}$，配位子 CN 整體的帶電荷爲－1，推算原則是 Fe 的氧化數加上6個 CN^-的氧化數等於－4，不要用以下的計算方式：Fe的氧化數加上C的氧化數再加上N的氧化數總和爲－4。至於整體CN所帶的電荷多寡，可以參考下一章。

5. 氧化數的正統定義：氧化數其實是針對原子在與其它原子結合時，它周遭的鍵上極性電荷的分佈情形。若現有A、B、C三原子，其陰電性次序是A＞B＞C，則在圖11-1中，A—B鍵上，A的*EN*大於B的*EN*值，∴A原子上帶有較負的電荷，而B原子上帶有較正的電荷，同理，陰電性B＞C，在B—C鍵上，B帶有較負，而C帶有較正的電荷。對B原子而言，氧化數就是它身上一個⊕電荷與三個⊖電荷的總和，也就是−2。

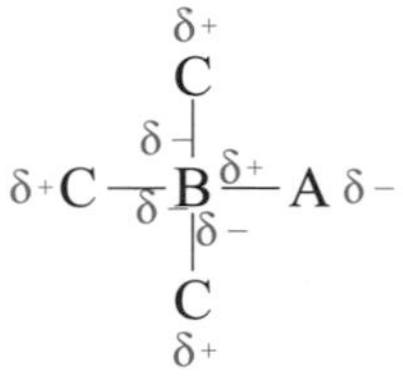

δ+
C
δ−
δ+ C —δ− B δ+— A δ−
δ−
C
δ+

圖11-1　氧化數的判讀

範例 1

下列各組化合物中，劃底線元素之氧化數全部相同者爲：
(A)$H\underline{C}OOH$、$H\underline{C}ONH_2$　(B)$\underline{O}_2F_2$、$Na_2\underline{O}_2$、$H_2\underline{O}_2$　(C)$Ti\underline{O}_2$、$Mn\underline{O}_2$、$Ba\underline{O}_2$　(D)$N\underline{H}_3$、$Na\underline{H}$、$\underline{H}_2O$。　【86二技衛生】

解：(A)

依課文重點2.的次序判讀

(A)H_2CO_2，H與非金屬的O結合，∴是＋1，輪到O，為－2，最後處理C時，利用各別氧化數和等於總電荷的道理，$+1\times2+C+(-2\times2)=0$，得$C=+2$。

H_3CON，H是＋1，O是－2，N是－3，推算C：$+1\times3+C+(-2)+(-3)=0$，∴$C=+2$

(B)O_2F_2，F必為－1，而$2\times$氧$+(-1)\times2=0$，∴氧＝＋1。

Na_2O_2，Na必為＋1，而$2\times(+1)+2\times$氧$=0$，∴氧＝－1。

H_2O_2，H與非金屬的氧結合，∴$H=+1$，$+1\times2+2\times$氧$=0$，∴氧＝－1。

(C)TiO_2，依重點2.的次序判讀，第⑴⑵點不存在，輪到第⑶點的氧時，氧＝－2，$Ti+2\times(-2)=0$，∴$Ti=4$。MnO_2的推法類似，$Mn=+4$。

BaO_2，依2.-⑴，Ba必為＋2，∴$2+2\times$氧$=0$，則氧＝－1。

(D)NH_3與H_2O中的H與非金屬(N或O)結合，∴它是＋1，但NaH中，H與金屬的Na結合，它是－1。

範例 2

錯合物$[Co(NH_3)_4Br_2]^+$中金屬的氧化數為多少？

(A)＋1　(B)＋2　(C)＋3　(D)＋6。　【85二技材資】

解：(C)

NH_3視為一整體，氧化數為0，Br^-的氧化數＝－1，則$Co+4\times0+2(-1)=+1$

∴$Co=+3$

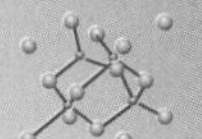

範例 3

In which of the following compounds is there a carbon atom in the + 3 oxidation state.

(A) CH_3CH_2OH (B) CH_3OCH_3 (C) CH_3CHO (D) CH_3COCH_3 (E) CH_3COOH.

【82 成大化學】

解：(E)

對於有機物，由於不同的碳，所接的官能基不一樣，其氧化數也不一定相同。

(A)中的 CH_3CH_2OH 而言，若將之寫成分子式 C_2H_6O，依重點 2. 的條文判讀，得 C = − 2，但這數值是分子內，二個碳的氧化數平均值，令你看不出各別的氧化數值，若想探討各別數值，宜採用重點 5. 的方法。

```
    H   H
    |   |
H — C2— C1— OH
    |   |
    H   H
```

，C_2 周遭 4 個鍵中，有 3 個 C—H，此情況碳帶 − 1，有 1 個 C—C，此情況碳不帶電荷(∵ EN 值相同)。∴ $C_2 = -1\times3+0=-3$。C_1 週遭 4 個鍵中，有 1 個 C—C 鍵(C = 0)，有 2 個 C—H 鍵(C = − 1)，有 1 個 C—O 鍵(C = + 1)，∴ $C_1 = 0+(-1)\times2+1=-1$

(B) CH_3OCH_3，左右二個碳呈現對稱，討論一個即可。每個C周遭接有 3 個 C—H 鍵(C = − 1)，1 個 C—O 鍵(C = + 1)，∴ $C = -1\times3+1=-2$

(C) $H-\overset{\overset{H}{|}}{\underset{\underset{H}{|}}{C_2}}-\overset{\overset{O}{\|}}{C_1}-H$ ，C_2接有3個C—H鍵(C＝－1)，1個C—C鍵(C＝0)，∴C_2＝－1×3＋0＝－3。C_1接有1個C—C鍵(C＝0)，2個C—O鍵(C＝＋1)，1個C—H鍵(C＝－1)，∴C_1＝0＋1×2－1＝＋1

(D) $H-\overset{\overset{H}{|}}{\underset{\underset{H}{|}}{C_1}}-\overset{\overset{O}{\|}}{C_2}-\overset{\overset{H}{|}}{\underset{\underset{H}{|}}{C_3}}-H$ ，C_1接有3個C—H鍵(C＝－1)，1個C—C鍵(C＝0)，∴C_1＝－1×3＋0＝－3，C_2接有2個C—O鍵(C＝＋1)，2個C—C鍵(C＝0)，∴C_2＝＋1×2＋0×2＝＋2，C_3同C_1(對稱)。

(E) $H-\overset{\overset{H}{|}}{\underset{\underset{H}{|}}{C_1}}-\overset{\overset{O}{\|}}{C_2}-O-H$ ，C_1接有3個C—H鍵(C＝－1)，1個C—C鍵(C＝0)，∴C_1＝－1×3＋0＝－3，C_2接有1個C—C鍵(C＝0)，3個C—O鍵(C＝＋1)，∴C_2＝0＋1×3＝＋3

單元二：氧化還原反應

1. 氧化還原的古典定義：

(1) 氧化(oxidation)：得氧(或失氫)的過程。

如：Mg ⟶ MgO，CH_3CH_2OH ⟶ CH_3CHO

⑵ 還原(reduction)：失氧(或得氫)的過程。

如：$Fe_2O_3 \longrightarrow 2Fe + \frac{3}{2}O_2$，$CH_3COCOOH \longrightarrow CH_3CHOHCOOH$

⑶ 此定義用在有機化學反應，或生化反應上，仍然相當方便。

2. 氧化還原的現代定義：古典定義只適用在含 O 及 H 的化合物上，對於不含這兩個元素的化合物，顯然古典定義不夠使用。

⑴ 氧化：氧化數增加，或失去電子的過程。

如：$Zn \longrightarrow Zn^{2+}$。此定義並不牴觸古典定義，例如：$Zn \longrightarrow ZnO$，以古典觀念視之，Zn 進行得氧過程，∴是氧化；而以現代定義視之，氧化數由 0 升至 + 2，也是氧化，∴不論以何種觀點視之，結論是一樣的。

⑵ 還原：氧化數減少，或得到電子的反應。

如：$Fe_2O_3 \longrightarrow Fe$，氧化數由 + 3 降為 0。

3. 氧化劑與還原劑：

⑴ 氧化劑(Oxidizing agent，oxidant)：

① 在化學反應中，使他者氧化，而本身還原者。∴氧化劑與還原是同義詞。

② 在化學反應中，獲得電子者，或氧化數減少者。

③ 在反應前後，氧化數較大者；∵較大，∴才要進行減少的動作(見範例 6)。

⑵ 氧化力：強氧化劑者具強氧化力，即獲得電子的傾向較大。弱氧化劑者反之。

⑶ 還原劑(Reducing agent，reductant)：

① 在化學反應中，使他者還原，而本身氧化者，∴還原劑與氧化是同義詞。

② 在化學反應中，失去電子者，或氧化數增加者。

③ 在反應前後中，氧化數較小者(見範例6)。

⑷ 還原力：強還原劑者具強還原力，即釋放電子的傾向較大，弱還原劑者反之。

4. 元素的氧化態分佈：

⑴ 同一元素有可能具有多種氧化態，如以下的序列(按氧化數遞減次序排列)。其中在序列中間的MnO_4^{2-}，相對於MnO_4^-而言，扮演著還原劑角色，

$$MnO_4^- — MnO_4^{2-} — MnO_2 — Mn^{2+} — Mn$$

但相對於MnO_2而言，卻扮演著氧化劑的角色。只要是排在上述序列中間的物質，都具有這種扮演兩種角色的情形。

⑵ 上述序列的首位：MnO_4^-，氧化數處在最大值，只能擔任氧化劑的角色。

⑶ 上述序列的末位：Mn，氧化數處在最小值，只能擔任還原劑的角色。

⑷ 目前所知氧化數的最大值，出現在8，由釕(Ru)及鋨(Os)的化合物所展現，如OsO_4。

⑸ 一元素的多種氧化態中，最大值及最小值，可以用第一章的電子組態觀念預測出。如：硫原子的價組態是$3s^2 3p^4$，價電子是6個，最多可被離去的電子數因而是＋6；而這樣的價組態，只要再獲得2個電子，便可獲致穩定的$3s^2 3p^6$鈍氣組態了，∴最小氧化數是－2。一些元素的氧化數最大值與最小值，列在表11-1，表的下半部是一些不能滿足表的上半部所描述的簡易規則者。

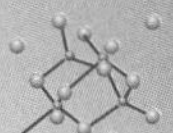

表 11-1　元素氧化數的最大值與最小值

元素種類	最大值	最小值
A 族金屬	族數	0
A 族非金屬	族數	−(8 − 族數)
B 族	族數	0
F	0	− 1
O	+ 2	− 2
8B 族 (Fe，Co，Ni)	+ 3	0
Cu　(I B 族)	+ 2	0
Ag　(I B 族)	+ 1	0
Au　(I B 族)	+ 3	0

5.　自身氧化還原反應(disproportionation)：

⑴　在一氧化還原反應中，反應物同時擔任氧化劑與還原劑的雙重功能時，稱之。如：$Cu^{+} \longrightarrow Cu^{+2} + Cu$，則稱$Cu^{+}$進行自身氧化還原反應。

⑵　條件：具有中間狀態氧化數者，如MnO_4^-系列中MnO_4^-只可作氧化劑，Mn只可作還原劑，其餘中間者都有機會(但不一定可以)進行自身氧化還原。

範例 4

下列反應之中，何者為氧化還原反應？

(A)$3BaO_2 + 2H_3PO_4 \longrightarrow 3H_2O_2 + Ba_3(PO_4)_2$

(B)$CaH_2 + 2H_2O \longrightarrow 2H_2 + Ca(OH)_2$

(C)$Sb_2O_3 + 2H^+ + 2NO_3^- \longrightarrow 2SbONO_3 + H_2O$

(D)$2MgNH_4PO_4 \cdot 6H_2O \longrightarrow Mg_2P_2O_7 + 2NH_3 + 7H_2O$

(E)$(NH_4)_2Cr_2O_7 \longrightarrow Cr_2O_3 + N_2 + 4H_2O$。

解：(B)(E)

(B)的氧化數變化情形是：

$$\underset{(-1)}{CaH_2} + \overset{(+1)}{2H_2O} \longrightarrow \overset{(0)}{\underset{(0)}{2H_2}} + Ca(OH)_2$$

(E)的氧化數變化情形是：

$$\underset{(-3)}{(NH_4)_2}\overset{(+6)}{Cr_2O_7} \longrightarrow \overset{(+3)}{Cr_2O_3} + \underset{(0)}{N_2} + 4H_2O$$

氧化數會發生變化者，才是氧化還原反應，因此選擇(B)(E)，其它各選項中的氧化數則沒有變化。

各選項中的氧化數分別是：(A)Ba：＋ 2，O：－ 1，P：＋ 5。(C)Sb：＋ 3，N：＋ 5，O：－ 2。(D)Mg：＋ 2，N：－ 3，P：＋ 5，H：＋ 1，O：－ 2。

類題

下列何者是指此反應發生還原反應？

(A)氧化數增加　(B)乙醇變成乙酸　(C)失去電子　(D)氯氣變成氯離子。　【83 二技材資】

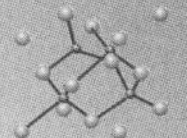

解：(D)

$Cl_2 \longrightarrow Cl^-$，氧化數由 0 降為－1，∴是還原反應。

範例 5

下列何者屬於自身氧化還原？

(A) $4CO_2 + 2H_2O + 3K_2MnO_4 \longrightarrow 2KMnO_4 + MnO_2 + 4KHCO_2$

(B) $S + 2H_2SO_4 \longrightarrow 3SO_2 + 2H_2O$

(C) $5Cl^-_{(aq)} + ClO^-_{3(aq)} + 6H^+_{(aq)} \longrightarrow 3Cl_{2(g)} + 3H_2O_{(l)}$

(D) $3KClO \longrightarrow 2KCl + KClO_3$

(E) $3HNO_2 \longrightarrow HNO_3 + 2NO + H_2O$。【80 屏技】

解：(A)(D)(E)

以下三式皆可看到同一個原子的氧化數同時增加且減少。

(A) $K_2MnO_4 \longrightarrow KMnO_4 + MnO_2$

(D) $KClO \longrightarrow KCl + KClO_3$

(E) $HNO_2 \longrightarrow HNO_3 + NO$

範例 6

In the reaction between warm concentrated sulfuric acid and potassium iodide

$8I^- + H_2SO_4 + 8H^+_{(aq)} \longrightarrow 4I_{2(g)} + H_2S_{(g)} + 4H_2O$

(A)I^- is reduced (B)H_2S is the reducing agnet (C)H^+ is reduced (D)H_2SO_4 is the oxidizing agent (E)H^+ is oxidized. 【81清大】

解：(D)

⑴ $\underset{(-1)}{I^-} \longrightarrow \underset{(0)}{I_2}$，$I^-$的氧化數較$I_2$為小，∴$I^-$是還原劑，或稱$I^-$被氧化。

⑵ $\underset{(+6)}{H_2SO_4} \longrightarrow \underset{(-2)}{H_2S}$，$H_2SO_4$中硫的氧化數比$H_2S$的硫為大，∴$H_2SO_4$是氧化劑，或稱$H_2SO_4$被還原。

範例 7

下列化學變化，何者需要還原劑的參與？
(A)$CrO_4^{2-} \longrightarrow Cr_2O_7^{2-}$ (B)$BrO_3^- \longrightarrow BrO^-$ (C)$H_3AsO_3 \longrightarrow HAsO_4^{2-}$ (D)$Al(OH)_3 \longrightarrow Al(OH)_4^-$。 【82二技動植物】

解：(B)

⑴ 需還原劑的參與，正表示它在進行還原反應。它的氧化數必需減少。

⑵ 各選項的氧化數變化分別是(A)Cr：$+6 \longrightarrow +6$，(B)Br：$+5 \longrightarrow +1$，(C)As：$+3 \longrightarrow +5$，(D)Al：$+3 \longrightarrow +3$

範例 8

下列何者不能使$KMnO_4$酸性溶液褪色？

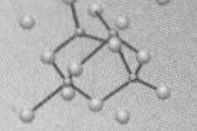

(A)H_2S (B)SO_2 (C)CO_2 (D)C_2H_4。 【84私醫】

解：(C)

⑴ $KMnO_4$中的 Mn，氧化數為＋7，恰處在 Mn 系列的最大值。∴ $KMnO_4$只能作為氧化劑。若有某一元素的氧化數也處在最大值(表示也是擔任氧化劑角色)，將無法與其反應。

⑵ H_2S的硫，氧化數＝－2，SO_2的硫，氧化數＝＋4，不是處在硫的最大值(＋6)。因此可與$KMnO_4$反應。

⑶ CO_2中的碳，氧化數＝＋ 4，C_2H_4中的碳，氧化數＝－ 2，其中＋4恰為碳的最大氧化數，因此CO_2不會與$KMnO_4$反應。由本例的示範，各位學到了，任何二物質可否進行反應的資格認定。

範例 9

Which of the following can be both an oxidizing agent and a reducing agent?

(A)H_2 (B)I_2 (C)H_2O_2 (D)P_4 (E)S_8 (F)F_2. 【85成大A】

解：(A)(B)(C)(D)(E)

⑴ 氧化數屬於中間態者，可以扮演兩種角色。

⑵ H_2：最大值＝＋1，最小值＝－1，而H_2的氧化數＝0，屬於中間態。

I_2：最大值＝＋7，最小值＝－1，而I_2的氧化數＝0，屬於中間態。

H_2O_2中的氧：最大值＝＋2，最小值＝－2，而H_2O_2的氧化數＝－1，屬於中間態。

P_4：最大值＝＋5，最小值＝－3，而P_4的氧化數＝0，屬於中間態。

S_8：最大值＝＋6，最小值＝－2，而S_8的氧化數＝0，屬於中間態。

F_2：最大值＝0，最小值＝－1，而F_2的氧化數＝0，處在最大值，用來作氧化劑。

⑶ 以上各元素，最大及最小氧化數的判定，是根據表11-1而來的。

類題

下列各化合物中，何者可以在某一反應中作爲還原劑而在另一反應中作爲氧化劑？

(A)二氧化硫　(B)過氧化氫　(C)氯化氫　(D)硫化氫　(E)亞硝酸。

解：(A)(B)(E)

單元三：氧化還原方程式的平衡

1. 氧化數法：

⑴ 原則：氧化劑與還原劑的氧化數增減量必須相等，而此增減量恰是涉及此反應中，電子數的轉移。

⑵ 處理步驟：

① 將氧化數發生變化者，連線起來。

② 將連線者質量平衡。

③ 註明氧化數增減量。

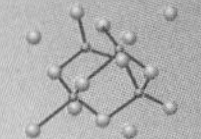

④ 求增減量的最小公倍數，使增量＝減量。

⑤ 平衡兩方電荷(酸性情況補H^+，鹼性情況補OH^-)。

⑥ 平衡兩方的H原子(藉著補H_2O)。

⑦ 檢查。

2. 半反應法：處理步驟類似氧化數法(見範例16)。

(1) 針對各個半反應，以上述方法處理。氧化數增(減)處，標明得失電子數。

(2) 將各半反應式的得失電子數變成相等後，再加起來即得。

3. 一些著名氧化劑(或還原劑)的反應後產物：

(1) MnO_4^-(酸性) $\longrightarrow$ Mn^{2+}

(2) MnO_4^-(中性，微鹼性) $\longrightarrow$ MnO_2

(3) MnO_4^-(強鹼性) $\longrightarrow$ MnO_4^{2-}

(4) $Cr_2O_7^{2-}$(酸性) $\longrightarrow$ Cr^{3+}

(5) $C_2O_4^{2-}$ $\longrightarrow$ CO_2

(6) I^- $\longrightarrow$ I_2

(7) Fe^{3+} $\longrightarrow$ Fe^{2+}，Fe^{2+} $\longrightarrow$ Fe^{3+}

(8) $S_2O_3^{2-}$ $\longrightarrow$ $S_4O_6^{2-}$

(9) X_2(鹼性) $\longrightarrow$ $X^- + XO_3^-$(X：鹵素)

(10) 有機物醇類的氧化產物，請見Ch13。

4. 一些兼有氧化及還原兩作用的物質：

(1) H_2O_2用作氧化劑時，可被還原至H_2O；H_2O_2用作還原劑時可被氧化至O_2。

(2) I_2用作氧化劑時，可被還原至I^-，I_2用作還原劑時，可被氧化至IO_3^-。

(3) SO_2用作氧化劑時，可被還原至S；SO_2用作還原劑時，可作氧化至SO_4^{2-}。

(4) P_4用作氧化劑時，可被還原至PH_3；P_4用作還原劑時，可被氧化至PO_4^{3-}。

範例 10

平衡方程式(離子型，酸性情況)

$H_2O_2 + MnO_4^- \xrightarrow{H^+} O_2 + Mn^{2+}$

解：第一步：將氧化數發生變化者，連線起來。

$$H_2O_2 + MnO_4^- \xrightarrow{H^+} O_2 + Mn^{2+}$$

第二步：針對連線的原子，質量平衡。對本題而言，兩方均有2個氧，也均有一個錳。∴已質量平衡了。

第三步：註明氧化數變化量。

減少 5：Mn (+7) → (+2)

$$H_2O_2 + MnO_4^- \longrightarrow O_2 + Mn^{2+}$$

增加 2：O (−2) → (0)

第四步：讓增減量相等，順便將所乘的數量，標在各物的係數處。

減少 5×2

$$5H_2O_2 + 2MnO_4^- \longrightarrow 5O_2 + 2Mn^{2+}$$

增加 2×5

第五步：補H^+，使兩方電荷數相等。

$$5H_2O_2 + 2MnO_4^- + 6H^+ \longrightarrow 5O_2 + 2Mn^{2+}$$

第六步：補H_2O，使兩方 H 原子數相等。

$$5H_2O_2 + 2MnO_4^- + 6H^+ \longrightarrow 5O_2 + 2Mn^{2+} + 8H_2O$$

第七步：檢查。通常只要檢查兩方氧原子相等即可。

類題

過氧化氫可用酸性的過錳酸鉀溶液加以滴定。爲平衡此反應方程式應涉及幾個電子的傳遞？

(A)2　(B)5　(C)8　(D)10。

解：(D)

所涉及的電子數，就是第四步中的最小公倍數。在上述範例中，可以看到 2 與 5 的最小公倍數是 10。

範例 11

The nitrate ion(NO_3^-) is reduced to ammonia by elemental aluminum under alkaline conditions with the formation of $Al(OH)_4^-$. Find the balanced overall equation. 【79 台大甲】

解：(1) $Al + NO_3^- \longrightarrow Al(OH)_4^- + NH_3$

(2) Al 及 N 各已質量平衡

(3) 減少 8：N (+5) → (−3)

$$Al + NO_3^- \longrightarrow Al(OH)_4^- + NH_3$$

增加 3：Al (0) → (+3)

(4) 減少 8 ×3：N (+5) → (−3)

$$8Al + 3NO_3^- \longrightarrow 8Al(OH)_4^- + 3NH_3$$

增加 3×8：Al (0) → (+3)

(5) 補OH^-(鹼性情況)，使兩方電荷相等

$$8Al + 3NO_3^- + 5OH^- \longrightarrow 8Al(OH)_4^- + 3NH_3$$

(6) 補H_2O，藉以平衡 H 原子

$$8Al + 3NO_3^- + 5OH^- + 18H_2O \longrightarrow 8Al(OH)_4^- + 3NH_3$$

範例 12

平衡方程式(分子型)

$$Cu + HNO_3 \longrightarrow Cu(NO_3)_2 + NO_2 + H_2O$$

解：(1)

$$Cu + HNO_3 \longrightarrow Cu(NO_3)_2 + NO_2 + H_2O$$

(2) 兩方的 Cu 及 N 原子，均已質量平衡

(3) 減少 1：N 5 → 4

$$Cu + HNO_3 \longrightarrow Cu(NO_3)_2 + NO_2 + H_2O$$

增加 2：Cu 0 → 2

(4) 求增減量的最小公倍數

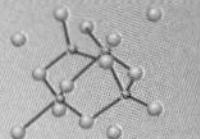

$$\overset{\text{減少 }1\times2}{1\,Cu + 2\,HNO_3 \longrightarrow 1\,Cu(NO_3)_2 + 2NO_2 + H_2O}$$

增加 2×1

$Cu(NO_3)_2$的係數是 1，這是爲了平衡Cu原子的，但卻也爲右方帶進了 2 個NO_3^-，爲了使兩方的NO_3^-質量平衡，因此左方也要公平地加入 2 個NO_3^-。

(5) $1Cu + 2HNO_3 + 2HNO_3 \longrightarrow 1Cu(NO_3)_2 + 2NO_2 + H_2O$

(6) 最後補H_2O使雙方 H 原子數能相等

$1Cu + 4HNO_3 \longrightarrow 1Cu(NO_3)_2 + 2NO_2 + 2H_2O$

範例 13

平衡下列方程式(含有 3 個半反應者)

$As_2S_3 + NO_3^- \longrightarrow HAsO_4^{2-} + S + NO_2$ (鹼性)

解：(1) $As_2S_3 + NO_3^- \longrightarrow HAsO_4^{2-} + S + NO_2$

(2) 質量平衡

$As_2S_3 + NO_3^- \longrightarrow 2HAsO_4^{2-} + 3S + NO_2$

(3) 註明氧化數及增減量

減少 1

$$As_2S_3 + \overset{+5}{NO_3^-} \longrightarrow 2HAsO_4^{2-} + 3S + \overset{+4}{NO_2}$$

As：6 → 10；S：−6 → 0

兩者共增加 10

(4) 使增減量相等

減少 1×10

$$1As_2S_3 + 10NO_3^- \longrightarrow 2HAsO_4^{2-} + 3S + 10NO_2$$

共增加 10×1

(5) 補OH^-，使雙方電荷相等

$$1As_2S_3 + 10NO_3^- \longrightarrow 2HAsO_4^{2-} + 3S + 10NO_2 + 6OH^-$$

(6) 補H_2O，藉以平衡 H 原子

$$1As_2S_3 + 10NO_3^- + 4H_2O \longrightarrow 2HAsO_4^{2-} + 3S + 10NO_2 + 6OH^-$$

範例 14

亞硝酸自身氧化還原之反應為(a)$HNO_2 \longrightarrow$ (b)NO +(c)HNO_3 +(d)H_2O，若正確平衡後，(c)等於

(A)1 (B)2 (C)3 (D)5。 【81二技動植物】

解：(A)

(1) 連線 $HNO_2 + HNO_2 \longrightarrow NO + HNO_3 + H_2O$

(2) 已質量平衡

(3) 註明氧化數 $\overset{+3}{HNO_2} + \overset{+3}{HNO_2} \longrightarrow \overset{+2}{NO} + \overset{+5}{HNO_3} + H_2O$

減少 1

增加 2

(4) 求最小公倍數，使增減量相等

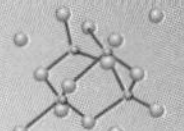

減少 1×2

$$2HNO_2 + 1HNO_2 \longrightarrow 2NO + 1HNO_3 + H_2O$$

增加 2×1

(5) 補H_2O，藉以平衡 H 原子

$$3HNO_2 \longrightarrow 2NO + 2HNO_3 + 1H_2O$$

範例 15

化學反應方程式：

$$aCH_3CH_2OH + bCr_2O_7^{2-} + cH^+ \longrightarrow dCO_2 + eCr^{3+} + fH_2O$$

平衡完成後的係數總和$a+b+c+d+e+f$等於多少？

(A)12 (B)24 (C)29 (D)36。 【85二技材資】

解：(D)

本題含有機物質，處理時先將其寫成分子式，C_2H_6O。

(1) 連線 $C_2H_6O + Cr_2O_7^{2-} \longrightarrow CO_2 + Cr^{3+}$

(2) 針對 C 及 Cr 質量平衡

$$C_2H_6O + Cr_2O_7^{2-} \longrightarrow 2CO_2 + 2Cr^{3+}$$

(3) 標示氧化數

減少 6

$$\overset{-4}{C_2H_6O} + \overset{+12}{Cr_2O_7^{2-}} \longrightarrow \overset{+8}{2CO_2} + \overset{+6}{2Cr^{3+}}$$

增加 12

(4) 求最小公倍數，使增量＝減量

減少 6 ×2

$$1C_2H_6O + 2Cr_2O_7^{2-} \longrightarrow 2CO_2 + 4Cr^{3+}$$

增加 12 ×1

(5) 平衡電荷

$$1C_2H_6O + 2Cr_2O_7^{2-} + 16H^+ \longrightarrow 2CO_2 + 4Cr^{3+}$$

(6) 補H_2O

$$1C_2H_6O + 2Cr_2O_7^{2-} + 16H^+ \longrightarrow 2CO_2 + 4Cr^{3+} + 11H_2O$$

範例 16

平衡下列方程式(請用半反應法平衡)

$$Cu + NO_3^- \longrightarrow Cu^{2+} + NO_2$$

解：(1) $Cu \longrightarrow Cu^{2+}$, $NO_3^- \longrightarrow NO_2$

(2) 兩式皆已質量平衡

(3) 註明氧化數，氧化數的增減量改以e^-平衡

$Cu \longrightarrow Cu^{2+} + 2e^-$ ……(1)

(0) (＋2)

$e^- + NO_3^- \longrightarrow NO_2$ ……(2)

(＋5) (＋4)

(4) 針對第(2)式，平衡電荷及H_2O(方法同氧化數法)

$$NO_3^- + e^- + 2H^+ \longrightarrow NO_2 + H_2O$$

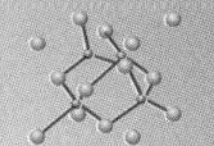

(5) 使兩式的電子數相等，∴第(2)式乘以 2，如此一來，兩式相加後，e^-自然抵銷。

$Cu \longrightarrow Cu^{2+} + 2e^-$

$2NO_3^- + 2e^- + 4H^+ \longrightarrow 2NO_2 + 2H_2O$

(6) 將兩式相加即得

$Cu + 2NO_3^- + 4H^+ \longrightarrow Cu^{2+} + 2NO_2 + 2H_2O$

單元四：氧化還原滴定

1. 用途：由一已知物的濃度來推算未知物的濃度。
2. 計算原理：氧化劑的當量數＝還原劑的當量數。其中，當量數的算法，請參考第 10 章的酸鹼滴定。
3. n的決定
   (1) n＝氧化數的變化量，而此變化量又分成是某一個化學物質的變化量，或者是涉及某一反應的變化量。

   例如以下反應：$2Fe + 3I_2 \longrightarrow 2Fe^{3+} + 6I^-$

   ① 對 1mole Fe 而言，反應前後氧化數由 0 上升至＋3，變化量爲 3，∴Fe 的$n = 3$。

   ② 對 1mole Fe^{3+}而言，反應前後氧化數由 0 上升至＋3，變化量爲 3，∴Fe^{3+}的$n = 3$。

   ③ 對 1mole I_2而言，氧化數由 0 降至－2 ($I_2 \longrightarrow 2I^-$)，變化量爲 2，∴I_2的$n = 2$。

   ④ 對 1mole I^-而言，氧化數由 0 降至－1$\left(\frac{1}{2}I_2 \rightarrow I^-\right)$，變化量爲 1，∴$I^-$的$n = 1$。

⑤ 對整個反應而言，氧化數總變化量為 6($2Fe \longrightarrow 2Fe^{3+}$，或$3I_2 \longrightarrow 6I^-$)，因此整個反應的$n=6$。

(2) 一些重要藥劑的n值：(讀者可利用上法練習判斷)

① $KMnO_4$(酸性)$n=5$，($MnO_4^- \longrightarrow Mn^{2+}$)

② $KMnO_4$(中性，微鹼性)$n=3$，($MnO_4^- \longrightarrow MnO_2$)

③ $KMnO_4$(強鹼性)$n=1$，($MnO_4^- \longrightarrow MnO_4^{2-}$)

④ $K_2Cr_2O_7$，$n=6$，($Cr_2O_7^{2-} \longrightarrow 2Cr^{3+}$)

⑤ $H_2C_2O_4$，$n=2$，($C_2O_4^{2-} \longrightarrow 2CO_2$)

⑥ $FeCl_3$，$n=1$，($Fe^{3+} \longrightarrow Fe^{2+}$)；$FeSO_4$，$n=1$，($Fe^{2+} \longrightarrow Fe^{3+}$)

⑦ $Na_2S_2O_3$，$n=1$，($2S_2O_3^{2-} \longrightarrow S_4O_6^{2-}$)

⑧ H_2O_2，$n=2$，($H_2O_2 \longrightarrow O_2$或$H_2O_2 \longrightarrow H_2O$)

4. N(當量濃度)的被創造出，是為了滴定的計算問題，它與一溶液的實際濃淡是沒有關聯的。例如，現有甲乙兩杯$KMnO_4$溶液，甲杯為0.2M的酸性$KMnO_4$溶液，而乙杯是0.3M的微鹼性$KMnO_4$溶液，論濃度大小，是乙杯較濃。但根據$N=M\times n$轉換成以N作濃度單位時，對甲而言，$N=0.2\times5=1N$，對乙而言，$N=0.3\times3=0.9N$，甲的數值卻比乙來得大，但別忘了，乙杯是比較濃的。由此可知，N值的大小與實際的濃淡並無關聯。

5. 碘滴定

(1) 原理：將欲測的某一氧化劑，先用過量 KI，還原之，反應後的I_2再以$Na_2S_2O_3$滴定之。藉由$Na_2S_2O_3$所耗掉的量，推測原氧化劑的量。

(2) 計算式：待測者的當量數＝$Na_2S_2O_3$的當量數。

(3) 碘滴定所涉及的藥劑：① KI(過量)，②滴定劑：$Na_2S_2O_3$，③指示劑：澱粉。

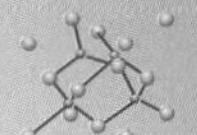

範例 17

(A)過錳酸鉀 7.9 克溶於稀H_2SO_4而配成 1 升溶液，其當量濃度為？
(B)與此溶液 20ml 恰相反應的草酸晶體($C_2H_2O_4 \cdot 2H_2O$)為幾克？
($KMnO_4 = 158$，$C_2H_2O_4 \cdot 2H_2O = 126$)

解：(A)$N = \dfrac{當量數}{V} = \dfrac{\dfrac{\dfrac{W}{MW}}{n}}{V} = \dfrac{\dfrac{\dfrac{7.9}{158}}{5}}{1} = 0.25$

(溶於稀H_2SO_4，表示此題是控制在酸性情況，$\therefore n = 5$)

另一種解法是：先算出莫耳濃度M，再換算至N ($N = M \times n$)

$M = \dfrac{莫耳數}{V} = \dfrac{\dfrac{7.9}{158}}{1} = 0.05M$，$0.05 \times 5 = 0.25N$

(B)$KMnO_4$的當量數($n = 5$) = $C_2H_2O_4 \cdot 2H_2O$的當量數($n = 2$)

$0.25 \times 20 \times 10^{-3} = \dfrac{W}{126} \times 2$，$\therefore W = 0.32$ 克

(當量數的算法，請複習第 10 章的酸鹼滴定)

範例 18

0.6128 克的鐵礦，經溶解及其他處理後，所有鐵離子皆轉變成Fe^{2+}，接著須用 36.30ml的 0.1052N之$K_2Cr_2O_7$滴定始達當量點。鐵礦中含Fe_2O_3的百分率為多少？鐵礦中含 Fe 百分率為多少？($Fe = 55.8$，$Fe_2O_3 = 160$)

解：滴定的最主要用途，就是去推測未知物的含量，以本例示範：

⑴ 假設原鐵礦含有Fe_2O_3 $P\%$。因Fe^{2+}的$n=1$，但Fe_2O_3內含2個Fe，∴ Fe_2O_3的$n=1\times2=2$。

Fe_2O_3的當量數$(n=2)=K_2Cr_2O_7$的當量數$(n=6)$

$$\frac{0.6128\times P\%}{160}\times2=0.1052\times36.3\times10^{-3}，\therefore P\%=50\%$$

⑵ 假設原鐵礦含有鐵$P\%$，Fe的$n=1$

Fe的當量數$(n=1)=K_2Cr_2O_7$的當量數$(n=6)$

$$\frac{0.6128\times P\%}{55.8}\times1=0.1052\times36.3\times10^{-3}，\therefore P\%=17.4\%$$

範例 19

取下列各物質的0.1M水溶液各5毫升，分別加入0.3M的$KMnO_4$酸性溶液0.5毫升時，何者能使$KMnO_4$的紫色完全消失？

(A)Na_2SO_4　(B)$FeSO_4$　(C)$BaCl_2$　(D)$Ca(OH)_2$。【87私醫】

解：(C)

⑴ 先以範例8的觀念來判斷出(A)與(D)是不會與$KMnO_4$反應，原由是Na的氧化數$=+1$，S爲$+6$，Ca爲$+2$，都恰處在其最大值時。

⑵ (B)項的$Fe^{2+}(n=1)$，(C)項中的$2Cl^-(n=2)$在與$KMnO_4$反應時，必須其當量數超越了$KMnO_4$的當量數，才可以令其紫色完全消失。

$KMnO_4$的當量數$=0.3\times0.5\times10^{-3}\times5=7.5\times10^{-4}$

$FeSO_4$的當量數$=0.1\times5\times10^{-3}\times1=5\times10^{-4}$

$BaCl_2$的當量數$=0.1\times5\times10^{-3}\times2=1\times10^{-3}$

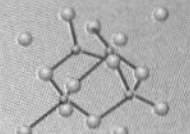

範例 20

0.6g 之H_2O_2溶液樣品和過量 KI 澱粉溶液充分反應後以 0.10M 之$Na_2S_2O_3$溶液滴定之，當用去$Na_2S_2O_3$溶液 21ml 時藍色消失，則H_2O_2溶液之濃度重量百分率爲

(A)4.2％　(B)5.1％　(C)5.5％　(D)5.9％。【68 私醫】

解：(D)

假設H_2O_2溶液樣品的重量百分率爲$P\%$

H_2O_2的當量數$(n=2)$＝$Na_2S_2O_3$的當量數$(n=1)$

$$\frac{0.6\times P\%}{34}\times 2 = 0.1\times 21\times 10^{-3}\times 1，P\% = 5.95\%$$

單元五：標準電位

1. 標準電位($\varepsilon°$)：(Standard Potential)

   在標準狀況下所測定電位稱爲標準電位，電化學上的標準狀況爲溫度 25℃，反應物或產物濃度爲 1M，反應物或產物爲氣體時其壓力爲 1atm，電極之純度爲 100％。

2. 基準電位：

   氧化電位或還原電位是一種相對値不是絕對値，電化學上規定以$2H^+/H_2$半反應爲基準，定其電位爲 0.00 伏特。

3. 符號：以A^{n+}/A來代表$A^{n+} + ne^- \longrightarrow A$的半反應。

4. $\varepsilon_{ox}°$稱爲氧化電位，$\varepsilon_{red}°$稱爲還原電位。

(1) $\varepsilon_{ox}°=-\varepsilon_{red}°$，例：$Zn^{2+}/Zn$，$\varepsilon_{red}°=-0.76V$，則 Zn/Zn^{2+}，$\varepsilon_{ox}°=+0.76V$

(2) IUPAC 規定，優先以$\varepsilon_{red}°$來表示。

(3) 表 11-2 是一些物質的$\varepsilon_{red}°$。

表 11-2　標準還原電位

$Li^{+}+e^{-}\rightarrow Li$	-3.05	$I_2+2e^{-}\rightarrow 2I^{-}$	0.54
$K^{+}+e^{-}\rightarrow K$	-2.92	$MnO_4^{-}+e^{-}\rightarrow MnO_4^{2-}$	0.56
$Ba^{2+}+2e^{-}\rightarrow Ba$	-2.90	$O_2+2H^{+}+2e^{-}\rightarrow H_2O_2$	0.68
$Sr^{2+}+2e^{-}\rightarrow Sr$	-2.89	$Fe^{3+}+e^{-}\rightarrow Fe^{2+}$	0.77
$Ca^{2+}+2e^{-}\rightarrow Ca$	-2.76	$Hg_2^{2+}+2e^{-}\rightarrow 2Hg$	0.79
$Na^{+}+2e^{-}\rightarrow Na$	-2.71	$Ag^{+}+e^{-}\rightarrow Ag$	0.80
$Mg^{2+}+2e^{-}\rightarrow Mg$	-2.37	$2Hg^{2+}+2e^{-}\rightarrow Hg_2^{2+}$	0.91
$H_2+2e^{-}\rightarrow 2H^{-}$	-2.25	$NO_3^{-}+4H^{+}+3e^{-}\rightarrow NO+2H_2O$	0.96
$Al^{3+}+3e^{-}\rightarrow Al$	-1.66	$Pd^{2+}+2e^{-}\rightarrow 2Pd$	0.99
$Mn^{2+}+2e^{-}\rightarrow Mn$	-1.18	$Br_2+2e^{-}\rightarrow 2Br^{-}$	1.09
$2H_2O+2e^{-}\rightarrow H_2+2OH^{-}$	-0.83	$2IO_3^{-}+12H^{+}+10e^{-}\rightarrow I_2+6H_2O$	1.20
$Zn^{2+}+2e^{-}\rightarrow Zn$	-0.76	$Pt^{2+}+2e^{-}\rightarrow Pt$	1.21
$Cr^{3+}+3e^{-}\rightarrow Cr$	-0.73	$MnO_2+4H^{+}+2e^{-}\rightarrow Mn^{2+}+2H_2O$	1.22
$Cr^{3+}+e^{-}\rightarrow Cr^{2+}$	-0.5	$O_2+4H^{+}+4e^{-}\rightarrow 2H_2O$	1.23
$Fe^{2+}+2e^{-}\rightarrow Fe$	-0.44	$Cr_2O_7^{2-}+14H^{+}+6e^{-}\rightarrow 2Cr^{3+}+7H_2O$	1.33
$Cd^{2+}+2e^{-}\rightarrow Cd$	-0.40	$Cl_2+2e^{-}\rightarrow 2Cl^{-}$	1.36
$PbSO_4+2e^{-}\rightarrow Pb+SO_4^{2-}$	-0.35	$PbO_2+4H^{+}+2e^{-}\rightarrow Pb^{2+}+2H_2O$	1.46
$PbCl_2+2e^{-}\rightarrow Pb+2Cl^{-}$	-0.27	$Au^{3+}+3e^{-}\rightarrow Au$	1.50
$Ni^{2+}+2e^{-}\rightarrow Ni$	-0.23	$MnO_4^{-}+8H^{+}+5e^{-}\rightarrow Mn^{2+}+4H_2O$	1.51
$Sn^{2+}+2e^{-}\rightarrow Sn$	-0.14	$MnO_4^{-}+4H^{+}+3e^{-}\rightarrow MnO_2+2H_2O$	1.68
$Pb^{2+}+2e^{-}\rightarrow Pb$	-0.13	$PbO_2+4H^{+}+SO_4^{2-}+2e^{-}\rightarrow PbSO_4+2H_2O$	1.69
$Fe^{3+}+3e^{-}\rightarrow Fe$	-0.036	$Ce^{4+}+e^{-}\rightarrow Ce^{3+}$	1.70
$2H^{+}+2e^{-}\rightarrow H_2$	0.00	$H_2O_2+2H^{+}+2e^{-}\rightarrow 2H_2O$	1.78
$Cu^{2+}+2e^{-}\rightarrow Cu^{+}$	0.16	$O_3+2H^{+}+2e^{-}\rightarrow O_2+H_2O$	2.07
$AgCl+e^{-}\rightarrow Ag+Cl^{-}$	0.22	$F_2+2e^{-}\rightarrow 2F^{-}$	2.87
$Cu^{2+}+2e^{-}\rightarrow Cu$	0.34		
$O_2+2H_2O+4e^{-}\rightarrow 4OH^{-}$	0.4		

5. $\varepsilon°$的意義：$\varepsilon°$值愈大，表示該半反應愈優先進行反應。
   (1) $\varepsilon_{red}°$值愈大，愈容易進行還原反應，是愈強的氧化劑。
   (2) $\varepsilon_{ox}°$值愈大，愈容易進行氧化反應，是愈強的還原劑。
6. $\varepsilon°$是強度性質。也就是說，$Zn^{2+} + 2e^- \longrightarrow Zn$或$3Zn^{2+} + 6e^- \longrightarrow 3Zn$兩式的$\varepsilon°$值都是$-0.76$。與反應物質的量無關。
7. 基於「電能＝電壓×電量」的物理公式，ε值可與第8章的熱力學中的自由能(G)有所關聯。$G = -nF\varepsilon$ (11-1)
   其中，F爲法拉第常數(96500)，n則是上一單元中的氧化數變化量。
8. 由於G屬於容量性質，可以具有加成性。見以下三式。

$$Cu \longrightarrow Cu^{+} + e^- \qquad G_1 = -n_1 F \varepsilon_1$$
$$Cu^{+} \longrightarrow Cu^{2+} + e^- \qquad G_2 = -n_2 F \varepsilon_2$$
$$Cu \longrightarrow Cu^{2+} + 2e^- \qquad G_3 = -n_3 F \varepsilon_3$$

$G_3 = G_1 + G_2$，$-n_3 F \varepsilon_3 = -n_1 F \varepsilon_1 - n_2 F \varepsilon_2$，化簡後得

$$n_3 \varepsilon_3 = n_1 \varepsilon_1 + n_2 \varepsilon_2 \qquad (11\text{-}2)$$

9. 金屬的相對活性大小(就是還原劑的強弱次序)：
   (1) 表 11-2 中的金屬，可以當作還原劑，而配合$\varepsilon°$愈小，是愈好的還原劑的原則，排成以下次序：
   $Li > Rb > K > Cs > Ba > Sr > Ca >$
   $Na > Mg > Al > Mn > Zn > Cr > Fe >$
   $Co > Ni > Sn > Pb > H_2 >$
   $Cu > Hg > Ag > Pt > Au$
   (2) 排列在愈前面的金屬，活性較大(是愈強的還原劑)，會將排列在較後方者的離子，還原成元素態。

如：Zn在Cu的前面，∴$Zn + Cu^{2+} \longrightarrow Zn^{2+} + Cu$是可行的反應，而Cu卻無法與$Zn^{2+}$發生反應。

(3) 排列在H_2後方的金屬，有五個。這表示當這五個金屬碰上一般的酸性溶液時(硝酸，硫酸除外)，是不會被腐蝕的。

10. 非金屬的相對活性次序：$F_2 > O_3 > MnO_4^- > Cl_2 > Cr_2O_7^{2-} > O_2 > IO_3^- > Br_2 > I_2$。

11. $\varepsilon_{ox}°$的影響因子：

(1) 對於右列反應而言，$Na_{(s)} \longrightarrow Na^+_{(aq)} + e^-$，$\varepsilon_{ox}° = 2.71$
根據黑斯定律，我們可將其拆成以下三式：

$$Na_{(s)} \longrightarrow Na_{(g)} \longrightarrow Na^+_{(g)} + e^- \longrightarrow Na^+_{(aq)} + e^-$$

影響$\varepsilon_{ox}°$值的大小，上式知，可由三個能量來綜合影響，也就是①昇華的容易與否，②游離的難易度及③水合的安定大小。

(2) 由上式知，游離能與$\varepsilon_{ox}°$有關，因此我們可作一粗略的判斷：「愈易游離，$\varepsilon_{ox}°$將會較大」。而週期表中愈往左下角，愈易游離。$\varepsilon_{ox}°$會較大，那會是愈強的還原劑。因此，還原劑的強弱似乎可約略與游離能有關。

(3) 同理，氧化劑的強弱也可約略地與陰電性有關。*EN*值愈大，往往是愈強的氧化劑。

範例 21

由下列的還原電位得知最強的還原劑為：

$Al^{3+}_{(aq)} + 3e^- \rightleftharpoons Al_{(s)}$　　$\varepsilon° = -1.66V$

$Sn^{4+}_{(aq)} + 2e^- \rightleftharpoons Sn^{2+}_{(aq)}$　　$\varepsilon° = 0.14V$

$AgBr_{(s)} + e^- \rightleftharpoons Ag_{(s)} + Br^-_{(aq)}$　　$\varepsilon° = 0.07V$

$Fe^{3+}_{(aq)} + e^- \rightleftharpoons Fe^{2+}_{(aq)}$　　$\varepsilon° = 0.77V$

(A)$Fe^{2+}_{(aq)}$　(B)$Fe^{3+}_{(aq)}$　(C)$Al_{(s)}$　(D)$Al^{3+}_{(aq)}$。　【86私醫】

解：(C)

$\varepsilon_{red}°$愈大，是愈強的氧化劑，是愈弱的還原劑。

類題

最強氧化劑是：

(A)最易失去電子的物質　(B)最易被氧化的物質　(C)最易獲得電子的物質　(D)含氧的物質　(E)氧化電位$\varepsilon°$最大之物質。

解：(C)

範例 22

四種金屬A、B、C和D，彼此作用，及與酸之作用方式如下：B只能從溶液中取代C，只有A和D能從1M HCl取代氫。沒有金屬能從溶液中取代D。此四種金屬與氫在Activities Series之排列，其Activities由小至大爲：

(A)C B H_2 A D　(B)C B H_2 D A　(C)C H_2 B D A　(D)B C A H_2 D。　【71私醫】

解：(A)

⑴ B只能取代C，表示B的活性只比C大，得次序如下：A，D，H_2 > B > C。

⑵ A與D皆能取代H^+，表示活性次序爲A，D > H_2。

⑶ 沒有金屬能取代D，表示D的活性最大。

⑷ 綜合以上資料，得完整次序爲D > A > H_2 > B > C。

類題

已知下列反應能發生

$A_{(s)} + B^{+2}_{(aq)} \longrightarrow B_{(s)} + A^{+2}_{(aq)}$

$C_{(s)} + D^{+2}_{(aq)} \longrightarrow C^{+2}_{(aq)} + D_{(s)}$

$C_{(s)} + B^{+2}_{(aq)} \longrightarrow$ 無反應

則A、B、C、D的氧化電位由高到低的順序爲________。【82私醫】

解：A > B > C > D

範例 23

工業上，由礦石或其他資源大量提煉金屬或非金屬，利用電解方式進行的有

(A)F_2　(B)Al　(C)Na　(D)Zn　(E)Fe。

解：(A)(B)(C)

由範例22有一應用，那就是藉著活性大者，可取代活性小者成元素態，這在冶煉元素上或爲一種可供選用的方法。但對於所要提煉的

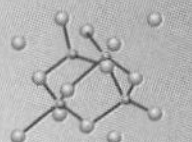

對象，本身的活性相當大時，可能找不到活性比它更大者來進行取代。這時只能用電解法來進行。因此冶煉上會用到電解法的，均是活性相當大者。

範例 24

已知：$Fe \rightarrow Fe^{2+} + 2e^-$，$\varepsilon° = 0.44V$

$Fe^{2+} \rightarrow Fe^{3+} + e^-$，$\varepsilon° = -0.77V$

則 $Fe \rightarrow Fe^{3+} + 3e^-$ 之 $\varepsilon° =$ ________ V。 【82 私醫】

解：代入(11-2)式

$3\varepsilon° = 2\times0.44 + 1\times(-0.77)$，$\therefore \varepsilon° = 0.036(V)$

單元六：電化電池

1. 電池反應：上一單元中，活性較大者可取代活性較小的離子態變成元素態。如此的反應便被設計成一電池的反應，例如著名的丹尼爾電池反應，便是 $Zn + Cu^{2+} \rightarrow Zn^{2+} + Cu$

2. $\Delta\varepsilon°$(或 $\varepsilon_{cell}°$)：

   (1) 一電池的反應是一個「全反應」，它包含 2 個半反應，其中之一是氧化部份($Zn \rightarrow Zn^{2+}$)，其中之一是還原部份($Cu^{2+} \rightarrow Cu$)。

   (2) 一電池的電動勢(Electromotive Force，emf)或稱電池的電壓($\varepsilon_{cell}°$)是氧化部份的電位與還原部份電位的電位差，因此又記錄成 $\Delta\varepsilon°$。

   (3) $\Delta\varepsilon°$ 的求法：

   ① 當已確知陰陽極時，$\Delta\varepsilon° = \varepsilon_{red}°(陰極) - \varepsilon_{red}°(陽極)$ (11-3)

(若不確知陰陽極時，判別法是：$\varepsilon_{red}°$愈大者，優先作陰極，$\varepsilon_{ox}°$愈大者，優先作陽極)。

② 由二半反應，以銷掉電子爲原則求二半反應的和，$\Delta\varepsilon°$就是二$\varepsilon°$的和。

例：Zn^{2+}/Zn，$\varepsilon_1° = -0.76$，Cu^{2+}/Cu，$\varepsilon_2° = 0.34$

當我們要求 $Zn + Cu^{2+} \longrightarrow Zn^{2+} + Cu$ 的$\Delta\varepsilon°$時，可先將第一式改寫成 Zn/Zn^{2+}，$\varepsilon_3° = -\varepsilon_1° = +0.76$，再與第二式相加即得全反應式，則該全反應式的$\Delta\varepsilon° = \varepsilon_3° + \varepsilon_2° = 0.76 + 0.34 = 1.1$

3. $\Delta\varepsilon°$的意義：

⑴ 由(11-1)式知，ε與第 8 章的G有關聯，亦即$\Delta\varepsilon$也可以用來判斷一反應是否可以自發(spontaneous)。$\Delta\varepsilon > 0$ 代表是自發反應，$\Delta\varepsilon = 0$ 則表示處於平衡(詳見表 8-3)。

⑵ $\Delta\varepsilon$只能預測自發與否，無法預知反應的快慢。

4. 電化電池(Galvanic cell)：

⑴ 定義：利用化學反應將化學能轉變成電能的裝置。

⑵ 電池結構：見圖 11-2。

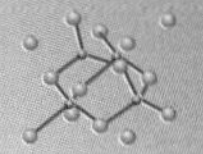

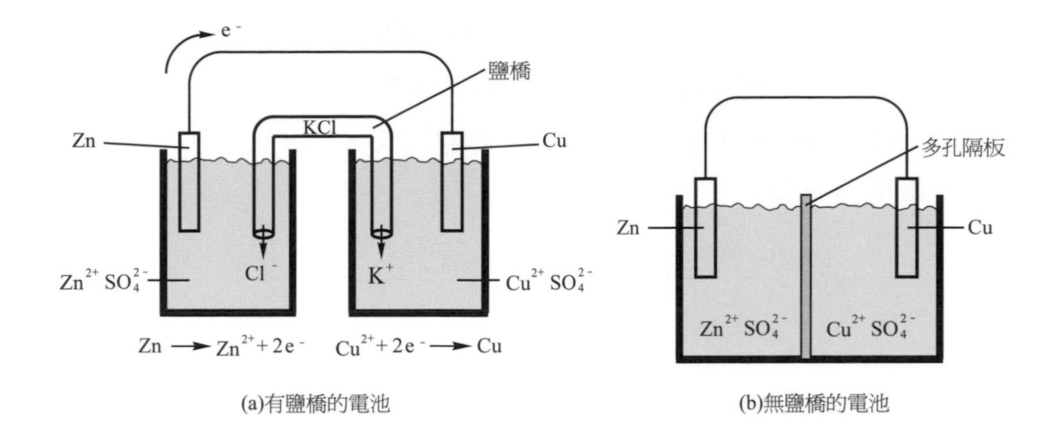

(a)有鹽橋的電池

(b)無鹽橋的電池

圖 11-2

(3) 電池的各部結構名稱：

① 電極(electrode)：在其上發生氧化(或還原)反應的導體。

❶ 陽極(anode)：進行氧化反應者，又稱氧化極，或(－)極。

❷ 陰極(cathode)：進行還原反應者，又稱還原極，或(＋)極。

② 參與氧化(或還原)反應的物質，若本身是導體，則它本身可權充電極。反之，若不是導體，則要另尋替代電極，當然，它必須不可以參與反應。

❶ 一般氣體的替代電極會用 Pt。

❷ 非氣體時，則替代電極常用石墨(C)。

③ 鹽橋(Salt bridge)：在圖 11-2(a)中，兩個半反應在不同容器中進行，因此必須架上鹽橋以連接電通路。鹽橋中的常見填充物是飽和 KCl 或 KNO_3，反應開始時，左側溶液中陽離子(Zn^{2+})因生成而愈來愈多，鹽橋會自動釋出陰離子(Cl^-)來平衡電荷。右側也是一樣，就這樣，電荷被離子攜帶著而移動，因而整個成了迴路。

⑷ 電子的流向：

① 由陽極經外線路到達陰極(∴陽極是電子流出之極)。

② 由氧化極經外線路到達還原極。

③ 由(－)極經外線路到達(＋)極。

⑸ 電池的記號：

① 物理的：

陽 陰
─┤├─
(−) (+)

⑵ 化學的：陽極置放在左，陰極在右側。

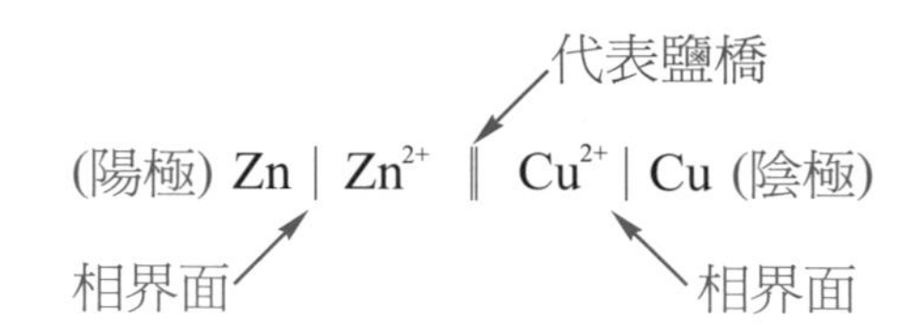

相界面

(Pt) | H_2 | H^+ | Cl^- | AgCl | Ag

替代電極　陽極　陰極

範例 25

已知$Zn^{2+} + 2e^- \longrightarrow Zn_{(s)}$　$\varepsilon° = -0.763V$

$Ag^+ + e^- \longrightarrow Ag_{(s)}$　$\varepsilon° = +0.799V$

則電池$Zn_{(s)} + 2Ag^+_{(aq,\ 1.0M)} \longrightarrow 2Ag_{(s)} + Zn^{2+}_{(aq,\ 1.0M)}$，在25℃時之電壓爲何？

(A)1.562V　(B)2.361V　(C)0.835V　(D)0.036V。【82二技動植物】

解：(A)

對照全反應式，瞭解了必須將第一式反過來寫。

$Zn \longrightarrow Zn^{2+} + 2e^-$ $\varepsilon° = +0.763$

$2Ag^+ + 2e^- \longrightarrow 2Ag$ $\varepsilon° = 0.799$（$\varepsilon°$是強度性質，不必乘以 2 倍）

兩個半反應相加時，左右兩側的電子可以消去，便得題目所指的全反應式，$Zn + 2Ag^+ \longrightarrow Zn^{2+} + 2Ag$，$\therefore \Delta\varepsilon° = 0.763 + 0.799 = 1.562$

類題

已知Zn^{2+}/Zn，$\varepsilon° = -0.763$；Ag^+/Ag，$\varepsilon° = +0.799$，則下列電池的電動勢爲若干？$Zn \mid Zn^{2+} \parallel Ag^+ \mid Ag$

解：∵題目提供了電池記號，使我們知道，Ag是陰極，Zn是陽極。這時可套用(11-3)式，$\Delta\varepsilon° = \varepsilon_{Ag}° - \varepsilon_{Zn}° = 0.799 - (-0.763) = 1.562V$

範例 26

已知$Mn^{2+} + 2e^- \longrightarrow Mn$，$\varepsilon° = -1.19V$，$Mn^{3+} + e^- \longrightarrow Mn^{2+}$，$\varepsilon° = 1.51V$，試問，$Mn^{2+}$是否會進行自身氧化還原反應。【77成大】

解：Mn^{2+}若會進行自身氧化還原反應，方程式如以下所示：

$2Mn^{2+} \longrightarrow Mn^{3+} + Mn$

根據範例25的計算方式，算出上式的$\Delta\varepsilon° = -1.19 - 1.51 = -2.7$。由於$\Delta\varepsilon° < 0$，表示上式不是自發反應，且又暗示$Mn^{2+}$離子在水中會安定存在，不會自行毀滅掉。

範例 27

已知下列各半反應之標準電壓：$Fe^{2+} + 2e^{-} \longrightarrow Fe_{(s)}$，$\varepsilon° = -0.44$ 伏特；$Fe^{3+} + e^{-} \longrightarrow Fe^{2+}$，$\varepsilon° = 0.77$ 伏特；$Cl_{2(g)} + 2e^{-} \longrightarrow 2Cl^{-}$，$\varepsilon° = 1.36$ 伏特。含Fe^{2+}及Fe^{3+}的水溶液(各離子濃度均為1M)中通以1大氣壓之氯氣，則將發生何種變化？

(A)Fe^{2+}被Cl_2氧化為Fe^{3+}　(B)Fe^{3+}被Cl_2還原為Fe^{2+}　(C)Fe^{3+}被Cl_2還原為$Fe_{(s)}$　(D)Fe^{2+}被Cl_2氧化為$Fe_{(s)}$。

解：(A)

⑴ 水溶液中存在Cl_2，由已知條件知，Cl_2將變成Cl^{-}，氧化數會減少，搭配其反應的夥伴，必須是氧化數呈現增加。

⑵ 水溶液中存在的Fe^{2+}及Fe^{3+}中，Fe^{3+}已是氧化數最大值，不會再增加。而Fe^{2+}可增加至Fe^{3+}，也可減少至 Fe。但因上述第⑴點已提及必須搭配氧化數增加，因此選擇$Fe^{2+} \longrightarrow Fe^{3+}$。

⑶ 完整反應式為：$Cl_2 + 2Fe^{2+} \longrightarrow 2Cl^{-} + 2Fe^{3+}$，求得其$\Delta\varepsilon° = 1.36 - 0.77 = 0.59 > 0$，也驗證此反應的確會進行。

範例 28

Which of the following is true for the cell shown here?$Zn_{(s)} \mid Zn^{2+}_{(aq)} \parallel Cr^{3+}_{(aq)} \mid Cr_{(s)}$

(A)The electrons flow from the cathode to the anode

(B)The electrons flow from the zinc to the chromium

(C)The electrons flow from the chromium to the zinc

(D)The chromium is oxidized

(E)The zinc is reduced. 【86成大A】

解：(B)

(1) 電子流向請參考課文條文4.-(4)。

(2) 電池記號左側的Zn是氧化極，∴Zn發生氧化，而右側的Cr發生還原。

範例 29

請寫出下列電池中，各電極的半反應式：

$Pt \mid V^{2+}, V^{3+} \parallel PtCl_4^{2-}, PtCl_6^{2-}, Cl^- \mid Pt$。 【85私醫】

解：(1) 左側是氧化極，氧化數增加，$V^{2+} \longrightarrow V^{3+} + e^-$

(2) 右側是還原極，氧化數減少，$2e^- + PtCl_6^{2-} \longrightarrow PtCl_4^{2-}$，為了平衡雙方的氯原子，此式改寫成$2e^- + PtCl_6^{2-} \longrightarrow PtCl_4^{2-} + 2Cl^-$

單元七：能斯特方程式

1. $\Delta\varepsilon$：一般電位。反應條件並沒有指定在標準狀態下的電池電位。
2. 能斯特方程式(Nernst equation)。用來描述$\Delta\varepsilon$與$\Delta\varepsilon°$之間的關係式。由於$G = -nF\varepsilon$，將之改寫成以下兩種型式。

   $\therefore \Delta G = -nF\Delta\varepsilon$，$\Delta G° = -nF\Delta\varepsilon°$

   $\because \Delta G = \Delta G° + RT\ln Q$

$\therefore -nF\Delta\varepsilon = -nF\Delta\varepsilon^\circ + RT\ln Q$，兩側各除以$(-nF)$

(1) 一般狀況下：$\Delta\varepsilon = \Delta\varepsilon^\circ - \dfrac{RT}{nF}\ln Q$ (11-4)

(2) 室溫下，代入$R = 8.314$，$F = 96500$，$T = 298$及改寫ln爲2.303log後，得

$$\Delta\varepsilon = \Delta\varepsilon^\circ - \frac{0.0592}{n}\log Q \qquad (11\text{-}5)$$

3. 使用時機：

(1) 用來計算當反應物種的濃度已經不再是1M(或1atm)時的電壓。

(2) $\Delta\varepsilon$愈大，表示該電池的電能愈大，反之$\Delta\varepsilon$愈小，表示電池的電能將耗盡。

(3) 當$\Delta\varepsilon = 0$，表示該電池已達平衡，因此不能再進行放電。

(4) 其實，我們也可利用勒沙特列原理，來定性預測一電池的電能，比標準狀態時爲大或較小。若反應物濃度愈大或產物濃度較小，結果$Q < K$，將促使反應的方向更移向產物方向(右方)，因而更能放電出來，表示$\Delta\varepsilon$值提高，反之亦然(見範例32)。

4. ΔG°，$\Delta\varepsilon^\circ$與K三者間的互相轉換關係：

(1) 在(11-5)式中，遇到平衡時，此式左方的$\Delta\varepsilon = 0$，而右方的$Q = K$，(11-5)式改寫成$0 = \Delta\varepsilon^\circ - \dfrac{0.0592}{n}\log K$，移項得

$$\Delta\varepsilon^\circ = \frac{0.0592}{n}\log K \qquad (11\text{-}6)$$

(2) 第8章，有一類似(11-6)式的式子，即$\Delta G^\circ = -RT\ln K$

(3) 重寫(11-1)式，$\Delta G^\circ = -nF\Delta\varepsilon^\circ$

(4) 以上三式描述了ΔG°，$\Delta\varepsilon^\circ$及K三者間的互換關係。

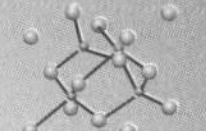

5. 濃差電池(Concentration cell)：

(1) 一種陰極與陽極半反應相同的電池。因此$\Delta\varepsilon^\circ = 0$

(2) 它是Nernst eq.的一種應用，雖然$\Delta\varepsilon^\circ = 0$，但我們利用陰陽極物種濃度上的差異，造成$Q<K$，使$\Delta\varepsilon > 0$，仍可放電。

範例 30

$Fe^{3+} + e^- \longrightarrow Fe^{2+}$，$\varepsilon^\circ = +0.77$伏特，當$[Fe^{3+}]=10^{-3}$M和$[Fe^{2+}]=10^{-5}$M時，電位$\varepsilon$為多少？

(A)2.77伏特 (B)0.77伏特 (C)0.89伏特 (D)0.65伏特。

【83二技環境】

解：(C)

(1) 當看到濃度不是1時，就是要代入Nernst eq.作濃度校正。

(2) 此題是考半反應式，∴11-5式中的Δ符號不必寫出。

(3) $\varepsilon = \varepsilon^\circ - \dfrac{0.0592}{n}\log Q$

$$= 0.77 - \frac{0.0592}{1}\log\frac{[Fe^{2+}]}{[Fe^{3+}]} = 0.77 - 0.0592\log\frac{10^{-5}}{10^{-3}} = 0.89$$

範例 31

試依鋅銅電池的濃度條件及還原電位，計算此電池的電動勢為若干伏特？

$Zn_{(s)}/Zn^{2+}(0.05M)//Cu^{2+}(5.00M)/Cu_{(s)}$

$Zn^{2+}_{(aq)} + 2e^- \longrightarrow Zn_{(s)}$，$\varepsilon^\circ = -0.76V$；$Cu^{2+}_{(aq)} + 2e^- \longrightarrow Cu_{(s)}$，$\varepsilon^\circ = +0.34V$

(A)1.16V (B)1.10V (C)1.04V (D)-0.28V。 【86二技材資】

解：(A)

(1) $\Delta\varepsilon^\circ = \varepsilon_{(陰)}{}^\circ - \varepsilon_{(陽)}{}^\circ = \varepsilon_{Cu}{}^\circ - \varepsilon_{Zn}{}^\circ = 0.34 - (-0.76) = 1.1$

(2) 反應式為：$Zn + Cu^{2+} \longrightarrow Zn^{2+} + Cu$

由(11-5)式

$$\Delta\varepsilon = 1.1 - \frac{0.0592}{2}\log\frac{[Zn^{2+}]}{[Cu^{2+}]} = 1.1 - \frac{0.0592}{2}\log\frac{0.05}{5} = 1.16$$

範例 32

Consider the cell $Cd_{(s)} \mid Cd^{2+}(1.0M) \parallel Cu^{2+}(1.0M) \mid Cu_{(s)}$. If we wanted to make a cell with a more positive voltage using the same substances, we should

(A)Increase both the $[Cd^{2+}]$ and $[Cu^{2+}]$ to 2.00M. (B)Increase only the $[Cd^{2+}]$ to 2.00M. (C)Decrease both the $[Cd^{2+}]$ and $[Cu^{2+}]$ to 0.100M. (D)Decrease only the $[Cd^{2+}]$ to 0.100M. (E)Decrease only the $[Cu^{2+}]$ to 0.100M. 【82 清大】

解：(D)

(1) 此電池反應式為：$Cd_{(s)} + Cu^{2+} \longrightarrow Cd^{2+} + Cu_{(s)}$，要想增加電壓，必須使平衡右移。

(2) 根據勒沙特列原理，只有提高$[Cu^{2+}]$或降低$[Cd^{2+}]$，才可使平衡右移。

範例 33

下列氧化劑中何者之強度隨H^+濃度之增加而增加

(A)Cl_2 (B)$Cr_2O_7^{2-}$ (C)Fe^{3+} (D)MnO_4^-。

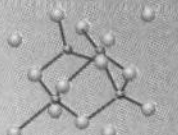

解：(B)(D)

(1) 四個半反應先列在底下(參考單元三)：

(A)$Cl_2 + 2e^- \longrightarrow 2Cl^-$

(B)$14H^+ + Cr_2O_7^{2-} + 6e^- \longrightarrow 2Cr^{3+} + 7H_2O$

(C)$Fe^{3+} + e^- \longrightarrow Fe^{2+}$

(D)$8H^+ + MnO_4^- + 5e^- \longrightarrow Mn^{2+} + 4H_2O$

(2) 依勒沙特列原理，只有(B)(D)項，將$[H^+]$增加時，平衡右移，反應趨勢變強。(A)與(C)則與$[H^+]$無關。

範例 34

Which of the following describes an oxidation-reduction reaction at equilibrium?

(A)$\varepsilon = 0$ (B)$\varepsilon° = 0$ (C)$\varepsilon = \varepsilon°$ (D)$Q_c = 0$ (E)$\ln K_c = 0$.【85 成大A】

解：(A)

平衡時，$\Delta\varepsilon = 0$，$\Delta G = 0$，$Q = K$

範例 35

Calculate $\Delta G°$ and K for the reaction

$4Fe^{2+} + O_{2(g)} + 4H^+ \longrightarrow 4Fe^{3+} + 2H_2O$.$\varepsilon°(O_2/H_2O) = 1.23V$; $\varepsilon°(Fe^{3+}/Fe^{2+}) = 0.77V$. Is the reaction spontaneous?【81 中山】

解：(1) $\Delta\varepsilon° = -0.77 + 1.23 = 0.46V$

(2) $\Delta G° = -nF\Delta\varepsilon°$

$= -4 \times 96500 \times 0.46$

$= -177560\text{J} = -177.56\text{kJ}$

(3) $\Delta G° = -RT\ln K$

$-177560 = -8.314 \times 298 \ln K$

$\therefore K = 1.33 \times 10^{31}$

(4) $\because \Delta G° < 0$，$\therefore$是自發反應。

類題

已知下面兩標準還原電位：

$Ag^+_{(aq)} + e^- \longrightarrow Ag_{(s)}$　　$\varepsilon_{red}° = 0.80V$

$AgCN_{(s)} + e^- \longrightarrow Ag_{(s)} + CN^-_{(aq)}$　　$\varepsilon_{red}° = -0.01V$

計算 AgCN 在 25℃下之溶解度積為

(A)4.3×10^{-14}　(B)2.3×10^{13}　(C)2.0×10^{-14}　(D)5.1×10^{-13}。

【85二技動植物】

解：(C)

$AgCN + e^- \longrightarrow Ag + CN^-$　　$\varepsilon° = -0.01$

$Ag \longrightarrow Ag^+ + e^-$　　$\varepsilon° = -0.8$

兩式相加，得$AgCN \longrightarrow Ag^+ + CN^-$，$\Delta\varepsilon° = -0.01 - 0.8 = -0.81$，

代入(11-6)式

$-0.81 = \frac{0.0592}{1}\log K$，$K = 2.1 \times 10^{-14}$

範例 36

A concentration cell is assembled using two silver metal electrodes. One electrode dips into a 0.050M Ag^+ solution, and the other electrode coated in $AgBr_{(s)}$, dips into a 0.010M Br^- solution.
(A)What are the two electrode potentials expressed in terms of $\varepsilon°(Ag^+/Ag)$ and K_{sp} of AgBr? (B)If the cell voltage is 0.53V, what is K_{sp} of AgBr? 【79 清大】

解：(A)陰極的反應式：$Ag^+ + e^- \longrightarrow Ag$

$$\varepsilon_{陰} = \varepsilon° - \frac{0.0592}{1}\log\frac{1}{[Ag^+]}$$

陽極的反應式：$Ag^+ + e^- \longrightarrow Ag$ (暫時先寫成還原電位格式)

$$AgBr \longrightarrow Ag^+ + Br^-$$

兩式結合得：$AgBr + e^- \longrightarrow Ag + Br^-$

$$\varepsilon_{陽} = \varepsilon° - \frac{0.0592}{1}\log\frac{1}{[Ag^+]}$$，又$K_{sp}=[Ag^+][Br^-]$，$[Ag^+]=K_{sp}/[Br^-]$

$$= \varepsilon° - \frac{0.0592}{1}\log\frac{[Br^-]}{K_{sp}}$$

(B)$\Delta\varepsilon = \varepsilon_{陰} - \varepsilon_{陽}$

$$= \varepsilon° - 0.0592\log\frac{1}{[Ag^+]} - \left(\varepsilon° - 0.0592\log\frac{[Br^-]}{K_{sp}}\right)$$

$$= 0.0592\left(\log\frac{[Br^-]}{K_{sp}} - \log\frac{1}{[Ag^+]}\right)$$

$$= 0.0592\left(\log\frac{[Br^-]}{K_{sp}} + \log[Ag^+]\right)$$

$$= 0.0592\log\frac{[Br^-][Ag^+]}{K_{sp}}$$

$$0.53 = 0.0592\log\frac{0.01\times0.05}{K_{sp}}$$，得$K_{sp} = 5.6\times10^{-13}$

範例 37

(A)決定如下電池在25℃時之emf

Pt｜H_2(g，1.00atm)｜H^+(0.025M)‖H^+(5.00M)｜H_2(g，1.00atm)｜Pt

(B)對此"電池反應"寫出方程式。

(C)若H_2(g)之壓力在陽極半電池上變爲2.00atm，而在陰極半電池上變爲0.100atm，求此電池之ε值。

解：(A)$H^+(5M) \longrightarrow H^+(0.025M)$

(B)電池兩側化學物質相同，只是濃度不同，這是濃差電池，$\Delta\varepsilon° = 0$

代入(11-5)式

$$\Delta\varepsilon = 0 - \frac{0.0592}{1}\log\frac{[H^+]}{[H^+]} = -0.0592\log\frac{0.025}{5} = 0.136V$$

(C)$H_2(2atm) + 2H^+(5M) \longrightarrow H_2(0.1atm) + 2H^+(0.025M)$

$$\Delta\varepsilon = 0 - \frac{0.0592}{2}\log\frac{[H_2][H^+]^2}{[H_2][H^+]^2} = \frac{-0.0592}{2}\log\frac{0.1\times(0.025)^2}{2\times5^2} = 0.175V$$

單元八：鐵的腐蝕與防鏽

1. 生鏽的反應機構：

(1) 陽極反應：$Fe \longrightarrow Fe^{2+} + 2e^-$

(2) 陰極反應：$O_2 + 2H_2O + 4e^- \longrightarrow 4OH^-$

(3) 鏽(Rust)的生出：$4Fe^{2+} + O_2 + (4 + 2n)H_2O \longrightarrow 2Fe_2O_3 \cdot nH_2O_{(s)} + 8H^+$

2. 生鏽的原因：

(1) 由條文 *1.*-(2)知，必須有H_2O及O_2的存在。

(2) 鐵腐蝕的過程本身也是一種電池反應，這可由圖 11-3 看出，各自有陰陽極部位，以及電子的流動形成迴路。若表層的水層有鹽巴(或其它離子化合物)的存在，會因導電性的增加，而促使腐蝕的動作加速，所以海邊的鐵欄杆都會較快生鏽的道理在此。

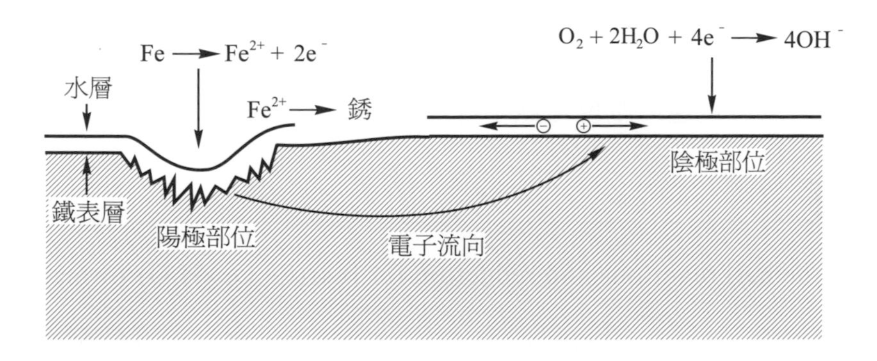

圖 11-3　鐵的生鏽過程圖示

3. 防鏽法：

(1) 鐵器表面上塗油漆、油脂、瓷釉、或樹脂，以隔絕氧和水。

(2) 陰極保護法：在 Fe 上鍍上氧化電位較大之金屬，如 Zn、Mg 等。一旦穿孔了，鋅的還原力比 Fe 強，會優先氧化而成為所謂犧牲金

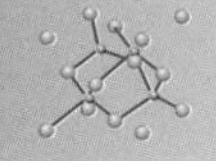

屬(Sacrificial Metal)。陰極保護的實例有：油船之船身，將鎂板遮蓋住鋼鐵之船身，鎂氧化而保護鋼鐵；埋在地下的水管或貯水槽的鐵殼內部都可以連以鎂塊保護之。

(3) 馬口鐵(tinplate)：鍍錫鐵，是利用 Sn 之不活潑性以保護內部的鐵，但 Sn 層一旦有小孔隙，生鏽情形比沒有錫存在時更糟(∵Fe 之氧化電位大於 Sn)。

範例 38

根據標準電化學電位，下列何種金屬無法以犧牲自己的方式來保護鐵，使免於腐蝕？亦即何者的標準電極電位大於鐵，$Fe^{2+} + 2e^- \longrightarrow Fe$

(A)鋁(Al)　(B)鋅(Zn)　(C)鎂(Mg)　(D)錫(Sn)。【83二技環境】

解：(D)

陰極保護法是指在單元五，課文重點 *9.*-(1)中，還原劑強度排在Fe之前者，或者是還原電位比鐵小者。而Sn在該次序中是排在鐵之後的。

範例 39

Write the half reactions and reduction for rust($Fe_2O_3\ xH_2O$) formation.

【83成大化學】

解：見課文重點 *1.* 。

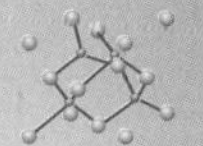

單元九：電解

1. 電解(electrolysis)：通直流電使物質分解，即利用外加電能使不能自發的氧化還原反應能發生。
   (1) 電池是將化學能轉變成電能來使用，反應本身是自發性的。
   (2) 電解池則是將電能轉成化學能，反應往往是不自發性的。
   (3) 電解池的正極是陽極，負極是陰極(與電池恰相反)。
   (4) 電解池在與電池連接時，正極和正極相連接，負極和負極相連接。
2. 電解的產物：
   (1) 電解熔融態物質，產物就是陰陽離子的元素狀態。例如：
   電解$NaCl_{(l)}$時。
   陰極：$Na^+ \longrightarrow Na_{(s)}$
   陽極：$Cl^- \longrightarrow Cl_{2(g)}$
   (2) 電解水溶液物質必須顧及水的參與競爭。電解的優先次序見下表。

表 11-3　水與溶質被電解的競爭次序

	水優先被電解者	溶質優先被電解者
陽極競爭(陰離子競爭)	除右欄外的其它陰離子	OH^-，Cl^-，Br^-，I^-
陰極競爭(陽離子競爭)	Ⅰ，Ⅱ陽離子Al^{3+}，Mn^{2+}	除左欄外的其它金屬離子

3. 水的電解產物：
   (1) 陽極：中性水　$2H_2O \longrightarrow O_2 + 4H^+ + 4e^-$　(11-7)
   鹼性水　$4OH^- \longrightarrow O_2 + 2H_2O + 4e^-$　(11-8)
   (2) 陰極：中性水　$2H_2O + 2e^- \longrightarrow H_2 + 2OH^-$　(11-9)
   酸性水　$2H^+ + 2e^- \longrightarrow H_2$　(11-10)

4. 電解的定量關係－法拉第電解定律

(1) 電量(Q)＝電流(I，安培)×時間(t，秒)。

(2) 法拉第數(F)＝$\dfrac{Q}{96500}=\dfrac{It}{96500}$

(3) 法拉第電解定律：

法拉第數＝電解物質的當量數

或$\dfrac{It}{96500}$＝電解物質的當量數 (11-11)

(4) n的推算(以常帶的電荷數來推算)：金屬離子M^{+x} ($n=x$)，X^- ($n=1$)，H^+ ($n=1$)，OH^- ($n=1$)，H_2 ($n=2$)，O_2 ($n=4$)，H_2O ($n=2$)……。

5. 電鍍(Electroplating)：把金屬鍍於器皿或裝飾品表面的一種電解過程。

(1) 原則：

① 把欲鍍的金屬(如金，銅)置於陽極。

② 被鍍的物質置於陰極。

③ 以欲鍍金屬的可溶性鹽類的溶液為電解液，如鍍銅用$CuSO_4$，鍍銀用$KAg(CN)_2$。

(2) 反應：

以鍍銅為例：

陽極：$Cu_{(s)} \longrightarrow Cu^{2+}_{(aq)} + 2e^-$

陰極：$Cu^{2+}_{(aq)} + 2e^- \longrightarrow Cu_{(s)}$

(3) 功用：保護金屬，增加美觀。

範例 40

電解下列各物質水溶液，其電解產物等於電解水者為：
(A)飽和食鹽水 (B)$Hg(NO_3)_2$ (C)$CuSO_4$ (D)$KAl(SO_4)_2$ (E)KI
(F)NaOH。

解：(D)(F)

(A)$NaCl_{(aq)}$：

①陽極競爭：$Cl^- > H_2O$，Cl^-優先電解

$2Cl^- \longrightarrow Cl_2 + 2e^-$

②陰極競爭：$Na^+ < H_2O$，H_2O優先電解，進行 11-9 式反應

$2H_2O + 2e^- \longrightarrow H_2 + 2OH^-$

(B)$Hg(NO_3)_2$：

①陽極競爭：$NO_3^- < H_2O$，H_2O優先電解，進行 11-7 式的反應

$2H_2O \longrightarrow O_2 + 4H^+ + 4e^-$

②陰極競爭：$Hg^{2+} > H_2O$，Hg^{2+}優先電解

$Hg^{2+} \longrightarrow Hg^0$

(C)$CuSO_4$：

①陽極競爭：$SO_4^{2-} < H_2O$，H_2O優先電解

$2H_2O \longrightarrow O_2 + 4H^+ + 4e^-$

②陰極競爭：$Cu^{2+} > H_2O$，得$Cu^{2+} + 2e^- \longrightarrow Cu$

(D)$KAl(SO_4)_2$：此例的結果相當於是電解水。

①陽極競爭：$SO_4^{2-} < H_2O$，H_2O優先電解

$2H_2O \longrightarrow O_2 + 4H^+ + 4e^-$

②陰極競爭：K^+，$Al^{3+} < H_2O$，H_2O優先電解

$2H_2O + 2e^- \longrightarrow H_2 + 2OH^-$

(E)KI：

①陽極競爭：$I^- > H_2O$，I^-優先電解

$2I^- \longrightarrow I_2 + 2e^-$，但$I_2$會進一步與$I^-$結合成$I_3^-$(棕色)

②陰極競爭：$K^+ < H_2O$，H_2O優先電解

$2H_2O + 2e^- \longrightarrow H_2 + 2OH^-$

(F)NaOH：

①陽極競爭：$OH^- > H_2O$，OH^-優先電解，進行(11-8)式的反應

$4OH^- \longrightarrow O_2 + 2H_2O + 4e^-$

②陰極競爭：$Na^+ < H_2O$，H_2O優先電解

$2H_2O + 2e^- \longrightarrow H_2 + 2OH^-$

將以上兩式相加後，得$2H_2O \longrightarrow 2H_2 + O_2$，淨結果只是在電解水而已。一般強酸強鹼水溶液的電解，都是如此。

範例 41

硫酸銅電解 30 分鐘後，析出 0.635 克的銅，則其電流為________安培。(Cu = 63.5) 【70 私醫】

解：$CuSO_4$中的Cu^{2+}，電荷是 2，$\therefore n = 2$。另外，30 分鐘要轉換成秒的單位。

法拉第數 = Cu 的當量數($n = 2$)

$$\frac{I \times 30 \times 60}{96500} = \frac{0.635}{63.5} \times 2, \quad I = 1.07(A)$$

範例 42

電解 50.0ml 之食鹽飽和水溶液，若電流強度爲 0.500 安培，則欲使溶液的 pH 值成爲 12.0，需時

(A)100 秒 (B)965 秒 (C)96.5 秒 (D)96500 秒 (E)130 秒。

解：(C)

pH ＝ 12，$[OH^-]$ ＝ 0.01M，OH^-帶電荷 − 1，n ＝ 1

法拉第數＝OH^-的當量數(n ＝ 1)

$$\frac{0.5\times t}{96500} = 0.01\times 50\times 10^{-3}\times 1，t = 96.5 \text{ 秒}$$

範例 43

電流連續經過 0.5M 的 $Ag(CN)_2^-$，$NiSO_4$及 KCl 水溶液，在標準狀況下可由 KCl 水溶液釋出 112ml 的氫氣，請計算 Ag 及 Ni，沉積的重量，假設皆爲 100 %的效率。(Ag ＝ 108，Ni ＝ 58.7)

解：(1) 題目似乎少給了電流及通電時間，以致無法帶入電解定律公式。其實不然，只要利用當量數的觀念，我們可用一已知量來推算。

(2) Ag^+帶電荷＋ 1，n ＝ 1，Ni^{2+}帶電荷＋ 2，n ＝ 2，H_2的n ＝ 2

Ag 的當量數(n ＝ 1)＝ Ni 的當量數(n ＝ 2)＝H_2的當量數(n ＝ 2)

$$\frac{x}{108}\times 1 = \frac{y}{58.7}\times 2 = \frac{112}{22400}\times 2$$

得x ＝ 1.08g，y ＝ 0.294g

類題

熔融$SnBr_2$電解質中，通以 20 安培電流，經過 2 小時電解反應後，試問生成物Br_2對 Sn 的質量比率為
(A)0.67g Br_2/1.00g Sn (B)1.35g Br_2/1.00g Sn (C)2.70g Br_2/1.00g Sn (D)3.37g Br_2/1.00g Sn。(Sn= 118.7，Br = 80) 【81二技環境】

解：(B)

(1) 題目給的安培及時間都是多餘。
(2) 當 Sn 析出 1g 時，Br_2析出xg
Br_2的當量數($n=2$)= Sn 的當量數($n=2$)
$\frac{x}{160}\times 2=\frac{1}{118.7}\times 2$，$x=1.35$

範例 44

對於$Fe(NO_3)_{2(aq)}$中析出 0.12g Fe 需W庫侖電量，則由$FeCl_{3(aq)}$中析出 0.24g 的 Fe 需要
(A)3/2 (B)3 (C)2/3 (D)2 W 庫侖之重量。 【79私醫】

解：(B)

$\frac{Q}{96500}$ = 物質的當量數 = $\frac{w}{AW}\times n$，由此式知電量Q與$w\times n$成正比

$\frac{Q_1}{Q_2}=\frac{w_1\times n_1}{w_2\times n_2}$，$\frac{W}{Q_2}=\frac{0.12\times 2}{0.24\times 3}$，$\therefore Q_2=3W$

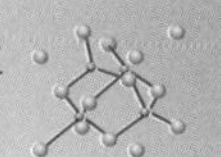

單元十：一些市售的電池

1. 勒克朗舍(Leclanćhe)乾電池(見圖 11-4)。

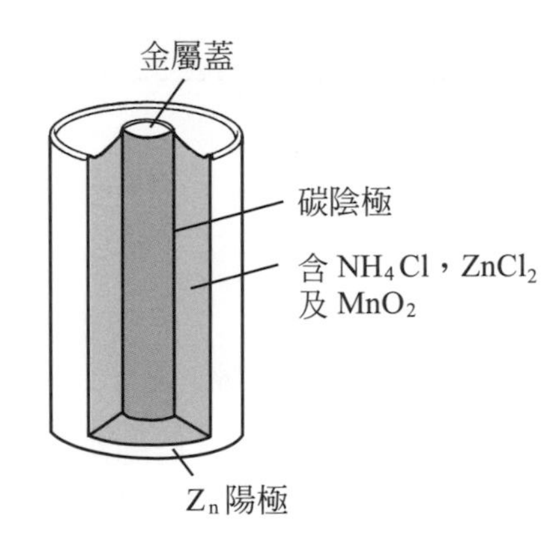

圖 11-4　勒克朗舍電池裝置圖

(1) 陽極(鋅極)：$Zn_{(s)} \longrightarrow Zn^{2+} + 2e^-$

陰極(碳)：　$2NH_4^+ + 2e^- \longrightarrow 2NH_{3(g)} + H_{2(g)}$

(2) 淨反應：

釋出的氫再被氧化錳(IV)所氧化

$2MnO_{2(s)} + H_{2(g)} \longrightarrow Mn_2O_{3(s)} + H_2O_{(l)}$

以及NH_3被利用以形成一錯合物

$Zn^{2+} + 2NH_{3(g)} + 2Cl^- \longrightarrow Zn(NH_3)_2Cl_2$

電池的淨反應爲

$2MnO_{2(s)} + 2NH_4Cl_{(s)} + Zn_{(s)} \longrightarrow Zn(NH_3)_2Cl_{2(s)} + H_2O_{(l)} + Mn_2O_3$

(3) 電壓：1.5 伏特。

2. 鹼性電池：

(1) 陽極：$Zn_{(s)} + 2OH^{-} \longrightarrow ZnO_{(s)} + H_2O_{(l)} + 2e^{-}$

陰極：$2MnO_{2(s)} + H_2O_{(l)} + 2e^{-} \longrightarrow Mn_2O_{3(s)} + 2OH^{-}$

(2) 淨反應：

$$Zn + 2MnO_2 \longrightarrow ZnO + Mn_2O_3$$

(3) 電壓：1.4 伏特。

3. 汞電池(見圖 11-5)：

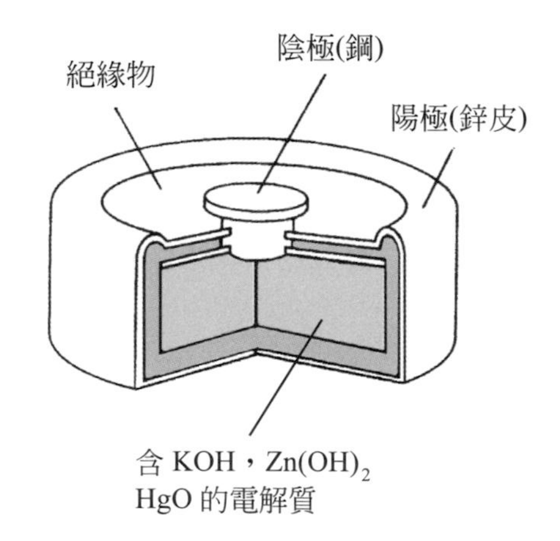

圖 11-5　汞電池裝置圖

(1) 陽極：$Zn_{(s)} + 2OH^{-} \longrightarrow ZnO_{(s)} + H_2O_{(l)} + 2e^{-}$

陰極：$HgO_{(s)} + H_2O_{(l)} + 2e^{-} \longrightarrow Hg_{(l)} + 2OH^{-}$

(2) 用過的電池應再處理以回收汞，儘量避免汞及汞化合物進入環境中而引起污染。

(3) 電壓：1.35 伏特。

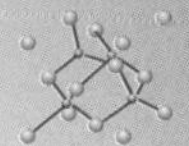

4. 鉛蓄電池(Lead Storage Cell)(見圖 11-6)：

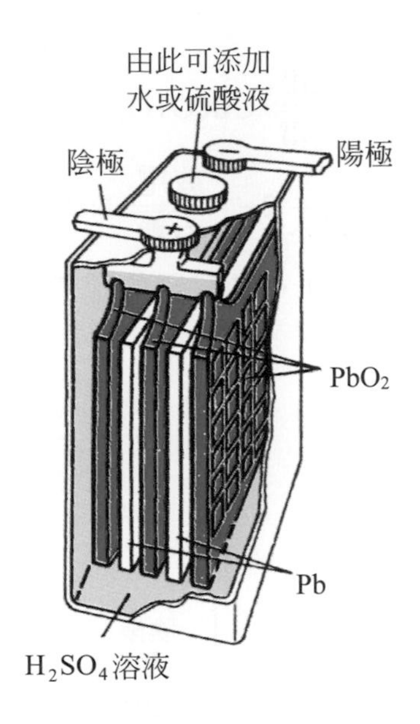

圖 11-6　鉛蓄電池

(1) 放電：

陽極：$Pb_{(s)} + SO_4^{2-} \longrightarrow PbSO_{4(s)} + 2e^-$

陰極：$PbO_{2(s)} + 4H^+ + SO_4^{2-} + 2e^- \longrightarrow PbSO_{4(s)} + 2H_2O_{(l)}$

(2) 充電過程，此電池變爲電解電池

$$PbSO_{4(s)} + 2e^- \longrightarrow Pb_{(s)} + SO_4^{2-}$$

$$PbSO_{4(s)} + 2H_2O_{(l)} \longrightarrow PbO_{2(s)} + 4H^+ + SO_4^{2-} + 2e^-$$

(3) 放電過程，硫酸的濃度降低，充電過程，硫酸再度產生，溶液比重也就增加。

(4) 淨反應：

$$Pb_{(s)} + PbO_{2(s)} + 2H_2SO_{4(aq)} \underset{充電}{\overset{放電}{\rightleftharpoons}} 2PbSO_{4(s)} + 2H_2O_{(l)}$$

(5) 電壓：2 伏特(汽車常見的電池是串聯 6 個鉛蓄電池)。

5. 鎳－鎘鹼性蓄電池：

(1) 陽極：$Cd_{(s)} + 2OH^- \underset{充電}{\overset{放電}{\rightleftharpoons}} Cd(OH)_{2(s)} + 2e^-$

陰極：$NiO_{2(s)} + 2H_2O_{(l)} + 2e^- \underset{充電}{\overset{放電}{\rightleftharpoons}} Ni(OH)_{2(s)} + 2OH^-$

(2) 在充電或放電的過程中，電解質的濃度不變。此電池輸出電流的電位約 1.4 伏特。

6. 氫－氧燃料電池(fuel cell)，見圖 11-7。

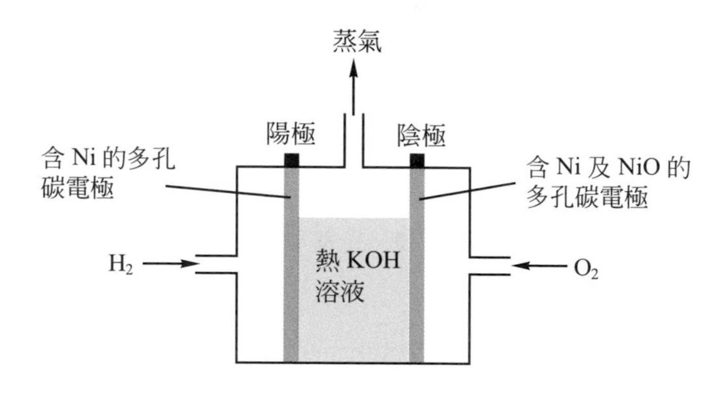

圖 11-7　燃料電池示意圖

(1) 陽極：$2H_{2(g)} + 4OH^- \longrightarrow 4H_2O_{(l)} + 4e^-$

陰極：$O_{2(g)} + 2H_2O_{(l)} + 4e^- \longrightarrow 4OH^-$

(2) 電池反應：

$$2H_{2(g)} + O_{2(g)} \longrightarrow 2H_2O_{(l)}$$

綜合練習及歷屆試題

PART I

1. 磷原子在下列各化合物中氧化數不正確者：
(A)PH_4^+中 P 為－3 (B)H_3PO_2中 P 為＋1 (C)P_4O_{10}中 P 為＋3 (D) P_4O_6與PCl_3中 P 皆為＋3 (E)HPO_3與H_3PO_3中 P 皆為＋3。 【80屏技】
2. 在化合物$Ca(IO_3)_2$中，I 之氧化數為
(A)－1 (B)＋5 (C)＋6 (D)＋7。 【82二技動植物】
3. 下列化合物中，依 N 之氧化數大小順序排列者為：
(A)N_2H_4，N_2，NO，N_2O_3，$Ca(NO_3)_2$
(B)N_2，N_2H_4，N_2O_3，NO，$Ca(NO_3)_2$
(C)$Ca(NO_3)_2$，NO，N_2，N_2O_3，N_2H_4
(D)N_2O_3，N_2，N_2H_4，$Ca(NO_3)_2$，NO。 【86私醫】
4. NH_4NO_3中前面之 N 氧化數為________，後面 N 之氧化數為________。 【76私醫】
5. 下列何者碳的氧化數相同？
(A)氫氰酸 (B)蟻酸 (C)甲醛 (D)尿素 (E)甲醇。
6. 下列何者屬於氧化還原反應？
(A)$2H_2 + O_2 \longrightarrow 2H_2O$ (B)$CaCO_3 \longrightarrow CaO + CO_2$ (C)$2HNO_3 + Ca(OH)_2 \longrightarrow Ca(NO_3)_2 + 2H_2O$ (D)$AgNO_3 + KCl \longrightarrow AgCl + KNO_3$。
【85二技衛生】
7. 下列各半反應何者是發生氧化反應？
(A)$NO_3^- \longrightarrow NO$ (B)$O_2^{2-} \longrightarrow O_2$ (C)$MnO_2 \longrightarrow Mn^{2+}$ (D)$ClO_4^- \longrightarrow ClO_3^-$。 【85二技材資】

8. 下列各項反應中，何者不是氧化還原反應？
(A)$2Mg + CO_2 \longrightarrow 2MgO + C$ (B)$P_4 + 6Cl_2 \longrightarrow 4PCl_3$ (C)$CH_4 + Br_2 \longrightarrow CH_3Br + HBr$ (D)$CaO + SiO_2 \longrightarrow CaSiO_3$。

9. 下列有關氧化還原反應的敘述，何者正確？
(A)氧化劑易被氧化，反應後氧化數減少 (B)氧化劑易被還原，反應後氧化數增加 (C)還原劑易被氧化，反應後氧化數增加 (D)還原劑易被還原，反應後氧化數減少。 【82二技動植物】

10. 下列何者是自身氧化還原反應？
(A)$CaCO_{3(s)} + 2H^+_{(aq)} \longrightarrow Ca^{2+}_{(aq)} + H_2O + CO_{2(g)}$
(B)$Cl_{2(g)} + 2OH^-_{(aq)} \longrightarrow Cl^-_{(aq)} + ClO^-_{(aq)} + H_2O$
(C)$2CrO^{2-}_{4(aq)} + 2H^+_{(aq)} \longrightarrow H_2O + Cr_2O^{2-}_{7(aq)}$
(D)$Cu(H_2O)_4^{2+} + 4NH_3 \longrightarrow Cu(NH_3)_4^{2+} + 4H_2O$。 【82二技動植物】

11. 反應$HCl_{(g)} + HNO_{3(l)} \longrightarrow NO_{2(g)} + 1/2Cl_{2(g)} + H_2O_{(l)}$，則
(A)HNO_3爲氧化劑 (B)HCl爲氧化劑 (C)HNO_3爲還原劑 (D)NO_2爲氧化劑。 【81二技環境】

12. 下列哪一反應中，二氧化硫作爲氧化劑
(A)$2SO_2 + O_2 \longrightarrow 2SO_3$ (B)$SO_2 + H_2O \longrightarrow H_2SO_3$ (C)$SO_2 + 2H_2S \longrightarrow 3S + 2H_2O$ (D)$SO_2 + Cl_2 + 2H_2O \longrightarrow H_2SO_4 + 2HCl$。 【71私醫】

13. 有關氧化－還原反應，下列各項敘述中何者正確？
(A)H_2O_2在硫酸酸性溶液中與$KMnO_4$作用產生Mn^{2+}時，H_2O_2是氧化劑 (B)O_3與PbO_2作用產生 PbO 時，O_3是還原劑 (C)H_2O_2與PbO_2作用產生 PbO 時，H_2O_2是氧化劑 (D)O_3與 PbS 作用產生$PbSO_4$時，O_3是氧化劑 (E)H_2O_2與 PbS 作用產生$PbSO_4$時，H_2O_2是還原劑。

14. 下列含硫物質，何者不可能爲還原劑
(A)SO_2 (B)Na_2SO_3 (C)H_2SO_4 (D)Na_2S。 【81二技動植物】

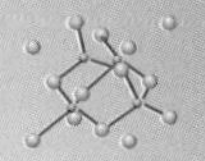

15. 以下何者不能用來當還原劑？
(A)Hg_2Cl_2 (B)H_2SO_4 (C)$Ca(NO_3)_2$ (D)$KMnO_4$ (E)Al。

16. 下列何者不可作為氧化劑？
(A)硝酸 (B)鹽酸 (C)過氧化氫 (D)臭氧。 【84二技動植物】

17. 在硫酸酸性溶液中，草酸被重鉻酸鉀氧化之平衡反應式為
$K_2Cr_2O_7 + 4H_2SO_4 + xH_2C_2O_4 \longrightarrow K_2SO_4 + Cr_2(SO_4)_3 + yH_2O + zCO_2$
上式中x，y，z三係數之總和應為
(A)13 (B)16 (C)22 (D)28。

18. 反應
$a \cdot I^-_{(aq)} + b \cdot MnO^-_{4(aq)} + c \cdot H_2O \longrightarrow d \cdot I_{2(aq)} + e \cdot MnO_{2(s)} + f \cdot OH^-_{(aq)}$
則下列何者正確？
(A)$a+b=7$ (B)$a+e+f=16$ (C)$d+e+f=14$ (D)$b+f=11$。 【81二技環境】

19. 在鹼性溶液中，過錳酸根氧化草酸根的未平衡方程式為
$MnO_4^- + C_2O_4^{2-} \longrightarrow MnO_{2(s)} + CO_3^{2-}$
若方程式平衡後，則氫氧根離子(OH^-)會出現在方程式的
(A)右方，係數為 2 (B)左方，係數為 2 (C)右方，係數為 4 (D)左方，係數為 4。 【81二技動植物】

20. 離子方程式完成平衡如下：$aH_2O + bCN^- + cMnO_4^- \longrightarrow dCNO^- + eMnO_2 + fOH^-$，則下列數據何者正確？
(A)$a+b+c=6$ (B)$a+b+c=7$ (C)$d+e+f=6$ (D)$d+e+f=a+b+c$。 【82二技環境】

21. 在硝化反應中，$NH_4^+ + 2O_2 \longrightarrow NO_3^- + 2H^+ + H_2O$，氮原子
(A)接受 8 個電子 (B)失去 8 個電子 (C)接受 5 個電子 (D)失去 5 個電子。 【83二技環境】

22. H_2O_2進行氧化時放出________氣體，反之若H_2O_2進行還原時產生________氣體。

23. 曾盛裝過錳酸鉀($KMnO_4$)溶液的玻璃器皿乾後，有時會留下用水洗不掉的棕色污痕最好用何者除去？
(A)硫酸　(B)硝酸　(C)草酸　(D)醋酸。

24. 通常欲將CuS溶解時，不使用HCl而使用HNO_3，這是利用硝酸所具有的________特性。【83私醫】

25. 請完成下列的化學反應：(反應式未平衡)
$CH_3OH + K \longrightarrow CH_3OK +$ ________。【85私醫】

26. 選出下列平衡方程式之正確係數
$aH^+ + bMnO_4^{2-} \longrightarrow cMnO_2 + dMnO_4^- + eH_2O$
(A)$a=4$　(B)$b=4$　(C)$c=2$　(D)$d=2$　(E)$e=2$。

27. 硫化銅與濃硝酸反應的未平衡方程式爲：
$CuS_{(s)} + H^+_{(aq)} + NO_3^- \longrightarrow NO_{2(g)} + S_{(s)} + H_2O + Cu^{2+}_{(aq)}$，若方程式平衡後，則$H^+$和$NO_3^-$的係數爲
(A)$4H^+$，$2NO_3^-$　(B)$2H^+$，$2NO_3^-$　(C)$4H^+$，$4NO_3^-$　(D)$2H^+$，$4NO_3^-$。
【82二技動植物】

28. 下列方程式$aCu_3P + bNO_3^- + cH^+ \longrightarrow dCu^{2+} + eH_2PO_4^- + fNO + gH_2O$中，其係數之關係，下列何者正確？
(A)$a+b+c=d+e+f+g+7$　(B)$a+b+c=d+e+f+g$
(C)$a+c=b+d+e+f+g$　(D)$a+b+c+1=d+e+f+g$。
【86二技動植物】

29. 完成並平衡下列反應的化學方程式
(A)$H_2S + MnO_4^- + H^+ \longrightarrow$
(B)$I_2 + S_2O_3^{2-} \longrightarrow$
(C)$CH_3CHOHCH_3 + Cr_2O_7^{2-} + H^+ \longrightarrow$

(D)I_2 + OH^-

(E)Al + Fe_2O_3 ⟶

30. 有 6.32 克的$KMnO_4$與H_2S反應，產生K_2SO_4和MnO_2，所需之H_2S爲($KMnO_4$ = 158.04，H_2S = 34.076)

(A)0.341 克 (B)0.255 克 (C)1.022 克 (D)0.511 克。【67 私醫】

31. 有鐵礦 1.0 克，用鹽酸溶出鐵，所得溶液利用$SnCl_2$溶液將Fe^{3+}還原成Fe^{2+}，過量$SnCl_2$用$HgCl_2$氧化，最後溶液用 0.10N $KMnO_4$溶液滴定，恰需 150 毫升始達終點，試求鐵礦中鐵的百分含量反應式MnO_4^- + $5Fe^{2+}$ + $8H^+$ ⟶ Mn^{2+} + $5Fe^{3+}$ + $4H_2O$，原子量 Fe = 55.8

(A)48.1 (B)59.4 (C)64.3 (D)83.7。【81 二技環境】

32. HNO_3在反應中，還原成NH_3，則HNO_3的當量重爲________(H = 1，N = 14，O = 16)【71 私醫】

33. 等濃度(M)之下列各水溶液欲與定量$KMnO_4$反應時(皆在酸性溶液中)，何者所需的體積最大？

(A)H_2O_2 (B)CH_3OH (C)$FeSO_4$ (D)$(NH_4)_2C_2O_4$。【81 二技動植物】

34. 承上題，何者所需體積最小？

(A)H_2O_2 (B)CH_3OH (C)$FeSO_4$ (D)$(NH_4)_2C_2O_4$。

35. 5.00 克的血紅蛋白試料，經處理而將血紅蛋白分子破壞，產生水溶性分子及離子。由上述處理的結果，水溶液中的鐵離子被還原成Fe^{2+}離子，並以標定過的$KMnO_4$溶液滴定，滴定後，Fe^{2+}氧化成Fe^{3+}，$KMnO_4$還原爲Mn^{2+}，此試料需要 30.5ml 0.0100N $KMnO_4$，則由此可知一個血紅蛋白分子中含有________個鐵原子。(已知血紅蛋白的分子量爲 65600)【71 私醫】

36. 未知濃度之$KMnO_4$溶液 40.0ml，在酸性溶液下，加入過量 KI，使$KMnO_4$還原至Mn^{+2}，若要滴定此時游離析出之碘，則需 0.050M 之

$Na_2S_2O_3$ 45.0ml，則$KMnO_4$溶液之濃度為

(A)3.13×10^{-2}M　(B)2.13×10^{-2}M　(C)1.13×10^{-2}M　(D)4.13×10^{-2}M。【69私醫】

37. 滴定碘時所使用之標準溶液為

(A)Na_2S　(B)Na_2SO_3　(C)Na_2SO_4　(D)$Na_2S_2O_3$。【86二技環境】

38. 用中性過錳酸鉀(乙)逐步氧化1莫耳乙烷 $\xrightarrow{①}$ 乙醇 $\xrightarrow{②}$ (甲) $\xrightarrow{③}$ 乙酸，有關下列敘述何項正確？

(A)①需(乙)2/3莫耳　(B)②需(乙)3/2莫耳　(C)②需(乙)2/5莫耳　(D)(甲)為CH_3CHO　(E)需(乙)2莫耳。【80屏技】

39. aM的酸性$KMnO_4$溶液$b$ml和20％的H_2O_2 d克充分反應以後還能與1莫耳的$FeSO_4\cdot7H_2O$完全作用，則下列哪一個關係式為正確？

(A)$a\times\frac{b}{100}=d\times\frac{20}{100}+1$　(B)$a\times b=d\times\frac{20}{100}+2$　(C)$a\times b\times\frac{1}{200}=d\times\frac{1}{85}+1$　(D)$a\times b=d+1$。

40. 亞硝酸鉀(KNO_2)溶液25ml滴入酸後加0.02M $KMnO_4$ 50ml，因加入過量再加入0.1M $FeSO_4$ 4.8ml溶液才褪色，則KNO_2濃度為

(A)0.09M　(B)0.12M　(C)0.15M　(D)0.18M。

41. 標準氫電極的電位$\varepsilon°=0.00$伏特，是

(A)化學家共同定義的　(B)從反應能量推算的結果　(C)由理論計算的結果　(D)由實驗測得的。

42. 下列非金屬元素，何者為最強之氧化劑

(A)F_2　(B)O_2　(C)Cl_2　(D)S_8。【81二技動植物】

43. 下列何者為最強還原劑？

(A)Na　(B)Mg　(C)Al　(D)H_2。【85二技衛生】

44. 已知鍶(Sr)可溶於$MnCl_2$溶液中，鎳(Ni)可溶於$Pb(NO_3)_2$溶液中，但不溶於$MnCl_2$中，則下列有關四種元素氧化力大小順序，何者正確？

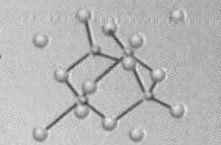

(A)Pb > Ni > Mn > Sr (B)Mn > Sr > Pb > Ni (C)Sr > Mn > Ni > Pb (D)Ni > Pb > Mn > Sr。 【86二技衛生】

45. 下列敘述何者有錯誤？
(A)酸雨因含較高濃度的H^+，故對鐵(Fe)具破壞性($Fe + 2H^+ \longrightarrow Fe^{2+} + H_2$) (B)$Br_2$可由$Cl_2$通入$NaBr_{(aq)}$中製得 (C)$Cl_2$通入$NaF_{(aq)}$中，可得到$F_2$氣體 (D)電解NaCl水溶液無法得到Na金屬之原因是其陰極半反應式為$2H_2O + 2e^- \longrightarrow H_2 + 2OH^-$。 【86私醫】

46. 下列何種金屬不能與鹽酸反應產生H_2氣體？
(A)Al (B)Fe (C)Cu (D)Zn。

47. 在實驗室欲製備二氧化氮氣體時，所需試劑是：
(A)濃鹽酸 (B)濃硝酸 (C)濃硫酸 (D)金屬鈉 (E)銅片。

48. 當$Fe^{3+} \xrightarrow{+0.77V} Fe^{2+} \xrightarrow{-0.44V} Fe$，對於$Fe^{3+} \longrightarrow Fe$，其$\varepsilon$值為________V。

【78私醫】

49. 由下列emf圖表，算出$MnO_4^- \longrightarrow Mn^{++}$的還原電位？
$MnO_4^- \xrightarrow{+1.7V} MnO_2 \xrightarrow{+1.23V} Mn^{++} \xrightarrow{-1.18V} Mn$ 【74後中醫】

50. 已知還原電位數值如下：
$Ag^+_{(aq)} + e^- \longrightarrow Ag_{(s)}$ $\varepsilon° = +0.80V$
$Ag^{2+}_{(aq)} + 2e^- \longrightarrow Ag_{(s)}$ $\varepsilon° = +1.39V$
則$Ag^{2+}_{(aq)}$被還原成$Ag^+_{(aq)}$，所需電位為若干伏特(V)？
(A)+0.41 (B)+0.59 (C)+1.98 (D)+2.19。 【86二技材資】

51. 丹尼爾電池(Daniell cell)的表示方法應為
(A)Zn；Zn^{2+} ∥ Cu^{2+}；Cu (B)Zn；Zn^{2+} ∥ Cu；Cu^{2+} (C)Zn^{2+}；Zn ∥ Cu^{2+}；Cu (D)Zn^{2+}；Zn ∥ Cu；Cu^{2+}。 【73後中醫】

52. 將鋅板及銅片分置於同一杯稀硫酸中，並在液外以電線連接兩金屬上端。則下列敘述，何者正確？

(A)鋅不溶解，但鋅板上有氫氣發生　(B)銅溶解，並在銅片上有氫氣發生　(C)銅不溶，其銅片上亦無氫氣發生　(D)鋅板溶解，而銅不溶，但在銅片上有氫氣發生。　【86二技動植物】

53. 已知下列各離子之還原電位如下：$\varepsilon^\circ_{Fe^{3+}|Fe^{2+}} = 0.77V$，$\varepsilon^\circ_{Fe^{2+}|Fe} = -0.44V$，$\varepsilon^\circ_{Cu^{2+}|Cu} = 0.34V$，$\varepsilon^\circ_{Ni^{2+}|Ni} = -0.23V$，$\varepsilon^\circ_{Zn^{2+}|Zn} = -0.76V$，則下列何項物種可還原$Fe^{3+}$成$Fe^{2+}$，但不能還原$Fe^{2+}$成Fe？

(A)Ni^{2+}　(B)Cu　(C)Zn^{2+}　(D)Zn。　【83二技動植物】

54. 如下圖，電流計的指針會偏轉，A極變粗，B極變細，符合這種情況的是：

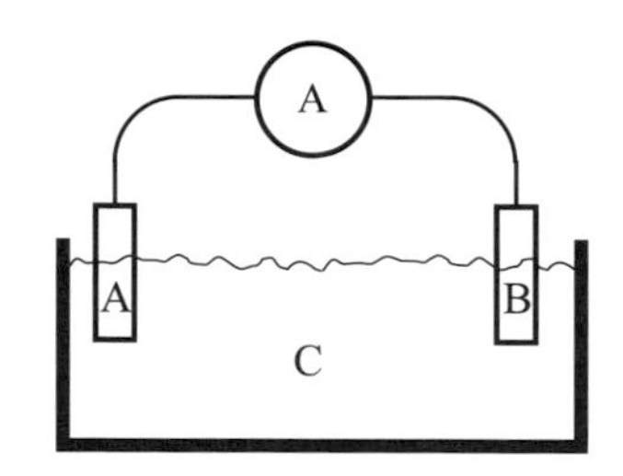

(A)A是Cu，B是Zn，C是H_2SO_4溶液　(B)A是Zn，B是Cu，C是$CuSO_4$溶液　(C)A是Ag，B是Zn，C是$AgNO_3$溶液　(D)A是Fe，B是Cu，C是$AgNO_3$溶液。　【84二技動植物】

55. 寫出電化學電池$Fe_{(s)}$｜Fe^{2+}‖Sn^{2+}，Sn^{4+}｜Pt的淨反應方程式：__________。　【83私醫】

56. 右為電池之簡化表示：$Sn_{(s)}/Sn^{2+}_{(aq)}//NO^-_{3(aq)}/NO_{(g)}/Pt_{(s)}$，當此電池在放電的過程中，下列何種物質是被還原？

(A)$NO^-_{3(aq)}$　(B)$NO_{(g)}$　(C)$Pt_{(s)}$　(D)$Sn^{2+}_{(aq)}$。　【86二技材資】

57. 某元素X具有四種不同氧化態，其相互間的標準還原電位如下：

$O_2 + 4H^+ + 4e^- \longrightarrow 2H_2O$　　$\varepsilon^\circ = +1.2$ 伏特

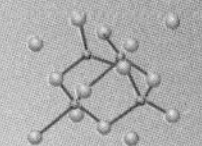

$X^{4+} + e^- \longrightarrow X^{3+}$　　$\varepsilon° = +0.6$ 伏特

$X^{3+} + e^- \longrightarrow X^{2+}$　　$\varepsilon° = -0.1$ 伏特

$X^{2+} + 2e^- \longrightarrow X$　　$\varepsilon° = -1.0$ 伏特

若將2M的X^{2+}加入同體積2M的H^+溶液時，下列何者可能發生？

(A)X^{3+}　(B)X^{4+}　(C)X　(D)H_2　(E)O_2。

58. 下列敘述何者正確？

(A)平衡常數可預測正反應之速率　(B)平衡常數可預測向右進行量多少　(C)$\varepsilon°$可預測反應速率　(D)$\varepsilon°$可預測反應進行的方向　(E)由電池的電動勢可預測反應進行量的多少。

59. 根據下列數據，判斷何者可以發生自身氧化(不均)反應？

$Cu^{+2} \xrightarrow{0.153} Cu^+ \xrightarrow{0.521} Cu$，$Fe^{+3} \xrightarrow{0.77} Fe^{+2} \xrightarrow{-0.44} Fe$，

$MnO_4^- \xrightarrow{-0.56} MnO_4^{-2} \xrightarrow{2.26} MnO_2$，$Ce^{+4} \xrightarrow{1.61} Ce^{+3} \xrightarrow{-2.44} Ce$，

$UO_2^{+2} \xrightarrow{0.05} UO_2^+ \xrightarrow{0.62} U^{+4}$

(A)Cu^+　(B)Fe^{+2}　(C)MnO_4^{-2}　(D)Ce^{+3}　(E)UO_2^+。

60. $Zn_{(s)} \longrightarrow Zn^{+2}_{(aq,\ 1M)} + 2e^-$，$\varepsilon° = +0.76$volt，試求反應$Zn_{(s)} + 2H^+_{(aq,\ 0.001M)} \longrightarrow Zn^{2+}_{(aq,\ 1M)} + H_{2(g,\ 1atm)}$組成之電池電位

(A)+0.58volt　(B)0.49volt　(C)+0.6715volt　(D)0.83volt。

【68私醫】

61. 已知$1/2H_2 \longrightarrow H^+ + e^-$標準氧化電位$\varepsilon° = 0.000$伏特，$Fe^{2+} \longrightarrow Fe^{3+} + e^-$，標準氧化電位$\varepsilon° = -0.771$伏特，估計電池

(Pt)，H_2(1 atm) | H^+(1M) ‖ Fe^{3+}(0.01M)，Fe^{2+}(0.1M) | (Pt)之電位

(A)+0.712伏特　(B)−1.100伏特　(C)+0.59伏特　(D)−0.59伏特。

【83二技環境】

62. 一偶對(a couple，M^{++}/M)之標準還原電位，必須多少才能使一中性

溶液放出氫氣？($M + 2H^+ \longrightarrow M^{++} + H_2\uparrow$)　【73後中醫】

63. 常溫下，下列各種電解液濃度不同之電池，何者之電壓最大？
(A)$Zn \mid Zn^{2+}(0.5M) \parallel Cu^{2+}(0.5M) \mid Cu$　(B)$Zn \mid Zn^{2+}(1M) \parallel Cu^{2+}(0.1M) \mid Cu$　(C)$Zn \mid Zn^{2+}(5M) \parallel Cu^{2+}(0.5M) \mid Cu$　(D)$Zn \mid Zn^{2+}(0.1M) \parallel Cu^{2+}(1M) \mid Cu$。　【71私醫】

64. $Cu_{(s)} + 2Ag^+(1M) \rightleftharpoons Cu^{+2}(1M) + 2Ag_{(s)}$，$\varepsilon° = 0.46V$，若發生下列改變時，有關電池電壓之敘述何者是正確的？
(A)溫度升高則電壓降低　(B)使$[Ag^+]$增大則電壓增大　(C)使$[Cu^{+2}]$ $[Ag^+]$皆由1.0M降為0.50M時，電壓不變　(D)當反應達平衡時電壓增大　(E)增大電極板之面積，電壓變大。(本反應係放熱反應)【80屏技】

65. 氫電極在一定的氫壓力時，溶液之pH愈高，其還原電動勢愈________。　【80成大環工】

66. $Cu_{(s)} + 2Ag^+_{(aq)} \rightleftharpoons Cu^{2+}_{(aq)} + 2Ag$之電化電池反應到達平衡狀態時，伏特計的電壓讀數(伏特)
(A)變為零　(B)大於零　(C)小於零　(D)正值或負值之任一方都有可能。

67. 如果下列反應是自發反應，以下敘述何者正確？
$Zn_{(s)} + Cu^{2+}_{(aq)} \longrightarrow Cu_{(s)} + Zn^{+2}_{(aq)}$
(A)$K_{eq} > 1$，$\Delta G° < 0$，and $\varepsilon° < 0$　(B)$K_{eq} < 1$，$\Delta G° < 0$，and $\varepsilon° < 0$　(C)$K_{eq} > 1$，$\Delta G° < 0$，and $\varepsilon° > 0$　(D)$K_{eq} < 1$，$\Delta G° < 0$，and $\varepsilon° > 0$。　【82私醫】

68. 某電化電池反應$X_{(s)} + 2Y^+_{(aq)} \rightleftharpoons X^{+2}_{(aq)} + 2Y_{(s)}$，在25℃之平衡常數為$1.0 \times 10^{20}$，求其標準電壓$\varepsilon°$等於
(A)+ 0.59伏特　(B)+ 0.30伏特　(C)+ 1.20伏特　(D)+ 0.85伏特　(E)+ 0.5伏特。　【80屏技】

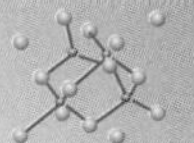

69. $Cu(OH)_2 \longrightarrow Cu^{2+} + 2OH^-$

$Cu(OH)_2 + 2e^- \longrightarrow Cu + 2OH^-$　　$\varepsilon° = -0.224V$

$Cu^{2+} + 2e^- \longrightarrow Cu$　　$\varepsilon° = +0.337V$

試問$Cu(OH)_2$之溶解度積常數(K_{sp})爲

(A)2.2×10^{-18}　(B)1.1×10^{-17}　(C)4.2×10^{-18}　(D)1.1×10^{-19}。

【82二技環境】

70. 試計算下列氧化還原反應，於25℃時之標準自由能($\Delta G°$)爲若干？

$Cd_{(s)} + Pb^{2+}_{(aq)} \longrightarrow Cd^{2+}_{(aq)} + Pb_{(s)}$

已知半反應如下：

Anode：$Cd_{(s)} \longrightarrow Cd^{+2}_{(aq)} + 2e^-$　　$\varepsilon° = 0.403V$

Cathode：$Pb^{+2}_{(aq)} + 2e^- \longrightarrow Pb_{(s)}$　　$\varepsilon° = -0.126V$

(A)-26.75kJ　(B)-83.5kJ　(C)-53.5kJ　(D)-107.0kJ。

【81二技環境】

71. 計算下列反應在標準狀態下自由能變化值：$Cd + Pb^{+2} \rightleftharpoons Cd^{+2} + Pb$，已知下列半反應之電動勢值：$Cd \rightleftharpoons Cd^{+2} + 2e^-$，$\varepsilon° = +0.40V$；$Pb \hookrightarrow Pb^{+2} + 2e^-$，$\varepsilon° = +0.13V$，又一法拉第爲96.48kJ/V。【77私醫】

72. 某生以一電化電池(galvanic cell)測定CuS的K_{sp}值。一個半電池爲一銅棒浸在0.10M Cu^{2+}溶液中；另一半電池爲一鋅棒浸在1.00M Zn^{2+}溶液中。實驗過程中，Zn^{2+}濃度維持不變；含銅棒之半電池，則以H_2S氣體飽和，使Cu^{2+}濃度降至最低值。此時測得電池之電動勢(emf)爲$+0.67V$，同時顯示銅電極是陰極，試計算

(A)Cu^{2+}之濃度　(B)CuS之K_{sp}值

$Zn^{2+} + 2e^- \longrightarrow Zn_{(s)}$　　$\varepsilon° = -0.76V$

$Cu^{2+} + 2e^- \longrightarrow Cu_{(s)}$　　$\varepsilon° = +0.34V$

飽和$[H_2S] = 0.10M$，$K_{a1}(H_2S) = 1.0\times10^{-7}$，$K_{a2}(H_2S) = 1.1\times10^{-14}$)

(log2 = 0.301，log3 = 0.477，log5 = 0.699)　【79成大】

73. 已知 Cu ⟶ Cu^{2+} + $2e^-$之$\varepsilon°$為 − 0.34V，則此 Cu｜Cu^{+2}(0.01M)‖Cu^{+2}(1.0M)｜Cu 之ε為________V。【72 私醫】

74. 陰極防止法是阻止鐵器生鏽的最積極辦法，下列不符合此條件的是 (A)鐵皮鍍鋅 (B)油輪船身塗上一層鎂 (C)鐵皮上塗上油漆 (D)鐵器上鍍上一層鉻。【69 私醫】

75. 下列何者金屬與鐵連接後可防止鐵的生鏽？
(A)銀 (B)銅 (C)錫 (D)鋅。【81 私醫】

76. 沉澱反應中，剛沉澱而成之$Fe(OH)_2$化合物，當暴露於大氣中，則將迅速轉變為何種化合物？
(A)$FeCl_3$ (B)$Fe(OH)_3$ (C)Fe_3O_4 (D)$Fe_2O_3 \cdot xH_2O$。【82 二技環境】

77. 含鐵之樑架與地下管路可藉由與何種金屬塊連線而達到防腐蝕的效果？
(A)Pb (B)Ag (C)Sn (D)Mg。【84 二技動植物】

78. 鋁比鐵不易腐蝕，是由下列何種原因造成？
(A)從 + 3 價至 0 價鐵的還原電位比鋁高 (B)Al ⟶ Al^{3+}的游離能比 Fe ⟶ Fe^{3+}的游離能高 (C)鋁的裡面生成一層Al_2O_3的薄膜 (D)鋁的導電性比鐵高。【86 二技動植物】

79. 電解飽和食鹽水，各項敘述正確者：
(A)陰極產生Cl_2氣體 (B)陽極產生$O_{2(g)}$ (C)陰極$H_{2(g)}$與$NaOH_{(aq)}$ (D)兩電極生成之氣體相遇可得$HCl_{(g)}$ (E)陽極為$Cl_{2(g)}$，與陰極所得熱溶液再作用，可得$NaClO_3$。【80 屏技】

80. 試寫出電解K_2SO_4水溶液時氧化極(anode)及還原極(cathode)之半反應方程式。【78 成大】

81. 電解熔融食鹽時
(A)陽極產生氧氣，陰極產生鈉 (B)陽極產生氯氣，陰極產生鈉 (C)陽極產生氯氣，陰極產生氫氣 (D)陽極產生鈉，陰極產生氧氣。

【86 二技環境】

82. 電解 1M 之 Ag^+ 及 1M 之 Pb^{2+} 混合水溶液，何種物質將首先在陰極析出？

$Ag^+_{(aq)} + e^- \longrightarrow Ag_{(s)}$，$\varepsilon° = +0.80$ 伏特

$Pb^{2+}_{(aq)} + 2e^- \longrightarrow Pb_{(s)}$，$\varepsilon° = -0.13$ 伏特

(A) $H_{2(g)}$　(B) $Ag_{(s)}$　(C) $Pb_{(s)}$　(D) $O_{2(g)}$。

83. 於一U形管中，以碳棒為電極，電解 0.5M 的碘化鉀水溶液一小段時候，試問下列敘述何者為正確？

(A)在陰極上，鉀離子發生還原反應生成金屬鉀，金屬鉀與水作用生成氫氣　(B)取出陰極附近溶液檢驗，發現該溶液呈鹼性　(C)在陽極發生氧化反應　(D)陽極上有大量固體碘沉澱析出　(E)陽極附近有深棕色溶液生成。

84. 將分別盛有 Cr^{3+}，Ag^+，Hg^{2+} 之三個電解槽串聯，通電後所析出的 Cr，Ag，Hg 三物之莫耳數比為

(A) 2：6：3　(B) 3：1：2　(C) 1：3：2　(D) 6：2：3。

85. 在 27℃ 及 1 大氣壓時，以鉑電極電解稀硫酸溶液，電流為 5 安培，歷時 32 分 10 秒鐘，則陽極放出之氧氣約為

(A) 12300 毫升　(B) 6150 毫升　(C) 1230 毫升　(D) 615 毫升。

86. 以銀為陽極，鉑為陰極，電解溴化鉀溶液時陰極反應為：

$2H_2O + 2e^- \longrightarrow 2OH^- + H_{2(g)}$

今電解 100 毫升溴化鉀溶液直至所得氫之體積在 0℃ 及 2atm 下為 11.2 毫升。該電解液在 25℃ 時 pH 值約為若干？[對數值：$\log 2 = 0.3010$]

(A) 7.0　(B) 11.3　(C) 12.0　(D) 12.3。

87. 電池 $Zn \mid Zn^{2+} \parallel Cu^{2+} \mid Cu$ 之外線路，有 1 安培電流，時間為 1 小時，則應有若干個電子流過？

(A) 1.3×10^{19}　(B) 2.2×10^{22}　(C) 1.3×10^{15}　(D) 9.0×10^{22}。【84 二技環境】

88. 0.200M KOH溶液，以8.00安培(A)之電流電解1.5小時，試問在陽極會產生多少莫耳的氧氣(O_2)？
(A)0.448 (B)0.224 (C)0.112 (D)2.24×10^{-2}。【81二技動植物】

89. 以1法拉第之電量電解下列各物之水溶液，何者所產生之S.T.P.下之氣體體積最大？
(A)$AgNO_{3(aq)}$ (B)$KI_{(aq)}$ (C)稀硫酸 (D)NaCl飽和溶液 (E)NaOH稀溶液。

90. 電解含(甲)$CuSO_4$和(乙)$AgNO_3$之兩串聯電解槽，經過一段時間，下列何者錯誤？(註：Cu原子量爲64，Ag原子量爲108)
(A)通過電量，甲：乙＝1：1 (B)析出金屬之莫耳數，甲：乙＝2：1 (C)析出金屬之重量，甲：乙＝32：108 (D)若析出銅6.4克，則需0.2法拉第的電量。【84二技環境】

91. 甲杯內盛硫酸銅之稀硫酸溶液，乙杯內盛硝酸銀水溶液，如下圖所示。A、B 爲各2克的銅板，C、D 爲各1.5克的白金板。當行電解時，若電極所生氣體達0℃，1atm，28ml時，測定各電極的質量，則電極質量大小順序何者爲正確？(Cu＝64，Ag＝108)

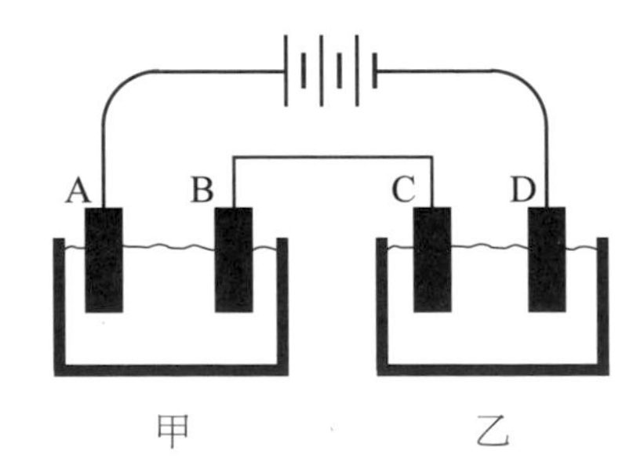

(A)A＜B＜C＜D (B)A＜C＜B＜D (C)C＜A＜B＜D (D)C＜A＜D＜B。【84二技動植物】

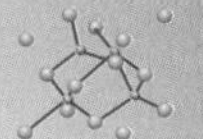

92. 下列水溶液，以鉑板為電極通同等電量作電解，所析出金屬中質量最輕的是
(A)NaCl (B)$AlCl_3$ (C)$AgNO_3$ (D)$CuSO_4$。(Na＝23，Al＝27，Ag＝108，Cu＝64) 【77私醫】

93. 鉛蓄電池反應如下：$Pb + PbO_2 + 2H_2SO_4 \rightleftharpoons 2PbSO_4 + 2H_2O$，茲有體積為10L，濃度為4N H_2SO_4之鉛蓄電池，以5A電流使用2小時後，試問使用後硫酸之濃度為若干N？
(A)3.250N (B)3.538N (C)3.925N (D)3.451N。 【82二技環境】

94. 將A、B兩鉑電極插入熔融之氯化鈉中，又將C、D二碳電極懸浸於0.5M之碘化鉀水溶液中，將B與C電極以銅線相連。若對A與D電極施電壓，以固定的電流電解10分鐘。而在A電極產生2.3克之鈉，則(原子量：Na＝23，Cl＝35.5，K＝39，I＝127)
(A)在B電極產生0.05莫耳之氣體 (B)在C電極附近之溶液呈深棕色 (C)在C電極附近的溶液呈鹼性 (D)在C電極產生0.025莫耳之氣體 (E)電解之平均電流約為16.1安培。

95. 在一電解質實驗中，電流保持5安培，水不因蒸發而逸出，電量利用率為100％。在此情形下，電解10％(重量％)的NaOH(式量＝40)水溶液100克，經x小時後發現NaOH濃度變為11％。x約為
(A)54.2 (B)27.1 (C)10.8 (D)5.40。(1法拉第＝96500庫侖＝26.8安培時)

96. 銅匙上欲鍍銀時，銅匙應該接連到直流電源之________端。(正或負)
【80成大環工】

97. 銅器鍍鎳，下列敘述何者有誤？
(A)陰極的半反應為$Ni^{2+} + 2e^- \longrightarrow Ni$ (B)陽極的半反應為$Ni \longrightarrow Ni^{2+} + 2e$ (C)鎳片為陽極，銅器為陰極 (D)鎳片減少0.1莫耳可放出6.02×10^{22}個電子。 【84二技環境】

98. 下列有關電池的敘述，何者正確？

(A)化學電池中，發生氧化反應之電極為陰極，亦即是正極 (B)乾電池是以鋅皮罐作陽極，中間以石墨製成之碳棒為陰極 (C)鉛蓄電池以二氧化鉛為陽極，海綿狀鉛為陰極，浸於稀硫酸中 (D)氫氧燃料電池之淨反應即為水的分解：$H_2O_{(l)} \longrightarrow H_{2(g)} + 1/2O_{2(g)}$。【86二技衛生】

99. 汽車常使用之鉛酸電池，其充電及放電的反應方程式如下所示：

$$PbO_2 + Pb + 2H_2SO_4 \underset{充電}{\overset{放電}{\rightleftharpoons}} 2PbSO_4 + 2H_2O$$

下列敘述何者正確？

(A)電池放電時，H_2SO_4的比重增加 (B)電池充電時，鉛在負極上生成 (C)電池充電時，氧化鉛的質量維持一定 (D)電池放電時，鉛在正極上生成。【86二技材資】

100. 鉛蓄電池的放電過程反應如下，充電過程為此反應的逆反應：$Pb + PbO_2 + 2H_2SO_4 \longrightarrow 2PbSO_4 + 2H_2O$則下列敘述，何者正確？

(A)放電過程 Pb 是氧化劑 (B)放電過程PbO_2被氧化 (C)充電過程$PbSO_4$發生氧化及還原反應 (D)放電過程硫酸被氧化。【83二技材資】

101. 下列有關乾電池的敘述，何者正確？

(A)居於中心的碳棒是正極，也就是陰極 (B)居於中心的碳棒是正極，也就是陽極 (C)鋅皮殼是負極，也就是陰極 (D)鋅皮殼是正極，也就是陽極。【82二技動植物】

102. 已知$Cu^{+}_{(aq)} + e^- \rightleftharpoons Cu_{(s)}$ $\varepsilon° = 0.521V$

$Cu^{2+} + e^- \rightleftharpoons Cu^{+}_{(aq)}$ $\varepsilon° = 0.153V$

試問(A)$Cu^{2+} + 2e^- \rightleftharpoons Cu_{(s)}$之標準電位為何？

(B)$Cu^{+}_{(aq)}$之自身氧化還原(Disproportionation)反應

$2Cu^{+}_{(aq)} \rightleftharpoons Cu_{(s)} + Cu^{2+}_{(aq)}$之平衡常數為何？【82台大甲】

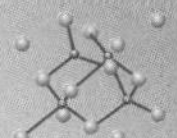

答案：1.(CE) 2.(B) 3.(A) 4.−3，5 5.(AB) 6.(A) 7.(B) 8.(D) 9.(C) 10.(B) 11.(A) 12.(C) 13.(BD) 14.(C) 15.(BCD) 16.(B) 17.(B) 18.(B) 19.(D) 20.(A) 21.(B) 22.O_2，H_2O 23.(C) 24.強氧化力 25.$\frac{1}{2}H_2$ 26.(ADE) 27.(A) 28.(A) 29.見詳解 30.(D) 31.(D) 32.$\frac{63}{8}$ 33.(C) 34.(B) 35.4 36.(C) 37.(D) 38.(ADE) 39.(C) 40.(A) 41.(A) 42.(A) 43.(A) 44.(A) 45.(C) 46.(C) 47.(BE) 48.−0.036 49.1.512 50.(C) 51.(A) 52.(D) 53.(B) 54.(C) 55.$Fe + Sn^{4+} \longrightarrow Fe^{2+} + Sn^{2+}$ 56.(A) 57.(AD) 58.(BDE) 59.(ACE) 60.(A) 61.(A) 62.小於−0.414 63.(D) 64.(AB) 65.低 66.(A) 67.(C) 68.(A) 69.(D) 70.(C) 71.−52.1kJ 72.見詳解 73.0.0592 74.(C) 75.(D) 76.(D) 77.(D) 78.(C) 79.(CDE) 80.見詳解 81.(B) 82.(B) 83.(BCE) 84.(A) 85.(D) 86.(D) 87.(B) 88.(C) 89.(D) 90.(B) 91.(D) 92.(D) 93.(C) 94.(ACE) 95.(D) 96.負端 97.(D) 98.(B) 99..(B) 100.(C) 101.(A) 102.(A)0.337，(B)1.7×10^{6}

PART II

1. The oxidation state of Fe in the $K_4Fe(CN)_6$ is
   (A)1 (B)2 (C)3 (D)4. 【79淡江】

2. Assign the oxidation states to all atoms in $LiAlH_4$.
   (A)Li^+，Al^{+3}，H^- (B)Li^-，Al^{-3}，H^+ (C)Li^+，Al^0，H^- (D)Li^0，Al^0，H^0. 【79淡江】

3. In which of the following does nitrogen have an oxidation number of + 4?
(A)HNO_3 (B)NO_2 (C)N_2O (D)NH_4Cl (E)$NaNO_2$. 【86成大A】

4. Assign oxidation states to all atom in each compound.
(A)$XeOF_4$ (B)O_3. 【80中山】

5. What is the best description of the oxidation states of the iron atoms in Fe_3O_4?
(A)0，0，+ 8 (B)+ 1，+ 1，+ 6 (C)+ 2，+ 2，+ 4 (D)+ 2，+ 3，+ 3. 【76台大】

6. Which of the following can be regarded as an oxidation-reduction process?
(A)$2Na + Cl_2 \longrightarrow 2NaCl$ (B)$SnCl_2 + PbCl_4 \longrightarrow SnCl_4 + PbCl_2$ (C)$IF_5 + Fe \longrightarrow FeF_2 + IF_3$ (D)$PCl_3 + 3AgF \longrightarrow PF_3 + 3AgCl$ (E)All of the above. 【83中興A】

7. Which of the following reactions is an oxidation-reduction reaction?
(A)$CaCO_3 + 2HCl \longrightarrow CaCl_2 + H_2O + CO_2$ (B)$CaO + SO_3 \longrightarrow CaSO_4$ (C)$H_2SO_4 + 2NaOH \longrightarrow Na_2SO_4 + 2H_2O$ (D)$NH_4NO_3 \longrightarrow N_2O + 2H_2O$ (E)$AgNO_3 + KI \longrightarrow AgI + KNO_3$. 【84中山】

8. All of the equations below are examples of disproportionations except
(A)$Br_2 + H_2O \longrightarrow HOBr + H^+ + Br^-$ (B)$3OH^- + P_4 + 3H_2O \longrightarrow 3H_2PO_2^- + PH_3$ (C)$3NO_2 + H_2O \longrightarrow 2HNO_3 + NO$ (D)All of the equations are disproportions (E)$Br_2 + 2OH^- \longrightarrow OBr^- + Br^- + H_2O$.
【84中山】

9. In the following oxidation-reduction reaction
$8H^+ + 4NO_3^- + 6Cl^- + Sn \longrightarrow SnCl_6^{2-} + 4NO_2 + 4H_2O$

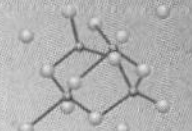

the reducing agent is

(A)Sn (B)Cl^- (C)NO_3^- (D)H^+. 【78台大甲】

10. In the reaction

$2NH_4^+ + 6NO_3^- + 4H^+_{(aq)} \longrightarrow 6NO_{2(g)} + N_{2(g)} + 6H_2O$

the reducing agent is

(A)NH_4^+ (B)NO_3^- (C)H^+ (D)NO_2 (E)N_2. 【85清大】

11. Which of the following changes requires an oxidizing agent?

(A)$N_2H_4 \longrightarrow N_{2(g)}$ (B)$MnO_4^- \longrightarrow MnO_{2(s)}$ (C)$H_2SO_3 \longrightarrow SO_{2(g)}$ (D) $Sb(OH)_6^- \longrightarrow Sb_4O_{6(s)}$ (E)$Cu^{2+} \longrightarrow Cu(NH_3)_4^{2+}$. 【82清大】

12. A sulfur-containing species that cannot be a reducing agent is

(A)SO_2 (B)SO_3^{2-} (C)SO_4^{2-} (D)S^{2-} (E)$S_2O_3^{2-}$. 【81成大環工】

13. Which of the following cannot be an reducing agent?

(A)H_2 (B)Cl_2 (C)Fe^{3+} (D)Al (E)LiH. 【85成大A】

14. How many oxidation states(or oxidation numbers) of nitrogen element(N)? Give an example for each oxidation state. 【83成大化學】

15. Balance the following equation:

(A)$Fe(CN)_6^{3-} + Cr_2O_{3(s)} \xrightarrow{OH^-} Fe(CN)_6^{4-} + CrO_4^{2-}$

(B)$ClO^- + I_{2(s)} \xrightarrow{OH^-} Cl^- + IO_3^-$

(C)$Mn(OH)_{2(s)} + H_2O_{2(aq)} \longrightarrow MnO_{2(s)}$

(D)$CN^- + Fe(CN)_6^{3-} \xrightarrow{OH^-} CNO^- + Fe(CN)_6^{4-}$

(E)$N_2H_{4(aq)} + Cu(OH)_{2(s)} \longrightarrow N_{2(g)} + Cu_{(s)}$

(F)$Zn_{(s)} + NO_3^- \xrightarrow{H^+} Zn^{2+} + NH_4^+$

(G) $Cu_{(s)} + NO_3^- \xrightarrow{H^+} NO_{(g)} + Cu^{2+}$

(H) $P_{4(s)} + NO_3^- \xrightarrow{H^+} H_3PO_{4(aq)} + NO_{(g)}$

(I) $H_2S_{(aq)} + NO_3^- \xrightarrow{H^+} S_{(s)} + NO_{(g)}$

(J) $Al_{(s)} + NO_3^- \xrightarrow{H^+} Al^{3+} + N_{2(g)}$

(K) $Cl_2 + OH^- \rightarrow Cl^- + ClO_3^- + H_2O$

16. The police often use a breath analyzer to test drivers suspected of being drunk. The chemical basis of it is a redox reaction. The alcohol (ethanol) in the breath is converted to acetic acid in the presence of potassium dichromate($K_2Cr_2O_7$) and sulfuric acid. Please balance this chemical reaction. 【83成大化學】

17. In balancing the half-reaction

    $CN^- \rightarrow CNO^-$(skeletal)

    the number of electrons that must be added is

    (A)zero (B)one on the right (C)one on the left (D)two on the right (E)two on the left. 【82清大】

18. For the reaction between permanganate ion and oxalate ion in basic solution the unbalanced equation is

    $MnO_4^- + C_2O_4^{2-} \rightarrow MnO_{2(s)} + CO_3^{2-}$

    When this equation is balanced the number of OH^- ions is

    (A)zero (B)two on the right (C)two on the left (D)four on the right (E)four on the left. 【85清大】

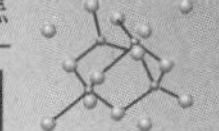

19. How many electrons are transferred in the following reaction?

$2ClO_3^- + 12H^+ + 10I^- \longrightarrow 5I_2 + Cl_2 + 6H_2O$

(A)12 (B)5 (C)2 (D)30 (E)10. 【86成大A】

20. Hydrogen peroxide can function either as an oxidizing agent or as reducing agent. Write half-reaction for H_2O_2 acting in these roles.

【83成大環工】

21. 30ml of 0.10M $KMnO_4$ are used to oxidized H_2O_2 to O_2 and $KMnO_4$ reduced to Mn^{2+} in acidic solution. What volume of 0.050M H_2O_2 was oxidized? 【77輔大】

22. $Mn^{2+}_{(aq)}$ can be determined by titration with $MnO^-_{4(aq)}$.

$Mn^{2+}_{(aq)} + MnO^-_{4(aq)} + OH^-_{(aq)} \longrightarrow MnO_{2(s)} + H_2O_{(l)}$ (not balance)

A 25.00ml sample of $Mn^{2+}_{(aq)}$ requires 34.77ml of 0.05876M $KMnO_{4(aq)}$ for its titration. What is $[Mn^{2+}]$ in the sample? 【83中山化學】

23. What quantity of $KMnO_4$ is needed to oxidize 15.0g of As_4O_6 in acidic solution? The products of the reaction are H_3AsO_4 and Mn^{2+}. ($KMnO_4 = 158$，$As_4O_6 = 396$)

24. If $Hg^{2+} + 2e^- \longrightarrow Hg \quad \varepsilon° = +0.854V$

$(Hg_2)^{2+} + 2e^- \longrightarrow 2Hg \quad \varepsilon° = +0.792V$

Calculate the potential for the reduction of Mercury(II) to Mercury (I) $2Hg^{2+} + 2e^- \longrightarrow (Hg_2)^{2+}$

(A)+0.062V (B)+0.916V (C)+0.458V (D)−0.062V (E)−0.916V. 【84成大化工】

25. In a galvanic cell, the electron flow is always from

(A)the positive electrode to the negative electrode (B)through the salt bridge directionally (C)from reducing agent to oxidizing agent (D)from anode to cathode. 【83中山生物】

26. Consider the following standard reduction potentials.

$2H^+_{(aq)} + 2e \longrightarrow H_{2(g)}$ $\varepsilon° = 0.00V$

$Ni^{2+}_{(aq)} + 2e \longrightarrow Ni_{(s)}$ $\varepsilon° = -0.25V$

$Cd^{2+}_{(aq)} + 2e \longrightarrow Cd_{(s)}$ $\varepsilon° = -0.40V$

Which pair of substances will react spontaneously?

(A)Ni^{2+} with Cd^{2+} (B)Cd with Ni^{2+} (C)Ni with Cd^{2+} (D)Ni^{2+} with H^+ (E)Cd with Ni. 【84中山】

27. ΔG for a redox reaction is positive, and all of the reactants and products are in their standard states. Which of the following is true? (A)Q is equal to 1. (B)The reaction is spontaneous to the right. (C)E(volts) for the reaction is negative. (D)The reaction is in equilibrium. (E)none of the above. 【86清大A】

28. What is the cell voltage of the following cell:

$Zn_{(s)} \mid Zn^{2+}_{(aq,\ 0.010M)} \parallel Cu^{2+}_{(aq,\ 1.00M)} \mid Cu_{(s)}$

Knowing $\varepsilon°(Cu^{2+} \longrightarrow Cu) = +0.34V$，$\varepsilon°(Zn^{2+} \longrightarrow Zn) = -0.76V$

(A)1.16 (B)1.04 (C)1.22 (D)0.98 (E)-0.36 V. 【77台大】

29. Calculate the potential for the following cell at 25℃

$Pt \mid H_{2(g)}(0.79atm) \mid H_3O^+(0.50M) \parallel Cl^-(0.05M) \mid Cl_{2(g)}(0.10atm) \mid Pt$

given that $\varepsilon° = 1.3595V$ for $Cl_2 + 2e^- \longrightarrow 2Cl^-$. 【82成大環工】

30. The emf of the cell for the reaction

$M + 2H^+(1.0M) \longrightarrow H_2(1.0atm) + M^{2+}(0.10M)$

is 0.500V. What is the standard reduction potential for the M^{2+}/M couple?

31. Consider the following reaction at 25℃.

$Zn_{(s)} + Cu^{2+} \longrightarrow Zn^{2+}_{(aq)} + Cu_{(s)}$ $\varepsilon_{cell}^{\circ} = 1.10V$

What is the cell potential for this system when the concentration are 5.00M Cu^{2+} and 0.050M Zn^{+2}? 【86成大化工】

32. In a cell that utilizes the reaction: $Sn_{(s)} + Br_{2(aq)} \longrightarrow Sn^{2+}_{(aq)} + 2Br^{-}_{(aq)}$. Which of the following changes will increase the cell emf? (A)NaBr is dissolved in the cathode compartment. (B)$SnSO_4$ is dissolved in the anode compartment. (C)The electrode in the cathode compartment is changed from platinum to graphite. (D) The area of the anode is doubled. (E)none of the above. 【79台大乙】

33. Which of the following changes will increase the emf of the cell

$Co_{(s)} \mid CoCl_2(M_1) \parallel HCl(M_2) \mid H_{2(g)} \mid Pt_{(s)}$

(A)Increase the volume of the $CoCl_2$ solution form 100 to 200ml. (B)Increase M_2 from 0.010 to 0.500M. (C)Increase the pressure of the $H_{2(g)}$ from 1.00 to 2.00atm. (D)Increase the weight of the Co electrode from 10.00 to 20.00g. (E)Increase M_1 from 0.100 to 0.500M. 【81清大】

34. For the cell $Zn_{(s)} \mid Zn^{2+} \parallel Cu^{2+} \mid Cu_{(s)}$, the standard cell voltage, $\Delta\varepsilon_{cell}^{\circ}$ is 1.10V. When a cell using these reagents was prepared in the lab the measured cell voltage was 0.98 V. A explanation for the observed voltage is

(A)There were 2.00mol of Zn^{2+} but only 1.00mol of Cu^{2+}. (B)The Zn electrode had twice the surface of the Cu electrode. (C)The $[Zn^{2+}]$ was larger than the $[Cu^{2+}]$. (D)The volume of the Zn^{2+} solution was larger than the volume of the Cu^{2+} solution. (E)The $[Zn^{2+}]$ was smaller than the $[Cu^{2+}]$. 【81清大】

35. The standard reduction potential for MnO_4^-/Mn^{2+} couple in acidic solution is 1.51V at 25℃ will the permanganate ion become stronger or weaker oxidizing agent in a solution, which contain $[MnO_4^-]=0.10M$, $[H_3O^+]=1.3\times10^{-2}M$ and $[Mn^{2+}]=2.5\times10^{-5}M$? 【75台大】

36. What is the following statements about a reaction occurring in a galvanic cell is true?
(A)If $\Delta\varepsilon_{cell}>0$, $\Delta G<0$ (B)If $\Delta\varepsilon_{cell}°<0$, $\Delta G<0$ (C)If $\Delta\varepsilon_{cell}°<0$, $K_{eq}>1$ (D)If $\Delta\varepsilon_{cell}<0$, $K_{eq}>1$ (E)If $\Delta\varepsilon_{cell}>0$, $K_{eq}>1$.
【83成大化學】

37. For a certain oxidation-reduction reaction, $\varepsilon°$ is positive. This means that
(A)$\Delta G°$ is positive and K is less than 1. (B)$\Delta G°$ is zero and K is greater than 1. (C)$\Delta G°$ is negative and K is greater than 1. (D)$\Delta G°$ is positive and K is greater than 1. (E)$\Delta G°$ is negative and K is less than 1. 【84中山】

38. A voltaic cell has an $\varepsilon°$ value of $+1.00V$. The reaction
(A)is not spontaneous (B)has $K=1$ (C)has $K>1$ (D)has $\Delta G°=0$ (E)has a negative $\Delta G°$. 【86成大A】

39. Given $Zn \longrightarrow Zn^{2+}+2e^-$ $\varepsilon°=+0.7628V$
$Cu \longrightarrow Cu^{2+}+2e^-$ $\varepsilon°=-0.3402V$
Calculate the standard-state free energy ($\Delta G°$) of the reaction.
$Zn_{(s)}+Cu^{2+}_{(aq)} \longrightarrow Zn^{2+}_{(aq)}+Cu_{(s)}$. 【79逢甲】

40. The standard reduction potential for the reaction $2D^+_{(aq)}+2e^- \longrightarrow D_{2(g)}$, where D is deuterium, is $-0.0034V$ at 25℃. Calculate $\varepsilon°$, $\Delta G°$, and K(equilibrium constant) at 25℃ for the reaction.
$2H^+_{(aq)}+D_{2(g)} \rightleftharpoons 2D^+_{(aq)}+H_{2(g)}$ 【80中山】

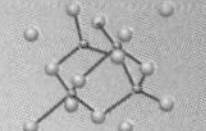

41. The standard reduction potentials for the reactions are:

$Ag^{+} + e^{-} \longrightarrow Ag \qquad \varepsilon° = 0.799V$

$AgCl + e^{-} \longrightarrow Ag + Cl^{-} \qquad \varepsilon° = 0.222V$

Calculate the solubility product for AgCl. 【82成大化工】

42. Knowing the K_{sp} of CuBr is 5.2×10^{-9}, and

$Cu_{(aq)} + e^{-} \longrightarrow Cu_{(s)} \qquad \varepsilon° = 0.521V$

the standard reduction potential for the half-reaction:

$CuBr_{(s)} + e^{-} \longrightarrow Cu_{(s)} + Br^{-}_{(aq)}$

is ($R = 8.31J/mol \cdot K$, and 1 Faraday $= 96500C/mol$)

(A)0.032V (B) − 0.032V (C)0.521V (D)0.652V (E) − 0.652V.

【81台大乙】

43. If $Fe^{3+}_{(aq)} + e^{-} \longrightarrow Fe^{2+}_{(aq)} \qquad \varepsilon° = +0.77V$

$Fe^{2+}_{(aq)} + 2e^{-} \longrightarrow Fe_{(s)} \qquad \varepsilon° = -0.41V$

Calculate the equilibrium constant for the following reaction at 298°K

$Fe_{(s)} + 2Fe^{3+}_{(aq)} \longrightarrow 3Fe^{2+}_{(aq)} \qquad K_{eq} = ?$

(A)1.37×10^{-40} (B)5.20×10^{53} (C)1.92×10^{-54} (D)1.45×10^{-12} (E) 7.33×10^{39}. 【84成大環工】

44. (A)What is the potential for the cell Ni | Ni^{2+}(0.01M) ‖ Cl^{-}(0.2M) | Cl_2(1atm) | Pt.

(B)What is ΔG for the cell reaction? Ni^{+2}/Ni couple is − 0.25V, Cl_2/Cl^{-} is 1.36V?

45. For the reaction $Co_{(s)} + Ni^{2+} \longrightarrow Co^{2+} + Ni_{(s)}$, $\varepsilon°_{cell} = +0.02V$. If $Co_{(s)}$ is added to a solution with $[Ni^{2+}] = 1M$, would you expect the reaction to go to completion? If not, what is the final percentage

of conversion? Please show your calculations and explain.(note that $RT/F = 0.0257$) 【86台大A】

46. The voltage cell, $Pb_{(s)} \mid Pb^{2+}, Na_2SO_4(0.1M), PbSO_{4(s)} \parallel Sn^{2+}(1M) \mid Sn_{(s)}$, generates a voltage of 0.19V. The standard reduction potentials for Pb^{2+} and Sn^{2+} are $-0.13V$ and $-0.14V$, respectively.
(A)What is the concentration of Pb^{2+} in the anode compartment?
(B)Calculate the K_{sp} for $PbSO_4$. 【86台大C】

47. A voltaic cell is constructed as follows
$Ag_{(s)} \mid Ag^+[\text{saturated } Ag_2SO_{4(aq)}] \parallel Ag^+(0.125M) \mid Ag_{(s)}$ What is the value of ε_{cell}? K_{sp} of $Ag_2SO_4 = 1.4\times10^{-5}$. 【83中山化學】

48. Two hydrogen-hydrogen ion half-cells are connected to make a single galvanic cell. In one of the half-cells the pH is 1.0, but the pH in the other half-cell is not known. The measured voltage delivered by the combination is 0.16V, and the electrode in the half-cell of known concentration is positive. Is the unknown concentration of H^+ greater or less than 0.1M? What is the unknown concentration of H^+? 【84清大B】

49. Which of the following is not necessary for corrosion of iron to occur?
(A)iron (B)water (C)light (D)oxygen. 【84清大B】

50. Describe the cathodic protection that is used to protect some metal from corrosion. 【84成大化工】

51. How many faradays are required to reduce a mole of MnO_4^- to Mn^{2+}?
(A)1 (B)2 (C)3 (D)4 (E)5. 【81成大環工】

52. Assume that aqueous solution of the following salts are electrolyzed for 20.0 minutes with a 10.0-amp current. Which solution will deposit the most grams of metal at the cathode?

(A)$ZnCl_2$ (B)$ZnBr_2$ (C)WCl_6 (D)$ScBr_3$ (E)$HfCl_4$.(Zn = 65.4, W = 184, Sc = 45, Hf = 178.5) 【81成大環工】

53. In a fuel cell using oxygen as the oxidizer and hydrogen as the fuel, what is the overall cell reaction?
(A)$H_2O \longrightarrow H_2 + O_2$ (B)$H_2O + 4e^- \longrightarrow 2H_2 + 4HO^-$ (C)$2H_2 + O_2 \longrightarrow 2H_2O$ (D)$O_2 + 4H^+ + 4e^- \longrightarrow 2H_2O$. 【84清大B】

54. Which type of battery has been designed for use in space vehicles?
(A)lead storage (B)alaline dry cell (C)mercury cell (D)fuel cell (E)silver cell. 【86成大A】

55. Determine the oxidation state of the metal in each of the following coordination complexes：
(A)$[Cr(NH_3)_3Cl_3]$ (B)$K_3[Fe(CN)_6]$. 【89中興化工】

56. What is the oxidation number of
(A)O in HFO molecule (B)Fe in Fe_3O_4. 【88成大化學】

57. A certain electrochemical cell has for its cell reaction：
$Zn + HgO \rightarrow ZnO + Hg$.
Which is the half-reaction occurring at the anode？
(A)$HgO + 2e^- \rightarrow Hg + O^{2-}$ (B)$Zn^{2+} + 2e^- \rightarrow Zn$
(C)$Zn \rightarrow Zn^{2+} + 2e^-$ (D)$ZnO + 2e^- \rightarrow Zn$. 【88清大B】

58. Which of the following species cannot function as an oxidizing agent？
(A)$S_{(s)}$ (B)$NO_3^-{}_{(aq)}$ (C)$Cr_2O_7^{2-}{}_{(aq)}$ (D)$I^-_{(aq)}$ (E)$NO_{(g)}$. 【88成大環工】

59. Which of the following is the strongest oxidizing agent under standard conditions？
(A)$Ag^+_{(aq)}$ (B)$H_{2(g)}$ (C)$H^+_{(aq)}$ (D)$Cl_{2(g)}$ (E)$Al^{3+}_{(aq)}$. 【88輔仁】

60. Which of the following statements is not true concerning ozone？
(A)It is an allotrope of oxygen having the formula O_3.
(B)It is a stronger oxidizing agent than O_2.

(C)It is a stronger oxidizing agent than H_2O_2.

(D)It is a more effective oxidizing agent in basic solution than in acidic solution.

(E)All of these statements are true. 【88中山】

61. Choose the element that is the strongest reducing agent in aqueous sotution.

(A)Li (B)Na (C)K (D)Rb (E)Cs. 【88成大環工】

62. How many electrons are transferred in the following reaction？

$SO_3^{2-}{}_{(aq)} + MnO_4^-{}_{(aq)} \rightarrow SO_4^{2-}{}_{(aq)} + Mn^{2+}{}_{(aq)}$

(A)6 (B)2 (C)10 (D)4 (E)3. 【89中正】

63. The standard hydrogen electrode potential is 0.00V because

(A)there is no potential difference between the electrode and the solution.

(B)it has been defined that way.

(C)hydrogen ion acquires electrons from a platinum electrode.

(D)it has been measured accurately. 【89中興食品】

64. Which energy conversion shown below takes place in a galvanic cell？

(A)electrical to chemical (B)chemical to electrical

(C)mechanical to chemical (D)chemical to mechanical

(E)mechanical to electrical. 【88成大環工】

65. Which inert metal is used in the standard hydrogen electrode？

(A)Ag (B)Cu (C)Pb (D)Pt. 【89台大B】

66. F_2 is a better oxidizing agent than Cl_2 in the gas phase principally because：

(A)F_2 has a weaker bond than Cl_2.

(B)F_2 has a stronger bond than Cl_2.

(C)the electron affinity of F is greater than that of Cl.

(D)the electronegativity of Cl is greater than that of F.

(E)the ionization energy for F is greater than that for Cl. 【87成大化工】

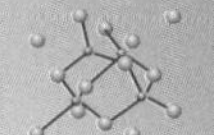

67. The standard potential for the reaction of hydrogen and oxygen : $2H_2 + O_2 \rightarrow 2H_2O$ is $E^0 = +1.23V$. Calculate the standard potential for the following reaction : $H_2O \rightarrow H_2 + 1/2O_2$.
(A)$-1.23V$ (B)$0.625V$ (C)$-0.625V$ (D)$1.23V$ (E)$-2.46V$.

【89中正】

68. The Ostwald process
(A)is used to manufacture ammonia.
(B)transforms nitrogen to nitrogen-containing compounds.
(C)is used to recover sulfur from underground deposits.
(D)is used to produce nitric acid.
(E)none of these. 【89中正】

69. Calculate E^0 for the following equation :
$Fe_{(s)} + 2Fe^{3+}_{(aq)} \rightarrow 3Fe^{3+}_{(aq)}$ $E^0 = ?$
$Fe^{3+}_{(aq)} + e^- \rightarrow Fe^{2+}_{(aq)}$ $E^0 = +0.77V$
$Fe^{2+}_{(aq)} + 2e^- \rightarrow Fe_{(s)}$ $E^0 = -0.41V$
(A)$-0.05V$ (B)$+1.59V$ (C)$+1.18V$ (D)$+0.36V$ (E)$-0.36V$.

【87成大A】

70. The reaction is $2Ga_{(s)} + 3Cu^{2+}_{(aq)} \rightarrow 2Ga^{3+}_{(aq)} + 3Cu_{(s)}$, $E^0_{cell} = +0.897V$ A Cu^{2+}/Cu electrode has $E^0_{red} = +0.337V$, so the standard reaction potential for the gallium half-reaction is
(A)$+0.560V$ (B)$-0.560V$ (C)$+1.234V$ (D)$+0.114V$.

【89中興食品】

71. Assume that we start with a Daniel cell at standard-state conditions ($E^0 = 1.10V$) : $Zn\,|Zn^{+2}(1M)||Cu^{+2}(1M)|\,Cu$
Calculate the cell potential when the reaction has reached 99.9999 % completion. 【88成大化工】

72. Consider the galvanic cell based on the folloiwn half-reactions :

$Au^{+3} + 3e^- \rightarrow Au$ $\varepsilon^0 = 1.50V$

$Tl^+ + e^- \rightarrow Tl$ $\varepsilon^0 = -0.34V$

(A)Determinc the overall cell reaction and calculate ε^0_{cell}.

(B)Calculate ΔG^0 and K for the cell reaction at 25℃.

(C)Calculate ε_{cell} at 25℃ when $[Au^{+3}] = 1.0\times10^{-2}$M and $[Tl^+] = 1.0\times10^{-4}$M.

[Note : ε is the cell potential. G is the free energy. K is the equilibrium constant.] 【89台大A】

73. Consider the electrochemical cell,

$Cu(s)\,|Cu^{2+}(0.25M)||Co^{3+}(0.75M)|\,Co^{2+}(1.25M)$.

If E^0 for the cell is 1.47V, what is E(volts) for the cell ?

(A)1.45V (B)1.57V (C)1.63V (D)1.31V (E)none of the above.

【88清大A】

74. For a reaction in a voltaic cell both ΔH^0 and ΔS^0 are positive, which of the following statements is true ?

(A)$E^0{}_{cell}$ will increase with an increase in temperature.

(B)$E^0{}_{cell}$ will decrease with an increase in temperature.

(C)$E^0{}_{cell}$ will not change when the temperature increases.

(D)$\Delta G^0 > 0$ for all temperatures.

(E)None of the above statements is true. 【89成大環工】

75. The cell reaction for a given galvanic cell exothermic. Consider the relations between ΔG^0, ΔH^0, $\Delta \varepsilon^0$, and the equilibrium constant, and predict whether the cell voltage will increase or decrease if the temperature is raised.

(A)$\Delta\varepsilon^0$ will increase. (B)$\Delta\varepsilon^0$ will decrease.

(C)$\Delta\varepsilon^0$ will probably remain unchanged.

(D)Can't predict without further information. 【88大葉】

76. The E^0 for the reaction, $I_2 + 2Br^- \rightarrow Br_2 + 2I^-$, is $-0.55V$. What is the value of K for this reaction？

(A)3.8×10^{-18} (B)2.6×10^{19} (C)3.8×10^{18} (D)6.7×10^{-22}

(E)none of the above. 【89清大B】

77. Iron can be protected from corrosion by connecting it via a wire to a piece of

(A)Mg (B)Cu (C)Ag (D)Pb. 【89台大B】

78. Molten $CaBr_2$ is placed in an electrolytic cell. Electrons flow in electrode A and out electrode B. What happens at electrode A？

(A)Reduction occure. (B)Oxidation occure. (C)Br_2 is fromed.

(D)Calcium ions are produced. (E)none of the above. 【88清大A】

79. How much charge is required to deposit 19.3g of Fe from molten $FeCl_3$？

(A)5.00×10^4C (B)1.00×10^3C (C)3.60×10^5C (D)7.45C

(E)none of the above. 【89清大B】

80. It takes 74.6 seconds for a 2.50 A current to plate 0.1086g of a metal from a solution containing M^{2+} ions. What is the metal？

【87台大A】

81. Consider the following half-reactions and voltages.

$2H^+_{(aq)} + 2e^- \rightarrow H_{2(g)}$ $E^0 = 0.0V$

$Li^+_{(aq)} + 1e^- \rightarrow Li_{(s)}$ $E^0 = -3.05V$

$O_{2(g)} + 4H^+_{(aq)} + 4e \rightarrow 2H_2O_{(l)}$ $E^0 = 1.23V$

$F_{2(g)} + 2e^- \rightarrow 2F^-_{(aq)}$ $E^0 = 2.87V$

What is the product produced at the cathode when a current is passed through an aqueous solution of LiF？

(A)lithium (B)fluorine (C)hydrogen (D)oxygen
(E)none of the above. 【89清大B】

82. Describe the diagram, half-reaction, for the lead-acid automobile secondary battery. What happened when recharging the battery？ 【89台大C】

83. Which of the following statements best describes the difference in a primary cell and a secondary cell？
(A)Only secondary cell can be placed in a series.
(B)Secondary cells produce small voltages.
(C)Primary cells are made of more expensive materials than secondary cells.
(D)Secondary cells are rechargeable, and primary cells are not.
(E)none of the above. 【88清大B】

答案：1.(B) 2.(A) 3.(B) 4. Xe：＋6，O：－2，F：－1；(－1，＋1，0) 5.(D) 6.(ABC) 7.(D) 8.(D) 9.(A) 10.(A) 11.(A) 12.(C) 13.(C) 14.、15.、16.見詳解 17.(D) 18.(E) 19.(E) 20.見詳解 21. 150毫升 22. 0.123M 23. 9.58g 24.(B) 25.(D) 26.(B) 27.(C) 28.(A) 29. 1.4216 30. －0.47 31. 1.16 32.(E) 33.(B) 34.(C) 35. 1.37，較弱 36.(A) 37.(C) 38.(CE) 39. －213J 40. $\Delta \varepsilon° = 0.034$，$\Delta G° = -656.2$J，$K = 1.3$ 41. 1.7×10^{-10} 42.(A) 43.(E) 44.(A)1.71V，(B)－330kJ 45. 82.5％ 46.(A)1.75×10^{-7}，(B)1.75×10^{-8} 47. 0.0363 48. 2×10^{-4} 49.(C) 50.見詳解 51.(E) 52.(E) 53.(C) 54.(D) 55.(A)3，(B)3 56.(A)O，(B)2，3，3 57.(C) 58.(D) 59.(D) 60.(D) 61.(A) 62.(C) 63.(B) 64.(B)

65.(D)	66.(A)	67.(A)	68.(D)	69.(C)	70.(B)	71. 0.91V
72.見詳解	73.(E)	74.(A)	75.(B)	76.(B)	77.(A)	78.(A)
79.(E)	80. Cd	81.(C)	82.見詳解	83.(D)		

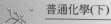

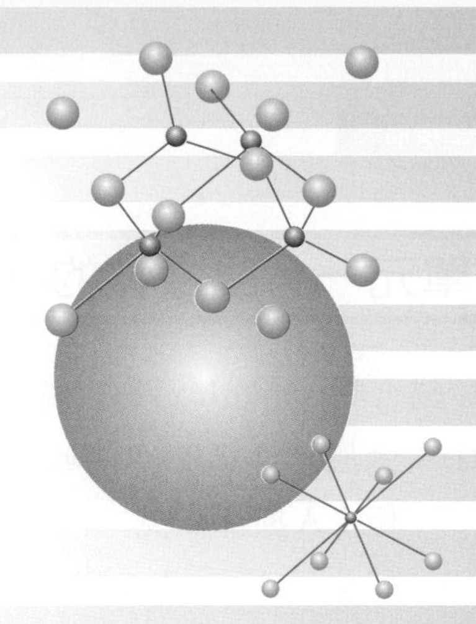

Chapter

12 錯合物

本章要目

- 單元一　錯合物的構成
- 單元二　第一配位圈
- 單元三　錯合物的命名規則
- 單元四　錯合物的形狀
- 單元五　異構現象
- 單元六　鍵結理論－價鍵理論
- 單元七　鍵結理論－晶場理論

單元一：錯合物的構成

1. 錯合物(complex)的組成：
   (1) 金屬：必須有空軌域(也就是路易士酸)。理論上任何金屬皆可，但 I A 族卻少見。
   (2) 配位子(ligand)：必須有未共用電子對(也就是路易士鹼)。常見的配位子(見表 12-1)。
   (3) 如$Cu(NH_3)_4^{2+}$中，Cu^{2+}是金屬離子，NH_3是配位子，$Fe(OX)_3^{3-}$中，Fe^{3+}是金屬離子，OX^{2-}是配位子。

表 12-1　一些常見的配位子

配位子	英文名稱	中文名
F^-	fluoro	氟
Cl^-	chloro	氯
Br^-	bromo	溴
I^-	iodo	碘
CN^-	cyano	氰
NCS^-	isothiocyanato	異硫氰
SCN^-	thiocyanato	硫氰
ONO^-	nitrito	異硝基
NO_2^-	nitro	硝基
OH^-	hydroxo	羥
O^{2-}	oxo	氧
OSO_3^{2-}	sulfato (SO_4^{2-})	硫酸
OSO_2^{2-}	sulfito (SO_3^{2-})	亞硫酸
NH_3	ammine	氨
H_2O	aqua	水
CO	carbonyl	羰
NO	nitrosyl	亞硝基
PR_3	trialkyl or triarylphosphine	三烷基或三芳香基磷化物

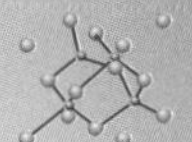

2. 螯合(chelation)：

(1) 有些配位子會以二個以上的原子與中心金屬形成配位結合，這種配位子稱爲螯合劑，而這種現象稱爲螯合。

(2) 發生二次配位結合者，稱爲雙牙團(bidentate)，三次配位結合者，稱爲參牙團(tridentate)，四至六配位者，則分別稱爲四牙團(quadridentate)、五牙團(quinquedentate)及六牙團(hexadentate)。

(3) 一些常見的螯合劑(見表 12-2)。

表 12-2 常見的螯合劑，其中套色的原子是指發生配位結合處

化學式	學名	簡稱	配位情形
$NH_2CH_2CH_2NH_2$	Ethylenediamine	en	2 牙
$NH_2CH_2CH_2CH_2NH_2$	Trimethylenediamine	tm	2 牙
$(NH_2CH_2\overset{O}{\overset{\|}{C}}O)$	Glycinato	gly	2 牙
$^-O-\overset{O}{\overset{\|\|}{C}}-O^-$	Carbonato	—	2 牙
$\left[\begin{matrix} O-C=O \\ \vert \\ O-C=O \end{matrix}\right]^{2-}$	Oxalato	ox	2 牙
$\left[CH_3-\underset{\|}{C}(O)=\overset{H}{C}-\underset{\|\|}{C}(O)-CH_3\right]^-$	Acetylacetonato	acac	2 牙
$NH_2CH_2CH_2NHCH_2CH_2NH_2$	Diethylenetriamine	dien	3 牙
$(^-O_2C-CH_2)_2N-CH_2-CH_2-N(CH_2-CO_2^-)_2$	(Ethylenediaminetetracetato)	edta	6 牙

3. 結合：

⑴ 若根據價鍵理論，金屬與配位子之間的結合力是配位共價鍵。

⑵ 配位鍵的強弱，可由K_f值(見第10章單元十)來看出。

① 中心金屬相同時，氧化數較大者，往往較安定存在，例如$Fe(CN)_6^{3-}$ ＞$Fe(CN)_6^{4-}$

② 中心金屬相同時，配位子愈屬強配位場者(此名詞請見單元七)，愈安定，如：$Co(CN)_6^{3-}$＞$Co(en)_3^{3+}$

③ 可以形成螯合現象者，可增加錯合物的安定性，如：$Co(en)_3^{3+}$ ＞$Co(NH_3)_6^{3+}$

4. 配位數(Coordination Number)爲在錯合物中包圍中心金屬原子或離子的非金屬原子數目。

⑴ 在錯合物中，配位數不是配位子的數目，而是發生配位結合的數目，如$Co(en)_3^{3+}$，配位數是6不是3。

⑵ 在錯合物中，配位數往往是氧化數的兩倍大，但也往往不一定如此。

⑶ 某一指定金屬最常見的配位數，見下表。

表 12-3

Cu^+	2	Zn^{2+}	4	Ni^{2+}	6
Ag^+	2	Cd^{2+}	4	Pt^{4+}	6
Au^+	2	Hg^{2+}	4	Fe^{3+}	6
		Be^{2+}	4	Co^{3+}	6
		Cu^{2+}	4	Cr^{3+}	6
		Au^{3+}	4	Sc^{3+}	6
		Pd^{2+}	4		
		Pt^{2+}	4		

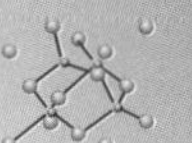

範例 1

Of the following, the ion that is least likely to form a complex with ammonia is

(A)Ag^{+} (B)Cu^{2+} (C)Na^{+} (D)Ni^{2+}. 【81淡江】

解：(C)

ⅠA族元素，較少形成錯合物。

範例 2

下列何者不能當配位體H_2O，CO，NH_3，CN^-，CH_4？ 【67私醫】

解：只有CH_4的結構內，找不到lone pair，∴不具擔任配位子的資格。

類題

硫酸銅水溶液加入足量氨水，所得錯離子為

(A)$[Cu(NH_4)_2]^{+2}$ (B)$[Cu(NH_3)_4]^{-2}$ (C)$[Cu(NH_4)_4]^{+2}$ (D)$[Cu(NH_3)_4]^{+2}$。 【67私醫】

解：(D)

$$\underset{\text{淺藍色}}{Cu(H_2O)_4^{2+}} + 4NH_3 \longrightarrow \underset{\text{深藍}}{Cu(NH_3)_4^{2+}} + 4H_2O$$

範例 3

下列何者為雙牙基？

(A)$C_2O_4^{2-}$ (B)$(CH_3)_2NH$ (C)$NH_2(CH_2)_2NH_2$ (D)EDTA (E)H_2O。

解：(A)(C)

(B)(E)是單牙，(D)是六牙團。

範例 4

Which of the following complex ions would you expect to have the largest overall K_f?(en: ethylenediamine)

(A)$[Co(NH_3)_6]^{3+}$ (B)$[Co(H_2O)_6]^{3+}$ (C)$[Co(en)_2(H_2O)_2]^{3+}$ (D)$[Co(en)_3]^{3+}$ (E)$[Co(en)_3]^{2+}$. 【86台大A】

解：(D)

(D)項中，中心金屬的氧化數為＋3，比(E)項中的＋2大，且其配位子為en比ABC三項配位子的配位場強。

單元二：第一配位圈

1. 第一配位圈(First Coordination Sphere)：直接結合於中心原子的配位子。
   (1) 第一配位圈以中括號表示之。例如在$K_3[Fe(CN)_6]$結構中。
   (2) Fe^{+3}與CN^-之間以配位鍵結合在一起，亦即整個$Fe(CN)_6^{-3}$就是一個錯合物(錯離子)，但是K與[ ]之間則屬離子鍵結，進入水中，此離子鍵結將會解離，但[ ]內部之間，由於是配位共價鍵，將不會解離。

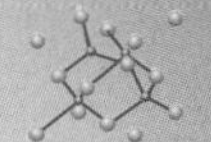

(3) 解離與否，則將影響其物理性質的表現，例如$[Cr(NH_3)_6]Cl_3$，與$[Cr(NH_3)_3Cl_3]$的比較，前者會有 3 個Cl^-釋放出，後者則無，於是有以下一些性質的不同。

① $[Cr(NH_3)_6]Cl_3$的$i=4$，而$[Cr(NH_3)_3Cl_3]$，$i=1$，∴展現依數性質時，前者的程度較大。

② 前者是離子化合物，後者不是，∴前者的導電性，水溶性及熔點均大於後者。

③ 加入Ag^+後，前者可以生成 3 當量 AgCl 沉澱，但對後者而言，Cl^-是不會釋放出，∴不會產生沉澱。

④ 兩者結構中的NH_3都是在[ ]內，不會釋放出，∴兩者的水溶液均不會展現鹼性。

2. 第一配位圈的配置原則：

(1) 先顧及該中心金屬應有的配位數。

(2) 電荷中性者，優先配置在[ ]內，其次是陰電荷者。

(3) 配置陰電荷後，若已超過配位數，其餘的就配置在[ ]之外，見表 12-4 的示範。

表 12-4

		水溶性	T_m	i	導電性	加入Ag^+可生成 AgCl 數	pH
(A)$CrCl_3 \cdot 6NH_3 \Rightarrow [Cr(NH_3)_6]Cl_3$	離子化合物	良	高	4	高	3	7
(B)$CrCl_3 \cdot 5NH_3 \Rightarrow [Cr(NH_3)_5Cl_1]Cl_2$	離子化合物	良	高	3	↓	2	7
(C)$CrCl_3 \cdot 4NH_3 \Rightarrow [Cr(NH_3)_4Cl_2]Cl$	離子化合物	良	高	2	低	1	7
(D)$CrCl_3 \cdot 3NH_3 \Rightarrow [Cr(NH_3)_3Cl_3]$	分子化合物	低	低	1	無	0	7

範例 5

化學式$CrCl_3 \cdot nNH_3$代表自$n=3$至$n=6$的四種錯合物，已知其爲八面體結構。若各化合物之莫耳濃度皆相同，則下列各敘述中何者不正確？(選擇項中的數字代表化學式中n值的化合物)
(A)凝固點下降是$6>5>4>3$　(B)導電度大小依序是$3>4>5>6$　(C)錯合物的中心子配位數是6　(D)同體積各溶液產生氯化銀多寡依序是$3<4<5<6$。　【85二技動植物】

解：(B)

由表12-4知，當$n=6$時，其$i=4$，意即可以解離出4個離子，離子數愈多，貢獻導電性愈強，∴正確次序爲$6>5>4>3$。

範例 6

1atm下，將0.1mole之$CrCl_3 \cdot XNH_3$溶解於1000克的水中，結果溶液之凝固點爲-0.556℃，則X值
(A)2　(B)3　(C)4　(D)5。　【70私醫】

解：(D)

(1)　$\Delta T_f = K_f \cdot m\,i$，$0.556 = 1.86 \times \frac{0.1}{1} \times i$，得$i=3$

(2)　由表12-4知，$i=3$者爲$[Cr(NH_3)_5Cl]Cl_2$

單元三：錯合物的命名規則

1. 錯化合物若為鹽類，則陽離子先命名，再命名陰離子。
2. 錯離子部份(即中括號內部)的命名次序是先配位子，再中心金屬(一些配位子的名稱，見表12-1及12-2，而一些中心金屬的名稱，見表12-5)。

表12-5　錯合物中常見的一些金屬名稱

Cd	Cadmium	Rh	Rhodium
Cr	Chromium	Sc	Scandium
Co	Cobalt	Ti	Titanium
Mn	Manganese	V	Vanadium
Hg	Mercury	Cu	Copper(Cuprum)
Ni	Nickel	Ag	Silver(Argentum)
Pd	Palladium	Au	Gold(Aurum)
Pt	Platinum	Fe	Iron(Ferrum)
Zn	Zinc	Pb	Lead(Plumbum)

(1) 配位子數如果二個以上，冠以字首：di-，tri-，tetra-，penta-及hexa-(二至六)指出。對於較複雜之配位子(如乙二胺)，採用字首bis-，tris-及tetrakis-(二至四)。

(2) 配位子如果二種以上，其命名次序為：按英文字母順序排列。

3. 中心離子之氧化數以一羅馬數指示，外加括號，置於錯合物名稱之後。
4. 如果該錯合物為一陰離子，採用-ate字尾。例：

(2) $[Co(NH_3)_3Cl_3]$ Triamminetrichloro cobalt (Ⅲ)

不同配位子，按英文字母順序，先後排列

(3) $K_4[Fe(CN)_6]$ Potassium Hexacyanoferrate (Ⅱ)

陰陽離子間空一格　錯離子在陰離子部份，字尾要改

(4) $[Cu(en)_2]SO_4$ Bis(ethylenediamine)copper(Ⅱ) sulfate

硫酸二(乙二胺)銅(Ⅱ)

(5) $[Pt(NH_3)_4][PtCl_6]$ Tetraammineplatinum(Ⅱ) hexachloroplatinate (Ⅳ)

六氯鉑(Ⅱ)酸四氨鉑(Ⅱ)

(6) $[Co(NH_3)_4(H_2O)Cl]Cl_2$ Chloroaquatetraamminecobalt(Ⅲ) chloride

氯化氯水合四銨鈷(Ⅲ)

(7) $K[Pt(NH_3)Cl_5]$ Potassium amminepentachloroplatinate(Ⅳ)

(8) $[Co(NH_3)_4SO_4]NO_3$ Tetraamminesulfatocobalt(Ⅲ) nitrate

範例 7

寫出右列化合物之英文化學名稱：$[Co(NH_3)_5(SO_4)]Br$________。

【80 私醫】

解：(1) 配位子兩種，一為ammine，一為sulfato，按字母排列的話，NH_3 排在前。

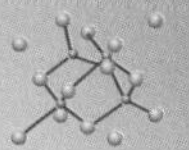

(2) NH_3有五個，∴在 ammine 前加上 penta(五個)。

(3) 由第 11 章單元一算出 Co 的氧化數爲＋3。

(4) 錯合物的命名排列爲：配位子－中心金屬－氧化數，完成後爲：pentaamminesulfatocobalt(III)

(5) 加入溴化物的命名即可。
Pentaamminesulfatocobalt(III) bromide

類題

Potassium pentachloroammineplatinate(IV)的化學式是________。

【72 私醫】

解：$K[Pt(NH_3)Cl_5]$

單元四：錯合物的形狀

1. 錯合物之結構，大多只從配位數就能判知(請與第 2 章的VSEPR理論作比較)。

配位數	混成形式	形狀
二	sp	直線(linear)
四	sp^3	四面體(tetrahedral)
四	dsp^2	平面四方形(square planar)
六	d^2sp^3	八面體(octahedral)

2. 配位數爲 4 之錯離子形狀判定：

⑴ 過渡元素之價電子爲d^8、d^9時才有可能是方形平面。

⑵ 若第二，第三列過渡元素之價電子爲d^8、d^9時，其錯離子形狀全爲方形平面。

⑶ 第一列過渡元素之價電子爲d^8、d^9時，其錯離子形狀由spectrochemical series 來判定。

例如：

① 平面四方形常見於Pt^{+2} (d^8)，Pd^{+2} (d^8)，Au^{+3} (d^8)，Ni^{2+} (d^8)，Cu^{+2} (d^9)

如：$Pt(NH_3)_4^{2+}$，$PdCl_4^{-2}$，$AuCl_4^-$，$Ni(CN)_4^{-2}$，$Cu(NH_3)_4^{2+}$，$Cu(H_2O)_4^{2+}$

② 只要不屬於d^8、d^9者，都屬四面體形。

如：$Cu(CN)_4^{3-}$ (Cu^+，d^{10})，BeF_4^{2-} (Be^{+2}，d^0)

AlF_4^- (Al^{+3}，d^0)，$FeCl_4^-$ (Fe^{+3}，d^5)

$Cd(CN)_4^{-2}$(Cd^{2+}，d^{10})，$ZnCl_4^{2-}$ (Zn^{+2}，d^{10})

$Ni(CO)_4$ (Ni^0，s^2d^8)，$NiCl_4^{-2}$ (Ni^{2+}，d^8)

範例 8

下列何者是四面體形？

(A)$Zn(NH_3)_4^{2+}$　(B)$Fe(CN)_6^{3-}$　(C)$Cu(NH_3)_4^{2+}$　(D)$CoCl_4^{2-}$。

解：(A)(D)

⑴ 配位數 6 的(B)項是八面體。

⑵ 配位數 4 的$Cu(NH_3)_4^{2+}$，由於中心金屬Cu^{2+}是d^9組態，常以平面四方形出現。

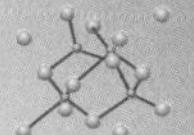

範例 9

中心原子以dsp^2軌域鍵結者？

(A)$Ni(CO)_4$ (B)$PtCl_6^{4-}$ (C)$PdCl_4^{2-}$ (D)$NiCl_4^{2-}$。

解：(C)

⑴ Pd^{2+}爲d^8組態，常以dsp^2軌域形式出現。

⑵ (A)及(D)爲sp^3，(B)爲d^2sp^3軌域。

單元五：異構現象

1. 異構現象(isomerism)：
   - ⑴結構異構
   - ⑵立體異構：
     - ①順反異構(幾何異構)
     - ②光學異構(鏡像異構)

2. 結構異構(Structural isomerism)－這是由於相同基團以不同方式連接所產生的異構，它又可分爲下列幾種情形：

⑴ 游離異構(Ionization isomerism)：溶於水後，游離出的離子種類不同。

如：(A)$[Cr(NH_3)_5SO_4]Cl$及(B)$[Cr(NH_3)_5Cl]SO_4$

⑵ 水合異構現象(Hydrate isomerism)：含結晶水的不同。

如：化學式$CrCl_3 \cdot 6H_2O$，卻有三種不同的異構。

(C)$[Cr(H_2O)_6]Cl_3$ (紫色)

(D)$[Cr(H_2O)_5Cl]Cl_2 \cdot H_2O$ (綠色)

(E)$[Cr(H_2O)_4Cl_2]Cl \cdot 2H_2O$ (綠色)

(3) 結合異構現象(Linkage isomerism)：與中心金屬所配位的原子不同。

如：(F)$[Co(NH_3)_5(NO_2)]Cl_2$，NO_2以N與Co結合

(G)$[Co(NH_3)_5(ONO)]Cl_2$，ONO則以O與Co結合

(4) 配位異構物(Coordination isomers)：

如：(H)$[Cr(NH_3)_6][Cr(SCN)_6]$及

(I)$[Cr(NH_3)_4(SCN)_2][Cr(NH_3)_2(SCN)_4]$

2. 幾何異構現象(Geometric isomerism)：

(1) sp及sp^3混成軌域形式，不可能出現幾何異構物。

(2) 平面四方形者的幾何異構：

① MA_2B_2及MA_2BC：M表示金屬，ABC代表配位子，有二種(見圖12-1)。

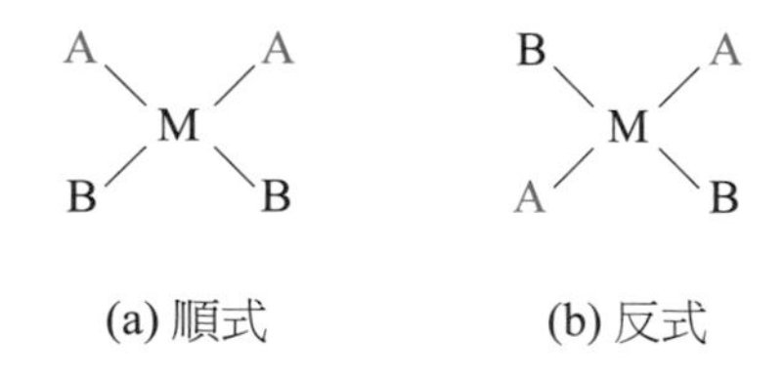

圖12-1　MA_2B_2的幾何異構

② MABCD：三種幾何異構(見圖12-2)。

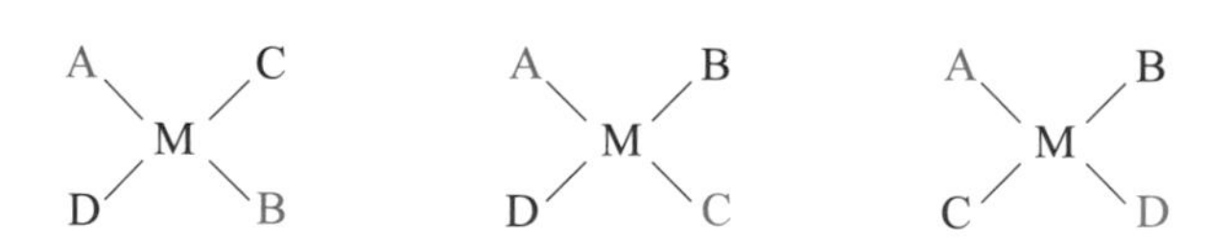

圖12-2　MABCD型態的三種幾何異構

(3) 八面體形的幾何異構：

① MA_4B_2及MA_4BC：2種(見圖12-3)。

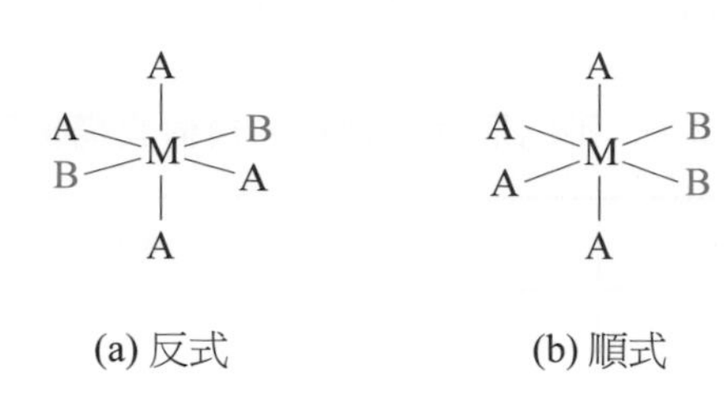

圖 12-3 MA_4B_2的幾何異構條件

② MA_3B_3：2 種(見圖 12-4)。

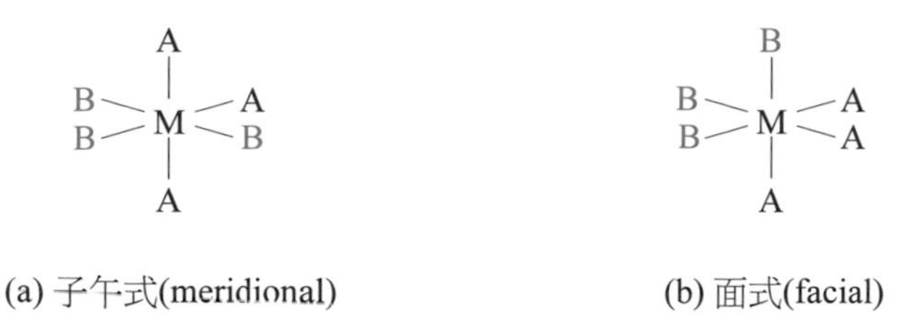

圖 12-4 MA_3B_3的二種幾何異構物

③ $MA_2B_2C_2$：5 種(見圖 12-5)。

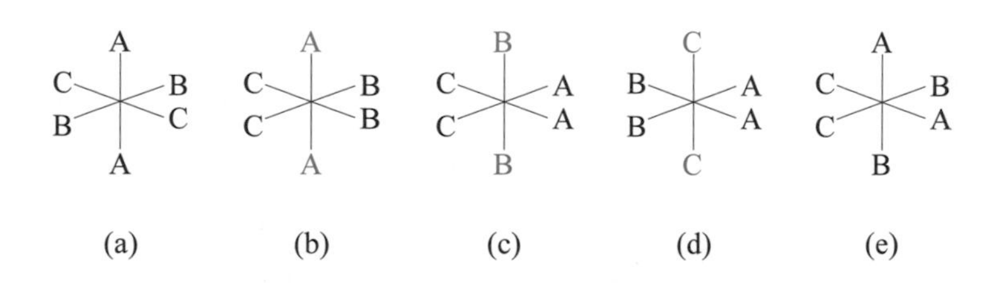

圖 12-5 $MA_2B_2C_2$的五個幾何異構情形

④ $M(AA)_3$：AA 代表雙牙團，受限於 AA 本身的分子鍊不會很長，∴想要接合成「反式」關係，是有困難的，因此，當碰及多牙團時，是不會出現有幾何異構的現象。

(4) 上述幾何異構情形，整理在表 12-6。

表 12-6 不同形狀錯合物的幾何異構情形

配位數	形狀	異構情形
2	直線	無
4	四面體	無
	平面四方形	MA_2B_2(2)，MA_2BC(2)，MABCD(3)
6	八面體	MA_4B_2(2)，MA_4BC(2)，MA_3B_3(2)，$MA_2B_2C_2$(5)

3. 光學異構現象(Optical isomerism)：

(1) 光學異構物的特性：

① 光學異構物彼此只有兩個，互成鏡像。

② 其中之一會將平面偏極光往右旋轉某一角度，另一個則往左旋轉。

③ 結構上會構成光學異構的條件是「分子內找不到對稱面者」有之。

(2) 平面四方形者，不具有光學異構現象。

(3) 四面體形式中，當所接的四個原子團皆不同時，才有光學異構現象。

(4) 八面體形式：

① 圖 12-5 中的(e)形式，內部找不到對稱面，∴具有光學異構物。

② 含 2 個雙牙團以上者有之：$M(AA)_2B_2$，$M(AA)_3$(見圖 12-6)。

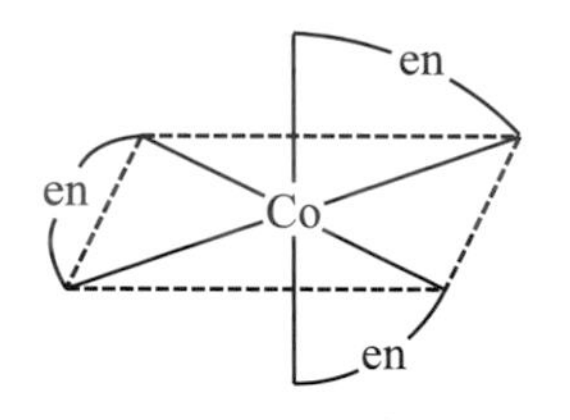

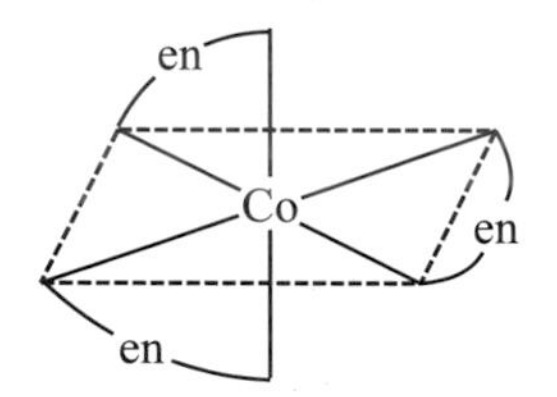

(a) $M(AA)_3$形式的光學異構物

圖 12-6

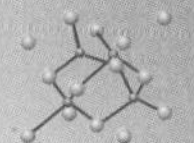

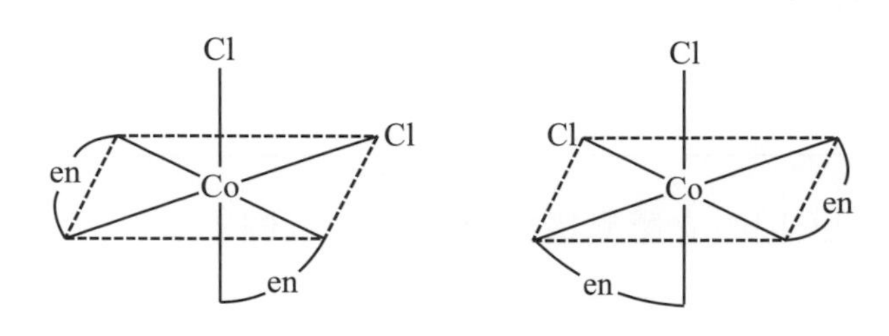

(b) $M(AA)_2B_2$形式的光學異構物

圖 12-6　(續)

範例 10

具有相同實驗式之化合物：$Co(NH_3)_3(H_2O)_2ClBr_2$，一莫耳的化合物 A，易在乾燥器中失去一莫耳的水，而化合物 B 在相同條件下不會失去水。一 A 之水溶液有一電導度相當於一種具有兩個離子的分子式單位，而 B 之水溶液電導度相當於一種化合物是每分子式單位有三個離子的。當$AgNO_3$加在 A 化物溶液中時，爲一莫耳之 A 有一莫耳 AgBr 沉澱；而 B 化合物溶液則產生每莫耳 B 有二莫耳 AgBr。

(A)寫出 A 及 B 之分子式　(B)A 及 B 是何種異構物(isomers)？

解：解題原則：在[　]外，可離去，但在[　]內不易離去。

(A)A 易失去 1mole 水，B 則不會，表示 A 有一個H_2O在[　]外，而 B 中的H_2O都在[　]內。A 可生一莫耳 AgBr 沉澱，表示 A 有一個 Br 在[　]外，而 B 因可生成 2 莫耳 AgBr 沉澱，∴B 中有 2 個 Br 在[　]外。

∴A：$[Co(NH_3)_3(H_2O)ClBr]Br \cdot H_2O$

B：$[Co(NH_3)_3(H_2O)_2Cl]Br_2$

(B)水合異構物。

範例 11

$[Pt(en)(NO_2)_2Cl_2]$的立體異構物有________個。

解：⑴ 推論異構物，利用表 12-6 是很有效的。題目中的 en 是雙牙團，以(AA)記錄，NO_2則以B記錄，Cl以C記錄，於是此題的代號是$M(AA)B_2C_2$，它很類似$MA_2B_2C_2$形式。$MA_2B_2C_2$有圖 12-5 中的五個幾何異構。

⑵ 由於AA不可以處於反式位置，∴消去了圖 12-5 中的(a)(b)兩形式。

∴它只有 3 個幾何異構物。

⑶ 其中(e)形式又會具有光學異構物(課文重點 3.-⑷-①)，∴一共有 4 個立體異構物。

類題

Draw all possible isomers of $Co(en)_2Cl_2^+$, where en $=H_2NCH_2CH_2NH_2$.

【82 中山海環】

解：⑴ 先編成$M(AA)_2B_2$形式，很類似MA_4B_2，查表 12-6 知，具 2 個幾何異構物。

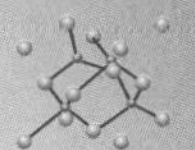

trans en — Co(Cl, Cl, en)　　cis Co(Cl, Cl, en, en)

⑵ 其中cis具有光學異構物(見圖12-6(b))。∴共有三種

範例 12

Which compound shows geometric isomers?

(A)$[Co(NH_3)_6]Cl_3$　(B)$[Co(NH_3)_5Cl]Cl_2$　(C)$CoCl_2Br_2^{2-}$(tetrahedral)

(D)$Co(NH_3)_3Cl_3$　(E)none of these.　【86成大A】

解：(D)

(D)項爲MA_3B_3形式，由表12-6知，具有幾何異構物。

範例 13

下列何者有順反異構物？

(A)HOOC—C≡C—COOH　(B)$Pt(NH_3)_2Cl_2$　(C)$Zn(NH_3)_4Cl_2$　(D) $Co(NH_3)_4Cl_3$　(E)HOOC—CH═CH—COOH.

解：(B)(D)(E)

⑴ (A)(E)項屬第2章範圍。

⑵ 錯合物的部份，最好先編成第一配位圈。

(B)⇒$[Pt(NH_3)_2Cl_2]$，平面四方形中的MA_2B_2形式，有之。

(C)⇒$[Zn(NH_3)_4]Cl_2$，四面體形是不會具有幾何異構物的。

(D)⇒$[Co(NH_3)_4Cl_2]Cl$，屬八面體中的MA_4B_2形式，有之。

單元六：鍵結理論－價鍵理論

1. 用中心金屬陽離子之混成軌域來描述其鍵結情形，即由中心金屬的空混成軌域和配位子未鍵結電子之軌域相重疊以形成配位共價鍵(見範例 14)。
2. 同一中心金屬在與不同配位子形成錯離子時，所參與混成軌域者是較內層的原子軌域時，此錯合物稱爲內錯合物(Inner Complex)，反之，參與混成時，是利用較外層的原子軌域者，此錯合物稱爲外錯合物(Outer Complex)。例如Ni^{2+}與 4 個CN^-形成$Ni(CN)_4^{2-}$時，參與混成軌域是$3d$，$4s$及 2 個$4p$，而Ni^{2+}與 4 個Cl^-形成$NiCl_4^{2-}$時，參與混成的軌域是$4s$及 3 個$4p$，兩者比較之下，前者有用到較內層的$3d$，∴前者稱之爲內錯，$NiCl_4^{2-}$則稱爲外錯。
3. 配位子屬強場配位子者，易形成內錯離子，而此型錯離子往往磁性較小。而屬弱場配位子者，易形成外錯離子，磁性往往較大。
4. 價鍵理論的缺失：必須配合磁性(或形狀)，才能合理解釋出。

範例 14

錯合物$[Ni(CN)_4]^{2-}$是平面四方形，及錯合物$[NiCl_4]^{2-}$是四面體型的，對此等錯合物繪出價鍵圖，且預言在每種中之不成對電子數。

解：(1) $Ni(CN)_4^{2-}$中的Ni^{2+}，其價組態是$3d^8$，↑↓ ↑↓ ↑↓ ↑ ↑

已知它是平面四方形，此形狀的混成軌域是dsp^2，由此知參與混成中有一個是d軌域。然而觀察其價組態，卻發現 5 個d軌域

上，已無空軌域。因此，唯一的解釋是第 5 個$3d$軌域上的不成對電子挪至第 4 個$3d$軌域，與其內的電子成對。

↑↓ ↑↓ ↑↓ ↑ ↑ ⇒ ↑↓ ↑↓ ↑↓ ↑↓ __
　$3d$　　　　　　$3d$

再由此處提供 4 個空軌域供配位鍵使用。

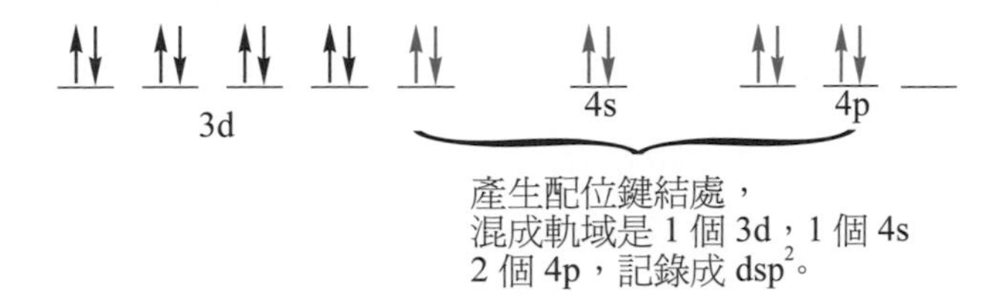
3d
4s
4p
產生配位鍵結處，
混成軌域是 1 個 3d，1 個 4s
2 個 4p，記錄成 dsp²。

在與第 2 小題比較後，此物用到較內層的$3d$軌域，∴稱其爲內錯合物，從結合後的組態也可看出，並沒有不成對電子。

(2) $NiCl_4^{2-}$中的Ni^{2+}，其價組態爲$3d^8$，↑↓ ↑↓ ↑↓ ↑ ↑，而此物形狀爲四面體，混成軌域是sp^3，可見沒有$3d$參與混成。∴原組態不必作任何變動。

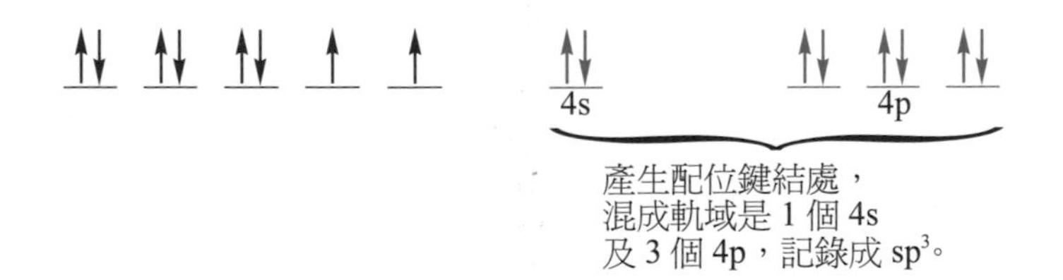
4s
4p
產生配位鍵結處，
混成軌域是 1 個 4s
及 3 個 4p，記錄成 sp³。

觀察結合後的組態，出現了 2 個不成對電子。另外，此型所參與混成的軌域，並沒有用到內部的$3d$，因此稱爲外錯合物。

單元七：鍵結理論－晶場學說

1. 晶場理論(Crystal Field Theory)：

(1) 一過渡金屬內的5個價軌域(d orbital)，本來具有相等能量，但當外圍配位子以其未共用電子對靠近中心金屬準備結合時，這5個d軌域，受到外來靜電場排斥的影響，能量開始上升，由於受到不同方位電場的影響，5個d軌域受到的排斥程度不盡相同，於是5個d軌域不再具有相等能量。

(2) 以八面體為例在圖12-7中，可看到當6個配位子從八面體的6個角落往中心靠近時，相當於是沿著立體座標軸的三個軸向靠近。回憶第一章中d軌域的方位圖(圖1-9(c))，dx^2-y^2及dz^2恰在軸向，會與配位子正面相遇，於是排斥力較大，另三者因不在軸向，∴排斥力相對較小，於是5個d軌域分裂成如圖12-8(b)中所顯示。

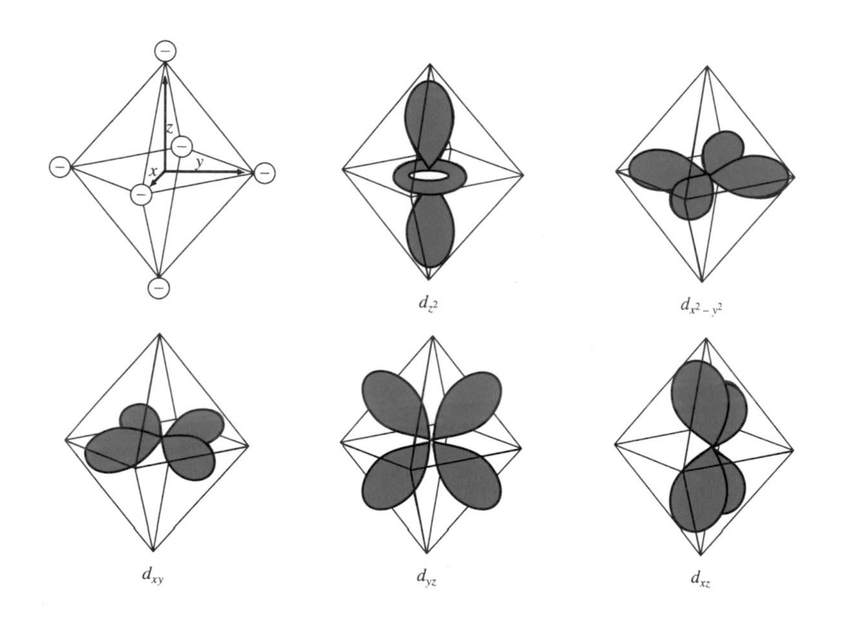

圖12-7　八面體中六個配位子與5個d軌域的排斥情形

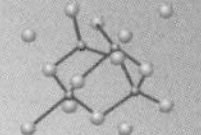

⑶　dz^2，dx^2-y^2軌域稱(e_g軌域)，而dxy，dyz，dxz軌域稱(t_{2g})軌域，二組軌域之能量差用Δ_o表示之，而Δ_o之值隨金屬離子、金屬離子氧化態，配位基等不同而異。

⑷　四面體的 4 個配位子在靠近中心金屬時，都不是沿著軸向靠近，因此dx^2-dy^2與dz^2遭受到排斥反而較小，另三者因不在軸上，受到的排斥反而較大，分裂情形見圖 12-8(a)。也由於配位子才4個，∴排斥的程度比較不大。$\Delta_T=\dfrac{4}{9}\Delta_o$。

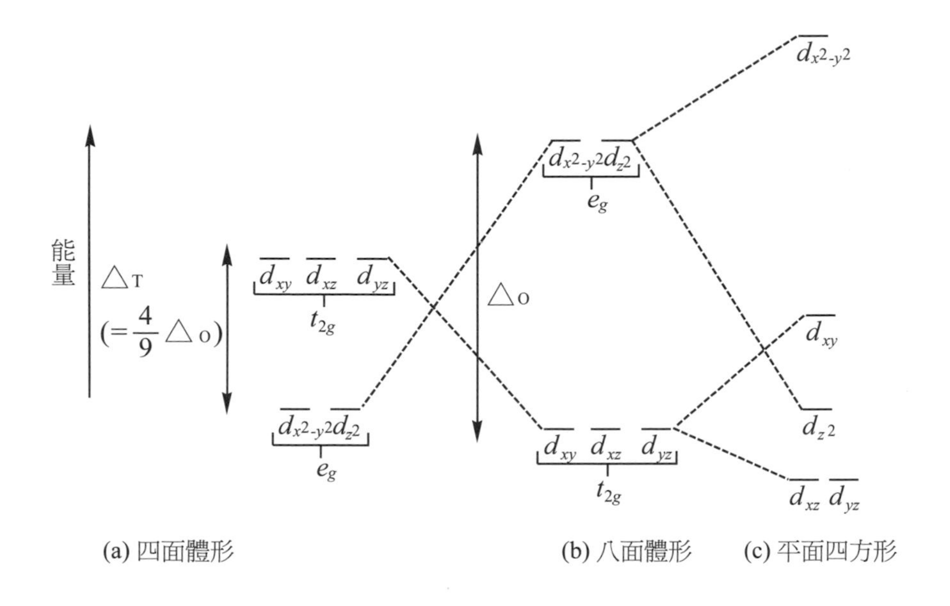

圖 12-8　各種形狀的d軌域分裂情形

⑸　平面四方形的d軌域分裂圖，比較不易推導。我們採用下法想像：

①　從八面體結構中，移去了z軸的 2 個配位子，便成為平面四方形。

②　配位子靠近了中心金屬，產生了排斥現象，一旦配位子移去，排斥應消失、位能應下降。既然我們移走了z軸上的配位子，∴涉及z的d軌域，能階都下降了，見圖 12-8(b)→(c)的示意。

2. Δ值的影響因素，與該錯合物的安定性有關，因此影響因素與單元一中影響K_f值的因素，有點類似。
   (1) 5d元素＞4d元素＞3d元素。如$Ru(CN)_6^{3-}$＞$Fe(CN)_6^{3-}$
   (2) 氧化數較大者，Δ值較大。如$Fe(CN)_6^{3-}$＞$Fe(CN)_6^{4-}$
   (3) 光譜化學序列中屬愈強場配位子者，Δ值愈大。如$Fe(CN)_6^{3-}$＞$Fe(H_2O)_6^{3+}$＞FeF_6^{3-}
3. 不同的能階，電子的填入次序，整理在下圖12-9，注意八面體形可分成兩種填入法(阿拉伯數字，代表填入的次序)。

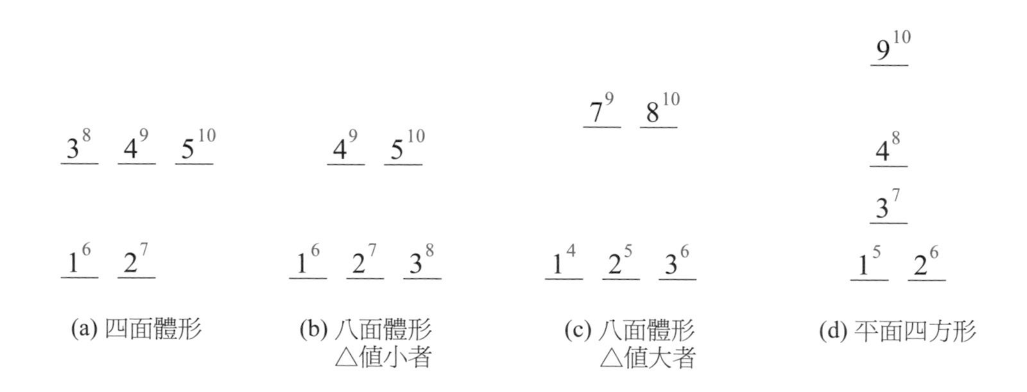

圖12-9 各種能階的電子填入順序

4. 八面體中，Δ_o值大小的決定：
   (1) 5d、4d元素，適用Δ_o大的能階圖。
   (2) 3d元素，要配合光譜化學序列，排列在NH_3之前的強配位場，通常適用Δ_o大的能階圖。排列在H_2O之後的弱配位場，則適用Δ_o小的能階圖。
   (3) 具有d^4～d^7的金屬價電子，填入Δ_o值大的圖，得到不成對電子數較少，這種情形稱爲低自旋組態(Low Spin)，而填入Δ_o值小的圖，則得到不成對的電子數較多，稱爲高自旋(High Spin)。

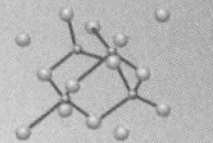

(4) $d^1 \sim d^3$，$d^8 \sim d^{10}$，不會有高、低自旋之分。

5. 光譜化學序列(Spectrochemical Series)：

(1) 既然配位子也會影響到Δ值，於是Δ值小者，提升低能階的電子到高能階所需耗費的能量較小，進而影響到吸收到的電磁波的頻率也較小。∴觀察光譜上吸收頻率的數據，是與配位子的種類有關的。

(2) 根據光譜所排列出來配位子的強弱場次序為：

$CO > CN^- > NO_2^- >$ en $>$ Py $> NH_3 > H_2O > NCS^- > C_2O_4^{2-} > OAc^- > OH^- >$ 尿素 $> F^- > Cl^- > Br^- > I^-$

6. 晶場理論的特性：

(1) 在解釋錯合物的磁性方面，顯現的準確性較高。

(2) 錯合物通常具有顏色，此點可以用晶場理論解釋出，因有Δ之存在，使得低層軌道上的電子吸收可見光之後躍升至高層軌道，若吸收的頻率恰在可見光的範圍，因而形成顏色。

① 既然Δ的大小決定於中心金屬及配位場，所以顏色的種類也應決定於中心金屬及配位場。

② 具d^0，d^{10}組態者，因無電子的跳躍，所以不具顏色，如Sc^{3+}，Zn^{+2}。

7. CFSE(Crystal Field Stabilization Energy)：

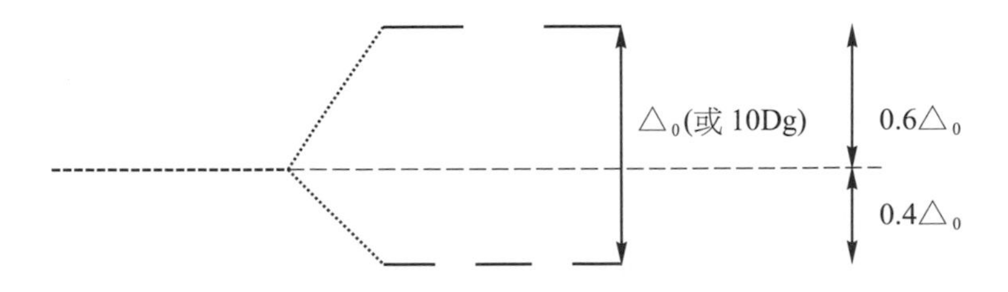

圖12-10 八面體中，d軌域分裂後的相對能高

(1) 八面體型式中，分裂後的e_g與t_{2g}兩軌域差值為Δ_o，若按軌域數及能量守恆原則來換算，t_{2g}與原先未分裂前的位能應差距$0.4\Delta_o$，同理e_g與未分裂前的位能差距為$0.6\Delta_o$。

(2) 當電子填入t_{2g}時，整個系統穩定了$0.4\Delta_o$，但當電子填入e_g時，整個系統則不穩定了$0.6\Delta_o$。

(3) 以d^7爲例，若是Low spin組態，情形是有6個電子在t_{2g}，而有1個在e_g，∴CFSE＝$6\times0.4\Delta_o - 1\times0.6\Delta_o = 1.8\Delta_o$，而若是High spin，則有5個電子在$t_{2g}$，2個在$e_g$，CFSE＝$5\times0.4\Delta_o - 2\times0.6\Delta_o = 0.8\Delta_o$。

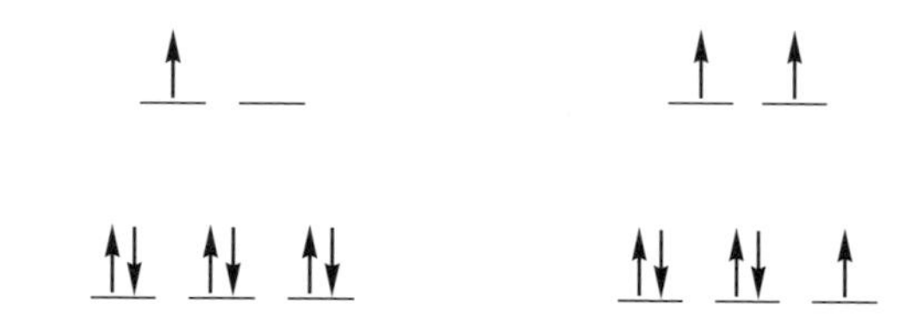

(a) d^7的 low spin 組態　　(b) d^7的 high spin 組態

圖 12-11　同樣是d^7的Low spin與high spin比較。

(4) 不同d^n的CFSE值整理在表12-7。

表 12-7

	Low spin	High spin
d^4	$1.6\Delta_o$	$0.6\Delta_o$
d^5	$2.0\Delta_o$	0
d^6	$2.4\Delta_o$	$0.4\Delta_o$
d^7	$1.8\Delta_o$	$0.8\Delta_o$

8. 顏色的產生(補充)：

(1) 物質吸收了可見光才會有顏色的產生。

(2) 光可分成「紅」、「黃」、「藍」三原色。

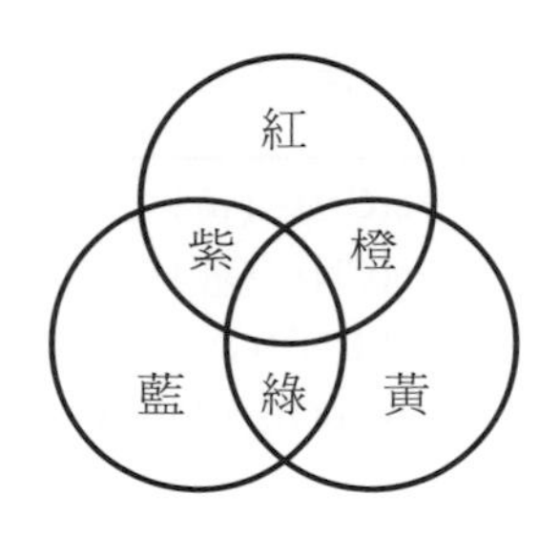

圖 12-12

(3) 在圖 12-12 中，從紅色開始，順時針繞一圈，恰是日光經三稜鏡後的顏色次序。

① 任何二圓形區域重疊處是指綜合色。如紅配黃得橙色，黃配藍得綠色。

② 處於正對面的二顏色，稱爲互補色，如紅的互補色爲綠色，紫色的互補色爲黃色。

(4) 當光線照射到某一物體後，物體上的某一化學物質，可能：

① 吸了紅色光，則三原色中的黃與藍沒有被吸走，反射後，人的眼睛看到的是黃藍的綜合色－即綠色(它恰是紅的互補色)。於是得一簡單規律，「物質若吸收了日光中的某一顏色光，則該物質會展現該色光的互補色」。

② 吸了全部色光，則物質因沒有反射光線，而形成黑暗。

③ 全部不吸，也就是全部反射，則該物質會展現白色。

(5) 可見光的頻率由紅色光的最小值(約 4×10^{14}Hz)到紫色光的最大值(約 7.5×10^{14}Hz)。

(6) 一些化學物質的常見顏色，整理在表 12-8。

表 12-8

TiO_2(白)	Mn^{2+}(粉紅)	$Fe(CN)_6^{4-}$(黃)	$CuSO_4 \cdot 5H_2O$(藍)
VO_2^+(黃)	MnO_2(棕)	$Fe(CN)_6^{3-}$(紅)	Cu_2O(紅)
Cr^{3+}(綠)	MnO_4^{2-}(綠)	$FeSCN^{2+}$(血紅)	Cu_2S(黑)
$Cr_2O_7^{2-}$(橘)	MnO_4^-(紫)	$Co(H_2O)_6^{2+}$(粉紅)	NiS(黑)
CrO_4^{2-}(黃)	Fe^{2+}(綠)	$CoCl_4^{2-}$(藍)	CoS(黑)
CrO_3(紅)	Fe^{3+}(黃)	Ni^{2+}(綠)	FeS(棕黑)
	Fe_2O_3(紅棕)	Cu^{2+}(淺藍)	FeO(黑)
	Fe_3O_4(黑)	$Cu(NH_3)_4^{2+}$(深藍)	CuO(黑)
			MnS(粉紅)
			ZnS(白)

範例 15

What type of bonding is used as a basis of crystal field theory?
(A)covalent (B)ionic(electrostatic) (C)dipole-dipole (D) hydrogen (E)ion-dipole. 【84成大化學】

解：(B)

見課文 *1.* -(1)。

範例 16

(A)$Fe(H_2O)_6^{2+}$ (B)$Fe(CN)_6^{4-}$ (C)$Ru(CN)_6^{3-}$

上述三種錯合物中，何者之晶體場開裂(Crystal field spliting)程度為最大？何者為最小？請依大小次序排列之。(原子序：Fe ＝ 26，Ru ＝ 44) 【79成大】

解：(C)中的金屬是4d元素，∴其Δ_o值大於(A)(B)中的Fe，而(B)中CN^-的配位場強度又大於(A)中的H_2O。∴(B)又大於(A)，完整次序為(C)＞(B)＞(A)。

範例 17

由鐵所組成的化合物$[Fe(CN)_6]^{3-}$及$[FeF_6]^{3-}$，其幾何結構皆為八面體(octahedral)。前者含有一個不成對電子，而後者則有________個不成對電子。 【80私醫】

解：5

(1) 由於F^-是弱配位場，∴填電子次序要填入圖12-9中的(B)圖。

(2) FeF_6^{3-}中的Fe氧化數＋3，d電子數為d^5。

(3) 將5個d電子填入上述圖中，得到5個不成對電子。

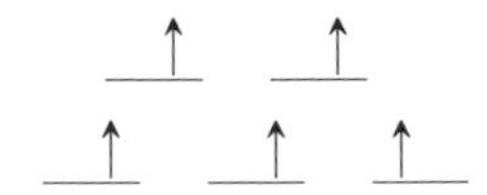

類題

Which of the following complexes is diamagnetic?
(A)$Fe(CN)_6^{4-}$ (B)$Cu(NH_3)_4^{2+}$ (C)$Ti(H_2O)_6^{3+}$ (D)$Ni(en)_3^{2+}$ (E)$Co(Py)_6^{2+}$. 【82清大】

解：(A)

(1) 全部成對時，才是逆磁性。

(2) $Cu(NH_3)_4^{2+}$中的Cu^{2+}為d^9組態，$Ti(H_2O)_6^{3+}$中的Ti^{3+}為d^1，$Co(Py)_6^{2+}$中的Co^{2+}為d^7組態，以上三者全是奇數，一定是順磁性。

(3) $Fe(CN)_6^{4-}$，其中Fe^{2+}爲d^6組態，CN^-爲強配位場，應填入圖 12-9 (C)

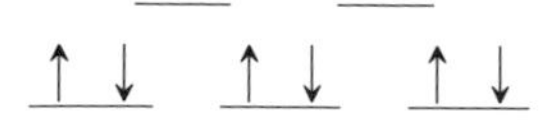

完全成雙，∴是逆磁性。

$Ni(en)_3^{2+}$，其中Ni^{2+}爲d^8組態，en爲強配位場，應填入圖 12-9(C)

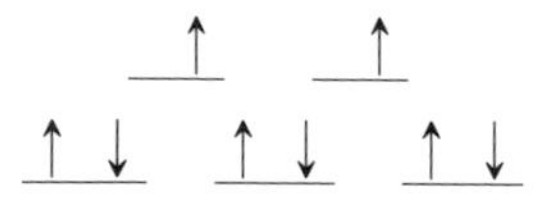

仍見到有2個不成對電子。

範例 18

三種錯離子，I $[Cr(CN)_6]^{3-}$，II $[Cr(NH_3)_6]^{3+}$，III $[Cr(H_2O)_6]^{3+}$，在UV 光譜吸光能量順序

(A) I ＞II＞III (B) II＞III＞ I (C)III＞ I ＞II (D) I ＞III＞II。

【78 私醫】

解：(A)

三者的差異只是配位子種類不同。配位場愈強者，會導致Δ_o愈大。而$\Delta_o = E_{光} = h\dfrac{c}{\lambda}$，$\Delta_o$與能量成正比(而與波長成反比)。∴能量順序＝ I ＞II＞III。

範例 19

The crystal field stabilization energy of a high-spin octahedral complex of a d^7 ion is

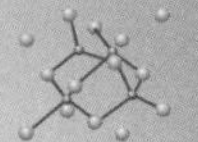

(A)0.4Δ_o (B)0.8Δ_o (C)1.2Δ_o (D)1.6Δ_o (E)2.0Δ_o. 【82清大】

解：(B)

見表12-7。

範例 20

下列五種離子(濃度皆為0.1M)中，何者有顏色？

(A)ClO_4^- (B)CrO_4^{2-} (C)$S_2O_3^{2-}$ (D)IO_3^- (E)MnO_4^-。

解：(B)(E)

含有過渡元素者，往往具有顏色。

範例 21

下列五種錯離子，何者無色？

(A)$[Zn(CN)_4]^{2-}$ (B)$[Ag(CN)_2]^-$ (C)$[Cu(NH_3)_4]^{2+}$ (D)$[Co(NH_3)_6]^{3+}$ (E)$[Cr(NH_3)_6]^{3+}$。

解：(A)(B)

(1) 組態為d^0或d^{10}時，不會具有顏色。

(2) 各項的組態是：(A)Zn^{2+}：d^{10}，(B)Ag^+：d^{10}，(C)Cu^{2+}：d^9，(D)Co^{3+}：d^6，(E)Cr^{3+}：d^3。

綜合練習及歷屆試題

PART I

1. $Ni(CO)_4$中 Ni 之配位數爲________，氧化數爲________。【75私醫】
2. NH_3容易造成錯離子之原因是
   (A)N 原子有幾近全滿的價電子軌域 (B)NH_3爲角錐形的分子 (C)N原子中有一不共用電子對 (D)NH_3爲低沸點之凡得瓦爾分子。
   【67私醫】
3. 下列哪一個分子或離子最不易與金屬離子生成錯化合物
   (A)NH_3 (B)CO (C)NH_4^+ (D)NO。【78私醫】
4. 下列何者不易當配基(ligand)？
   (A)BF_3 (B)CO (C)CN^- (D)NH_3。【81二技動植物】
5. 在錯合物中，常由一配位基(ligand)形成環，稱爲________可增加錯合物的穩定性。【80私醫】
6. Ni + 4CO ⟶ $Ni(CO)_4$，下列何者正確？
   (A)CO 爲 Lewis acid (B)Ni 爲 Lewis base (C)$Ni(CO)_4$，結構爲octahedral (D)$Ni(CO)_4$命名爲 tetracarbonylnickel(0)。【79私醫】
7. 有關 EDTA 之敘述，下列何者不正確？
   (A)EDTA是有機錯合劑 (B)EDTA與Na^+，K^+生成安定錯合物 (C)EDTA與很多重金屬離子生成安定錯合物 (D)EDTA是六牙配位子。
   【83二技環境】
8. 過渡金屬錯合物最有名的六牙團配位基爲 EDTA，其結構爲________。【80私醫】

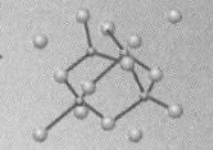

9. 下列四種同濃度水溶液，哪一種之凝固點下降度數最大？
(A)$[Cr(NH_3)_6]Cl_3$ (B)$[Cr(NH_3)_3Cl_3]$ (C)$[Cr(NH_3)_4Cl_2]Cl$ (D)$[Cr(NH_3)_5Cl]Cl_2$。【84私醫】

10. 下列化合物溶於水中，哪一個的導電情形最好？
(A)$[Co(NH_3)_6]Cl_3$ (B)$[Co(NH_3)_5Cl]Cl_2$ (C)$[Co(NH_3)_4Cl_2]Cl$ (D)$[Co(NH_3)_3Cl_3]$。【79私醫】

11. K_2PtCl_4之水溶液的導電度與下列何者之水溶液最爲接近？
(A)KNO_3 (B)$TiCl_4$ (C)Na_2SO_4 (D)$CuSO_4$。【84二技動植物】

12. $CrCl_3 \cdot nNH_3$係代表n自6至3的四種錯化物，在相同莫耳濃度之下，下列何項無法用以鑑別此四種錯化物：
(A)導電性 (B)凝固點 (C)加入過量的硝酸銀 (D)pH值。【69私醫】

13. 加$AgNO_3$於下列化合物之水溶液中，析出AgCl最多的是
(A)$CrCl_3 \cdot 6NH_3$ (B)$CrCl_3 \cdot 5NH_3$ (C)$CrCl_3 \cdot 4NH_3$ (D)$CrCl_3 \cdot 3NH_3$。【75私醫】

14. 根據導電法之測定，錯化合物$Pt(NH_3)_4Cl_4$，在水中可完全解離而產生3個離子，若Pt(IV)所形成之錯化合物屬八面體結構，試繪出上述錯化合物之立體結構式及其可能之異構物。【72私醫】

15. 將$PtCl_4 \cdot 3NH_3$ 0.1mole溶於1000克水中，溶液之mp爲－0.371℃，又於此溶液中加入過量的$AgNO_{3(aq)}$生成0.1mole AgCl，問Pt^{+4}之配位數爲何？($K_f = 1.86$)
(A)2 (B)3 (C)4 (D)6 (E)7。

16. 錯合物(Ⅰ)$Pt(NH_3)_2Cl_4$，(Ⅱ)$Pt(NH_3)_4Cl_2$之敘述正確者爲
(A)前者爲八面體，後者爲四面體 (B)在水中之溶解度，後者＞前者 (C)1.0m水溶液之mp前者＞後者 (D)mp前者＞後者 (E)加入Ag^+二者皆可生成AgCl白色沉澱。

17. 下列何者是錯合物$[Co(NH_3)_6]Cl_3$的名稱？
(A)Trichlorohexaammine Cobalt(III) (B)Hexaamminecobalt(III) Chloride (C)Trichlorocobalt(III)Hexaammine (D)Hexaamminecobalt (II)Chloride (E)Cobalt(III)Hexaammine Chloride。 【70台大】

18. Hexachloroferrate(III)錯離子之 ionic charge 爲：
(A)－3 (B)0 (C)＋2 (D)＋3。 【85私醫】

19. Pentaammineaquocobalt(III)Ion 之化學式爲________。 【71私醫】

20. $[Zn(NH_3)_4]^{2+}$之錯離子的混成軌域爲:
(A)sp (B)sp^3 (C)dsp^2 (D)dsp^3。 【84私醫】

21. $Cu(NH_3)_4^{2+}$之幾何形狀爲________形。 【79私醫】

22. $[Ni(CN)_4]^{2-}$爲反磁性，Ni 之原子序爲 28，則其立體結構爲________。 【73後中醫】

23. $Au(NH_3)_2^+$內之 Au 之混成軌道爲________。 【67私醫】

24. $[Co(en)_2Cl_2]^+$，en 代表 ethylene diamine，該錯離子之形狀爲
(A)linear (B)square plannar (C)tetrahedral (D)octahedral。 【85私醫】

25. 下列粒子不具幾何異構物者？
(A) $Zn(NH_3)_2(CN)_2$ (B) $Cr(NH_3)_4Cl_3$ (C) $Pt(NH_3)_2Cl_2$ (D) $Fe(H_2O)_3Cl_3$。 【68私醫】

26. 下列各分子之立體異構物數，何者爲誤，在分子式中，Py 代表砒啶(Pyridne)，C_5H_5N一種單座配位子
(A)$Pt(NH_3)PyClBr$(Square Planar)有 3 個立體異構物 (B)$Pt(NH_3)PyCl_2$(Square Planar)有 2 個立體異構物 (C)$Pt(Py)_2Cl_2$(Square Planar)有 2 個立體異構物 (D)$Co(Py)_2Cl_2$(tetrahedral)有 2 個立體異構物。 【69私醫】

27. 試解釋爲何錯合物($CoCl_3$‧$4NH_3$)會有綠色及紫色之二種結晶？

【78成大】

28. $Co(NH_3)_2Cl_2(NO_3)_2^-$有若干個順反異構物？

(A)1 (B)2 (C)3 (D)4 (E)5。

29. 寫出下列錯合離子其中心原子所含之不配對電子數目：

(A)$[CoF_6]^{-3}$(high-spin)________

(B)$[Mn(CN)_6]^{-3}$(low-spin)________

(C)$[Co(en)_3]^{+3}$(low-spin)________

(D)$[Mn(CN)_6]^{-4}$(low-spin)________ 。 【77私醫】

30. 當一錯合物的基態依據配位子場分裂值Δ，有所選擇時，具有不成對電子數較多的錯合物稱爲

(A)平面四方形錯合物 (B)低旋錯合物 (C)順磁性錯合物 (D)高旋(High-spin)錯合物 (E)逆磁性錯合物。 【70台大】

31. 已知錯離子$[Co(NH_3)_6]^{2+}$是八面體且高自旋(High-Spin)，下列敘述何者正確？

(A)順磁性，有一個不成對電子 (B)順磁性，有三個不成對電子 (C)反磁性 (D)順磁性，有五個不成對電子。 【80私醫】

32. 請寫出下列各錯離子在基態時所具有之未成對電子數目(Unpaired electrons)。

(A)$NiCl_4^{2-}$ (B)$Ni(CN)_4^{2-}$ (C)$Co(NH_3)_6^{2+}$ (D)$Co(NO_2)_6^{3-}$ (E)$Rh(H_2O)_6^{3+}$。(原子序：Ni = 28，Co = 27，Rh = 45) 【77成大】

33. 以簡單結晶場理論(Crystal Field Theory)解釋爲何CoF_6^{3-}是順磁性的，而$Co(NH_3)_6^{3+}$則是反磁性的。($_{27}Co$) 【80成大】

34. 有關錯化合物(complex)的敘述，下列何者是錯誤的？

(A)Hg在$[Hg(en)_2]^{2+}$中的配位數是4 (B)High-spin complex比Low-spin complex 有較多的不成對電子 (C)$[Co(NH_3)_6]^{2+}$和$[CoCl_6]^{3-}$，

對光的吸收前者在波長較長區域　(D)在Complex中，配位基(ligand)是當做Lewis Bases。【86私醫】

35. CO分子吸收頻率爲1.2×10^{11}，6.4×10^{13}，1.5×10^{15}週／秒，此外對其他頻率不吸收，由下列各項說明中，何者可以具體說明CO是無色？
(A)CO吸收可見光　(B)CO只吸收紫外光　(C)CO只吸收紅外光　(D)CO吸收紅外光區及紫外光區。【86私醫】

36. 兩種鎳之錯化合物：$[Ni(H_2O)_6]^{2+}$爲綠色，$[Ni(en)_3]^{2+}$爲紫色。下列敘述何者爲正確？
(A)"en"比"H_2O"的配位場強　(B)$[Ni(H_2O)_6]^{2+}$會吸收可見光中的綠光　(C)兩種錯化合物都沒有未成對電子　(D)其顏色差異是因鎳離子的氧化數不同。【85二技動植物】

37. 下列各陽離子，何者是無色？
(A)$Cu^{2+}_{(aq)}$　(B)$Fe^{3+}_{(aq)}$　(C)$Zn^{2+}_{(aq)}$　(D)$Ni^{2+}_{(aq)}$　(E)$Co^{2+}_{(aq)}$。【79成大】

38. 下列過渡元素之氯化物溶於水後，何者之水溶液是無色：
(A)$V^{3+}(Z=23)$　(B)$Sc^{3+}(Z=21)$　(C)Cr^{3+}　$(Z=24)$　(D)$Fe^{3+}(Z=26)$(Z：代表原子序)。

39. 過渡元素化合物的顏色起因於
(A)金屬離子　(B)配位數　(C)配位子　(D)供體原子(Donor Atom)　(E)配位子和金屬離子的結合物。【70台大】

40. 以下何者所吸收之波長最短？
(A)$Ni(H_2O)_6^{2+}$　(B)$Ni(NH_3)_6^{2+}$　(C)$Ni(CN)_6^{4-}$　(D)$Ni(CO)_6^{2+}$　(E)$Ni(en)_3^{2+}$。【70台大】

41. 溶於水會產生有色的陰離子者爲：
(A)$CuSO_4\cdot5H_2O$　(B)$ZnSO_4\cdot7H_2O$　(C)KCl　(D)K_2CrO_4。
【84二技環境】

42. 以下物質的顏色，哪些是正確的？
(A)過錳酸鉀－橙色 (B)硫酸銅溶液－藍色 (C)二氧化錳－白色
(D)硫化鋅－白色 (E)重鉻酸鉀－橙色。

43. 下列何者為綠色顏料？
(A)TiO_2 (B)Fe_2O_3 (C)CdS (D)Cr_2O_3。 【86二技環境】

44. 下列離子的顏色，何者有誤？
(A)Fe^{2+}：綠色 (B)CrO_4^{2-}：黃色 (C)$Cr_2O_7^{2-}$：藍色 (D)MnO_4^-：紫色。 【86二技動植物】

45. 下列的離子，哪一個呈現綠色(Green color)
(A)Fe^{3+} (B)Ni^{2+} (C)CrO_4^{2-} (D)MnO_4^-。 【79私醫】

46. 血紅蛋白(hemoglobin)含鐵血紅素(heme)是一種鐵的螯合物(chelate)，葉綠素(chlorophyll)是________的螯合物。 【84私醫】

47. 曾裝過$KMnO_4$溶液的玻璃容器，乾後有時會留下以水洗不掉的棕色污痕，若要洗淨，須加入
(A)醋酸 (B)草酸 (C)鹽酸 (D)硫酸。 【80私醫】

48. 下列化合物，何者應裝在棕色瓶保存？
(A)$KMnO_4$ (B)HClO (C)$K_2Cr_2O_7$ (D)$CuSO_4$。 【80私醫】

49. 血紅素分子中之中心金屬原子為
(A)Fe (B)Zn (C)Mg (D)Al。

50. 下列四種元素中，何者之化學性質與其他三種有顯著的差異？
(A)Cu (B)Co (C)As (D)Ni。

51. 下列各金屬離子中加入$NH_{3(aq)}$時生成沉澱，繼續加入則沉澱消失者為
(A)Al^{3+} (B)Mg^{2+} (C)Cd^{2+} (D)Fe^{3+}。

答案：1. 4，0　2.(C)　3.(C)　4.(A)　5.螯合　6.(D)　7.(B)　8.見表12-2　9.(A)　10.(A)　11.(C)　12.(D)　13.(A)　14. 2個幾何異構物　15.(D)　16.(BC)　17.(B)　18.(A)　19. $Co(NH_3)_5(H_2O)^{+3}$　20.(B)　21.平面四方　22.平面四方　23. sp　24.(D)　25.(A)　26.(D)　27.有二種幾何異構　28.(E)　29. 4，2，0，1　30.(D)　31.(B)　32. 2，0，3，0，0　33.見詳解　34.(C)　35.(D)　36.(A)　37.(C)　38.(B)　39.(E)　40.(D)　41.(D)　42.(BDE)　43.(D)　44.(C)　45.(B)　46.鎂　47.(B)　48.(A)　49.(A)　50.(C)　51.(C)

PART II

1. $H_2NCH_2CH_2NH_2$ is a
(A)monodentate　(B)bidentate　(C)tridentate　(D)quadridentate.
【79淡江】

2. Many enzymes have transition metals as cofactors. This is due to that transition metals have
(A)high boiling point　(B)partially filled *d* and *f* subshell electrons　(C)stable oxidation states　(D)high transition state energy.
【83中山生物】

3. EDTA(ethylenediaminetetraacetate) is used for lead and other metal poison treatment. Write the structure of EDTA and describe how does it work for the poison treatment.　【84成大環工】

4. (A)How does cyanide exert its toxic effect?
(B)How does Hg^{2+} exert its toxic effect?　【83清大A】

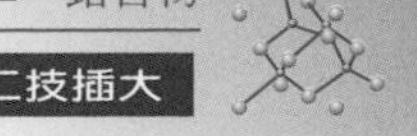

5. Which of the following coordination compounds will form a precipitate when combined with a $AgNO_3$ solution?
(A)$Cr(NH_3)_3Cl_3$ (B)$K[Cr(NH_3)_2Cl_4]$ (C)$Cr(NH_3)_2(H_2O)(Cl_3)$ (D) $K_3[Cr(CN)_6]$ (E)$[Cr(NH_3)_6]Cl_3$. 【85中山】

6. Potassium hexacyanoferrate(II) is the compound
(A)$K_4[Fe(CN)_6]$ (B)$KFe(SCN)_4$ (C)$K_3[Fe(CN)_6]$ (D)$K_3[Fe(SCN)_6]$ (E)$K_4[Fe(NCO)_6]$. 【81台大乙】

7. Write down the molecular structures of following complex ions:
(A)diamminesilver(I) ion. (B)tetraamminezinc(II) ion (C)triamminetrinitrocobalt(III) (D)hexachloroplatinate(IV) (E) hexacyanoferrate(II) ion. 【80台大甲】

8. Which of the following compounds has geometrical isomers?
(A)CH_2ClBr (B)HClC=CHCl (C)$[Co(NH_3)_5Cl]^{2+}$ (D)$Pt(NH_3)_2Cl_2$ (E)$CoCl_2 \cdot 6H_2O$. 【79台大乙】

9. The number of isomeric forms for the $[Co(en)_2Cl_2]^+$ complex is
(A)one (B)two (C)three (D)four (E)five. 【83成大化學】

10. (A)Draw all possible isomers for an octahedral molecule $MA_2B_2C_2$.
(B)Indicate which pairs of isomers are enantiomers. 【77中興】

11. Which of the following complexes exhibits optical isomerism?
(A)trans-dithiocyanatotetraamminechromium(III) ion (B)cis-dicarbonatodiamminecobaltate(III) ion (C)trans-dicarbonatodiamminecobaltate (III) ion (D)cis-diglycinatoplatinum(II) (E)trans-diglycinatoplatinum (II). 【82清大】

12. Which of the following complexes has only two geometrical isomers?
(A)Hexacyanochromate(III) ion (B)Diaquadibromodichlorochromate

(III) ion (C)Pentaaquachlorochromium(III) ion (D)Diaquatetra-chlorochromium(III) ion (E)None of the above. 【83中興B】

13. An optically active molecule
(A)polarizes light that passes through it. (B)rotates the plane of vibration of plane-polarized light. (C)rotates plane-polarized light always in the counter-clockwise direction. (D)has a mirror-image isomer. (E)both b and d. 【83中興A】

14. Which of the following complexes may be optical active:
(A)MA_4B_2 (B)MA_3B_3 (C)$M(LL)A_4$ (D)$M(LL)_2A_2$.(A, B are mono-dentate ligand, while LL is a bidentate ligand). 【83中興】

15. Which of the following octahedral complexes can form cis/trans isomers?
(A)$Co(NH_3)_6^{3+}$ (B)$Co(NH_3)_5Cl^{2+}$ (C)$Co(NH_3)_5(H_2O)^{3+}$ (D)$Co(NH_3)_4Cl_2^{+}$ (E)$Co(NH_3)_4(H_2O)_2^{3+}$ (F)$Co(NH_3)_3(H_2O)_3^{3+}$. 【85成大A】

16. Which one of the following statements concerning the number of geometrical isomers of the trigonal bipyramidal complex, $[Mn(CO)_3(Ph_3P)(NO)]$ and their optical activity is correct?
(A)One geometrical isomer; optically active. (B)Three geometrical isomer; two optically inactive. (C)Four geometrical isomer; all optically inactive. (D)Three geometrical isomer; one optically active. (E)Four geometrical isomer; three optically active. 【80淡江】

17. $[Fe(CN)_6]^{-3}$ has only one unpaired electron, but $[Fe(H_2O)_6]^{+3}$ has five. Explain these experimental observations using valence bond theory. 【83中興B】

18. Which of the following statements about complexes is correct?
(A)The Co^{2+} ion can sometimes act as a chelating ligand.
(B)The square planar complex ion $Ni(CN)_4^{2-}$ exhibits d^2sp^3 hybridization.

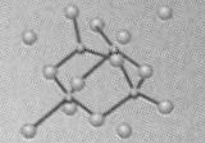

(C)The complex ion $[Cr(NH_3)_5H_2O]^{3+}$ forms two geometric isomers.
(D)The ligand in a complex is a Lewis base; the metal ion is a Lewis acid. (E)None of the above. 【83中興B】

19. In crystal field theory
(A)purely electrostatic attraction and repulsion between metal atoms and ligands is assumed. (B)there is no mixing of electrons between ligands and metal ions. (C)the value of Δ decreases on going from the second to the third transition series. (D)higher oxidation states result in higher value of Δ. (E)it can explain spectral chemical series very well. 【80台大丙】

20. Four-coordinate nickel(II) complexes exhibit both square-planar and tetrahedral geometries. The tetrahedral ones, such as $[NiCl_4]^{2-}$, are paramagnetic; the square-planar ones, such as $[Ni(CN)_4]^{2-}$, are diamagnetic. Show how the *d* electrons of nickel(II) populate the *d* orbitals in the appropriate crystal field splitting diagram in each case. 【83清大A】

21. Give the crystal field diagram for the tetrahedral complex ion $CoCl_4^{2-}$. 【83清大B】

22. Predict the number of unpaired electrons in the following complex ions:
(A)$[Cr(CN)_6]^{4-}$ (B)$[Cr(H_2O)_6]^{2+}$ (C)$[Fe(CN)_6]^{4-}$. 【83成大化學】

23. Which is paramagnetic?
(A)$Zn(H_2O)_6^{2+}$ (B)$Co(NH_3)_6^{3+}$(strong field) (C)$Cu(CN)_3^{2-}$
(D)$Mn(CN)_6^{2-}$(strong field) (E)none of these.

【86成大A】

24. Which of the following complex ion contains the smallest number of unpaired electrons?
(A)Co^{+3} (B)$[Co(H_2O)_6]^{3+}$ (C)$[CoI_6]^{3-}$ (D)$[CoCl_6]^{3-}$ (E) $[Co(CN)_6]^{3-}$. 【83 中興 A】

25. The best way to differentiate a tetrahedral Ni^{2+} complex from a square planar Ni^{2+} complex is
(A)dipole moment (B)magnetic property (C)color (D)solubility. 【82 中興】

26. Of the following complexes, the one with the largest value of the crystal field splitting, Δ_o, is
(A)$Fe(H_2O)_6^{2+}$ (B)$Ru(H_2O)_6^{2+}$ (C)$Fe(NH_3)_6^{3+}$ (D)$[Ru(CN)_6]^{3-}$ (E) $[Fe(CN)_6]^{3-}$. 【85 清大】

27. Which complex ion should exhibit the largest crystal field splitting energy?
(A)$[FeCl_4]^-$ (B)$[Fe(CN)_6]^{3-}$ (C)$[CoCl_4]^{2-}$ (D)$[Co(H_2O)_6]^{2+}$ (E) $[Zn(NH_3)_4]^{2+}$. 【84 成大環工】

28. Base on simple crystal field theory, which of the following metal ions will not be colored when the metal ion is in an octahedral complex?
(A)Co(III) (B)Fe(II) (C)Cr(III) (D)Zn(II) (E)Cu(II). 【83 中興A】

29. Explain why the compounds of Sc^{3+} are colorless but those of Ti^{3+} and V^{3+} are colored. 【81 中山生物】

30. (A)How does crystal field theory(CFT) account for the colors of complex ion?
(B)Explain why compounds of copper(II) are generally colored, but compounds of copper(I) are not. 【83 成大環工】

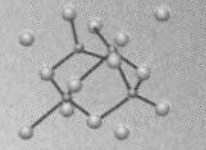

31. Would you expect $Cd(NH_3)_4Cl_2$ to be colored? Explain. 【83清大B】

32. A deep bluish purple solution formed when excess ammonia is added to a solution of $CuSO_4$. Write the reaction equation. 【83交大】

33. The crystal field stabilization energy of a high-spin octahedral complex of a d^7 ion is
(A)$0.4\Delta_o$ (B)$0.8\Delta_o$ (C)$1.2\Delta_o$ (D)$1.6\Delta_o$ (E)$2.0\Delta_o$.(where Δ_o is the crystal field splitting energy between t_{2g} and e_g). 【79台大乙】

34. The crystal field stabilization energy of low-spin octahedral complex of a d^7 ion is
(A)$1.6\Delta_o$ (B)$1.8\Delta_o$ (C)$2.0\Delta_o$ (D)$2.2\Delta_o$ (E)$2.4\Delta_o$. 【81成大環工】

35. Give the crystal field stabilization energy(CFSE) of each of the following complex ions:
(A)$Fe(CN)_6^{3-}$ (B)CoF_6^{3-} (C)$CoCl_4^{2-}$(tetrahedral).($_{26}Fe$，$_{27}Co$)
【83成大化工】

36. The species bonded to the central atom in a coordination complex are called.
(A)coordinants (B)complex ions (C)Lewis acids (D)chelates (E)ligands. 【88中山】

37. What is the precipitate of the mixing solutions between $AgNO_3(aq)$ and $[Co(NH_3)_5Br]Cl_2$？ 【88成大化學】

38. Give the chemical formula (including charge if any) for the following compounds :
(A)trans-diamminetetrachlorocobalt(III)
(B)Hexaaquairon(II) 【89中興化工】

39. Give the number of geometrical isomers for the octahedral compound $[MA_2B_2C_2]$, where A, B, and C represent monodentate ligands.
(A)1 (B)2 (C)3 (D)5 (E)none of these. 【88淡江】

40. Which of the following complexes contain the tetraaminedibromocobalt (III) group?
(A)$K[Co(NH_3)_4Br_2]$ (B)$[Co(NH_3)_4Br_2]$ (C)$[Co(NH_3)_4Br_2]Cl$
(D)$[Co(NH_3)_4]Br_2$.

41. Which of the following complexes can exhibit optical activity?
(A)$[Co(NH_3)_6]Cl_3$ (B)$[Co(NH_3)_4Cl_2]Cl$ (C)$Cr(CO)_6$ (D)$Na_2[CoCl_4]$
(E)$Co[(NH_2CH_2CH_2NH_2)_3]Cl_3$. 【87台大A】

42. Which of the following objects is chiral?
(A)pencil (B)screw (C)nail (D)thimble (E)none of the above.
【89清大A】

43. Which of the following transition metal complexes can exhibit the phenomenon of optical isomerism?
(A)$[Co(NH_3)_4Cl_2]$ (B)$[Co(Cl)_6]^{4-}$ (C)$[Fe(H_2O)_6]^{3+}$
(D)$[Ni(SCN)_3Br_3]^{4-}$ (E)$[Mn(oxalate)_2Br_2]^{4-}$. 【88成大環工】

44. If a complex ion is square plannar, which d-orbital is highest in energy?
(A)d_{zx} (B)d_{xy} (C)d_{yz} (D)d_{z^2} (E)$d_{x^2-y^2}$. 【88成大材料】

45. Which one of the following statement is false?
(A)Crystal field theory treats bonding in terms of ionic bonding involving electrostatic interactions.
(B)A high-field complex has a relatively large value for 10Dq.
(C)Fluoride ion produces a strong field in which the 3*d* electrons of the metal are repelled significantly.
(D)Fe^{2+} can form both paramagnetic and diamagnetic complexes.
【89中興食品】

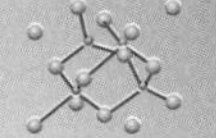

46. Which of the following statements is true about the octahedral complexes of Ni^{2+}?
(A)Both strong-and weak-field complexes are diamagnetic.
(B)The strong-field complex is diamagnetic and the weak-field complex is paramagnetic.
(C)The strong-field complex is paramagnetic and the weak-field complex is diamagnetic.
(D)Both strong-and weak-field complexes are paramagnetic.

【87成大化工】

47. Using the following abbreviated spectrochemical series, determine which complex is most likely to be blue rather than red, orange or yellow.

$Cl^- < H_2O < NH_3 < CN^-$

Weak field　　Strong field

(A)$K_3[CoCl_6]$　(B)$[Co(NH_3)_6]Cl_3$　(C)$[Co(H_2O)_6]Cl_3$　(D)$K_3[Co(CN)_6]$.

【89中興食品】

48. The complex ions of Zn^{2+} are all colorless. Which is the most likely explanation?
(A)Zn^{2+} is paramagnetic.　(B)Zn is not a transition metal ion.
(C)Since Zn^{2+} is a d^{10} ion, it does not absorb visible light even though the d orbital splittings are correct for absorbing visible wavelengths.
(D)Zn^{2+} exhibits d orbital splittings in its complexes that absorb all wavelengths in the visible region.
(E)none of these.

【89中正】

49. The compound $Ni(H_2O)_6Cl_2$ is green, while $Ni(NH_3)_6Cl_2$ is purple, Predict the predominant color of light absorbed by each compound. Which compound absorbs light with the shorter wavelength？Predict in which compound Δ is greater and whether H_2O or NH_3 is a stronger field ligand. 【87成大化工】

50. Which of the following complex ions would absorb light with the longest wavelength？
(A)$[Co(H_2O)_6]^{2+}$ (B)$[Co(NH_3)_6]^{2+}$ (C)$[CoF_6]^{4-}$ (D)$[Co(CN)_6]^{4-}$. 【87成大化工】

答案： 1.(B) 2.(B) 3.、4.見詳解 5.(E) 6.(A) 7.(A)直線形，(B)四面體，(C)八面體，(D)八面體，(E)八面體 8.(BD) 9.(C) 10.見詳解 11.(B) 12.(D) 13.(E) 14.(D) 15.(DEF) 16.(C) 17.見詳解 18.(D) 19.(ABDE) 20.、21.見詳解 22.(A)2，(B)4，(C)0 23.(D) 24.(E) 25.(B) 26.(D) 27.(B) 28.(D) 29.～32.見詳解 33.(B) 34.(B) 35.(A)$2.0\Delta_O$，(B)$0.4\Delta_O$，(C)$1.2\Delta_T$ 36.(E) 37. AgCl 38.(A)$Co(NH_3)_2Cl_4^-$ (B)$Fe(H_2O)_6^{2+}$ 39.(D) 40.(C) 41.(E) 42.(B) 43.(E) 44.(E) 45.(C) 46.(D) 47.(A) 48.(C) 49.(A)$Ni(NH_3)_6Cl_2$ (B)NH_3 50.(C)

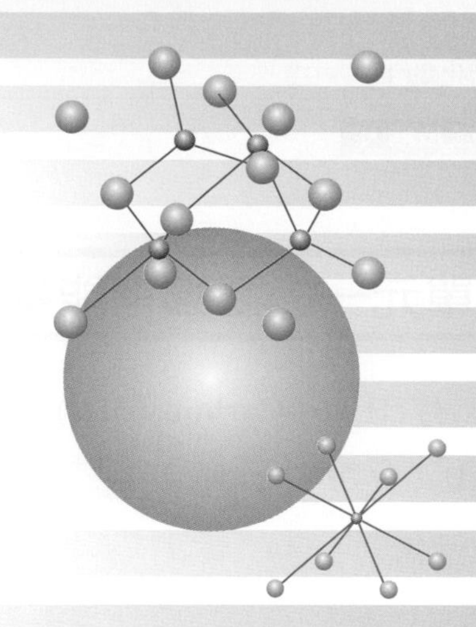

Chapter

13 有機化學

本章要目

- 單元一　認識官能基
- 單元二　異構現象
- 單元三　命名
- 單元四　一些有機化學反應
- 單元五　官能基的檢驗
- 單元六　生化分子
- 單元七　聚合物

單元一：認識官能基

1. 烴(HydroCarbon，HC)：只含有C及H的化合物。

(1) 分類：

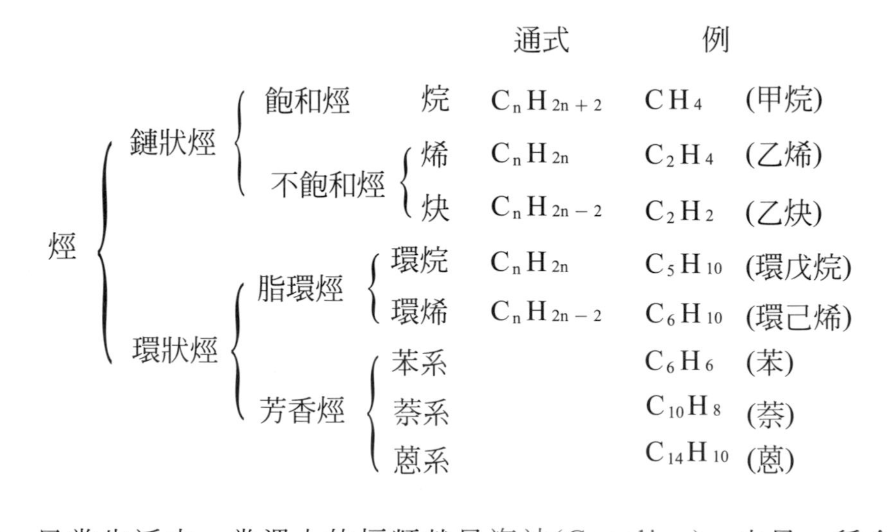

(2) 日常生活中，常遇上的烴類就是汽油(Gasoline)，它是一種含C_5～C_{10}的烷類混合物，分子比它小的C_1～C_4則以氣體形式出現，稱爲天然氣(Nature Gas)，而分子比汽油大者，例如碳數大於18個以上的烷類，往往形成固體狀，是爲凡士林，藥膏或化粧品常用到它。

(3) 芳香烴：具有像苯的結構者稱爲芳香族化合物(aromatic compound)，也就是碳碳鍊構成環狀，且單、雙鍵交替出現者。常見的有圖13-1中的三個。

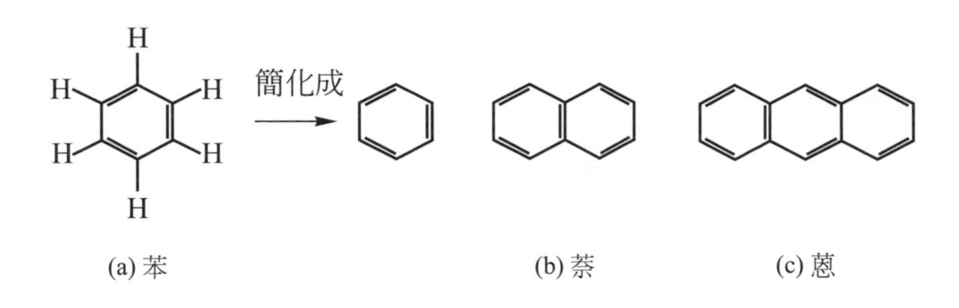

(a) 苯　(b) 萘　(c) 蒽

圖 13-1

2. 通式：

(1) 烷的通式：C_nH_{2n+2}

(2) 不飽和度(以記號Δ表之)：

① 烷類的結構中，碳上所能連接的 H 數，已是最大值，於是烷類又稱爲飽和烴。

② 結構中，一旦出現「π-鍵」，或「環狀」，則與最大值比較，一定少了 2 個H，見下圖示範。由此得一經驗：「與最大值作比較，每少 2 個H，就是表示出現π-鍵或一個環」，而且我們就將一個π鍵(或一個環)稱爲是一個不飽和度。記錄成Δ = 1。

$$H_3C\text{—}CH_3 \ (\text{H—C(H)(H)—C(H)(H)—H}) \xrightarrow{-2H} \text{H—C(H)=C(H)—H} \tag{13-1}$$

(3) 其它烴類通式的推法，例：

① 環烯類：結構上有一環及一烯(一個π)，∴Δ = 2，與最大值比較相差 2×2 = 4 個 H，∴通式：$C_nH_{2n+2-4} = C_nH_{2n-2}$

② 炔類：結構上含有 2 個π，∴Δ = 2，因此通式也是$C_nH_{2n+2-4} = C_nH_{2n-2}$

3. 官能基：若一原子或原子團連結於烴基上，而使某化合物具有某些特殊而顯著化學性質者稱 Functional Group。常見的官能基，整理在表 13-1。

表 13-1　有機官能基

種類	通式	命名	例子
烷類 alkanes	R—H	-ane	甲烷 methane
烯類 alkenes	>C=C<	-ene	乙烯 ethene
炔類 alkynes	—C≡C—	-yne	乙炔 ethyne
醇類 alcohols	R—OH	-ol	乙醇 ethanol
醚類 ethers	R—O—R	alkyl ether	乙醚 diethyl ether
醛類 aldehydes	R—C(=O)—H	-al	乙醛 ethanal
酮類 ketones	R—C(=O)—R'	-one	丙酮 propanone
羧酸類 carboxylic acids	R—C(=O)—OH	-oic acid	醋酸 ethanoic acid
胺類 amines	R—NH_2	alkyl amine	甲胺 methylamine
醯胺類 amides	R—C(=O)—NH_2	amide	乙醯胺 acetamide
酯類 esters	R—C(=O)—OR'		乙酸乙酯 ethyl ethanoate
鹵烷類 alkyl halides	RX	alkyl halide	溴甲烷 methyl bromide

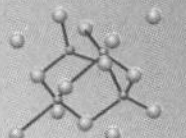

4.　有機物的分級：

⑴　C：旁接n個碳者稱爲n級碳。

⑵　H，—OH，—X：接在n級碳者，稱之爲第n級。

⑶　N：旁接n個碳者稱爲第n級胺(胺的分級方式與其它官能基不同)。

```
        C   H ←── 接在 2 級碳上，所以它稱爲 2 級氫
        |   |
    C — C — C — C — C — OH ←── 接在 1 級碳上，所以它稱爲 1 級醇
        |       |
        OH      Br ←── 接在 2 級碳上，所以它稱爲 2 級溴
       ↗
接在 3 級碳上，所以它稱爲 3 級醇
```

```
                    C
                    |
   H2N — C — C — N — C — COOH
   ↗           ↗     |
1 級胺      3 級胺  C — C — C
                     |
                    NH2 ←── 1 級胺
```

5.　性質：

⑴　所有官能基中，醇類、酸類、胺類及醯胺類(3級除外)，含有O—H或N—H鍵，因可構成氫鍵機會，因此分子間引力較大，進而展現在沸點很高及蒸氣壓很低的一些物性上。

⑵　所有官能基中，只有羧酸類表現酸性，在鹼性下可反應成鹽類，因而增加其水溶性。

$$RCOOH + NaOH \longrightarrow H_2O + RCOO^-Na^+\text{(水溶性鹽類)} \qquad (13\text{-}2)$$

同理，所有官能基中，只有胺是鹼性的，因此可與酸反應成水溶性的鹽類，此種鹽稱爲銨鹽。

$$RNH_2 + HCl \longrightarrow RNH_3^+Cl^-(\text{水溶性銨鹽}) \qquad (13\text{-}3)$$

⑶ 當O—H官能基接在苯結構上時，稱爲酚(phenol)，見圖13-2。它會展現異常的酸性(不過還是比不過羧酸的酸性)，俗稱石炭酸，也因此特性，∴它不可歸類爲醇類。而且它會展現強烈的抗氧化特性。

OH

圖13-2　酚

⑷ 碳陽離子的相對穩定度：3°＞2°＞1°
碳自由基的相對穩定度：3°＞2°＞1°
碳陰離子的相對穩定度：1°＞2°＞3°

範例 1

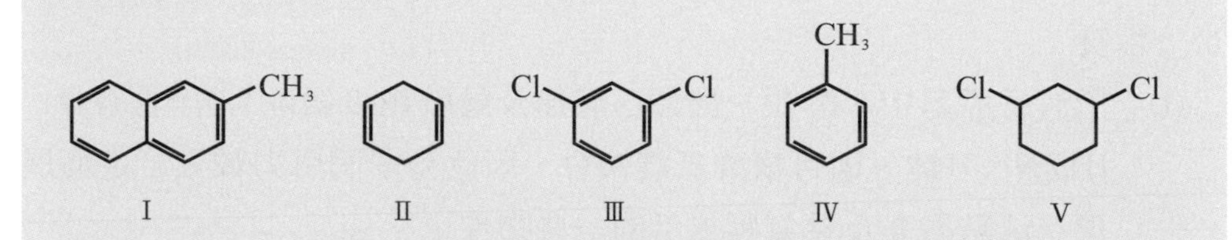

Which of the compounds listed above are aromatic?

(A)III and V　(B)III,IV and V　(C) I ,II and IV　(D) I　(E) I ,III and IV.　【85清大】

解：(E)

含有圖13-1中的結構者都是芳香族。

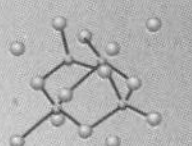

範例 2

Which functional group does not contain an oxygen atom?

(A)alcohol (B)carboxylic acid (C)ketone (D)amide (E)amine.

【85 中山】

解：(E)

範例 3

試問下列何者是二級胺？

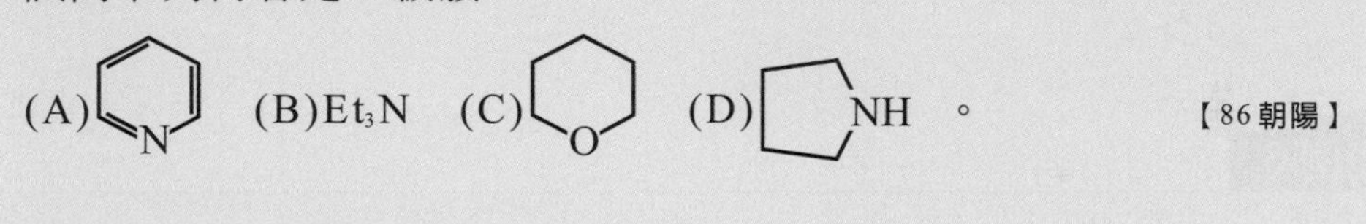

解：(D)

範例 4

下列化合物何者可能是環烷類？

(A)C_5H_{10} (B)C_5H_8 (C)C_6H_6 (D)C_8H_{18}。

【86 私醫】

解：(A)

環烷的通式：C_nH_{2n}

範例 5

在 25℃，相同濃度下，下列物質(a)甲胺，(b)酚，(c)甲酸，(d)乙酸，(e)苯胺的溶液 pH 值大小順序，何者正確？

(A)a > e > d　(B)b > c > d　(C)b > d > e　(D)e > c > b。

【85二技動植物】

解：(A)

(1) (c)(d)是酸，而(c)的酸性強於(d)(見第10章，單元二)。

(2) (b)俗稱石炭酸，∴也是酸性，但比羧酸類弱。

(3) (a)與(e)都是胺類，屬鹼性，而當官能基接在苯結構上時，酸性會增強，而鹼性會下降，∴(a)的鹼性大於(e)。

(4) 酸性次序爲：c > d > b > e > a，∴pH大小次序：a > e > b > d > c。

範例 6

下列各化合物中，何者具有最高沸點？

(A)$CH_3CH_2OCH_2CH_3$　(B)$CH_3CH_2CH_2CHO$　(C)CH_3CH_2COOH　(D)$CH_3CH_2COCH_3$。

【85二技衛生】

解：(C)

∵C項可以形成氫鍵。

範例 7

關於酚之敘述錯誤者

(A)酸度比碳酸弱，俗稱石炭酸　(B)由於酸性很小，故酚不會傷害人之皮膚　(C)分子之間沒有氫鍵，僅有凡得瓦力存在，故沸點很低

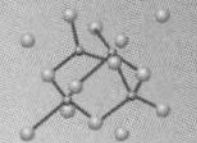

(D)難溶於水或$NaHCO_3$溶液 (E)與 NaOH 溶液中和產生之鹽類爲 $C_6H_5O^-Na^+_{(aq)}$。 【80屏技】

解：(B)(C)

單元二：異構現象

1. 結構異構物(Structure Isomer)：原子連結次序不同者，稱之。它可分成以下三種：
   (1) 鏈狀異構物：直鏈結構不同，但官能基相同稱 Skeletal Isomers
   例：C_5H_{12}之異構物有正戊烷，異戊烷和新戊烷三種。
   (2) 位置異構物：官能基位置不同稱 Positional Isomers
   例：1-丙醇和2-丙醇。
   (3) 官能異構物：官能基種類不同稱爲 Functional Isomers
   例：甲醚和乙醇。
2. 結構異構物數目的推論：
   (1) 不飽和度的搭配使用非常重要，例如：$\Delta = 1$，可能的官能基暗示存在著一個環狀結構，或者含有一個π-鍵(C═C 或 C═O)。
   (2) 7個碳以下的烷類骨架，其可能情況需先瞭解，再配合上述的可能官能基，就可推論出異構數目。而7個碳以下的烷類異構數目，列在表13-2，結構的區別則見圖13-3到圖13-5。

表 13-2　7 個碳以下的烷類其結構異構物數目

碳的數目	1	2	3	4	5	6	7
異構物數	1	1	1	2	3	5	9

```
                              C
                              |
C—C—C—C          C—C—C
```

圖 13-3　丁烷的二個結構異構物

```
                          C               C
                          |               |
C—C—C—C—C    C—C—C—C    C—C—C
                                          |
                                          C
```

正戊烷　異戊烷　新戊烷

圖 13-4　戊烷的三個結構異構物

```
                         C          C        C  C            C
                         |          |        |  |            |
C—C—C—C—C—C  C—C—C—C—C  C—C—C—C—C  C—C—C—C  C—C—C—C
                                                             |
                                                             C
```

圖 13-5　己烷的五個結構異構物

3. 順反異構現象，請參考第 2 章單元八。
4. 光學異構物(Optical Isomer)或鏡像異構(Enantiomer)(可以參考第 12 章單元五)。

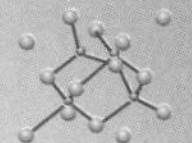

⑴ 特性：

① 互為鏡像異構物者，會使平面偏極光在旋光儀中偏轉某一特定角度，此現象稱為具有光學活性；但旋轉方向相反，若其中之一為左旋，則其鏡像異構物必為右旋。

② 互為鏡像異構物者，在與一個也有光學活性者發生反應時的反應速率不一樣。生化分子在進行代謝時，往往需要酶的催化，而酶就是具有光學活性，這使得它在針對某一受質發生反應時會較快，而與該受質的鏡像異構物發生反應的速率則較慢。

⑵ 光學異構物的判定：某一接有四價的原子，當所接的四個原子團皆不同時，該中心的四價原子，稱為對掌中心(Chiral Center)或不對稱(asymmetry)。而此化合物便具有光學異構物的可能(或稱它會展現光學活性(Optically Active))。

範例 8

(A)寫出$C_4H_{10}O$的所有可能異構物　(B)寫出具有分子式$C_4H_{10}O$的所有醇類可能的異構物。

解：(A)

⑴ 首先算出$C_4H_{10}O$的不飽和度為零，從單元一中，觀察可能的官能基，又要含有氧，又沒有π-鍵，則只剩下兩種可能，即醇及醚。

⑵ 醇的可能異構物：

①從表 13-2 中查出 4 個碳的可能骨架，有兩種：

```
C—C—C—C 及 C—C—C
               |
               C
```

②將—OH(醇)的官能基接到上述骨架，可能性有以下四種

$$\underset{\displaystyle}{C-C-C-}\underset{\displaystyle OH}{\overset{|}{C}}\qquad C-C-\underset{\displaystyle OH}{\overset{|}{C}}-C\qquad C-\underset{\displaystyle C}{\overset{|}{C}}-C-OH\qquad C-\overset{\displaystyle OH}{\underset{\displaystyle C}{\overset{|}{\underset{|}{C}}}}-C$$

(3) 醚的可能異構物：同上述方式，將官能基—O—插入兩種骨架中。

$$C-O-C-C-C\qquad C-C-O-C-C\qquad C-O-\underset{\displaystyle C}{\overset{|}{C}}-C$$

(4) ∴具有$C_4H_{10}O$的可能異構物共有7種。

(B)由(A)知，屬於醇類的異構物占到4個。

範例 9

$C_3H_6Cl_2$化合物之異構物(isomers)共有幾種？
(A)2 種　(B)3 種　(C)4 種　(D)5 種。【82 二技環境】

解：(1) 先算出不飽和度為零。

(2) 3 個碳的骨架只有一種：C—C—C

(3) 先在骨架上接上一個Cl，可能情形為：$C-C-\underset{\displaystyle Cl}{\overset{|}{C}}$ ， $C-\underset{\displaystyle Cl}{\overset{|}{C}}-C$

(4) 再在上述二種架構上接上第 2 個 Cl(套色部份，代表第 2 個 Cl)

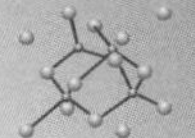

① C—C—C(Cl)(Cl)，C—C(Cl)—C(Cl)，C(Cl)—C—C(Cl)

② C—C(Cl)—C(Cl) (與上述第 2 個重複)，C—C(Cl)(Cl)—C

(5) 總共有 4 種。

範例 10

1. How many isomers of C_4H_8 are there?

(A)1 (B)2 (C)3 (D)5 (E)6. 【86 成大 A】

2. Write Lewis structures for all the isomers of the alkene C_4H_8.

【82 成大環工】

3. How many structural isomers of the alkene C_4H_8?

(A)2 (B)3 (C)4 (D)5 (E)none of the above. 【83 中興 A】

4. C_4H_8 has how many noncyclic skeletal isomers, including geometrical isomers?

(A)2 (B)3 (C)4 (D)5 (E)6. 【86 台大 C】

解：*1.*(E)，*2.* 4，*3.*(B)，*4.*(C)

1. (1) C_4H_8的不飽和度＝1，可能含 1 個π鍵，或一個環。

(2) 若是含一個π-鍵。

① 4 個碳的骨架有 2 種，見範例 8。

②加π-鍵填入骨架中，

❶ C—C—C—C ⇒ C═C—C—C，C—C═C—C(後者又含有順反兩個異構物)，有3種

❷ C—C(—C)—C ⟶ C—C(—C)═C，只有一種

⑶若是含1個環，則4個碳所構成環的骨架有兩種：□及▷—

⑷總共有6種異構物。

2. 若限制只要烯類異構物，則上述環狀兩種不要計入，∴有4種。

3. 若限制只計算烯的結構異構物，則環狀不計，且 C—C═C—C 的順反異構不必計入，因此有3種。

4. 其實就是第2題。

範例 11

二甲苯有幾個異構物？

解：當苯結構上出現有2取代基時，不論這2個取代基是否相同，都是具有三種異構物。

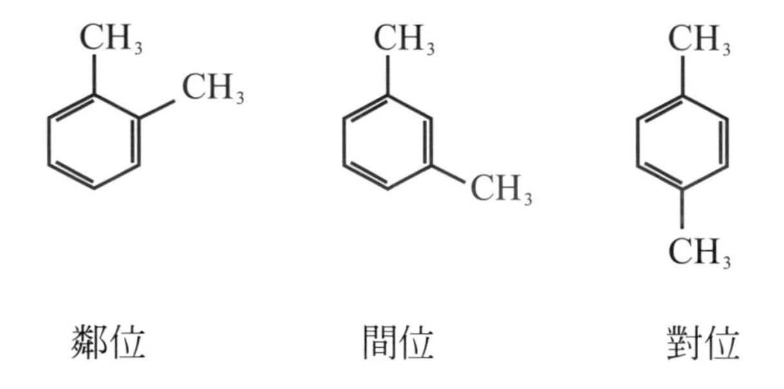

範例 12

二氯甲苯有幾個異構物？

解：苯上有 3 個取代基，它的排列組合方法類似範例 9，也就是由 2 取代苯的 3 種可能異構物中，再引進第 3 個取代基。

(1) 鄰位：

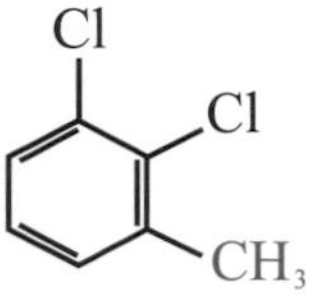

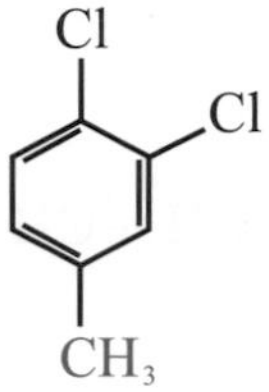

(2) 間位：

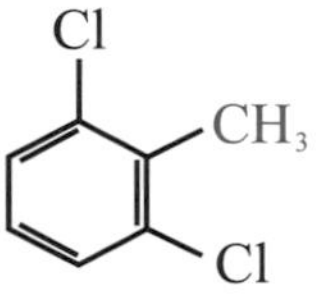

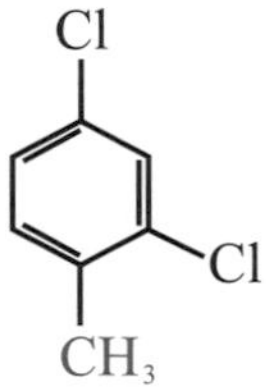

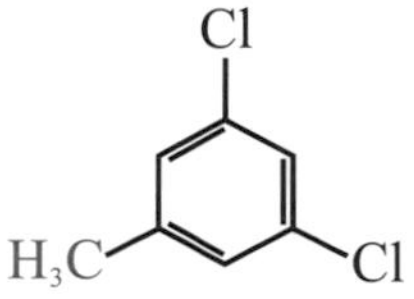

(3) 對位：

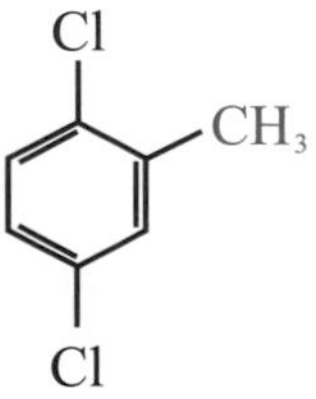

總共有 6 種。

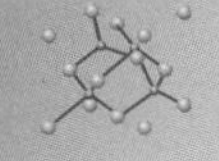

範例 13

Which of the following compounds can exist as a pair of enantiomers?

(A)$H_3C—CHCl_2$ (B) $H_2N—C(CH_2OH)(H)—CH_3$ (C)$FCH_2—COOH$ (D) $H_3C—C(NH_2)(CH_3)—COOH$ (E)$Cl_2CH—CH_2Br$.

解：(B)

只有(B)項的中間碳，周遭所接的4個原子團爲$—CH_2OH$，$—CH_3$，$—H$，$—NH_2$，皆不一樣，該中間碳稱爲對掌中心，該化合物存在鏡像異構物，該物具有光學活性。

類題

化合物$CH_3—CBr_2—CH(CH_3)—CH_2—CO_2H$中，有幾個Chiral Carbon？

(A)0 (B)1 (C)2 (D)3。 【85私醫】

解：(B)

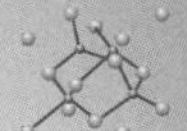

單元三：命名

1. 烷系的名稱見表13-3，烷的通稱爲Alkane。

表13-3　烷烴同系物(homologs)

n	分子式	名稱
1	CH_4	甲烷(methane)
2	C_2H_6	乙烷(ethane)
3	C_3H_8	丙烷(propane)
4	C_4H_{10}	丁烷(butane)
5	C_5H_{12}	戊烷(pentane)
6	C_6H_{14}	己烷(hexane)
7	C_7H_{16}	庚烷(heptane)
8	C_8H_{18}	辛烷(octane)
9	C_9H_{20}	壬烷(nonane)
10	$C_{10}H_{22}$	癸烷(decane)
11	$C_{11}H_{24}$	十一烷(undecane)
12	$C_{12}H_{26}$	十二烷(dodecane)
13	$C_{13}H_{28}$	十三烷(tridecane)
14	$C_{14}H_{30}$	十四烷(tetradecane)
15	$C_{15}H_{32}$	十五烷(pentadecane)
16	$C_{16}H_{34}$	十六烷(hexadecane)
17	$C_{17}H_{36}$	十七烷(heptadecane)
18	$C_{18}H_{38}$	十八烷(octadecane)
19	$C_{19}H_{40}$	十九烷(nonadecane)
20	$C_{20}H_{42}$	二十烷(eicosane)

2. 烴類中的烯，命名方式爲將烷的字尾ane改成ene，因此是Alkene，炔類則是改字尾爲yne，因此是Alkyne。

3. 當烴類是取代基角色時，字尾變化是：Alkane→Alkyl，Alkene→Alkenyl，Alkyne→Alkynyl。如：甲基為 methane→methyl，乙基為 ethane→ethyl。

4. 常見的取代基名稱，見下表 13-4。

表 13-4　常見的取代基

—OH	hydroxy	$—NH_2$	amino
—F	fluoro	—Cl	chloro
—Br	bromo	—I	iodo
$—CH{=}CH_2$	vinyl(俗名)	—ph	phenyl(苯基)

5. IUPAC 命名法則(Nomenclature)：

⑴ 找出主官能基。

⑵ 找出主鏈(主鏈為通過主官能基的最長鏈)。

⑶ 在主鏈上編號。編號原則為使主官能基編號愈小為原則。若無法判定時，再以取代基編號愈小為原則。

⑷ 命名格式：編號—取代基—編號—主鏈主官能基名。

① 取代基若有數個，則冠以字首di(二)，tri(三)，tetra(四)，penta(五)，hexa(六)……。

② 取代基若有數種，則按字首的英文字母次序來排列。

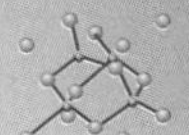

範例 14

命名下列各化合物

```
                    CH2CH2CH3
                    |
(A) H3CCHCH2CCH3
        |      |
       CH3    CH2CH3
```

```
(B)       CH3
          |
         / \
        |   |
   Cl — \   /
          |
          CH3
```

```
                        O
                        ‖
(C) CH3CHCH2CCH3
          |
          OH
```

```
          CH3
         /
(D)  ⌬ (cyclohexene ring)
       |
       CH3
```

```
                      O
                      ‖
(E) CH3CHCH2CH
          |
          CH3
```

```
                         O
                         ‖
(F) CH3CH2CH2C — N — CH3
                      |
                      CH3
```

```
         OH
(G) ⌬            。
         COOH
```

解：(A)

⑴ 主官能基是烷。

⑵ 主鍊為下式框線部份，沒框線的部份就是取代基，也就是有網底的部份，可以看出有 2 個甲基及一個乙基。

```
                 C — C — C
                 |
C — C — C — C — C
    |           |
    C           C — C
```

(3) 編號：

$$\begin{array}{ccccccc} & & & C_5 & — C_6 & — C_7 \\ & & & | & & \\ C_1 — & C_2 — & C_3 — & C_4 & — C & \\ & | & & | & & \\ & C & & C & — C & \end{array}$$

，從左側編號起，會使第一個取代基出現在2號。

$$\begin{array}{ccccccc} & & & C_3 & — C_2 & — C_1 \\ & & & | & & \\ C_7 — & C_6 — & C_5 — & C_4 & — C & \\ & | & & | & & \\ & C & & C & — C & \end{array}$$

，從右側編號起，則第一個取代基出現在4號。比上述的2號大，因此優先從左側編號。

(4) 名稱爲：4-Ethyl-2,4-dimethylheptane

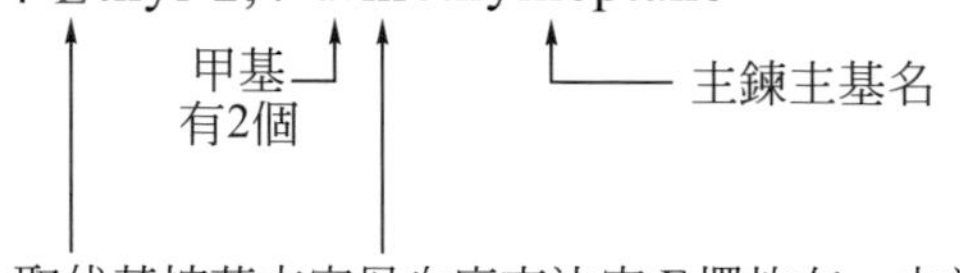

(B)

(1) 主官能基是烷。

(2) 主鍊是環狀己烷，命名只要在烷之前加上cyclo即可，∴爲cyclohexane

(3) 編號：環狀的編號，可從任一接有取代基的碳上數起。見以下三種情況。

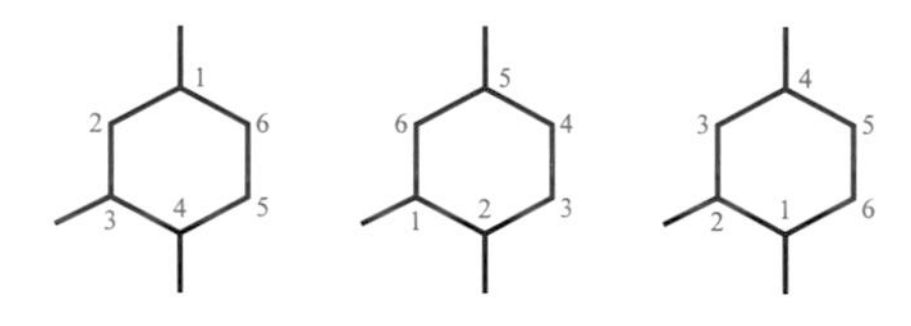

取代基編號分別是：1,3,4；1,2,5；1,2,4。其中以第三種情況中的1,2,4編號爲最小。

(4) 甲基有2個，仍冠上字首di，dimethyl，而另一取代基Cl，

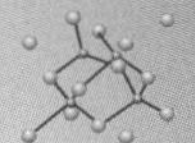

以c開頭，排在m開頭的甲基之前，於是得全名爲：
2-Chloro-1,4-dimethylcyclohexane。

(C)

⑴ 主官能基是酮。

⑵ 主鍊爲五個碳，∴主鍊主官能基名爲pentane＋one (見表13-1)，但前字的字尾e與後字的字首o，皆是母音時，捨棄不發音的e，得pentanone。

$$\begin{array}{c} \qquad\qquad\quad\ \ O \\ \qquad\qquad\quad\ \ \| \\ \boxed{C_5 — C_4 — C_3 — C_2 — C_1} \\ | \qquad\qquad\qquad\quad \\ OH \qquad\qquad\qquad\quad \end{array}$$

，另外，不在主鍊內的—OH便是取代基。

⑶ 編號：從右側編號起，才可使主官能基酮獲得2號較小的編號，這一來，取代基OH便位在4號了。

⑷ 全名：4-Hydroxy-2-pentanone

(D)

⑴ 主官能基爲烯。

⑵ 主鍊爲環狀6個碳，∴主鍊主基名稱爲cyclohex ene。

⑶ 編號：含有烯(或炔)的編號，必須讓連續編號通過烯(或炔)，以下第3種情況是不對的。

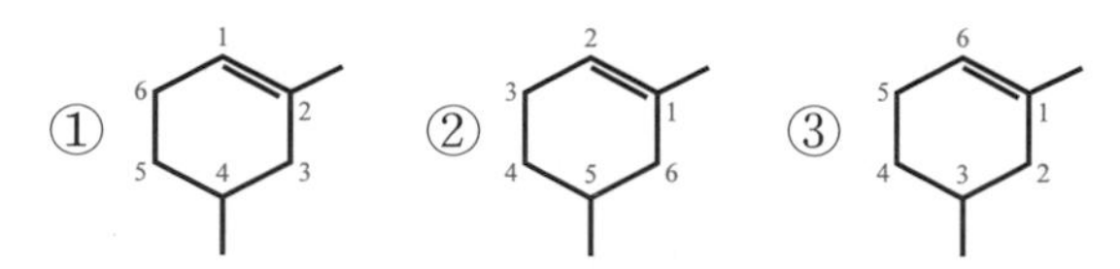

前二種情況都可使得烯這個主基，處在相同的最小的編號。當無法比出大小時，再進一步用取代基來區分，第2種情況的1,5小於第1種情況的2,4。

⑷ 全名是：1,5-Dimethylcyclohexene。

(E)

⑴ 主官能基為醛：—al。

⑵ 主鍊4個碳(具框線部份)，∴主鍊主基 名為butane＋al⇒butanal。而網底的部份是取代基。

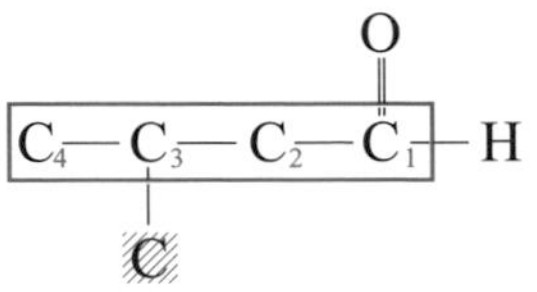

$$\boxed{C_4-C_3-C_2-\overset{\overset{\large O}{\|}}{C_1}}-H$$
$$\text{(}C_3\text{ 上接取代基 C)}$$

⑶ 當官能基是醛、酸或酸的衍生物時，它必定在碳鍊的最末端，因此遇上這些官能基，它一定是1號，而且命名時也不必標出。

⑷ 全名是：3-Methylbutanal。

(F)

⑴ 主官能基是醯胺：amide。

⑵ 主鍊4個碳，∴主鍊主基名為 butane ＋ amide⇒butanamide，另外有2個取代基接在N上。

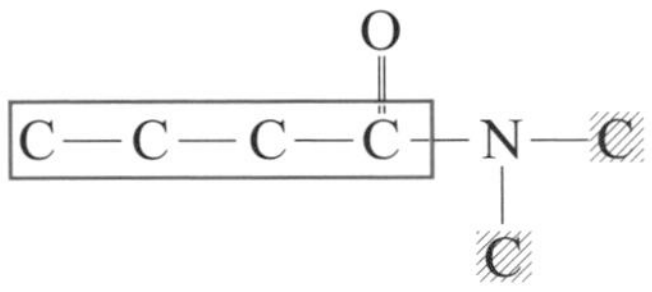

$$\boxed{C-C-C-\overset{\overset{\large O}{\|}}{C}}-\underset{\underset{\large C}{|}}{N}-C$$

⑶ 編號：醯胺是酸的衍生物，編號一定是1號，且不必標出，而2個甲基接在N上，則標示「N」。

⑷ 全名：N,N-Dimethylbutanamide。

(G)

⑴ 主官能基為酸。

⑵ 主鍊是苯。兩者合起來稱之為苯甲酸，benzoic acid。取代基為OH。

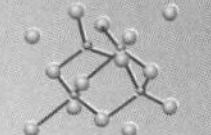

(3) 編號：主官能基是酸，一定在 1 號，不必標出，而取代基在 2 號。

(4) 全名：2-Hydroxybenzoic acid，它有另一俗名為Salicylic Acid(柳酸，水楊酸)。

單元四：一些有機化學反應

1. 烷類的自由基取代(radical.substitution)連鎖反應。

$$\mathrm{RH} \xrightarrow[h\nu]{X_2} \mathrm{R{-}X} \qquad (13\text{-}4)$$

(1) 烷的取代位置反應優先順序：3°＞2°＞1°。

(2) X_2的反應性：Cl_2＞Br_2。

如：$H_3C{-}CH_2{-}CH_3 \xrightarrow[h\nu]{Cl_2} H_3C{-}CH(Cl){-}CH_3$（主要產物），$CH_3{-}CH_2{-}CH_2Cl$（次要產物） (13-5)

2. 烯類與對稱分子的加成(addition)反應：

$$-\mathrm{C{=}C}- + H_2 \rightarrow -\underset{\mathrm{H}}{\underset{|}{\mathrm{C}}}-\underset{\mathrm{H}}{\underset{|}{\mathrm{C}}}- \quad \text{(氫化反應)} \qquad (13\text{-}6)$$

$$-\mathrm{C{=}C}- + X_2 \rightarrow -\underset{\mathrm{X}}{\underset{|}{\mathrm{C}}}-\underset{\mathrm{X}}{\underset{|}{\mathrm{C}}}- \quad \text{(鹵化反應)}$$

3. 烯類與不對稱分子的加成反應：

(1) 馬可尼可夫法則(Markonikov rule)：H原子接在H原子較多的碳上。

如：$H_3C—CH═CH_2 \xrightarrow{HCl} H_3C—\underset{\underset{Cl}{|}}{CH}—\underset{\underset{H}{|}}{CH_2}$ (主要)，

$H_3C—\underset{\underset{H}{|}}{CH}—\underset{\underset{Cl}{|}}{CH_2}$ (次要) (13-7)

如：$H_3C—CH═CH_2 \xrightarrow[H^+]{H_2O} H_3C—\underset{\underset{OH}{|}}{CH}—\underset{\underset{H}{|}}{CH_2}$ (主要) (13-8)

(2) 當加成物為HBr，且有過氧化物存在時，出現違反馬氏法則的例外。

$$H_3C—CH═CH_2 + HBr \xrightarrow{過氧化物} H_3C—\underset{\underset{H}{|}}{CH}—\underset{\underset{Br}{|}}{CH_2} \quad (13\text{-}9)$$

4. 鈉片的特殊作用：鈉可與醇及末端炔反應。

(1) $ROH + Na \longrightarrow RO^-Na^+ + \frac{1}{2}H_2$ (13-10)

反應性：1°＞2°＞3°

(2) $R—C\equiv CH + Na \longrightarrow R—C\equiv C^-Na^+ + \frac{1}{2}H_2$ (13-11)

(3) 由以上二法所製造出來的陰離子(RO^-或$RC\equiv C^-$)，可進一步與另一鹵烷類進行取代反應(S_N2)而得醚或非末端炔。

① $CH_3CH_2OH \xrightarrow{Na} CH_3CH_2O^- \xrightarrow{CH_3CH_2CH_2Cl}$

$CH_3CH_2OCH_2CH_2CH_3$ (13-12)

此法稱為威廉遜的醚合成法(Williamson)。

② $CH_3CH\equiv CH \xrightarrow{Na} CH_3C\equiv C^- \xrightarrow{CH_3CH_2CH_2Cl}$

$CH_3C\equiv C—CH_2\ CH_2CH_3$ (13-13)

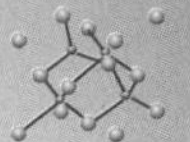

5. 醇類與鹵化氫脫水可得鹵烷。

$$ROH + HX \longrightarrow R—X + H_2O \qquad (13\text{-}14)$$

(1) HX的反應性：HI > HBr > HCl。

(2) ROH的反應性：3°醇 > 2°醇 > 1°醇，利用反應性的不同可用來分辨不同級的醇。

6. 醇自行脫水可得烯類。

$$\underset{\substack{| \\ OH}}{C}—\underset{\substack{| \\ H}}{C} \xrightarrow[\triangle]{H^+} C=C \qquad (13\text{-}15)$$

(1) 需要酸的催化，最好選用硫酸，它又具有脫水性。

(2) 醇的反應順序是3° > 2° > 1°。

(3) 所得到烯，主產物是較安定的烯。

如 $CH_3—CH_2—\underset{\substack{| \\ OH}}{CH}—CH_3 \xrightarrow{H^+} CH_3CH_2CH{=}CH_2$ (次要)，

$H_3C—CH{=}CH—CH_3$(主要)

7. 醇與酸脫水可得酯類。

$$R—\overset{\substack{O \\ \|}}{C}\wr OH + HO—R' \underset{}{\overset{H^+}{\rightleftharpoons}} R—\overset{\substack{O \\ \|}}{C}—OR' + H_2O \qquad (13\text{-}16)$$

(1) 酸與其衍生物進行反應時，都斷裂在醯鍵上，$R—\overset{\substack{O \\ \|}}{C}\wr Z$。

(2) 本反應是可逆反應，亦即酯類可水解成醇和酸。當此水解控制在鹼性條件下進行時，習慣上稱爲皀化反應。

8. 氧化反應(oxidation)：

⑴ 常用氧化劑有錳七價(如$KMnO_4$)或鉻六價(如$K_2Cr_2O_7$，Na_2CrO_4或CrO_3/H^+)。

⑵ 每氧化一步驟，增加一個 C—O 鍵。

⑶ α-碳接有若干個H，就表示可進行若干次氧化步驟。

⑷ 不同級醇的氧化效果：

① 一級醇：具有2個α-H，可氧化2次，最終得酸。

$$\text{R—CH}_2\text{—OH} \longrightarrow \text{R—C(=O)—H} \longrightarrow \text{R—C(=O)—OH} \quad (13\text{-}17)$$

② 二級醇：具有一個α-H，氧化一步驟至酮。

$$\text{R—CH(R)—OH} \longrightarrow \text{R—C(R)=O} \quad (13\text{-}18)$$

③ 三級醇：不具有α-H，∴不被氧化。

④ 醛：還含有一個α-H，可被氧化成酸(見13-17式)，且此步驟很容易進行，∴只要用很弱的氧化劑(如Ag^+，Cu^{2+})就可與之反應。

$$\text{R—C(=O)—H} \xrightarrow[\text{(or }Cu^{2+})]{Ag^+} \text{R—C(=O)—OH} + Ag^0 \ (\text{或 } Cu_2O) \quad (13\text{-}19)$$

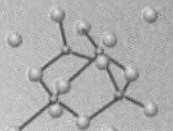

範例 15

烯類加成反應不正確者：

(A) $CH_3CH_2CH{=}CH_2 + HBr \longrightarrow CH_3CH_2\underset{\underset{\displaystyle Br}{|}}{CH}-CH_3$

(B) $CH_3CH{=}CH_2 + H_2O \longrightarrow CH_3CH_2-CH_2OH$

(C) $CH_3CH{=}CH_2 + H_2SO_4$(濃) $\longrightarrow CH_3\underset{\underset{\displaystyle OSO_3H}{|}}{CH}-CH_3$

(D) $CH_3CH{=}CH_2 + Br_2 \longrightarrow CH_3CHBrCH_2Br$

(E) $CH_3CH{=}CH_2 + H_2O \longrightarrow CH_3\underset{\underset{\displaystyle OH}{|}}{CH}-CH_3$ 。

【80 屏技】

解：(B)

(B)項違背了馬氏規則，見 13-8 式。

範例 16

下列各醇與氫鹵酸作用生成鹵烷，其反應速率最快者為

(A) CH_3CH_2OH (B) $CH_3\underset{\underset{\displaystyle OH}{|}}{CH}CH_3$ (C) $CH_3\overset{\overset{\displaystyle CH_3}{|}}{\underset{\underset{\displaystyle CH_3}{|}}{C}}-OH$

$$\text{(D)}\ CH_3-\overset{\displaystyle CH_3}{\underset{\displaystyle CH_3}{\overset{|}{\underset{|}{C}}}}-CH_2OH \qquad \text{(E)}\ CH_3-\overset{\displaystyle CH_3}{\underset{\displaystyle CH_3}{\overset{|}{\underset{|}{C}}}}-CH_2-CH_2OH$$

。【80屏技】

解：(C)

反應快慢爲 3°＞2°＞1°，∴(C)項是三級醇。

範例 17

(A) (鄰羥基苯甲酸：苯環上有 COOH 與 OH) $+\ CH_3\overset{\displaystyle O}{\overset{\|}{C}}-OH \xrightarrow{H^+}$

(B) $CH_3CH_2\overset{\displaystyle O}{\overset{\|}{C}}-O^{*}-CH_3 + H_3O^+ \longrightarrow$

(C) $\begin{matrix} CH_2-O-COR_1 \\ | \\ CH-O-COR_2 \\ | \\ CH_2-O-COR_3 \end{matrix} + OH^- \longrightarrow$

。

解：(A) (苯環上有 COOH 與 $O-\underset{\displaystyle O}{\underset{\|}{C}}CH_3$)，乙醯水楊酸，就是 aspirin。

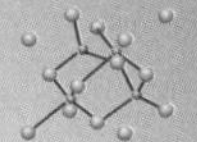

(B)這是酯類形成的逆反應，注意斷裂位置在醯鍵上。

$$CH_3CH_2\overset{\overset{O}{\|}}{C}-O^{*}-CH_3 + H_3O^+ \longrightarrow CH_3CH_2\overset{\overset{O}{\|}}{C}-OH + CH_3O^{*}H$$

(C)反應物為脂肪(見單元六)，可看出脂肪也是一種酯類，產物的預測原則同(B)小題。另外，本題控制在鹼性下進行，稱為皂化反應。

$$\begin{array}{l} CH_2-O-COR_1 \\ | \\ CH-O-COR_2 \\ | \\ CH_2-O-COR_3 \end{array} + 3OH^- \longrightarrow \begin{array}{l} CH_2-OH \\ | \\ CH-OH \\ | \\ CH_2-OH \end{array} + \begin{array}{l} R_1-COO^- \\ \\ R_2-COO^- \\ \\ R_3-COO^- \end{array} \quad (13\text{-}20)$$

產物的第1個是甘油分子，∴製肥皂過程的副產品為甘油。

範例 18

一莫耳之某有機化合物與 1/2 莫耳之氧反應以生成一種酸，問此有機化合物屬於何類？

(A)醇 (B)醛 (C)酸 (D)酸酐。 【71私醫】

解：(B)

在有機氧化反應中的每一步驟，其氧化數的變化量都是2，也就是每單純一步驟中，有機物一莫耳所需的氧都是半莫耳。請注意將有機物反應與氧化還原滴定結合的計量問題(見第11章單元四)。

單元五：官能基的檢驗

1. 烯、炔類：
 (1) 溶於H_2SO_4水溶液。
 (2) 使Br_2/CCl_4從暗紅色褪色：原理請見13-6式。
2. 末端炔：
 (1) $Ag(NH_3)_2^+$：產生沉澱。$RC \equiv CH + Ag^+ \longrightarrow RC \equiv CAg \downarrow$ (13-21)
 (2) Na：產生氫氣。
3. 醇類：
 (1) CrO_3：可使一級醇，二級醇氧化，顏色由橘色轉綠(綠色是指Cr^{3+})，原理見13-17、18式。
 (2) Lucas試驗：加$HCl/ZnCl_2$，迅即反應者是三級，數分鐘後反應爲二級，許久不見反應爲一級(原理見13-14式)。
 (3) 加入Na片產生氫氣速率：1°＞2°＞3°(原理見13-10式)。
4. 酸類：加入Zn片會溶者。
5. 醛類：原理見13-19式。
 (1) 多倫試液(Tollens' reagent)：$Ag(NH_3)_2^+$見到銀鏡生成。
 (2) 斐林試液(Fehling reagent)：Cu^{2+}見到Cu_2O紅色沉澱。
6. 鹵烷類：加入$AgNO_3$可產生AgCl沉澱。沉澱快慢是3°＞2°＞1°。

範例 19

下列何種試劑，可用來區別1-戊炔及2-戊炔？
(A)Br_2/CCl_4 (B)$KMnO_4$ (C)濃H_2SO_4 (D)$Ag(NH_3)_2^+$。【86二技動植物】

解：(D)

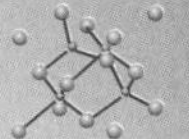

1-戊炔是末端炔，而 2-戊炔不是。

範例 20

有關有機化合物之化學檢驗，下列敘述何者錯誤？
(A)苯乙烯可使溴之四氯化碳溶液褪色 (B)正己烷不溶於冷濃硫酸 (C)2-溴丙烷與硝酸銀之酒精溶液作用會產生溴化銀沉澱 (D)丙酮與多倫試劑(Tollens' Reagent)作用會發生銀鏡反應。【81 二技環境】

解：(D)

多倫試劑只會與醛類起反應。

類題

下列何者最容易與 $AgNO_3$ 溶液產生沉澱？

(A) $CH_3CH_2CH(Cl)CH_3$ (B) 氯苯（苯環—Cl） (C) $(CH_3)_3C—Cl$ (D) $(CH_3)_3C—CH_2—Cl$。

解：(C)

見重點 *6.*，3° > 2° > 1°

範例 21

化合物A與CrO_3/H^+反應後變成B，B加入多倫試液會有銀鏡反應，但A加入多倫試液則無效，則A是

(A)$CH_3CH_2CH=CH_2$　(B)$CH_3CH_2CH(OH)CH_3$

(C)$CH_3CH_2CH(=O)$　(D)$CH_3CH(CH_3)CH_2OH$。

解：(D)

(1) B可與多倫試液作用，可見B是醛類。

(2) A氧化變成B，而B是醛，則由13-17式知，A必為一級醇。

類題

化合物A分子式C_4H_8O，可使Br_2/CCl_4褪色，不會使CrO_3/H^+變色，則A是

(A)環狀結構　(B)酮類　(C)醇類　(D)醚類。

解：(D)

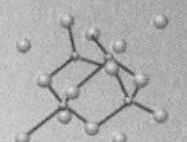

單元六：生化分子

1. 油脂：

(1) 13-20式可看出，油脂是由脂肪酸與甘油結合而成的酯類。

(2) 13-20 式也顯示，油脂若用 NaOH 水解，此過程叫做皂化(soapnification)，產物的第二項$RCOO^-Na^+$就是肥皂，∴肥皂又稱爲是脂肪酸的鈉鹽。

(3) 脂肪結構的R部份，也就是脂肪酸部份，若含有愈多的雙鍵結構，則該脂肪常爲液態。也因此該脂肪習慣上稱爲油(oil)，來自植物性的油脂常是此型。反之，R鍊中若含有愈少的雙鍵，則該脂肪常爲固態，習慣上稱爲脂(fat)。動物性脂肪常是此型。

(4) 植物性油，含雙鍵較多，而雙鍵容易發生化學反應，因此植物性油的化學安定性較差。炒炸食物最好改用動物性油脂。

(5) 動物性油脂易引起心臟血管疾病，中年以上宜少攝取。

(6) 若碳鍊上含雙鍵，則可與碘發生(13-6)式的加成反應。我們以100克油脂所能吸收的碘克數稱爲碘價(Iodine Value)。碘價表示不飽和度，碘價愈大表示油脂含有的不飽和脂肪酸愈多。因此，植物油的碘價較高。

(7) 植物油中的雙鍵，可經(13-5)式的氫化反應而消除掉，消除掉一部份時，就稱爲沙拉油，幾乎消除完全的稱爲硬化油，植物性乳瑪琳就是這樣來的。

(8) 肥皂的清潔原理：

① $RCOO^-Na^+$的右端—COO^-Na^+含離子鍵具有強烈親水性。而左端長鍊 R 串部份則不會與水親近，稱爲親油端或疏水端。像肥皂這樣具有親水端與疏水端的物質，稱爲界面活性劑(surfactant)。以符號〰〰●表之。

② 當界面活性劑(肥皂)碰到油漬污物時，會以其親油端靠近該油漬，進而包圍住一小塊油漬而形成微泡(micelle)，見圖 13-6，一微泡外層滿佈著親水基(套色部份)，∴整個微泡會因易溶於水而被水沖走了。

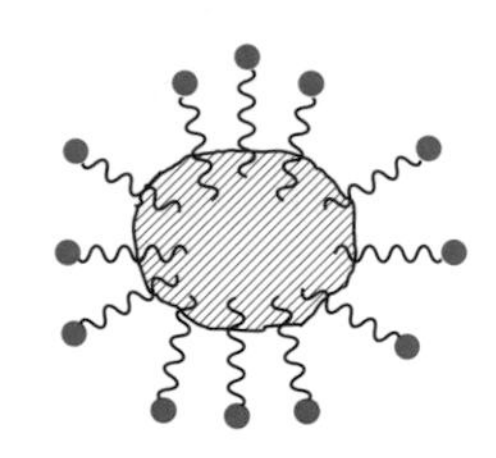

圖 13-6　界面活性劑與油漬所形成的微泡

③ 合成清潔劑與肥皂的差別在於親水端由COO^-Na^+改成—$SO_3^-Na^+$。

❶ 軟性：R 串部份不具有支鍊，可被細菌分解。

❷ 硬性：R 串部份具有支鍊，無法被細菌分解。

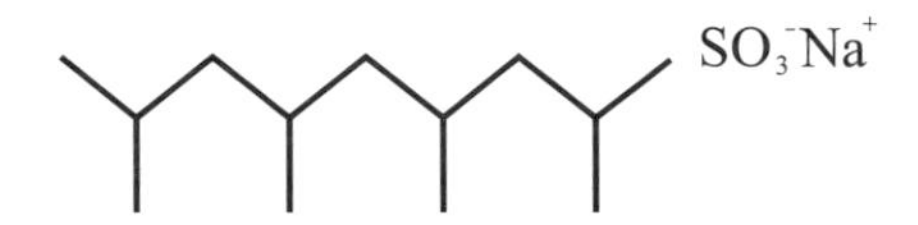

2. 醣類(saccharide)：多羥醛或多羥酮。

(1) 單醣：

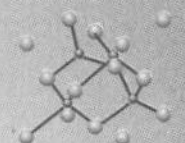

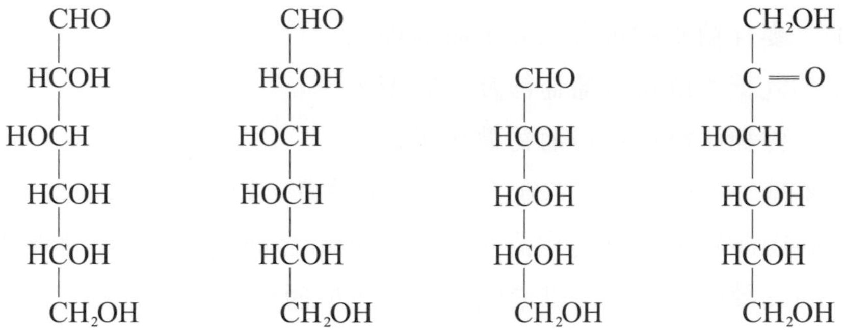

CHO	CHO		CH_2OH
HCOH	HCOH	CHO	C=O
HOCH	HOCH	HCOH	HOCH
HCOH	HOCH	HCOH	HCOH
HCOH	HCOH	HCOH	HCOH
CH_2OH	CH_2OH	CH_2OH	CH_2OH
D-葡萄糖 D-glucose	D-半乳糖 D-galactose	D-核糖 D-ribose	D-果糖 D-fructose

⑵ 單醣中含醛基者，稱爲醛醣，如葡萄糖、核糖。含有酮基者爲酮糖，如果糖。

⑶ 最小的單醣爲甘油醛。

⑷ 單醣在水中會以下列三種結構同時平衡共存(以葡萄糖爲例)。

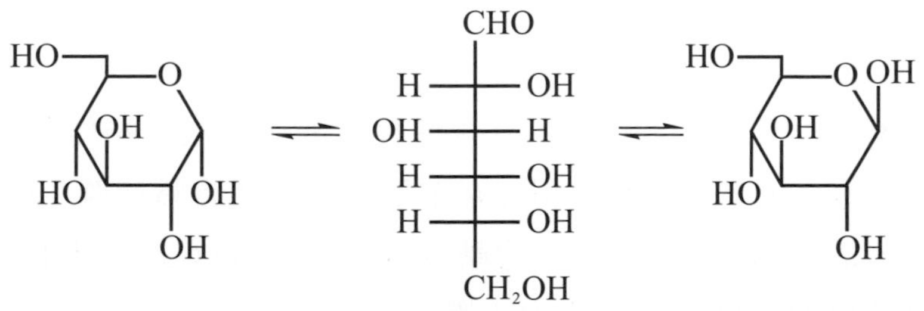

(a) α-form ⇌ (b) open chain ⇌ (c) β-form

	CHO	
H	—	OH
OH	—	H
H	—	OH
H	—	OH
	CH_2OH	

圖 13-7　葡萄糖在水中以三個方式共同存在，其中以環狀結構占優勢

⑸ 人體內的糖都是 D-糖。

(6) 雙醣：

① 麥芽糖水解可得二分子葡萄糖。

② 乳糖水解可得葡萄糖及半乳糖。

③ 蔗糖水解後可得葡萄糖和果糖。

(7) 多醣：水解時產生二分子以上之單醣者，如澱粉、纖維素、肝醣。其中澱粉與肝糖是由許多α-葡萄糖結合而成，其間的差別是肝糖的支鍊較多。而纖維素則是由許多β-葡萄糖結合而成。

(8) 還原糖：單醣、乳糖、麥芽糖。可與多倫試液或斐林試液反應者。

3. 蛋白質(protein)：

(1) 蛋白質是由許多胺基酸藉胜肽鍵(peptide bond)結合而成。

(2) 胺基酸的通式；見下列左式，G 部份改變，就構成不同種類的胺基酸。

$$H_2N-\underset{\underset{G}{|}}{\overset{\overset{H}{|}}{C}}-COOH \Rightarrow H_3\overset{\oplus}{N}-\underset{\underset{G}{|}}{\overset{\overset{H}{|}}{C}}-COO^{\ominus}$$

(3) 胺基酸又含鹼性的胺基，又含酸性的酸基，酸與鹼作用的結果寫成上列的右式較合理。但它在偏酸的情況下會轉成圖 13-8 中的 a 式，而在偏鹼的情況下又會轉成圖 13-8 中的 c 式，其中(a)式帶⊕電荷會偏向負極板，而(c)式帶⊖電荷會偏向正極板。但(b)式淨結果不帶電荷，不僅水溶性差，也不偏向任一極板。

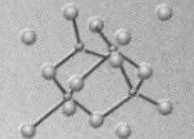

$$H_3N^{\oplus}-\underset{G}{\overset{H}{C}}-COOH \underset{H^+}{\overset{OH^-}{\rightleftharpoons}} H_3N^{\oplus}-\underset{G}{\overset{H}{C}}-COO^{\ominus} \underset{H^+}{\overset{OH^-}{\rightleftharpoons}} H_2N-\underset{G}{\overset{H}{C}}-COO^{\ominus}$$

(a) PH 較小時　　(b) PH 中等時　　(c) PH 較大時

圖 13-8　不同 pH 值時，胺基酸的外觀略有不同

⑷ 某一胺基酸(或蛋白質)，當調整 pH 值，使當時結構上的淨電荷爲零時，該 pH 值稱爲等電點。

⑸ 人體內的蛋白質(或胺基酸)都是 L 型。

⑹ ①構成蛋白質一級結構的結合力是胜肽鍵(即醯胺鍵)。
②構成蛋白質二級結構的結合力是氫鍵(常形成α-螺旋及β摺板狀)。
③構成蛋白質三級結構的結合力是雙硫鍵及各型式的分子間引力。

⑺ 蛋白質的檢驗：

① 雙縮脲反應(Biuret Reaction)：蛋白質溶液中加入 NaOH 溶液成鹼性後，滴入硫酸銅($CuSO_4$)溶液，則呈紫色或粉紅色之複合物。

② 寧海俊反應(Ninhydrin Reaction)：蛋白質與寧海俊共熱，則呈藍色，生成CO_2之氣體。

③ 薑黃反應(Xanthoproteic Reaction)：含芳香環之蛋白質分子遇濃硝酸呈黃色。

4. 核酸(Nucleic Acid)：

⑴ 核酸有二種主要典型。

① 去氧核糖核酸(DNA，Deoxyribonucleic Acid)存於細胞核中。

② 核糖核酸(RNA，Ribonucleic Acid)大量存在於細胞質中。

⑵ 核酸(或去氧核酸)都由許多核苷酸(nucleotide)所構成，因此它是

一種聚合物，而每一核苷酸又由三大部份所構成：五碳醣、含氮鹼及磷酸鹽，以DNA爲例，見圖13-9。

接另一核苷酸的OH部位—O—P(=O)(—O)—O—CH_2　O　B　含氮鹼　C
磷酸鹽
去氧核糖
O
接另一核苷酸的磷酸鹽部位

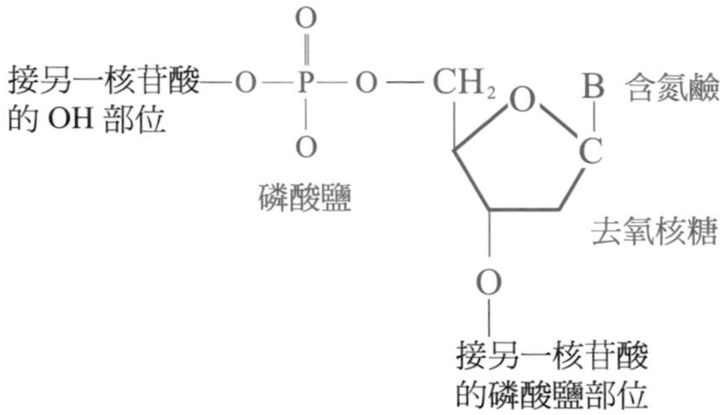

圖 13-9　單一個核苷酸的組成

⑶　核酸中出現的含氮鹼共有五個，見表 13-5。腺嘌呤、鳥糞嘌呤、胞嘧啶、胸腺嘧啶(僅出現在DNA中)及尿嘧啶(僅出現在RNA中)，接有腺嘌呤的核苷酸簡寫爲A，接有鳥糞嘌呤的核苷酸簡寫爲G，其餘三者，依次爲C、T及U。

表 13-5 DNA 與 RNA 中的 5 個含氮鹼

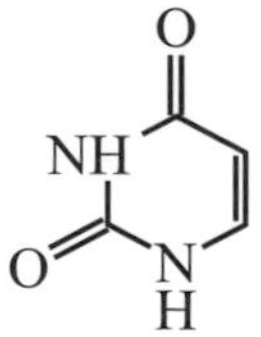

尿嘧啶	胞嘧啶	胸腺嘧啶
RNA	DNA RNA	DNA

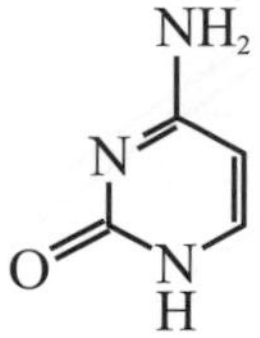

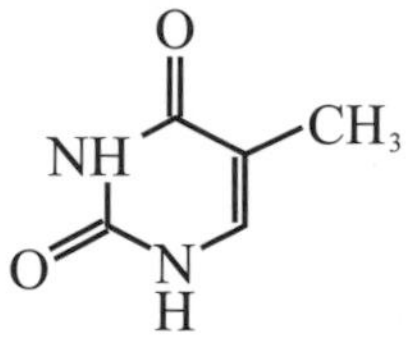

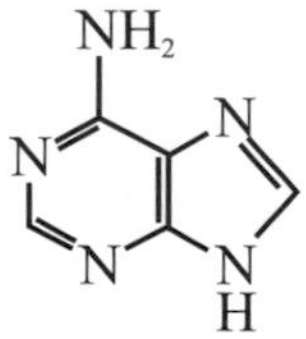

腺嘌呤	鳥糞嘌呤
DNA RNA	DNA RNA

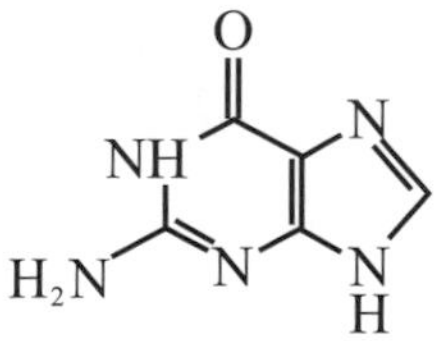

(4) DNA 雙螺旋：

① DNA 的構形為雙螺旋，見圖 13-10，是靠嘌呤與嘧啶的氫鍵配對，腺嘌呤與胸腺嘧啶之間有兩個氫鍵而鳥糞嘌呤與胞嘧啶之間有三個氫鍵。

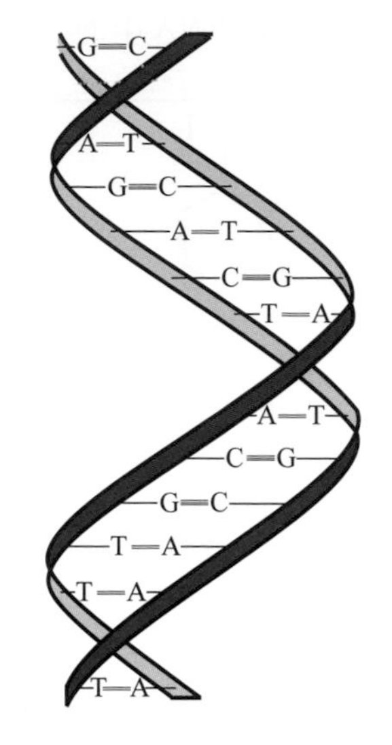

圖 13-10 DNA 的雙螺旋結構

② DNA 的複製是半守舊的，即每一子代 DNA 有一股是有來自親體 DNA 分子，另一股才是新合成的。複製是依鹽基配對的原則，即 A═T，G≡C，T═A，與 C≡G。

③ 嘧啶數＝嘌呤數，即 A ＋ G ＝ C ＋ T。

⑸ DNA 與 RNA 之不同處

① DNA 中醣為去氧核糖，RNA 中醣為核糖。

② DNA 中是胸腺嘧啶，RNA 中是尿嘧啶。

③ DNA 以雙螺旋鏈存在，RNA 以一條單螺旋鏈存在。

④ DNA 與遺傳有密切關連，RNA 與蛋白質之合成有關。

範例 22

下列有關飽和脂肪酸與不飽和脂肪酸之敘述，何者錯誤？

(A)不飽和脂肪酸分子含有碳—碳雙鍵，飽和脂肪酸則無 (B)飽和脂肪酸的化性較不飽和脂肪酸穩定 (C)同碳數之飽和脂肪酸的熔點較不飽和脂肪酸低 (D)存於大自然中的不飽和長鏈脂肪酸，幾乎全屬順式構形。 【86二技衛生】

解：(C)

不飽和者，熔點較低，易熔化，∴常以液態出現。

範例 23

下列有關醣類性質的敘述，何者正確？
(A)人體內葡萄糖分子多以直鏈構形存在 (B)澱粉與肝糖均為β-D-葡萄糖聚合而成的多醣 (C)蔗糖是由兩個葡萄糖結合所形成之雙醣 (D)果糖屬於六碳酮醣，可以和多倫試劑(Tollen's Reagent)產生反應。 【86二技衛生】

解：(D)

(A)改成環狀結構居多。(B)改成由α-D 所聚合而成。(C)蔗糖是由葡萄糖與果糖所形成。

範例 24

Indicate which amino acids are obtained by hydrolyzing the tripeptide.

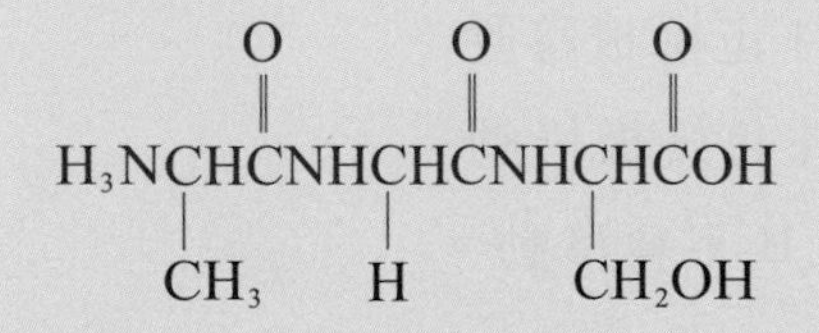

. 【86成大化工】

解：多胜肽是由胺基酸結合而成，醯胺鍵是其連結處。

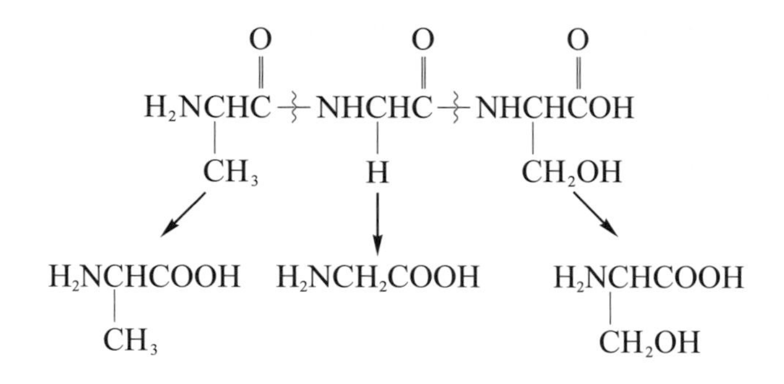

範例 25

有A、B、C三種蛋白質其等電點(PI)分別如下：A＝4.9，B＝6.8，C＝11.0。若將三者置入電泳槽中，並將緩衝溶液的pH值調為6.8，通電一段時間後觀察其移動情形，則下列敘述，何者正確？
(A)A 朝向電泳槽中的正電極方向移動 (B)B 朝向電泳槽中的正電極方向移動 (C)C 朝向電泳槽中的正電極方向移動 (D)三者都留在原點不動。 【87 二技衛生】

解：(A)

⑴ 由圖 13-8 知，pH值大於等電點時，結構的淨電荷為負，往正極板移動，反之，pH 值小於 PI 時，往負極板移動。

⑵ 6.8 對 A 而言，pH 值過大，∴A 往正極板移動。

⑶ 6.8 對 C 而言，pH 值過小，∴C 往負極板移動。

⑷ 6.8 對 B 而言，恰處於等電點，∴B 不會移動。

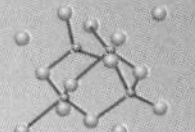

範例 26

Carbonhydrates, protein, and DNA are all
(A)C, H, and O compounds only (B)inorganic compounds (C) polymers (D)helical structures. 【84 清大 B】

解：(C)

(A)醣類只含 C、H、O 元素，蛋白質則又多了 N 及 S，而 DNA 則多了 N 及 P 元素。

(D)蛋白質及 DNA 具有螺旋結構，醣類則無。

範例 27

請以結構式表示 DNA 中，其鹼基(Base)如何以分子間氫鍵連接。

【84 高醫化學】

解：

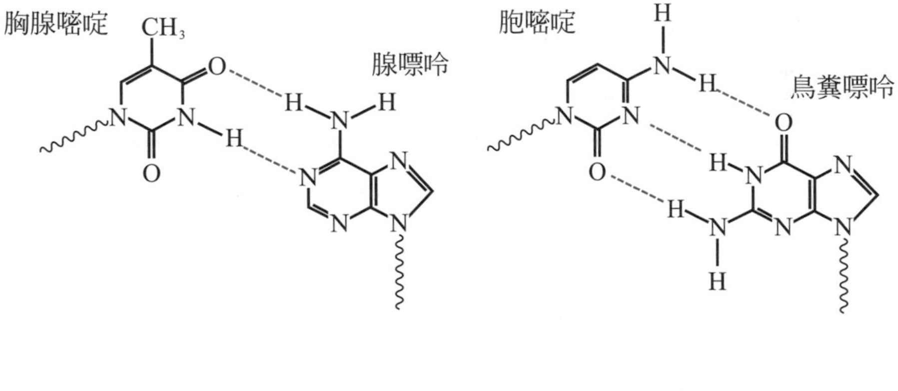

胸腺嘧啶　腺嘌呤

胞嘧啶　鳥糞嘌呤

範例 28

The complementary sequence for the DNA 5'-ATGCTACGGAT-3' is

(A)5'-TACGATGCCTA-3'　(B)5'-ATCCGTAGCAT-3'　(C)5's-AUG-CUACGGAU-3'　(D)3'-AUGCUACGGAU-5's.　【83 中山生物】

解：(B)

⑴　複製原則：A↔T，C↔G。

⑵　母鍊 5 端複製成子鍊的 3 端。

⑶
```
5' ~~ A T G C T A C G G A T ~~ 3'
      ↓ ↓ ↓ ↓ ↓ ↓ ↓ ↓ ↓ ↓ ↓
3' ~~ T A C G A T G C C T A ~~ 5'
```

⑷　習慣上，由 5 端排列至 3 端⇒5'~~ ATCCGTAGCAT ~~ 3'。

單元七：聚合物

1. 聚合物(polymer)是指高分子量的分子，其分類如下表：

聚合物
- 有機的
  - 天然物……纖維素、澱粉、蛋白質、核酸、橡膠
  - 合成物……聚乙烯、耐龍、達克龍
- 無機的……石英、石棉、雲母、石墨

2. 單體(monomer)－指結成聚合物的小分子。而小分子存於聚合物中的部份稱單體單元(Monomeric Unit)。

3. 加成聚合反應(Addition Polymerization)－單體間之聚合反應作用時無小分子放出者。所得的聚合物稱爲加成聚合物。含有C═C者往往是此型。∴樹脂類及橡膠類是加成型聚合物。
4. 縮合聚合反應(Condensation Polymerization)－單體間之聚合反應作用時，會失去小的簡單分子，如水、NH_3者。所得的聚合物稱爲縮合聚合物。纖維類通常是縮合型聚合物。
5. 本單元介紹一些常見的合成聚合物。將之分爲樹脂類、橡膠類及纖維類。
6. 樹脂類(resin)聚合物(見表 13-6)。

表 13-6　常見加成聚合物

單體結構	單體名	聚合物結構	聚合物名	用途
$CH_2{=}CH_2$	乙烯	$\text{-(}CH_2-CH_2\text{)}_n\text{-}$	聚乙烯	塑膠袋、塗料、玩具
$CH_2{=}CH-CH_3$	丙烯	$\text{-(}CH_2-CH(CH_3)\text{)}_n\text{-}$	聚丙烯	杯皿、塑膠繩
$CH_2{=}CH-Cl$	氯乙烯	$\text{-(}CH_2-CH(Cl)\text{)}_n\text{-}$	聚氯乙烯	地板、雨衣
$CH_2{=}CH-CN$	丙烯腈	$\text{-(}CH_2-CH(CN)\text{)}_n\text{-}$	聚丙烯腈	地氈
$CH_2{=}CH-C_6H_5$	苯乙烯	$\text{-(}CH_2-CH(C_6H_5)\text{)}_n\text{-}$	聚苯乙烯	保利龍

單體結構	單體名	聚合物結構	聚合物名	用途
$CH_2=CH-CH_3$ 中間碳接 $O=C-OCH_3$	甲基丙烯酸甲酯	$-\!\!(CH_2-C(CH_3)(COOCH_3))_n\!\!-$	壓克力樹脂	高品質透明塑膠製品
$F_2C=CF_2$	四氟乙烯	$-\!\!(CF_2-CF_2)_n\!\!-$	鐵氟龍	襯墊、絕緣體、軸承、鍋塗膜

(1) 反應型態：$n\ C=C(G) \longrightarrow -\!\!(C-C(G))_n\!\!-$

(2) 命名：在單體名稱前加上poly。如苯乙烯的名稱是styrene，則聚苯乙烯稱爲polystyrene，簡稱爲PS。一些樹脂類聚合物的名稱列於表 13-7。

表 13-7　一些加成聚合物的名稱

單體	聚合物	簡稱
ethene	polyethene	PE
propene	polypropene	PP
Vinyl chloride	Polyvinyl chloride	PVC
Acrylonitrile	polyacrylonitrile	Orlon
styrene	polystyrene	PS
Methyl methacrylate	polymethyl methacrylate	
tetrafluoroethane	teflon	
Vinyl acetate	polyvinyl acetate	PVAc

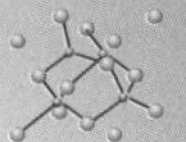

7. 橡膠類(rubber)：

⑴ 天然橡膠(Nature Rubber)：

① 單體是異戊烯(isoprene，學名：2-Methyl-1,3-butadiene)

$$\underset{}{CH_2{=}\overset{CH_3}{\overset{|}{C}}-CH{=}CH_2}\quad CH_2{=}\overset{CH_3}{\overset{|}{C}}-CH{=}CH_2\quad CH_2{=}\overset{CH_3}{\overset{|}{C}}-CH{=}CH_2\quad CH_2{=}\overset{CH_3}{\overset{|}{C}}-CH{=}CH_2\ \cdots\cdots\cdots$$

$$\Downarrow$$

$$-CH_2-\overset{CH_3}{\overset{|}{C}}{=}CH-CH_2-CH_2-\overset{CH_3}{\overset{|}{C}}{=}CH-CH_2-CH_2-\overset{CH_3}{\overset{|}{C}}{=}CH-CH_2-CH_2-\overset{CH_3}{\overset{|}{C}}{=}CH-CH_2-\ \cdots\cdots\cdots$$

② 聚合物記號：$\left(CH_2-\overset{CH_3}{\overset{|}{C}}=CH-CH_2\right)_n$

③ 由橡膠樹分泌的乳汁(latex)採收而得。採收時避免凝固，可加入一些醋。

④ 加工時，加入硫粉可增加其抗張強度，此程序稱為vulcalnization。

⑵ 合成橡膠：

① 新平橡膠(又稱氯平橡膠、紐普韌橡膠，Neoprene Rubber)

$$n\,CH_2=\overset{Cl}{\overset{|}{C}}-CH=CH_2 \longrightarrow \left(CH_2-\overset{Cl}{\overset{|}{C}}=CH-CH_2\right)_n$$

② 丁基橡膠

$$n\,CH_2=CH-CH=CH_2 \longrightarrow \left(CH_2-CH=CH-CH_2\right)_n$$

8. 纖維(fiber)類：

⑴ 聚酯(polyester)：商品名為 Dacron 達克龍。由乙二醇(Ethylene Glycol，EG)及對苯二甲酸(Tere-Phthalic Acid，PTA)聚合而成。

特性是透氣性、吸水性佳，與棉類似。

$$HO-CH_2-CH_2-OH\ \ HO\overset{O}{\overset{\|}{C}}-C_6H_4-\overset{O}{\overset{\|}{C}}OH\ \ HO-CH_2-CH_2-OH\ \ HO\overset{O}{\overset{\|}{C}}-C_6H_4-\overset{O}{\overset{\|}{C}}OH\ \ HO-CH_2-CH_2-OH$$

$$\Downarrow$$

$$HO-CH_2-CH_2-O-\overset{O}{\overset{\|}{C}}-C_6H_4-\overset{O}{\overset{\|}{C}}-O-CH_2-CH_2-O-\overset{O}{\overset{\|}{C}}-C_6H_4-\overset{O}{\overset{\|}{C}}-O-CH_2-CH_2-O-\overset{O}{\overset{\|}{C}}-C_6H_4-\overset{O}{\overset{\|}{C}}-O-CH_2-CH_2-O-$$

簡記為：$\left(\overset{O}{\overset{\|}{C}}-C_6H_4-\overset{O}{\overset{\|}{C}}-OCH_2CH_2O\right)_n$

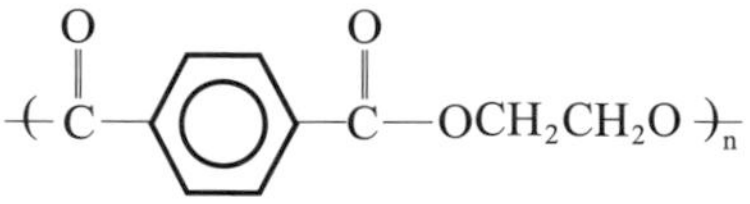

(2) 聚醯胺(polyamide)：商品名為nylon。特性是防水、防風。

① Nylon 66：兩個6代表單體成份的己二酸及己二胺。

$$HOOC(CH_2)_4COOH\ \ H_3N(CH_2)_6NH_2\ \ HOOC(CH_2)_4COOH\ \ H_3N(CH_2)_6NH_2$$

$$\Downarrow$$

$$HOOC(CH_2)_4\overset{O}{\overset{\|}{C}}-NH(CH_2)_6NH-\overset{O}{\overset{\|}{C}}(CH_2)_4\overset{O}{\overset{\|}{C}}-NH(CH_2)_6NH-\overset{O}{\overset{\|}{C}}(CH_2)_4\overset{O}{\overset{\|}{C}}-NH(CH_2)_6NH-\overset{O}{\overset{\|}{C}}(CH_2)_4\overset{O}{\overset{\|}{C}}-$$

簡記為：$\left(\overset{O}{\overset{\|}{C}}(CH_2)_4\overset{O}{\overset{\|}{C}}-NH(CH_2)_6NH\right)_n$

② Nylon 6：一個6代表單體只有一種，為己內醯胺(caprolactam)。

$$\text{(caprolactam ring: C=O, N)} \longrightarrow -\overset{O}{\overset{\|}{C}}(CH_2)_5NH-\overset{O}{\overset{\|}{C}}(CH_2)_5NH-\overset{O}{\overset{\|}{C}}(CH_2)_5NH-\overset{O}{\overset{\|}{C}}(CH_2)_5NH-\cdots\cdots$$

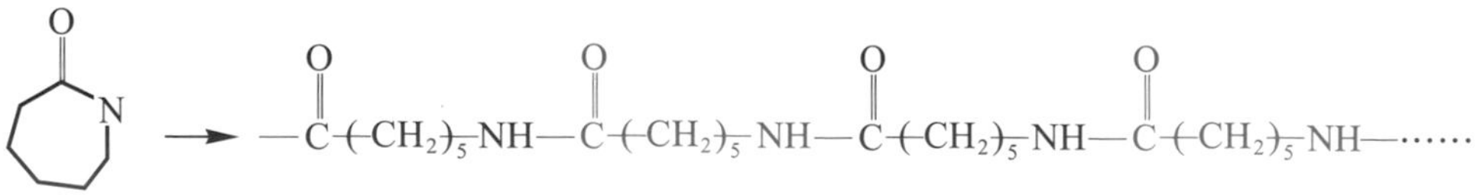

簡記為：$\left(CH_2CH_2CH_2CH_2CH_2NH-\overset{O}{\overset{\|}{C}}\right)_n$

範例 29

用以製造 PVC(polyvinylchloride)塑膠的聚合單體為

(A) 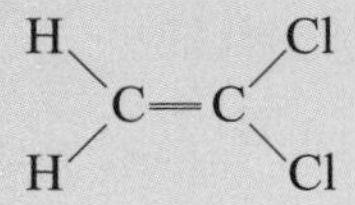 (B) 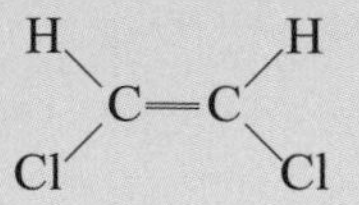 (C) 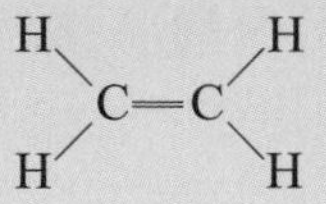 (D) 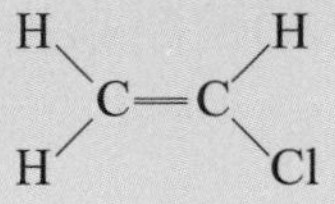

【83 二技環境】

解：(D)

範例 30

Which one of the following is not true concerning natural rubber? (A)it is a polymer of chlorobutene (B)it is an addition polymer (C)is contains one C═C bond in every four carbons (D)it is made mechanically stronger and its melting point is raised by the process of vulcanization (E)it must be reacted with silicon to be used.

【80 台大丙】

解：(A)(C)(E)

(A)單體為異戊二烯。(C)每 5 個碳為一重複單位。

範例 31

用乙二醇與苯二甲酸爲原料可合成出

(A)聚酯纖維　(B)聚醯胺纖維　(C)聚丙烯　(D)奧綸纖維。

【86二技環境】

解：(A)

範例 32

下列聚合物，何者屬於縮合聚合物？

(A) $-\!\!\left(CH_2-CH_2\right)_n-$

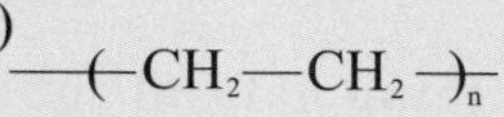

(B) $-\!\!\left(CH_2-\underset{\displaystyle Cl}{\underset{|}{CH}}\right)_n-$

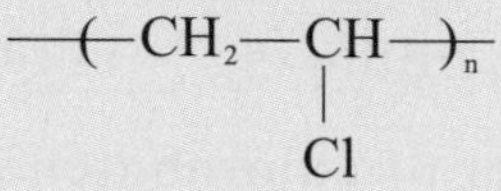

(C) $-\!\!\left(\overset{\displaystyle O}{\overset{\|}{C}}-\left(CH_2\right)_4-\overset{\displaystyle O}{\overset{\|}{C}}-\overset{\displaystyle H}{\overset{|}{N}}-\left(CH_2\right)_6-\overset{\displaystyle H}{\overset{|}{N}}\right)_n-$

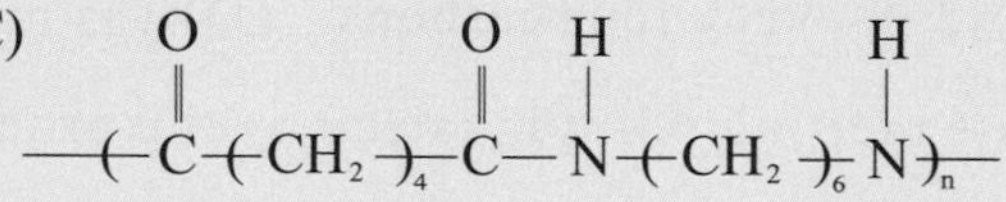

(D) $\left(CH_2-\underset{\displaystyle COOCH_3}{\underset{|}{\overset{\displaystyle CH_3}{\overset{|}{C}}}}\right)_n$

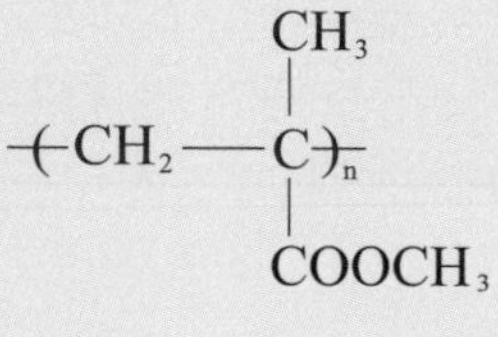

。【86二技動植物】

解：(C)

纖維是縮合型聚合物。

範例 33

在以單體$Si(CH_3)_2(OH)_2$聚合時，填加下列何者可降低其聚合物平均分子量？

(A)$Si(CH_3)_4$ (B)$Si(CH_3)_3(OH)$ (C)$Si(CH_3)(OH)_3$ (D)$Si(OCH_3)_4$。

【81 二技動植物】

解：(B)

⑴ 含—OH 或—NH_2官能基可藉縮合反應而連結。

⑵ 含上述官能基 2 個，才可以連續地連結下去，若只含 1 個則只連結一次，分子鍊就停止增長。若含 3 個以上，甚至可交聯成網狀結構，而若不含此種官能基則不會反應。

綜合練習及歷屆試題

PART I

1. 下列何者是多氯聯苯？

(A) $CHCl_3$ (B) Cl (C) Cl Cl (D)

【81二技環境】

2. 下列化合物，何者爲芳香族(aromatic)？

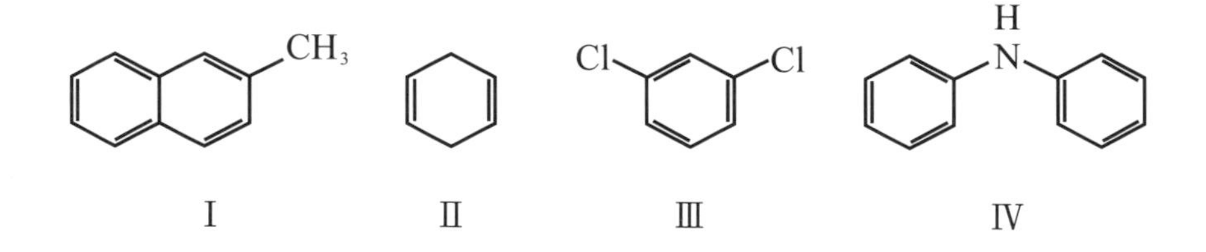

(A) I，II，III&IV (B) I，II，III (C) I，II，IV (D) I，III，IV。

【81二技動植物】

3. 有一烯類與烷類之化合物，二者結構皆呈鏈狀，且含有相同之碳數，已知某定量之二者混合氣體，在過量氧中完全燃燒生成3.195克的水及3.192升的二氧化碳(在0℃，1atm)；又知等量該混合氣體中加入充份的氫，在鎳的催化下完全反應後體積減少0.280升(0℃，1atm)，則該烷與烯之分子式應爲下列何者？

(A)烷C_2H_6 (B)烷C_3H_8 (C)烯C_2H_4 (D)烯C_4H_8。 【86二技動植物】

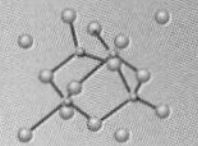

4. 下列何種醇類屬於三級醇？
(A)2－甲基－2－丙醇 (B)乙醇 (C)1－丙醇 (D)2－丁醇。
【86二技衛生】

5. 下列化學結構，何者既不是酮，也不是醇，也不是酯？
(A) $CH_3CH_2CH_2CH(OH)CH_3$ (B) $CH_3CH_2CH_2CH(CHO)CH_3$
(C) $CH_3CH_2CH_2COOCH_3$ (D) $CH_3C(=O)CH_2CH_3$ 。
【83二技環境】

6. 福馬林(formalin)是下列何者的水溶液？
(A)甲酸 (B)甲胺 (C)丙酮 (D)甲醛。 【83二技材資】

7. 環烷類的通式為：
(A)C_nH_{2n+2} (B)C_nH_{2n} (C)C_nH_{2n-2} (D)C_nH_{2n-4}。 【83二技材資】

8. 下列碳氫化合物何者未飽和？
(A)C_4H_8 (B)C_6H_{14} (C)C_3H_8 (D)C_4H_{10}。 【83二技動植物】

9. 烯類之通式：
(A)C_nH_n (B)C_nH_{2n} (C)C_nH_{n+2} (D)C_nH_{2n+2}。 【84二技動植物】

10. 下列有關醇與醚的敘述中，何者錯誤？
(A)醇有OH基、醚無OH基 (B)醚與活潑金屬(如：Na)作用，可產生H_2氣，醇則否 (C)一級醇氧化生成醛，繼續氧化生成酸 (D)一般而言，醚之沸點較醇低。 【81私醫】

11. 在下列有關沸點高低之比較中，何者不成立？
(A)正戊烷＞環戊烷 (B)H_2O＞HF＞NH_3 (C)乙醯胺＞乙酸 (D)1-丁醇＞2-甲基-2-丙醇。 【84二技動植物】

12. 試比較以下分子之熔點高低？

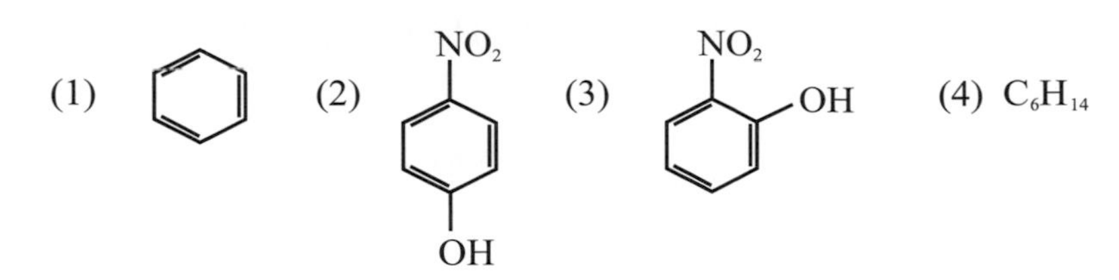

(A)1 ＞ 2 ＞ 3 ＞ 4　(B)2 ＞ 3 ＞ 1 ＞ 4　(C)3 ＞ 2 ＞ 4 ＞ 1　(D)4 ＞ 1 ＞ 3 ＞ 2。【86朝陽】

13. $C_4H_{10}O$屬下列何種有機化合物
(A)醇　(B)醛　(C)酮　(D)酸。【81二技動植物】

14. 下列何者無結構異構物？
(A)丙烷　(B)丁烷　(C)辛烷　(D)己烷。【84二技環境】

15. 分子式C_5H_{12}有幾種結構異構物？
(A)5　(B)4　(C)3　(D)2。【81二技環境】

16. 下列化合物中哪一種爲甲醚的結構異構物？
(A)甲醇　(B)乙醛　(C)乙醇　(D)丙酮。【71私醫】

17. 苯之烷基取代物之分子式爲C_8H_{10}，則其異構物有________種。【83私醫】

18. 甲苯分子共有八個氫原子，當僅有一個氫原子被一個氯原子所取代，產物中將可生成若干種異構物？
(A)4　(B)3　(C)2　(D)1。【86二技材資】

19. 下列有關異構物的敘述，何者正確？
(A)鏡像異構物不能利用結晶法與蒸餾法來作分離　(B)分子$(CH_3)_2C=CH(C_2H_5)$具有幾何異構物　(C)二甲醚(CH_3OCH_3)與乙醇(C_2H_5OH)屬於幾何異構物　(D)鏡像異構物(±)2-丁醇具有光學活性。

【86二技衛生】

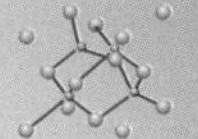

20. 某氣體X在27℃，1atm下占有1升的體積，將其完全燃燒後，可產生0.16莫耳之CO_2及0.16莫耳之H_2O，試問X氣體可能有幾種異構物？
(A)2種　(B)4種　(C)6種　(D)8種。【86二技動植物】

21. 下列何者有光學異構物？

(A)FCH_2—COOH　(B) CH_3—C(NH_2)(CH_3)—COOH　(C) Cl—C(CH_2OH)(H)—CH_3

(D)ClCH═CHCl。【81二技動植物】

22. 一個分子要成爲對掌體(Enantiomer)它必須是：
(A)對稱的(symmetric)　(B)非對稱的(asymmetric)　(C)非鏡像異構物(diastereomer)　(D)只含二個原子。【84二技環境】

23. 試問以下分子具多少個不對稱碳中心？

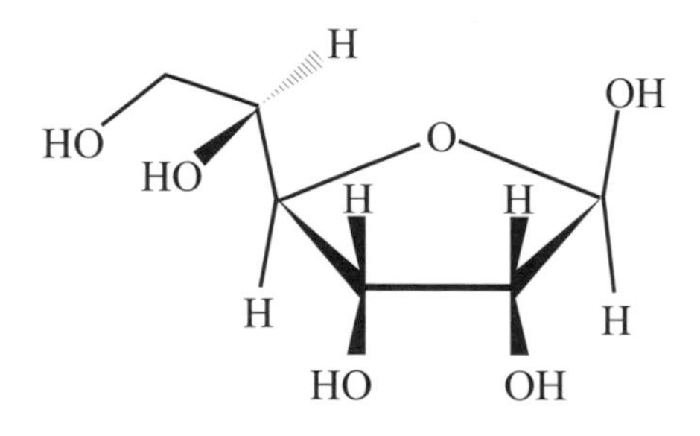

(A)1　(B)6　(C)5　(D)3。【86朝陽】

24. 寫出下列化合物之構造式
(A)順丁烯二酸(Maleic Acid)　(B)2-甲基-1,3丁二烯(2-methyl-1,3-butadiene)　(C)丙烯腈(acrylonitrile)　(D)2-甲基丙烯酸甲酯(2methyl methacrylate)　(E)N,N-二甲基丙醯胺(N,N-Dimethyl Propanamide)。

【80成大環工】

25. 分子式為C_9H_{14}的碳氫化合物，在觸媒存在時能與2莫耳的氫反應，此分子的結構中有幾個環存在？
(A)0 (B)1 (C)2 (D)3。【84二技動植物】

26. 下列有關醇與醚的敘述中，何者錯誤？
(A)醇有OH基、醚無OH基 (B)醚與活潑金屬(如：Na)作用，可產生H_2氣，醇則否 (C)一級醇氧化生成醛，繼續氧化生成酸 (D)一般而言，醚之沸點較醇低。【81私醫】

27. 完成下列反應式：

$$CH_3-\underset{\displaystyle OH}{\underset{|}{CH}}-CH_3 \xrightarrow{CrO_3/H_2SO_4}$$

。【83私醫】

28. 下列有關醇、醚類化合物性質的敘述，何者正確？
(A)2-甲基-1-丙醇可以被重鉻酸鉀氧化成酮類 (B)正丁醇的沸點較乙醚的沸點高 (C)在水中丙醇的溶解度小於丙烷的溶解度 (D)2-甲基-2-丙醇可以和高錳酸鉀作用形成酸類。【86二技衛生】

29. $C_6H_{12}O_2$經水解得酸A及醇B，B再被$KMnO_4$之酸性溶液氧化時，則變成A，原酯分子示性式為
(A)$HCOOC_5H_{11}$ (B)$CH_3COOC_4H_9$ (C)$C_2H_5COOC_3H_7$ (D)$C_3H_7COOC_2H_5$ (E)$C_4H_9COOCH_3$。【80屏技】

30. 將某醇類混合物氧化後得到一群分子式同為$C_5H_{10}O$的化合物。經純化分離後，在各產物中滴入氨的硝酸銀溶液共熱，則最多可能有幾種產物的試管壁會出現銀鏡的效應？
(A)2 (B)3 (C)4 (D)5。【85二技動植物】

31. 下列何項有機物可與鈉反應產生氫氣？
(A)甲醇 (B)丙酮 (C)乙醛 (D)乙烯。【83私醫】

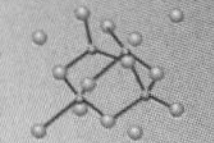

32. 不同級次的醇與HCl生成鹵化烷之速率是
(A)2-甲基-2丙醇＞2-丁醇＞1-丁醇　(B)2-丁醇＞1-丁醇＞2-甲基-2-丙醇　(C)1-丁醇＞2-丁醇＞2-甲基-2-丙醇　(D)1-丁醇＞2-甲基-2-丙醇＞2-丁醇。【85二技動植物】

33. 有機實驗室常用的威廉遜合成法(Williamson Synthesis)是指合成哪一類化合物？
(A)醇類　(B)醚類　(C)酸類　(D)酯類。【86私醫】

34. $CH_3—CH_2—CH—(OH)—CH_3$與硫酸(H_2SO_4)在高溫(180℃)下作用，所得之主要產物爲下列何者？
(A)$CH_3—CH_2—CH—(OSO_3)—CH_3$　(B)$CH_3—CH{=}CH—CH_3$　(C)$CH_3—CH_2—CH{=}CH_2$　(D)$CH_3—CH_2—CH—(OSO_2)—CH_3$。

【86二技衛生】

35. 化合物$CH_3—CH_2—C({=}O)—O^{16}—H$與$H—O^{18}—CH_3$在加熱、酸性條件下作用，所得之產物爲：
(A)$CH_3—CH_2—C({=}O)—O^{18}—H+H—O^{16}—CH_3$　(B)$CH_3—CH_2—C(OH)(O^{16}H)(O^{18}—CH_3)$　(C)$CH_3—CH_2—C({=}O)—O^{16}—CH_3+H—O^{18}—H$　(D)$CH_3—CH_2—C({=}O)—O^{18}—CH_3+H—O^{16}—H$。【86二技衛生】

36. 阿司匹靈(aspirin)是乙酸酐與下列何者反應生成？
(A) 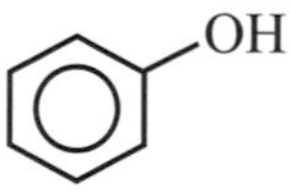 OH　(B) 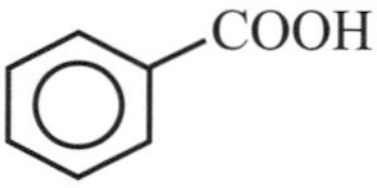 COOH　(C) 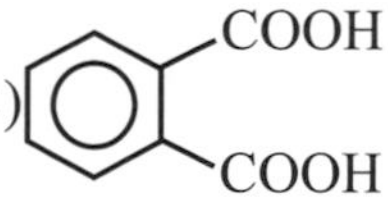 COOH COOH
(D) 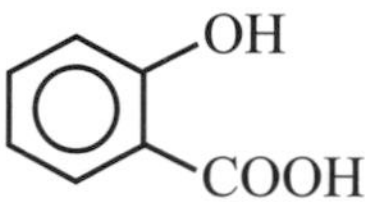 OH COOH 。【77私醫】

37. 阿司匹靈(aspirin)是由柳酸(Salicylic Acid)與醋酸依下列化學變化而產生的
(A)付加 (B)氧化 (C)酯化 (D)置換。 【84二技環境】

38. 下列有關醋酸的敘述，何者是錯的？
(A)冰醋酸是純醋酸 (B)醋酸是弱酸 (C)醋酸可由乙醇和氧反應產生 (D)純醋酸是電的導體。 【81私醫】

39. 有兩種液體試料$CH_3—CH═CH—CHO$ 和$CH_2═CH—CO—CH_3$，如欲簡易的區別此二液體，可用下列何種試藥？
(A)氯化亞鐵水溶液 (B)錫和鹽酸 (C)硫酸銅水溶液 (D)硝酸銀之氨溶液。 【84二技環境】

40. 下列哪一種糖對斐林試液不起反應？
(A)麥芽糖 (B)蔗糖 (C)果糖 (D)葡萄糖。 【82二技環境】

41. 醛和斐林試液共熱產生下列何種沉澱，此反應稱爲斐林試驗？
(A)Ag (B)Ag_2O (C)CuO (D)Cu_2O。 【83二技材資】

42. 有一化合物可使Br_2/CCl_4褪色，但不會使CrO_3/H^+溶液變色，丟入Na片則會生成氣體出來，則它是
(A)烯 (B)醇 (C)酮 (D)炔。

43. 下列何者物質可立即褪色含Br_2的CCl_4？

【81二技動植物】

44. 碘價(Iodine Number)可用來測量：
(A)在碳水化合物中之碘原子數目 (B)在脂肪中之碘原子數目 (C)在蛋白質中之碘原子數目 (D)不飽和脂肪酸的程度。 【83私醫】

45. 硬化油是指含脂酸的油類進行下列何種反應而變成固體？(A)脫氫 (B)氫化 (C)脫酸 (D)氧化。 【83二技材資】

46. 考慮以下的化合物

$$\begin{array}{ccccccccccccccccccccccccc}
 & & O & & & & H & & H & & H & & H & & H & & H & & H & & H & & H & & \\
 & & \| & & & & | & & | & & | & & | & & | & & | & & | & & | & & | & & \\
Na^+O^- & - & S & - & C_6H_4 & - & C & - & C & - & C & - & C & - & C & - & C & - & C & - & C & - & C & - & CH_3 \\
 & & \| & & & & | & & | & & | & & | & & | & & | & & | & & | & & | & & \\
 & & O & & & & CH_3 & & H & & CH_3 & & H & & CH_3 & & H & & CH_3 & & H & & CH_3 & &
\end{array}$$

下列何種特性不是此化合物所具備？

(A)一端具親水性，另一端具斥水性　(B)具界面活性性質　(C)有降低水表面張力的能力　(D)好的生物可分解性。【83二技環境】

47. 下列組合中，何者均屬於脂溶性維生素？

(A)維生素D、E、K　(B)維生素A、B、E　(C)維生素B、D、K　(D)維生素A、B、D。【86二技衛生】

48. 澱粉是：

(A)單醣類　(B)二醣類　(C)寡醣類　(D)多醣類。【84二技環境】

49. 下列何者爲單醣類？

(A)蔗糖　(B)果糖　(C)乳糖　(D)麥芽糖。【86二技衛生】

50. 碳水化合物與蛋白質來自天然界者主要屬：

(A)D-異構物　(B)L-異構物　(C)蛋白質是L而碳水化合物是D-異構物　(D)蛋白質是D而碳水化合物是L-異構物。【84二技環境】

51. 唾液中含有一種酵素可催化：

(A)脂肪之分解　(B)肉類蛋白質之分解　(C)澱粉之分解　(D)蔗糖之分解。【84二技環境】

52. 蔗糖1.71克與麥芽糖3.42克的混合物，完全水解後，可得葡萄糖及果糖各若干克？

(A)葡萄糖4.5克，果糖0.9克　(B)葡萄糖2.5克，果糖2.9克　(C葡萄糖5.4克，果糖0克　(D)葡萄糖0克，果糖5.4克。【85二技動植物】

53. 下列有關蛋白質性質的敘述，何者正確？
(A)人體內蛋白質水解後所得之胺基酸皆具有光學活性 (B)組成人體蛋白質的胺基酸屬於D-2-α-胺基酸 (C)在等電點時蛋白質具有最小的溶解度 (D)蛋白質一級結構被破壞時會喪失其活性，稱為變性。【86二技衛生】

54. 胺基酸常以下列離子對存在

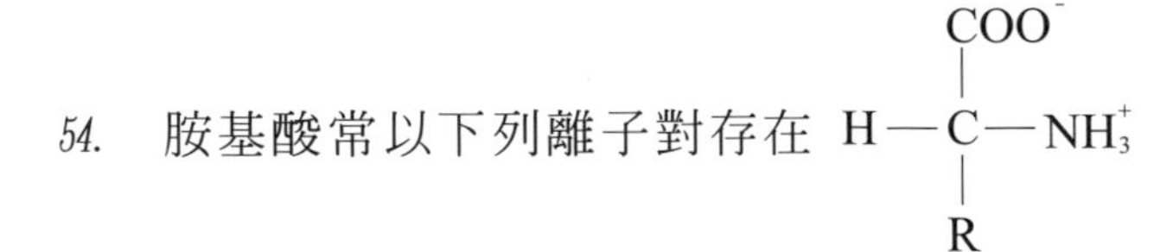

有關它的性質描述(a)胺基酸一般溶於水 (b)胺基酸一般溶於有機溶劑 (c)與一般同分子量之有機分子比較，有較高之熔點 (d)可經由胜肽鍵(peptide bond)聚合成蛋白質；何者正確？
(A)(a)，(b)，(c)，(d) (B)(a)，(b)，(c) (C)(a)，(b)，(d) (D)(a)，(c)，(d)。【81二技動植物】

55. 造成蛋白質二級結構中α-螺旋穩定度的主要作用力為下列何者？
(A)共價鍵 (B)氫鍵 (C)離子鍵 (D)胜肽鍵。【86二技衛生】

56. 有三種不同的α胺基酸A、B和C，經三次醯胺連結，成為A_2BC型之醯胺，排列互異而產生之可能異構物共有：
(A)三種 (B)六種 (C)九種 (D)十二種。【85二技動植物】

57. 下列何者可檢驗蛋白質？
(A)遇鐵呈黑色 (B)加斐林試液有紅色沉澱 (C)加濃硝酸呈黃色 (D)加入多倫試液有黑色沉澱。【69私醫】

58. 臭氧(ozone)可以使酵素去活化，其原因是由於：
(A)螯合住酵素 (B)氧化含有硫基的胺基酸 (C)還原胺基 (D)水解胜肽鍵。【83私醫】

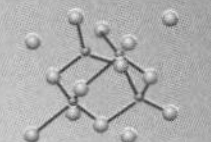

59. 下列哪些是組成DNA分子的必要單位？
(A)磷酸基　(B)醣基　(C)有機鹼　(D)以上皆是。【81私醫】

60. 生物染色體中之基因是由何種分子所構成
(A)核酸　(B)核糖核酸　(C)去氧核糖核酸　(D)核苷酸。【86二技環境】

61. 下列何者被使用在製造鐵氟龍(teflon)？
(A)$CH_2{=}CH_2$　(B)$CH_2CHCClCH_2$　(C)CH_3Cl　(D)CF_2CF_2。

【81二技環境】

62. 聚乙烯之單體是
(A)C_2H_4，其中碳原子間以單鍵連結　(B)C_2H_4，碳原子間以雙鍵連結　(C)C_2H_6，其中碳原子間以單鍵連結　(D)C_2H_2，碳原子間以雙鍵連結。【84二技環境】

63. 聚苯乙烯簡稱PS，爲無色透明，具良好物性、化性，其化學式爲

(A) $-\!\!\left[CH(C_6H_5)-CH_2\right]_n\!\!-$（苯環接於 CH 上）

(B) $-\!\!\left[CH(C_6H_4Cl)-CH_2\right]_n\!\!-$（苯環接於 CH 上，苯環對位接 Cl）

(C) $-\!\!\left[CH_2-CH(Cl)\right]_n\!\!-$

(D) $-\!\!\left[CH(CH_3)-CH_2\right]_n\!\!-$。【82二技環境】

64. 橡膠製程中，常需添加各類塡充物，其中炭黑(Carbon Black)約占30.5％，試問其主要功能爲：
(A)增加硫化作用　(B)可塑劑作用　(C)增加強度及耐耗度　(D)具潤滑作用。【82二技環境】

65. 下列何者可與$HOOCCH_2CH_2COOH$進行聚合反應？
(A)$CH_3OCH_2CH_2OCH_3$　(B)$HOCH_2CH_2OH$　(C)$CH_3OCH_2CH_2OH$
(D)$CH_3OCH_2CH_2OC(=O)CH_3$　(E)C_2H_5OH。【80屏技】

66. 下列何組可形成聚醯胺類？
(A)$CH_3CH_2CH_2NH_2$與 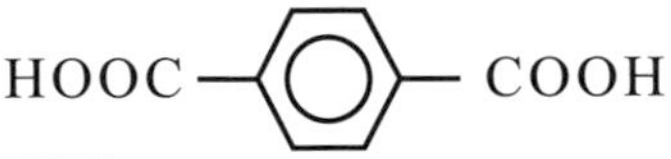 HOOC—⟨苯環⟩—COOH
(B)$H_2NCH_2CH_2NH_2$與⟨苯環⟩—COOH
(C)$HOCH_2CH_2OH$與 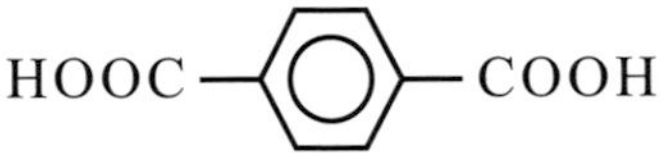 HOOC—⟨苯環⟩—COOH
(D)H_2N—⟨苯環⟩—COOH與 H_2N—⟨苯環⟩—COOH。
【84二技動植物】

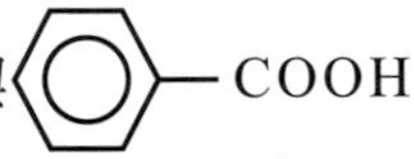

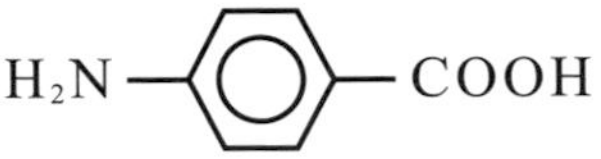

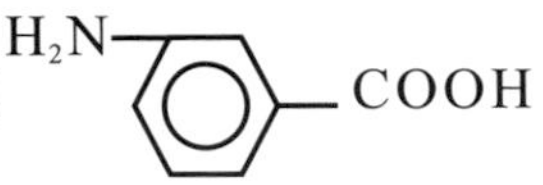

67. 下列何者不是聚合物？
(A)澱粉　(B)蛋白質　(C)去氧核醣核酸　(D)脂肪。【81二技動植物】

68. 尼龍(nylon)分子中原子間之結合是類似：
(A)蛋白質　(B)纖維素　(C)澱粉　(D)醚。【84二技環境】

69. 下列有關高分子聚合物性質的敘述，何者正確？
(A)耐龍-66(nylon-66)是由己二酸與己二胺加成聚合而成　(B)聚苯乙烯(PS)是由乙烯與苯縮合放出一水分子後聚合而成　(C)聚氯乙烯(PVC)屬於熱塑性塑膠，高溫時可軟化而有可塑性　(D)天然橡膠分子是由數以千計的共軛戊二烯分子相互連結而成。【86二技衛生】

答案：
1.(C)　2.(D)　3.(B)　4.(A)　5.(B)　6.(D)　7.(B)
8.(A)　9.(B)　10.(B)　11.(A)　12.(B)　13.(A)　14.(A)
15.(C)　16.(C)　17. 4　18.(A)　19.(A)　20.(C)　21.(C)

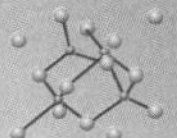

22.(B) 23.(C) 24.見詳解 25.(B) 26.(B) 27. $CH_3\underset{\underset{O}{\|}}{C}CH_3$

28.(B) 29.(C) 30.(C) 31.(A) 32.(A) 33.(B) 34.(B)

35.(D) 36.(B) 37.(C) 38.(D) 39.(D) 40.(B) 41.(D)

42.(D) 43.(B) 44.(D) 45.(B) 46.(D) 47.(A) 48.(D)

49.(B) 50.(C) 51.(C) 52.(A) 53.(C) 54.(D) 55.(B)

56.(D) 57.(C) 58.(B) 59.(D) 60.(C) 61.(D) 62.(B)

64.(A) 64.(C) 65.(B) 66.(D) 67.(D) 68.(A) 69.(C)

PART II

1. Gasoline is a
(A)single, simplc hydrocarbon (B)single, complex hydrocarbon (C)mixture of C_{12}—C_{16} hydrocarbons (D)mixture of C_5—C_{12} hydrocarbons. 【84清大B】

2. The hydrocarbon containing a carbon-carbon triple bond is called a(n)
(A)cycloalkane (B)alkane (C)aromatic (D)alkyne (E)alkene. 【84中山】

3. Which of the following is a tertiary amine?
(A)$(CH_3)_2NH$ (B)$(CH_3)_3CNH_2$ (C)CH_3CONH_2 (D)$CH_3N(CH_2CH_3)_2$ (E)$CH_3CON(CH_3)_2$. 【79台大乙】

4. Which of the compounds is an amide?

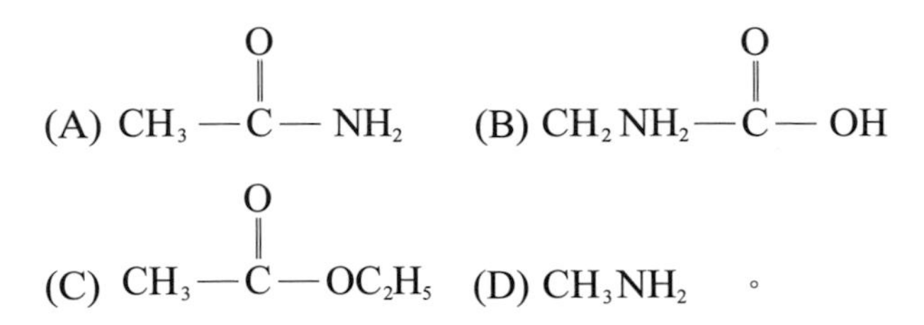

【81中山生物】

5. Which of the following compounds is an ether?

(A)CH_3OH (B)CH_3OCH_3 (C)$HOCH_2CH_2OH$ (D)CH_3CHO (E) CH_3COCH_3. 【84中山】

6. The simplest aromatic carboxylic acid is

(A)propanoic acid (B)sulfuric acid (C)phenolic acid (D)benzoic acid (E)none of the above. 【86清大A】

7. What is the appropriate classification of the molecule,$CH_2CH_2CH_2C(=O)CH_2CH_2CH_3$?

(A)aldehyde (B)carboxylic acid (C)ester (D)alcohol (E)none of the above. 【86清大B】

8. Which of the following compounds is expeted to have the <u>highest</u> vapor pressure?

(A)CH_3CH_2OH (B)$CH_3CH_2CH_3$ (C)CH_3OCH_3 (D)$CH_3CH_2CH_2CH_3$ (E)$CH_3CH_2CH_2Cl$. 【84中山】

9. Which of the following compound can undergo autoxidation in air?

(A) benzene ring (B) benzene ring—COOH (C) benzene ring—OH (D) benzene ring—CHO 。

【78東海】

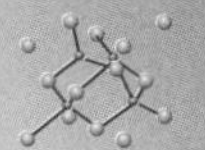

10. A free radical contains

(A)only pairs of electrons (B)only unpaired electron (C)pairs of electrons and one unpaired electron (D)one electron pair and a number of unpaired electrons. 【84清大B】

11. Which of the following becomes more soluble in water upon addition of NaOH?

(A)an amine (B)a carboxylic acid (C)an aldehyde (D)an aromatic hydrocarbon (E)an alkane. 【86成大A】

12. How many structural isomers you can give for C_5H_{10}. 【80清大】

13. How many structural isomers of hexane C_6H_{14}?

(A)2 (B)3 (C)4 (D)5 (E)none of the above. 【83中興A】

14. Objects that cannot be superimposed on their mirror images are said to be chiral, and chiral molecules are optically active. Which of the following molecules are optically active?

(A)CH_3CH_2CHClF (B)$CH_2ClCH_2CH_2F$ (C)CH_2Cl_2 (D)$CHFCl_2$ (E)$CHFClBr$. 【83中興B】

15. A racemic mixture contains

(A)Equal amounts of cis and trans isomers. (B)both staight-chain and branched-chain alkanes. (C)A catalyst to increase the rate of reaction. (D)Equal amounts of a primary and a secondary amine. (E)Equal amounts of a pair of enantiomers. 【81成大環工】

16. The instrument used to measure the optical activity of an enantiomer is a

(A)potentiometer (B)refractometer (C)Gout balance (D)UV spectrometer (E)polarimeter. 【82清大】

17. Which of the following molecules exhibits chirality?
(A)CH_2Cl_2 (B)CH_3OH (C)CH_3CH_2OH (D)$CH_3CH(OH)CH_3$ (E) none of these. 【86成大A】

18. What is the correct name of the following compound?

$$\begin{array}{ccccccccccccc} & & & & & & & & & & CH_3 & & \\ & & & & & & & & & & | & & \\ & & & & & & Cl & & & & CH_2 & & \\ & & & & & & | & & & & | & & \\ CH_3 & - & CH_2 & - & CH_2 & - & CH & - & CH & - & C & - & H \\ & & & & & & & & | & & | & & \\ & & & & & & & & CH_3 & & CH_2 & & \\ & & & & & & & & & & | & & \\ & & & & & & & & & & CH_3 & & \end{array}$$

(A)4-chloro-6-ethyl-5-methylocatne
(B)4-chloro-1,1-diethyl-5-methylhexane
(C)3-chloro-1,1-diethyl methylhexane
(D)5-chloro-3-ethyl-4-methyloctane
(E)none of these. 【84中山】

19. The correct systematic name of

$$\begin{array}{ccc} H_2C{=}C & - & CH_3 \\ | & & \\ CH_2CH_3 & & \end{array}$$

is
(A)2-ethyl-1-propene (B)1-methyl-1-ethylethylene (C)2-ethyl-2-propene (D)2-methyl-1-butene (E)3-methyl-3-butene. 【82清大】

20. What is the correct structure for metadichlorobenzene?

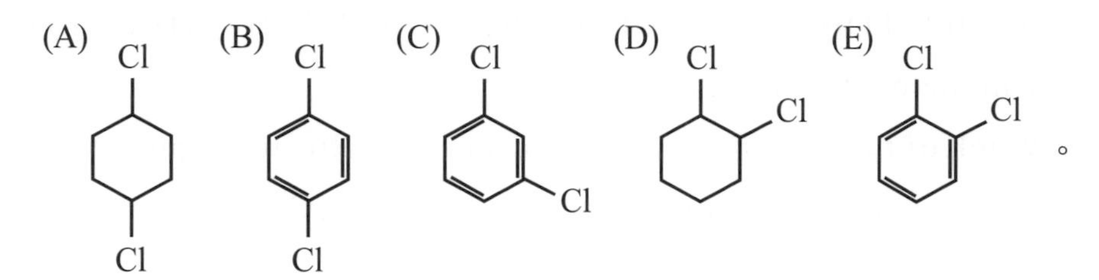

。

.

【84中山】

21. The product of the reaction of 2-butene with HBr is
(A)1-bromobutane (B)2-bromobutane (C)3-bromobutane (D) 1,3-dibromobutane (E)2,3-dibromobutane. 【85清大】

22.

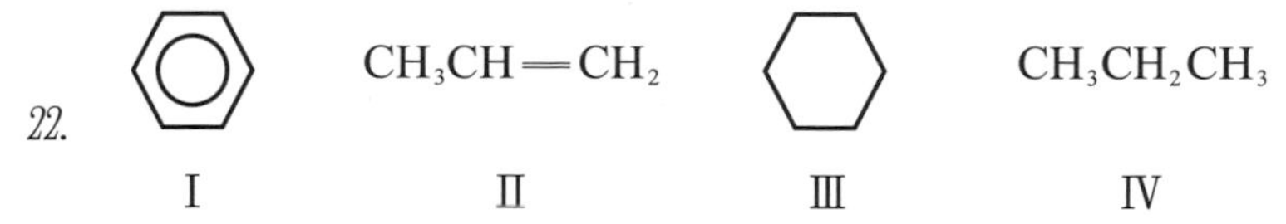

Of the compounds listed above, which would react readily with HBr?
(A) I (B) I and II (C) II (D) II and IV (E) I and III. 【85清大】

23. The product of the reaction $\begin{matrix} C_2H_5 & & & & H \\ & \diagdown & & \diagup & \\ & C & = & C & \\ & \diagup & & \diagdown & \\ H & & & & H \end{matrix}$ + HBr → is

(A) $H_5C_2-\begin{matrix} H \\ | \\ C \\ | \\ Br \end{matrix}-\begin{matrix} H \\ | \\ C \\ | \\ H \end{matrix}-H$ (B) $H_5C_2-\begin{matrix} H \\ | \\ C \\ | \\ H \end{matrix}-\begin{matrix} H \\ | \\ C \\ | \\ Br \end{matrix}-H$ (C) $H_5C_2-\begin{matrix} H \\ | \\ C \\ | \\ H \end{matrix}-\begin{matrix} H \\ | \\ C \\ | \\ H \end{matrix}-H$

(D) $H_5C_2-\begin{matrix} H \\ | \\ C \\ | \\ Br \end{matrix}-\begin{matrix} H \\ | \\ C \\ | \\ Br \end{matrix}-H$.

【78東海】

24. Which of the following can be oxidized to form an aldehyde(R—CHO)?
(A)CH_3CH_2OH (B)$CH_3CHOHCH_3$ (C)CH_3OCH_3 (D)$(CH_3)_2C{=}O$
(E)none of the above. 【85成大A】

25. Which of the following will yield a carboxylic acid upon oxidation?
(A)a secondary alcohol (B)an aldehyde (C)a cycloalkane (D) a ketone (E)tertiary alcohol. 【86成大A】

26. Which of the following does not react with Br_2 dissolved in CCl_4
(A)pentane (B)1-pentene (C)2-pentene (D)1-pentyne (E)2-pentyne. 【81成大化工】

27. Vegetable oils differ from fats in that the oil molecules
(A)have more C═C double bonds (B)are saturated with hydrogen
(C)have all C—C single bonds (D)are polyamides. 【84清大B】

28. Which of the following is a polysaccharide?
(A)nylon (B)amylose (C)polyvinyl chloride (D)penicillin (E) polyethylene. 【82清大】

29. In alpha-D-glucose, the —OH groups on carbon 1 and 4 are
(A)cis (B)trans (C)either cis or trans (D)on asymmetric carbon atoms. 【84清大B】

30. Most enzymes are
(A)carbonhydrate (B)fatty acid (C)protein (D)lipid.【83中山生物】

31. The peptide link of proteins is identical with the chemical group known as
(A)aldehyde (B)amide (C)amine (D)ester (E)ketone.【86台大C】

32. Let A＝adenine, G＝quanine, C＝cytosine, T＝thymine. Chargaff's rule says that there is a total number relationship that

(A)A + C = G + T (B)A + G = C + T (C)A + T = G + C in a DNA molecule. 【78 東海】

33. Nucleic acids are vital to the life cycle of cells. Deoxyribonucleic acid(DNA) is composed of three parts: a ribose ring, an organic base(amines) and a
(A)cellulose (B)ester (C)phosphate (D)fatty acid group. 【83 中山生物】

34. Which of the following is not present in DNA?
(A)purine (B)pyrimidine (C)pentose (D)phosphate (E)glycine. 【86 台大 C】

35. A fragment of a DNA molecule has the base sequence GCTACCTG. What is the complementary sequence?
(A)TAGCAAGT (B)CGATGGAC (C)ATCGTTGT (D)GTCCATCG (E)TGTTGCTA. 【84 中山】

36. The monomer from which the polymer—$(CH_2CCl_2CH_2CCl_2)_n$—(Saran) is made is
(A)$H_2C{=}CCl_2$ (B)$ClCH{=}CHCl$ (C)$Cl_2C{=}CCl_2$ (D)$H_2C{=}CHCl$ (E)$ClCH{=}CCl_2$. 【82 清大】

37. Which of the following monomers can form addition polymer?
(A)C_2H_6 (B)$CH_2{=}CHCOOH$ (C)HO—CH_2—CH_2—OH (D)HO—C_2H_5. 【78 台大甲】

38. The isoprene monomer contains ________ double bonds per molecule.
(A)no (B)one (C)two (D)three. 【84 清大 B】

39. The $\overset{\displaystyle O}{\underset{}{\overset{\|}{-C}}}\overset{\displaystyle H}{\overset{|}{-N-}}$ linkage occurs in all of the following substances EXCEPT

(A)nylon (B)glycogen (C)protein (D)valyglycine (E)*N*-ethylacetamide. 【85清大】

40. A polypeptide is

(A)an condensation polymer of amino acids. (B)an addition polymer of amino acids. (C)a polymer of sugar molecules. (D)a part of nucleic acids. (E)none of these. 【86成大A】

41. Which monomer would be suitable for condensation polymerization?

(A)CH_3CH_2OH (B)$CH_2{=}CH_2$ (C)$CH_2{=}CHCl$ (D)NH_2CH_2COOH (E)$CH_3CH_2NH_2$. 【86台大C】

42. Which of the following types of compounds lacks an sp^2 hybridized carbon center？

(A)aldehydes (B)ketones (C)alcohols (D)alkenes (E)benzene. 【89中正】

43. Which of the following types of compounds can form hydrogen-bonds with water molecule？ Alkyl halides, Carboxylic acids, Ethers, ketones. 【88成大化學】

44. Draw all the structural and geometric (cis-trans) isomers of C_3H_5Cl. 【89台大A】

45. Which of the following is optically active (i.e., chiral)？

(A)$HN(CH_3)_2$ (B)CH_2Cl_2 (C)2-chloropropane (D)2-chlorobutane (E)3-chloropentane. 【87成大化工】

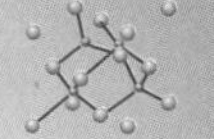

46. Which of the following is ethylene glycol？
(A)$CH_3CHOHCH_2OH$ (B)CH_2CHOH (C)CH_2OHCH_2OH
(D)$CH_2OHCHOHCH_2OH$ (E)none of the above. 【88清大A】

47. Which of the following names is a correct one？
(A)3,4-dichloropentane (B)1-chloro-2,4-methyl-3-ethylcyclohexane
(C)cis-1,3-dimethylpropane (D)1,1-dimethyl-2,2-diethylbutane
(E)2-bromo-1-chloro-4,4-diethyloctane. 【88成大環工】

48. Draw the Lewis structure for benzene, C_6H_6 (the carbons should be in a six-membered ring). How many single bonds are present？
(A)9 (B)11 (C)7 (D)5 (E)none of the above. 【89清大B】

49. Which of the following is readily oxidized to produce a ketone
(A)$CH_3CH_2CH_2CH_2OH$ (B)$(CH_3)_2CHCH_2CH_2OH$ (C)$(CH_3)_3COH$
(D)$(CH_3)_2CHOH$ (E)none of the above. 【88清大A】

50. What structural features are characteristic of detergent molecules？ How does hard water affect the cleaning efficiency of soap？ Write a balanced equation to illustrate your answer. 【88中央】

51. Which of the following statements concerning soaps and detergents is FALSE？
(A)The cleaning agent in soap is the conjugate base of a carboxylic acid.
(B)The cleaning agents in soaps and detergents have a polar end and a nonpolar end.
(C)In water, particles of the cleaning agent travel in aggregates called micelles.
(D)Dirt is dissolved by the polar end of the cleaning agent.
(E)Soap forms a precipitate with Ca^{2+} and Mg^{2+}. 【89中正】

52. Which of the following protein side chains is classified as hydrophobic？
(A)$-CH_2CH(CH_3)_2$ (B)$-CH_2OH$ (C)$-(CH_2)_4NH_2$ (D)$-CH_2COOH$
(E)none of the above. 【89清大B】

53. The major function of starch in the diet is
(A)protein synthesis (B)a source of energy (C)an aid to enzyme action (D)cell wall function (E)none of the above. 【89清大A】

54. What are the building blocks of proteins？
(A)nucleotides (B)glucose and sucrose (C)lipids (D)amino acids
(E)fatty acids. 【89中正】

55. Hydrogen bonding between DNA strands occurs between pairs of nitrogen bases. Which of following is a pair of nitrogen bases where hydrogen bonding in DNA is important？
(A)guanine-thymine (B)cytosine-adenine (C)adenine-thymine
(D)cytosine-thymine (E)none of the above. 【89清大B】

56. An example of a secondary structure of a protein is
(A)an alpha amino acid. (B)a peptide linkage. (C)a pleated sheet.
(D)serine. (E)none of these. 【88成大環工】

57. Which of the following is false？
(A)Vulcanization is achieved by heating natural rubber with sulfur.
(B)Vulcanization rubber has disulfide linkages between rubber chains.
(C)Vulcanization improves the properties of rubber.
(D)Vulcanization allows rubber to be stretched further.
(E)none of the above. 【89清大B】

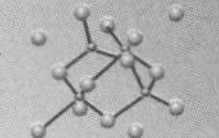

58. Which of the following pairs of substances could form an additional copolymer？

(A)$H_2C = CHCH_3$ + $HOCH_2CH_2COOH$

(B)$HO(CH_2)_4COOH$ + $HOCH_2CH = CHCH_3$

(C)$H_2C = CHCN$ + $H_2C = CHCH_3$

(D)$HOCH_2CH_2OH$ + $HOOCCOOH$

(E)H_2NCH_2COOH + $H_2NCH_2CH_2COOH$. 【89中正】

59. In addition polymerization, the reaction to form a polymer chain-occurs

(A)by splitting out small molecules

(B)without net loss of atoms

(C)by forming an initiator

(D)without need for initiation

(E)none of the above. 【88中山】

60. Which of the substances below is not a polymer that is found naturally？

(A)protein (B)cotton fiber (C)silk (D)hair (E)sucrose.

【88輔仁】

61. Which of the following is false？

(A)High density polyethylene is used to make antifreeze bottles.

(B)High density polyethylene has a high degree of branching.

(C)High density polyethylene molecules lie very close together.

(D)High density polyethylene is less flexibe than low density polyethylene.

(E)none of the above. 【89清大B】

62. The mineral most important in the function of hemoglobin is

(A)Mg (B)Fe (C)Ca (D)Zn (D)none of the above. 【89清大A】

答案：*1.*(D) *2.*(D) *3.*(D) *4.*(A) *5.*(B) *6.*(D) *7.*(E) *8.*(B) *9.*(C) *10.*(C) *11.*(B) *12.*(10) *13.*(D) *14.*(AE) *15.*(E) *16.*(E) *17.*(E) *18.*(D) *19.*(D) *20.*(C) *21.*(B) *22.*(C) *23.*(A) *24.*(A) *25.*(B) *26.*(A) *27.*(A) *28.*(B) *29.*(A) *30.*(C) *31.*(B) *32.*(B) *33.*(C) *34.*(E) *35.*(B) *36.*(A) *37.*(B) *38.*(C) *39.*(B) *40.*(A) *41.*(D) *42.*(C) *43.* Acid、ether、ketones *44.*見詳解 *45.*(D) *46.*(C) *47.*(E) *48.*(A) *49.*(D) *50.*見詳解 *51.*(D) *52.*(A) *53.*(B) *54.*(D) *55.*(C) *56.*(C) *57.*(D) *58.*(C) *59.*(B) *60.*(E) *61.*(B) *62.*(B)

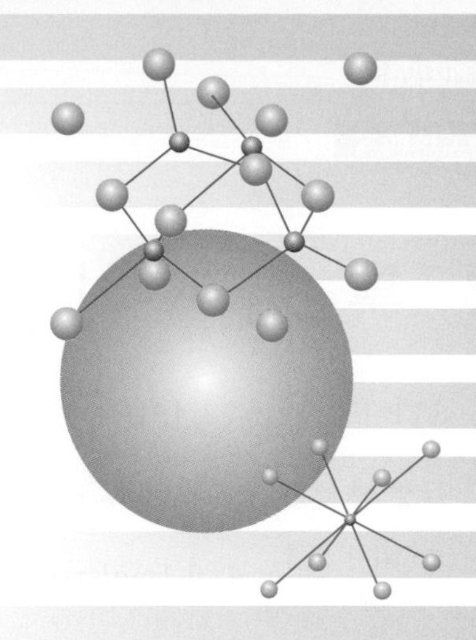

附錄 A 各章練習題較難題詳解

第7章　PART Ⅰ

2. STP下，$V_m=22.4$升，∴2.24升爲0.1mole。$\frac{-d[丁烷]}{dt}=0.1\text{mol/min}$。丁烷的燃燒反應式：$C_4H_{10}+\frac{13}{2}O_2 \longrightarrow 4CO_2+5H_2O$，由計量式知$\frac{d[CO_2]}{dt}=4\times\frac{-d[丁烷]}{dt}=4\times0.1\text{mol/min}$

8. 假設rate law爲$R=k[A]^n$，將速率$\frac{1}{4}$倍，$[A]=\frac{1}{2}$倍代入，得$\frac{1}{4}=\left(\frac{1}{2}\right)^n$，$n=2$。

9. 先由k的單位判斷出是4級反應，再代入$[B]=\frac{1}{2}$倍數據，$\frac{1}{4}=\left(\frac{1}{2}\right)^n$，∴$n=2$，則$m=4-n=2$。

10. 假設$R=k[A]^m[B]^n$，(1)式：$2=(1)^m(2)^n$，得$n=1$，(2)式：$16=(2)^m(2)^1$，得$m=3$。

11. 因該反應是單步驟反應，表示該步驟本身就是一個基本程序。∴$R=k[A_2][B_2]$，$R=\left(\frac{1}{\frac{1}{5}倍}\right)\left(\frac{2倍}{\frac{1}{5}倍}\right)=50$倍。

12. (1)當 A：B ＝3：1時，$P_A=\frac{3}{4}P$，$P_B=\frac{1}{4}P$，(2)當 A：B ＝1：1時，$P_A=\frac{1}{2}P$，$P_B=\frac{1}{2}P$，將二者代入$R=kP_A\cdot P_B$，$\frac{R_1}{R_2}=\frac{\frac{3}{4}P\times\frac{1}{4}P}{\frac{1}{2}P\times\frac{1}{2}P}=\frac{3}{4}$

13. 將二組數據代入$r=k[A][B]$，(1)式：$s=k\times0.5\times0.5$；(2)式：$r=k\times0.25\times0.05$。$\frac{(1)}{(2)}$得$\frac{s}{r}=\frac{0.5\times0.5}{0.25\times0.05}$，∴$r=0.05s$

14. 由反應機構推得$R=k[A][B]$，將體積變因代入$R\propto\frac{1}{3}\times\frac{1}{3}=\frac{1}{9}$倍。

16. $R=k[NO]^2[Cl_2]^1$

(A)假設最初反應速率爲R_0，而已消耗[NO]一半之反應速率爲R_a，

$$\frac{R_0}{R_a}=\frac{k(0.02/1)^2(0.02/1)^1}{k(0.01/1)^2(0.015/1)^1}=\frac{16}{3}$$

(B)消耗一半[Cl₂]時，$[Cl_2]=0.01$，而$[NO]=0M$，此時反應速率爲零。

(C)已消耗[NO]$\frac{2}{3}$時，$[NO]=0.02\times\left(\frac{1}{3}\right)M$

$[Cl_2]=0.02\times\left(\frac{2}{3}\right)$，此時反應速率爲$R_c$

$$\frac{R_0}{R_c}=\frac{k(0.02)^2(0.02)^1}{k\left(0.02\times\frac{1}{3}\right)^2\left(0.02\times\frac{2}{3}\right)}=\frac{27}{2}$$

(D)$\frac{R_0}{R_d}=\frac{k(0.02)^2(0.02)^1}{k(0.04)^2(0.02)^1}=\frac{1}{4}$

(E)$\frac{R_0}{R_e}=\frac{k(0.02)^2(0.02)^1}{k\left(\frac{0.02}{0.5}\right)^2\left(\frac{0.02}{0.5}\right)^1}=\frac{1}{8}$

18. $r=k_2[Cl][CHCl_3]\cdots\cdots(1)$，$K=\frac{k_1}{k_{-1}}=\frac{[Cl]^2}{[Cl_2]}$，$\therefore[Cl]=\left(\frac{k_1}{k_{-1}}\right)^{\frac{1}{2}}[Cl_2]^{\frac{1}{2}}$代回(1)式，$r=k_2\left(\frac{k_1}{k_{-1}}\right)^{\frac{1}{2}}[Cl_2]^{\frac{1}{2}}[CHCl_3]$

19. $r=k_2[C][B]\cdots\cdots(1)$，$K=\frac{k_1}{k_{-1}}=\frac{[C]}{[A][B]}$，$[C]=\frac{k_1}{k_{-1}}[A][B]$，代回(1)式，$r=\frac{k_2k_1}{k_{-1}}[A][B][B]=k'[A][B]^2$

20. $R=k_2[X][C]\cdots\cdots(1)$，$K=\frac{k_1}{k_{-1}}=\frac{[X]}{[A][B]}$，移項$[X]=\frac{k_1}{k_{-1}}[A][B]$，代回(1)式，$R=\frac{k_2k_1}{k_{-1}}[A][B][C]$

22. 反應很少是單步驟完成的，而且分子度愈大的反應，碰撞的機率是很小的，因此可能性最小。

24. 反應機構(A)的 rate law 導證：$r=k_2[Fe^{2+}][Cl]$，$\frac{k_1}{k_{-1}}=\frac{[Fe^{3+}][Cl^-][Cl]}{[Fe^{2+}][Cl_2]}$

移項得$[Cl]=\frac{k_1}{k_{-1}}\frac{[Fe^{2+}][Cl_2]}{[Fe^{3+}][Cl^-]}$　代回r式，$r=\frac{k_1k_2}{k_{-1}}\frac{[Fe^{2+}]^2[Cl_2]}{[Fe^{3+}][Cl^-]}$

反應機構(B)的 rate law 導證：$r=k_4[Fe^{4+}][Fe^{2+}]$，$\frac{k_3}{k_{-3}}=\frac{[Fe^{4+}][Cl^-]^2}{[Fe^{2+}][Cl_2]}$

$[Fe^{4+}]=\dfrac{k_3}{k_{-3}}\dfrac{[Fe^{2+}][Cl_2]}{[Cl^-]^2}$，代回$r$式：$r=\dfrac{k_3\,k_4}{k_{-3}}\dfrac{[Fe^{2+}]^2[Cl_2]}{[Cl^-]^2}$

題目已知條件是r與$[Fe^{3+}]$，$[Cl^-]$成反比，符合此要求者為(A)。

25. (1)的 rate law $=k_1\,[O_2NNH_2]$

(2)的 rate law：$r=k_3\,[O_2NNH_3^+]$，$\dfrac{k_2}{k_{-2}}=\dfrac{[O_2NNH_3^+]}{[O_2NNH_2][H^+]}$，$[O_2NNH_3^+]=\dfrac{k_2}{k_{-2}}$

$[O_2NNH_2][H^+]$，代回原式，$r=\dfrac{k_2\,k_3}{k_{-2}}[O_2NNH_3^+][O_2NNH_2][H^+]$

(3)的 rate law：$r=k_5\,[O_2NNH^-]$，$\dfrac{k_4}{k_{-4}}=\dfrac{[O_2NNH^-][H^+]}{[O_2NNH_2]}$，移項

$[O_2NNH^-]=\dfrac{k_4}{k_{-4}}\dfrac{[O_2NNH_2]}{[H^+]}$，代回原式 ，$r=\dfrac{k_4\,k_5}{k_{-4}}\dfrac{[O_2NNH_2]}{[H^+]}$

30. 因濃度呈現等比數列，因此是一級反應。

31. 暫時將$t=600$的數據剔除，則時間將成等間隔，再觀察濃度變化，形成等比數列。

35. $k=\dfrac{0.693}{t_{\frac{1}{2}}}=\dfrac{0.693}{80}=8.7\times10^{-3}$

36. $\dfrac{-dx}{dt}=kx^2$，$\displaystyle\int\frac{dx}{x^2}=-k\int dt$

$\dfrac{1}{x}\Big|_{x_0}^{x}=kt\,\Big|_{t_0}^{t}$

$\dfrac{1}{x}-\dfrac{1}{x_0}=k\,(t-0)$

$\dfrac{1}{x}=\dfrac{1}{x_0}+kt$

當$t=t_{1/2}$，$x=(1/2)x_0$代入上式

$\dfrac{1}{\frac{1}{2}x_0}=\dfrac{1}{x_0}+k\,t_{1/2}$，$\dfrac{2}{x_0}=\dfrac{1}{x_0}+k\,t_{1/2}$

$\dfrac{2}{x_0}-\dfrac{1}{x_0}=k\,t_{1/2}$，$\therefore\ t_{1/2}=\dfrac{1}{k\,x_0}$

39. 由rate law知是二級反應，k的單位是$M^{-1}\cdot s^{-1}$，$(mol\cdot l^{-1})^{-1}\cdot s^{-1}\Rightarrow mol^{-1}\cdot l^{1}\cdot s^{-1}$

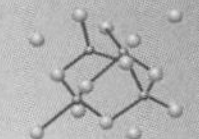

40. (A)並不相等，相差一個「係數」的倍數關係，見單元一重點4.。
(B)級數與反應步驟沒有關聯。
(C)不同反應的半生期也毫無關係。

41. 按題意：一半中和所需時間就是半生期，再用k的單位判斷出本反應是二級反應，而二級的$t_{\frac{1}{2}}=\dfrac{1}{k[A]_0}=\dfrac{1}{1.4\times10^{11}\times10^{-3}}=7.1\times10^{-9}$秒。

42. (A)一級反應，$t_{1/2}=0.693/k$，$80=\dfrac{0.693}{k}$，$\therefore k=8.66\times10^{-3}s^{-1}$
(B)一級反應的積分式：$\ln[A]=\ln[A]_0-kt$
假設原有丙酮100mole，經25％分解後，只剩75mole，代入積分式
$\ln75=\ln100-8.66\times10^{-3}t$
$\therefore t=33sec$

43. (A)二級反應的$t_{1/2}=1/k[A]_0=\dfrac{1}{5.1\times10^{-4}\times0.36}=5447sec$
(B)二級反應的積分式$1/[A]=1/[A]_0+kt$
$\dfrac{1}{[HI]}=\dfrac{1}{0.36}+5.1\times10^{-4}\times12\times60$
$\therefore[HI]=0.318M$

44. $\ln[A]=\ln0.4-6.2\times10^{-4}\times18.6\times60$，$\therefore[A]=0.2M$

45. 放射反應是一級反應，∴代入一級的積分式，$\ln\dfrac{10000}{10000-8335}=\dfrac{0.693}{t_{\frac{1}{2}}}\times3.5$，$\therefore t_{\frac{1}{2}}=1.35hr$

46. $0.1\%=\dfrac{1}{1000}$，1000很接近1024 (2^{10})，表示經過10個半衰期$=10\times2=20$分鐘。

47. $\ln\dfrac{100}{25}=3\times10^{-3}\times t$，$\therefore t=462$

48. 已知$\dfrac{^{235}U_0}{^{238}U_0}=1$……(1)，$\dfrac{^{235}U}{^{238}U}=7.25\times10^{-3}$……(2)
$\ln\dfrac{^{235}U_0}{^{235}U}=\dfrac{0.693}{7.1\times10^{8}}\times t$……(3)，$\ln\dfrac{^{238}U_0}{^{238}U}=\dfrac{0.693}{4.51\times10^{9}}\times t$……(4)

(3)－(4)式，$\ln \dfrac{\dfrac{^{235}U_0}{^{235}U}}{\dfrac{^{238}U_0}{^{238}U}} = \left(\dfrac{0.693}{7.1\times10^8} - \dfrac{0.693}{4.51\times10^9}\right)t$

$\ln \dfrac{^{235}U_0}{^{238}U_0}\times\dfrac{^{238}U}{^{235}U} = \left(\dfrac{0.693}{7.1\times10^8} - \dfrac{0.693}{4.51\times10^9}\right)t$……(5)

將(1)及(2)代入(5)式的左側，$\ln 1\times\dfrac{1}{7.25\times10^{-3}} = \left(\dfrac{0.693}{7.1\times10^8} - \dfrac{0.693}{4.51\times10^9}\right)t$

解得$t = 6\times10^9$

50. (C)A 是反應物，E 是產物，(E)$\Delta H = -10$

52. 活化能與反應速率有關聯，E_a愈小，反應愈快。

53. $\Delta H = E_a - E_a' = 20 - 65 = -45$

57. 代入(7-16)式，$60 = (2)^{\frac{T_2-0}{10}}$，$T_2 = 59.1$℃

58. $\ln \dfrac{0.75}{k_2} = \dfrac{-27200}{1.987}\left(\dfrac{1}{600} - \dfrac{1}{700}\right)$

59. $\ln \dfrac{1}{10^5} = \dfrac{-E_a\times1000}{8.314}\left(\dfrac{1}{400} - \dfrac{1}{500}\right)$

60. $\ln \dfrac{1}{10} = \dfrac{-E_a\times1000}{8.314}\left(\dfrac{1}{300} - \dfrac{1}{310}\right)$

62. 吸熱反應的$E_a > E_a'$，而活化能較大者，會隨溫度作較大幅度的變化，$\therefore R_1$變小的幅度較大。

63. (A)c值爲E_a'，(D)加入催化劑，A、C 會降低。

64. 定$E_{a1} = 75.1$(無催化劑)，$E_{a2} = 56.5$(有催化劑時)，代入

$\ln \dfrac{k_1}{k_2} = \ln \dfrac{A_1}{A_2} - \dfrac{(E_{a1} - E_{a2})}{RT}$

$\ln \dfrac{k_1}{k_2} = 0 - \dfrac{(75.3 - 56.5)\times1000}{8.314\times298}$，$\therefore \dfrac{k_2}{k_1} = 1975$

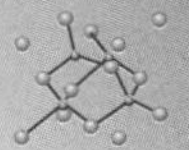

PART II

2. (A)本性：即反應的種類及反應的溶劑。

   (B)濃度：改變濃度會改變分子的碰撞頻率，進而影響速率。

   (C)溫度： 溫度愈高，分子的動能普遍提高，使得超過低限活化能的分子數增加，因而增加反應速率。

   (D)催化劑：加入後會降低活化能，使得超過活化能而得以反應的分子數也增加，因此增加反應速率。

3. 滅火毯的原理是：燃燒需要氧氣，杜絕了氧氣，燃燒就不會進行。這相當於是降低了濃度因素，使反應速率降低。

5. (B)壓力就是濃度，增加濃度，會提高速率。(E)逆反應的係數是 2，∴是雙分子的反應。

6. 假設$R = k[\mathrm{A}]^m[\mathrm{B}]^n$，2 倍$=(2)^m(1)^n$，$\therefore m = 1$；4 倍$=(1)^m(2)^n$，$\therefore n = 2$

8. ∵第二步是 R.D.S.，$\therefore R = k_2[\mathrm{O}][\mathrm{O_3}]$

   $\dfrac{k_1}{k_{-1}} = K = \dfrac{[\mathrm{O_2}][\mathrm{O}]}{[\mathrm{O_3}]}$，$\therefore [\mathrm{O}] = \dfrac{k_1}{k_{-1}}\dfrac{[\mathrm{O_3}]}{[\mathrm{O_2}]}$，代入$R$式

   $R = \dfrac{k_1 k_2}{k_{-1}}\dfrac{[\mathrm{O_3}]^2}{[\mathrm{O_2}]}$

10. $R = k_2[\mathrm{CrUO_2^{4+}}][\mathrm{Cr^{2+}}]$，假設$\mathrm{CrUO_2^{4+}}$近似 Steady-State，$\dfrac{d[\mathrm{CrUO_2^{4+}}]}{dt} = 0$

    $k_1[\mathrm{Cr^{2+}}][\mathrm{UO_2^{2+}}] = k_{-1}[\mathrm{CrUO_2^{4+}}] + k_2[\mathrm{CrUO_2^{4+}}][\mathrm{Cr^{2+}}]$

    $[\mathrm{CrUO_2^{4+}}] = \dfrac{k_1[\mathrm{Cr^{2+}}][\mathrm{UO_2^{2+}}]}{k_{-1} + k_2[\mathrm{Cr^{2+}}]}$，代回原式

    $R = \dfrac{k_1 k_2[\mathrm{Cr^{2+}}]^2[\mathrm{UO_2^{2+}}]}{k_{-1} + k_2[\mathrm{Cr^{2+}}]}$，∵第二步是 R.D.S.，$\therefore k_{-1} \gg k_2[\mathrm{Cr^{2+}}]$

    $\therefore R \cong \dfrac{k_1 k_2}{k_{-1}}[\mathrm{Cr^{2+}}][\mathrm{UO_2^{2+}}]$

13. molecularity 是指一個反應的反應物係數，但此係數並不代表是 order，如果這個反應是基本程序，則係數恰好是級數，如果這個反應式不是基本程

序，則係數並不代表級數，例如右列反應：$4Br + O_2 \longrightarrow 2H_2O + 2Br_2$，反應物的係數是 5，但其 Rate Law $= k[HBr][O_2]$，它只是個二級反應而已。

15.

t	0	8	24	40
[A]	0.8	0.6	0.35	0.2
ln[A]	− 0.223	− 0.511	− 1.05	− 1.61

∵以lnA v.s t作圖得到線形關係，∴此反應是1°反應

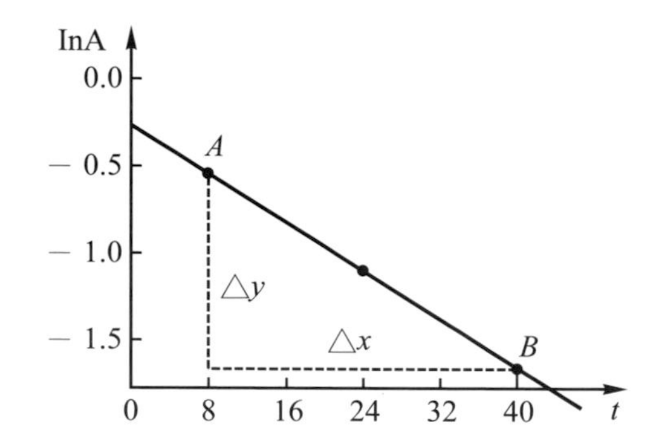

(B)從圖形上取 A、B 兩點來推算斜率

$$m = \frac{\Delta y}{\Delta x} = \frac{-1.6-(-0.5)}{40-8} = -0.034$$

$\therefore m = -k$，$\therefore k = 0.034$

(C) $\ln\frac{[A]_0}{[A]} = kt$

$$\ln\frac{0.8}{[A]} = 0.034\times 30，\therefore [A] = 0.285$$

$A \longrightarrow 2B + C$ 由計量關係，知道 $\frac{d[B]}{dt} = 2\frac{-d[A]}{dt}$

又因本反應是一級反應，$\therefore \frac{-d[A]}{dt} = k[A]$

$$\frac{-d[A]}{dt} = 0.034\times 0.285 = 9.7\times 10^{-3}$$

$$\therefore \frac{d[B]}{dt} = 2\times 9.7\times 10^{-3} = 0.0194 M\cdot min^{-1}$$

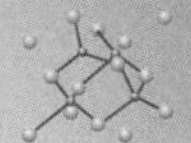

16.　(A)零級：$t_{1/2}=\frac{[A]_0}{2k}$，$\therefore k=\frac{[A]_0}{2t_{1/2}}=\frac{10}{2\times 22}=0.227g\cdot day^{-1}$

(B)一級：$t_{1/2}=\frac{0.693}{k}$，$\therefore k=\frac{0.693}{t_{1/2}}=\frac{0.693}{22}=0.032day^{-1}$

(C)二級：$t_{1/2}=\frac{1}{k[A]_0}$，$\therefore k=\frac{1}{t_{1/2}[A]_0}=\frac{1}{22\times 10}=4.5\times 10^{-3}g^{-1}\cdot day^{-1}$

18.　(A)$k=\frac{0.693}{t_{1/2}}=\frac{0.693}{20}=0.035min^{-1}$

(B)$\frac{N}{N_0}=\left(\frac{1}{2}\right)^{\frac{t}{t_{1/2}}}$，$\frac{25}{100}=\left(\frac{1}{2}\right)^{\frac{t}{40}}$，$\therefore t=40min$

19.　(A)依題意是一級反應

$\therefore t_{1/2}=\frac{0.693}{k}=\frac{0.693}{2.2\times 10^{-5}}=31500sec=8.75hr$

(B)反應掉50％所需時間，就是$t_{1/2}$，亦即8.75hr。

23.　∵該反應是Elementary Bimolecule Reaction，∴是二級反應，代入二級的積分式

$$\frac{1}{[A]}=\frac{1}{[A]_0}+kt$$

$$\frac{1}{1.04\times 10^{-5}}=\frac{1}{12.26\times 10^{-5}}+k\times 320\times 10^{-6}$$

$\therefore k=2.75\times 10^{8}M^{-1}s^{-1}$

24.　(A)$\ln 55=\ln 100-k\times 65$，$\therefore k=9.2\times 10^{-3}s^{-1}$

(B)$t_{\frac{1}{2}}=\frac{0.693}{k}=\frac{0.693}{9.2\times 10^{-3}}=75$秒

25.　$t_{\frac{1}{2}}=\frac{1}{k[A]_0}=\frac{1}{1\times 10^{-1}\times 0.1}=100$秒

27.　(A)觀察數據，發現$t_{\frac{1}{2}}$與$[A]_0$成反比，表示這是二級反應。

(B)$\because t_{\frac{1}{2}}=\frac{1}{k[A]_0}$，$50=\frac{1}{k\times 1}$，$\therefore k=0.02M^{-1}\cdot min^{-1}$

29.　$\Delta H=E_a-E_a'$，$-200=10-E_a'$，$\therefore E_a'=210$

30.　(A)活化複體是一種涵蓋了參與某一反應中所有原子在內的一種特定的幾何組態，它在沿著反應過程的位能變化圖中是位處於最高點(見圖)

(B)而反應物位能與活化複體位能之間的差距，稱爲活化能，反應物種的位能必須超越過活化能，反應才可以發生。

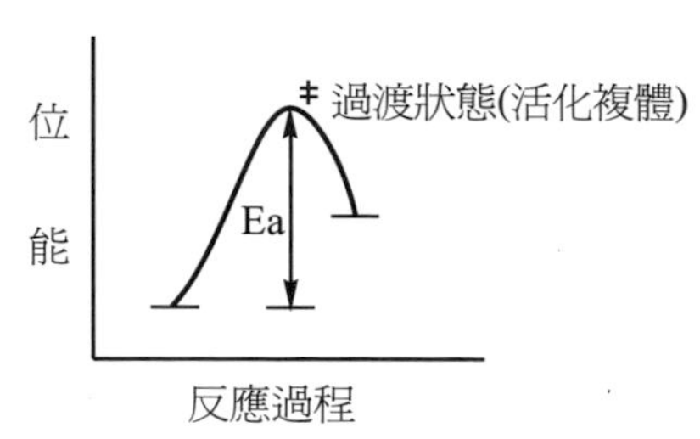

31. (1)$R \propto [H^+]$，NaOH會中和$[H^+]$，使其濃度下降，∴R下降。

(2)但k不會隨濃度變。

33. $\ln\frac{1}{18}=\frac{-E_a\times1000}{1.987}\left(\frac{1}{293}-\frac{1}{313}\right)$，$\therefore E_a=26.33\text{kCal}$

34. $\ln\frac{3.46\times10^{-2}}{k_2}=\frac{-50.2\times1000}{8.314}\left(\frac{1}{298}-\frac{1}{350}\right)$，$\therefore k_2=0.71$

35. $\ln\frac{0.75}{k_2}=\frac{-114\times1000}{8.314}\left(\frac{1}{873}-\frac{1}{773}\right)$，$\therefore k_2=0.0983$

36. $\ln\frac{3.83\times10^{-3}}{1.52\times10^{-5}}=\frac{-E_a\times1000}{8.314}\left(\frac{1}{318}-\frac{1}{298}\right)$，$\therefore k_2=217.82\text{kJ}$

37. $\ln\frac{k_1}{k_2}=\frac{-113\times1000}{8.314}\left(\frac{1}{325}-\frac{1}{310}\right)$，$\therefore\frac{k_1}{k_2}=7.6$倍

38. (A)第一步：一級；第二步：二級

(B)$R_1=k_1[A]=10^{13}e^{-25000/8.314\times300}\times1$

$=10^{13}e^{-10}=10^{13}\times\frac{1}{2.2\times10^4}=4.5\times10^8\text{Ms}^{-1}$

(C)∵第一步是一級，$\therefore t_{1/2}=\frac{0.693}{k_1}$

$\therefore t_{1/2}=\frac{0.693}{4.5\times10^8}=1.54\times10^{-9}\text{s}$

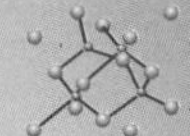

(D)[I]的變化速率＝第一步的生成速率－第二步的消耗速率

$$\frac{d[I]}{dt}=2\frac{-d[A]}{dt}-\frac{-d[B]}{dt}$$

$$=2k_1[A]-k_2[I][B]$$

欲維持 steady-state　$\frac{d[I]}{dt}=0$

$\therefore 2k_1[A]-k_2[I][B]=0$

$$[I]=\frac{2k_1[A]}{k_2[B]}$$

又因爲反應的過程中，由計量方程式可看出[A]永遠與[B]相等，∴上式

$$[I]=\frac{2k_1}{k_2}$$

$$[I]=\frac{2k_1}{k_2}=\frac{2\times10^{13}\,e^{-25000/8.3\times300}}{10^{14}\,e^{-2500/8.3\times300}}$$

$$=\frac{2\times e^{-10}}{10\times e^{-1}}=\frac{2\times2.7}{10\times2.2\times10^4}$$

$$=2.45\times10^{-5}M$$

44. 代入$PV=nRT$先換算莫耳數

$90\times500=n_{NH_3}\times0.082\times500$　　$\therefore n_{NH_3}=1097.6mol/min$

$45\times500=n_{CO_2}\times0.082\times500$　　$\therefore n_{CO_2}=548.8mol/min$

二者恰好符合方程式的計量比例關係，

∴生成 urea 的量爲 548.8mol/min，尿素分子量＝60

$548.8\times60=3.3\times10^4$ g/min

46. 先求得 rate,law，$R=k[NO]^2[H_2]$

代入第一行數據

$0.015=k(0.1)^2(0.2)$，$k=7.5$

52. a. 觀察數據，發現$t_{\frac{1}{2}}=100s$，而且呈現常數，不隨濃度改變，可知這是一級反應

b. $t_{\frac{1}{2}}=\frac{0.693}{k}$，$100=\frac{0.693}{k}$，$k=6.93\times10^{-3}s^{-1}$

c. $\ln\frac{[N]_0}{[N]}=k\cdot t$，$\ln\frac{0.1}{[N]}=6.93\times10^{-3}\times150$

$\therefore[N]=0.0354$

53. (a) 由題意知72min為4個半衰期，∴半衰期＝18min

(b) 放射反應都是一級反應

(c) 再108分鐘後，也就是從頭算起180分鐘後，經過了十個半衰期，殘餘$\frac{1}{2^{10}}=\frac{1}{1024}$

(e) $k=\frac{0.693}{t_{\frac{1}{2}}}=\frac{0.693}{18}=0.0385$

54. $\ln\frac{[A]_0}{[A]}=k\cdot t$，$\ln\frac{0.05}{[A]}=0.15\times2$，$\therefore[A]=0.037$

55. $\ln\frac{0.45}{0.32}=k\times2$，$\therefore k=8.1\times10^{-3}$

$\ln\frac{100}{10}=8.1\times10^{-3}\times t$，$t=284$

58. $\ln\frac{k_1}{k_2}=\frac{-60\times1000}{8.314}\left(\frac{1}{273+28}-\frac{1}{273+10}\right)$

$\therefore\frac{k_1}{k_2}=4.6$倍

59. $T_1=700\text{K}$，$k_1=6.2\times10^{-4}$

$T_2=760\text{K}$，$k_2=\frac{0.693}{t_{\frac{1}{2}}}=\frac{0.693}{29}=0.0239$

$\ln\frac{6.2\times10^{-4}}{0.0239}=\frac{-Ea\times10^3}{8.314}\left(\frac{1}{700}-\frac{1}{760}\right)$，$Ea=269\text{kJ}$

60. (a)以ln k vs $\frac{1}{T}$作圖，得斜率$\frac{-Ea}{R}$，就可得到Ea

(b)以ln[A] vs t作圖，得斜率$-k$，就可得到k

61. (a)W，因為它的活化能較低

(b)代入7-19式，$\ln\frac{k_1}{k_2}=\frac{-(163-335)\times1000}{8.314\times298}$，得$\frac{k_1}{k_2}=1.4\times10^{30}$倍

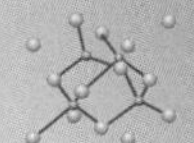

第8章 PART Ⅰ

1. ΔH是容量性質，$2:848=\frac{13.5}{27}:x$，$x=212$

2. $1:635.54=\frac{x}{40}:1000$，$\therefore x=63.07$

4. $w=-P\Delta V=-0.5\times(10.1-1)\times101.3=-460\text{J}$，$q=+250\text{J}$(已知)，$\Delta E=q+w=250-460=-210\text{J}$

5. $w=-P(\Delta V)=-5\times(20-10)\times101.3\times\frac{1}{4.184}=-1211\text{Cal}$，$\Delta E=500-1211=-711\text{Cal}$

6. $\Delta H=nC_p\Delta T$，Ne的C_p值$=\frac{5}{2}R$，$100=1\times\frac{5}{2}\times8.314\times\Delta T$，$\Delta T=48^\circ\text{C}$

7. 等溫過程，$\Delta E=0$，$\Delta H=0$，又$\Delta E=q+w$，$\therefore q=-w$

8. $W=D\times V=0.88\times100=88\text{g}$，(A)$Q_p=\Delta H=nC_p\Delta T=\frac{88}{78}\times133\times(50-20)=4501\text{J}$

   (B)$Q_v=\Delta E=nC_v\Delta T=\frac{88}{78}\times92\times(50-20)=3114\text{J}$

9. 已知的三項數據都是燃燒熱，因此$\Delta rH^\circ=$反應物的$\Delta H_c^\circ-$生成物的$\Delta H_c^\circ=(-94.1\times2-68.3)-(-310.7)=54.2$

11. H_2O+C(煤) $\longrightarrow$ $CO+H_2$，此式右方的產物CO及H_2是水煤氣的成份，其製備就是上式的過程，它是熱效應很高的一種燃料。家庭中鋼瓶內的成份主要是丙烷。

13. 吸熱過程，產物的位能較高，∴H所含之能量較高，因此是較佳的燃料。

14. $CaCl_{2(s)}\longrightarrow Ca^{2+}_{(aq)}+2Cl^-_{(aq)}$，$\Delta H_1=82.8$

   $Ca^{2+}_{(g)}+2Cl^-_{(g)}\longrightarrow Ca^{2+}_{(aq)}+2Cl^-_{(aq)}$，$\Delta H_2=-2327$

   $Ca^{2+}_{(g)}+2Cl^-_{(g)}\longrightarrow CaCl_{2(s)}$，$\Delta H=\Delta H_2-\Delta H_1=-2409.8$

15. N_2的BO值最大，鍵解離能最大。

16. 寫出乙炔生成的式子，$2C_{(s)} + H_{2(g)} \longrightarrow C_2H_{2(g)}$，$\Delta H = 54.3$，而此式的$\Delta H =$ 反應物的$\Delta H_c°$－生成物的$\Delta H_c°$，$\therefore 54.3 = (-94\times2 - 68.3\times1) - x$，$\therefore x = 310.6$

18. $\Delta H =$ 反應物中的鍵能總和－產物中的鍵能總和

$= 6(N—H) + 3(Cl—Cl) - 1(N\equiv N) - 6(H—Cl)$

$= 6\times389 + 3\times243 - 941 - 6\times431 = -464kJ$

19. NH_3的生成反應如下列所示：

$\frac{1}{2}N_2 + \frac{3}{2}H_2 \longrightarrow NH_3$，$\Delta H = -11$

$\Delta H =$ 反應物鍵能總和－產物鍵能總和，$-11 = 226\times\frac{1}{2} + 103.4\times\frac{3}{2} - 3X$，

$\therefore X = 93$

20. 代入圖8-5的cycle中，$\Delta H_6 = -435.9 - \left(90 + 419 + \frac{242.7}{2} - 348\right) = -718$

21. 由8-15式，$\Delta H° = (19.49 - 68.32\times2) - (-87.27) = -29.88kCal$，$\Delta H° = \Delta E° + (\Delta n)RT$，$-29.88 = \Delta E° + (1-0)\times1.987\times10^{-3}\times298$，$\therefore \Delta E° = -30.47kCal$

22. 由(8-17)式，$\Delta H° = (C=C鍵能) + (H—H鍵能) - 2(C—H鍵能) = 614 + 432 - 2\times413 - 347 = -127kJ$

23. $HCl_{(g)} \longrightarrow H^+_{(aq)} + Cl^-_{(aq)}$，$\Delta H < 0$，且$\Delta H = \Delta H_1 + \Delta H_2 + \Delta H_3 + \Delta H_4 + \Delta H_5$

24. 0℃冰 $\xrightarrow{\Delta H_1}$ 0℃水 $\xrightarrow{\Delta H_2}$ 100℃水 $\xrightarrow{\Delta H_3}$ 100℃水蒸氣，$\Delta H = \Delta H_1 + \Delta H_2 + \Delta H_3 = 50\times80 + 50\times1\times100 + 50\times540 = 36000Cal$

25. 2g NaOH的溶解熱＝水吸的熱＋玻璃吸的熱$= 200\times1\times24 + 125\times0.2\times24 = 5400Cal = 5.4kCal$，$\frac{5.4}{\frac{2}{40}} = 108kCal/mol$

26. $\frac{80}{40} = 2mole$，2mole MgO的溶解熱＝水吸的熱＋2mole $Mg(OH)_2$吸的熱

$8.8\times1000\times2 = (1000 - 18\times2)\times1\times\Delta T + 2\times18\times\Delta T$，$\Delta T = 17.6℃$，$25 + 17.6 = 43℃$

27. 1克己烷燃燒所放的熱＝卡計所吸的熱＋水所吸的熱

$= 967\times1\times(29.3 - 22.64) + 1500\times1\times(29.3 - 22.64)$

$= 16282.2\text{Cal} = 68.125\text{kJ}$

上述數據是1克己烷所放的熱，換成是1莫耳的己烷時，

$68.125\times86.1 = 5.86\times10^2\text{kJ/mol}$

28. 先計算滴定過程所耗費的NaOH體積

$N_B V_B = N_A V_A$

$0.5\times V_B = 0.2\times50$，$\therefore V_B = 20\text{ml}$

因此，滴定終了後，溶液總體積變成 $50 + 20 = 70\text{ml}$，其次再計算反應所放的量，由於水中NaOH的總莫耳數爲 $0.5\times20\times10^{-3} = 0.01\text{mole}$

所放的熱＝ $13.3\times10^3\times0.01 = 133\text{Cal}$

代入 $H = m s \Delta T$

$133 = 70\times1\times\Delta T$，$\therefore T = 1.9$

32. $\Delta S = \dfrac{\Delta H}{T_b}$，$97.2 = \dfrac{23.3\times1000}{T_b}$，$\therefore T_b = 239.7\text{K} = -33.3℃$

33. 0℃冰 $\xrightarrow{\Delta S_1}$ 0℃水 $\xrightarrow{\Delta S_2}$ 100℃水 $\xrightarrow{\Delta S_3}$ 100℃水蒸氣，

$$\Delta S = \Delta S_1 + \Delta S_2 + \Delta S_3 = \frac{\Delta H}{T} + n C_p \ln\frac{T_2}{T_1} + \frac{\Delta H}{T} = \frac{90\times80}{273} + 90\times1\times\ln\frac{373}{273} + \frac{90\times540}{373} = 184.8\text{Cal/K}$$

35. 吸熱 $\Rightarrow \Delta H > 0$，是不利反應進行的，若反應卻是自發，這表示另一因素 ΔS 必定要利於反應進行，$\Delta S > 0$。

36. (1) $Q_p = \Delta H = n C_p \Delta T = 1\times29.3\times(500 - 250) = 7325\text{J}$。(2) $P V = n R T \Rightarrow P(\Delta V) = n R(\Delta T)$，$1\times\Delta V = 1\times0.082\times(500 - 250)$，$\therefore \Delta V = 20.5\text{L}$。(3) $W = -P(\Delta V) = -n R(\Delta T) = -1\times8.314\times(500 - 250) = -2078.5\text{J}$。(4) $\Delta E = q + w = 7325 - 2078.5 = 5246.5\text{J}$。(5) $\Delta S = n C_p \ln\dfrac{T_2}{T_1} = 1\times29.3\times\ln\dfrac{500}{250} = 20.3\text{J/mol}\cdot\text{K}$

37. 依題意，環境在放熱，$\Delta S_{環}=\frac{Q_{環}}{T}=\frac{-6000}{273}$

30. ∵是非自然反應，∴$\Delta G>0$

$3O_2$的鍵能和大於$2O_3$的鍵能總和，∴$\Delta H>0$

此反應由3mole氣態反應至2mole氣態物質，氣體mole數變少，∴$\Delta S<0$

45. $\Delta G°=-RT\ln K$，$\Delta G=\Delta G°+RT\ln Q=-RT\ln K+RT\ln Q=$

$RT(\ln Q-\ln K)=RT\ln\frac{Q}{K}$

47. (A) $\Delta H°=(-46.11\times2)-(0+0)=-92.22\text{kJ}$

$\Delta S°=(2\times192.5)-(130.7\times3+191.6)=-198.7\text{J}\cdot\text{K}^{-1}$

$\Delta G°=\Delta H°-T\Delta S°=-92.22-298\times(-198.7)\times10^{-3}=-33\text{kj}$

$\Delta G°=-\text{R T lnK}_p$

$-33=-8.314\times10^{-3}\times298\ \ln\text{Kp}$，∴$\text{Kp}=6.1\times10^{5}$

(B) $\Delta G_{500}°=\Delta H°-T\Delta S°$

$=-92.22-500(-198.7)\times10^{-3}$

$=7.13\text{kJ}$

$\Delta G°=-RT\ln K_p$

$7.13=-8.314\times10^{-3}\times500\ln K_p$

$\therefore K_p=0.18$

48. $\Delta H°=-46.1\times2=-92.2\text{kJ}$

$\Delta S°=(2\times0.19)-(0.19+0.13\times3)=-0.2\text{kJ/K}$

$\Delta G°=\Delta H°-T\Delta S°=-92.2-298\times(-0.2)=-32.6\text{kJ}$

$-32.6/2=-16.3\text{kJ/mol}$

50. (C) $\Delta G_{1000}°=178-(1000+173)\times160\times10^{-3}=-26<0$，∴在1000℃時是自發反應。

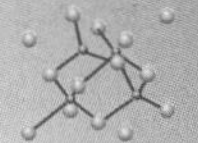

51. (A)$\Delta H° = 82.9 - 49 = 33.9\text{kJ}$，$\Delta G° = 129.7 - 124.5 = 5.2\text{kJ}$

(B)$\Delta G° = -RT\ln K_p = -RT\ln P°$，$5.2\times1000 = -8.314\times298\times\ln P°$

$\therefore P° = 0.122\text{atm}$

(C)$\Delta G_{298}° = \Delta H° - T\Delta S°$，$5.2 = 33.9 - 298\times\Delta S°$，$\Delta S° = 0.096$

$\Delta S = \dfrac{\Delta H}{T_b}$，$0.096 = \dfrac{33.9}{T_b}$，$T_b = 352\text{K}$

52. $\Delta G° = -RT\ln K_p = -8.314\times10^{-3}\times273\times\ln1.657\times10^{-5} = 25$

53. $\Delta rG° = (0 - 157.293) - (-237.178) = 79.885\text{Kj} \cong 80\text{Kj}$

$\Delta G = \Delta G° + RT\ln Q = 80 + 8.314\times10^{-3}\times298\times\ln10^{-7}\times10^{-7} = 0.0175\text{Kj} \sim 80\text{Kj}$

54. $q_p = \Delta H = 38.7\text{kJ}$，$w = -P(\Delta V) = -(\Delta n)RT = -1\times8.314\times(78+273) =$
-2.92kJ

$\Delta E = q + w = 38.7 - 2.92 = 35.8\text{kJ}$，$\Delta S = \dfrac{\Delta H}{T} = \dfrac{38.7\times1000}{78+273} = 110\text{J/K}$

$\Delta G = \Delta H - T\Delta S = 38.7 - 351\times110\times10^{-3} = 0$

55. $\ln\dfrac{9.12\times10^{-30}}{K_2} = \dfrac{-40339}{1.987}\left(\dfrac{1}{298} - \dfrac{1}{500}\right)$，$K_2 = 8.2\times10^{-18}$

56. $\Delta G_{298}° = \Delta H° - 298\Delta S°$，$163.1 = 142.7 - 298\Delta S°$，$\Delta S° = -0.068\text{kJ/K}$

$\Delta G_{1000}° = \Delta H° - 1000\Delta S° = 142.7 - 1000\times(-0.068) = 211\text{kJ}$

57. (A)$\Delta G_{2000}° = -RT\ln K_{p,2000} = -1.987\times2000\times\ln2.02\times10^{-2} = -15507\text{Cal} =$
-15.51kCal

(B)$\ln\dfrac{1.11\times10^{-2}}{2.02\times10^{-2}} = \dfrac{-\Delta H°}{1.987\times10^{-3}}\left(\dfrac{1}{1800} - \dfrac{1}{2000}\right)$，$\Delta H° = 21.4\text{kCal}$

58. $\ln\dfrac{1.1\times10^{-10}}{K_2} = \dfrac{-5800}{1.987}\left(\dfrac{1}{298} - \dfrac{1}{363}\right)$，$K_2 = 6.4\times10^{-10}$

PART II

4. isothermally ⇒ $\Delta E = \Delta H = 0$，into a vacuum ⇒ 真空膨脹 ⇒ $w = 0$，既然 $\Delta E = q + w$，$\therefore q = 0$

5. 沿著右列方向 $s \to l \to g$，便是系統對外作功。

6. 定壓下作功，$W = -P\Delta V$

$W = -5(12.97 - 39.92) = 134.75$l-atm

$= 134.75 \times 101.3 \times 10^{-3}$　　(1l-atm $= 101.3$J)

$= 13.65$kJ

7. 定壓下作功 $W = -P\Delta V$

$W = -2 \times 3.4 \times 101.3$　　($\because$ 1l-atm $= 101.3$J)

$= -689$J

$\Delta E = Q + W = +400 - 689 = -289$J

8. $\Delta W = q + w = -155 - 775 = -930$J

9. initial state：1atm，0℃，22.4L

$PV = nRT$中，p、n固定時，$V \propto T$

$\dfrac{V_1}{V_2} = \dfrac{T_1}{T_2}$，$\dfrac{22.4}{44.8} = \dfrac{273}{T_2}$，$\therefore T_2 = 546$K

$\therefore$final state：1atm，546K，44.8L

$W = -P\Delta V = -1(44.8 - 22.4) \times 8.314/0.082 = -2271$J

$\Delta H = Cp\,\Delta T = \dfrac{5}{2} \times 8.314 \times (546 - 273) = 5674.3$J/mol

$\Delta E = C_v\,\Delta T = \dfrac{3}{2} \times 8.314 \times (546 - 273) = 3404.5$J/mol

$\Delta S = Cp \ln \dfrac{T_2}{T_1} = \dfrac{5}{2} \times 8.314 \times \ln \dfrac{546}{273} = 14.4$J/mol°K

11. (A)$\Delta H = n\,C_p\,\Delta T = 1 \times \dfrac{5}{2} \times 8.314 \times 100 = 2.1$kJ

(B)$q_p = \Delta H = 2.1$kJ

(C)$C_v = C_p - R = \dfrac{3}{2}R$，

$\Delta E = n\,C_v\,\Delta T = 1 \times \dfrac{3}{2} \times 8.314 \times 100 = 1.25$kJ

(D)$\Delta E = q + w$，$\therefore w = \Delta E - q = (1.25 - 2.1)$kJ $= -831.4$J

14. $\Delta H = (-622.2) + (-285.8 \times 2) - (-187.8 \times 2) = -818.2$kJ

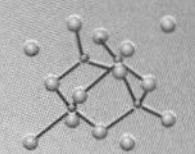

17. $C_2H_2O_4 \longrightarrow 2C_{(g)} + 2H_{(g)} + 4O_{(g)}$，$C_2H_2O_4$分子量 = 90

上述反應進行時，若只取 9.0036g，則只耗 76.43kJ，若改取 1 莫耳應耗 $(90/9.0036)\times 76.43 = 764$kJ。而這 764kJ 相當於就是$C_2H_2O_4$分子內部所有鍵能的總和。

(C—C 鍵能)＋(2 個 O—H 鍵能)＋(2 個 C—O 鍵能)＋(C═O 鍵能)＝ 764

83.1 ＋ 2(110.6)＋ 2(85)＋(C═O 鍵能)＝ 764

∴C═O 鍵能總和＝ 289.7kJ

而每個C═O 鍵能是 145，289.7 是 145 的二倍大，可見該分子含有 2 個 C═O 鍵。

22. 定容時，$Q_v = \Delta E$

23. (A) $\Delta S_{fus} = \dfrac{\Delta H_{fus}}{T_m}$

$$39.1 = \frac{10.9\times 10^3}{T_m}，\therefore T_m = 278.8\text{K} = 5.8^\circ\text{C}$$

(B) $\Delta S_{vap} = \dfrac{\Delta H_{vap}}{T_b}$

$$87.8 = \frac{31\times 10^3}{T_b}，\therefore T_b = 353\text{K} = 80^\circ\text{C}$$

25. (A)項若改成$\Delta S > -\Delta S_{環}$也可。(C)項若改成$\Delta S > 0$則不能選。

26. 橡皮筋受熱後會收縮，從分子觀點來看，就是分子鏈形成捲縮狀，而捲縮的型式，可以有許多種，反之，若將其拉長，分子鏈形成直線狀，比較整齊，排列型式單調，∴可見由直線狀受熱捲縮後，亂度將會變大。

27. (A)第 0 定律：當甲物體與丙物體達到熱平衡，而乙物體也與丙物體達到熱平衡時，則甲、乙兩物體必然達到熱平衡。

(B)第一定律：$\Delta E = Q + W$，即能量守恆定律，能量是不能創造出來的，也不能被毀滅，而這也正指出內能(E)是狀態函數。

(C)第二定律：任何會導致整個宇宙的熵值增加的程序都是自發的。

(D)第三定律：物質的熵值是絕對的數值，在零度K時，一完美的純晶體，其熵質爲零。

28. 壓力固定時，根據$PV=nRT$，$V\propto T$，∴體積膨脹，溫度也隨著上升，∴$\Delta E>0$，$\Delta H>0$，且體積膨脹會導致$\Delta S>0$。

30. (A)不加諸外力，卻可自行進行的程序。

(B)由ΔG來判斷，而ΔG又內含ΔH(能量因素)及ΔS(亂度因素)二項因素，能量愈小愈好，亂度愈大愈好，由此二項的綜合折衝，($\Delta G=\Delta H-T\Delta S$)，當$\Delta G<0$時，就代表自發程序。

32. 組成的粒子數愈多，亂度愈大。

37. $\Delta E=Q_v=nC_v\Delta T=1\times\frac{3}{2}\times 8.314\times(300-100)=1247.1\text{J}$

$W=-P\Delta V=0$(∵定容)

$\Delta H=Q_p=nC_p\Delta T=1\times\frac{5}{2}\times 8.314\times(300-100)=2078.5\text{J}$

$\Delta S=nC_v\ln\frac{T_2}{T_1}=1\times\frac{3}{2}\times 8.314\ln\frac{300}{200}=5.06\text{J/°K}$

38. [hot block T_1] → [cold block T_2]

∵T_1較T_2大，且由hot block流出的熱量$|Q|$應與流入cold block的熱量相等。

$\Delta S_1=\frac{-|Q|}{T_1}$，$\Delta S_2=\frac{|Q|}{T_2}$

$\Delta S_1+\Delta S_2=\frac{-|Q|}{T_1}+\frac{|Q|}{T_2}$，

∵$T_1>T_2$，$\frac{|Q|}{T_1}<\frac{|Q|}{T_2}$，∴$\frac{-|Q|}{T_1}+\frac{|Q|}{T_2}>0$

∴是自發的。

39. 等溫膨脹功$=-nRT\ln V_2/V_1=-nRT\ln(10V_1)/(V_1)=-10\text{kJ}$

∴$nRT=10\text{kJ}/\ln 10$

∵$PV=nRT$，∴$100\times V_1\times 101.3=nRT=10\times 10^3/\ln 10$，∴$V_1=0.429\text{l}$

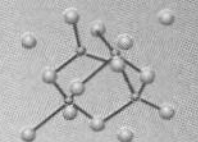

41. (A)G(自由能)$=H-TS$，在定溫定壓下，$\Delta G=\Delta H-T\Delta S$

(B)如果某一反應的ΔG小於零，表示該反應是自發反應。

(C)當$\Delta G=0$時，表示該反應正處於平衡狀態。

42. 熱力學第二定律：$\Delta S_{宇}>0$，還有很多種不同的表達型式，以下皆是。(1)$\Delta S+\Delta S_{環}>0$。(2)$\Delta S>-\Delta S_{環}$。(3)$\Delta S>\frac{-Q_{環}}{T}$。(4)$\Delta S>\frac{Q}{T}$。(5)$Q<T\Delta S$。

48.

	ΔH	ΔS	ΔG
10℃	+	+	−
5℃	+	+	0
0℃	+	+	+

50. $\Delta rG=\Delta rH-T\Delta rS=(64.5\times2)-355\times(167\times2)\times10^{-3}=10.43>0$，∴不會自發。

52. $\Delta rH°=0-(1895)=-1895\text{J}$，$\Delta rS°=5.74-2.377=3.363\text{J/K}$

$\Delta rG°=\Delta rH°-T\Delta rS°=-1895-298(3.363)=-2897\text{J}=-2.9\text{kJ}$

53. at 1atm，25℃，CO_2的莫耳體積是24.4L

此題是在定壓(1atm)下作功

$\therefore W=-P\Delta V=-P(V_2-V_1)$

$=-1\times(24.4+0.0169-0.0342)\times101.3=-2472\text{J}$

54. (A)$\frac{1}{2}N_2+\frac{1}{2}O_2\longrightarrow NO$

(B)$\Delta G°=\Delta G°(NO)-[\Delta G_f°(O_2)+\Delta G_f°(N_2)]$

$=25-(0+0)=25\text{kJ}$

$\Delta G°=-RT\ln K_p$

$25\times10^3=-8.314\times300\ln K_p$

$\therefore K_p=4.43\times10^{-5}$

(C)空氣中$P_{N_2}=0.8$atm，$P_{O_2}=0.2$atm

$$\frac{1}{2}N_2 \quad + \quad \frac{1}{2}O_2 \quad \longrightarrow \quad NO$$

始 0.8　　0.2　　0

平 $0.8-\frac{1}{2}x$　　$0.2-\frac{1}{2}x$　　x

$$\frac{x}{\left(0.8-\frac{1}{2}x\right)^{1/2}\left(0.2-\frac{1}{2}x\right)^{1/2}}=4.43\times10^{-5}$$

$\therefore x=1.77\times10^{-5}$atm

$P_{NO}=1.77\times10^{-5}$atm

55. $C+2H_2 \longrightarrow CH_4$

$\Delta rH°=(-74.85)-(0+0)=-74.85$kJ

$\Delta rS°=186.2-(5.69+2\times130.59)=-80.67$J

$\Delta rG°=\Delta rH°-T\Delta rS°$

$=-74.85-298\times10^{-3}\times(-80.67)=-50.81$kJ

56. $\Delta H°=9.17-2\times33.2=-57.23$kJ

$\Delta S°=304.2-2\times240=-175$J/°K

代入$\Delta G°=\Delta H°-T\Delta S°$

(A)at 100℃(373K) $\Delta G°=-57.23-373\times(-175.8)\times10^{-3}=8.343$kJ

(B)at 0℃(273K) $\Delta G°=-57.23-273\times(-175.8)\times10^{-3}=-9.237$kJ

(C)at -78℃(195K) $\Delta G°=-57.23-195\times(-175.8)\times10^{-3}=-22.95$kJ

(D)at -196℃(77K) $\Delta G°=-57.23-77\times(-175.8)\times10^{-3}=-43.69$kJ

57. (A)$\Delta G°=\Delta H°-T\Delta S°=31-T(93)\times10^{-3}$

題目要求自發，即$\Delta G°<0$，也就是$31-T(93)\times10^{-3}<0$，$\therefore T>333$K

(B)在正常沸點時，恰爲平衡狀態，也就是$\Delta G°=0$

$0=31-T_b(93)\times10^{-3}$，$\therefore T_b=333$K

58. 代入$\Delta G=\Delta H-T\Delta S$，$30=\Delta H-298\times\Delta S$，$30.02=\Delta H-299\times\Delta S$，聯立解即得$\Delta S=-0.02$kJ/K

59. $\Delta G=\Delta G°+RT\ln Q=RT\ln\frac{Q}{K}=8.314\times10^{-3}\times298\cdot\ln\frac{8.2}{3.5\times10^{-3}}=19.2\text{kJ}$

60. 代入 8-32 式，$\ln\frac{3.87\times10^{-16}}{K_2}=\frac{-41.9\times10^3}{1.987}\left(\frac{1}{400}-\frac{1}{600}\right)$，$K_2=1.66\times10^{-8}$

62. (A)He 的$C_v=\frac{3}{2}R$，H_2的$C_v=\frac{5}{2}R$。(B)OF_2：彎曲形，$C_v=3R$，CO_2：直線形，$C_v=\frac{5}{2}R$。

64. $2.5H_2O(l)\rightarrow2.5H_2O(g)$，$W=-P\Delta V=-(\Delta n)RT$
$=-(2.5-0)\times8.314\times10^{-3}\times298=-6.19\text{kJ}$

65. $Zn_{(s)}+2H^+_{(aq)}\rightarrow Zn^{2+}_{(aq)}+H_{2(g)}$，依計量式 7.65 莫耳的鋅會生出 7.65 莫耳的氫氣體。
$W=-P\Delta V=-(\Delta n)RT=-(7.65-0)\times8.314\times10^{-3}\times303=-19.3\text{kJ}$

72. $\Delta rH^0=$前$-$後$=\left(839+413\times2+495\times\frac{5}{2}\right)-(799\times4+467\times2)$
$=-1228$

73. 代入圖 8-5 的 B-H cycle 中解題，
$-617=166+520+154\times\frac{1}{2}-328+x$，$\therefore x=-1052$

82. $\Delta S_{vap}=\frac{\Delta Hv}{T_b}$，$92.92=\frac{58.51\times1000}{T_b}$，$\therefore T_b=630\text{K}=357℃$

84. $\Delta S=nC_p\ln\frac{T_2}{T_1}$，$\left(C_p=\frac{5}{2}R\right)$
$=5\times\frac{5}{2}\times8.314\times\ln\frac{358}{408}=-13.6\text{ J/K}$

85. $\Delta S_{環}=\frac{Q_{環}}{T}=\frac{-Q}{T}$，$-326=\frac{x\times1000}{451}$

86. (a)$\Delta G^0=\Delta H^0-T\Delta S^0$，$-280=-402-298\Delta S^0$
$\therefore\Delta S^0=-0.409\text{kJ/K}=-409\text{J/K}$
(b)$\Delta G^0=-402-450(-0.409)=-218\text{kJ}$

92. $CaCO_3\rightarrow CaO+CO_{2(g)}$
$\Delta rH^0=(-635.5-393.51)-(-1206.9)=177.89\text{kJ}$
$\Delta rS^0=(40+213.6)-(92.9)=160.7\text{J/K}$

(a) $\Delta rG^0 = \Delta rH^0 - T\Delta rS^0 < 0$ (若要自發的條件)

$\therefore T > \frac{\Delta rH^0}{\Delta rS^0} = \frac{177.89\times1000}{160.7} = 1107K$

(b) $\Delta rG^0 = \Delta rH^0 - T\Delta rS^0 = 177.89 - 298\times160.7\times10^{-3} = 130kJ$

$\Delta rG^0 = -RT\ln K$，$130\times1000 = -8.314\times298\ln K$

$\therefore K = 1.6\times10^{-23}$，$\because K_p = P_{CO_2}$，$\therefore P_{CO_2} = 1.6\times10^{-23}$

93. $\Delta G^0 =$ 後－前 $= -32.9 - 209.2 = -242.1kJ$

$\Delta G^0 = -RT\ln K_p$

$-242.1 = -8.314\times10^{-3}\times298\ln K_p$，$K_p = 2.72\times10^{42}$

94. $\Delta G^0 = \Delta H^0 - T\Delta S^0 = -98.2\times1000 - 298(70.1) = -119090J$

$\Delta G^0 = -RT\ln K_p$

$-119090 = -8.314\times298\ln K$，$K = 7.5\times10^{20}$

95. $\Delta G^0 = \Delta H^0 - T\Delta S^0$，$33.1 = 128.9 - 298\Delta S^0$，$\therefore \Delta S^0 = 0.321kJ/K$

$\Delta H^0 - T\Delta S^0 < 0$，$T > \frac{\Delta H^0}{\Delta S^0} = \frac{128.9}{0.321} = 401$

第9章　PART Ⅰ

2. $K_p = K_c(RT)^{2-1}$，$4.6\times10^{-2} = K_c[0.082\times(395+273)]^1$，$\therefore K_c = 8.4\times10^{-4}$

7.
$$
\begin{array}{lcll}
BaCO_3 & \rightleftharpoons & Ba^{2+} + CO_3^{2-} & Ksp \\
H^+ + HCO_3^- & \rightleftharpoons & H_2CO_3 & 1/Ka_1 \\
+)\ H^+ + CO_3^{2-} & \rightleftharpoons & HCO_3^- & 1/Ka_2 \\
\hline
BaCO_3 + 2H^+ & \rightleftharpoons & Ba^{2+} + H_2CO_3 & K
\end{array}
$$

$\because K = Ksp\times\frac{1}{Ka_1}\times\frac{1}{Ka_2} = 4.96\times10^7$

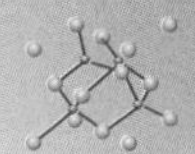

8.

$$\begin{array}{lll} HOAc \rightleftharpoons H^+ + OAc^- & & Ka \\ NH_3 + H_2O \rightleftharpoons NH_4^+ + OH^- & & Kb \\ +)\ H^+ + OH^- \rightleftharpoons H_2O & & 1/Kw \\ \hline HOAc + NH_3 \rightleftharpoons NH_4^+ + OAc^- & & K = KaKb/Kw \end{array}$$

$$\because K = \frac{1.8\times10^{-5}\times1.8\times10^{-5}}{10^{-14}} = 3.24\times10^4$$

9. 第一式$\times\frac{-1}{2}$＝第二式，$\therefore K_2=(K_1)^{\frac{-1}{2}}=(4\times10^{-2})^{\frac{-1}{2}}=\frac{1}{\sqrt{4\times10^{-2}}}=5$

10.

$$\begin{array}{lll} Ag^+ + 2Cl^- \longrightarrow AgCl_2^- & & Kf \\ +)\ AgCl \rightleftharpoons Ag^+ + Cl^- & & Ksp \\ \hline AgCl + Cl^- \longrightarrow AgCl_2^- & & K = Kf\times Ksp = 5\times10^{12}\times1\times10^{-10} = 500 \end{array}$$

11. $Q=\frac{P_c{}^2}{P_A\cdot P_B}=\frac{5^2}{1\times10}=2.5>K_p(=0.5)$，反應不是自發，$\Delta G>0$。

13. (A)$\Delta H<0$，$T\uparrow$，$K\downarrow$，$\therefore$平衡左移，因而O_2增加。(B)催化劑不會改變平衡狀態。(C)加壓後，平衡將由氣相係數多(左方)移往氣相係數較少(右方)的一側，$\because$往右移，$\therefore O_2$減少了。

16. 加壓往正方向移動，表示左方氣相係數較大。

17. (A)加酸，平衡右移，呈現橙色。(B)Na_2CO_3是鹼性，加入後使得$[H^+]$變少，因而平衡左移。(D)CrO_4^{2-}與Ba^{2+}產生沉澱後，$[CrO_4^{2-}]$下降，平衡因而左移，也使得$[Cr_2O_7^{2-}]$下降。

19. 由第 8 章單元三的條文 *6.* 中判斷出(C)(D)爲吸熱反應，$T\uparrow$，$K\uparrow$

21. 假設最初$[B^{2+}]=x$，列三行格式

	2A +	$3B^{2+}$ ⇌	$2A^{3+}$ +	3B
反應前		x	0	
平衡時		$x-0.1\times\frac{3}{2}$	0.1	

$K=\frac{[A^{3+}]^2}{[B^{2+}]^3}$，$10=\frac{(0.1)^2}{(x-0.15)^3}$，$(x-0.15)^3=0.001$，$x-0.15=0.1$

$\therefore x=0.25$

22. $2NOCl \rightleftharpoons 2NO + Cl_2$

反應前　1　0　0

平衡時　0.91　0.09　$0.09\times\frac{1}{2}$

$K=\frac{(0.09)^2(0.045)}{(0.91)^2}=4.4\times10^{-4}$

23. $CH_3COOH + C_2H_5OH \rightleftharpoons CH_3COOC_2H_5 + H_2O$

反應前　1　2.05　0　0

平衡時　0.09　2.05 − 0.91　0.91　0.91

$K=\frac{0.91\times0.91}{0.09\times(2.05-0.91)}=8.07$

24. $N_2 + 3H_2 \rightleftharpoons 2NH_3$

反應前　1　1　0

平衡時 $1-\frac{1}{2}x$　$1-\frac{3}{2}x$　x

$\frac{x^2}{(1-1/2x)(1-3/2x)^3}=4.00\times10^{-6}$，$\therefore x=2\times10^{-3}$

25. $2A + B \rightleftharpoons C$

始　0　N　N　(依題意取相同的B及C)

平　$2X$　$N+X$　$N-X$

$2X$與$N+X$無法比較大小，但$N+X$一定比$N-X$大。

26. $P_4 + 6Cl_2 \longrightarrow 4PCl_3$　假設開始時，P_4與Cl_2的量為N

始　N　N　0

平　$N-x$　$N-6x$　$4x$

$(N-x)$與$4x$無法比較大小，$(N-6x)$與$4x$也無法比較大小，但$(N-x)$一定比$(N-6x)$大。

27. AO_2的解離度 10 %，從另一個方向來看，也可以說是O_2及A_2O_3的解離度 90 %(或O_2及A_2O_3的殘留程度為 10 %)。$\therefore A_2O_3$剩下 10 %，為 0.2mole，O_2剩

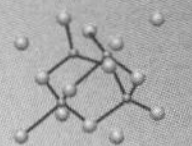

下 10 %則爲 0.1mole。AO_2的量，則用第 1 章的計量來算。$AO_2 : O_2 = 4 : 1$，$AO_2 : 0.9 = 4 : 1$，$\therefore AO_2 = 3.6$mole。

28. $P_{NH_3} = 300\times\frac{60}{100} = 180$atm，$P_{N_2} + P_{H_2} = 300 - 180 = 120$atm

	$2NH_3$	$\longrightarrow$	N_2	+	$3H_2$
平衡時	180		x		$3x$

$P_{N_2} = 120\times1/4 = 30$atm

$P_{H_2} = 120\times3/4 = 90$atm

$K_p = \frac{P_{N_2}\cdot P_{H_2}^3}{P_{NH_3}^2} = \frac{30\times90^3}{(180)^2} = 675$

29.

	$COCl_2$	$\rightleftharpoons$	CO	+	Cl_2	
反應前	某量		0		0	
第一次平衡	4		A_1		A_1	$K = \frac{A_1\times A_1}{4}$
第二次平衡	16		A_2		A_2	$K = \frac{A_2\times A_2}{16}$

$\because \frac{A_1{}^2}{4} = \frac{A_2{}^2}{16} = K$，$\frac{A_2}{A_1} = \frac{2}{1}$

30.

	$NH_4Cl_{(s)}$	$\rightleftharpoons$	NH_3	+	HCl	
反應前	足量		0		0	
平衡時			x		x	$x + x = 0.05$，$\therefore x = 0.025$

$K_p = P_{NH_3}\cdot P_{HCl} = 0.025\times0.025 = 6.25\times10^{-4}$

加入固體NH_4Cl不會改變平衡，但加入NH_3 0.1 莫耳，則會。首先先換算NH_3的壓力出來。代入$PV = nRT$即得，$P\times123 = 0.1\times0.082\times500$，$P_{NH_3} = 0.033$atm

	$NH_4Cl_{(s)}$	$\rightleftharpoons$	NH_3	+	HCl
反應前			$0.025 + 0.033$		0.025
平衡時			$0.058 - x$		$0.025 - x$

$K_p = P_{NH_3}\cdot P_{HCl}$，$6.25\times10^{-4} = (0.058 - x)(0.025 - x)$，得$x = 0.015$

$\therefore P_t = P_{NH_3} + P_{HCl} = (0.058 - 0.0115) + (0.025 - 0.0115) = 0.06$

31. $K_p = P_{CO_2} = 1.16\text{atm}$，$1.16 \times 10 = n \times 0.082 \times 1073$，$n_{CO_2} = 0.132\text{mole}$

∴反應掉的$n_{CaCO_3} = 0.132\text{mole}$。而原有的$n_{CaCO_3} = \frac{20}{100} = 0.2\text{mole}$，未反應的

$n_{CaCO_3} = 0.2 - 0.132 = 0.068\text{mole}$，$\frac{0.068}{0.2} \times 100\% = 34\%$

33. 代入$K_p = \frac{4\alpha^2}{1-\alpha^2} \cdot P_t$即得，$0.14 = \frac{4\alpha^2}{1-\alpha^2} \times 1.5$。∴$\alpha = 0.15$

34.

	$2NO_2$	$\rightleftharpoons$	N_2O_4
反應前	0		1
平衡時	0.5×2		$1 - 0.5$
分壓	$1 \times \frac{2}{3}$		$1 \times \frac{1}{3}$

$$K_p = \frac{\frac{1}{3}}{\left(\frac{2}{3}\right)^2} = \frac{3}{4}$$

35.

	PCl_5	$\rightleftharpoons$	PCl_3	+	Cl_2
初	1		0		0
平	$1-\alpha$		α		α

$$K = \frac{[PCl_3][Cl_2]}{[PCl_5]} = \frac{\left(\frac{\alpha}{V}\right)\left(\frac{\alpha}{V}\right)}{\frac{1-\alpha}{V}} = \frac{\alpha^2}{(1-\alpha)V}$$

36.

	$2HI$	$\rightleftharpoons$	H_2	+	I_2
始	1		0		0
平	$1-\alpha$		$\frac{1}{2}\alpha$		$\frac{1}{2}\alpha$

$$K = \frac{[H_2][I_2]}{[HI]^2} = \frac{\left(\frac{\frac{1}{2}\alpha}{V}\right)\left(\frac{\frac{1}{2}\alpha}{V}\right)}{\left(\frac{1-\alpha}{V}\right)^2} = \frac{\alpha^2}{4(1-\alpha)^2}$$

$4K = \frac{\alpha^2}{(1-\alpha)^2}$，$2\sqrt{K} = \frac{\alpha}{1-\alpha}$，移項後得$\alpha = \frac{2\sqrt{K}}{2\sqrt{K}+1}$

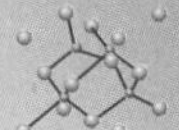

PART Ⅱ

1. $K_p=\dfrac{k_f}{k_r}$，$1.32\times10^{10}=\dfrac{6.26\times10^{8}}{k_r}$

2. $P_{NO_2}=0.1168$，$P_{N_2O_4}=P_t-P_{NO_2}=0.2118-0.1168=0.095$

   $K=\dfrac{0.1168^2}{0.095}=0.1436$，$\Delta G°=-RT\ln K=-8.314\times10^{-3}\times298\times\ln0.1436=$ 4.8kJ

7. ∵總反應式＝第一式＋第二式＋第三式

   $\therefore K_{eq}=K_1\times K_2\times K_3$

   $=8\times10^{-12}\times1.5\times10^{-16}\times5.6\times10^{18}$

   $=6.7\times10^{-9}$

   ∵K_{eq}遠小於 1，∴不利溶解過程。

10. $Q=\dfrac{2\times1.3}{(1.5)^2}<K(=10)$，自發反應，$\Delta G<0$

12. 本反應是放熱反應，$T\downarrow$，$K\uparrow$，也就是溫度要愈低，才有利於產物的生成。然而低溫時，反應速率將會很慢，∴仍將溫度控制在很高的250℃。

13.

	SO_2	+	NO_2	⇌	SO_3	+	NO
反應前	2		2		0		0
平衡時	2 − 1.3		2 − 1.3		1.3		1.3

   $K=\dfrac{1.3\times1.3}{0.7\times0.7}=3.45$

14.

	PCl_5	⟶	PCl_3	+	Cl_2
始	0.1		0		0.02
平	$0.1-x$		x		$0.02+x$

   $\dfrac{x(0.02+x)}{(0.1-x)}=0.03$，$\therefore x=0.0352$

   $\therefore [PCl_5]=0.0648M$，$[PCl_3]=0.0352M$，$[Cl_2]=0.0552M$

15. $N_2 \quad + \quad 3H_2 \longrightarrow 2NH_3$

始　1　　3mole　　0

平　?　　?　　0.371mole

由計量算出平衡時$N_2 = 0.8145$mole，$H_2 = 2.4435$mole

$$K_c = \frac{[NH_3]^2}{[N_2][H_2]^3} = \frac{(0.371/1)^2}{\frac{0.8145}{1}\left(\frac{2.4435}{1}\right)^3} = 0.0116$$

$$K_p = K_c\,(RT)^{\Delta n} = 0.0116\times(0.082\times873)^{2-4} = 2.26\times10^{-6}$$

16. $H_2 \quad + \quad I_2 \longrightarrow 2HI$

始　0.5/1　　0.5/1　　0

平　$0.5-x$　　$0.5-x$　　$2x$

$$\frac{(2x)^2}{(0.5-x)^2} = 54.3$$

$x = 0.393$，$\therefore [H_2]_{eq} = [I_2]_{eq} = 0.107M$

$[HI]_{eq} = 0.786M$

17. (A)現有N_2：1mole，CO：1mole 及H_2：2mole而總壓爲100bar

$\therefore P_{CO} = 100\times(1/4) = 25$，$P_{H_2} = 100\times(2/4) = 50$

$CO \quad + \quad 2H_2 \rightleftharpoons CH_3OH$

始　25　　50　　0

平　x　　$2x$　　$25-x$

$$\frac{25-x}{x(2x)^2} = 6.23\times10^{-3}，\therefore x = 8.7$$

$$反應程度 = \frac{25-8.7}{25} = 0.652$$

(B)現有 CO：1mole，H_2：2mole，總壓仍爲100bar

$\therefore P_{CO} = 100\times(1/3) = 33.3$，$P_{H_2} = 100\times(2/3) = 66.7$

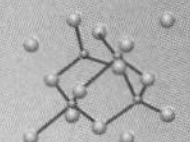

$$CO + 2H_2 \rightleftharpoons CH_3OH$$

始 33.3 66.7 0

平 x $2x$ $33.3-x$

$\frac{33.3-x}{x(2x)^2}=6.23\times10^{-3}$，$\therefore x=9.7$

反應程度$=\frac{33.3-9.7}{33.3}=0.709$

比較了(A)與(B)的數據會發現，N_2氣不存在時，反應程度較高，這可由勒沙特列原理預測出，在(A)中，因爲添加了不參與反應的鈍氣(N_2)，使得原反應系統內的氣體壓力相對的減少了壓力，此時平衡系統會由氣相係數較少的產物一方，移往氣相係數較多的反應物一方。

18. $$HgCl_4^{2-} \longrightarrow Hg^{2+} + 4Cl^-$$

始 1 0 0

平 $1-x$ x $4x$

$\frac{x(4x)^4}{1-x}=8.3\times10^{-16}$，$\frac{x(4x)^4}{1}\approx8.3\times10^{-16}$

$\therefore x=3.2\times10^{-4}$，$[Cl^-]=4x=1.3\times10^{-3}$

19. (A) $$N_2 + 2H_2 \rightleftharpoons N_2H_4$$

反應前 1M 2M 0

平衡時 $1-x$ $2-2x$ x

$\frac{x}{(1-x)(2-2x)^2}=5\times10^{-3}$，$x=0.02$

$[N_2]=1-x=0.98M$，$[H_2]=2-2x=1.96M$，$[N_2H_4]=0.02M$

(B)逆反應的$K=\frac{1}{K_0}=\frac{1}{5\times10^{-3}}=200$

20. $K_p=\frac{4\alpha^2}{1-\alpha^2}\cdot P_t$，$0.785=\frac{4\times(0.5)^2}{1-(0.5)^2}\times P_t$，$P_t=0.589$

21. 平衡是可逆的，∴同位素最終可以存在^{15}NO及$^{15}NO_2$中。

22. ∵IO_3^-中的I無放射性同位素，可見不是來自I^-，而是來自IO_4^-。

34. (1) $Al(OH)_{3(s)} + OH^- \rightleftharpoons Al(OH)_4^-$

(2) $nAl(OH)_3 = \frac{31.2}{78} = 0.4 = n_{Al(OH)_4^-}$

$[Al(OH)_4^-] = \frac{0.4}{1} = 0.4M$

$K = \frac{[Al(OH)_4^-]}{[OH^-]} = \frac{0.4}{10^{-2}} = 40$

35.

	$3H_2$	+	N_2	$\rightleftharpoons$	$2NH_3$
始	4		2		0
平	2.98		1.66		0.68

$K = \frac{0.68^2}{2.98^4 \times 1.66} = 0.011$

第10章　PART Ⅰ

3. 胺類是鹼性的，可溶於酸性水溶液。(D)項不是胺類，∴不會表現鹼性。

4. $H_2NCONH_2 + NH_3 \rightleftharpoons H_2NCONH^{\ominus} + NH_4^{\oplus}$

（A：H_2NCONH_2 ↔ B：$H_2NCONH^{\ominus}$；B：NH_3 ↔ A：$NH_4^{\oplus}$）

13. (A)單元二：3.-(3)。(B)單元二中4.-(1)。(C)單元二中4.-(2)。

14. K_a愈大，酸性愈強，而其共軛鹼的鹼性愈弱。

16. H_3PO_4，HCl，NH_3，$HClO_4$四者之中，屬NH_3的酸性最弱，∴其共軛鹼的鹼性較強。

19. $[H^+] = \sqrt{K_w} = 10^{-6.5}$，pH = 6.5

20. $[OH^-] = [NaOH] = 0.05$，pOH = 1.3，pH = 12.7

21. (1) $[H^+] = 0.1 \times 1.34\% = 1.34 \times 10^{-3}$，代入$[H^+] = \sqrt{cK_A}$，$1.34 \times 10^{-3} = \sqrt{0.1 \times K_A}$，

$K_A = 1.8 \times 10^{-5}$

(2) $[H^+] = \sqrt{cK_A} = \sqrt{0.02 \times 1.8 \times 10^{-5}} = 6 \times 10^{-4}$，$\frac{6 \times 10^{-4}}{0.02} \times 100\% = 3\%$

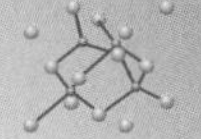

24. $[OH^-]=0.1\times1.34\ \%=1.34\times10^{-3}$，代入$[OH^-]=\sqrt{cK_b}$，$1.34\times10^{-3}=\sqrt{0.1\times K_b}$，$\therefore K_b=1.8\times10^{-5}$

26. 見範例22.。

28. $K_{a1}=\dfrac{x^2}{c-x}$，$5.6\times10^{-2}=\dfrac{x^2}{0.25-x}$，解得$x=0.0936M=[H^+]$，$pH=1.03$

30. 加入醋酸鈉會展現共同離子效應，使解離度下降，∴$[H^+]$減小，pH升高。

31. 四者雖同為1N，但由N值無法判斷出$[H^+]$大小，首先需先換成M濃度單位。HCl：1M，H_2SO_4：0.5M，H_3PO_4：0.33M，HOAc：1M。

32. $K_a=\dfrac{[H^+][HCO_3^-]}{[H_2CO_3]}$，$4.3\times10^{-7}=\dfrac{10^{-7}\times4.3\times10^{-3}}{[CO_2]}$，$\therefore [CO_2]=10^{-3}M$

$$10^{-3}\frac{mol}{l}\times44\frac{g}{mol}\times10^{3}\frac{mg}{g}=44mg/l$$

33. 強酸(鹽酸)與弱酸(醋酸)混合在一起時，只需考慮強酸的貢獻即可。

$$[H^+]=[HCl]=\frac{n}{V}=\frac{0.02\times100}{200}=0.01M$$

34. $[H^+]=\sqrt{c_1K_{A1}+c_2K_{A2}}=\sqrt{0.1\times10^{-5}+0.2\times1.5\times10^{-5}}=2\times10^{-3}$

35. 代入$K_{A1}=\dfrac{[H^+][A^-]}{[HA]}$，$1\times10^{-5}=\dfrac{2\times10^{-3}[A^-]}{0.1}$，$[A^-]=5\times10^{-4}$，$\alpha=\dfrac{5\times10^{-4}}{0.1}\times100\ \%=0.5\ \%$

39. 加入鹼，pH就會增加。(A)含HSO_4^-是酸式鹽，(B)是強酸，(C)含NH_4^+是酸式鹽，(D)含CO_3^{2-}是鹼式鹽，(E)是弱酸。

42. $K_B=\dfrac{[OH^-][N_2H_5^+]}{[N_2H_4]}$，$9.8\times10^{-7}=\dfrac{1.4\times10^{-7}\times[N_2H_5^+]}{0.1}$，$[N_2H_5^+]=0.69M$

$$\left(pH=7.15，[H^+]=7.1\times10^{-8}，[OH^-]=\frac{10^{-4}}{[H^+]}=1.4\times10^{-7}\right)$$

43. $pH=5.92$，$[H^+]=1.2\times10^{-6}$，$K_A=\dfrac{10^{-14}}{K_B}=\dfrac{10^{-14}}{K_d}=\dfrac{10^{-14}}{4.1\times10^{-5}}=2.4\times10^{-10}$

代入$[H^+]=\sqrt{cK_A}$，$1.2\times10^{-6}=\sqrt{\dfrac{x}{1}\times2.4\times10^{-10}}$，$\therefore x=6\times10^{-3}$

44. $[OH^-]=\sqrt{cK_B}=\sqrt{c\cdot\dfrac{K_w}{K_A}}=\sqrt{1\times\dfrac{10^{-14}}{1.75\times10^{-5}}}=2.4\times10^{-5}$

45. $[H^+]=\sqrt{cK_A}=\sqrt{0.01\times5\times10^{-6}}=2.2\times10^{-4}$

46. 雙段酸，H_2A被滴定至第一當量點時，已轉變成HA^-，它是兩性鹽角色，又此時$[HA^-]=\dfrac{0.1\times V}{2V}=0.05M$

$$[H^+]=\sqrt{\frac{[HA^-]K_1K_2}{K_a+[HA^-]}}=\sqrt{\frac{0.05\times1.04\times10^{-3}\times4.55\times10^{-5}}{0.05+1.04\times10^{-3}}}=2.15\times10^{-4}\text{，}pH=3.67$$

50. $K_A=\dfrac{[H^+][A^-]}{[HA]}$，$1.74\times10^{-4}=\dfrac{[H^+]\times0.1}{0.04}$，$[H^+]=7\times10^{-5}$

51. $2\times10^{-4}=\dfrac{[H^+]\times0.8}{0.2}$，$[H^+]=5\times10^{-5}$，$pH=4.3$

52. $NaOAc=82$，$[A^-]=\dfrac{\frac{14.76}{82}}{1}=0.18M$，代入$K_A$式

$1.8\times10^{-5}=\dfrac{[H^+]\times0.18}{0.1}$，$[H^+]=10^{-5}$，$pH=5$

53. $CN^- + H_2O \rightleftharpoons HCN + OH^-$

	CN^-	HCN	OH^-
始	A	0	0
平	$A-x$	x	x

$$K_b=\frac{x^2}{[A-x]}\cong\frac{x^2}{A}$$

$$[OH^-]=x=(K_b\cdot A)^{1/2}=\left(\frac{K_w}{K_a}A\right)^{1/2}$$

$$[H^+]=\frac{K_w}{[OH^-]}=\frac{K_w}{\left(\frac{K_w}{K_a}A\right)^{1/2}}=\frac{K_w^{\ 1/2}K_a^{\ 1/2}}{A^{1/2}}$$

$$\log[H^+]=\log\frac{K_w^{\ 1/2}K_a^{\ 1/2}}{A^{1/2}}=\frac{1}{2}\log\frac{K_wK_a}{A}$$

$$-\log[H^+]=-\frac{1}{2}\log K_w-\frac{1}{2}\log K_a+\frac{1}{2}\log A$$

$$pH=\frac{1}{2}pK_w+\frac{1}{2}pK_a+\frac{1}{2}\log A$$

54. 當$[B]=[BH^+]$時，$pH=pK_A$，$pOH=pK_B=p(2\times10^{-5})=4.7$，$\therefore pH=14-pOH=9.3$

55. $pH = pK_A + \log \frac{[A^-]}{[HA]} = 4.7 + \log \frac{10^{-1}}{10^{-2}} = 4.7 + \log 10 = 5.7$

56. 假設需加入NaOH $x$mole

HOAc	+	NaOH	⟶	NaOAc	+	H_2O
0.3		x		0		0
$0.3-x$		0		x		x

$K_A = \frac{[OAc^-][H^+]}{[HOAc]}$，$2\times10^{-5} = \frac{x\times10^{-5}}{0.3-x}$

$\therefore x = 0.2$

58. 未加HCl前，此buffer的$pH = pK_a = 6$，加入HCl後

	HB	⇌	H^+	+	B^-
前	1×100		10×1		1×100
後	110		～0		90

$K_A = \frac{[H^+][B^-]}{[HB]}$，$1\times10^{-6} = \frac{[H^+]\frac{90}{101}}{\frac{110}{101}}$

$\therefore [H^+] = 1.2\times10^{-6}$，$pH = 5.91$，$\Delta(pH) = 6 - 5.91 = 0.09$

59. $M\times10\times1 = 0.2\times5\times1$，$\therefore M = 0.1$

60. 酸的當量數$(n=2)$＝鹼的當量數$(n=1)$

$\frac{3.3}{MW}\times2 = 1\times50\times10^{-3}\times1$，$\therefore MW = 132$

$(CH_2)_n(COOH)_2$的分子量$= 14\times n + 45\times2 = 132$，$\therefore n = 3$

61. H_2SO_4的當量數$(n=2)$＝NaOH的當量數，$\frac{10\times1.84\times95\%}{98}\times2\times\left(\frac{100}{500}\right) = 0.5\times V\times10^{-3}\times1$

62. HSO_3NH_2的當量數$(n=1)$＝ KOH 的當量數$(n=1)$，$\frac{0.179}{97}\times1 = M\times19.35\times10^{-3}\times1$

63. $0.1\times100\times2 = 0.1\times V, V = 200$

64. $N \times 50 = 0.3 \times 20 \times 2$

65. $0.85 \times 29 \times 10^{-3} = \dfrac{1.5}{E}$

66. $N \times 100 = 0.04 \times 10$，$N = 4 \times 10^{-3}$，$M = 4 \times 10^{-3}/2 = 2 \times 10^{-3}$ mol/l

$2 \times 10^{-3} \dfrac{\text{mol}}{\text{l}} \times 74 \dfrac{\text{g}}{\text{mol}} \times 10^3 \dfrac{\text{mg}}{\text{g}} = 148 \dfrac{\text{mg}}{\text{l}}$

67. $\dfrac{17.5}{40} = 0.25 \times V$，$V = 1.75\text{L}$

68. 所謂到達中和時，就是水溶液呈中性，由於H_2SO_4是雙質子酸，因此耗費NaOH的體積會最多。而醋酸是弱酸，與NaOH作用，到當量點時，溶液會呈鹼性，反之，溶液若為中性，勢必在當量點之前，∴以NaOH滴定醋酸，耗量最少。

71. (A)H_3PO_4毫莫耳數$= 0.5 \times 300 = 150$，NaOH毫莫耳數$= 250 \times 0.3 = 75$，反應後，剩H_3PO_4 75mmol，生成$H_2PO_4^-$ 75mmol，是緩衝題型，代入K_{A1}，$7.5 \times 10^{-3} = \dfrac{[H^+] \times 75}{75}$，∴ $[H^+] = 7.5 \times 10^{-3}$

(B)NaOH$= 500 \times 0.5 = 250$mmole，與H_3PO_4反應後，剩下NaOH$= 100$mmol，生出$H_2PO_4^- = 150$mmole，剩下的NaOH繼續與$H_2PO_4^-$反應，生出$HPO_4^{2-} = 100$mmole，剩$H_2PO_4^- = 150 - 100 = 50$mmole，得$H_2PO_4^-/HPO_4^-$緩衝題型。代$K_{A2}$，$6.6 \times 10^{-8} = \dfrac{[H^+] \times 100}{50}$，$[H^+] = 3.3 \times 10^{-8}$M

72. pH$= 3$是指$[H^+] = 10^{-3}$M，呈現酸性，pH$= 9$是指$[OH^-] = 10^{-5}$M，而要混合後，恰呈現中性(pH $= 7$)，則必須是H^+的莫耳數$=$$OH^-$的莫耳數。

$10^{-3} \times V_A = 10^{-5} \times V_B$，∴ $\dfrac{V_A}{V_B} = \dfrac{10^{-5}}{10^{-3}} = \dfrac{1}{100}$

73. 每一杯酸液，都是緩衝溶液，甲杯的pH$= pK_A = 3$，乙杯pH$= 4$，丙杯pH$= 5$。

74. (A)

	CO_3^{2-}	+ H_2O ⇌	HCO_3^-	+ OH^-
始	0.01		0	0
平	$0.01 - x$		x	x

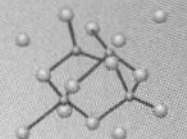

$\frac{x^2}{0.01-x}=K_{b1}=\frac{10^{-14}}{5\times10^{-11}}=2\times10^{-4}$

$\therefore x=1.32\times10^{-3}M=[OH^-]$

$\therefore [H^+]=\frac{10^{-14}}{[OH^-]}=7.6\times10^{-12}M$

(B)$[H^+]=\sqrt{K_{A1}K_{A2}}=(4\times10^{-7}\times5\times10^{-11})^{1/2}=4.47\times10^{-9}M$

(C)$pH=6\Rightarrow[H^+]=10^{-6}M$

假設需加入KOH 1M，V ml

KOH	+	HOAc	⇌	KOAc	+	H_2O
$1\times V$		1×10		0		0
0		$10-V$		V		V，代入K_A式

$K_A=\frac{[H^+][OAc^-]}{[HOAc]}$，$1.8\times10^{-5}=\frac{10^{-6}\times\frac{V}{10+V}}{\frac{10-V}{10+V}}$，$\therefore V=9.47ml$

75. $HCl=\frac{448}{22.4\times1000}=0.02mole$

	HCl	+	A^-	→	HA	+	Cl^-
反應前	0.02		0.145		0		0
反應後	0		0.125		0.02		0.02

HA與A^-共存，是緩衝題型，代入K_A式

$4\times10^{-6}=\frac{[H^+]\times0.125}{0.02}$，$[H^+]=6.4\times10^{-7}$

76.

	HA	+	NaOH	→	NaA	+	H_2O
始			0.125×40		0		0
後	0		0		$0.125\times40=5mmole$		

NaA是鹼的題型，代$[OH^-]=\sqrt{cK_B}$

$pH = 9 \Rightarrow [OH^-] = 10^{-5}M$，$10^{-5} = \sqrt{\frac{5}{20+40} \times K_B}$，$K_B = 1.2\times10^{-9}$

$K_A = \frac{10^{-14}}{K_B} = 8.3\times10^{-6}$

77. 混合前NaOH的莫耳數$= 0.1\times40\times10^{-3} = 0.004$

混合前HCl的莫耳數$= 0.45\times10\times10^{-3} = 0.0045$

混合後HCl的莫耳數$= 0.0045 - 0.004 = 0.0005$

$[H^+] = \frac{0.0005}{(40+10)\times10^{-3}} = 0.01M$，$\therefore pH = 2$

79. $K_{sp} = 4s^3 = 4(2.5\times10^{-2})^3 = 6.25\times10^{-5}$

80. $K_1 = [Ag^+][Cl^-]$，$[Cl^-] = K_1/[Ag^+]$，$K_2 = [Ag^+][Br^-]$，$[Br^-] = K_2/[Ag^+]$

水溶液中$[Ag^+]$的量有來自AgCl解離而來，也有來自AgBr解離而來的，$\therefore$

$[Ag^+] = [Cl^-] + [Br^-] = K_A/[Ag^+] + K_2/[Ag^+]$

$\Rightarrow [Ag^+]^2 = K_1 + K_2$，$\therefore [Ag^+] = \sqrt{K_1 + K_2}$

81. $Mg(OH)_2 \longrightarrow \underset{x}{Mg^{2+}} + \underset{2x+2y}{2OH^-}$

$Ca(OH)_2 \longrightarrow \underset{y}{Ca^{2+}} + \underset{2x+2y}{2OH^-}$

$x(2x+2y)^2 = K_1$，$y(2x+2y)^2 = K_2$，令$2x+2y = w$

$x = \frac{K_1}{w^2}$，$y = \frac{K_2}{w^2}$，代入$2x+2y = w$

$\frac{2K_1}{w^2} + \frac{2K_2}{w^2} = w$，$\therefore [OH^-] = w = (2K_1 + 2K_2)^{1/3}$

82. $K_{sp} = 4s^3$，$3.9\times10^{-11} = 4s^3$，$s = 2.14\times10^{-4}\frac{mol}{L}\times78\frac{g}{mol}\times\frac{1L}{10\times100ml} = 1.67\times10^{-3}$ g/100ml

84. $pH = 10.38$，$pOH = 14 - 10.38 = 3.62$，$[OH^-] = 2.4\times10^{-4}M$。

$K_{sp} = [Mg^{2+}][OH^-]^2 = \left(\frac{1}{2}\times2.4\times10^{-4}\right)(2.4\times10^{-4})^2 = 6.9\times10^{-12}$。

$s = [Mg^{2+}] = \frac{1}{2}\times2.4\times10^{-4} = 1.2\times10^{-4}\frac{mol}{L} = 1.2\times10^{-4}\frac{mol}{L}\times58\frac{g}{mol}\times\frac{1L}{10\times100g}$

$= 7\times10^{-4}$ g/100g H_2O

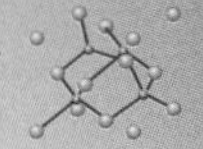

85. $1.57\times10^{-9}=s(10^{-2}+2s)^2\cong s(10^{-2})^2$，$\therefore s=1.57\times10^{-5}\dfrac{\text{mol}}{\text{L}}=1.57\times10^{-5}\dfrac{\text{mol}}{\text{L}}$

$\times487\dfrac{\text{g}}{\text{mol}}\times\dfrac{1\text{L}}{1000\text{ml}}\times\dfrac{150}{150}=1.15\times10^{-3}\ \text{g}/150\text{ml}$

86. $1.7\times10^{-8}=s(0.1+s)\cong s\times0.1$，$s=1.7\times10^{-7}\text{M}$

88. $K_{sp}=4s^3=4(2.1\times10^{-4})^3=3.7\times10^{-11}$，$K_{sp}=s(0.1+2s)^2$，$3.7\times10^{-11}\cong s(0.1)^2$，

$s=3.7\times10^{-9}\text{M}$

89. (1)在 1M 中的溶解度爲S_1，$K_{sp}=1\times(2S_1)^2$，$\therefore S_1=\sqrt{\dfrac{K_{sp}}{4}}$

在 0.5M 中的溶解度爲S_2，$K_{sp}=0.5(2S_1)^2$，$\therefore S_2=\sqrt{\dfrac{K_{sp}}{2}}$，$\therefore\dfrac{S_2}{S_1}=\sqrt{2}$

(2)在 1M NaOH中的溶解度爲S_3，$K_{sp}=S_3\times1^2$，$\therefore S_3=K_{sp}$，在 0.5M NaOH中的溶解度爲S_4，$K_{sp}=S_4(0.5)^2$，$\therefore S_4=4K_{sp}$，$\therefore\dfrac{S_4}{S_3}=4$

91. 欲防止NiS生成，條件是$Q<K_{sp}$，$[Ni^{2+}][S^{2-}]<1\times10^{-22}$，$(0.01)[S^{2-}]<1\times10^{-22}$，$\therefore[S^{2-}]<10^{-20}$代入下式，

$[H^+]^2[S^{2-}]=K_1\times K_2\times0.1=1\times10^{-7}\times10^{-14}\times0.1=10^{-22}$，

$[H^+]^2(10^{-20})=10^{-22}$，$\therefore[H^+]>10^{-1}\text{M}$

92. 假設第x滴可沉澱，混合剎那$[Pb^{2+}]=0.1\times\dfrac{x}{20}\times\dfrac{1}{100}$，$[Cl^-]=0.1$

$Q=\left(0.1\times\dfrac{x}{20}\times\dfrac{1}{100}\right)(0.1)^2>K_{sp}(10^{-6})$，$\therefore x>2$

94.

	H_2S	+	Cu^{2+}	$\longrightarrow$	$2H^+$	+	CuS
前			0.1		0.1		
後			～0		0.3		

沉澱後，$[H^+]=0.3$，代入$[H^+]^2[S^{2-}]=0.1\times K_{A1}K_{A2}$，$[S^{2-}]=1.22\times10^{-21}$，

代入 CuS 的K_{sp}，得$[Cu^{2+}]=6.5\times10^{-16}\text{M}$

95. 混合剎那$[Ca^{2+}]=0.1\times20/(20+30)=0.04\text{M}$

$[SO_4^{2-}]=0.05\times30/(20+30)=0.03\text{M}$

$CaSO_4$	$\rightleftharpoons$	Ca^{2+}	+	SO_4^{2-}
前		0.04		0.03
後		$0.01+x$		x

$K_{sp}=2\times10^{-4}=(0.01+x)x$，$\therefore x=0.01M$

96. 依Q/K_{sp}的比較，其實Fe^{2+}並不會沉澱，$\therefore[Fe^{2+}]=0.3M$，而$[Cu^{2+}]$的算法，模仿第94.題即得。

97. (1)由K_{sp}值知，MnS較慢沉澱，欲選擇性分離，必須控制在MnS出現沉澱之前。

(2)MnS沉澱前剎那，$Q=K_{sp}$，$[0.01]\times[S^{2-}]=2.3\times10^{-13}$，$[Mn^{2+}]=2.3\times10^{-11}M$，代入$[H^+]^2[S^{2-}]=3\times10^{-21}$，得$[H^+]=1.14\times10^{-5}M$

98. 當Ag_2CrO_4沉澱時，$[Ag^+]^2(0.1)=1.9\times10^{-12}$，$[Ag^+]=4.36\times10^{-6}$，代入AgCl的$K_{sp}$式，$1.7\times10^{-10}=(4.36\times10^{-6})[Cl^-]$，$[Cl^-]=3.9\times10^{-5}M$，$\frac{3.9\times10^{-5}}{0.1}\times100\%=0.039\%$

99. (1)欲生成AgCl沉澱，必須滿足$Q>K_{sp(AgCl)}$，$Q=[Ag^+][Cl^-]>1.2\times10^{-10}$，$[Ag^+]\times0.1>1.2\times10^{-10}$，$\therefore[Ag^+]>1.2\times10^{-9}$

(2)若不起Ag_2CrO_4沉澱，必須滿足$Q<K_{sp(Ag_2CrO_4)}$，$Q=[Ag^+]^2[CrO_4^{2-}]=[Ag^+]^2\times0.1<1.6\times10^{-12}$，$\therefore[Ag^+]<4\times10^{-6}$

PART II

7. (A)：$H_2SO_3>H_2CO_3>H_2SeO_3$

(B)：$SO_3>CO_2>B_2O_3>CaO$

(C)：$HClO_4>HClO_3>HClO_2>HClO$

10. A～D中，只有(B)項的共軛酸H_2SO_4是強酸，而(E)項本身是酸。

11. 五者之中，只有HF酸性最弱，共軛鹼因而最強。

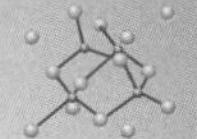

12. $HClO_4 > H_2SO_4 > HNO_3 > H_2CO_3$

中心原子的氧化數愈大，酸性愈強，而 Cl、S、N、C 四者的氧化數分別是＋7、＋6、＋5、＋4。

15. $CO_2 + H_2O \rightleftharpoons H_2CO_3$，而$H_2CO_3$會解離生出$HCO_3^-$及$CO_3^{2-}$，不可能生出$OH^-$。

16.

	HA	→	H^+	+	A^-
始	0.04		0		0
平	$0.04\times\frac{86}{100}$		$0.04\times\frac{14}{100}$		$0.04\times\frac{14}{100}$

$K_a = \dfrac{\left(0.04\times\frac{14}{100}\right)^2}{0.04\times 86/100} = 9.12\times10^{-4}$，不可用$[H^+]=\sqrt{c\,K_A}$式解題，因$\alpha = 14\%$太大。

17. $[OH^-]=\sqrt{c\,K_B}$，$2.6\times10^{-5}=\sqrt{0.5\times K_B}$，$K_B = 1.35\times10^{-9}$

18. $pH = 11.5$，$[OH^-]=3.16\times10^{-3}$，代入$[OH^-]=\sqrt{c\,K_B}$，$3.16\times10^{-3}=\sqrt{c\times1.8\times10^{-5}}$，∴ $c = 0.56$

20. (A)$[H^+]=\sqrt{c\,K_{A1}}=\sqrt{0.1\times7.9\times10^{-5}}=2.8\times10^{-3}$，$pH = 2.55$

(B)$[A^{2-}]=K_{A2}= 1.6\times10^{-12}$

21. (A)代入$[H^+]^2[S^{2-}]= 0.1\times K_{A1}\,K_{A2}$，$(0.2)^2[S^{2-}]= 1.1\times10^{-22}$，$[S^{2-}]= 2.75\times10^{-21}$

(B)代入K_{A1}，$1.1\times10^{-7}=\dfrac{[H^+][HS^-]}{[H_2S]}=\dfrac{(0.2)[HS^-]}{0.1}$，$[HS^-]= 5.5\times10^{-8}$

23. 四者在水中都是強酸，彼此無法區分出高下，這種現象稱之爲平準效應(Leveling effect)。

24. (1)是弱鹼，$i= 1+\alpha$，$\pi = MRT(i)$，$0.26 = 0.01\times0.082\times298\times(1+\alpha)$，$\therefore \alpha = 0.064$

(2)$K_B=\dfrac{[OH^-][BH^+]}{[B]}=\dfrac{(0.01\times0.064)^2}{0.01\cdot(1-0.064)}= 4.4\times10^{-5}$

25. 當一強酸與一弱酸混合時，水中H^+的來源主要是由強酸所貢獻，

$\therefore [H^+]=[HCl]=\dfrac{0.01\times20}{20+100}= 1.67\times10^{-3}M$，$pH = 2.78$

29. 只有 KI 是中性鹽，∴不會改變 pH 值。

33. 當$[HA]=[A^-]$時，$pH = pK_A = p(1.8\times10^{-5})= 4.74$

34. $pH = pK_A + \log\frac{[A^-]}{[HA]} = 4.74 + \log\frac{2.5}{0.5} = 5.44$

35. (A)pH = 7.4 比較靠近 $pK_2 = 7.21$，∴應取$H_2PO_4^-/HPO_4^{2-}$作為緩衝系統。

(B)$pH = pK_a + \log([A^-]/[HA])$，$7.4 = 7.21 + \log([A^-]/[HA])$

$\frac{[A^-]}{[HA]} = 1.55$

也就是取Na_2HPO_4與NaH_2PO_4的莫耳比例為1.55：1時的量倒入水中，溶解成溶液後，就成了緩衝系統pH = 7.4。

36. HOAc的$K_a = 1.8\times10^{-5}$，$pK_a = 4.75$恰等於pH，∴[HOAc]=[OAc^-]，HOAc的毫莫耳數 = 100×0.1 = 10，只有(B)中由$Ba(OAc)_2$提供而來的OAc^-毫莫耳數，也是10(25×0.2×2)

37. (A)$K_a = \frac{[NH_4^+][OH^-]}{[NH_3]}$，$1.8\times10^{-5} = \frac{0.4[OH^-]}{0.15}$，∴$[OH^-] = 6.75\times10^{-6}$，∴pH = 8.83

(B) $NH_3 + H^+ \longrightarrow NH_4^+$

	NH_3	H^+	NH_4^+	
原	0.15×1	0.1	0.4×1	
後	0.05		0.5	，代入K_b式

$1.8\times10^{-5} = \frac{0.5\times[OH^-]}{0.05}$，∴ $[OH^-] = 1.8\times10^{-6}$，∴pH = 8.26

39. 有兩個方法：(1)模仿*24.*題，測依數性質。(2)模仿範例47，取當量點體積的一半時的pH，就是pK_A。

40. (A) $HCl + NH_3 \longrightarrow NH_4^+ + Cl^-$

	HCl	NH_3	NH_4^+	Cl^-	
前	0.1×15	0.1×25	0	0	
後	0	1	1.5	1.5	，緩衝題型

$\frac{[H^+][NH_3]}{[NH_4]} = K_A = \frac{10^{-14}}{K_B} = \frac{10^{-14}}{1.8\times10^{-5}}$

$\frac{[H^+]\times\frac{1}{40}}{\frac{1.5}{40}} = \frac{10^{-14}}{1.8\times10^{-5}}$，∴ $[H^+] = 8.3\times10^{-10}$，∴pH = 9.08

(B)到達當量點時，[HCl]=[NH_3]= 0，

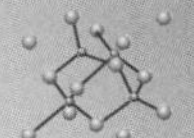

$[NH_4^+]=\dfrac{0.1\times25}{25+25}=0.05M$，是酸的題型，

$[H^+]=\sqrt{cK_A}=\sqrt{0.05\times\dfrac{10^{-14}}{1.8\times10^{-5}}}=5.27\times10^{-6}$，$pH=5.28$

(C)指示劑的適用範圍是$pH=pK_a\pm1$，∵當量點的$pH=5.28$，∴選用methyl red較佳。

42. $pH=pK_A+\log\dfrac{[In^-]}{[HIn]}$，$8=6+\log\dfrac{[In^-]}{[HIn]}$，∴$\dfrac{[In^-]}{[HIn]}=100$

43. (B)到達當量點，NaOH 與HNO_2反應生成NO_2^-，$[NO_2^-]=\dfrac{0.1\times V}{2V}=0.05M$，

由於是鹼的題型，代入$[OH^-]=\sqrt{cK_B}=\sqrt{0.05\times\dfrac{10^{-14}}{7.2\times10^{-4}}}=8.3\times10^{-7}$，

$pH=7.92$

(C)$[IO^-]=0.05$，同樣也是鹼的題型，但因其$K_B=\dfrac{10^{-14}}{K_A}=4.3\times10^{-4}$很大，

要改用$K_B=\dfrac{x}{c-x}$格式解題，$4.3\times10^{-4}=\dfrac{x}{0.05-x}$，解得$x=4.67\times10^{-3}$

46. 除去 90 %後，剩下$[Mg^{2+}]=5\times10^{-2}\times10\%=5\times10^{-3}M$，代入$K_{sp}$式，$1.2\times10^{-11}=(5\times10^{-3})[OH^-]^2$，$[OH^-]=4.9\times10^{-5}$

47. $s=\dfrac{\frac{0.73}{167}mol}{0.1L}=0.044M$，$K_{sp}=s^2=(0.044)^2=1.9\times10^{-3}$

49. (A)$K_{sp}=1\times10^{-7}=s^2$，∴$s=3.16\times10^{-4}M$，(B)$K_{sp}=7\times10^{-9}=4s^3$，∴$s=1.2\times10^{-3}M$，(C)$K_{sp}=1\times10^{-22}=27s^4$，∴ $s=1.39\times10^{-6}M$，(D)$K_{sp}=8\times10^{-43}=108s^5$，∴$s=1.5\times10^{-9}M$，溶解度以(B)最大。

50. (A)$K_{sp}=s^2$，$1.7\times10^{-10}=s^2$，$s=1.3\times10^{-5}$，(B)$K_{sp}=4s^3$，$3.2\times10^{-17}=4s^3$，$s=2\times10^{-6}$

51. $4K_{sp}=4s^3=4(1.4\times10^{-4})^3=1.1\times10^{-11}$

(A)當 $pH=2$時，$[OH^-]=10^{-2}M$

$$Mg(OH)_2 \rightleftharpoons Mg^{2+} + 2OH^-$$

		Mg^{2+}	$2OH^-$
始		0	10^{-2}
平		s	$10^{-2}+2s$

代入K_{sp}，$1.1\times10^{-11}=s(10^{-2}+2s)^2 \cong s(10^{-2})^2$

$\therefore s = 1.1\times10^{-7}M$

(B)pH = 9時，$[OH^-]=10^{-5}M$，代入K_{sp}，$1.1\times10^{-11}=s(10^{-5}+2s)^2$

$\therefore s = 1.4\times10^{-4}M$

52. $K_{sp}=[Sr^{2+}][F^-]^2$，$7.9\times10^{-10}=s(0.1+2s)^2 \cong s(0.1)^2$，$\therefore s= 7.9\times10^{-8}M$

53. (1)$s = 9.9\times10^{-4}$ g/100ml$H_2O=\dfrac{9.9\times10^{-4}}{58}\times10 = 1.7\times10^{-4}M$，$K_{sp}=4s^3=4(1.7\times10^{-4})^3= 2\times10^{-11}$

(2)$K_{sp}=[Mg^{2+}][OH^-]^2$，$2\times10^{-11}=s(0.05+2s)^2 \cong s(0.05)^2$，$s= 8\times10^{-9}\dfrac{mol}{L}$

$= 8\times10^{-9}\times58\times\dfrac{1}{10}= 4.6\times10^{-8}$ g/100mlH_2O

54. 混合剎那各離子濃度爲

$[Zn^{2+}]= 0.12\times(15/25)= 0.072M$

$[C_2O_4^{2-}]= 0.1\times(10/25)= 0.04M$

$$ZnC_2O_4 \rightleftharpoons Zn^{2+} + C_2O_4^{2-}$$

		Zn^{2+}	$C_2O_4^{2-}$
始		0.072	0.04
平		$0.032+s$	s

$K_{sp}= 2.5\times10^{-9}=(0.032+s)(s) \cong (0.032)(s)$

$\therefore s = 7.81\times10^{-8}$

∴混合後$[Zn^{2+}]= 0.032M$；$[C_2O_4^{2-}]= 7.81\times10^{-8}M$

55. 1ml NaCl + 10ml $Ag(NH_3)_2^+$ ⇒ 新溶液體積爲11ml。解題時，注意濃度的換算。

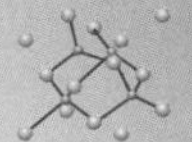

$$Ag(NH_3)_2^+ \longrightarrow Ag^+ + 2NH_3$$

始　$\frac{0.05\times10}{11}=0.0455$

平　$0.0455-x$　　x　　$2x$　　代入K

$\frac{4x^3}{0.0455-x}=6\times10^{-8}$，$\therefore x=8.8\times10^{-4}$

$Q=[Ag^+][Cl^-]=(8.8\times10^{-4})\left(\frac{0.1\times1}{11}\right)>1.2\times10^{-10}(K_{sp})$

∴會沉澱。

56. 仿範例66題。

59. NH_3的K_A式恰為本題題目式的逆反應。$\therefore K=1/Ka=1/1.9\times10^{-5}=5.3\times10^4$

61. (a)吸熱

(b)$[H^+]=\sqrt{K_W}=(5.47\times10^{-14})^{\frac{1}{2}}=2.34\times10^{-7}$

$pH=-\log 2.34\times10^{-7}=6.63$

62. (1)$H_2SO_4 \rightarrow H^+ + HSO_4^-$

　　1M　　1M

(2)　$HSO_4^- \longrightarrow H^+ + SO_4^{2-}$

反應前　1　　1　　0

平衡　$1-x$　　$1+x$　　x　　代入K_a

$1.2\times10^{-2}=\frac{(1+x)x}{1-x}$，$x=0.012$，$[H^+]=1.012M$

$pH\cong0$

65. $[H^+]=0.25\times1.5\%=3.75\times10^{-3}$，$[H^+]=\sqrt{CKa}$，$3.75\times10^{-3}=\sqrt{0.25Ka}$，

$\therefore Ka=5.6\times10^{-5}$

66. 兩者Kb值相差一截，視為「一強一弱」題型，結論是只計算較強者的貢獻即可

$[OH^-]=\sqrt{CKb}=\sqrt{\frac{0.005}{0.2}\times1.8\times10^{-5}}=6.7\times10^{-4}$

67. $pH = 4.7 \rightarrow [H^+] = 2\times10^{-5}$，$[H^+] = \sqrt{CK_A}$，$2\times10^{-5} = \sqrt{0.35\times K_A}$

$\therefore K_A = 1.14\times10^{-9}$

73. $[H^+] = \sqrt{CK_A} = \sqrt{0.15\times\dfrac{10^{-14}}{4.3\times10^{-10}}} = 1.87\times10^{-3}$，$pH = 2.73$

74. K_2HPO_4是兩性鹽，它表現酸性的趨勢由$K_{A3}(= 4.8\times10^{-13})$看出，而它表現鹼性由$K_{B2}\left(=\dfrac{10^{-14}}{K_{A2}}=\dfrac{10^{-14}}{6.2\times10^{-8}}\right)$看出，$\because K_{B2} > K_{A3}$，$\therefore$其水溶液是鹼性的。

81.

	HCl	+	NH_3	→	NH_4^+	+	Cl^-
前	$0.1\times100 = 10$		$0.1\times50 = 5$		0		0
後	5		0		5		5

強酸剩下來，$\therefore [H^+] = [HCl] = \dfrac{5}{100+50} = 0.033$，PH = 1.48

83. 酸的E數$(n = 3)$ = NaOH之E數，$\dfrac{0.307}{x}\times3 = 0.106\times35.2\times10^{-3}\times1$。

84. HCl的當量數$(n = 1)$ = $Al(OH)_3$的當量數$(n = 3)$

$0.25\times V\times1 = \dfrac{39}{78}\times3$

90. (a)$K_{sp} = s^2$，$5\times10^{-13} = s^2$，$\therefore s = 7.1\times10^{-7}$

(b)

$$\begin{array}{llll} & AgBr \longrightarrow Ag^+ + Br^- & & K_{sp} \\ + & Ag^+ + 2S_2O_3^{2-} \longrightarrow Ag(S_2O_3)_2^{3-} & & K_f \\ \hline & AgBr + 2S_2O_3^{2-} \longrightarrow Ag(S_2O_3)_2^{3-} + Br^- & & K = K_{sp}\cdot K_f \\ 始 & \quad 1 \longrightarrow 0 \quad 0 & & \\ 平 & \quad 1-2s \longrightarrow s \quad s & & \end{array}$$

$\dfrac{s^2}{(1-2s)^2} = K_{sp}\times K_f = 23.5$

解得 $s = 0.45$

第 11 章　PART Ⅰ

1. (C)：$4p+10(-2)=0$，∴ $P=+5$。(E)HPO_3：$1+P+3(-2)=0$，$P=+5$；H_3PO_3：$1\times3+P+3(-2)=0$，∴$P=+3$

4. NH_4NO_3是強電解質，解離後得NH_4^+及NO_3^-兩離子，NH_4^+：$N+1\times4=+1$，∴$N=-3$；NO_3^-：$N+3(-2)=-1$，∴$N=+5$

5. 各項中碳的氧化數分別是：(A)＋2，(B)＋2，(C)0，(D)＋4，(E)－2。

7. (A)：＋5→＋2，(C)＋4→＋2，(D)＋7→＋5。此三項的氧化數呈現減少是還原反應。(B)項的氧化數則是由－1增加至0。

11. HCl的氧化數－1，增至Cl_2的0，∴HCl是還原劑，HNO_3中的N，氧化數由＋5降至NO_2中的＋4，∴HNO_3是氧化劑。

12. SO_2的氧化數減少者，是氧化劑。四者的氧化數變化是：(A)＋4→＋6，(B)＋4→＋4，(C)＋4→0，(D)＋4 →＋6。

13. (A)既然 Mn 的氧化數從$KMnO_4$中的＋7降爲Mn^{2+}的＋2，∴$KMnO_4$是氧化劑，則H_2O_2爲還原劑。(C)Pb從PbO_2中的＋4降爲PbO中的＋2，∴PbO_2爲氧化劑，則H_2O_2爲還原劑。(E)S從PbS中的－2增爲$PbSO_4$中的＋6，∴PbS爲還原劑，則H_2O_2爲氧化劑。

14. S 的最大氧化數爲＋6，處於此氧化態者，只能作氧化劑，不可作還原劑。四者的氧化數分別是(A)＋4，(B)＋4，(C)＋6，(D)－2。

15. 道理同14.題，H_2SO_4中的 S 恰處於其最大氧化態的＋6，$Ca(NO_3)_2$恰處於其最大氧化態的＋5，$KMnO_4$中的Mn恰處於其最大氧化態的＋7。

16. 相對地，處於該元素的最小氧化態者，不可作爲氧化劑。HCl 中的 Cl 氧化數爲－1，恰是處於最小值。

17. $K_2Cr_2O_7+4H_2SO_4+3H_2C_2O_4 \longrightarrow K_2SO_4+Cr_2(SO_4)_3+7H_2O+6CO_2$

18. $6I^-+2MnO_4^-+4H_2O \longrightarrow 3I_2+2MnO_2+8OH^-$

19. $4OH^- + 2MnO_4^- + 3C_2O_4^{2-} \longrightarrow 2MnO_2 + 6CO_3^{2-} + 2H_2O$

20. $H_2O + 3CN^- + 2MnO_4^- \longrightarrow 3CNO^- + 2MnO_2 + 2OH^-$

26. $4H^+ + 3MnO_4^{2-} \longrightarrow MnO_2 + 2MnO_4^- + 2H_2O$

27. $CuS + 4H^+ + 2NO_3^- \longrightarrow 2NO_2 + S + 2H_2O + Cu^{2+}$

28. $3Cu_3P + 11NO_3^- + 26H^+ \longrightarrow 9Cu^{2+} + 3H_2PO_4^- + 11NO + 10H_2O$

29. (A)$5H_2S + 2MnO_4^- + 6H^+ \longrightarrow 5S + 2Mn^{2+} + 8H_2O$

(B)$I_2 + 2S_2O_3^{2-} \longrightarrow 2I^- + S_4O_6^{2-}$

(C)$3CH_3CHOHCH_3 + Cr_2O_7^{2-} + 8H^+ \longrightarrow 3CH_3COCH_3 + 2Cr^{3+} + 7H_2O$

(D)$3I_2 + 6OH^- \longrightarrow 5I^- + IO_3^- + 3H_2O$

(E)$2Al + Fe_2O_3 \longrightarrow Al_2O_3 + 2Fe$

30. $KMnO_4$的當量數($n=3$)$=H_2S$的當量數($n=8$)

$\dfrac{6.32}{\dfrac{158.04}{3}} = \dfrac{X}{\dfrac{34.076}{8}}$，$\therefore X = 0.511$

31. 鐵的當量數($n=1$)＝高錳酸鉀的當量數

$\dfrac{1 \times P\%}{55.8/1} = 0.1 \times 150 \times 10^{-3}$，$\therefore P\% = 83.7\%$

32. HNO_3的$MW=63$，$E = \dfrac{MW}{n} = \dfrac{63}{8}$(氧化數從$HNO_3$的$+5$降爲$NH_3$中的$-3$，變化量爲8)。

33. $KMnO_4$當量數＝各物種當量數$=N \times V = M \times n \times V$，$\because KMnO_4$的量固定，各物種$M$值也固定，∴從以上等號關係可得知，要想得到體積最大，n值就需最小；反之，體積要最小，n值就取最大。(A)$n=2$，(B)$n=6$，(C)$n=1$，(D)$n=2$。

35. Fe^{2+}的$n=1$，假設血紅蛋白中含x個Fe^{2+}，則血紅蛋白的$n = x \times 1 = x$

血紅蛋白的當量數($n=x$)$=KMnO_4$的當量數($n=5$)

$\dfrac{5}{\dfrac{65600}{x}} = 0.01 \times 30.5 \times 10^{-3}$，$\therefore x = 4$

36. $KMnO_4$的當量數($n=5$)＝$Na_2S_2O_3$的當量數($n=1$)

$M\times40\times10^{-3}\times5=0.05\times1\times45\times10^{-3}$，$\therefore M=1.13\times10^{-2}$

38. 中性MnO_4^-被還原後，氧化數的變化量為3，而乙烷→乙醇→乙醛→乙酸的一系列反應中，每一小步驟的氧化數變化量是2

MnO_4^-的當量數＝乙烷的當量數

$\therefore MnO_4^-$的莫耳數$\times3=$乙烷的莫耳數$\times2=1\times2=2$

$\therefore MnO_4^-$的莫耳數$=\dfrac{2}{3}$

若三小步驟全反應完以後，需耗掉MnO_4^-：$\dfrac{2}{3}\times3=2$莫耳。

39. 依題意，$KMnO_4$的當量數($n=5$)＝H_2O_2的當量數($n=2$)＋$FeSO_4\cdot7H_2O$的當量數($n=1$)

$$a\times b\times10^{-3}\times5=\frac{d\times\frac{20}{100}}{34}\times2+1\times1，\frac{5ab}{1000}=\frac{d\times20\times2}{34\times100}+1$$

$$\frac{ab}{200}=\frac{d}{85}+1$$

40. NO_2^-被氧化後得NO_3^-，氧化數變化2，$\therefore n=2$。$KMnO_4$的當量數($n=5$)＝KNO_2的當量數($n=2$)＋$FeSO_4$的當量數($n=1$)。$0.02\times50\times10^{-3}\times5=M\times25\times10^{-3}\times2+0.1\times4.8\times10^{-3}\times1$，$M=0.09$

42. 氧化劑的強弱與陰電性略有關聯，EN值愈大，愈易獲得電子，是愈強的氧化劑。

43. 還原劑的強弱與游離能略有關聯，游離能愈小，愈易失去電子，是愈強的還原劑。

44. Sr可溶於$MnCl_2$，表示Sr的還原力強於Mn，同理，Ni還原力大於Pb，但小於Mn，因此可排出還原力次序為Sr＞Mn＞Ni＞Pb。而氧化力則是反過來。

45. Cl_2的活性小於F_2，$\therefore$右式反應$Cl_2+F^-\longrightarrow Cl^-+F_2$是不會進行的，要反過來才會進行。

46. 活性排在H_2後面的金屬，不會與H^+進行反應。

48. 這是範例24的另一種描述。

49. $n_2\varepsilon_1^\circ + n_2\varepsilon_2^\circ = n_3\varepsilon_3^\circ$，$1.7\times3 + 1.23\times2 = 5\times\varepsilon_3^\circ$，$\varepsilon_3^\circ = 1.512V$

50. $Ag^{2+} \xrightarrow[n=1]{x} Ag^{+} \xrightarrow[n=1]{0.8} Ag$，$Ag^{2+} \xrightarrow[n=2]{1.39} Ag$，$1\cdot x + 0.8\times1 = 2\times1.39$，$\therefore x = 1.98$

52. 鋅的活性大於氫，氫又大於銅，∴鋅優先溶解而H^+還原成H_2，Cu的活性最小，∴不反應。

53. 選擇電位介於0.77與－0.44之間者。

54. (B)Cu與Zn所構成的自發電池反應爲$Zn + Cu^{2+} \longrightarrow Zn^{2+} + Cu$，∴應該更正爲Zn極變細，Cu極變粗。
(D)Fe與Cu所組成的電池反應爲：$Fe + Cu^{2+} \longrightarrow Fe^{2+} + Cu$，因此是Fe極變細，Cu極變粗，而電解液必須是$CuSO_4$。

56. 還原發生在陰極，∴要選擇右側的NO_3^-/NO，其中NO_3^-(氧化數＝5) $\longrightarrow$ NO(氧化數＋2)，氧化數呈現下降，恰爲還原過程。

57. 溶液中的H^+會變成H_2，氧化數由1降至0，則另一搭配者(X^{2+})氧化數要增加，由已知數據看，X^{2+}增加的路線只有到X^{3+}。

59. (A)$Cu^+ \longrightarrow Cu^{2+} + Cu$，$\Delta\varepsilon^\circ = 0.521 - 0.153 > 0$
(B)$Fe^{2+} \longrightarrow Fe^{3+} + Fe$，$\Delta\varepsilon^\circ = -0.44 - 0.77 < 0$
(C)$MnO_4^{2-} \longrightarrow MnO_4^- + MnO_2$，$\Delta\varepsilon^\circ = 2.26 - 0.56 > 0$
(D)$Ce^{3+} \longrightarrow Ce^{4+} + Ce$，$\Delta\varepsilon^\circ = -2.44 - 1.61 < 0$
(E)$UO_2^+ \longrightarrow UO_2^{2+} + U^{4+}$，$\Delta\varepsilon^\circ = 0.62 - 0.05 > 0$
$\Delta\varepsilon^\circ > 0$，反應才會進行。

60. $\Delta\varepsilon^\circ = +0.76 - 0 = +0.76$

$$\Delta\varepsilon = \Delta\varepsilon^\circ - \frac{0.0592}{n}\log Q = 0.76 - \frac{0.0592}{2}\log\frac{1\times1}{(0.001)^2} = 0.5827$$

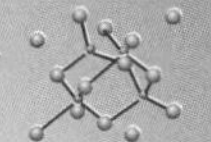

61. $\frac{1}{2}H_2 + Fe^{3+} \longrightarrow H^+ + Fe^{2+}$，$\Delta\varepsilon° = 0.771 - \frac{0.0592}{1}\log\frac{1\times0.1}{(1)^{1/2}\times0.01} = 0.712V$

62. 假設M^{2+}/M的標準電位爲x，則下式反應$M + 2H^+ \longrightarrow M^{2+} + H_2$的$\Delta\varepsilon°$

$= -x + 0 = -x$

所謂在中性溶液中會放出氫氣，表示反應會進行，

$\Delta\varepsilon > 0 \Delta\varepsilon = \Delta\varepsilon° - \frac{0.0592}{2}\log\frac{[M^{2+}][H_2]}{[H^+]^2} > 0$

$= -x - \frac{0.0592}{2}\log\frac{1\times1}{10^{-14}} > 0$

$\therefore x < -0.414$

63. 由 Nernst equation 知，Q愈小，$\Delta\varepsilon$將會愈大，$Q = \frac{[Zn^{2+}]}{[Cu^{2+}]}$，屬 D 的$Q$值最小。64.、65.題的處理方式類似此題。

68. $\Delta\varepsilon° = \frac{0.0592}{n}\log K = \frac{0.0592}{2}\log 1\times10^{20} = \frac{0.0592}{2}\times20 = 0.59V$

69. $Cu(OH)_2 \rightleftharpoons Cu^{2+} + 2OH^-$，此反應的$\Delta\varepsilon° = -0.224 - 0.337 = -0.561$

$\Delta\varepsilon = \frac{0.0592}{n}\log K_{sp}$，$-0.561 = \frac{0.0592}{2}\log K_{sp}$，$\therefore K_{sp} = 1.1\times10^{-19}$

70. $\Delta\varepsilon° = 0.403 - 0.126 = 0.277$

$\Delta G° = -nF\Delta\varepsilon° = -2\times96500\times0.277\times10^{-3} = -53.46kJ$

71. $\Delta\varepsilon° = 0.4 - 0.13 = 0.27(V)$

$\Delta G° = -nF\Delta\varepsilon° = -2\times96.48\times0.27kJ = -52.1kJ$

72. (A)$Zn + Cu^{2+} \longrightarrow Zn^{+2} + Cu$

$\varepsilon_{cell}° = 0.76 + 0.34 = 1.10V$

令$[Zn^{+2}] = 1.0M$，而$[Cu^{2+}]$未知，代入Nernst Eq.

$0.67 = 1.1 - \frac{0.0592}{2}\log\frac{1}{[Cu^{2+}]}$

$\therefore [Cu^{2+}] = 2.8\times10^{-15}$

(B)H_2S負責提供0.1M的S^{-2}以便與0.1M Cu^{2+}產生CuS沉澱，但順帶產生$[H^+] = 0.2M$

$H_2S \longrightarrow 2H^+ + S^{-2}$

0.2M　　0.1M

而溶液中$[S^{-2}]$殘餘濃度由$[H^+]$來控制

$[H^+]^2[S^{-2}] = 1\times10^{-7}\times1.1\times10^{-14}\times0.1$

代入$[H^+] = 0.2$，得$[S^{-2}] = 2.75\times10^{-21}M$

CuS之$K_{sp} = [Cu^{2+}][S^{-2}] = 2.8\times10^{-15}\times2.75\times10^{-21} = 7.7\times10^{-36}$

73. 此爲濃差電池。$\Delta\varepsilon = 0 - \frac{0.0592}{2}\log\frac{0.01}{1} = -\frac{0.0592}{2}\times(-2) = 0.0592$

79. (D)Cl_2(陽極)＋H_2(陰極) $\longrightarrow$ 2HCl，(E)Cl_2在鹼性中會進行自身氧化還原反應，$Cl_2 \longrightarrow Cl^- + ClO_3^-$

80. (A)氧化極(陽極)H_2O比SO_4^{-2}優先電解

$2H_2O \longrightarrow 4e^- + 4H^+ + O_2$

(B)還原極(陰極)H_2O比K^+優先電解

$2H_2O + 2e^- \longrightarrow 2OH^- + H_2$

82. $\Delta\varepsilon°$值愈大，愈優先反應。

83. 陽極產生成I_2，但I_2隨即與I^-生成棕色的I_3^-。

84. 法拉第數＝各物的當量數＝各物莫耳數×n，既然串聯，通電量相同，所得莫耳數與n成反比。∴莫耳數比$=\frac{1}{3} : \frac{1}{1} : \frac{1}{2} = 2 : 6 : 3$

85. 法拉第數＝O_2的當量數$(n=4)$，$\frac{5\times(32\times60+10)}{96500} = n_{O_2}\times4$，氧莫耳數＝0.025，代入$PV=nRT$，$1\times V = 0.025\times0.082\times300$，$V=0.615$升

86. (1)先算出H_2的莫耳數，$2\times11.2\times10^{-3} = n\times0.082\times273$，$H_2$莫耳數＝$1\times10^{-3}$。

(2)H_2的當量數$(n=2)$＝OH^-的當量數$(n=1)$，$1\times10^{-3}\times2 = [OH^-]\times100\times10^{-3}\times1$

∴ $[OH^-] = 0.02$，pOH = 1.7，pH = 14 − 1.7 = 12.3

87. 法拉第數就是電子的莫耳數。$\frac{x}{6.02\times10^{23}} = \frac{1\times1\times60\times60}{96500}$

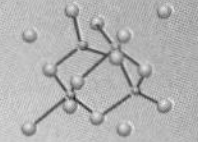

88. 法拉第數＝氧氣當量數(n＝4)，$\frac{8\times1.5\times60\times60}{96500}$＝mole數×4，∴mole數＝0.112

89. (1)電解後，(A)可得$Ag_{(s)}$及O_2，(B)H_2及I_3^-，(C)H_2及O_2，(D)H_2及Cl_2，(E)H_2及O_2，後三者可得2種氣體，應是優先選擇。

(2)當通電量一樣時，n值愈小，莫耳數會愈大。氣體的體積量就愈大。各項的n值為：(C)H_2 (n＝2)，O_2 (n＝4)，(D)H_2(n=2)，Cl_2 (n＝2)，(E)H_2 (n＝2)，O_2 (n＝4)，以(D)項的n為最小。

90. ∵串聯，∴通過電量一樣，Cu的當量數＝Ag的當量數＝法拉第數，Cu的莫耳數×2＝Ag的莫耳數×1，∴Cu的莫耳數：Ag的莫耳數＝1：2。

又因重量＝莫耳數×原子量，而Cu重：Ag重＝1×64：2×108＝32：108

91. 由電池的接法知：A、C進行氧化反應，而B、D進行還原反應

A：$Cu \longrightarrow Cu^{2+}$，B：$Cu^{2+} \longrightarrow Cu$，C：$H_2O \longrightarrow O_2$，D：$Ag^+ \longrightarrow Ag$

C極所產生的氣體是氧氣，先求O_2的莫耳數。

$n_{O_2}=\frac{28}{22400}=1.25\times10^{-3}$

Cu的E數＝Ag的E數＝O_2的E數，$\frac{X}{64}\times2=\frac{Y}{108}\times1=1.25\times10^{-3}\times4$

∴X＝0.16，Y＝0.54，∴A＝2－0.16＝1.84克，B＝2＋0.16＝2.16克，C＝1.5(不變)，D＝1.5＋0.54＝2.04克

92. (1)電解時：Na及Al不可能析出

(2)電解定律：法拉第數＝物質的當量數＝W/當量

∴當量愈小者，所析出質量最輕，Cu的當量＝64/2＝32，Ag的當量＝108/1＝108

93. 4N H_2SO_4，相當於2M H_2SO_4，原有H_2SO_4的mole數＝2×10＝20mole，又此電池反應中之H_2SO_4的電子轉移量是$2e^-$，∴H_2SO_4的n＝1

法拉第數＝H_2SO_4的當量數(n＝1)

$\frac{5\times2\times3600}{96500}=H_2SO_4$的莫耳數×1，∴消耗$H_2SO_4$的莫耳數＝0.373，剩下$H_2SO_4$的莫耳數＝20－0.373＝19.627mole，H_2SO_4的濃度＝$\frac{19.627}{10}$＝1.9627M＝3.925N

95. ⑴先瞭解「電解NaOH水溶液，淨效應是電解水」。

⑵ 10％$NaOH_{(aq)}$100g中，水占90g，$NaOH_{(s)}$占10g。假設電解後水剩下W克，則$\frac{10}{10+W}=11\%$，$W=80.9$克，表示水被電解水90－80.9＝9.1g。

法拉第數＝H_2O的當量數($n=2$)，$\frac{5\times x\times3600}{96500}=\frac{9.1}{18}\times2$，得$x=5.42$hr

97. Ni的當量數($n=2$)＝法拉第數，$0.1\times2=\frac{N}{6\times10^{23}}$，$N=1.2\times10^{23}$個。

PART Ⅱ

1. $1\times4+Fe+(-1)\times6=0$，∴$Fe=+2$

4. 必須用範例3的方法來判斷。

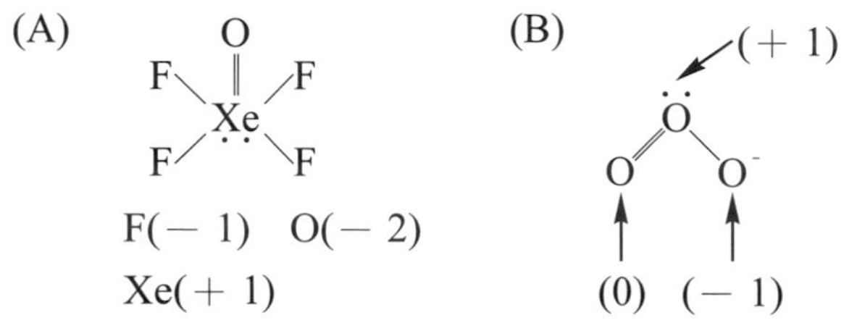

5. Fe_3O_4可看成是一個Fe_2O_3與一個FeO的混合，前者中的Fe，氧化數＝3，後者Fe的氧化數＝＋2。

9. Sn(氧化數＝0) ⟶ $SnCl_6^{2-}$(氧化數＝4)，∵Sn的氧化數較小，它是還原劑。NO_3^-(N氧化數＝5) ⟶ NO_2(N氧化數＝4)，NO_3^-的氧化數較大，∴它是氧化劑。

11. 需要氧化劑，表示本身是氧化反應，氧化數會進行增加過程。五項的氧化數變化分別是：(A)－ 2→0，(B)＋ 7→＋ 4，(C)＋ 4→＋ 4，(D)＋ 5→＋ 3，(E)＋ 2→＋ 2。

13. 氧化態處在該元素的最大值時，只能作氧化劑，不可以擔任還原劑。(A)H 的最大值是＋ 1，而H_2是 0，(B)Cl 的最大值是＋ 7，而Cl_2是 0，(C)Fe 的最大值是＋ 3，而Fe^{3+}恰為＋ 3，(D)Al 的最大值＝＋ 3，而 Al 是 0，(E)H^-是－ 1，不是最大值。

14. $HNO_3(5)$，$NO_2(4)$，$HNO_2(3)$，$NO(2)$，$N_2O(1)$，$N_2(0)$，$NH_2OH(-1)$，$N_2H_4(-2)$，$NH_3(-3)$

15. (A)$10OH^- + 6Fe(CN)_6^{3-} + Cr_2O_3 \longrightarrow 6Fe(CN)_6^{4-} + 2CrO_4^{2-} + 5H_2O$

(B)$2OH^- + 5ClO^- + I_2 \longrightarrow 5Cl^- + 2IO_3^- + H_2O$

(C)$Mn(OH)_2 + H_2O_2 \longrightarrow MnO_2 + 2H_2O$

(D)$2OH^- + CN^- + 2Fe(CN)_6^{3-} \longrightarrow CNO^- + 2Fe(CN)_6^{4-} + H_2O$

(E)$N_2H_4 + 2Cu(OH)_2 \longrightarrow N_2 + 2Cu + 4H_2O$

(F)$10H^+ + 4Zn + NO_3^- \longrightarrow 4Zn^{2+} + NH_4^+ + 3H_2O$

(G)$8H^+ + 3Cu + 2NO_3^- \longrightarrow 2NO + 3Cu^{2+} + 4H_2O$

(H)$20H^+ + 8H_2O + 3P_4 + 20NO_3^- \longrightarrow 12H_3PO_4 + 20NO$

(I)$2H^+ + 3H_2S + 2NO_3^- \longrightarrow 3S + 2NO + 4H_2O$

(J)$36H^+ + 10Al + 6NO_3^- \longrightarrow 10Al^{3+} + 3N_2 + 18H_2O$

(K)$3Cl_2 + 6OH^- \longrightarrow 5Cl^- + ClO_3^- + 3H_2O$

16. $8H_2SO_4 + 2K_2Cr_2O_7 + 3CH_3CH_2OH \longrightarrow 2Cr_2(SO_4)_3 + 2K_2SO_4 + 3CH_3COOH + 11H_2O$

17. $H_2O + CN^- \longrightarrow CNO^- + 2e^- + 2H^+$

18. $2MnO_4^- + 3C_2O_4^{2-} + 4OH^- \longrightarrow 2MnO_2 + 6CO_3^{2-} + 2H_2O$

20. (A)當作氧化劑：$H_2O_2 + 2e^- + 2H^+ \longrightarrow 2H_2O$

(B)當作還原劑：$H_2O_2 \longrightarrow O_2 + 2e^- + 2H^+$

21. $KMnO_4$的當量數($n = 5$)＝H_2O_2的當量數($n = 2$)，$0.1\times30\times10^{-3}\times5 = 0.05\times V\times10^{-3}\times2$，$\therefore V = 150$毫升

22. Mn^{2+}的當量數($n = 2$)＝MnO_4^-的當量數($n = 3$)，$M\times25\times2 = 0.05876\times34.77\times3$，$\therefore M = 0.123M$

23. $KMnO_4$的當量數($n = 5$)＝As_4O_6的當量數($n = 8$)

$$\frac{x}{158}\times5 = \frac{15}{396}\times8，x = 9.58$$

24.

$$_2Hg^{+2} \xrightarrow[n=2]{0.854} {}_2Hg \xrightarrow[n=4]{-0.792} (Hg_2)^{+2}$$

$$_2Hg^{+2} \xrightarrow[n=2]{e^\circ=?} (Hg_2)^{+2}$$

$$2\times\varepsilon^o = 0.854\times4+(-0.792)\times2$$

$$\therefore \varepsilon^o = 0.916$$

28. (1)$\Delta\varepsilon° = \varepsilon_{陰}° - \varepsilon_{陽}° = 0.34 - (-0.76) = 1.1$，(2)$\Delta\varepsilon = 1.1 - \frac{0.0592}{2}\log\frac{0.01}{1} = 1.159$

29. 電池反應爲$Cl_2 + H_2 \rightleftharpoons 2Cl^- + 2H^+$，$\Delta\varepsilon° = 1.3595 + 0 = 1.3595$

$$\Delta\varepsilon = \Delta\varepsilon° - \frac{0.0592}{n}\log Q = 1.3595 - \frac{0.0592}{2}\log\frac{(0.05)^2(0.5)^2}{0.1\times0.79} = 1.4216$$

30. 假設M^{2+}/M的$\varepsilon° = x$，$\Delta\varepsilon° = 0 - x = -x$，代入Nernst eq.

$$0.5 = -x - \frac{0.0592}{2}\log\frac{1\times0.1}{1^2}，解得x = -0.47$$

31. $\Delta\varepsilon = 1.1 - \frac{0.0592}{2}\log\frac{0.05}{5} = 1.16$

32. 依據勒沙特列原理，若能使平衡利於往右進行，則$\Delta\varepsilon°$提高，(A)與(B)分別使$[Br^-]$，$[Sn^{+2}]$↑平衡往左$\Delta\varepsilon°$↓；(C)(D)中，$\Delta\varepsilon°$與電極板的材料種類或面積無關。

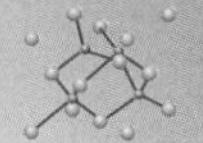

34. 處理方式同32.題。該電池反應式如下：

(1) $Zn + Cu^{2+} \longrightarrow Zn^{2+} + Cu$，$\Delta\varepsilon° = 1.1$，而目前$\Delta\varepsilon < \Delta\varepsilon°$，表示反應比標準狀態時還趨向往左。$\therefore [Cu^{2+}] < [Zn^{2+}]$

(2)影響平衡位置的因素是濃度，不是莫耳數，也不是體積。∴不可以選(A)或(D)。

(3)電極板表面積的大小，只影響反應的快慢，不影響電壓。

35. $MnO_4^- + 5e^- + 8H^+ \longrightarrow Mn^{2+} + 4H_2O$，$\varepsilon = 1.51 - \frac{0.0592}{5}\log\frac{2.5\times10^{-5}}{0.1\times(1.3\times10^{-2})^8} = 1.37$

39. $\Delta\varepsilon° = +0.7628 - (-0.3402) = 1.103V$。$\Delta G° = -nF\Delta\varepsilon° = -2\times96500\times1.103\times10^{-3} = -213kJ$

40. (A) $\Delta\varepsilon° = 0 - (-0.0034) = +0.0034V$

(B) $\Delta G° = -nF\Delta\varepsilon° = -2\times96500\times0.0034 = -656.2J$

(C) $\Delta\varepsilon° = \frac{0.0592}{n}\log K$，$0.0034 = \frac{0.0592}{2}\log K$，$\therefore K = 1.3$

41.
$$Ag \longrightarrow Ag^+ + e^- \qquad \Delta\varepsilon° = -0.799$$
$$AgCl + e^- \longrightarrow Ag + Cl^- \qquad \Delta\varepsilon° = 0.222$$

$$AgCl \longrightarrow Ag^+ + Cl^- \qquad \Delta\varepsilon° = -0.799 + 0.222 = -0.577$$

$\Delta\varepsilon° = (0.0592/n)\log K_{sp}$，$-0.577 = (0.0592/1)\log K_{sp}$，$\therefore K_{sp} = 1.7\times10^{-10}$

42. (A) $n_1\varepsilon_1° + n_2\varepsilon_2° = n_3\varepsilon_3°$

$1\times0.153 + 1\times0.521 = 2\epsilon_3°$，$\therefore \epsilon_3° = 0.337$

(B) $\Delta\varepsilon° = 0.521 - (0.153) = 0.368$，$\Delta\varepsilon° = \frac{0.0592}{n}\log K$，$0.368 = \frac{0.0592}{1}\log K$，

$\therefore K = 1.7\times10^6$

43. $CuBr \longrightarrow Cu^+ + Br^-$，$K_{sp} = 5.2\times10^{-9}$

$$\Delta\varepsilon° = \frac{0.0592}{n}\log K = \frac{0.0592}{1}\log 5.2\times10^{-9} = -0.49$$

$CuBr + e^- \longrightarrow Cu + Br^-$　　　$\varepsilon° = x$

$Cu \longrightarrow Cu^+ + e^-$　　　$\varepsilon° = -0.521$

$CuBr \longrightarrow Cu^+ + Br^-$　　　$\Delta\varepsilon° = -0.49$

$-0.49 = \Delta\varepsilon° = x - 0.521$，$\therefore x = 0.031$

44. $\Delta\varepsilon° = 0.77 - (-0.41) = 1.18V$，$\Delta\varepsilon° = \frac{0.0592}{n}\log K$，$1.18 = \frac{0.0592}{2}\log K$，$\therefore$ $K = 8.6\times10^{39}$

46. (1) $\Delta\varepsilon° = \frac{RT}{nF}\cdot\ln K = \frac{1}{n}\times\frac{RT}{F}\ln K$，$0.02 = \frac{1}{2}\times0.0257\times\ln K$，$K = 4.71$，$K$ 值並不是很大，表示反應沒有很完全。

(2)

	$Co_{(s)}$	+	Ni^{2+}	$\rightleftharpoons$	Co^{2+}	+	$Ni_{(s)}$
反應前			1		0		
平衡時			$1-x$		x		

代入K，$4.71 = \frac{x}{1-x}$，$x = 0.825$

$\frac{0.825}{1}\times100\% = 82.5\%$的程度反應了。

47. (A) $Pb + Sn^{2+} \rightleftharpoons Pb^{2+} + Sn$，$\Delta\varepsilon° = 0.13 - 0.14 = -0.01$

代入Nernst eq.，$0.19 = -0.01 - \frac{0.0592}{2}\log\frac{[Pb^{2+}]}{1}$，$[Pb^{2+}] = 1.75\times10^{-7}$

(B) $K_{sp} = [Pb^{2+}][SO_4^{2-}] = 1.75\times10^{-7}\times0.01 = 1.75\times10^{-8}$

48. $K_{sp} = 4s^3$，$1.4\times10^{-5} = 4s^3$，$\therefore s = 0.015M$，$[Ag^+] = 2s = 0.03M$

這題是濃差電池，$\therefore \Delta\varepsilon° = 0$，

$$\Delta\varepsilon = 0 - \frac{0.0592}{1}\log\frac{0.03}{0.125} = 0.0363Volt$$

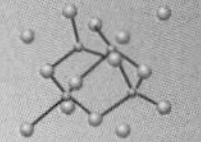

47. 依題意，此電池架構如下：

$pt | H_2 | H^+ (xM) \| H^+(0.1M) | H_2 | pt$

電池方程式為：$\underset{0.1M}{H^+(陰極)} \rightleftharpoons \underset{xM}{H^+(陽極)}$

代入能士特方程式，$0.16 = \Delta\varepsilon° - \frac{0.0592}{1}\log\frac{x}{0.1}$，∵濃差電池的$\Delta\varepsilon° = 0$，∴解得$x = 2\times10^{-4}$M……比0.1M小。

51. 陰極保護法，是指在欲避免腐蝕的金屬表面，鍍上一層比其還原電位還要小的金屬，例如在鐵的表面鍍上鋅，由於鋅的還原電位比鐵還要小，因此會比鐵優先被氧化，因而使鐵避免遭受氧化，且右列反應$Zn + Fe^{2+} \rightleftharpoons Zn^{2+} + Fe$的$\Delta\varepsilon° > 0$，可見Zn更可使已遭受氧化的$Fe^{2+}$再度還原回Fe。

53. 法拉第數＝物質的當量數＝$\frac{W}{\frac{AW}{n}}$，當通電量相同時，$\frac{AW}{n}$值愈大，得到的重(W)也就愈大。各項的$\frac{AW}{n}$值，分別是(A)(B)$\frac{65.4}{2}$，(C)$\frac{184}{6}$，(D)$\frac{45}{3}$，(E)$\frac{178.5}{4}$。其中以(E)項最大。

71. 當反應了99.9999％後，各離子濃度的變化。如下：

	$Zn + Cu^{2+}$	$\rightarrow$	$Zn^{2+} + Ca$
始	1		1
後	10^{-6}		1.999999

代入Nernst eq

$$\Delta\varepsilon = 1.1 - \frac{0.0592}{2}\log\frac{1.999999}{10^{-6}} = 0.91$$

72. (a) $3Tl + Au^{3+} \rightarrow 3Tl^+ + Au$

$\Delta\varepsilon^0 = 1.5 - (-0.34) = 1.84V$

(b) $\Delta G^0 = -nF\Delta\varepsilon^0 = -3\times96500\times10^{-3}\times1.84 = -532.7kJ$

$\Delta\varepsilon^0 = \frac{0.0592}{n}\log K$，$1.84 = \frac{0.0592}{3}\log K$，$K = 2\times10^{93}$

(c) $\varepsilon_{cell} = 1.84 - \frac{0.0592}{2}\log K\frac{(10^{-4})^3}{10^{-2}} = 2.04V$

76. $-0.55=\frac{0.0592}{2}\log K$，$K=2.6\times10^{-19}$

78. 依題意：A極是電子流入之極，即A極獲得電子，∴A是還原極(陰極)。陰陽相吸的原則，陽離子Cu^{2+}靠近此極，因而生成Ca。

79. 法拉第數＝鐵的當量數($n=3$)，$\frac{Q}{96500}=\frac{19.3}{56}\times3$，∴$Q=1\times10^{5}$。

80. 法拉第數＝金屬的當量數($n=2$)，$\frac{2.5\times74.6}{96500}=\frac{0.1086}{AW}\times2$，∴$AW=112$，該金屬是鎘。

82. (1)放電：

陽極：$Pb+SO_4^{2-}\rightarrow PbSO_4+2e^-$

陰極：$PbO_2+4H^++SO_4^{2-}+2e^-\rightarrow PbSO_4+2H_2O$

(2)充電：

陰極：$PbSO_4+2e^-\rightarrow Pb+SO_4^{2-}$

陽極：$PbSO_4+2H_2O\rightarrow PbO_4+4H^++SO_4^{2-}+2e^-$

第12章　PART Ⅰ

9. i值愈大，表現依數性質的程度愈顯著。四者的i分別是(A)$i=4$，(B)$i=1$，(C)$i=2$，(D)$i=3$。

10. i值愈大，導電性愈好。

11. $K_2PtCl_4\Rightarrow K_2[PtCl_4]$，∴$i=3$，而(C)項的$i=3$。

14. 依題意$i=3$，可推知該錯合物爲$[Pt(NH_3)_4Cl_2]Cl_2$，而中括號內部才是眞正的錯離子部份，它屬於MA_4B_2型態，是八面體結構，有2個順反異構物

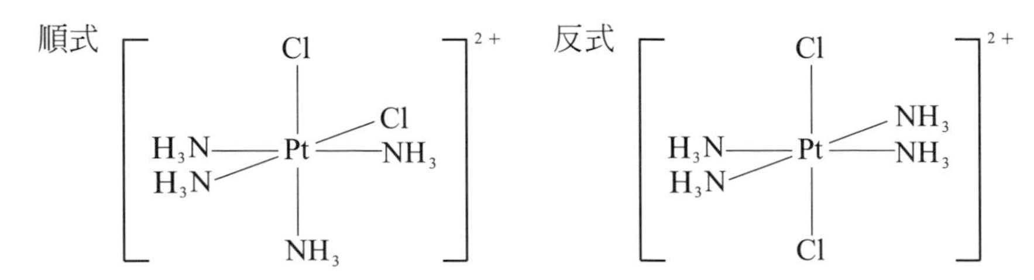

16.　Ⅰ：Pt^{+4}的配位數為 6，第一配位圈為$[Pt(NH_3)_2Cl_4]$，$i=1$，Ⅱ：Pt^{+2}的配位數為 4，第一配位圈為$[Pt(NH_3)_4]Cl_2$，$i=3$。Ⅰ是分子化合物，水溶性與熔點都比Ⅱ小。水溶液的熔點(其實就是凝固點)與i有關，i愈大，凝固點下降愈多而變愈低。

20.～22.　Ni^{2+}是d^8，Cu^{2+}是d^9，屬平面四方形，Zn^{2+}不是 d^8, d^9，∴是四面體形。

25.　(A)是四面體形，不會有幾何異構物。

26.　(A)屬 MABCD 型，(B)屬MA_2BC型，(C)屬MA_2B_2型，(D)是四面體形，不會具有幾何異構物。

27.　$CoCl_3 \cdot 4NH_3 \Rightarrow [Co(NH_3)_4Cl_2]Cl$

第一配位圈內的錯離子$Co(NH_3)_4Cl_2^+$有二種立體異構物

Cl；H_3N—Co—NH_3；NH_3，NH_3；Cl　(反)

NH_3；Cl—Co—NH_3；Cl，NH_3；NH_3　(順)

29.　(A)

CoF_6^{3-}的Co^{3+}價電子d^6

F^-屬弱配位場

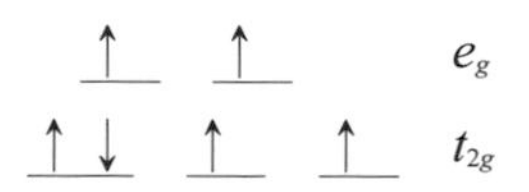

∴不成對電子 4 個

(B)

$Mn(CN)_6^{3-}$中的Mn^{3+}價電子d^4

CN^-屬強配位場

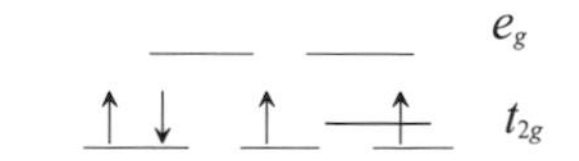

∴不成對電子 2 個

(C)

$Co(en)_3^{3+}$的Co^{3+}價電子d^6

en 屬強配位場

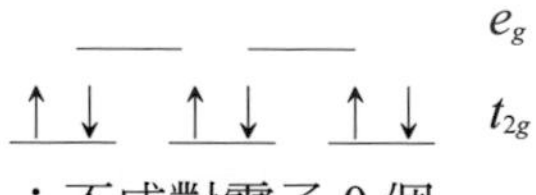

∴不成對電子 0 個

(D)

$Mn(CN)_6^{4-}$中的Mn^{2+}價電子d^5

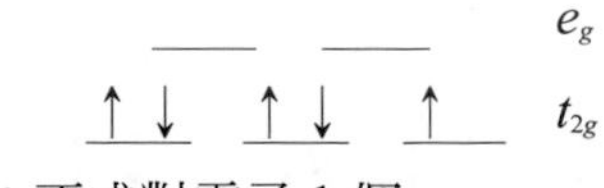

∴不成對電子 1 個

31. Co^{2+}：d^7，

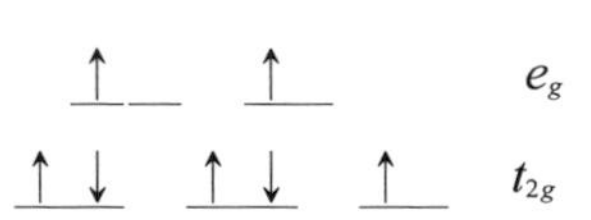

高自旋組態中，可見到 3 個不成對電子。

32. (A)$NiCl_4^{2-}$

Ni^{2+}：d^8

四面體形

電子組態如下：

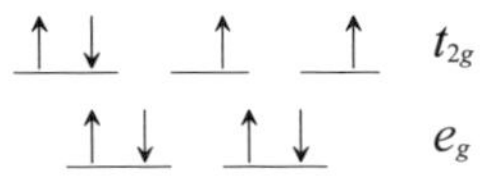

∴不成對電子 2 個

(B)$Ni(CN)_4^{2-}$

平面四方形

Ni^{2+}：d^8

電子組態如右

↑↓
↑↓
↑↓　↑↓

∴不成對電子 0 個

(C)$Co(NH_3)_6^{2+}$

八面體，NH_3屬弱配位場

Co^{2+}：d^7

電子組態如右

↑　↑　e_g
↑↓　↑↓　↑　t_{2g}

∴不成對電子 3 個

(D)$Co(NO_2)_6^{3-}$

八面體，NO_2屬強配位場

Co^{3+}：d^6

電子組態如右

__　__　e_g
↑↓　↑↓　↑↓　t_{2g}

∴不成對電子 0 個

(E)$Rh(H_2O)_6^{3+}$

八面體，Rh^{3+}屬強配位場

Rh^{3+}：d^6

電子組態如右

__　__　e_g
↑↓　↑↓　↑↓　t_{2g}

∴不成對電子 0 個

33. Co^{3+}：d^6　　F^-是弱配位場　　NH_3是強配位場

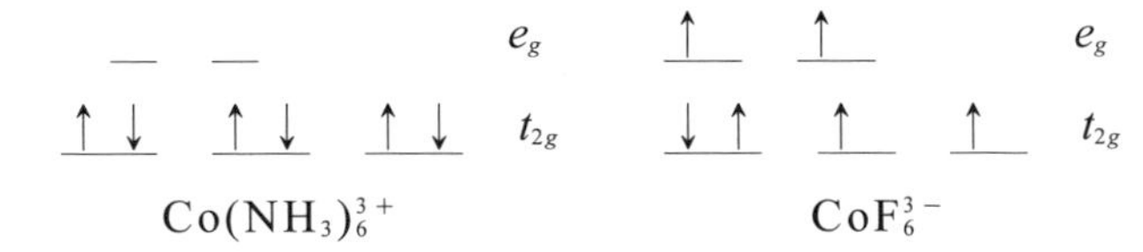

具有不成對電子，∴是順磁性的

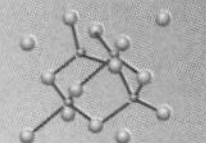

34. NH_3是較強配位場，會導致Δ值大，而Δ與波長成反比，∴$Co(NH_3)_6^{2+}$應吸收較短波長。

35. 只有吸到可見光才會展現顏色。另外，可見光的頻率範圍是4×10^{14}Hz～7.5×10^{14}Hz。其中1.2×10^{11}，6.4×10^{13}小於4×10^{14}。屬紅外光區域，而1.5×10^{15}大於7.5×10^{14}屬紫外光區域。

36. (B)吸收了紅色光，才會展現綠色。(C)皆有2個不成對電子，(D)顏色的差異是Δ值造成。而此兩者的氧化數是一樣的，是配位場不同，才導致Δ值不同。

37. d^0，d^{10}不會有顏色，(A)d^9，(B)d^5，(C)d^{10}，(D)d^8，(E)d^7。

38. (A)d^2，(B)d^0，(C)d^3，(D)d^5。

40. 五個選項中，CO的配位場最強，Δ值最大，∴波長最短。

42. (A)紫色，(C)棕色。

43. (A)白色，(B)紅棕色，(C)黃色。

44. (C)改成橘色。

45. (A)黃色，(C)黃色，(D)紫色。

50. 除了As外，其餘三者都是過渡金屬。

PART Ⅱ

3. EDTA的結構如下所示：

$$\begin{array}{l} ^{-}OOCCH_2 \searrow \qquad\qquad\qquad\qquad\qquad\quad \nearrow CH_2—COO^{-} \\ \qquad\qquad\quad N—CH_2—CH_2—N \\ ^{-}OOCCH_2 \nearrow \qquad\qquad\qquad\qquad\qquad\quad \searrow CH_2—COO^{-} \end{array}$$

它是一個具有六牙團的配位基，遇上金屬離子，可用六個配位基與之錯合，通常愈多牙團的配位基螯和得愈緊，因此金屬離子就更不易脫離，所以在金屬中毒情況下，可以用EDTA來解毒。

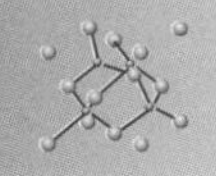

4. (A)CN^-會與代謝過程中電子傳遞鍊的最後一步，細胞色素的氧化脢中的Fe^{3+}產生結合，使傳遞鍊被阻斷，代謝中止。

(B)蛋白質結構中，含有許多—OH、—NH、—SH……等可以擔任配位子(ligand)的官能基，當過渡金屬Hg^{2+}出現，蛋白質將會與Hg^{2+}錯合，以致於蛋白質的構形會發生變化，而此其失去生化活性，也就是使蛋白質變性，進而使代謝中止。

10. (A)共6個立體異構物(內含1個光學異構物)。

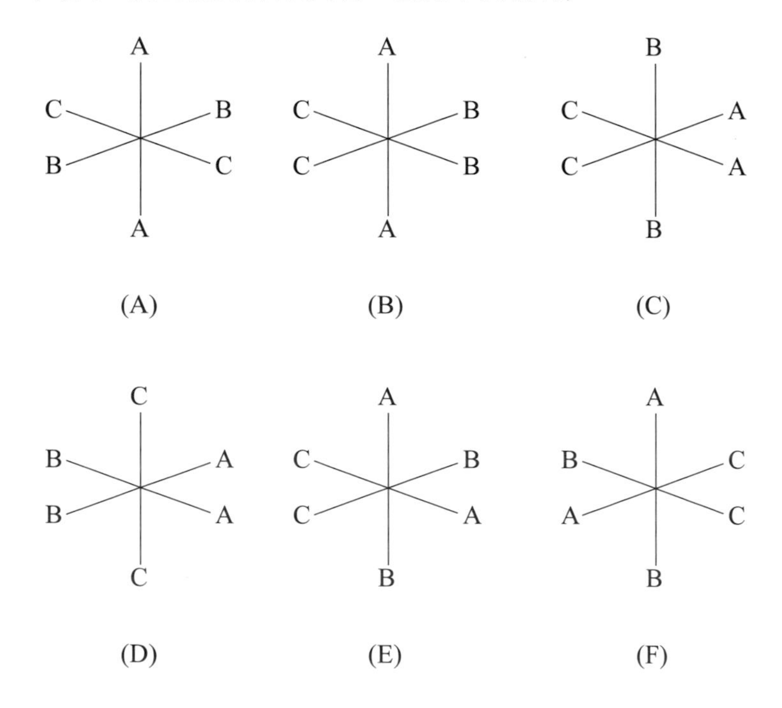

(B)E與F爲鏡像異構物

12. (B)爲$MA_2B_2C_2$型式，(C)爲MA_5B型式，(D)爲MA_4B_2型式。

14. 通常具有2個雙牙團以上者，有光學異構。

15. (D)(E)爲MA_4B_2型式，(F)爲MA_3B_3型式。

17. (1)∵$Fe(CN)_6^{3-}$屬內錯化合物，∴混成軌域是d^2sp^3，3d軌域需要挪出2個來參與混成。

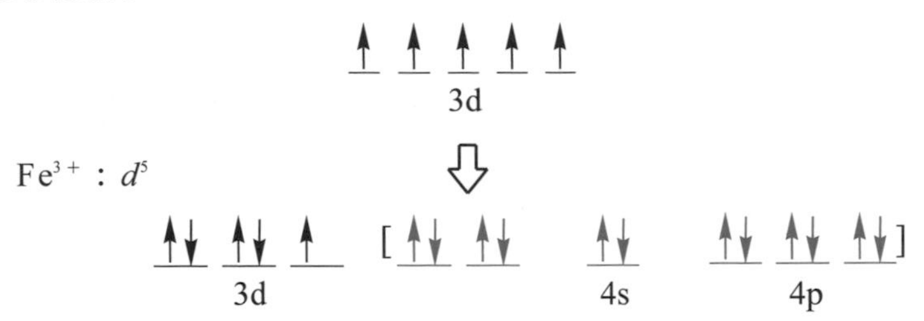

如此安排才會造成d^2sp^3混成軌域，因而使得不成對電子剩下一個。

(2)$Fe(H_2O)_6^{3+}$屬外錯，∴混成軌域是sp^3d^2，內層3d軌域沒有參與混成。

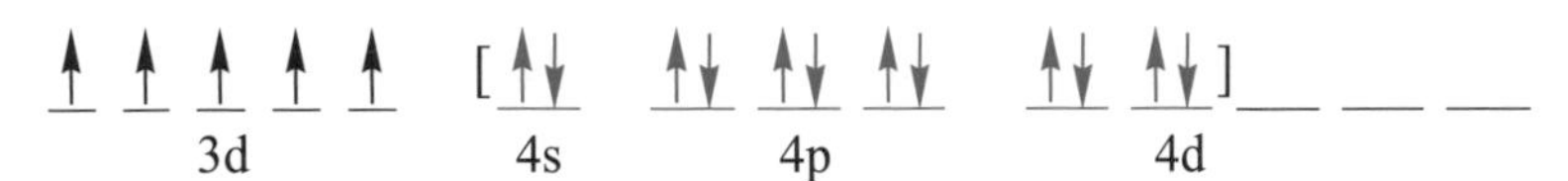

不需安排，就可造成sp^3d^2混成，因此有五個不成對電子。

18. (A)中心金屬當作 Lewis scid，不可做配位子。(b)更正爲dsp^2，(C)MA_5B型，無幾何異構物。

20. (A)$NiCl_4^{2-}$　　↑↓　↑　↑

四面體形，根據晶場理論

Ni^{2+}的五個3d軌域分裂如右：　↑↓　↑↓

Ni^{2+}：d^8，電子組態如右圖所示，可以看到還有兩個不成對電子，因此是順磁性。

(B)$Ni(CN)_4^{2-}$：

平面四方形，3d軌域的分裂　↑↓

及Ni^{2+}(d^8)的電子組態如右圖所示，　↑↓

所有的電子都呈現成對，因此是逆磁性。↑↓　↑↓

21. $CoCl_4^{2-}$：四面體型　↑　↑　↑

Co^{2+}：d^7　↑↓　↑↓

22. (A)Cr^{2+}：d^4

強配位場⇒Low Spin　　　↑↓　↑　↑　　2個不成對

(B)Cr^{2+}：d^4

弱配位場⇒High Spin　　　↑　↑　↑　↑　　4個不成對

(C)Fe^{2+}：d^6

強配位場⇒Low Spin　　　↑↓　↑↓　↑↓　　沒有不成對

24. B、C、D皆屬弱的配位場，High Spin，有四個不成對，而E則是屬強場，Low Spin，d^6的Low Spin排列中全部成對。

25. 四面體者有2個不成對電子，平面四方形者沒有不成對，前者順磁性，後者逆磁性(參考範例14)，因此以磁性來區分最方便。

26. Ru是4d元素，Fe是3d元素，∴Ru導致的分裂較大。因此先選出(B)(D)，而其進一步的差異在配位子的強弱勢，由於CN^-較強場，∴選(D)。

28. (A)d^6，(B)d^6，(C)d^3，(D)d^{10}，(E)d^9。d^{10}不會展現顏色。

29. 依據晶場理論，金屬離子在水中，接受水分子的配位鍵結後，d軌域會產生分裂變成t_{2g}與e_g兩組軌域，此時在低階的電子吸收可見光後，恰可提升至較高能階軌域，因爲此過程曾經吸收可見光，∴導致顏色出現，然而，若該錯離子是d^0或d^{10}，就不會產生提升現象，∴就不會有顏色。

Sc^{3+}：d^0，Ti^{3+}：d^1，V^{3+}：d^2

30. (A)根據晶場理論，3d軌域將會進行分裂，例如在八面體形中將分裂成

__ __　e_g

__ __ __　t_{2g}，而填在較低軌域內的電子若吸收電磁波的能量後，有可能躍升至較高的軌域，所吸收的電磁波若是可見光的頻率範圍，就會呈現顏色。

(B)但是有兩種情況是不會出現電子躍升的現象，分別是d^0及d^{10}，d^0是因爲d軌域上根本沒電子，而d^{10}則是已經沒有空軌域可供躍升上去，Cu^+就是d^{10}，因此沒有顏色，而Cu^{2+}是d^9，不是d^0也不是d^{10}，因此會具有顏色。

31. ∵Cd^{2+}的價組態是d^{10}，而d^0與d^{10}在晶場理論的分裂軌域中是不會發生吸光而激發的現象，∴不會呈現顏色。

32. 硫酸銅是強電解質，∴在水中以$Cu^{2+}_{(aq)}$存在，而$Cu^{2+}_{(aq)}$又可以表達成$Cu(H_2O)_4^{2+}$

$$Cu(H_2O)_4^{2+} + 4NH_3 \longrightarrow \underset{\text{深藍色}}{Cu(NH_3)_4^{2-}} + 4H_2O$$

35. (A)$Fe(CN)_6^{3-}$：

d^5

e_g　__　__

t_{2g}　↑↓　↑↓　↑

$CFSE = 5(0.4\Delta_O) = 2.0\Delta_O$

(B)CoF_6^{3-}

d^6

e_g　↑　↑

t_{2g}　↑↓　↑　↑

$CFSE = 4(0.4\Delta_0) - 2(0.6\Delta_0) = 0.4\Delta_0$

(C)$CoCl_4^{2-}$

d^7

t_{2g}　↑　↑　↑

e_g　↑↓　↑↓

$CFSE = 4(0.6\Delta_T) - 3(0.4\Delta_T) = 1.2\Delta_T$

第13章　PART Ⅰ

3. 假設烯類的分子式爲C_nH_{2n}，含量x mole，烷類分子式C_nH_{2n+2}(因同碳數，∴仍有n個碳)，含量y mole

$$C_nH_{2n} \xrightarrow{O_2} nCO_2 + nH_2O，C_nH_{2n+2} \xrightarrow{O_2} nCO_2 + (n+1)H_2O$$

x　　nx　　nx　　y　　ny　　$(n+1)y$

氫化反應的計量是1：1，∴氫耗掉的mole數＝烯的mole數。

$$\frac{0.28}{22.4} = x \cdots\cdots ①$$

水的量＝3.195g。由上述計量得$nx + (n+1)y = \frac{3.195}{18} \cdots\cdots ②$

二氧化碳的體積＝3.192升，由上述計量得$nx + ny = \frac{3.192}{22.4} \cdots\cdots ③$

聯立解①②③得，$x = 0.0125$，$y = 0.035$，$n = 3$。

10. 醇有 OH，可以產生氫鍵，∴沸點較高。

11. 環狀結構都比非環狀結構的沸點熔點高。

17. ⑴乙苯，Et-ph，⑵鄰－二甲苯，⑶間－二甲苯，⑷對－二甲苯。

18. ⑴ ph-CH_2Cl，⑵鄰位(或間位、對位)－氯甲苯，一共四種。

19. (A)互為鏡像異構物者，一些物性皆相同，很難分離。(C)改成結構異構物。(D)以(±)表達者，是指同時含有互為鏡像異構物的兩者。∴應該消旋而無光學活性。

20. ⑴先代入$PV=nRT$，求莫耳數。$1\times1=n\times0.082\times300$，$n=0.04$。得某氣體0.04mole，假設該氣體的分子式為$C_mH_n$，則

$$\underset{0.04}{C_mH_n}\xrightarrow{O_2}\underset{0.16}{mCO_2}+\underset{0.16}{\frac{n}{2}H_2O}$$

由計量知，$m=\frac{0.16}{0.04}=4$，$\frac{n}{2}=\frac{0.16}{0.04}$，$n=8$。∴分子式為$C_4H_8$，由範例10知有6種。

24. (A) 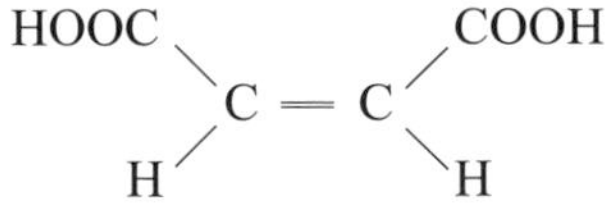 HOOC(H)C＝C(H)COOH（HOOC 與 COOH 同側，H 與 H 同側）　(B) 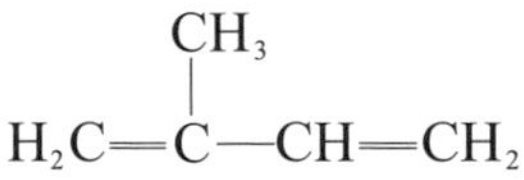 $H_2C=C(CH_3)-CH=CH_2$

(C)$H_2C=CH-CN$　(D) 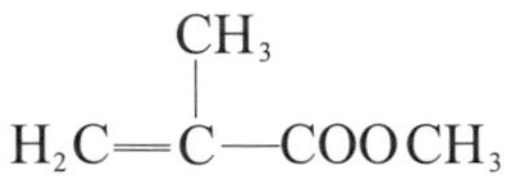 $H_2C=C(CH_3)-COOCH_3$

(E) 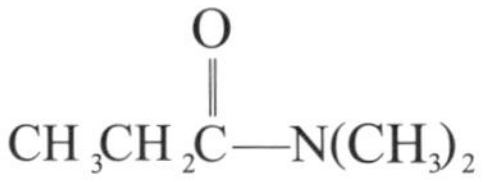 $CH_3CH_2C(=O)-N(CH_3)_2$

25. $n=9$代入$2n+2$，得9個碳時的最大氫數為20，現有H數＝14，相差6，∴不飽和度為3，但只可與2mole H_2反應。∴其中有一個不飽和度是指環狀結構。

28. (A)該化合物是1級醇，可被氧化至酸。(C)醇可與水產生氫鍵，∴水溶性較好。(D)是3級醇，不會被氧化。

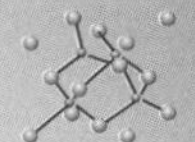

30. 五個碳的醇有以下八種：

```
                                                C
                                                |
(A)C—C—C—C—C—OH，          (B)  C—C—C—C—OH


     C—C—C—C—C              C—C—C—C—OH
(C)        |           (D)      |
           OH                   C


         OH              OH              OH
         |               |               |
(E) C—C—C—C     (F) C—C—C—C     (G) C—C—C—C
         |                 |               |
         C                 C               C


       C
       |
(H) C—C—C—OH
       |
       C
```

；其中，只有一級醇的 A、D、G、H 經氧化變成醛後，才會出現銀鏡反應。

53. (A)只有最小的胺基酸：H_2N—CH_2—COOH不具有光學活性。(B)將 D 改成 L。(D)改成三級結構。

56. 分別是：AABC，ABAC，ABCA，AACB，ACAB，ACBA，BCAA，BAAC，BACA，CAAB，CABA，CBAA，十二種。

65. 想構成聚合物，必須單體中含OH(或—NH_2)二個官能基以上。

66. (A)中的$CH_3CH_2CH_2NH_2$只含一個—NH_2無法形成聚合物。(B)中的PhCOOH也只含一個OH官能基，無法聚合。(C)則是可以聚合成聚酯纖維。

69. (A)將加成改成縮合。(B)由苯乙烯加成而得。(C)將戊二烯改成異戊二烯。

PART II

11. 有機酸與NaOH反應後，得鹽類$RCOO^{-}Na^{+}$，而有水溶性。

12.

(1) C—C—C—C═C (2) C—C—C═C—C (3) C—C—C(—C)═C

(6) 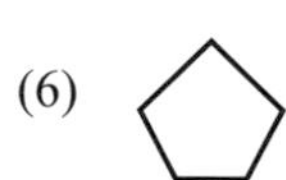

(7) (8) 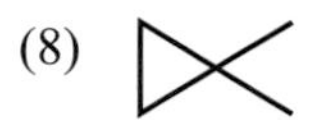

(9) (10) 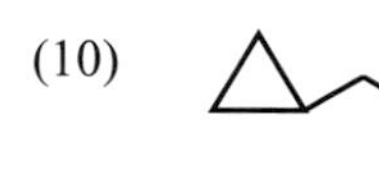

24.、25. 一級醇才會氧化成醛、酸。

29. (α型葡萄糖)，由左圖知，1號與4號同是朝下。

44. ╱╲╱Cl，$CH_2=CCl_2$，Cl(C)C═C(H)H，Cl(H)C═C(H)C

47. (A)3，4 → 更正爲2，3 (B)methyl → dimethyl

(C)1，3 → 1，2 (D)改爲3，3-Diethyl-2-methyl pantane

50. (a)同時含有親水端及疏水端者，如$CH_3\text{—}(CH_2)_{16}COO^{-}Na^{+}$

(b)硬水中的Ca^{2+}與肥皂分子產生沈澱，

$$2CH_3\text{—}(CH_2)_{16}COO^{-}Na + Ca^{2+} \rightarrow [CH_3\text{—}(CH_2)_{16}COO^{-}]_2Ca^{2+}\downarrow + 2Na^{+}$$

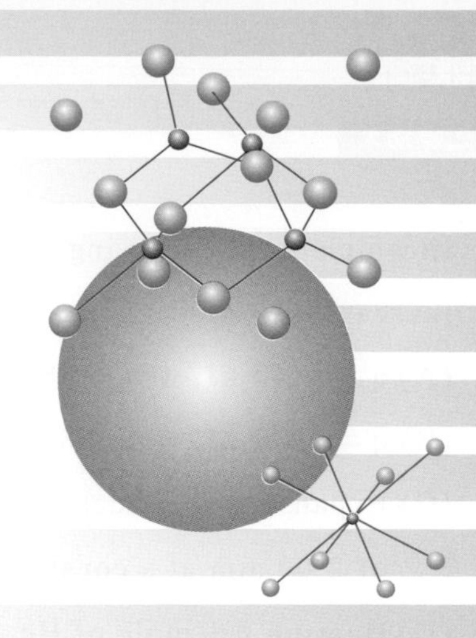

附錄 B 歷屆試題與詳解

109 學年度臺灣大學轉學生考試普通化學(A)試題

1. Lithium metal, which has a work function of 279.7 kJ/mol, was used in photoelectric effect study. Which of the following statement is/are correct？
   (A) The energy of an incident photon must be higher than 4.6×10^{-19} J to eject an electron from Li metal.
   (B) By increasing the energy of incident light, the photocurrent is increased.
   (C) To eject an electron from Li, the frequency of the incident light must be higher than 7.01×10^{11} Hz.
   (D) To eject an electron from Li, the wavelength of the incident light must be shorter than 427 nm.
   (E) None of the above.

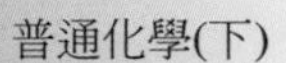

2. In which of the following conditions, does the internal energy of the system increased？ ($\Delta E > 0$)
   (A) $q = -47$ kJ, $w = +88$ kJ
   (B) $q = +82$ kJ, $w = -82$ kJ
   (C) Expansion of an ideal gas at 10.0 L and 15 atm against external pressure of 2.00 atm at a constant temperature.
   (D) Heating 0.1 mole of He gas from 273 K to 333 K inside a rigid steel bomb reactor.
   (E) None of the above.
3. Which of the following descriptions of elements is/are correct？
   (A) Fluorine (F) is the most electronegative element.
   (B) Oxygen (O) has higher first ionization energy than nitrogen (N).
   (C) Boron (B) has three electrons.
   (D) Chlorine (Cl) has the highest electron affinity.
   (E) None of the above.
4. Which of the following description of ideal gas and ideal solution is/are correct？
   (A) Ideal gas follows the ideal gas law, and can be achieve with high pressure gas.
   (B) Ideal solution follows the Henry's law.
   (C) Both ideal gas and ideal solution assume that there are no intermolecular interactions.
   (D) In real word, no ideal gas and ideal solution can be achieved.
   (E) None of the above.

5. Given the following probability density of selected atomic orbitals of hydrogen atom. Which set of orbitals have the same principal quantum number？

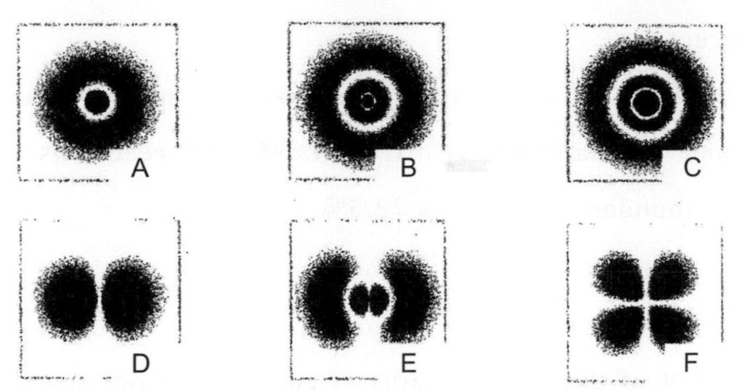

(A) A, B, C　(B) A,D　(C) B, E, F　(D) C,F　(E) D, E。

6. Following Q5, which of the following statement is/are correct？

(A) Orbital A, B, and C have the same number of angular nodes.

(B) Orbital A and D have the same number of radial nodes.

(C) Orbital B and E have the same number of nodes.

(D) Both orbital D and E have one angular node.

(E) Orbital F has a one more radial node than D.

7. Which of the description of N_2 (28 g/mol) and CH_4 (16 g/mol) is/are correct？

(A) The average kinetic energy of a CH_4 molecule at 546 K is 6.81 kJ.

(B) At 300 K, CH_4 has lower average kinetic energy than N_2.

(C) At 273 K, the root mean square velocity of N_2 is 15.59 m/s.

(D) At 273 K, CH_4 has higher root mean square velocity than N_2.

(E) None of the above.

8. Which of the following statement of diatomic molecules is/are correct？

(A) $[H_2]^+$ has a bond order of 0.5.

(B) The O-O bond length in O_2 is shorter than that in $[O_2]^+$.

(C) N_2 has higher bond order than O_2.

(D) The F-F bond is stronger than Cl-Cl bond.

(E) NO and CO molecules have the same bond order.

9. Assume that there are only two isotopes of copper, ^{63}Cu and ^{65}Cu, and the atomic weight of copper is 63.55 g/mol, which of the following statement is/are correct？
   (A) ^{63}Cu and ^{65}Cu have the same number of protons and electrons.
   (B) ^{63}Cu and ^{65}Cu have totally different chemical reactions.
   (C) The % abundance of ^{63}Cu is 72.5%.
   (D) The % abundance of ^{65}Cu is 23.5%.
   (E) None of the above.
10. Following Q9, if the atomic radius of Cu is 135.0 pm and Cu crystalizes in body-centered cubic structure, which of the following description is/are correct？
   (A) There is one Cu atom in a unit cell.
   (B) There are four Cu atoms in a unit cell.
   (C) The edge length of its unit cell is 270.0 pm.
   (D) The edge length of its unit cell is 311.8 pm.
   (E) The edge length of its unit cell is 381.9 pm.
11. Following Q9 & Q10, what is the density of Cu？
   (A) 3.79 g/cm^3　(B) 4.19 g/cm^3　(C) 5.36 g/cm^3　(D) 6.96 g/cm^3
   (E) None of the above.
12. A compound, XF_5, contains 72.82% of fluorine by weight. Which of the following statements are correct？
   (A) This molecule is PF_5.
   (B) This is a polar molecule.
   (C) The hybridization of X is dsp^3.
   (D) Geometry of this molecule is square pyramidal.
   (E) None of the above.

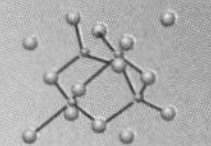

13. There are four solutions prepared with the following compositions. Please select the correct answer.

Solution A: 10 g of NaCl in 100 mL of water

Solution B: 10 g of KCl in 100 mL of water

Solution C: 10 g of glucose (葡萄糖) in 100 mL of water

Solution D: 10 g of sucrose (蔗糖) in 100 mL of water

(A) Boiling point of solution A is the highest.

(B) Solution B has the highest electric conductivity.

(C) The density of solution C and D are the same.

(D) The freezing point of solution C and D are the same.

(E) All solutions have the same water vapor pressure at room temperature.

14. The relationship between vapor pressure and mole fraction of a solution prepared : from mixing two liquid organic compounds is shown below. Please select the correct answer.

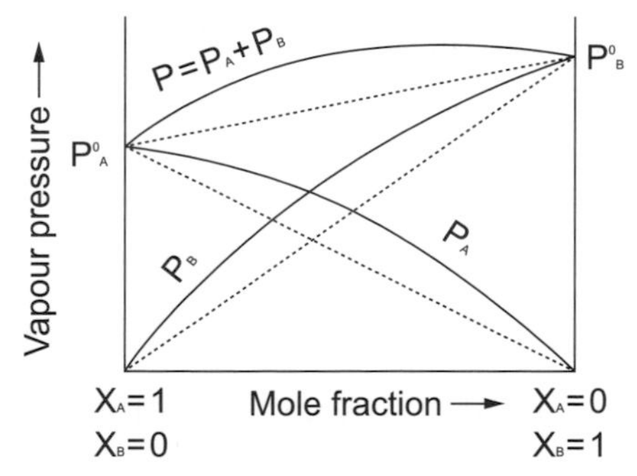

(A) The boiling point of liquid B is higher.

(B) The A + B mixing process is exothermic.

(C) The volume of the solution prepared from 100 mL of A and 100 mL of B is greater than 200 mL.

(D) The positive deviation from Raoul's law is the result of strong A − B attractive force in the solution.

(E) None of the above.

15. In Haber-Bosch process, iron (Fe) metal is an effective catalyst to promote reaction of N_2 and H_2 to yield NH_3. Which of the following description about this iron-catalyzed reaction is/are correct?
(A) The addition of Fe increases the reverse reaction rate.
(B) The equilibrium constant of this reaction is larger at low pressure.
(C) Fe catalyzes the reaction and shifts the equilibrium to the product side.
(D) The concentration of H_2 and N_2 are decreased with the same rate.
(E) None of the above.

16. Which of the following description of hybridization is/are correct?
(A) Hybrid orbital equals to molecular orbital.
(B) The energy of sp hybrid orbital is lower than that of sp^2 hybrid orbital.
(C) The sulfur atom in SF_4 is in d^2sp^3 hybridization.
(D) The central atom in ClF_4^+ and PF_5 have the same hybridization.
(E) The central atom in CO_2 and SO_2 have the same hybridization.

17. H_2 gas generated from the reaction of Na (MW = 23 g/mol) and acetic acid was collected over water at 303 K and 1.00 atm.

$$2\ Na_{(s)} + 2\ CH_3COOH_{(aq)} \rightarrow 2\ CH_3COONa_{(aq)} + H_2$$

If the total pressure inside the gas collecting bottle equals to the atmospheric pressure, which of the following description is correct?
(A) The partial pressure of H_2 inside the bottle is 760 torr.
(B) To generate 240 mL of gas, 0.23 g of Na must have reacted.
(C) 40 mL of 0.5 M acetic acid is able to consume 0.43 g of Na.
(D) The solution obtained from the reaction of 1.0 mole of Na and 1.0 mole of acetic acid has a pH value higher than 7. ($pH > 7$)
(E) None of the above.

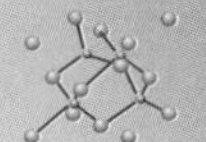

18. MgO (MW = 40.3 g/mol) has a density of 3.58 g/cm^3 and has a crystal structure like NaCl. Which of the following description is/are correct？
(A) There are four Mg^{2+} ions in a unit cell.
(B) The $r_{Mg^{2+}}/r_{O^{2-}}$ is larger than 0.2247, but smaller than 0.414.
(C) The length of the edge of the unit cell (d) is 3.55Å.
(D) The lattice energy of MgO is roughly four-times larger than that of NaCl.
(E) None of the above.

19. Which of the following condition or reaction is/are spontaneous？
(A) $\Delta S_{sys} = -15$ J/K, $\Delta S_{univ.} = +5$ J/K
(B) $\Delta H = +25$ kJ, $\Delta S = +100$ J/K, T = 300 K
(C) $2\ Li^{+}_{(aq)} + Cu_{(s)} \rightarrow 2\ Li_{(s)} + Cu^{2+}_{(aq)}$
(D) $2\ F^{-}_{(aq)} + H_{2(g)} \rightarrow F_{2(g)} + 2\ H^{-}_{(aq)}$
(E) None of the above.

20. According to the following thermodynamic data of ethanol (CH_3CH_2OH), which of the following description is/are correct？

Property	
Boiling point	78.45 °C
$\Delta_{fus}H°$	+ 4.9 kJ/mol
$\Delta_{fus}S°$	+ 31 J/mol K
$\Delta_{vap}H°$	+ 38.56 kJ/mol

(A) The melting point of ethanol is 158.06 °C.
(B) The $\Delta_{vap}S°$ is 109.67 J/mol K.
(C) Ethanol can be oxidized to ketone.
(D) Dimethyl ether (CH_3OCH_3) is an isomer of ethanol.
(E) None of the above.

109 學年度臺灣聯合大學系統學士班轉學生考試試題

1. How many unpaired electrons are found in $Mn(NH_3)_4^{3+}$?

   (A) 4　(B) 5　(C) 1　(D) 0　(E) 2。

2. Which of the following is polar?

   (A) PBr_3　(B) SiF_4　(C) SBr_6　(D) KrF_2　(E) BF_3。

3. Which of the following bonds would be the most polar without being considered ionic?

   (A) C－O　(B) Mg－O　(C) O－O　(D) Si－O　(E) N－O。

4. In a 0.1 molar solution of NaCl in water, which of the following will be closest to 0.1?

   (A) the molality of NaCl　(B) the mass percent of NaCl

   (C) the mole fraction of NaCl　(D) the mass fraction of NaCl

   (E) all of these are about 0.1。

5. How many electrons are transferred in the following reaction?

   $SO^{2-}_{3(aq)} + MnO^{-}_{4(aq)} \rightarrow SO^{2-}_{4(aq)} + Mn^{2+}_{(aq)}$

   (A) 4　(B) 10　(C) 3　(D) 2　(E) 6。

6. Ammonium metavanadate reacts with sulfur dioxide in acidic solution as follows (hydrogen ions and H_2O omitted) :

   $x\ VO_3^- + y\ SO_2 \rightarrow x\ VO^{2+} + y\ SO_4^{2-}$

   The ratio x : y is

   (A) 1 : 3　(B) 1 : 2　(C) 2 : 1　(D) 3 : 1　(E) 1 : 1。

7. When the equation $Cl_2 \rightarrow Cl^- + ClO_3^-$ (basic solution) is balanced using the smallest whole-number coefficients, what is the coefficient of OH^-?

   (A) 1　(B) 2　(C) 3　(D) 4　(E) 6。

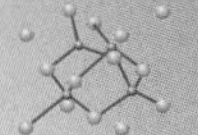

8. Which of the following is(are) oxidation-reduction reactions?

I：$PCl_3 + Cl_2 \rightarrow PCl_5$；

II：$Cu + 2\ AgNO_3 \rightarrow Cu(NO_3)_2 + 2\ Ag$；

III：$CO_2 + 2\ LiOH \rightarrow Li_2CO_3 + H_2O$；

IV：$FeCl_2 + 2\ NaOH \rightarrow Fe(OH)_2 + 2\ NaCl$

(A) I, II,III , and IV　(B) I and II only　(C) I, II, and III only

(D) IV only　(E) III only。

9. An aqueous solution of silver nitrate is added to an aqueous solution of potassium chromate, and this reaction produces a solid. What is the formula for the solid?

(A) $AgCrO_4$　(B) KNO_3　(C) AgK　(D) K_2NO_3　(E) Ag_2CrO_4。

10. Four identical 1.0-L flasks contain the gases He, Cl_2, CH_4, and NH_3, each at 0 °C and 1 atm pressure. Which gas has the highest density?

(A) NH_3　(B) CH_4　(C) Cl_2　(D) He　(E) all the gases have the same density。

11. Consider the equation $2\ X_{(g)} \rightleftarrows 2\ Y_{(g)} + C_{(g)}$. At a particular temperature, $K = 1.6 \times 10^4$. Placing the equilibrium mixture in an ice bath (thus lowering the temperature) will

(A) have no effect　(B) cause [X] to increase　(C) cause [Y] to increase

(D) cannot be determined　(E) none of these。

12. Calculate the percentage of pyridine (C_5H_5N) that forms pyridinium ion, $C_5H_5NH^+$ in a 0.10 M aqueous solution of pyridine ($K_b = 1.7 \times 10^{-9}$),

(A) 0.77%　(B) 0.060%　(C) 0.0060%　(D) 1.6%　(E) 0.013%。

13. Identify the strongest base

(A) CH_3OH　(B) CH_3O^-　(C) H_2O　(D) NO_3^-　(E) CN^-。

14. The acids $HC_2H_3O_2$ and HF are both weak, but HF is a stronger acid than $HC_2H_3O_2$. HCl is a strong acid. Order the following according to base strength.
(A) $Cl^- > F^- > C_2H_3O_2^- > H_2O$ (B) $C_2H_3O_2^- > F^- > H_2O > Cl^-$
(C) $C_2H_3O_2^- > F^- > Cl^- > H_2O$ (D) $F^- > C_2H_3O_2^- > H_2O > Cl^-$
(E) none of these。

15. A 0.210-g sample of an acid (molar mass = 192 g/mol) is titrated with 30.5 mL of 0.108 M NaOH to a phenolphthalein endpoint. The formula of the acid is
(A) H_3A (B) H_2A (C) H_4A (D) HA (E) not enough information given。

16. Calculate the solubility of Ag_2SO_4 [$K_{sp} = 1.2 \times 10^{-5}$] in a 2.0 M $AgNO_3$ solution.
(A) 6.0×10^{-6} mol/L (B) 1.2×10^{-5} mol/L (C) 3.0×10^{-6} mol/L
(D) 1.4×10^{-2} mol/L (E) none of these。

17. Given the equation $S_{(s)} + O_{2(g)} \rightarrow SO_{2(g)}$, $\Delta H = -296$ kJ, which of the following statements is(are) true?
I : The reaction is exothermic;
II : When 0.500 mol of sulfur is reacted, 148 kJ of energy is released.
III : When 32.0 g of sulfur is burned, 2.96×10^5 J of energy is released.
(A) I and III are true (B) only II is true (C) all are true
(D) I and II are true (E) none is true。

18. Given the following two reactions at 298 K and 1 atm, which of the statements is true?
(a) $N_{2(g)} + O_{2(g)} \rightarrow 2\ NO_{(g)}$ ΔH_1
(b) $NO_{(g)} + (1/2)O_{2(g)} \rightarrow NO_{2(g)}$ ΔH_2
(A) ΔH_f for $NO_{2(g)} = \Delta H_2 + (1/2)\Delta H_1$ (B) $\Delta H_1 = \Delta H_2$
(C) ΔH_f for $NO_{(g)} = \Delta H_1$ (D) ΔH_f for $NO_{2(g)} = \Delta H_2$
(E) none of these。

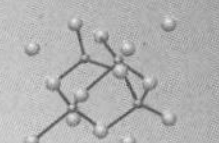

19. A 100-mL sample of water is placed in a coffee cup calorimeter. When 1.0 g of an ionic solid is added, the temperature decreases from 21.5°C to 20.8°C as the solid dissolves. Which of the following is true for the dissolving of the solid?

(A) $\Delta H < 0$　(B) $\Delta S_{sys} < 0$　(C) $\Delta S_{univ} > 0$　(D) $\Delta S_{surr} > 0$　(E) none of these。

20. For a spontaneous endothermic process, which conditions must hold?

I：$w_{max} = \Delta G$；

II：$\Delta S_{surr} > 0$；

III：ΔS cannot be negative；

IV：ΔS is positive.

(A) all　(B) none　(C) I and III only

(D) I, II, and IV only　(E) III and IV only。

21. At constant pressure, the reaction；$2\ NO_{2(g)} \rightarrow N_2O_{4(g)}$ is exothermic. The reaction (as written) is

(A) spontaneous at low temperatures but not at high temperatures

(B) spontaneous at high temperatures but not at low temperatures

(C) always spontaneous

(D) never spontaneous

(E) none of these。

22. The reaction below occurs in basic solution.

In the balanced equation, what is the sum of the coefficients?

$Zn + NO_3^- \rightarrow Zn(OH)_4^{2-} + NH_3$

(A) 27　(B) 19　(C) 23　(D) 12　(E) 15。

23. How many unpaired electrons are there in an atom of sulfur in its ground state?

(A) 1　(B) 2　(C) 4　(D) 0　(E) 3。

24. The valence electron configuration of an element is $ns^2(n-1)d^{10}np^2$. To which group does X belong?
(A) Group 3A (B) Group 4A (C) Group 6A
(D) Group 5A (E) Group 7A。

25. The ____ states that in a given atom no two electrons can have the same set of four quantum numbers (n, l, m_l, m_s).
(A) Pauli exclusion principle (B) Huygens-Fresnel principle
(C) Cauchy's argument principle (D) Heisenberg uncertainty principle
(E) Le Chatelier's principle。

26. Of the following, which molecule has the smallest bond angle?
(A) CO_2 (B) H_2O (C) SCl_2 (D) SO_3 (E) NF_3。

27. What type of structure does the $XeOF_2$ molecule have?
(A) trigonal planar (B) octahedral (C) pyramidal (D) T-shaped (E) tetrahedral。

28. Which of the following statements is false?
(A) The carbon-carbon bond in C_2^{2-} is shorter than the one in CH_3CH_3
(B) the carbon-carbon bond in C_2^{2-} is stronger than the one in CH_3CH_3
(C) C_2 is diamagnetic
(D) C_2 is paramagnetic
(E) two of these statements are false。

29. Consider the molecular-orbital energy-level diagrams for O_2 and NO. Which of the following is true?
I：Both molecules are paramagnetic；
II：The bond strength of O_2 is greater than the bond strength of NO；
III：NO is an example of a homonuclear diatomic molecule；
IV：The ionization energy of NO is smaller than the ionization energy of NO^+.
(A) I and II only (B) I, II, and IV (C) I and IV (D) II and III (E) I only。

30. How many of the following are paramagnetic?

O_2, O_2^-, O_2^{2-}, B_2, C_2, N_2, F_2, CN^-, P_2

(A) 3 (B) 2 (C) 4 (D) 5 (E) 0。

31. Doping Se with As would produce a(n) ___ semiconductor with ___ conductivity compared to pure Se.

(A) n-type, increased (B) p-type, increased (C) n-type; decreased

(D) intrinsic, identical (E) p-type, decreased。

32. Which of the following statements is incorrect?

(A) ionic solids have high melting points

(B) the binding forces in a molecular solid include London dispersion forces

(C) ionic solids are insulators

(D) molecular solids have high melting points

(E) all of these statements are correct。

33. A liquid placed in a closed container will evaporate until equilibrium is reached. At equilibrium, which of the following statements is *not* true?

(A) liquid molecules are still evaporating

(B) the number of vapor molecules remains essentially constant

(C) the partial pressure exerted by the vapor molecules is called the vapor pressure of the liquid

(D) the boundary (meniscus) between the liquid and the vapor disappears

(E) all of these statements are true。

34. How many different possible tetramethylbenzenes exist?

(A) 6 (B) 2 (C) 5 (D) 3 (E) 4。

35. Oxidation of a primary alcohol results in a(n) ____, and oxidation of a secondary alcohol results in a(n) ____.

(A) ester, ether (B) ketone, aldehyde (C) amine, carboxylic acid
(D) carboxylic acid, amine (E) aldehyde, ketone。

36. Choose the correct molecular structure for IO_4^-

(A) octahedral (B) tetrahedral (C) trigonal planar
(D) trigonal bipyramidal (E) linear。

37. What Group 6A elements are semiconductors?

(A) selenium and polonium (B) sulfur and tellurium
(C) sulfur and selenium (D) selenium and tellurium
(E) tellurium and polonium。

38. Which is the most reactive form of phosphorus?

(A) white phosphorus
(B) red phosphorus
(C) black phosphorus
(D) two of these forms of phosphorus are equally reactive
(E) all of these forms of phosphorus are equally reactive。

39. When a nonvolatile solute is added to a volatile solvent, the solution vapor pressure ____, the boiling point ____, the freezing point ____, and the osmotic pressure across a semipermeable membrane ____.

(A) decreases, decreases, increases, decreases
(B) increases, decreases, increases, decreases
(C) decreases, increases, decreases, increases
(D) increases, increases, decreases, increases
(E) decreases, increases, decreases, decreases。

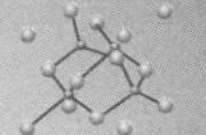

40. Which of the following statements is(are) true?

(A) the rate of dissolution of a solid in a liquid always increases with increasing temperature

(B) the solubility of a solid in a liquid always increases with increasing temperature

(C) according to Henry's law, the amount of gas dissolved in a solution is directly proportional to the pressure of the gas above the liquid

(D) two of these statements are true

(E) all of these statements are true。

41、 Which statement regarding water is true?

(A) liquid water is less dense than solid water

(B) only covalent bonds are broken when ice melts

(C) hydrogen bonds are stronger than covalent bonds

(D) energy must be given off in order to break down the crystal lattice of ice to a liquid

(E) all of these statements are false。

42、 Which of the following is the smallest hole in a closest-packed lattice of spheres?

(A) trigonal　(B) cubic　(C) tetrahedral　(D) octahedral　(E) none of these。

43、 The unit cell in a certain lattice consists of a cube formed by an anion at each corner, an anion in the center; and a cation at the center of each face.

(A) 2 anions and 3 cations　(B) 2 anions and 2 cations

(C) 5 anions and 3 cations　(D) 3 anions and 4 cations

(E) 5 anions and 6 cations。

44、How many of the following compounds exhibit geometric isomers?

I：$Pd(NH_3)_2Br_2$ (square planar)；

II：$[Co(H_2O)_2]Br_3$；

III：$[Ni(H_2O)_4(NO_2)_2]$；

IV：$K_2[CoCl_4]$

(A) 2　(B) 3　(C) 1　(D) 4　(E) 0。

45、For which of the following metal ions would there be no distinction between low spin and high spin in octahedral complexes?

(A) Cr^{2+}　(B) Mn^{2+}　(C) Ni^{3+}　(D) V^{2+}　(E) Co^{3+}。

46、Which of the following statements is true of the crystal field model?

(A) the electrons are assumed to be localized

(B) the metal ion-ligand bonds are considered completely ionic

(C) the ligands are treated as negative point charges

(D) the interaction between metal ion and ligand is treated as a Lewis acid-base interaction

(E) none of these statements is true。

47、A d^6 ion (Fe^{2+}) is complexed with six strong-field ligands (for example, SCN^-). What is the number of unpaired electrons in this complex?

(A) 3　(B) 2　(C) 0　(D) 1　(E) 4。

48、Which of the following statements are true about starch?

I：the monomers are fructose and glucose；

II：the monomer is glucose；

III：it is the main carbohydrate reservoir in plants；

IV：It is the main carbohydrate reservoir in animals；

V：It is an addition polymer；

VI：It is a condensation polymer.

(A) II, III, VI　(B) I, IV, V　(C) I, III, IV, V　(D) I, III, V　(E) II, IV, VI。

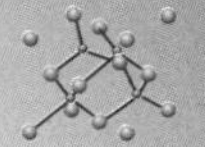

49、Which of the following pairs of substances could form an addition copolymer?

(A) $HOCH_2CH_2OH + HOOCH_2COOH$

(B) $HOOC(CH_2)_3COOH + HOCH_2CH_2CH_2NH_2$

(C) $HOOCCH_2CH_2COOH + HOCH_2OCH_2OH$

(D) $H_2C = CHCH = CH_2 + H_3CCH = CHCH_3$

(E) $H_2NCH_2COOH + H_2NCH_2CH_2COOH$。

50、Which of the following statements is/are true of benzene?

I : Benzene belongs to a class of cyclic unsaturated hydrocarbons known as the aromatic hydrocarbons ;

II : Benzene undergoes substitution reaction in which hydrogen atoms are replaced by other atoms ;

III : sp^2 hybrid orbitals on each carbon of a benzene molecule are used to form the H − H and II − C σ bonds.

(A) III only (B) II only (C) I only (D) I and II (E) I and III。

109學年度臺灣綜合大學系統學士班轉學生聯合招生考試試題

1. A. What tests could you perform to distinguish between the following pairs of compounds?

   (a) $CH_3CH_2CH_2CH_3$, $CH_2=CHCH_2CH_3$

   (b) $CH_3CH_2CH_2COOH$, $CH_3CH_2C(O)CH_3$ (2-butanone)

   (c) $CH_3CH_2CH_2OH$, $CH_3C(O)CH_3$ (acetone)

   (d) $CH_3CH_2NH_2$, CH_3OCH_3

   B. What is wrong with the following names? Give the correct name for each compound.

   (a) 2-ethyl propane (b) 5-iodo-5,6-dimethylhexane

   (c) *cis*-4-methyl-3-pentene (d) 2-bromo-3-butanol

2. A. Write the rate law for the following proposed mechanisms for the decomposition of IBr to I_2 and Br_2. And account for your answer.

   (a) $IBr_{(g)} \rightarrow I_{(g)} + Br_{(g)}$ (fast)

   $IBr_{(g)} + Br_{(g)} \rightarrow I_{(g)} + Br_{2(g)}$ (slow)

   $I_{(g)} + I_{(g)} \rightarrow I_{2(g)}$ (fast)

   (b) $IBr_{(g)} \rightarrow I_{(g)} + Br_{(g)}$ (slow)

   $I_{(g)} + IBr_{(g)} \rightarrow I_{2(g)} + Br_{(g)}$ (fast)

   $Br_{(g)} + Br_{(g)} \rightarrow Br_{2(g)}$ (fast)

   B. For the reaction, $O_{2(g)} + 2\ NO_{(g)} \rightarrow 2\ NO_{2(g)}$, the observed rate law is

   $$Rate = k[NO]^2[O_2]$$

   Which of the changes list below would affect the value of the rate constant k Account for your answer.

   (a) increasing the partial pressure of oxygen gas.

   (b) changing the temperature.

   (c) using an appropriate catalyst.

3. A. How many unpaired electrons are in the following complex ions? The atomic number for Ru, Ni, and V is 44, 28 and 23, respectively, en stands for ethylene diamine. Account for your answer.

   (a) $Ru(NH_3)_6^{2+}$(low spin case)　(b) $Ni(H_2O)_6^{2+}$　(c) $V(en)_3^{3+}$

   B. Rank the following complex ions in order of increasing wavelength of light absorbed. Account for your answer.

   $Co(H_2O)_6^{3+}$, $Co(CN)_6^{3-}CoI_6^{3-}$, $Co(en)_3^{3+}$

4. A. The following plot shows a vapor pressure of various solutions of components A and B at some temperature.

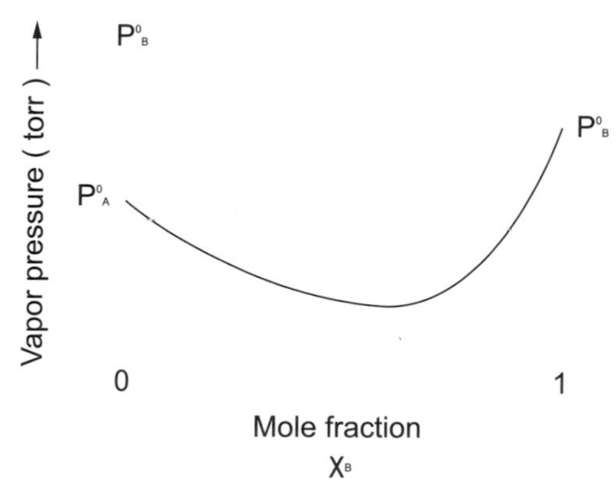

Which of the following statements is false concerning solutions of A and B? If it is false, correct it.

(a) The solutions exhibit negative deviations from Raoul's law.

(b) ΔH_{soln} for the solutions should be endothermic.

(c) The intermolecular forces are weaker in solution than in either pure A or pure B.

(d) Pure liquid B is more volatile than pure liquid A.

(e) The solution with χ= 0.6 will have a lower boiling point than either pure A or pure B.

B. Use the accompanying phase diagram for sulfur to answer the following questions, (The diagram is not to scale).

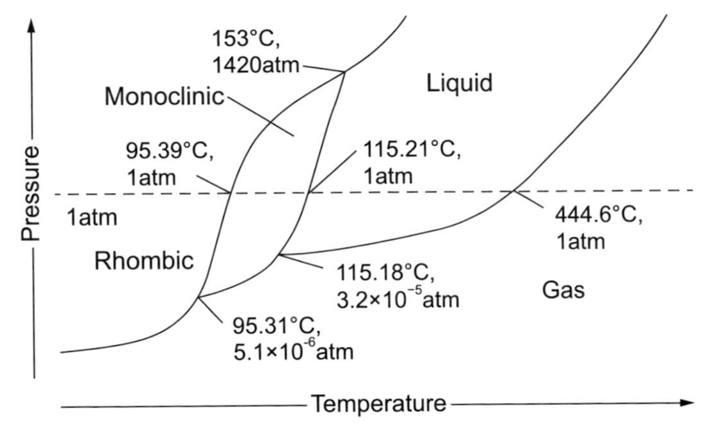

(a) What phases are in equilibrium at each of the triple point?

(b) What phase is stable at room temperature and 1.0 atm?

(c) What are the nornal melting point and normal boiling point of sulfur?

(d) Which is the denser solid phase, monoclinic or rhombic sulfur?

5. A. For the species O_2, O_2^+, and O_2^-, give the electron configuration and the bond order for each. Which has the strongest bond?

B. Consider the following Lewis structure, where E is an unknown element：

$$\left[:\ddot{F}-\ddot{E}(-\ddot{O}:)(-\ddot{F}:) \right]^{2-}$$

What are the possible identities for element E? Predict the molecular structure for this ion.

6. A. The titration of Na_2CO_3 with HCl has the following qualitative profile: Please identify the major species in solution as points B, D, and F

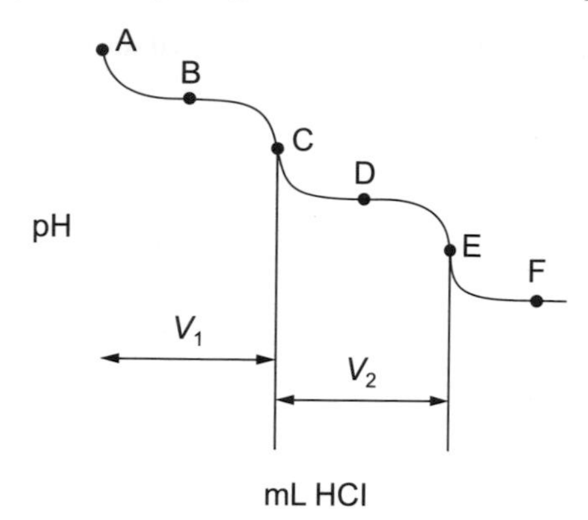

B. The salt BX, when dissolved in water, produces an acidic solution. Which of the following could be true? Account for your answer. (There may be more than one correct answer.)

(a) The acid HX is a weak acid.

(b) The acid HX is a strong acid.

(c) The cation B^+ is a weak acid.

7. You have 2.4 moles of gas contained in a 4.0-L bulb at a temperature of 32 °C.

This bulb is connected to a 20.0-L sealed, initially evacuated bulb via a valve. Assume the temperature remains constant. Please answer the followings.

(a) What should happen to the gas when you open the valve? Calculate any changes of the conditions.

(b) Calculate ΔH, ΔE, q, and w for the process you describe in part a.

(c) Given your answer to part b, what is the driving force for the process?

8. Please answer the followings regarding the buffer solution.

(a) If you want to prepare a buffer solution at pII = 4.0 or pH = 10.0, how would you decide which weak acid-conjugate base or weak base-conjugate acid pair to use?

(b) Consider a buffered solution where [weak acid] > [conjugate bae]. How is the pH of the solution related to the pK_a value of the weak acid?

(c) A good buffer possess a good buffering capacity.
What is the buffering capacity?
How do the following buffers differ in capacity?
How do they differ in pH?

0.01 M acetic acid/0.01 M sodium acetate
0.1 M acetic acid/0.1 M sodium acetate
1.0 M acetic acid/1.0 M sodium acetate

9. You have a concentration cell with Cu electrodes and $[Cu^{2+}] = 1.00$ M (right side) and 1.0×10^{-4} M (left side). Please answer the followings.

(a) Draw this concentration cell labelling the anode and the cathode, and describing the direction of the electron flow.

(b) Calculate the potential for this cell at 25 °C.

(c) What will happen (increase or decrease) to the cell potential after enough NH_3 is added to the left cell compartment. Account for your answer.

10. Consider the following graph of binding energy per nucleon as a function of mass number. The graph is shown in the next page. Please answer the following questions.

(a) What does this graph tell us about the relative half-lives of the nuclides? Explain your answer.

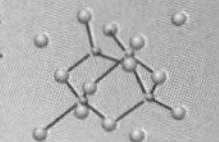

(b) Which nuclide shown is the most thermodynamically stable? Which is the least thermodynamically stable?

(c) What does this graph tell us about which nuclides undergo fusion and which undergo fission to become more stable? Support your answer.

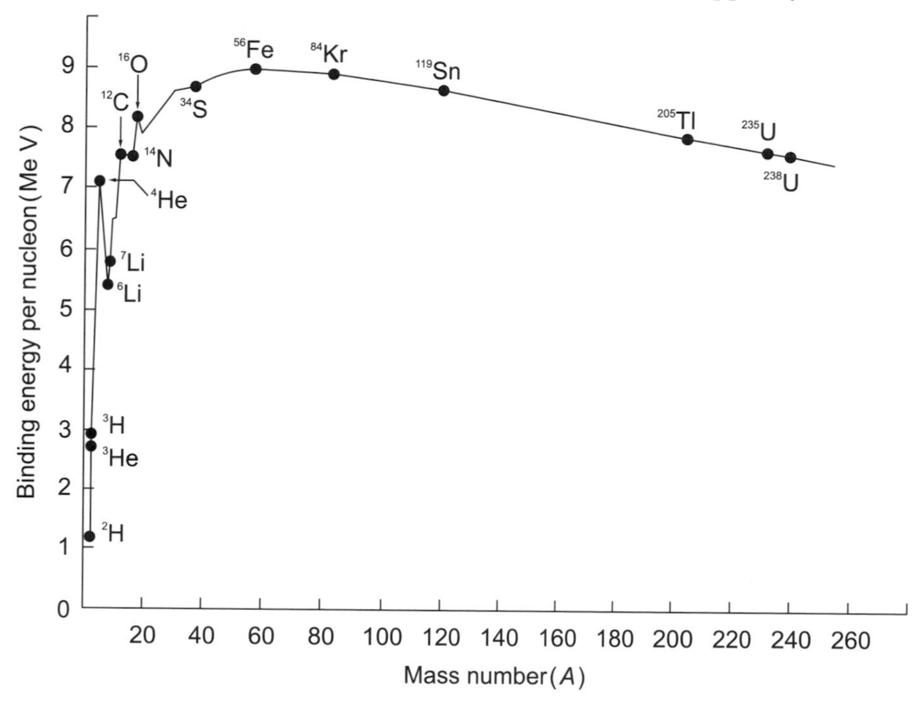

110學年度私立醫學校院聯合招考轉學生考試普通化學試題

1. 根據以下資料，對於反應 $TiCl_{4(l)} \rightarrow TiCl_{4(g)}$的敘述何者最合適？

Substance	ΔH_f°（kJ/mol）	S°（J/mol・K）
$TiCl_{4(g)}$	− 763.2	354.9
$TiCl_{4(l)}$	− 804.2	221.9

(A)任何溫度下，皆爲自發反應
(B)在低溫下可爲自發反應，但在高溫時可爲非自發反應
(C)在低溫下可爲非自發反應，但在高溫時可爲自發反應
(D)任何溫度下，皆非自發反應。

2. 有一個由碳、氫、氯原子所組成的化合物，其通過一個針孔的逸散（effusion）速率是氖氣（neon 原子量＝20）的0.411倍，試問下列哪一個最可能爲其正確的分子式？
(A) $CHCl_3$　(B) CH_2Cl_2　(C) $C_2H_2Cl_2$　(D) C_2H_3Cl。

3. 若一可逆反應如下
$2\ A_{(g)} + B_{(g)} \rightleftarrows 2\ C_{(g)}$在定溫下，一容器裝滿C氣體時的起始壓力爲2 atm，當反應到達平衡時，B氣體的分壓爲y。在此溫度下，上述的反應平衡常數K_p爲何？
(A) $\dfrac{(2-2y)^2}{(2y)^2(y)}$　(B) $\dfrac{(2-2y)^2}{(y^2)(2y)}$　(C) $\dfrac{(2-y)^2}{(y^2)(y/2)}$　(D) $\dfrac{(2-y)^2}{(2y)^2(y)}$。

4. 依據van der Wall's equation $[P + a\dfrac{n^2}{V^2}](V - nb) = nRT$
下列哪一個氣體的a值最小？
(A) H_2　(B) N_2　(C) O_2　(D) Cl_2。

5. 請選出下列反應正確的平衡常數表達式（equilibrium constant expression）
$Fe_2O_{3(s)} + 3\ H_{2(g)} \rightarrow 2\ Fe_{(s)} + 3\ H_2O_{(g)}$
(A) $K_c = [Fe_2O_3][H_2]^3/[Fe]^2[H_2O]^3$　(B) $K_c = [H_2]/[H_2O]$
(C) $K_c = [H_2O]^3/[H_2]^3$　(D) $K_c = [Fe]^2[H_2O]^3/[Fe_2O_3][H_2]^3$。

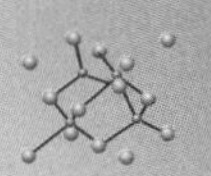

6. 下面四種有機酸，請按照各自 pK_a 的數值排列，大小順序正確者為何？

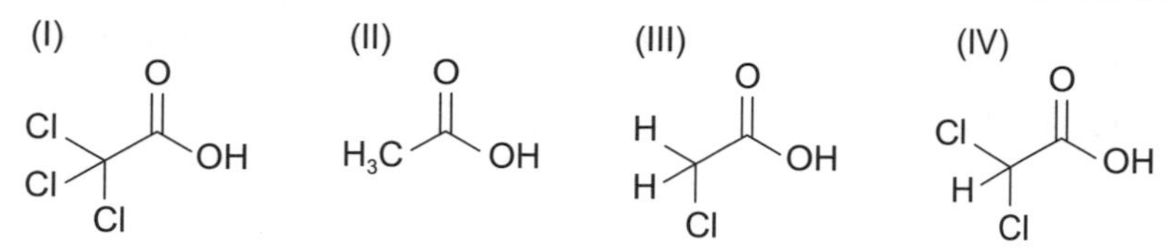

(A) I < II < III < IV　(B) I < IV < III < II

(C) II < III < IV < I　(D) II < IV < III < I。

7. 考慮下面的平衡方程式，它的 $\Delta H > 0$。下列敘述何者正確？

$2\ SO_{3(g)} \rightleftharpoons O_{2(g)} + 2\ SO_{2(g)}$

(A) $O_{2(g)}$加入系統中，平衡往右

(B)催化劑備加入時，平衡往右

(C)反應系統的體積加大兩倍時，平衡往左

(D)加熱此反應時，平衡往右。

8. 將蛋白質加熱會破壞二級結構中的氫鍵，造成蛋白質變性（denaturation），此過程中 $\Delta G, \Delta H, \Delta S$ 數值為正或負，下列何者正確？

(A) $\Delta G(-)$，$\Delta H(-)$，$\Delta S(+)$　(B) $\Delta G(+)$，$\Delta H(+)$，$\Delta S(-)$

(C) $\Delta G(-)$，$\Delta H(+)$，$\Delta S(+)$　(D) $\Delta G(+)$，$\Delta H(-)$，$\Delta S(+)$。

9. 有關電化學電池 $Cu|Cu^{2+}(0.02\ M)||Ag^{+}(0.02\ M)|Ag$, $E^{o}_{Cu^{2+}} = 0.339\ V$；$E^{o}_{Ag^{+}} = 0.7993\ V$。下列敘述何者錯誤？

(A) Cu 為陽極

(B) $E_{cell} = 0.46\ V$

(C) $Cu^{2+} + Ag \rightarrow Ag^{+} + Cu$ 此反應是自發性的

(D) E_{cell}會隨時間進行愈來愈小。

10. 設 $Zn\text{-}Cu^{2+}$ 電池 ΔE^{o} 值為 1.10 V；$Ni\text{-}Ag^{+}$ 電池 ΔE^{o} 值為 1.05 V，若把二電池之 Zn 極與 Ni 極相連，Cu 極與 Ag 極相連，下列敘述何者錯誤？

(A)連接後 Ni 極為負極　(B)連接後 Cu 極為正極

(C)連接後 Zn 極為陽極　(D)連接後 Ag 極為陰極。

11. 0.1326 g鎂（原子量＝24.31）放入氧彈卡計（oxygen bomb calorimeter）中燃燒，已知該卡計熱容爲5,760 J/°C，假設溫度計上升0.570 °C，反應式爲$2\ Mg_{(s)} + O_{2(g)} \rightarrow 2\ MgO_{(s)}$，熱含量變化爲多少？
(A) －602 kJ/mol　(B) －3280 kJ/mol
(C) －24.8 kJ/mol　(D) 435 kJ/mol。

12. 有一胃病患者，檢查顯示其胃液中含氫氯酸的濃度約爲0.060 M，用含氫氧化鋁$Al(OH)_3$的胃藥中和，反應式如下：
$Al(OH)_3 + 3\ HCl \rightarrow AlCl_3 + 3\ H_2O$
若此病人共分泌出0.3升的胃液，需服用多少克的氫氧化鋁可中和胃酸？
（原子量：H＝1.0，O＝16.0，Al＝27.0）
(A) 0.26　(B) 0.47　(C) 1.4　(D) 4.2。

13. 當電池電量耗盡時，下列何者爲眞？
(A) $\Delta G° = 0$　(B) $E° = 0$　(C) $\Delta H° = 0$　(D) $\Delta G = 0$。

14. 錯離子 $Ag(NH_3)_2^+$的生成反應平衡常數K_f爲1.7×10^7。AgCl 的溶度積K_{sp}爲1.6×10^{-10}。試問AgCl在1.0 M NH_3水溶液中的溶解度是多少？
(A) 4.7×10^{-2}　(B) 2.9×10^{-3}　(C) 5.2×10^{-2}　(D) 1.7×10^{-10}。

15. 平均一位成人男性的血液量約有5公升，假如一位成人血液中鉀離子(K^+)的濃度是0.14 M。請問平均一位成人男性的血液中總共含有多少克的鉀離子？
（鉀原子量＝39.1）
(A) 27.3克　(B) 23.4克　(C) 16.1克　(D) 13.8克。

16. 下面四種化合物，請按照化合物的解離常數(K_a)大小順序正確者爲何？

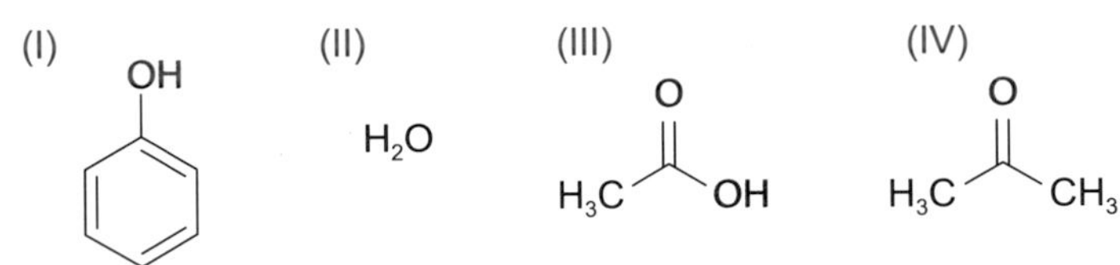

(A) III > IV > I > II　(B) I > III > IV > II
(C) I > IV > III > II　(D) III > I > II > IV。

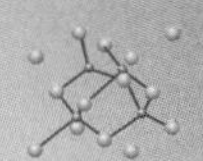

17. 下列關於錯化合物的敘述，何者正確？

(A) $Cu^{2+}_{(aq)}$爲淺藍色，加入少許氨水變爲乳白色

(B)血紅素的亞鐵離子較易與氧氣結合，而較不易與一氧化碳結合

(C) $Pt(NH_3)_2Cl_2$具有順反異構物結構

(D)錯化合物的中心陽離子必爲過渡金屬。

18. 依據crystal field model，下列何者是$Co(CN)_6^{4-}$的d軌域能階圖？

附註：CN^-爲強配位基（strong-field ligand）

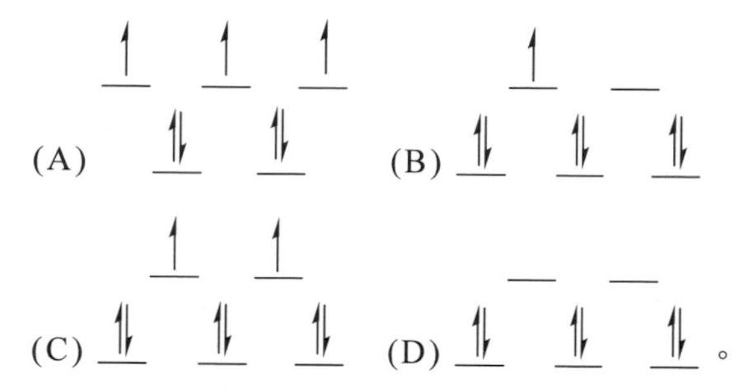

19. 下列何者的電子量子數（quantum number）n＝____, l＝____, m_l＝____不存在？

(A) 3, 2, －2　(B) 3, 2, 3　(C) 6, 1, 0　(D) 3, 2, 1。

20. 在氫原子電子能階躍遷中，下列何種狀況會放出波長最短的光？

(A)電子由3p到2s　(B)電子由2s到3p

(C)電子由3s到2s　(D)電子由4p到2s。

21. $[Pd(H_2O)_4(NH_3)_2]Br_2$，請問何者是此錯合物的正確命名？

(A) fourahydroxyldiaminepalladium (II) dibromide

(B) tetraahydroxyaminepalladium (II) dibromide

(C) tetraaquadiaminepalladium (II) bromide

(D) fouraaquaaminepalladium (I) bromide。

22. 過渡金屬錯化合物通式爲[M(ligand)$_n$]，哪一種配位基錯合物可吸收最接近紫外線波長的光？

(A) hydroxide　(B) water　(C) chloride　(D) cyanide。

23. 某金屬M之離子M^{n+}形成$[M(NH_3)_5(NO_2)]Cl_2$之錯離子，若M^{n+}具有24個電子，又M之質量數為59，試問此金屬原子M之中子數為何？
(A) 34 (B) 33 (C) 32 (D) 31。

24. 請估算下述二個電化學半反應所組成電池之電池電位（cell potential）約為多少？
反應溫度25 ℃，$[VO_2^+] = 2.0$ M，$[VO^{2+}] = 1.0\times10^{-2}$ M，$[H^+] = 0.50$ M，$[Zn^{2+}] = 1.0\times10^{-1}$ M。
$VO_2^+ + 2\ H^+ + e^- \rightarrow VO^{2+} + H_2O$ $E^\circ = 1.00$ V
$Zn^{2+} + 2\ e^- \rightarrow Zn$ $E^\circ = -0.76$ V
（Nernst方程式中$R\times T\times \ln10/F = 0.0592$ V）
(A) 0.24 V (B) 1.24 V (C) 1.76 V (D) 1.89 V。

25. 以燒杯盛裝下列四種同一莫耳濃度之水溶液，插入兩鉑電極，並連接燈泡與插頭。請問當通電流時，電極插在哪一種溶液，其燈泡最亮？
(A)鹽酸 (B)醋酸 (C)酒精 (D)磷酸。

26. 地球直徑12.7 Mm換算後下列何者正確？
(A) 1.27×10^{8} cm (B) 1.27×10^{9} cm
(C) 1.27×10^{10} cm (D) 1.27×10^{11} cm。

27. 有關deci及nano其各自代表什麼數量級？
(A) 10^{-1} and 10^{-9} (B) 10^{-3} and 10^{-9}
(C) 10^{3} and 10^{-3} (D) 10^{3} and 10^{-9}。

28. 在實驗室裡，我們可以在高溫高壓下，利用乙烯和水反應生成乙醇。
$CH_2 = CH_{2(g)} + H_2O_{(g)} \rightarrow CH_3CH_2OH_{(g)}$
依上述反應式，反應物及產物中的碳原子混成軌域（hybridization）分別為何？
(A) sp^3, sp^2 (B) sp^2, sp^3 (C) sp^3, sp (D) sp^2, sp^2。

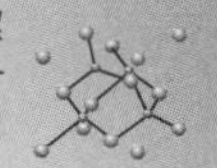

29. 下列哪一個分子內的所有原子不在同一平面上？

(A) $H_2C=CH_2$（乙烯）　(B) ⌬（苯）

(C) ⬡（環己烷）　(D) $H_2C=O$（甲醛）。

30. 下面哪一個分子的偶極矩（molecular dipole moment）不是零（zero）？

(A)乙炔　(B)二氧化碳　(C)氨氣　(D)四氯化碳。

31. 有關速率常數（rate constant, k）值，下列敘述何者錯誤？

(A) k值與反應的活化能（activation energy）有關

(B)於溶液內反應，k值與溶劑（solvent）有關

(C)反應溫度改變，k值亦可能隨之改變

(D)反應物濃度改變，k值亦可能隨之改變。

32. 一反應 $2\ A_{(g)}+B_{(g)}\rightarrow 2\ C_{(g)}$之速率定律式（rate expression）為 $R=k(P_A)^2\cdot P_B$。若A與B以莫耳比為2：1存於容器中，現改變容器體積，使其總壓力為原來B氣體分壓之6倍，則此新狀況與原來狀況之反應速率比為多少？

(A) 4：1　(B) 8：1　(C) 16：1　(D) 64：1。

33. 水的淨化過程包含清除浮懸物質、消毒與除臭。請問在自來水的處理中，加入鋁鹽（如：明礬 $KAl(SO_4)_2\cdot 12\ H_2O$）其作用主要為何？

(A)軟化劑　(B)凝聚劑　(C)消毒劑　(D)除臭劑。

34. 在18K（18 karat gold）的黃金中，金的重量百分比是多少？

(A) 18%　(B) 50%　(C) 75%　(D) 90%。

35. 市面上有所謂的健康低鈉鹽，下列有關低鈉鹽的敘述，何者最合理？

(A)低鈉鹽中的鈉離子比氯離子少，所以不是電中性的

(B)低鈉鹽含有鉀離子，所以比相同莫耳數的氯化鈉含較少的鈉離子

(C)低鈉鹽其實就是一般的氯化鈉鹽類，沒有什麼不同

(D)低鈉鹽含有少量的金屬鈉，故稱為低鈉鹽。

36. 下列元素的第一游離能（first ionization energy）大小順序正確者為何？
(A) Li ＜ C ＜ Si ＜ Ne (B) Ne ＜ C ＜ Si ＜ Li
(C) Li ＜ Si ＜ C ＜ Ne (D) Ne ＜ Si ＜ C ＜ Li。

37. 下列何者能正確表達Na^{+}的電子組態（electron configuration）？
(A) $1s^2 2p^6$ (B) $1s^2 2s^2 2p^6$ (C) $1s^2 2s^2 2p^6 3s^1$ (D) $1s^2 2s^2 2p^6 3s^2$。

38. 下列關於原子大小順序正確者為何？
(A) Si ＜ F ＜ Ba (B) F ＜ Si ＜ Ba (C) S ＜ Te ＜ Se (D) Se ＜ S ＜ Te。

39. 下列何者可為醛（aldehyde）類化合物？
(A) CH_4O (B) CH_4O_2 (C) CH_2O_2 (D) CH_2O。

40. 核糖核酸（RNA：ribonucleic acid）可在遺傳編碼、轉譯、調控、基因表現等過程中發揮重要作用。然而下列何者不屬於核糖核酸的基本單元中的鹼基？

(A) 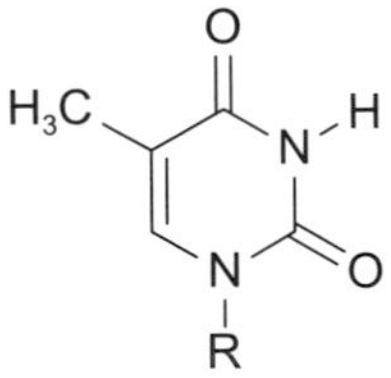 (T) (B) 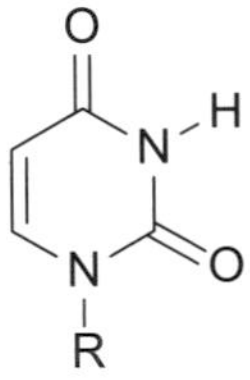 (U)

(C) 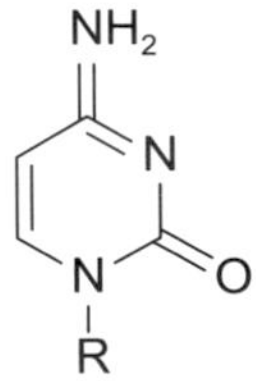 (C) (D) 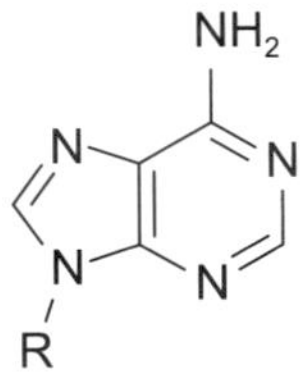 (A)。

41. 下列哪一類化合物加入「多侖試劑（Tollens' solution）」會有銀鏡反應發生？
(A)芳香族化合物 (B)酮類 (C)醛類 (D)酸類。

42. 「酵素」是一種能催化生化反應的蛋白質。某科學家以分子生物技術做出五種不同長度的酵素 X，並分別測定其酵素活性如下圖：（酵素 X 總長爲419個胺基酸，圖中數目表示酵素胺基酸的編號，例如：86 － 419代表此蛋白質含酵素X的第86號胺基酸到第419號胺基酸）

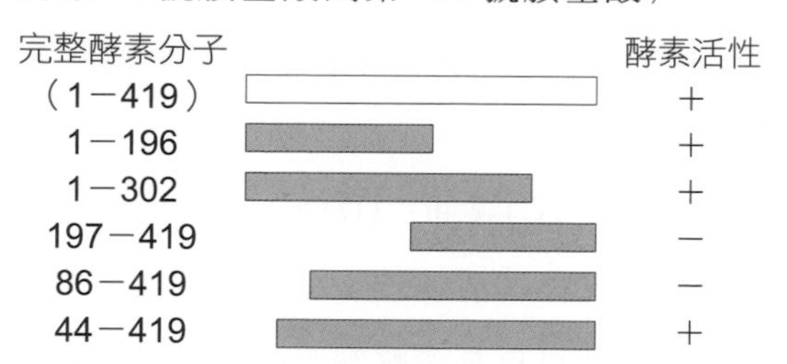

依據實驗結果，酵素X分子中具有活性的部分最可能是下列哪一段？

(A)第196號胺基酸到第419號胺基酸

(B)第1號胺基酸到第43號胺基酸

(C)第44號胺基酸到第196號胺基酸

(D)第197號胺基酸到第302號胺基酸。

43. 當α粒子撞擊到鋁片，會產生中子以及一個新的元素。請問該元素爲何？

$^{4}_{2}He + ^{27}_{13}Al \rightarrow ^{1}_{0}n +$ ____

(A) $^{30}_{15}P$　(B) $^{31}_{16}S$　(C) $^{30}_{14}Si$　(D) $^{31}_{14}Si$。

44. 某樣品中^{13}N 最初的活性爲40微居里，試問經過30分鐘後此放射性同位素所剩餘的活性爲何？

（已知^{13}N的半衰期(half-life)爲10分鐘）

(A) 20微居里　(B) 15微居里　(C) 10微居里　(D) 5微居里。

45. 溴的原子序爲35，已知溴存在兩個同位素，其百分率幾近相同；而溴的平均原子量爲80，則溴的兩個同位素中的中子數分別爲何？

(A) 43和45　(B) 79和81　(C) 42和44　(D) 44和46。

46. 玻璃為矽酸鈉（Na_2SiO_3）與矽酸鈣（$CaSiO_3$）的混合物，其不合適裝下列何種藥品？
(A)濃硫酸（H_2SO_4）　(B)氫氟酸（HF）
(C)濃硝酸（HNO_3）　(D)濃鹽酸（HCl）。

47. 鈉是一種極為活潑的銀白色金屬，為了避免與空氣及水氣作用，保存在下列何種物質中最合適？
(A)無水乙醇　(B)甘油　(C)煤油　(D)水。

48. 下列a～f為測定無機鹽的莫耳溶解熱所需的步驟：a.加此鹽於盛水的燒杯，攪拌使其完全溶解；b.計算莫耳溶解熱；c.決定溫度的變化；d.測量水的溫度；e.記錄溶液的溫度；f.稱鹽的重量，計算其莫耳數。下列哪一項是最正確的實驗順序（由左到右）？
(A) f，d，a，e，c，b　(B) d，e，f，a，c，b
(C) b，f，a，d，e，c　(D) f，a，d，e，c，b。

49. 利用下列哪種方法可以區分是從自然界得到，還是人工合成的有機化合物？
(A) NMR（核磁共振光譜測定法）　(B) IR（紅外線光譜測定法）
(C) ^{14}C（放射性碳 14 測定法）　(D) HRMS（高解析質譜測定法）。

50. 在萃取（extraction）實驗步驟中，用來萃取有機化合物時，下列哪一種溶劑會在萃取瓶的下層，而水是在上層？
(A)正丁醇（n-butanol）
(B)甲基叔丁基醚（tert-butyl methyl ether）
(C)乙酸乙酯（ethyl acetate）
(D)二氯甲烷（dichloromethane）。

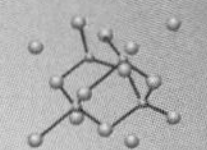

109學年度臺灣大學轉學生考試普通化學(A)試題解答

1. (A)(D)　(A) $\frac{279.7\times10^3}{6\times10^{23}}=4.66\times10^{-19}$ J。

(C) $E=h\nu$，$4.66\times10^{-19}=6.626\times10^{-34}\ \nu$，$\nu=7\times10^{14}$ Hz。

(D) $C=\lambda\nu$，$3\times10^8=\lambda\times10^{-9}\times7\times10^{14}$，$\lambda=429$ nm。

2. (A)(D)　(A)$\Delta E=q+w=-47+88>0$。

(B)$\Delta E=q+w=+82+(-82)=0$。

(C)定溫時，$\Delta E=0$。

(D)定容時，$w=0$，受熱，$q>0$，$\Delta E=q+w>0$。

3. (A)(D)　(C)更正爲5個電子。

4. (D)　(A)在低壓下才趨近於理想情況。

(B)更正爲Raoult定律。

(C)不考慮分子間引力的是理想氣體，理想溶液則是指個別同類分子間的引力和與混合後異類分子間引力相同。

5. (B)(C)　(A)：2*s*軌域，(B)：3*s*軌域，(C)：4*s*軌域（原圖中最內層有一小白圈不清楚），(D)：2*p*軌域，(E)：3*p*軌域，(F)：3*d*軌域。

(A)與(D)的 $n=2$，(B)、(E)與(F)的 $n=3$。

6. (A)(C)(D)　(A)都是0個角向節。

(B) A有1個，D無徑向節。

(C) B有2個徑向節，E有1個角向節及1個徑向節。

(E)兩者都無徑向節。

7. (A)(D)　(A) $\overline{KE}=\frac{3}{2}RT=\frac{3}{2}\times8.314\times10^{-3}\times546=6.81$ kJ。

(B)溫度相同，平均動能相同。

(C) $v=\sqrt{\frac{3RT}{M}}=\sqrt{\frac{3\times8.314\times273}{0.028}}=493$ m/s。

8. (A)(C)　(B) O_2的B.O.＝2，O_2^+的B.O.＝2.5，O_2的鍵長比較長。

(E) NO的B.O.＝2.5，CO的B.O.＝3。

9.(A)(C)　(B)同位素的化性是相同的。

(C) $63 \cdot x + 65(1 - x) = 63.55$，$x = 0.725$。

10.(D)　(A)(B)更正爲2。

(D) $4r = \sqrt{3}a$，$4 \times 135 = \sqrt{3}a$，$a = 311.8$。

11.(D)　$d = \frac{W_{cell}}{V_{cell}} = \frac{\frac{63.55}{6 \times 10^{23}} \times 2}{(311.8 \times 10^{-12} \times 10^2)^3} = 6.96\ g/cm^3$。

12.(B)(D)　(A) $\frac{19 \times 5}{x + 19 \times 5} = \frac{72.82}{100}$，$x = 35.45$，是Cl。

(B) ClF_5：AX_5E型態，有極性，sp^3d^2混成，四角錐形。

13.(A)(C)　(B)導電度與離子濃度有關，A的濃度＞B。

(E)蒸氣壓：D＞C＞B＞A。

14.(C)　(B)這是正偏差溶液，混合後會吸熱，混合後體積會膨脹。

(D) A－B間引力變弱。

15.(A)　(A)催化劑對於正逆反應都有增快的效果。

(B)平衡常數只會受到溫度影響。

(C)催化劑不會改變平衡位置。

(D) H_2的消耗速率是N_2的三倍快。

16.(A)(B)(D)　(A)混成就是價鍵理論（VBT）的分子軌域。

(B) $sp < sp^2 < sp^3$。

(C)更正爲sp^3d。

(D)都是sp^3d混成。

(E) CO_2是sp混成，SO_2則是sp^2混成。

17.(D)　(A)要扣除飽和水蒸氣壓。

(B)代入PV＝nRT，假設需要Na：x克

$1 \times 0.24 = (\frac{x}{23} \times \frac{1}{2}) \times 0.082 \times 303$，$x = 0.44$克。

(C)反應物的係數比＝1：1，

因此HOAc的莫耳數＝Na的莫耳數

$0.5 \times 40 \times 10^{-3} = \frac{x}{23}$，$x = 0.46$克。

18.(A)

(B)此種結晶型態，陽／陰半徑比，介於0.414與0.732之間。

(C) $d = \frac{W_{cell}}{V_{cell}}$，$3.58 = \frac{\frac{40.3}{6 \times 10^{23}} \times 4}{a^3}$，$a = 4.2$ Å。

(D) 4倍只是考慮電荷因素，另外還要加上距離因素，因此不只4倍。

19.(A)(B)

(B)$\Delta G = \Delta H - T\Delta S = 25 - 300 \times 100 \times 10^{-3} < 0$。

(C)的$E^\circ_{cell} < 0$。

(D)的$E^\circ_{cell} = -2.87 + (-2.23) < 0$。

20.(B)(D)

(A)熔化時，$\Delta S^\circ_{fus} = \frac{\Delta H^\circ_{fus}}{T_m}$，$31 = \frac{4.9 \times 1000}{T_m}$，$T_m = 158$ K。

(B)沸騰時，$\Delta S^\circ_{vap} = \frac{\Delta H^\circ_{vap}}{T_b} = \frac{38.56 \times 1000}{78.45 + 273} = 109.7$ J/mol・K。

(C)更正爲醛。

109 學年度臺灣聯合大學系統學士班轉學生考試試題解答

1.(A) Mn^{3+}：d^4組態是 ↑↓ ↑ ↑ ↑ — 。

2.(A)

3.(D) (1) EN 值差異愈大時，鍵的極性上升。

(2) MgO 是離子鍵，不合題意。

4.(A) 通常 M 與 m 的數值差異不大。

5.(B) $6\ H^+ + 5\ SO_3^{2-} + 2\ MnO_4^- \rightarrow 5\ SO_4^{2-} + 2\ Mn^{2+} + 3\ H_2O$

氧化數的變化值 = 10。

6.(C) $2\ VO_3^- + 1\ SO_2 \rightarrow 2\ VO^{2+} + 1\ SO_4^{2-}$ 。

7.(E) $3\ Cl_2 + 6\ OH^- \rightarrow 5\ Cl^- + ClO_3^- + 3\ H_2O$ 。

8.(B)

9.(E) 沉澱滴定，定量銀的方法中，有一個方法稱爲 Mohr 法。

藉著加入 K_2CrO_4，使其產生 Ag_2CrO_4的磚紅色沉澱。

10.(C) 由 PM = DRT 式知，D 正比於 M（分子量）。

11.(B) 根據勒沙特列原理，溫度下降導致此平衡系統往左移動。

12.(E) $[OH^-]=[BH^+]=\sqrt{cK_b}=\sqrt{0.1\times1.7\times10^{-9}}=1.3\times10^{-5}$

$\frac{1.3\times10^{-5}}{0.1}\times100\%=0.013\%$ 。

13.(B)

14.(B) 酸性次序：$HCl > H_3O^+ > HF > HOAc$

共軛鹼的鹼性次序：$Cl^- < H_2O < F^- < OAc^-$ 。

15.(A) 酸的當量數(n = ?) = 鹼的當量數(n = 1)

$\frac{0.21}{192}\times n = 0.108\times30.5\times10^{-3}$　n = 3。

16.(C)　$K_{sp} = [Ag^+]^2[SO_4^{2-}] = 2^2 \times s$

$1.2 \times 10^{-5} = 4s$，$\therefore s = 3 \times 10^{-6}$ M。

17.(C)

18.(A)　(C)更正為 $\frac{1}{2}\Delta H_1$。

19.(C)　(A)溫度下降，可見是吸熱過程，(B)溶解過程的$\Delta S > 0$，(C) $\Delta S_{univ} > 0$（已溶的事實），(D)環境在放熱，$\Delta S_{surv} < 0$。

20.(E)　應該 IV 比 III 優先。

21.(A)　$\Delta H < 0$，$\Delta S < 0$的前提下，低溫情況才有利於反應的進行。

22.(C)　$4\ Zn + 1\ NO_3^- + 7\ OH^- + 6\ H_2O \rightarrow 4\ Zn(OH)_4^{2-} + 1\ NH_3$。

23.(B)　${}_{16}S$：$[Ne]3s^2 3p^4$。

24.(B)

25.(A)

26.(E)　(B)(C)(E)都屬sp^3混成，其中(E)是因 F 的高 EN 值，使鍵上的電子雲離中心原子比較遠，導致電子雲彼此間的排斥力比較小，鍵角因而小。

27.(D)　AX_3E_2型態。

28.(D)

29.(C)　II：O_2的 B.O. = 2，NO 的 B.O. = 2.5

III：NO 是異核。

30.(A)　O_2、O_2^-、B_2三個。

31.(B)

32.(D)

33.(D)　會看到明顯界面的。

34.(D)　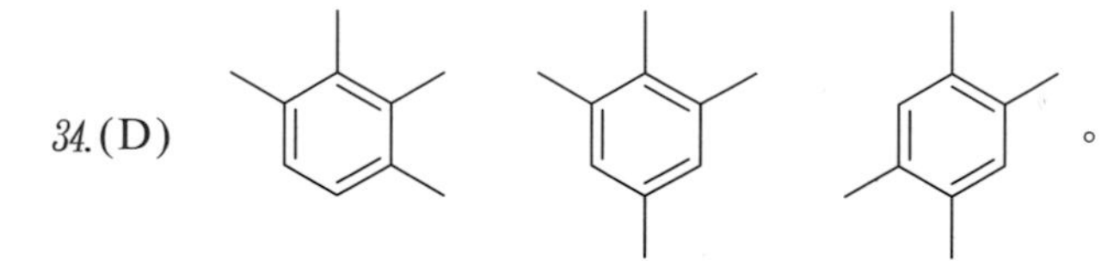。

35.(E)

36.(B)　AX_4型態。

37.(D)

38.(A)

39.(C)　恰好是四個依數性質。

40.(D)　(A)與(C)正確。

41.(E)　(B)更正為破壞分子間引力，(D)更正為需要引入能量。

42.(A)　大小次序：B ＞ D ＞ C ＞ A。

43.(A)　陰離子 $= 8\times\frac{1}{8}+1=2$

陽離子 $= 6\times\frac{1}{2}=3$。

44.(A)　I與III。

45.(D)　d^1，d^2，d^3，d^8，d^9，d^{10}無高低自旋的區別。

46.(B)

47.(C)

48.(A)　I：更正為只含葡萄糖，IV：不是動物，V：更正為縮合聚合物。

49.(D)

50.(D)　III：H—H 更正為 C—C 鍵。

109學年度臺灣綜合大學系統學士班轉學生聯合招生考試試題解答

1. A (a)在兩根待測試管中，加入Br_2/CCl_4，如果出現暗紅色褪色情況，它就是烯，若無此現象，就是烷。

(b)在兩根待測試管中，加入小蘇打溶液，出現溶成一片者就是酸，若出現上下兩層互不溶解的液體，就是酮。

(c)在兩根待測試管中，加入$K_2Cr_2O_7$硫酸溶液，顏色出現由橘色轉綠色的是醇，若不變色，則是酮。

(d)在兩根待測試管中，加入鹽酸水溶液，溶入水層的是胺，不溶解形成二層液體者是醚。

B 更正後的名稱：(a) 2-methylbutane (b) 3-Iodo-3-methylheptane (c) 2-methyl-2-pentene (d) 3-bromo-2-butanol。

2. A (a)第二步是r.d.s，$R = R_2$

第二步是基本程序，$R_2 = k_2[IBr][Br]$

代入第一行，$R = k_2[IBr][Br]$ ……(1)

∵第一式是個快速平衡式，$K_1 = \frac{[I][Br]}{[IBr]}$

移項後 $[Br] = \frac{K_1[IBr]}{[I]}$代入(1)式

得$R = k_2K_1\frac{[IBr]^2}{[I]}$……(2)

第三式也是一個快速平衡式，$K_3 = \frac{[I_2]}{[I]^2}$

移項後 $\frac{1}{[I]} = (\frac{K_3}{[I_2]})^{1/2}$代入第(2)式

得$R = k_3K_1(K_3)^{1/2}\frac{[IBr]^2}{[I_2]^{1/2}} = k'\frac{[IBr]^2}{[I_2]^{1/2}}$。

(b)第一步是r.d.s，$R = R_1$

第一步是基本程序，$R_1 = k_1[IBr]$，代入上一式

$R = k_1[IBr]$ 。

B k值會受到T與催化劑的影響。

3. A (a) $Ru(NH_3)_6^{2+}$：Ru^{2+}：d^6

— —

↑↓ ↑↓ ↑↓

(b) $Ni(H_2O)_6^{2+}$：Ni^{2+}：d^8

↑ ↑

↑↓ ↑↓ ↑↓

(c) $V(en)_3^{3+}$：V^{3+}：d^2

— —

↑ ↑ — 。

B $Co(CN)_6^{3-} < Co(en)_3^{3+} < Co(H_2O)_6^{3+} < CoI_6^{3-}$。

4. A (a)(d)正確。

(b)更正爲放熱，(c)更正爲異類分子間引力比較強，(e)更正爲更高的沸點。

B (a)(95.31 ℃，5.1×10^{-6} atm)：單斜硫，斜方硫，氣相三相

(115.18 ℃，3.2×10^{-5} atm)：單斜硫，液相、氣相三相

(153 ℃，1420 atm)：單斜硫，斜方硫，液相三相。

(b)斜方硫。

(c) $T_m = 115.21$ ℃，$T_b = 444.6$ ℃。

(d)斜方硫密度大。

5. A O_2：$KK\,\sigma_{2s}^2\sigma_{2s}^{*2}\sigma_{2p}^2\pi_x^2\pi_y^2\pi_x^{*1}\pi_y^{*1}$，B.O.＝2

O_2^+：$KK\,\sigma_{2s}^2\sigma_{2s}^{*2}\sigma_{2p}^2\pi_x^2\pi_y^2\pi_x^{*1}$，B.O.＝2.5

O_2^-：$KK\,\sigma_{2s}^2\sigma_{2s}^{*2}\sigma_{2p}^2\pi_x^2\pi_y^2\pi_x^{*2}\pi_y^{*1}$，B.O.＝1.5　　O_2^+的鍵結最強。

B E≡S

根據VSEPR理論，屬AX_3E_2型態，因此是T字形。

6. A B：$CO_3^{2-} + HCO_3^-$；C：HCO_3^-；D：$HCO_3^- + H_2CO_3$；E：H_2CO_3；F：$H_2CO_3 + HCl$。

B (c)正確，某些陽離子（例如：Ag^+、Tl^+）在水中會水解出H^+，因此導致水溶液呈現酸性。

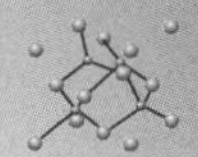

7. (a)會發生膨脹，膨脹前的壓力為 15 atm($P \times 4 = 2.4 \times 0.082 \times 305$，

$P = 15$ atm)，膨脹後壓力$= 15 \times \frac{4}{24} = 2.5$ atm。

(b)∵溫度不變，$\Delta H = 0$，$\Delta E = 0$，真空膨脹功$(w) = 0$

根據第一定律，$\Delta E = q + w$，$0 + q = 0$，∴$q = 0$。

(c)理由見(b)項，一個程序的自發性由ΔG決定，ΔG又由ΔH及ΔS兩個函數支配，因$\Delta H = 0$，所以主要驅動力是亂度的上升。

8. (a) $pH = pK_a + \log\frac{[A^-]}{[HA]}$

欲製備 pH = 4（偏酸情況）的緩衝溶液，首先先選定一個弱酸，

其 pK_a在 4 附近（例如 4.3），代入上式

$4 = 4.3 + \log\frac{[A^-]}{[HA]}$，$\log\frac{[A^-]}{[HA]} = -0.3$，$\log\frac{[HA]}{[A^-]} = +0.3$，即$\frac{[HA]}{[A^-]} = 2$，

也就是再準備該共軛酸與其共軛鹼的相對量是 2：1時，

就可以製備 pH = 4 的緩衝溶液。

pH = 10 屬偏鹼性，首先要選定一個弱鹼，接下來的操作程序，

完全類似前述情形。

(b)當共軛酸偏多時，pH 值會比 pK_a值小。

(c)外界若有酸或鹼介入時，緩衝溶液 pH 值變動程度的描述稱為 buffering capacity，變動幅度愈小，就稱其緩衝能力較佳。以下三種，以濃度最大的 1.0 M 系統緩衝能力最好。

9. (a) $Cu|Cu^{2+}$，10^{-4} M$||Cu^{2+}$，1 M$|Cu$

（陽極）　　　　　　　　（陰極）

電子由陽極流往陰極。

(b) $E_{cell} = E^{\circ}_{cell} - \frac{0.0592}{n}\log Q = 0 - \frac{0.0592}{2}\log\frac{10^{-4}}{1} = 0.118$ V。

(c)氨的介入會使左杯 Cu^{2+}的濃度（10^{-4} M）大幅下降，

促使平衡往右移動，使電位上升。

10. (a)縱座標愈高處，代表核愈安定，也就是半衰期愈長。

(b) ^{56}Fe 最安定，^{2}H 最不安定。

(c)圖中偏右側的（也就是重核）傾向進行核分裂，
以便轉化成比較安定的核種。
圖中偏左側的（也就是輕核）傾向進行核融合，
以便轉化成比較安定的核種。

110 學年度私立醫學校院聯合招考轉學生考試解答

1.(C)　$\Delta H > 0$，$\Delta S > 0$的情況，只有在高溫下才會自發。

2.(A)　$\frac{R_1}{R_2}=\sqrt{\frac{M_2}{M_1}}$，$0.411=\sqrt{\frac{20}{M_1}}$，$M_1=117$

最接近的是$CHCl_3$。

3.(A)

4.(A)　就是分子間引力最小的意思。

5.(C)

6.(B)　Cl具有拉電子的效應，這樣可以促進酸性。

7.(D)　吸熱的反應，溫度上升時，K值上升，反應趨勢更強。

8.(C)

9.(C)　(C)式子恰好是此電池反應的逆反應，∴是不會進行的。

10.(D)　∵1.10 > 1.05，因此 Zn-Cu^{2+}作爲供電電池，Zn是陽（負）極，Cu是陰（正）極，反之，Ni-Ag^+變成被充電，既是被充電，進行的是原本的逆反應，Ag變成陽（正）極，Ni是陰（負）極。

11.(A)　$q_v = ms\Delta T = 5760\times0.57 = 3283$ J

再換算到每mol的單位

$\frac{3283}{0.1326}\times24.31 = 601900$ J $= 602$ kJ。

12.(B)　HCl的當量數（n = 1） = $Al(OH)_3$的當量數（n = 3）

$0.06\times0.3\times1=\frac{x}{78}\times3$，$x = 0.47$。

13.(D)

14.(A)

15.(A)　$0.14\times5\times39.1 = 27.3$。

16.(D)

17.(C)　(A)轉成深藍色，(B)相反，(D)不一定，IIA 也常見。

18.(B)

19.(B)

20.(D)

21.(C)　其實，amine拼字錯誤，應是ammine。而且，ammine要放在aqua之前。

22.(D)

23.(C)　NO_2與 Cl 都帶負電荷，因此 n = 3，$M^{n+} = {}_{27}Co^{3+}$。

24.(D)　$Zn + 2\ VO_2^+ + 4\ H^+ \rightarrow Zn^{2+} + 2\ VO^{2+} + 2\ H_2O$

$E^\circ_{cell} = 1 - (-0.76) = 1.76V$

$E_{cell} = E^\circ_{cell} - \frac{0.0592}{2}\log Q$

$= 1.76 - \frac{0.0592}{2}\log\frac{0.1\times(0.01)^2}{2^2\times(0.5)^4} = 1.89$。

25.(A)

26.(B)

27.(A)

28.(B)

29.(C)　通常sp^2混成者，會在同一平面上。

30.(C)　AX_3E 型態。

31.(D)　k的影響因素是 A、Ea 與 T。

32.(B)

33.(B)

34.(C)　18 是指全部 24 份中占到 18 份。

35.(B)

36.(C)

37.(B)

38.(B)

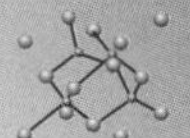

39.(D)

40.(A)

41.(C)

42.(C)　應該存在第 44 到第 85 號之間。

43.(A)

44.(D)　經過三個半衰期，剩下原有的 $\frac{1}{8}$。

45.(D)　$79 - 35 = 44$，$81 - 35 = 46$。

46.(B)　$SiO_2 + 4\ HF \rightarrow SiF_4 + 2\ H_2O$。

47.(C)

48.(A)

49.(C)

50.(D)　CH_2Cl_2、$CHCl_3$及 CCl_4都是比水重。

國家圖書館出版品預行編目資料

升二技.插大.私醫聯招.學士後(中)醫普通化學. 下
/ 方智作. -- 四版. -- 新北市 : 全華圖書股份有限
公司, 2022.05
面 ; 公分
ISBN 978-626-328-196-7 (平裝)
1.CST: 化學

340 111007176

升二技．插大．私醫聯招．學士後(中)醫 普通化學(下)

作者 / 方智
發行人 / 陳本源
執行編輯 / 蔡依蓉
封面設計 / 戴巧耘
出版者 / 全華圖書股份有限公司
郵政帳號 / 0100836-1 號
圖書編號 / 0358403
四版二刷 / 2024 年 08 月
定價 / 新台幣 500 元
ISBN / 978-626-328-196-7 (平裝)
全華圖書 / www.chwa.com.tw
全華網路書店 Open Tech / www.opentech.com.tw
若您對本書有任何問題，歡迎來信指導 book@chwa.com.tw

臺北總公司(北區營業處)
地址：23671 新北市土城區忠義路 21 號
電話：(02) 2262-5666
傳真：(02) 6637-3695、6637-3696

南區營業處
地址：80769 高雄市三民區應安街 12 號
電話：(07) 381-1377
傳真：(07) 862-5562

中區營業處
地址：40256 臺中市南區樹義一巷 26 號
電話：(04) 2261-8485
傳真：(04) 3600-9806（高中職）
(04) 3601-8600（大專）

讀者回函卡

掃 QRcode 線上填寫 ▶▶▶

姓名：________ 生日：西元____年____月____日 性別：□男 □女

電話：( )________ 手機：________

e-mail：(必填)________

註：數字零，請用 Φ 表示，數字 1 與英文 L 請另註明並書寫端正，謝謝。

通訊處：□□□□□

學歷：□高中・職 □專科 □大學 □碩士 □博士

職業：□工程師 □教師 □學生 □軍・公 □其他

學校／公司：________ 科系／部門：________

・需求書類：

□A. 電子 □B. 電機 □C. 資訊 □D. 機械 □E. 汽車 □F. 工管 □G. 土木 □H. 化工

□I. 設計 □J. 商管 □K. 日文 □L. 美容 □M. 休閒 □N. 餐飲 □O. 其他

・本次購買圖書為：________ 書號：________

・您對本書的評價：

封面設計：□非常滿意 □滿意 □尚可 □需改善，請說明________

內容表達：□非常滿意 □滿意 □尚可 □需改善，請說明________

版面編排：□非常滿意 □滿意 □尚可 □需改善，請說明________

印刷品質：□非常滿意 □滿意 □尚可 □需改善，請說明________

書籍定價：□非常滿意 □滿意 □尚可 □需改善，請說明________

整體評價：請說明________

・您在何處購買本書？

□書局 □網路書店 □書展 □團購 □其他________

・您購買本書的原因？（可複選）

□個人需要 □公司採購 □親友推薦 □老師指定用書 □其他________

・您希望全華以何種方式提供出版訊息及特惠活動？

□電子報 □DM □廣告（媒體名稱________）

・您是否上過全華網路書店？（www.opentech.com.tw）

□是 □否 您的建議________

・您希望全華出版哪方面書籍？________

・您希望全華加強哪些服務？________

感謝您提供寶貴意見，全華將秉持服務的熱忱，出版更多好書，以饗讀者。

填寫日期： / /

2020.09 修訂

親愛的讀者：

感謝您對全華圖書的支持與愛護，雖然我們很慎重的處理每一本書，但恐仍有疏漏之處，若您發現本書有任何錯誤，請填寫於勘誤表內寄回，我們將於再版時修正，您的批評與指教是我們進步的原動力，謝謝！

全華圖書 敬上

勘誤表

書號		書名		作者	
頁數	行數	錯誤或不當之詞句		建議修改之詞句	

我有話要說：（其它之批評與建議，如封面、編排、內容、印刷品質等・・・）